XII. KONGRESS FÜR HEIZUNG UND LÜFTUNG

8.—11. SEPTEMBER 1927 IN WIESBADEN

BERICHT

HERAUSGEGEBEN VOM

STÄNDIGEN KONGRESSAUSSCHUSS

MIT 308 ABBILDUNGEN IM TEXT
UND 1 TAFEL

VERLAG VON R. OLDENBOURG / MÜNCHEN UND BERLIN 1928

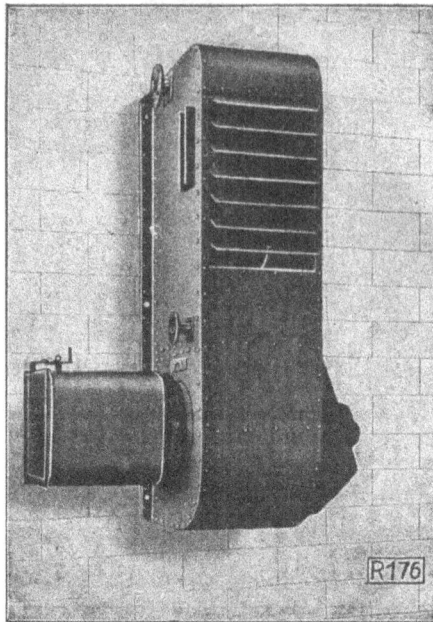

XII. KONGRESS FÜR HEIZUNG UND LÜFTUNG

8.—11. SEPTEMBER 1927 IN WIESBADEN

BERICHT

HERAUSGEGEBEN VOM

STÄNDIGEN KONGRESSAUSSCHUSS

MÜNCHEN UND BERLIN 1927
DRUCK UND VERLAG VON R. OLDENBOURG

I. TEIL

ORGANISATION DES KONGRESSES

TAGESORDNUNG

VORTRÄGE

Inhaltsverzeichnis zum I. Teil.

Seite

Organisation des Kongresses 1

Tagesordnung 4

Vorträge 6

1. Reine Luft in Arbeitsräumen von Senatspräsident i. R., Geh. Reg.-Rat,
   Honorarprof. Dr.-Ing. E. h. Konrad Hartmann 6
2. Beziehung zwischen Architekt und Heizungsfachmann von Prof. Richard
   Schachner 48
3. Zentralheizung und Warmwasserversorgung für Klein- und Mittelwohnungen
   in Wiesbaden von Reg.-Baumeister a. D. Magistratsbaurat Berlit 55
4. Grundlagen der Städteheizung von Dipl.-Ing. Margolis*) 62
5. Städteheizungen im Anschluß an Kraftwerke von E. Schulz*) 63
6. Neues aus der amerikanischen Heiz- und Lüftungstechnik von Prof. Dr. techn.
   C. Brabbée 64
7. Wärmetransport und Wärmeschutz von Prof. Dr.-Ing. H. Gröber . . . 95
8. Praktische Ausgestaltung von Fernheizleitungen von Dipl.-Ing. W. Vocke 113
9. Messung der Nutzwärme und Meßinstrumente von Stadtbaumeister Hugo
   Schilling 137

Der II. Teil enthält die im I. Teil noch nicht veröffentlichten Vorträge, ferner einen Bericht über den Verlauf des Kongresses, die gesamte Diskussion und eine Teilnehmerliste.

Ein für den buchhändlerischen Vertrieb bestimmter Gesamtbericht umfaßt den I. und II. Teil.

---

*) Von diesem Vortrag lief nur die Inhaltsangabe rechtzeitig ein.

KONRAD HARTMANN

† 15. Dezember 1927

Am 15. Dezember 1927 hat der Ehrenvorsitzende der Kongresse für Heizung und Lüftung, der Senatspräsident i. R. Professor Dr. ing. e. h.

KONRAD HARTMANN

nach längerer schwerer Krankheit die Augen zum ewigen Schlummer geschlossen. Durch sein Hinscheiden hat der Kongreß, dessen langjähriger Vorsitzender er war, schweren, unersetzlichen Verlust erlitten. Gründer und Förderer der Kongresse, hat Hartmann in körperlicher Rüstigkeit und seltener geistiger Frische

und Tatkraft noch den XII. Kongreß in Wiesbaden vorbereitet und im August 1927 geleitet. Der Bericht über den Kongreß, der auch von seiner Arbeit Zeugnis ablegt, liegt nun vor, doch der Führer hat uns verlassen. Hartmanns Wunsch am Schluß des Kongresses auf ein Wiedersehen ist nicht in Erfüllung gegangen.

Sein Leben und Wirken sind an anderer Stelle eingehend gewürdigt worden, seine Verdienste um den Kongreß sind durch die einmütige Ernennung zum Ehrenvorsitzenden anerkannt worden, sein Andenken wird bei allen, die ihm im Leben nahestanden, die ihn geliebt und verehrt haben, in hohen Ehren bleiben.

Allen Nachkommenden erwächst die ernste Pflicht, sein Werk in seinem Geist und Sinne fortzuführen, unterstützt von allen im Heiz- und Lüftungsfache tätigen Personen und Verbänden, die in praktisch technischer und wirtschaftlicher Tätigkeit oder in wissenschaftlicher Arbeit sich zusammengefunden haben.

Möge dieser Zusammenschluß dauernd erhalten und weiter gefestigt werden im Dienste und zum Wohle der Menscheit, dann wird der Name Konrad Hartmann weit über sein Grab hinaus fortleben.   Schindowski.

Organisation des Kongresses.

Ehrenvorsitzender:

Der Oberbürgermeister der Stadt Wiesbaden Herr Fr. Travers.

Ständiger Ausschuß der Kongresse für Heizung und Lüftung:

Vorstand.

Hartmann, Konrad, Dr.-Ing. E. h., Senatspräsident i. R., Geh. Regierungsrat, Hon.-Prof., Göttingen, Wilhelm-Weberstr. 8, Vorsitzender.

Schindowski, Max, Dr. med. h. c., Dr. phil. h. c., Ministerialrat im Preußischen Finanzministerium, Berlin C, Hinter dem Gießhause, stellvertretender Vorsitzender.

Arnoldt, Oswald, Dr.-Ing., Magistratsbaurat, Dortmund, Landgrafenstr. 121 (Vorsitzender der Vereinigung behördlicher Ingenieure des Maschinen- und Heizungswesens).

Schiele, Ernst, Dr.-Ing. E. h., Fabrikbesitzer, Hamburg 23, Pappelallee 23—39 (Vorsitzender des Verbandes der Centralheizungs-Industrie).

Schleyer, Wilh. Dr.-Ing. E. h., Geh. Baurat, Prof., Hannover, Bödekerstr. 2 (Vorsitzender des Vereins deutscher Heizungs-Ingenieure).

Mitglieder.

Berlit, B., Magistratsbaurat, Reg.-Baumeister a. D., Wiesbaden, Gutenbergplatz 3.

v. Boehmer, E., Geh. Regierungsrat, Ober-Regierungsrat i. R., Berlin-Lichterfelde W, Hans-Sachsstr. 3.

Cassinone, A., Generaldirektor der österr. Maschinenbau-A.-G. Körting, Wien III/3, Schwarzenbergplatz 5.

Dieterich, Georg, Ingenieur, Direktor, Berlin W 9, Linkstr. 29.

Emhardt, Carl, Kommerzienrat, Fabrikbesitzer, München SW 2, Haydnstr. 1.

Fichtl, Josef, Dipl.-Ing., Magistratsbaurat, Berlin SO 16, Köpenickerstr. 96—97/I.

v. Foltz, Alfred, Ing., Arch., Ministerialrat i. R., Wien IV, Anton Burggasse 4,

Fusch, G., Dr.-Ing., Direktor der Firma Gebr. Körting A.-G., Hannover, Schopenhauerstr. 15.

Huber, Hans, Ministerialrat im bayr. Staatsministerium des Innern, München, Triftstr. 1.

Krebs, Otto, Dr. phil., i. Fa. Strebelwerk G. m. b. H., Mannheim, Hansastr. 62.

Kretzschmar, P. H., Dr. jur., Bürgermeister i. R., Dresden-A 1, Parkstr. 1.

Kurz, Josef, Vizepräsident der Kurz-A.-G., Wien V, Spengergasse 40.

Meyer, Carl, Oberingenieur, Stuttgart, Gaisburgstr. 2 B.

Möhrlin, Emil, Dipl.-Ing., Direktor und Mitinhaber der Firma E. Möhrlin, G. m. b. H., Stuttgart, Wilhelmstr. 14.
Morneburg, Kurt, Dipl.-Ing., städt. Oberbaurat, Nürnberg, Sulzbacherstr. 91.
Pfeiffer, Ernst, Prof. Dr. med., Präsident des Gesundheitsamts, Hamburg, Besenbinderhof.
Pfützner, H., Geh. Hofrat, Prof., Dresden-A. 16, Comeniusstr. 43.
Purschian, Ernst, Ingenieur und Fabrikbesitzer, Berlin W 9, Königin-Augustastr. 7 (stellv. Vorsitzender des Verbandes der Centralheizungs-Industrie).
Rettig, E., Ingenieur, Direktor, Berlin S 42, Brandenburgstr. 81 (stellv. Vorsitzender des Vereins deutscher Heizungsingenieure).
Rühl, Heinrich, Ingenieur u. Fabrikbesitzer, Frankfurt a. M., Hermannstr. 11.
Stack, E., Magistratsbaurat, Hannover, Militärstr. 9 (stellv. Vorsitzender der Vereinigung behördlicher Ingenieure des Maschinen- und Heizungswesens).
Vocke, Wilh., Dipl.-Ing., Fabrikant, Dresden-A 27, Hohestr. 54.
Wahl, C. L., Stadtbaurat, Dresden-A. 1, Am See 2.

Vorsitzende der Fachausschüsse

für Bauwesen: Ministerialrat Huber,
für Lüftung: Präsident Prof. Dr. med. Pfeiffer,
für Heizung: Stadtbaurat Wahl.

Auswärtige korrespondierende Mitglieder.

Braat jr., F. W., Direktor, Koninklijke Fabriek van Metaalwerken Braat, Präsident der „Nederlandsche Vereeniging voor Centrale Verwarmings-Industrie", Delft, Holland.
Erikson, Helge, Zivilingenieur, Stockholm, Kungl. Byggnadsstyrelsen, Schweden.
Freudiger, G., Ingenieur, Präsident des Vereins schweiz. Zentralheizungsindustrieller, Zentralheizungsfabrikant, Frauenfeld, Bahnstr., Schweiz.
Karsten, A. C., Kopenhagener Magistratsbaurat a. D., Oberingenieur, Charlottenlund, Emiliekildevej 27, Dänemark.
Knuth, Karl, Ingenieur und Fabrikant, Vorsitzender der Fachgruppe Heizung im Bunde der Ungarischen Industriellen, Budapest VII, Garay-utcza 10, Ungarn.
v. Kresz, Franz, Dipl.-Ing., Geschäftsführender Direktor der B. & E. Körting-A.-G., Budapest VIII, Kisfaludy-utcza 11, Ungarn.
Laurenius, Gunnar, Ingenieur und Direktor der Firma Nordiska, Värme- u. Ventilations A.-B. Värmebolaget, Gothenburg, Schweden.
Lier, Heinrich, Heizungsingenieur, Zürich 6, Neue Beckenhofstr. 19, Schweiz.
Osvold, Olaf, Chefingenieur des Städtischen Bureaus für Heizung und Lüftung, Oslo, Munkedamsveien 53 B, Norwegen.
Reck, A. B., Hauptmann a. D., Direktor in Recks Opwarmings Co., A.-G. Kopenhagen, Esromgade 15, Dänemark.
Slotboom, C. M., Dipl.-Ing. i. W. Slotboom & Zoon G. m. b. H., Vizepräsident der „Nederlandsche Vereeniging voor Centrale Verwarmings-Industrie, Haag, Bazarstraat 1, Holland.
Strache, Prof. Dr. Hugo, Hofrat, Vorstand der Versuchsanstalt für Brennstoffe, Feuerungsanlagen und Gasbeleuchtung an der Technischen Hochschule in Wien, Wien VI, Getreidemarkt 9, Österreich.
Theorell, Hugo, Konsult. Ingenieur, Stockholm, Sköldungagatan 4, Schweden.
Tjersland, Alf, Ingenieur, Direktor in Fa. A. S. E. Sunde & Co. Ltd. Oslo, Norwegen.
Zelle, Konrad, Ingenieur, Direktor der Österreichischen Maschinenbau A.-G. Körting, Wien VII, Schottenfeldgasse 20, Österreich.

Orts- und Arbeitsausschuß.

Vorsitzender.

Berlit, Regierungsbaumeister a. D., Magistratsbaurat, Wiesbaden, Mitglied des ständigen Kongreßausschusses.

Mitglieder.

Ambrosius, Dr., Regierungsbaumeister a. D., Direktor der Firma Käuffer & Co., Mainz.
Arntz, Stadtrat, Wiesbaden.
Beines, Dipl.-Ing., Direktor des städt. Elektrizitätswerkes, Wiesbaden.
Buschbaum, Reichsbahn-Oberrat, Reichsbahn-Direktion Mainz.
Grün, Regierungsbaumeister a. D., Magistratsbaurat, Vorstand des städt. Hochbauamtes Wiesbaden.
Grün, Regierungsbaurat, Vorstand des Preuß. Hochbauamtes, Wiesbaden.
Kniese, Regierungsbaumeister a. D., Stadtbaumeister des städt. Maschinenbauamtes, Wiesbaden.
Leyendecker, Oberregierungs- u. Baurat der Regierung, Wiesbaden.
Müller, Landes-Oberbaurat, Wiesbaden.
Philippi, Direktor der Maschinenfabrik, Wiesbaden.
Rauch, Dr., Hofrat, Kurdirektor, Wiesbaden.
Russell, Ober-Ingenieur der Firma Rietschel & Henneberg, Wiesbaden.
Ruthe, Karl, Kaufmann, Wiesbaden.
Schwank, Architekt, Stadtrat, Wiesbaden.
Urfey, Dipl.-Ing., Direktor des städtischen Gaswerks, Wiesbaden.
Wermeling, Verkehrsdirektor, Wiesbaden.

Damenausschuß.

Herr Stadtrat Arntz, Frau Arntz, Frau Berlit, Frau Grün, Frau Müller, Frau Russell, Frau Urfey.

Geschäftsstelle des Kongresses.

Städtisches Maschinenbauamt Wiesbaden, Kleine Wilhelmstr. 1—3.

Schriftleitung des Kongreßberichtes.

Dipl.-Ing., Dr. phil. Allmenröder, Berlin-Lichterfelde-Ost, Berlinerstr. 153.

Tagesordnung.

Donnerstag, den 8. September abends 8 ½ Uhr

Begrüßungsabend

im Kurhaus (Kleiner Konzertsaal und anschließende Räume).

Begrüßung durch den Orts- und Arbeitsausschuß.

Freitag, den 9. September

Tagung.

Vormittags 9 ½ Uhr bis gegen 4 Uhr nachmittags im Paulinenschlößchen.

1. Eröffnung des Kongresses durch den Ehrenvorsitzenden Herrn Oberbürgermeister Travers.
2. Ansprache des I. Vorsitzenden des ständigen Ausschusses, Herrn Dr.-Ing. E. h. Konrad Hartmann, Senatspräsident i. R., Geheimer Regierungsrat, Hon.-Prof., Göttingen.
   Ansprache von Vertretern der Behörden und Vereine.
3. Vortrag: Allgemeine und wirtschaftliche Fragen aus dem Heizungsfach. Herr Fabrikbesitzer Dr.-Ing. E. h. Schiele, Hamburg.
4. Bericht über die Arbeiten des Lüftungs-Ausschusses. Herr Dr. med. Prof. Ernst Pfeiffer, Präsident des Gesundheitsamtes, Hamburg.
5. Vortrag: Reine Luft in Arbeitsräumen. Herr Dr.-Ing. E. h. Konrad Hartmann, Senatspräsident i. R., Geheimer Regierungsrat, Hon.-Prof., Göttingen.
6. Bericht über die Arbeiten des Bauausschusses. Herr Ministerialrat Hans Huber, Bayerisches Staatsministerium des Innern, München.
7. Vortrag: Beziehung zwischen Architekt und Heizungsfachmann. Herr Professor Schachner, München.

Abends 7 Uhr: Festessen im Kurhaus, danach Tanz.

Samstag, den 10. September

Tagung

vormittags 9 ½ Uhr bis gegen 4 Uhr nachmittags im Paulinenschlößchen.

1. Bericht über die Arbeiten des Heizungsausschusses. Herr Stadtbaurat G. L. Wahl, Dresden.
2. Vortrag: Zentralheizung und Warm-Wasserversorgung für Klein- und Mittelwohnungen in Wiesbaden. Herr Magistratsbaurat Berlit, Wiesbaden.

3. Vortrag: Grundlagen der Städteheizung. Herr Dipl.-Ing. Margolis, Geschäftsführer der Fernheizwerk G. m. b. H., Hamburg.
4. Vortrag: Städteheizung im Anschluß an Kraftwerke. Herr Obering. Dipl.-Ing. Schulz, Berliner Städt. Elektrizitätswerke A.-G., Berlin.
5. Besichtigung: Heizungszentrale mit Warmwasserbereitung für 500 Wohnungen (Autoomnibus).

Abends 6½ Uhr: Theater (Fledermaus oder Carmen), danach 9¼ Uhr Feuerwerk im Kurpark.

Sonntag, den 11. September

Tagung

vormittags 9½ Uhr bis nachmittags im Paulinenschlößchen.

1. Vortrag: Neues aus der amerikanischen Zentralheizungsindustrie. Herr Professor Dr. techn. Brabbée, New York.
2. Vortrag: Wärmetransport und Wärmeschutz. Herr Professor Dr.-Ing. Gröber, Berlin.
3. Vortrag: Praktische Ausgestaltung von Fernheizleitungen. Herr Dipl.-Ing. Fabrikant W. Vocke, Dresden.
4. Vortrag: Messen der Nutzwärme und Meßinstrumente. Herr Stadtbaumeister Schilling, Barmen.
5. Schlußwort.

Nachmittag zur freien Verfügung der Teilnehmer (Theater oder Kurkonzert).

Montag, den 12. September

Rheinfahrt mit Sonder-Salondampfer nach St. Goar und zurück.

Vorträge

Reine Luft in Arbeitsräumen.

Vortrag von Dr.-Ing. E. h. **Konrad Hartmann,** Geh. Reg.-Rat,
Senatspräsident i. R., Honorarprof. der Technischen Hochschule zu Berlin, Göttingen.

Vorbemerkung. Die nachfolgenden Darlegungen sollen einen Einblick in den
Stand des technischen Spezialgebietes geben, das sich mit der Reinhaltung der
Luft in gewerblichen Arbeitsräumen beschäftigt. Da die Erörterung einen Vortrag bildet, der die Behandlung des Themas auf dem XII. Kongreß für Heizung
und Lüftung einleiten soll, so darf der für eine solche Mitteilungsart übliche
Umfang nicht überschritten werden. Es wird daher nicht auf theoretische Betrachtungen und Berechnungen eingegangen; es wird in gedrängter Fassung nur
angegeben, durch welche Mittel zurzeit die hygienischen Anforderungen an die
den Arbeiter umgebende Luft technisch erfüllt werden und nach welchen Richtungen diese Aufgabe weiterhin zu bearbeiten ist. Die hygienischen Forderungen selbst können nur angedeutet werden. Wer sich näher über die Hygiene
der Lüftung und Luftverbesserung in Arbeitsräumen informieren will, findet im
Anhang neben der Angabe größerer Veröffentlichungen über die Technik der
bezeichneten Aufgabe Hinweise auf die umfangreiche Zeitschriftenliteratur.

In den gewerblichen Betrieben der Groß- und Kleinindustrie, des Handwerks,
des Hausgewerbes und der Heimarbeit sind im Deutschen Reiche rd. 13 Mill. Personen
beschäftigt. Ein großer Teil von ihnen ist werktäglich mehrere Stunden in Räumen
tätig, in denen die verschiedensten Ursachen zum Entstehen eines Zustandes der Luft
gegeben sind, der die Gesundheit, Leistungsfähigkeit und das Wohlbefinden der im
Raume befindlichen Personen schädigen kann. Die Ursachen der Luftverschlechterung
sind zunächst die gleichen, wie sie überhaupt in Räumen, in denen Menschen sich aufhalten, auftreten und im vorhergehenden Vortrage gekennzeichnet sind. Aber diese
Ursachen sind in Arbeitsräumen vielfach in stärkerem Maße vorhanden. Da die Wärmeentwicklung des menschlichen Körpers bei der Arbeit größer als in der Ruhe ist, die
Erhaltung eines gesunden Lebensprozesses, der eine nahezu konstante Eigenwärme
(36,5° bis 37,0°) voraussetzt, aber eine Verhütung der Wärmestauung im menschlichen
Körper bedingt, so muß dieser die erzeugten Wärmemengen stetig abstoßen können;

die umgebende Luft muß dazu wärmeaufnahmefähig sein; Temperatur, Feuchtigkeit und Luftbewegung müssen in ihrer Gesamtwirkung diese Kühlleistung ergeben. Die Entwärmung geschieht durch Strahlung, Leitung, Erwärmung der Atemluft, Wasserdampfabgabe an diese, Schweißabsonderung und Wasserverdunstung. Die stündliche Wärmeabgabe eines Erwachsenen ist etwa 100 WE im Ruhezustand und steigt bei angestrengter Arbeit auf das Mehrfache, die Wasserdampfabgabe bei der Arbeit 100 bis 120 g gegen 40 bis 80. Da aber nach den allgemein anerkannten Forderungen der Hygiene Temperatur und Feuchtigkeitsgehalt der Raumluft gewisse Grade nicht überschreiten sollen, so bedingt die höhere Wärme- und Wasserabgabe bei der Arbeit eine Steigerung der Notwendigkeit, namentlich in dichtbesetzten Arbeitsräumen für Abhilfe der schließlich gesundheitlich bedenklichen Zustände der Luft zu sorgen. Es kann hier nicht auf nähere Erörterungen dieser sehr schwierigen Verhältnisse eingegangen werden. Ministerialrat Professor Dr. Koelsch, Bayer. Landesgewerbearzt in München, hat auf der 2. Jahreshauptversammlung der Deutschen Gesellschaft für Gewerbehygiene in Essen 1925 das Thema »Die gesundheitliche Bedeutung von Temperatur, Feuchtigkeit und Luftbewegung für die gewerbliche Arbeit« eingehend behandelt. Hierauf ist zu verweisen (vgl. Literaturnachweis). Die von Dr. Koelsch auch behandelte Luftbewegung ist für den Wärmehaushalt des Körpers wichtig, da sie ihn durch Erleichterung der Wärme- und Wasserabgabe, Steigerung der Atmung günstig beeinflussen, anderseits aber auch namentlich beim·Auftreten kalter Luftströmungen (Zug) die Gefahr der Erkältung erzeugen kann.

Die Temperatur der Raumluft ist bei der Arbeit nicht zu hoch zu halten. Temperaturen von 12 bis 18° werden je nach der Schwere der Arbeit gesundheitlich am zuträglichsten sein. Weiter hat hygienische Forschung ergeben, daß bei bewegter Luft bei der für kräftiges Arbeiten günstigen Raumtemperatur von 15 bis 18° Feuchtigkeitsgrade bis zu 70% und mehr, bei 18 bis 20° Raumtemperatur etwa 60% relative Feuchtigkeit, bei 21 bis 23° 50%, bei 24° 40%, bei starker Arbeit und unbewegter Luft geringere Werte der Gesundheit und Leistungsfähigkeit der Arbeiter am zuträglichsten sind. Größere Feuchtigkeitsgrade sind schließlich noch erträglich, erzeugen aber bei empfindlichen Personen das Gefühl der Schwüle. Wie die hier in Frage kommenden physikalischen Zustände der Luft: Temperatur, Feuchtigkeit, Bewegung zu messen sind, ist bekannt; sie können danach in ihrer Einzel- und Zusammenwirkung beurteilt werden. Aber es wäre einfacher und dem Irrtum weniger zugänglich, wenn die Gesamtwirkung unmittelbar gemessen werden könnte. Hierfür sind von Geheimrat Professor Dr. Reichenbach in Göttingen und anderen selbstregistrierende Instrumente konstruiert worden, die aber sich mehr für klimatische Dauerbeobachtungen als für Einzelbestimmung an Arbeitsorten eignen. Ein hierzu geeignetes und in den letzten Jahren mehrfach zur Untersuchung des Luftzustandes, namentlich in Bergwerken und Gruben verwendetes Instrument hat der Engländer Hill im Jahre 1914 angegeben. Es kann von James J. Hicks, London, E. C., Hatton Garden 8—10, bezogen werden, wird aber jetzt auch in Deutschland von der Firma Richter & Wiese, vorm. C. Richter, Berlin N 4, Chausseestr. 106, hergestellt. Dieses Instrument — Katathermometer genannt — gibt die Abkühlungskraft der an einer bestimmten Stelle vorhandenen Luft an und damit deren aus der Zusammenwirkung von Temperatur, Feuchtigkeit und Bewegung entstehende Einwirkung auf den menschlichen Körper, also die Entwärmung, die er in der untersuchten Luft erfährt. Wird das Instrument nach dafür gemachten Versuchen auf eine Anzeige geeicht, die den für den Arbeiter günstigen Luftzuständen entspricht, so ist damit gegeben, daß eine Abweichung von diesem Normalindex ungünstige Luftzustände kennzeichnet. Das Katathermometer ist ein mit Alkohol gefülltes Thermometer, dessen Skala nur aus zwei Strichen besteht, die den Temperaturen von 38° und 35° entsprechen. Das Instrument wird auf etwa 60° erwärmt, was am einfachsten in einem Thermophor geschieht, dann abgetrocknet und frei aufgehängt. Mit einer Stoppuhr wird genau die Zeit in Sekunden gemessen, während deren das Thermometer sich von 38° auf 35° abkühlt. Bei der Eichung wird für jedes Instrument eine

Zahl bestimmt, die durch die gemessene Sekundenzeit dividiert, den sog. Kataindex angibt. Dieser kennzeichnet aber nur den Abkühlungseffekt, der beim trockenen Kathermometer für Lufttemperatur und Luftbewegung erfaßt wird, da diese Messung noch nichts über den Einfluß der Luftfeuchtigkeit auf die Wasserverdunstung des Schweißes ergibt. Es muß also wenigstens an heißen Arbeitsorten, wie namentlich in Bergwerken und Gruben, ein zweiter Kataindex mit feuchtem Katathermometer ermittelt werden, das einfach durch Umhüllung des alkoholgefüllten Gefäßes mit einem angefeuchteten Fingerling erhalten wird. Es wird also ein »trockener« und ein »feuchter« Kataindex ermittelt. Nach Angabe von Hill soll ersterer 6 bis zu 10, der »feuchte« 18 bis zu 30 sein, wenn am Arbeitsort günstige Luftverhältnisse angenommen werden können. Diese Zahlen stehen natürlich nicht fest, sondern sind durch Versuche für möglichst zahlreiche Arbeitsbedingungen festzustellen, um dann aus dem Vergleich damit auf den Luftzustand an anderer Stelle mit gleichen oder ähnlichen Arbeitsverhältnissen schließen zu können. Hier besteht also noch eine große Aufgabe für die Zukunft, wobei vielleicht auch noch andere Meßverfahren ermittelt werden könnten.

Ein anderes Verfahren, durch ein Instrument die gleichzeitige Einwirkung von Temperatur und Feuchtigkeit zu messen, hat Fabrikant C. H. Prött in Rheydt vorgeschlagen. Er will den Gesamtwärmeinhalt der Luft, wie er sich aus deren Temperatur und aus den im Wasserdampf enthaltenen Wärmeeinheiten zusammensetzt, ermitteln. Dieser Wärmeinhalt soll einer für das Wohlbefinden ermittelten konstanten Größe gleich sein, andernfalls liegen ungünstige Verhältnisse vor. Dieses Verfahren und das darauf beruhende Instrument haben anscheinend keine größere Beachtung gefunden.

Die vorerwähnten Aufgaben haben für Arbeitsräume um so mehr Bedeutung, als bei vielen Betriebsarten die bisher besprochenen Ursachen für ungünstige Luftzustände in weit höherem Grade vorliegen als bei anderen Aufenthaltsräumen. In Hüttenwerken entstehen in manchen Betriebsstellen Temperaturen bis zu 65°, in Ziegel- und Porzellanbrennöfen beim Entleeren 50 bis 80°, in Bäckereien 30 bis 40°, an Glasmacheröfen 60° und mehr, in Caissons bis 60°, in Schiffsheizräumen 45 bis 60°. In Bergwerken wird in großen Teufen bei über 40° gearbeitet. In Spinnereien entwickeln sich bei Temperaturen von 21 bis 28° Feuchtigkeitsgrade von 60 bis 80%, in Zigarettenfabriken und Tabaklagereien Feuchtigkeitsgrade bis zu 70%. Auch abnorme Luftbewegungen kommen vor, namentlich bei der Bewetterung in Gruben, wo Luftgeschwindigkeiten von einigen Metern in der Sekunde auftreten; bergpolizeilich sollen Geschwindigkeiten von mehr als 6 m nicht entstehen. Abgesehen von Betriebsarten mit abnormen hohen Temperaturen und Feuchtigkeitsgraden kommen noch in zahlreichen anderen Betrieben solche Luftzustände vor, die weniger kraß, aber doch noch ungünstig genug für die Arbeiter sind und daher der Abhilfe bedürfen.

Die namentlich durch die menschliche Ausdünstung entstehenden Luftverunreinigungen treten gleichfalls in vielen Arbeitsräumen in höherem Maße auf als sonst in Aufenthaltsräumen, da häufig eine starke Belegung mit Arbeitern stattfindet, so daß der auf eine Person treffende Luftraum sehr gering ist, namentlich unter Beachtung der oft vorliegenden Verkleinerung des Raumes durch Betriebseinrichtungen, Werkstoffe und Fabrikate. Ferner ist zu beachten, daß die Kohlensäureausscheidung und namentlich die Ausdünstung bei der Arbeit stärker ist als in der Ruhe. Zu beachten ist auch, daß die Zahl der Atemzüge bei der Arbeit erheblich höher ist als in der Ruhe, wobei etwa 16 in der Minute erfolgen und jedesmal 0,4—0,5 l Luft eingeschluckt werden. Es ist interessant, daß schon diese Luftmenge, auf den Tag berechnet, doppelt so viel Gewicht hat als die täglich eingenommenen Nahrungsmittelmengen. Es kann auf diese bekanntlich hygienisch noch ungeklärten Ursachen der Luftverschlechterung nicht eingegangen werden. Sie spielen aber eine wesentliche Rolle, wenn die Arbeitsräume mit Umlauflüftung versehen sind, also eine künstliche Zuführung von Außenluft nicht stattfindet. In solchen Fällen käme die Desodorisierung in Frage, also die Reinigung der Luft von Ausscheidungsstoffen, die sich eigentlich nur durch den Geruch merken lassen. Es kann hier gleich bemerkt werden, daß diese Art der Luftreinigung noch gänzlich ungeklärt und die Aufgabe praktisch nur hinsichtlich der Verwendung von Ozon gelöst ist, was noch zu erörtern ist. Zu den bisher erwähnten, aus dem Aufenthalt der Arbeiter sich ergebenden Ursachen einer ungünstigen Zustandsänderung der Luft gesellen sich noch andere, die durch die Arbeit und die Betriebsweise entstehen. Aus der Beleuchtung der Arbeitsräume ergibt sich nur in seltenen Fällen eine Luftverschlechterung, da fast durchgängig die elektrische Beleuchtung angewendet wird. Sofern noch Gas oder Petroleum benutzt wird, ergibt sich Wärmeabgabe und Luftverunreinigung durch die Verbrennungsprodukte, jedoch fast durchgängig nicht in dem Maße, daß daraus allein besondere Maßnahmen sich notwendig machen.

Aber von größter Bedeutung ist die Luftverschlechterung durch Staub, Gase und Dämpfe, wie sie in zahllosen Fällen bei den verschiedensten Betriebsarten und Arbeitstätigkeiten entstehen. Es kann hier wieder auf eingehende Darlegungen verwiesen werden, welche die hygienische Bedeutung des Staubes für den Menschen behandeln. Sehr eingehend hat Dr.-Ing. Meldau in seinem Buche »Der Industriestaub« (vgl. Literaturnachweis) besonders die wesentlichen Eigenschaften der verschiedenen vorkommenden Staubarten, die Mittel zur Entstaubung und die Verfahren zur Messung von Staub und stauberfüllten Gasen behandelt. Ferner ist auf die Vorträge hinzuweisen, die Geheimrat Professor Dr. Lehmann (Würzburg) und das Mitglied des Reichsgesundheitsamtes, Regierungsrat Dr. Engel (Berlin) auf der ersten Jahreshauptversammlung der Deutschen Gesellschaft für Gewerbehygiene gehalten haben (vgl. Literaturnachweis). Von der Gesundheitsgefährdung durch Gase und Dämpfe handeln zahlreiche Abhandlungen in hygienischen und gewerbehygienischen Zeitschriften. Auch hierauf muß verwiesen werden.

Die in diesen Erörterungen dargelegte Gefahr einer Schädigung von Gesundheit, Leistungsfähigkeit und Wohlbefinden der Arbeiter hat zur Aufstellung hygienischer Forderungen geführt, deren Erfüllung sich die Gesundheitstechnik zur Pflicht gemacht hat. Die technischen Anlagen und Einrichtungen sind entsprechend der Mannigfaltigkeit der durch sie zu lösenden Aufgaben außerordentlich verschieden. Sofern im Arbeitsraume keine besonderen Ursachen zur Verschlechterung der Luft gegeben sind, hat eine zweckmäßig angeordnete Lüftung, die stetig die Raumluft durch neue Luft ersetzt, die hygienische Forderung zu erfüllen. Ist im Arbeitsraume durch Betriebseinrichtungen und Betriebsweise Verunreinigung der Luft durch Staub, Gase, Dünste, Dämpfe gegeben, so ist eine Entstaubungs- oder andere Absaugungsanlage zu schaffen. Starke Austrocknung der Raumluft ist durch eine Befeuchtungsanlage zu verhindern, die allerdings meistens nur aus betriebstechnischen Gründen notwendig ist. Starke, die Luft mit Nebeln erfüllende Wasserdampfentwicklung läßt sich durch eine Entnebelungsanlage in ihren unangenehmen Folgen beseitigen. Hohe Raumtemperatur kann in manchen Fällen eine besondere Kühlung notwendig machen.

Auf die im Bergbau vorkommenden Verhältnisse kann hier nicht eingegangen werden. Sie bedürfen namentlich für heiße Betriebspunkte besonderer Untersuchungen und Maßnahmen, und wird hierbei das erwähnte Katathermometer vielfach verwendet. Die Eigenart der Aufgabe, auch im Bergbau durch hygienisch gerechtfertigtes Vorgehen günstige Luftverhältnisse zu schaffen, hat Bergassessor Winkhaus in einem Artikel »Die Regelung der Arbeitszeit an heißen Betriebstagen untertage« in der Zeitschrift für Berg-, Hütten- und Salinenwesen im Preußischen Staate, 1925, kurz behandelt; hierauf wird verwiesen.

Mit den Anlagen der Lüftung, Entstaubung und Absaugung sind vielfach besondere Einrichtungen zu verbinden, die dazu dienen, die dem Arbeitsraume zuzuführende Außenluft, wenn sie selbst nicht rein ist, von Staub und anderen Unreinigkeiten zu befreien, oder welche die Aufgabe haben, aus der aus dem Arbeitsraume entfernten, mit Staub, Dunst, Gasen, Dämpfen behafteten Luft Beimengungen abzuscheiden, weil diese für die Umgebung der Betriebsstellen lästig und auch gesundheitsgefährdend sein würden. Diese letztere Abreinigung hat vielfach auch den Zweck, die mit der Luft weggeführten Stoffe wiederzugewinnen. Diese wirtschaftlich manchmal sehr bedeutende Verwertung sonst verlorengehender Stoffe ist mittelbar für die aus hygienischen Gründen notwendige Gesamtanlage von Wert, weil der aus der Wiedergewinnung sich ergebende Nutzen am besten anregt, eine recht wirksame Absaugungsanlage auszuführen.

Schließlich wird noch die Beseitigung von Luftbeimengungen, die sich im wesentlichen durch unangenehmen Geruch kennzeichnen, eine technische Aufgabe bilden, für deren Lösung zurzeit nur die Ozonisierung von praktischer Bedeutung ist.

Es sollen nun diese Anlagen besprochen werden, soweit es im Rahmen eines Vortrages möglich ist.

Zunächst sei darauf hingewiesen, daß die Notwendigkeit eines Schutzes der Arbeiter gegen Betriebsgefahren dazu geführt hat, durch Gesetze und Verordnungen die Betriebsunternehmer zu verpflichten, Maßnahmen zur Verhütung der Gesundheitsgefährdung, wie sie in zahlreichen Betriebsarten durch verunreinigte Luft, durch schädliche Gase, Dämpfe, Dünste entstehen kann, zu treffen. Die Reichsgewerbeordnung verpflichtet allgemein die Unternehmer zu solchen Maßnahmen, die der Betrieb nach seiner Eigenart gestattet. Für bestimmte Betriebsarten sind nach Maßgabe der Reichsgewerbeordnung von der zuständigen Behörde Verordnungen mit bestimmten Forderungen erlassen. Die Beaufsichtigung der Betriebe und die Anordnung von Schutzeinrichtungen im einzelnen Falle erfolgt durch die Beamten der Gewerbeaufsicht, wobei besonders die Gewerbemedizinalbeamten die hygienischen Forderungen zu vertreten haben. Für Bergwerke und Gruben besteht eine besondere Bergaufsicht. Nachdem die Unfallversicherung auch auf bestimmte Gewerbekrankheiten ausgedehnt ist, haben auch die dabei in Frage kommenden, zur Durchführung der Unfallversicherung berufenen Berufsgenossenschaften die Verhütung solcher Erkrankungen in den bezeichneten Fällen durchzuführen, wozu die technischen Aufsichtsbeamten die betreffenden Betriebe zu überwachen haben. Das in Beratung befindliche neue Arbeiterschutzgesetz wird eine weitere reichsgesetzliche Regelung der vorerwähnten Aufgabe der Arbeiterfürsorge bringen.

Nachdem die hygienische Forschung ergeben hat, daß, sofern nicht besondere Luftverunreinigungen zu bekämpfen sind, die Aufgabe der Lüftung darin besteht, eine Wärmestauung im menschlichen Körper, wie sie durch Erhöhung der Temperatur und des Gehalts an Wasserdampf im Arbeitsraume entsteht, zu verhüten, daß daneben nur die durch den Lebensprozeß in die Raumluft gelangenden Riechstoffe zu beseitigen sind, die dabei auftretende Verminderung des Sauerstoffgehaltes und Erhöhung des Kohlensäuregehaltes hygienisch belanglos sind, kommt für die Berechnung des Luftbedarfs, also der einem Raum zuzuführenden Reinluftmenge nur in Frage die Ermittelung dahin, daß die durch die Wärmeentwicklung der im Raume befindlichen Personen entstehende Temperatur oder die aus der Wasserdampfabgabe sich ergebende Luftfeuchtigkeit oder der durch Temperatur und Feuchtigkeitsgehalt der Raumluft sich ergebende Wärmeinhalt gewisse hygienisch bestimmte Grenzen nicht überschreiten. Das früher allgemein benutzte Verfahren, den Luftbedarf aus der Kohlensäureentwicklung der Personen zu berechnen, ist wertlos geworden. Die sonst noch vorliegenden Verfahren nach dem Maßstab der Wärme, der Feuchtigkeit und des Wärmeinhalts können auch keine sicheren Resultate ergeben, da neben der aus dem Aufenthalt von Menschen im Raume sich ergebenden Zustandsänderung der Luft auch aus den baulichen Verhältnissen und bei Arbeitsräumen aus den Betriebsverhältnissen Ursachen für Wärme- und Wasserdampfentwicklung vorhanden sind, deren Einfluß sich nicht in die Rechnung einfügen läßt.

Somit bleibt für die Berechnung des Luftbedarfs nur die Anwendung von Erfahrungssätzen, die sich, wenn sie einigermaßen Wert haben sollen, auf Versuche stützen müssen, die einwandfrei durchgeführt sind. Die Literatur enthält viele Mitteilungen darüber, aber es ist einleuchtend, daß bei den außerordentlich zahlreichen Betriebsarten und Betriebsweisen, für welche die hier zu besprechenden Aufgaben Bedeutung haben, es unmöglich ist, für jeden Fall Untersuchungen anzustellen. Die Firmen, welche Lüftungs-, Entstaubungs-, Absaugungs-, Entnebelungsanlagen bauen, haben für bestimmte Anwendungen solcher Einrichtungen Erfahrungen gesammelt, die sie bei der Planung und Ausführung verwerten, die sie aber im allgemeinen nicht preisgeben wollen. So herrscht gerade auf dem vorerwähnten technischen Gebiete noch das Fabrikgeheimnis vor, das theoretisch bedauert, praktisch aber nicht übelgenommen werden kann.

Im allgemeinen wird man von folgenden Erwägungen ausgehen können. Aus der für jede im Raume befindliche Person stündlich zuzuführenden Reinluftmenge ergibt sich bei Annahme der Zahl dieser Personen aus dem Luftinhalt des Raumes der stündlich zu erzeugende Luftwechsel. Der natürliche, aus den Undichtheiten von Türen, Fenstern usw. und aus der Durchlässigkeit der Wände sich ergebende Luftwechsel kann zu halb- bis einfachem Luftinhalt des Raumes angenommen werden. Er wird also nur für große Arbeitshallen u. dgl. genügen. In anderen Fällen wird der nötige Luftwechsel künstlich zu erzeugen sein, wobei aber einzelne kalte Luftströmungen zu vermeiden sind, da gerade Arbeiter gegen Zug sehr empfindlich sind. Nach alter Erfahrung kann ein Luftbedarf von 30 bis 60 m³ in der Stunde für jede Person angenommen werden, wenn nur Lüftung in Frage kommt. Bei Entstaubungs- und anderen Absaugungsanlagen ergibt sich der Luftbedarf des Arbeitsraumes aus der Luftmenge, die abzusaugen ist, um den entstehenden Staub, die sich entwickelnden Gase und Dämpfe fortzuführen. Hierfür kann nur die Erfahrung eine Grundlage der Berechnung geben. Diese kann dann dazu führen, daß ein starker Luftwechsel notwendig wird. Im allgemeinen kann ein solcher bis zum Zehnfachen des Raumluftinhalts zugelassen werden, wenn durch zweckmäßige Anordnung der Luftzu- und -ableitung für die Vermeidung von Zug gesorgt wird. Manche Betriebsarten erfordern noch größeren Luftwechsel, bis zum Zwanzigfachen des Rauminhalts. Die Luftgeschwindigkeit in der Nähe der Arbeiter soll allerdings möglichst klein sein; eine Geschwindigkeit von mehr als 0,5 m in der Sekunde ist schon für trockene Haut, von geringerer Größe für feuchte Haut fühlbar. Es muß aber vielfach mit weit größeren Geschwindigkeiten gerechnet werden, die auch bei höheren Temperaturen erträglich sind. Daß Bekleidung, Gewöhnung, Abhärtung, individuelle Empfindlichkeit hierfür wie überhaupt für die ganze Frage der Lüftung usw. eine Rolle spielen, ist selbstverständlich. Sehr zu beachten ist, daß durch die Absaugung in vielen Fällen sehr große Luftmengen aus dem Arbeitsraume entfernt werden, die durch Zuströmen sich ersetzen, daß letzteres aber, wenn nicht zweckmäßig vorgesorgt ist, von außen oder von Nebenräumen her mit großer Geschwindigkeit erfolgt und dann häufig lästige Zugerscheinungen ergibt. Für Zuleitung von Luft und Ableitung gilt auch, daß beides ohne Zugbelästigung erfolgt, die zugeführte Reinluft sich mit der Raumluft gut mischt und eine den ganzen Raum durchstreichende Luftbewegung erfolgt, die vielfach durch Quer- oder Diagonallüftung erreicht wird.

Die in den Arbeitsraum einzuführende Luft muß natürlich in der kalten Jahreszeit erwärmt sein. Die bei starkem Luftwechsel zuzuleitenden großen Luftmengen erfordern dann große Wärmemengen, auch wenn zur Vermeidung kalter Luftströmungen die Luft nur mit der Raumtemperatur zugeführt wird. Ebenso ist der Wärmebedarf sehr hoch, wenn bei großen Arbeitshallen die zugeführte Luft die gesamte Erwärmung des Arbeitsraumes leisten soll. Daher wird, wie bekannt, vielfach eine Umlaufluftheizung angeordnet, bei der die Raumluft immer wieder immer von neuem erwärmt und dann dem Raum zugetrieben wird. Damit dabei der Forderung der Lüftung entsprochen wird, läßt sich unschwer die Anlage so einrichten, daß nur soviel Reinluftmenge erwärmt und eingeleitet wird, als zur Deckung des Ventilationsbedarfs notwendig ist, die sonst noch wegen der Beheizung des Raumes erforderliche Luftmenge aber diesem entnommen, der Heizanlage zugeleitet und dann wieder dem Raum zugetrieben wird.

Für die Anordnung der Lüftung in ihrer Zuführung, Luftausströmung im Raum und Ableitung gelten die Regeln, wie sie sonst für Lüftungsanlagen zu beachten und in der Literatur (vgl. Anhang) angegeben sind. Die Anordnung bei Entstaubungs- und anderen Absaugungsanlagen bedarf natürlich besonderer Überlegung und Einrichtungen.

Soweit es im Rahmen eines Vortrags möglich ist, sollen im folgenden besondere Einrichtungen besprochen werden, wie sie sich bei der Entwicklung der Technik in den letzten Jahren ergeben haben.

Das in den letzten Jahren von hygienischer Seite so stark empfohlene Lüften durch Öffnen der Fenster läßt sich bei Arbeitsräumen nur in geringem Maße durchführen. Vielfach stehen betriebstechnische Bedenken entgegen, dann liegen die Arbeitsräume häufig in engen Höfen, in Kellern, inmitten von Fabrikanlagen, daß mit einer einigermaßen reinen Außenluft nicht zu rechnen ist. Will man aber mit der Fensterlüftung auskommen, so sollten wenigstens Fenster angebracht werden, die sich leicht und ohne Klettern auf Werkbänke usw. öffnen und schließen, auch wohl einstellen, aber nicht kalte Luft auf die Arbeiter hereinfallen lassen. Hierauf ist besonders bei Oberlicht zu achten, das manchmal behufs Lüftung stellbare Lüftungsflügel erhält.

Die Lüftung durch über Dach führende Abzugskanäle, wobei der Zutritt von Außenluft lediglich durch die Undichtheiten der Fenster, Türen u. dgl. erfolgt, erfordert, daß tatsächlich in den Abzügen eine Luftbewegung nach oben stattfindet und nicht eine rückläufige Bewegung entsteht. Es ist bekannt und daher hier nicht weiter auszuführen, daß durch Bekrönung der über Dach mündenden Abzugsschlote mit windablenkenden Saughüten (Saugköpfe, Deflektoren), die in verschiedenen Formen, feststehend, durch Windfahnen sich einstellend, wohl auch mit einer vom Winde gedrehten und wie ein Schraubenventilator wirkenden Vorkehrung gebaut werden, sich eine allerdings von Wind und Wetter abhängige Wirkung erzielen läßt. Als Beispiel für feststehende und sich nach der Windrichtung einstellende Entlüfter sind in Abb. 1 und 2 Ausführungen von Saugköpfen von J. A. John, A.-G., in Erfurt-Ilversgehofen, und vom Sesam-Werk, Paul Hoßfeld, Ing., in Bad Harzburg-Bündheim, veranschaulicht. Kaum mehr angewendet werden Schlotbekrönungen, die ein Eintreiben der Außenluft verursachen sollen. Sie sind wohl nur auf Schiffen zu sehen, wo sie mit einer seitlichen erweiterten Haube gegen den Wind gestellt werden, die dann Luft auffängt und abwärts in untere Schiffsräume (Kesselräume usw.) leitet. Für Arbeitsräume, die unmittelbar durch das Dach abgeschlossen sind, werden Formen von Entlüftern angewendet, die auf das Dach gesetzt und mit Stellvorkehrungen versehen sind, so daß die Auslaßöffnungen sich ganz oder teilweise schließen lassen. Die Bauart solcher Firstentlüfter ist verschieden. Abb. 3 zeigt als Beispiel eine Ausführung von dem genannten Sesam-Werk.

Auf die allgemeine Anordnung von Luftheizungen braucht hier nicht näher eingegangen zu werden. Die im Anhang bezeichneten Werke von Brabbée und Hüttig enthalten hierüber genügende Mitteilungen.

Für die Belüftung größerer Arbeitsräume haben die in den letzten Jahren immer mehr angewendeten, örtlich angebrachten Luftheizvorrichtungen große Bedeutung gewonnen. Diese Apparate, die unter verschiedenen Bezeichnungen (Heizapparat, Luftheizapparat, Kalorifer, Wärmeaustauschapparat, Lufterhitzer) von vielen Firmen gebaut werden, bestehen aus einer dem zu verwendenden Heizmittel entsprechend gestalteten Heizfläche und einem Ventilator, beide so zusammengebaut, daß dieser die Luft durch das Gehäuse drückt oder saugt, in das die Heizfläche eingesetzt ist. Die auf etwa 50° erwärmte Luft tritt aus dem Gehäuse durch Öffnungen aus, die je nach der Anordnung des Apparates im Arbeitsraum die Luft nur nach einer Seite oder nach zwei oder drei Richtungen ausströmen lassen. Je nachdem der Apparat nur erwärmte Frischluft zu liefern oder nur die Raumluft wieder zu erwärmen oder je nach Bedarf die eine oder andere Beheizung zu leisten hat, oder teils mit frischer Außenluft, teils mit Raumluft heizen soll, wird das Gehäuse mit Zuführungsstutzen versehen und gegebenenfalls mit Umschaltkasten ausgerüstet. Selbstverständlich werden die zur Regelung der Luftzu- und -abführung und die zur Einschaltung und Abstellung des Heizmittels nötigen Stellvorrichtungen angebracht. Als Ventilatoren werden Schraubenoder Niederdruckradgebläse angeordnet, deren Antrieb von der Fabriktransmission aus durch Riemen oder meistens durch unmittelbar am Apparat angebrachten Elektro-

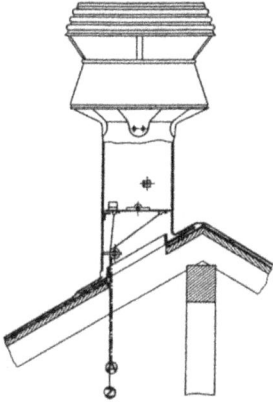

Abb. 1. J. A. John, A.-G.,
Maschinenfabrik. Luftsauger.

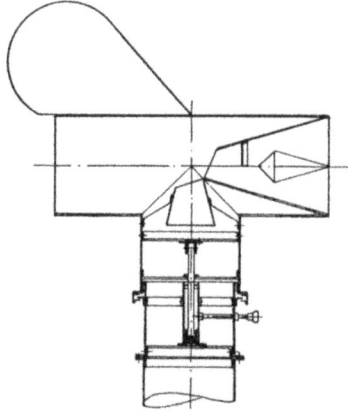

Abb. 2. Sesam-Werk, Paul Hoßfeld, Ingenieur.
Saugkopf.

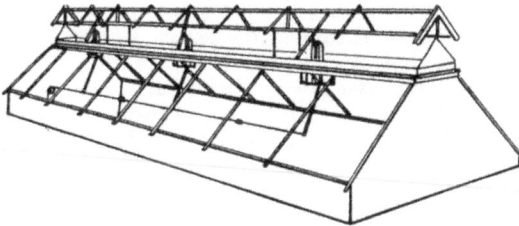

Abb. 3. Sesam-Werk, Paul Hoßfeld, Ingenieur. Oberlichtentlüfter.

Schnitt C-D

Schnitt A-B

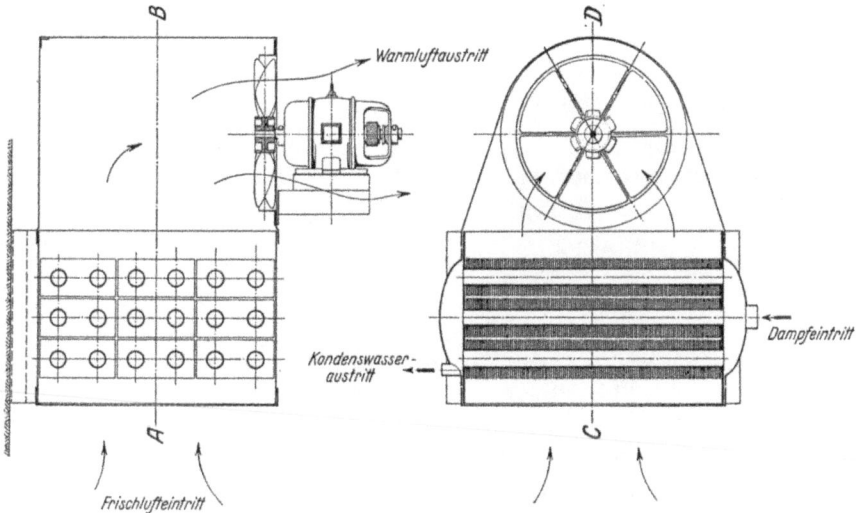

Warmluftaustritt

Dampfeintritt

Kondenswasser-
austritt

Frischlufteintritt

Abb. 4. J. A. John, A.-G., Maschinenfabrik. Einzelheizaggregat mit Schraubengebläse.

2*

motor oder Dampfturbine erfolgt. Die Anbringung im Arbeitsraume geschieht in der aus dem Wärmebedarf desselben und der Wärmeleistung des einzelnen Apparats sich ergebenden Anzahl, entsprechend der Größe und Grundrißgestaltung des Raumes, entweder stehend oder hängend an Wänden, Pfeilern, Säulen usw. Bei der Verteilung der Lufterhitzer in großen Räumen (Hallen u. dgl.) ist besonders darauf zu achten, daß die Wirkung der Heizung und der bei Frischluftzuführung entstehenden Lüftung hauptsächlich in dem unteren Teile des Raumes entsteht, wo sich die Arbeiter aufhalten, daß aber die warmen Luftströme nicht unmittelbar die Arbeiter treffen. Es wird also der Apparat in den meisten Fällen so anzubringen sein, daß die erwärmte Luft in etwa 3 m Höhe austritt und daß ihm Frischluft oder Raumluft oder beides von unten her gegebenenfalls durch einen Ansaugschacht zugeführt wird. In Einzelfällen wird bei Frischluftverwendung die Luft auch über Dach zu entnehmen und durch ein Rohr dem Apparat zuzuführen sein; ebenso kann es notwendig werden, Raumluft von der Decke her zuzuleiten; jedoch sind diese Anordnungen Ausnahmen. Werden die Apparate in einem Raume verwendet, der mit einer Entstaubungs- oder anderen Absaugungsanlage versehen ist, dann haben die Lufterhitzer auch die Aufgabe, die von der Absaugung dem Raume entzogene große Luftmenge wieder zu ersetzen, und sie können bei zweckmäßiger Anordnung diese Aufgabe erfüllen, ohne daß die sonst bei solchen Absaugungen infolge des im Raume auftretenden Unterdrucks als kalter Zug sehr lästig werdenden Luftströmungen von außen durch Undichtheiten von Türen, Fenstern usw. entstehen. Bei Entneblungsanlagen wird die Zuführung der erwärmten Luft nach den oberen Raumschichten zu bewirken sein.

Als Heizmittel können erhitztes Wasser, Dampf und heiße Gase verwendet werden, so daß in den meisten Fällen auch eine die Wirtschaftlichkeit der Anlage gewährleistete Abwärmeverwertung erzielt wird. So läßt sich z. B. der Abdampf von Auspuffmaschinen verwerten. Bei Kraftbetrieb durch Dieselmotoren wird deren Abwärme

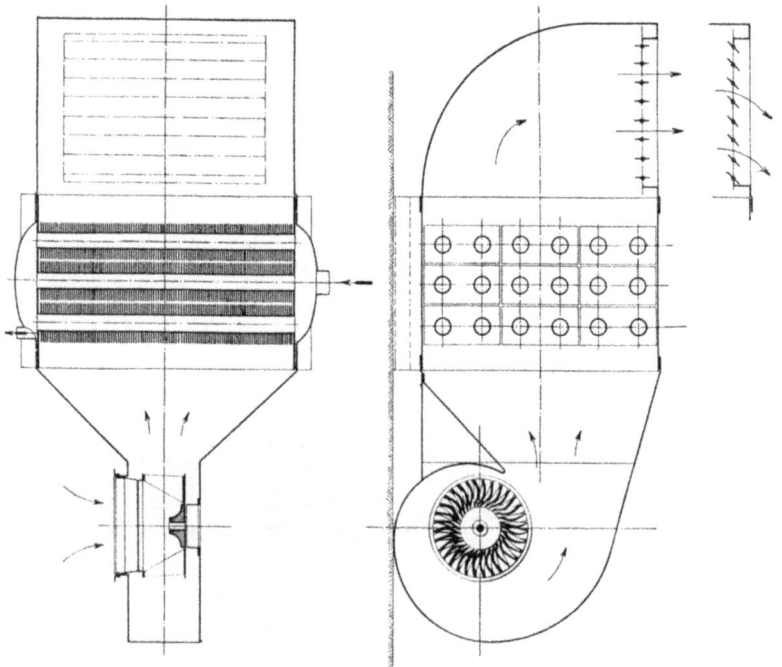

Abb. 5. J. A. John, A.-G., Maschinenfabrik. Einzelheizaggregat mit Turbinengebläse.

zur Erhitzung von Wasser ausgenutzt und dieses den Lufterhitzern zugeleitet. Wird zum Betriebe des an jedem Apparat angebrachten Ventilators eine kleine Dampfturbine angeordnet, so wird deren Abdampf dem Heizkörper zugeführt.

Die Lufterhitzer haben außerdem den Vorteil kurzer Anheizdauer, gleichmäßiger Erwärmung und einfacher Regelung nach dem Wärmebedarf, wobei gegebenenfalls in der Übergangszeit ein Teil der Apparate ganz ausgeschaltet werden kann. Diese unmittelbare Verbindung von Heizflächen und Ventilatorbetrieb wird auch in großen Abmessungen für Zentralheizung ausgeführt, womit dann sich ebenso wie bei den örtlich angebrachten Apparaten eine Lüftung verbinden läßt, wenn der Zentralapparat mit Frischluft gespeist wird. Es läßt sich dann auch Abwärme leicht ausnutzen, z. B, kann der Apparat als Luftkondensator bei Kondensationsmaschinen angeordnet werden. Auch kann die Hitze der Rauchgase von Kesseln, Schmelz-, Glüh- und Trockenöfen, Brennöfen usw., der Auspuffgase von Diesel- und Gasmaschinen, ferner von Gasflammen ausgenutzt werden. Je nach dem Heizmittel liefern die Apparate in den gangbaren Größen und Ladarten stündlich bis zu 150000 WE und Luftmengen bis zu 10000 m³. Die Formen der Ausführung der Einzelapparate sind sehr verschieden. Abb. 4 bis 12 geben daher nur einige Beispiele in Ausführungen: J. A. John A.-G., Maschinenfabrik, Erfurt - Ilversgehoven, Kaloriferwerk Hugo Junkers, Dessau, Cöthenerstr. 27, Maschinenfabrik Augsburg-Nürnberg, Nürnberg, Netzschkauer Maschinenfabrik Franz Stark & Söhne, Netzschkau i. S., Siegle & Epple, G. m. b. H., Feuerbach-Stuttgart, Danneberg & Quandt, Berlin-Lichtenberg, Siegfriedstraße 49—52. Die Gesellschaft für Abwärmeverwertung, Berlin-Reinikendorf Ost, Wilkestr. 25, baut Lufterhitzer »Gefa« für Dampf oder Heißwasser und auch für den Betrieb mit Abgasen von Feuerungen, die gegebenenfalls hintereinandergeschaltet werden, um Luft zuerst durch Heißwasser oder Dampf und dann noch durch die Hitze der Abgase zu erwärmen (Abb. 12).

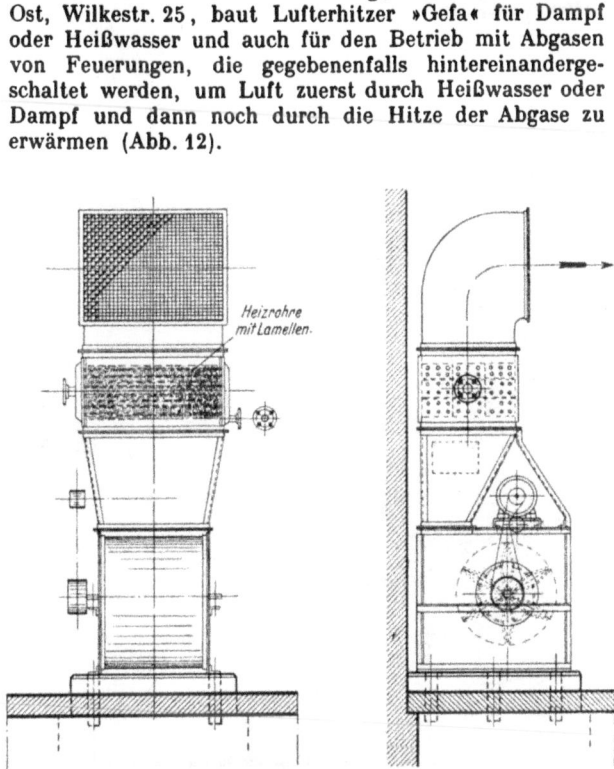

Abb. 6. Kaloriferwerk Hugo Junkers. Gaslufterhitzer.

Abb. 7. Maschinenfabrik Augsburg-Nürnberg A.G. Dampfluftheizapparat.

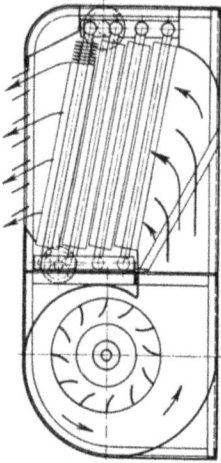

Abb. 8. Netzschkauer
Maschinenfabrik
Franz Stark & Söhne.
Wandluftheizapparat.

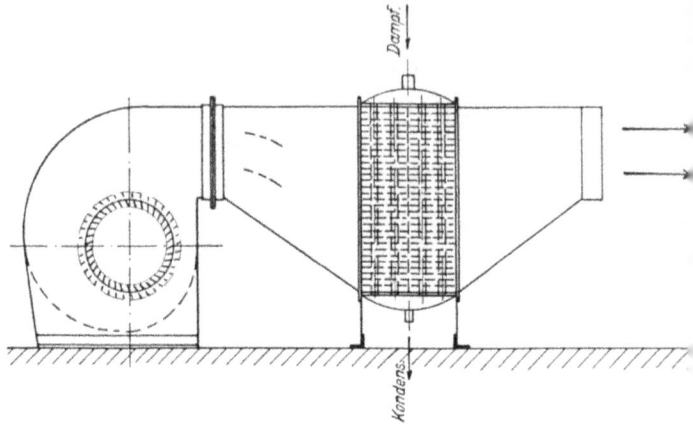

Abb. 9. Siegle & Epple, G. m. b. H. Lamellenlufterhitzer.

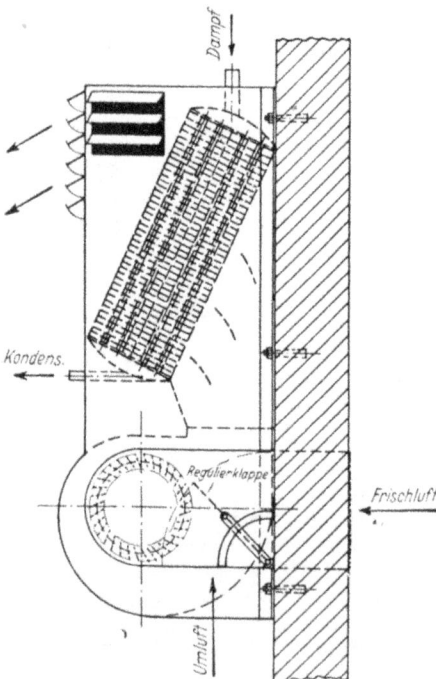

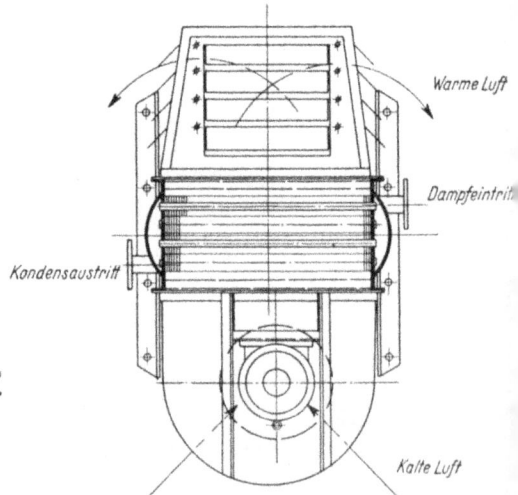

Abb. 10. Siegle & Epple, G. m. b. H. Lamellenlufterhitzer.   Abb. 11. Danneberg & Quandt. Lufterhitzer.

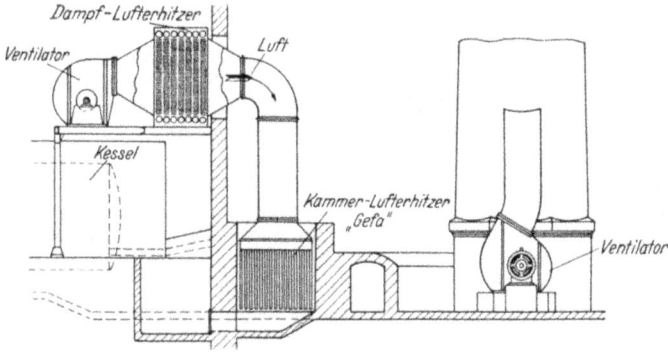

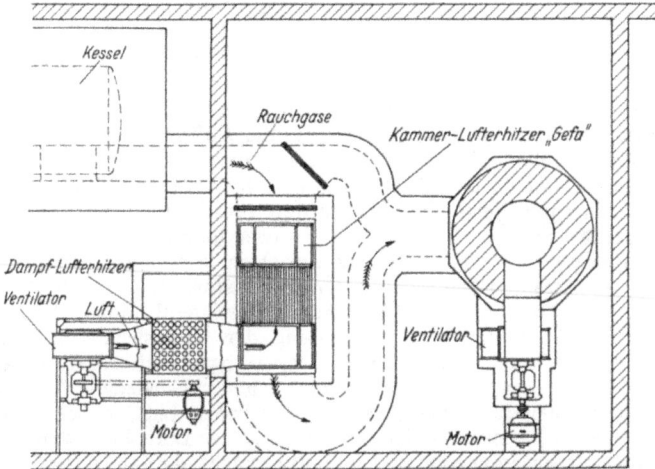

Abb. 12. Gesellschaft für Abwärmeverwertung. Dampf- und Kammerlufterhitzer.

Die Lufterhitzer können auch in unmittelbarer Verbindung mit einer Befeuchtungsvorkehrung versehen werden. Auch eine Luftreinigung läßt sich damit zusammenbauen. Als ein Beispiel hierfür ist der nach Angabe von Dipl.-Ing. M. Hirsch von A.Waßmuth G. m. b. H. u. Co., G. m. b. H., in Köln-Dellbrück hergestellte »Wetterfertiger« zu nennen, der aus einem mit Raschigringen gefüllten Turm besteht, an dessen Ein- und Austritt Lufterhitzer stehen. Die mit Brunnenwasser berieselten Ringe waschen die Luft und befeuchten sie, eine besondere zugefügte Wasserdüsenvorkehrung erzeugt nötigenfalls weitere Befeuchtung. In der warmen Jahreszeit wird die Luft unter Ausschaltung des ersten Lufterhitzers im Ringfüllraum gewaschen und gekühlt, also wieder entfeuchtet. Nötigenfalls erfolgt dann durch den zweiten Lufterhitzer Nachwärmung.

Außer den vorgenannten Firmen bauen u. a. folgende als besonderen Fabrikationszweig Luftheizapparate in verschiedenen Bauarten und Größen: Eisenwerk Kaiserslautern, Kaiserslautern (Pfalz), Hugo Greffenius A.G., Frankfurt (Main), Mainzerlandstr. 331, Maschinenfabrik Gg. Kiefer, Feuerbach-Stuttgart, Maschinenbau A.G. Humboldt, Köln a. Rh.-Kalk, F. Mattick, Dresden-A. 24 z, H. Spelleken Nachfolger, Maschinenfabrik, Barmen-Rittershausen, E. Winkelmüller u. Co., Maschinenfabrik, Leipzig-Lindenau.

Für Arbeitsräume, die nicht wegen der Raumgröße, der Bauart, geringer Belegung mit Arbeitern und der gesundheitlich keine Gefahren bietenden Betriebseinrichtungen ohne Frischluftzuführung bleiben dürfen, ist die Umlaufheizung nur dann hygienisch zulässig, wenn entweder stetig soviel reine Außenluft zugeleitet wird, daß der Zustand der Raumluft unbedenklich bleibt oder wenn die der Heizungseinrichtung immer wieder zugeführte Raumluft vorher gereinigt wird. Die letztgenannte Forderung zu erfüllen, also namentlich die sich durch Geruch kennzeichnende Luftverderbnis zu beseitigen, ist eine noch ungelöste Aufgabe. Auf dem in Berlin 1924 stattgehabten XI. Kongreß für Heizung und Lüftung hat Dr. Lorentz über die Arbeiten einer amerikanischen Untersuchungskommission berichtet, die jahrelange Versuche über Lüftung angestellt hat (vgl. Kongreßbericht). In dem von dieser Kommission erstatteten Bericht ist eine Desodorisierung als notwendig bezeichnet, aber nicht angegeben, wie sie erfolgen soll. Es ist dabei nur auf ein Auswaschen der Luft hingewiesen. Dieser Weg einer Luftreinigung ist aber nur gangbar, wenn die Luft in nicht geringem Grade befeuchtet werden darf, was im allgemeinen für deutsche Verhältnisse nicht zulässig ist. Ob das in letzter Zeit von Dr. Albert Wolf ausgearbeitete Verfahren der Luftreinigung, das von der Firma Neuluft Chemisch-Technische Luftfilter- und Trocknungsgesellschaft m. b. H., Berlin W 66, Wilhelmstr. 49, ausgeführt wird, größeren praktischen Wert hat, ist noch nicht bekannt.

Es bleibt demnach zurzeit im wesentlichen nur die Mischung der Abluft mit Ozon. Hierüber ist auf dem IX. Kongreß für Heizung und Lüftung in Köln a. Rh. 1913 eingehend verhandelt worden; hierauf sei verwiesen. Inzwischen ist die Verwendung des Ozons wohl technisch weiter entwickelt worden, jedoch werden immer noch Bedenken gegen dieses Verfahren geltend gemacht, so daß zurzeit die Frage der Ozonisierung noch nicht so geklärt ist, um eine allgemeine Anwendung zu rechtfertigen. Eine Verbesserung der Raumluft durch Einführung von Ozon in sie kommt daher im wesentlichen nur für Arbeitsräume in Frage, in denen sich starke unangenehme Gerüche entwickeln, wie z. B. in Darmschleimereien, Leimkochereien, Häutezurichtereien, bei der Fäkalienverwertung. Die häufigere Anwendung der Ozonisierung in Schlachthöfen dient wesentlich der Desodosierung und der allerdings nicht allgemein anerkannten Keimtötung in Kühlhallen. Das Ozon wird nach verschiedenen Verfahren erzeugt und mischt sich mit der durch den Apparat getriebenen Luft, wobei entweder gleich die für den gegebenen Zweck zulässige Ozonisierung der Luft, höchstens 0,3 mg gleich 0,15 cm³ auf 1 m³ Luft, oder eine ozonreichere Luft entsteht, die dann der nach den Arbeitsräumen führenden Luftzuleitung zugemischt wird, um den angegebenen Verdünnungsgrad zu erzielen. Es ist dabei zweckmäßig, Frischluft und nicht die Raumluft immer wieder durch den Ozonapparat zu treiben, da im letzteren Falle eine Überozonisierung entstehen kann, die gesundheitsschädlich ist und einen widerlichen Geruch ergibt. Anlagen für Erzeugung von Ozon und die Einführung ozonisierter Luft in Räume werden z. B. von den Siemens-Schuckert-Werken in Siemensstadt bei Berlin und von der Ozonindustrie Verwertungsgesellschaft m. b. H. in Berlin W 35, Schöneberger Ufer 36 a, eingerichtet.

Fast alle Anlagen zur Lüftung, Entstaubung, Absaugung von Gasen und Dämpfen, einschließlich der zur Abreinigung notwendigen Einrichtungen, dann auch die noch zu besprechenden Entnebelungs- und gewisse Arten der Befeuchtungsanlagen bedürfen zur Erzeugung der Bewegung der Luft, Gase und Dämpfe der Ventilatoren. Strahlgebläse werden nur in einzelnen Fällen angewendet, können daher außer Betracht bleiben. Auch die Ventilatoren können nur kurz besprochen werden. Näheren Aufschluß über Berechnung, Entwurf und Anwendung ist hauptsächlich in dem Buche des Ingenieurs E. Wiesmann über »Die Ventilatoren« zu finden, auch sofern es sich um eine Kenntnisnahme der früher angewendeten und der namentlich zur Grubenventilation dienenden Bauarten handelt, in dem Buche von A. v. Ihering: »Die Gebläse«, ferner auch in den sonst noch im Literaturverzeichnis angegebenen Büchern von Brabbée und von Hartmann.

Abb. 13. G. Schiele & Co., G. m. b. H.
Schraubenventilator.

Abb. 14. Benno Schilde, Maschinenbau-A.G.
Schraubenventilator.

Abb. 15. Theodor Fröhlich. Schaufelrad.

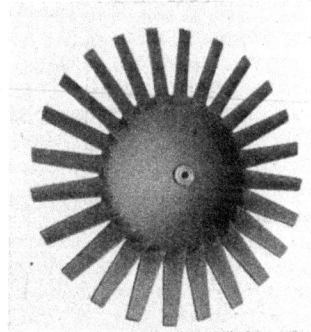

Abb. 16. Kaloriferwerk Hugo Junkers.
Schraubenrad.

Die Ventilatoren werden in zwei Hauptarten gebaut, mit hauptsächlich schiebender Wirkung als Schraubenventilatoren und mit Erzeugung der Luftbewegung durch die bei sehr rascher Umdrehung des Schaufelrades entstehende Zentrifugalkraft als Zentrifugal- oder Schleuderventilatoren. Bei beiden Maschinen entsteht durch die Drehung des Rades ein Überdruck gegenüber dem Druck der Atmosphäre und dadurch eine Strömung in den zwischen Schaufeln befindlichen Räumen, so daß der äußere Luftdruck ein Nachströmen der Luft, der Gase und Dämpfe bewirkt. Die dadurch vor und hinter dem Ventilator entstehenden Drücke der Luft usw. müssen die Bewegung der letzteren vor Eintritt in die etwa an den Ventilator angeschlossenen Saugleitungen bis zum Austritt aus der etwa angeordneten Druckleitung unter Überwindung der in allen dazwischenliegenden Teilen der ganzen Anlage entstehenden Widerstände erzeugen. Die Leistung des Ventilators ergibt sich also aus den durch seine Drehung erzeugten Drücken vor und hinter dem Ventilator. Diese beiden Gesamtdrücke setzen sich zusammen aus einem statischen und einem dynamischen Druck. Der Gesamtdruck hinter dem Ventilator ist Überdruck, d. h. er ist größer als der Druck der Atmosphäre; der Gesamtdruck vor dem Ventilator ist Unterdruck, er ist kleiner als der Atmosphärendruck. Aus der Differenz der beiden Gesamtdrücke ergibt sich die Nutzleistung des Ventilators. Die statischen Drücke haben die Widerstände der gesamten vor und hinter dem Ventilator von ihm zu beeinflussenden Einrichtungen zu überwinden, die dynamischen Drücke erzeugen die Geschwindigkeiten des Luftstromes.

Der Bau der Ventilatoren wird gewöhnlich als besonderer Fabrikationszweig von zahlreichen Firmen ausgeübt. Diese stellen in meist sehr eingehend verfaßten Prospekten neben den Abmessungen und Aufstellungsarten ihrer Erzeugnisse auch deren Leistung für die verschiedensten Größen und Umdrehungszahlen zusammen, also die vom Ventilator beförderte Luftmenge und die erzeugten Drücke. Dabei ist nicht immer klar zu ersehen, welche Begriffe durch die gewählten Bezeichnungen: Druck, Gesamtdruck, Gesamtpressung, Pression, Depression, Saugkraft, Druckkraft, gedeckt werden. Es wäre erwünscht, wenn hierin eine Einheitlichkeit geschaffen würde.

Vielfach werden bei den Zentrifugalventilatoren, die bei hauptsächlich saugender Wirkung auch als Exhaustoren bezeichnet werden, Niederdruck-, Mitteldruck- und Hochdruckventilatoren unterschieden und die Abgrenzung dieser Benennung dadurch gewählt, daß Niederdruck für eine erzeugte Gesamtpressung bis zu 100, Mitteldruck bis zu 200 und Hochdruck über 200 mm WS gilt. Jedoch sind diese Grenzen nicht allgemein in den Angaben der Prospekte durchgeführt. Für Lüftungsanlagen kommen gewöhnlich nur Niederdruck-, für Entstaubungs- und Absaugungsanlagen Mitteldruckventilatoren zur Anwendung. Vielfach genügen für Lüftungszwecke Schraubenventilatoren, die nur einen Druck bis zu 50 mm WS erzeugen können.

Die Formen des Schaufelrades sind bei den beiden Hauptarten sehr verschieden. Bei den neueren Bauarten der Schraubenventilatoren werden die Schaufeln mit ebener oder schwach gewölbter Fläche, auch in Form von Doppelflächen oder Hohlkörpern gebildet, letzteres namentlich, um die Schaufeln gegen die Beanspruchung durch Späne, Holzstücke u. dgl. widerstandsfähig zu machen. Die Abb. 13 bis 19 veranschaulichen beispielsweise einige neuere Bauformen nach Ausführungen von Theod. Fröhlich, Berlin NW 7, Dorotheenstr. 35, J. A. John (S. 15)[1]), Kaloriferwerk Hugo Junkers (S. 15), G. Schiele & Co., G. m. b. H., Ventilatoren- und Pumpenbau, Eschborn a. Taunus bei Frankfurt a. M., Benno Schilde, Maschinenbau-A.G., Hersfeld, H.-N., Vereinigte Windturbinenwerke, A.G., Dresden-Reick, E. W. Winkelsträter & Sure, Barmen-Wichlinghausen. Die Schaufelräder der Zentrifugalventilatoren werden meistens in Trommelform hergestellt, nur für besondere Zwecke als radial oder schräg angeordnete ebene Flächen oder spiralförmig verlaufend von der Radnabe aus zum Kranz. Die letzteren Formen werden noch vielfach für die großen Räder der Grubenventilatoren gewählt, doch werden neuerdings für diese auch schon Trommelräder verwendet. Bei der Trommelform sind entweder am Umfang schmale, gewölbte Schaufeln angeordnet oder er wird aus Ringen zusammengebaut, die aus gewelltem Bandeisen gebildet sind und durch Spannstangen zusammengehalten werden. Die Abb. 20 bis 28 veranschaulichen beispielsweise einige Bauarten nach Ausführungen von Theodor Fröhlich (S. 20), Maschinenfabrik Augsburg-Nürnberg A. - G. (S. 15), Maschinenfabrik Kiefer (S. 17), G. Schiele & Co. (S. 20), Benno Schilde (S. 20), Seck Werke, Dresden A., Zwickauerstraße 27, Turbon-Ventilatoren- und Apparatebau, A.G., Berlin-Reinikendorf Ost, Graf-Rödern-Allee 2, J. A. John (S. 15).

Außer den vorgenannten Firmen bauen Ventilatoren noch folgende: Franz Bentele, Maschinenbaugesellschaft m. b. H., Berlin N 65, Hans Bernsdorf, Maschinenfabrik, Leipzig 36 b, Bösdorfer Maschinenfabrik vorm. J. A. Wiedemann G. m. b. H., Bösdorf-Leipzig, Exhaustorenwerk G. m. b. H., Nürnberg, Äußere Sulzbacherstr. 8,

---

[1]) Die in Klammern beigesetzten Zahlen beziehen sich auf die Druckseiten, auf denen die genaue Adresse der Firma angegeben ist.

Abb. 17. Verein. Windturbinenwerke A.G.
Schraubenventilator mit Leitdüse.

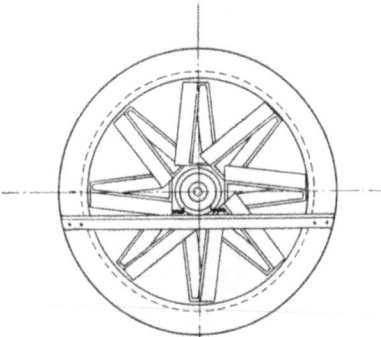

Abb. 18. J. A. John, A.-G., Maschinenfabrik.
Schraubengebläse.

Abb. 19. Winkelsträter & Sure.
Schraubenventilator mit Doppelflügel.

Abb. 21. Theodor Fröhlich.
Schaufelrad für fasriges Material.

Abb. 20. Maschinenfabrik
Augsburg-Nürnberg A.G.
Flügelrad mit Hohlschaufeln.

Gesellschaft für Abwärmeverwertung, Berlin-Reinikendorf Ost, Wilkestr. 25, Gesellschaft für Ventilatorenzug m. b. H., Berlin-Charlottenburg, Wilmersdorferstr. 76, Hugo Greffenius A.G., Frankfurt a. M., Mainzerlandstr. 331, Heinrich Hirzel, Maschinenfabrik G. m. b. H., Leipzig-Plagwitz, Hirzel-Ventilatorenfabrik Urbach & Wenze, G. m. b. H., Leipzig, Gr. Planitzstraße, A. G. Kühnle, Kopp & Kausch, Frankenthal 38 (Pfalz), Ingenieur Levy, Berlin N, Müllerstr. 30,

Abb. 22. Seck Werke, Maschinenfabrik.
Schaufelrad.

Abb. 23. J. A. John, A.-G., Maschinenfabrik. Turbinengebläse.

Abb. 24. Theodor Fröhlich.
Flügelrad des Meteor-Ventilators.

Abb. 25. Maschinenfabrik Kiefer.
Flügelrad.

Abb. 26. Benno Schilde, Maschinenfabrik A.G. Doppelseitiges Flügelrad.

Abb. 27. G. Schiele & Co., G. m. b. H.
Flügelrad eines Schrägschaufelgebläses.

Kreiselrad, G. m. b. H., Weimar 44, F. Mattick, Dresden-A. 24, V. Mohr, Seinsoth & Cie., Berlin - Charlottenburg 4, Mommsenstr. 17, Max Ruhnke, Berlin-Weißensee, Sachse, Ventilatorenbau, Dresden-A. 1, Jahnstr. 6, Siegle & Epple, G. m. b. H., Feuerbach-Stuttgart, H. Spelleken Nachf., Maschinenfabrik, Barmen-Rittershausen, Westfalia-Dinnendahl A. G., Bochum, E. Winkelmüller & Co., Maschinenfabrik, Leipzig-Lindenau, Winkelsträter & Sure, Barmen-Wichlinghausen, Nordstr.

Die Zentrifugalventilatoren werden ein- oder zweiseitig saugend hergestellt. Die Anbringung des Ventilators läßt sich ganz den örtlichen Verhältnissen anpassen; das Gehäuse kann auch um die Antriebswelle drehbar gemacht werden, um die Saug- und Ausblaseöffnung nach den gegebenen Verhältnissen richten zu können. Der Antrieb kann natürlich durch jede Art raschlaufender Kraftmaschine, auch von der Fabriktransmission aus durch Riemen usw. erfolgen, muß aber regelbar sein, so daß der Ventilator mit verschiedener Umdrehungszahl in Betrieb genommen werden kann. Es ist dies notwendig, um die Leistung des Ventilators gegebenenfalls ändern, meist wohl verstärken zu können. Allerdings steigt bei Erhöhung der Drehzahl der Kraftbedarf bedeutend, so daß es wirtschaftlich zweckmäßiger ist, den Ventilator reichlich groß zu wählen. Die vom Ventilator geforderte Leistung an geförderter Luftmenge und erzeugtem Gesamtdruck ergibt die Größe des Schaufelrades und seine Umdrehungsgeschwindigkeit, also die Drehzahl; sie läßt sich durch einen kleineren Ventilator mit sehr rascher Drehung oder durch einen größeren mit geringer Drehzahl erreichen, jedoch nicht mit demselben Wirkungsgrade; dieser wird in ersterem Falle geringer sein als im anderen. Da auch in Hinsicht auf ruhigen Lauf die Wahl zu hoher Umdrehungszahl nicht ratsam ist, wird man im allgemeinen guttun, an Hand der Prospekte von Spezialfirmen sich klarzumachen, welche Wahl unter den gegebenen Verhältnissen am zweckmäßigsten erscheint.

Abb. 28. Turbon-Ventilatoren- und Apparatebau A.G. Turbonlaufrad.

Es ist bei Anwendung der in den Prospekten angegebenen Werte noch zu beachten, daß sie gewöhnlich nur für die Bewegung von Luft mit gewöhnlicher Temperatur bei normalem Barometerstand (z. B. 15° oder 20° C und 760 mm) gelten; für heiße Luft, für Gase, Dämpfe sind die Werte umzurechnen.

Die Leistung in geförderter Luftmenge ist nahezu unbegrenzt, da die Ventilatoren in den größten Abmessungen gebaut werden können. Es lassen sich bei Schraubenventilatoren Luftmengen bis zu 100000 m³ in der Stunde, bei Zentrifugalventilatoren bis zu 1 Million und mehr erzielen. Ventilatoren der Grubenlüftung sind schon bis zu etwa 1,5 Million m³ Leistung gebaut worden. Die Nutzleistung in mkg ergibt sich fast vollkommen genau durch Multiplikation des geförderten Volumens an Luft oder Gas in Kubikmeter und des Gesamtdruckes, der sich als Differenz des hinter und vor dem Ventilator zu messenden Gesamtdruckes in mm Wassersäule darstellt. Der mechanische Wirkungsgrad (Nutzeffekt) des Ventilators allein ist das Verhältnis seiner Nutzleistung zu der ihm zugeführten Leistung. Er ist durch zweckmäßigen Bau der Ventilatoren gegen frühere Ausführungen wesentlich verbessert worden und kann jetzt bei Schraubenventilatoren bis zu 60, bei Zentrifugalventilatoren bis zu 80 % verlangt werden. Der Bau der Ventilatoren muß auch auf die Forderung eines möglichst ruhigen Laufes Rücksicht nehmen, für den neben der Wahl nicht zu hoher Umdrehungszahl, ganz besonders die gute Auswuchtung des Rades sowie seine sichere Lagerung und gute Schmierung ausschlaggebend ist. Neuere Bauarten entsprechen vielfach diesen Bedingungen.

Die Unklarheiten in der theoretischen und praktischen Beurteilung der Ventilatoren sollten beseitigt werden. Um in einem Punkte eine Klärung zu erzielen und damit eine einheitliche Stellungnahme herbeizuführen, hat der Verein Deutscher Ingenieure in Gemeinschaft mit dem Verein Deutscher Maschinenbauanstalten »Regeln für Leistungsversuche an Ventilatoren« bearbeiten lassen, die, nachdem ein erster Entwurf im Jahre 1912 veröffentlicht wurde, nun im Jahre 1925 in erweiterter Fassung vom V.D.I.-Verlag in Berlin SW 19 herausgegeben worden sind. Diese von einer Kommission von Fachmännern ausgearbeitete Schrift enthält neben den Regeln auch Erläuterungen über Druck und Druckmessung, Mengen- und Geschwindigkeitsmessung und Berechnung der Nutzleistung sowie zugehörige Tabellen und eingehenden Nachweis der Literatur, auch Angaben über die Hersteller von Meßgeräten. Die Regeln sind aufgebaut auf Begriffsbestimmungen, die noch nicht allgemein, namentlich nicht in allen Prospekten der Firmen, welche Ventilatoren bauen, eingeführt sind. Es kann hier nicht weiter auf diese Unstimmigkeiten eingegangen, aber der Wunsch ausgedrückt werden, daß eine einheitliche Behandlung im Ventilatorenbau herbeigeführt wird, vielleicht nachdem die Regeln selbst nochmals vom Standpunkte der praktischen Anwendung aus durchgesehen werden.

Von der größten Wichtigkeit sind bei den besprochenen Anlagen die Rohrleitungen, die bei fast allen Entstaubungs- und sonstigen Absaugungsanlagen in oft ausgedehnter Anordnung auszuführen sind und dann die Wirtschaftlichkeit der Anlage zum großen Teil bedingen. Wenn in einem Arbeitsraume von einer größeren Zahl von Maschinen Staubluft, von zahlreichen Betriebsstellen Gase oder Dämpfe abzuleiten sind, dann ist der Kraftbedarf für die Bewegung der Abluft, Gase, Dämpfe, von deren Erzeugungsstelle bis zu der Stelle, wo sie gewöhnlich nach vorher durchgeführter Abreinigung ins Freie treten dürfen, sehr erheblich und kann den Betrieb so kostspielig gestalten, daß hieraus die vielfach vorhandene Abneigung gegen die Anwendung solcher Absaugungsanlagen entsteht. Es muß also der gesamte, in den Leitungen entstehende Widerstand so gering wie möglich gemacht werden, und das ist nur möglich, wenn nur so viel Luft-, Gas-, Dampfmengen abgesaugt werden, als zur Erreichung des Zweckes notwendig ist, wenn ferner die Geschwindigkeiten der Luftbewegung zweckmäßig gewählt werden, so daß die Absaugung in genügendem Maße erfolgt, aber auch nicht unnötig stark wird, und wenn schließlich die Widerstände, wie sie durch Reibung, Wirbelbildung, Geschwindigkeitsänderungen, Druckverluste entstehen, durch die Gestaltung der Leitungen, ihre Anschlüsse und der eingeschalteten Regelungsvorrichtungen, aber auch durch richtige Abmessungen soweit wie technisch möglich vermindert werden. Es ist zu zu bedenken, daß der Ventilator im Saugrohr einen Unterdruck, im Druckrohr einen Überdruck erzeugen muß; beide haben am Ventilator ihren größten Wert und nehmen gegen das Ende der Rohrleitungen hin ab infolge der Widerstände. Wenn an die zum Ventilator führenden Hauptleitungen nun Zweigleitungen angeschlossen werden, wie es gewöhnlich der Fall ist, dann werden die Weiten dieser Röhren unter Beachtung der geringeren Drücke zu bestimmen sein, wenn sie eine bestimmte Menge Luft absaugen oder ausströmen sollen. Die Berechnung solcher Rohrnetze, wie sie hauptsächlich bei Absaugungsanlagen zu schaffen sind, um an einer größeren Zahl von Maschinen oder anderen Betriebseinrichtungen bestimmte Mengen Staubluft oder Gase abzusaugen, ist sehr schwierig, um so mehr als nicht nur die Bestimmung der an jeder Stelle abzusaugenden Luftmenge lediglich aus der Erfahrung sich ergibt, sondern auch die Geschwindigkeit, mit der die Absaugung erfolgen muß, um Staub usw. mitzureißen, sich nur erfahrungsgemäß bemessen läßt. Aber wenn auch diese Werte bekannt sind, so ist es ziemlich umständlich und schwierig, für ein Rohrnetz die Abmessungen so zu ermitteln, daß an jeder Zweigstelle die Absaugung in richtigem Maße und nur mit den geringsten möglichen Widerständen erfolgt. Auch die Anordnungen der Leitungen in ihrer Zusammenführung ist von großer Wichtigkeit. Wenn es bau- und betriebstechnisch keine Schwierigkeiten macht, wird man Gase und Dämpfe, die leichter als Luft sind, nach oben absaugen, schwerere Gase nach unten, namentlich wenn sie nicht unmittelbar an der Entstehungsstelle abgefangen werden können. Die Gesamtanordnung der Leitungen wird zweckmäßig so erfolgen, daß der Exhaustor möglichst zentral zu den

Absaugestellen liegt, die Rohrleitungen möglichst geradlinig und kurz, unter Vermeidung vieler Bögen verlaufen.

Oberingenieur Prandtl, jetzt Professor an der Göttinger Universität und Leiter des Kaiser-Wilhelm-Instituts für Strömungsforschung in Göttingen, hat vor Jahren auf den wirtschaftlichen Vorteil hingewiesen, der bei Rohrleitungen sich durch die Einführung der einzelnen Saugröhren in die Sammelleitung in sehr spitzem Winkel erzielen läßt. Nach dieser Anregung werden jetzt überall die Leitungen so ausgeführt, wie die Abb. 29, 31 bis 33 veranschaulichen, von denen Abb. 29 eine besondere Formung der Einführung einer Saugleitung in die Sammelleitung darstellt, wie sie von Winkelsträter & Sure, Maschinenfabrik in Barmen-Wichlinghausen, angewendet

Abb. 29. **Winkelsträter & Sure.** **Rohreinführung.**

wird. Prandtl hat auch ein Verfahren zur Berechnung des Rohrnetzes von Absaugeanlagen ausgearbeitet, das aber von der Maschinenfabrik Augsburg-Nürnberg (S. 15) als Fabrikgeheimnis gehütet und nicht veröffentlicht worden ist.

Die Geschwindigkeiten, mit denen bei Entstaubungsanlagen die Staubluft abgeführt werden muß, sind sehr verschieden und gewöhnlich groß. So ist z. B. bei der Absaugung von Holzstaub eine Geschwindigkeit von 10 m, für Holzspäne je nach ihrem Feuchtigkeitszustande von 16 bis 25, für Textilstaub von 10 bis 15 m in der Sekunde zu erzeugen. Die Röhren werden gewöhnlich aus Schwarzblech, vielfach verzinkt, nötigenfalls auch verbleit, ferner vernietet, geschweißt, gefalzt hergestellt. Für Bögen werden auch Metallschläuche verwendet.

Abb. 30. Alfred Wasmuth, G. m. b. H. u. Co. Absaugungsanlage für Flachskarden.

Als Beispiele für die verschiedene Anordnung der Rohrleitungen sind in den Abb. 30 bis 33 einige Ausführungen für verschiedene Betriebsarten veranschaulicht; die Bilder sollen hauptsächlich die verschiedene Anbringung der Absaugeleitungen zeigen, wie sie sich aus örtlichen und Betriebsverhältnissen ergibt.

Um die Einführung von Luft in den Arbeitsraum möglichst zugfrei zu gestalten, kann die Ausmündung der Zuleitung so gestaltet werden, daß der Luftstrom sich schnell ausbreitet. Als ein Beispiel für eine solche Formung veranschaulicht Abb. 34 den Anemostaten, den Alfred Waßmuth, G. m. b. H. u. Co. (S. 17) herstellt und der durch seine mehrfachen trichterförmigen Austrittsöffnungen die Luft nach allen Richtungen vorwärts leitet.

Wichtig ist auch die Formung und Anbringung der Hauben, die an den Maschinen und anderen Betriebseinrichtungen oder in deren Nähe anzubringen sind, um die abzuleitenden Luft-, Gas-, Dämpfemengen aufzunehmen und in die Absaugeleitungen überzuführen. Wie für die letzteren ist für die Auffang- oder Saughauben die Forderung zu erfüllen, daß sie möglichst wenig Widerstand ergeben. Sie müssen ferner die abzusaugenden Stoffe so vollkommen wie möglich aufnehmen und dürfen dabei doch nicht das Arbeiten an den Betriebseinrichtungen hindern. Bei den zahlreichen Arten, Formen und Betriebsweisen der letzteren wird daher gerade die Formung und Anbringung der Absaugehauben fachmännische Überlegung erfordern. Vielfach läßt sich die Auffangevorkehrung mit dem Maschinengehäuse unmittelbar verbinden, manchmal sogar dieses so gestalten, daß die Absaugeleitung unmittelbar angeschlossen werden kann. In anderen Fällen ist eine Verbindung undurchführbar, die Absaugehaube ist dann möglichst nahe an der Betriebsstelle anzuordnen, manchmal

Abb. 31. **Maschinenfabrik Augsburg-Nürnberg A.G. Absaugung an Schleifmaschinen.**

sogar derart, daß sie teleskopartig verschiebbar, weggeschwenkt, weggeklappt oder in einfacher Weise ganz weggenommen werden kann, um die Bedienung nicht zu beeinträchtigen. In jedem Falle wird es geraten sein, auch die Lösung dieser technischen Aufgabe Sachverständigen, also den Firmen, welche im Bau von Absaugeanlagen große Erfahrung haben, zu überlassen.

Den Bau von Lüftungsanlagen übernehmen die meisten Firmen, welche Zentralheizungen ausführen. Entstaubungs- und Absaugungsanlagen werden dagegen meist nur von Firmen gebaut, welche diesen Fabrikationszweig als Spezialität betreiben. Nachstehende Liste gibt eine Reihe solcher Firmen an:

W. F. L. Beth, Maschinenfabrik A. G., Lübeck, Danneberg & Quandt (S. 15), Deutsche Luftfilter-Baugesellschaft Berlin-Halensee, Schweidnitzer-Str. 11 bis 15, Eisenwerk Kaiserslautern, Kaiserslautern (Pfalz), Th. Fröhlich (S. 20), Hartmann, A.G., Offenbach a. M., J. A. John (S. 12), Intensiv-Filter-Gesellschaft m. b. H., Barmen, Gebr. Körting, Hannover-Linden, Maschinenfabrik Augsburg-Nürnberg (S. 15), Maschinenbauanstalt Humboldt (S. 17), Maschinenfabrik Kiefer (S. 17), P. Pöllrich & Co., G. m. b. H., Ventilatoren- und Maschinenfabrik, Düsseldorf, Seck Werke (S. 20), B. Schilde (S. 20), Schulz & Schultz,

Abb. 32. Benno Schilde, Maschinenbau A.G. Entstaubung einer Schleiferei.

Abb. 33. Seck Werke, Maschinenfabrik. Entstaubung einer Holzbearbeitungsfabrik.

Dresden-A., Biedermannstr. 4/6, Turbon Ventilatorbau (S. 20), Telex Apparatebau G. m. b. H., Frankfurt a. M., Gr. Gallusstr. 2, Albert Wagner, Ludwigshafen
a. Rh., E. W. Winkelmüller & Co. (S. 23), Winkelsträter und Sure (S. 23).

Die Baustoffe, aus denen Ventilatoren, Leitungen, Absaugehauben hergestellt
werden, richten sich nach der Beschaffenheit der von ihnen zu bewegenden Luft, Gase,
Dämpfe. Meistens kann Schwarzblech und Gußeisen angewendet werden, in einzelnen
Fällen ist sogar säurefester Ton zu nehmen.

Abb. 34. Alfred Wasmuth G. m. b. H. u. Co. Anemostat.

Die Reinigung der den Arbeitsräumen zuzuführenden Luft von Staub, die Ausscheidung von Schwebeteilchen aus der bei zahlreichen Betriebsvorgängen verunreinig-
ten abzuführenden Luft und aus Gasen und Dämpfen, die bei den verschiedensten
Industriezweigen im normalen Betriebe entstehen, läßt sich auf mannigfache Weise
durchführen, mehr oder minder erfolgreich in der Wirkung und in der Wirtschaftlichkeit. Es ist daher dringend geraten, für die Planung und Ausführung einer Reinigungs-
anlage Firmen, welche darin besondere Erfahrung besitzen, zuzuziehen, um so mehr,
als theoretische Betrachtungen und Berechnungen nicht zum Ziele führen und von
Fall zu Fall das geeignetste Verfahren ermittelt werden muß. Die nachfolgenden Angaben können auch nur einen Überblick geben und nur im allgemeinen andeuten, für
welche Fälle die einzelnen Verfahren in Frage kommen können.

Staubkammern, in denen der Luft- oder Gasstrom eine sehr geringe Geschwindigkeit annimmt, so daß der mitgeführte Staub sich absetzt, ergeben nur eine meist ungenügende Reinigung, die etwas verbessert werden kann durch eingesetzte Wände, gegen die der Luftstrom prallt. Ebensowenig wirksam sind Staubfänger, die in die Luft- oder Gaskanäle eingebaut werden und an deren rauher Oberfläche die vorbeistreichende Luft mitgeführten Staub absetzt. Feinmaschige Drahtnetze können in besonderen Fällen zweckmäßig sein, um als Vorfilter gröberen Staub und andere Teilchen aufzufangen.

Eine stärkere Wirkung haben Filter, bei denen zwischen Drahtnetzen oder gelochten Wänden eine Schicht von Kies, Koksstückchen, Steinschlag, Holzwolle, Hanffaser, Kokosfaser, Watte gelagert ist. Diese Filter ergeben einen ziemlich erheblichen Widerstand für den durchgeleiteten Luft- oder Gasstrom und sind schwer zu reinigen. F. Xaver Haberl in Berlin W 30, Luitpoldstr. 19, liefert Filter, die eine aus getrennt herausnehmbaren Einsätzen bestehende Wand bilden. Diese Einsätze bestehen aus einem Eisengehäuse, in dem zwischen einem aufklappbaren, weitmaschigen Gitter auf der Lufteintrittseite und einem gelochten Blech auf der Austrittseite Watte oder Holzwolle gepackt ist. Als Vorfilter werden diese Einsätze mit verzinktem, feinem Drahtgewebe oder gerieffeltem Bleche versehen. Eine andere Ausführungsform der genannten Firma ist in Abb. 35 gezeigt.

Ein großes Anwendungsgebiet haben die Gewebe- oder Tuchfilter, bei denen der Luft- oder Gasstrom durch einen dichten Baumwollstoff getrieben wird, so daß der Staub sich an dessen Fasern ablagert. Die Filterflächen werden versetzt hintereinander angeordnet, so daß die Luft durch einige Gewebeflächen dringen muß. Eine andere Anordnung zur Unterbringung einer größeren Filterfläche bildet die zickzackförmige Einspannung (Abb. 36 nach der Ausführung von F. X. Haberl). Eine noch weitergehende Zusammendrängung einer größeren Filterfläche auf verhältnismäßig kleinem Raume ergibt das Taschenfilter, wie es von Dr. K. Möller angegeben worden ist und von K. und Th. Möller, G. m. b. H., Brackwede i. W., ferner von der vorgenannten Firma F. X. Haberl, von W. F. L. Beth, Lübeck (S. 26) u. a. geliefert wird.

In der Ausführung von K. und Th. Möller besteht das Filter entweder aus einzelnen Taschen, oder diese bilden ein zusammenhängendes Tuch, das zickzackförmig in einen Rahmen eingesetzt wird. Die Taschen werden durch Gestelle gespannt und mit dem Rahmen in Mauerwerk oder in Holz- oder Eisengehäuse eingebaut (Abb. 37). Die Luft wird gegen die Außenseite der Taschen getrieben, so daß der Staub sich dort absetzt und die gereinigte Luft aus dem Innern der Taschen in den sie weiterführenden Kanal gelangt. Eine andere Ausführungsform der oben genannten Firma F. X. Haberl zeigt Abb. 38.

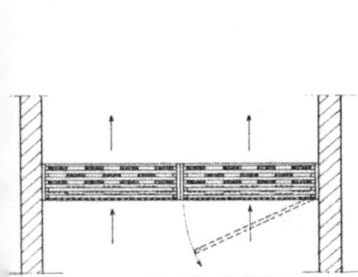

Abb. 35. F. Xaver Haberl, Spezialgeschäft für Luftfilter. Stoffloses Filter.

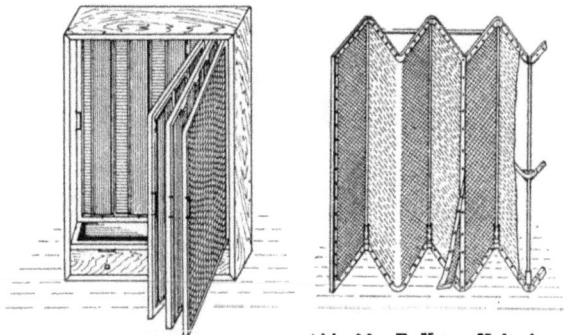

Abb. 36. F. Xaver Haberl, Spezialgeschäft für Luftfilter. Zickzackfilter.

Diese Taschenfilter bieten in reinem Zustande nur einen geringen Widerstand, der aber natürlich mit der allmählich entstehenden Verstopfung der Poren wächst. Wenn er auf 6 mm WS gestiegen ist, wird zweckmäßig eine Reinigung der Tücher durch Abklopfen, Abbürsten oder Staubsauger vorgenommen. Eine nach längerer Zeit notwendig werdende gründliche Reinigung läßt sich durch chemisches Waschen erzielen. Die Taschenform hat auch bei anderen Bauarten der Filter Anwendung gefunden, so z. B. bei dem von Gustav Blaß & Sohn in Caternberg (Rheinland) ausgeführten Trommelfilter.

Ausgedehnte Anwendung finden ferner die Schlauchfilter, wie sie z. B. von W. F. L. Beth (S. 26), den Seck Werken, Maschinenfabrik in Dresden, der Maschinenbauanstalt Luther, A.G., in Braunschweig, der Intensiv-Filter-Gesellschaft (S. 26) ausgeführt werden. W. F. L. Beth baut Filter (Abb. 39), bei denen in runden oder viereckigen Gehäusen mehrere schwachkonische Schläuche nebeneinander angeordnet sind und die Staubluft entweder von einem Ventilator durchgedrückt oder durchgesaugt wird, und zwar bei beiden Anordnungen von innen nach außen, so daß der Staub sich im Innern absetzt. Die Abreinigung erfolgt in bestimmten Zeiträumen abteilungsweise mechanisch dadurch, daß stets einige Schläuche gerüttelt werden, beim Saugschlauchfilter auch die Luftströmung umgekehrt wird, also die Luft von außen nach innen dringt und den durch das Rütteln locker gewordenen und noch nicht herabgefallenen Staub abbläst. In den Ausführungen der Intensiv-Filter-Gesellschaft sind die Schläuche ähnlich in Gehäusen angebracht und werden auch durch eine Rüttelvorrichtung abgereinigt. Beim Saugfilter (Abb. 40) wird auch ein Gegenluftstrom zur Verstärkung der Reinigung durchgeleitet. Beim Druckfilter wird durch Umschalten der Luftführung ein Strom gereinigter Luft aus der Abteilung, die neben der zu reinigenden liegt, den Schläuchen der letzteren zugeleitet, um die Reinigungswirkung zu erhöhen. Diese Druck- oder

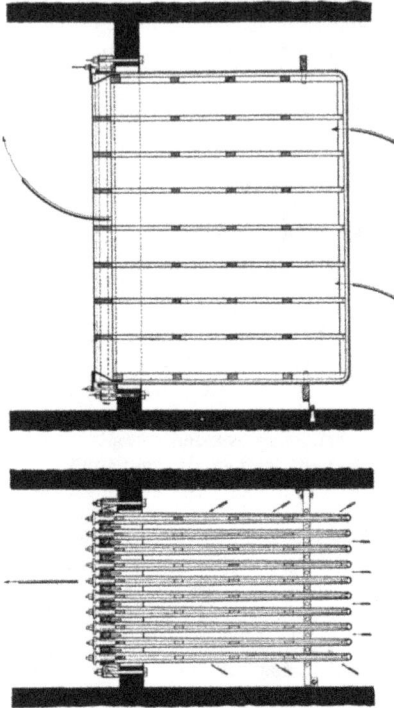

Abb. 37. K. u. Th. Möller, G. m. b. H. Taschenfilter.

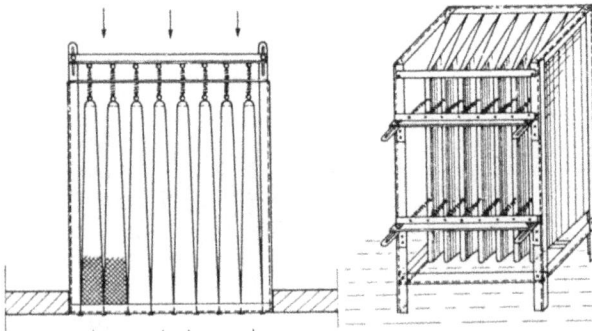

Abb. 38. F. Xaver Haberl, Spezialgeschäft für Luftfilter. Taschenfilter.

Umluftfilter (Abb. 41) wirken mit der ganzen, vom Ventilator erzeugten Luftpressung, die Abreinigung erfolgt daher stärker, so daß diese Filterart für schwieriger zu entfernenden Staub angewendet werden kann. Die Seck Werke, Dresden, bauen Schlauchfilter, durch deren Schlauchgruppe die Staubluft durchgesaugt wird; die Abreinigung der Schläuche erfolgt durch mehrmaliges Schütteln und durch umgekehrte Luftführung, so daß Luft von oben nach unten und dabei durch die Schläuche von außen nach innen zieht und den durch das Schütteln gelockerten Staub mit nach dem Sammelrumpf reißt.

Die Wirkung der Gewebefilter hängt natürlich von der Art des Filterstoffes, von seiner Porenweite und Faserung, von der Geschwindigkeit, mit der die zu reinigende Luft oder das Gas auf das Gewebe trifft, und von der Größe der Filterfläche ab, die auf den Kubikmeter der durchgetriebenen Luft- oder Gasmenge entfällt. Der Widerstand der Taschenfilter ist anfangs bei vollkommen reinem Filterstoff sehr gering, wächst

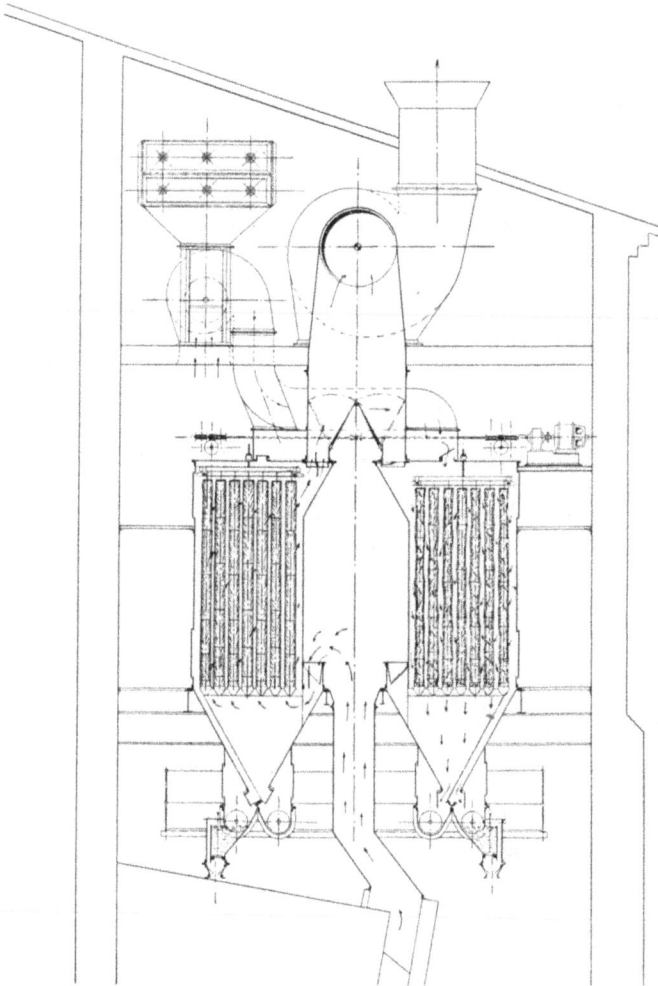

Abb. 39. W. F. L. Beth Maschinenfabrik. Schlauchfilter.

aber dann mit der Verstaubung. Es ist noch zu bemerken, daß Gewebefilter sich nur für Luft und Gase bis zu etwa 80⁰ Temperatur und ferner nur zur Reinigung ganz trockener Luft und Gase eignen, da sonst die Poren sich verkleben und die Stoffe auch faulen können. Will man bei Staubluft, die etwas feucht ist, doch Gewebefilter benutzen, so wäre sie vorher anzuwärmen, um den Feuchtigkeitsgrad zu vermeiden.

Druckfilter eignen sich besonders für sehr feinen Staub; bei ihnen wirkt die ganze Saugkraft des hinter dem Filter angebauten Ventilators auf die Staubquellen. Saugfilter haben bei undichtem Gehäuse den Übelstand, daß auch Luft von außen durch das Gehäuse eingesaugt, die Saugwirkung auf die Schläuche also beeinträchtigt wird.

Bei Schlauchfiltern kann man rechnen, daß je nach Art, Menge und Beschaffenheit des abzuscheidenden Staubes und nach dem verlangten Reinheitsgrad der gereinigten Abluft mit 1 m² Filterfläche 100 bis 300 m³ Staubluft stündlich verarbeitet werden können, wobei der Widerstand etwa 15 bis 50 mm WS beträgt.

Während des Krieges bestanden große Schwierigkeiten für die Beschaffung des Filtergewebes. Es mußte daher ein Ersatz geschaffen werden, der in der Verwendung von Metall in Form von geschichteten Körpern und gelochten Blechen gefunden wurde, die eine Benetzung mit Öl erhielten, an dem die abzuscheidenden Staubteilchen sich absetzen. Das Öl muß rein, stark staubbindend, geruchlos, säurefrei und unentzündlich sein. Diese Metallfilter sind in den letzten Jahren in verschiedenen Bauarten zur ausgedehnten Anwendung gelangt. Auf dem XI. Kongreß in Berlin 1924 hat Dr.-Ing. Berlowitz einen Vortrag über Versuche an Metallfiltern zur Luftentstaubung gehalten und dabei die verschiedenen Bauarten mitgeteilt, sowie auch eingehende Angaben über ihre reinigende Wirkung gemacht. Es genügt hier daher, ganz kurz nur einen Überblick über die jetzt zur Ausführung gelangenden Konstruktionen zu geben.

Die schon genannte Firma F. X. Haberl liefert Filter, die in Blechgehäusen zwei Einsätze haben, von denen erstere aus einigen Lagen schräggestellter Bleche besteht, die als Vorfilter wirken, die zweite versetzt angeordnete gelochte Bleche enthält, die mit Öl berieselt werden.

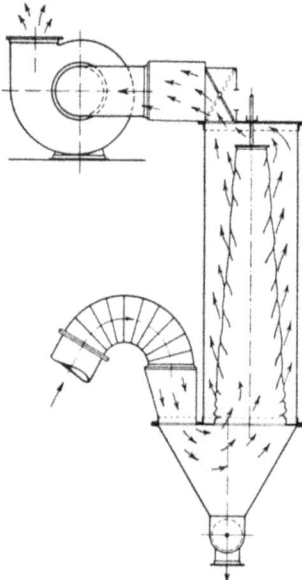

Abb. 40. Intensiv-Filter-Gesellschaft m. b. H. Saugfilter.

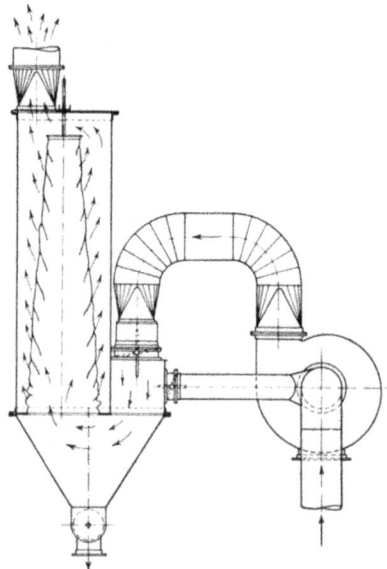

Abb. 41. Intensiv-Filter-Gesellschaft m. b. H. Umlauffilter.

Abb. 42. Deutsche Luftfilter Baugesellschaft m. b. H. Einzelzelle eines
Ringfilters.

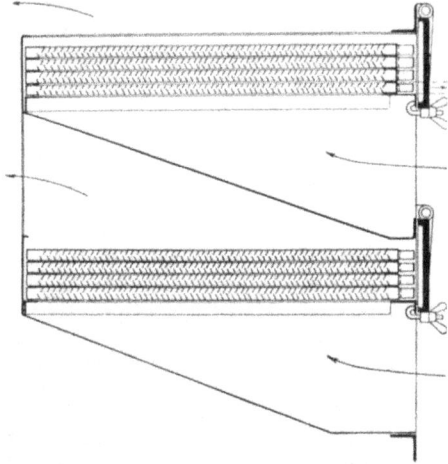

Abb. 44. W. Bartel G. m. b. H. Luftfilter mit wagrechten
Filterplatten.

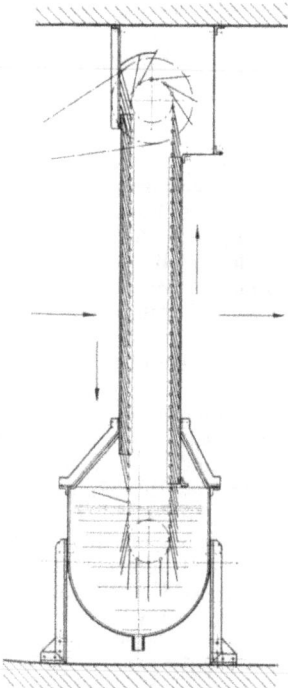

Abb. 43. Deutsche Luftfilter-
Baugesellschaft m. b. H. Bewegliches Gliederbandfilter.

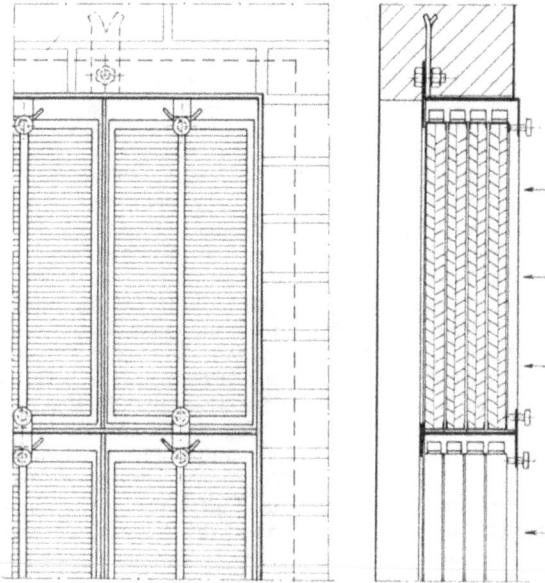

Abb. 45. W. Bartel G. m. b. H. Luftfilter mit stehenden
Filterplatten.

Die Deutsche Luftfilter-Baugesellschaft m. b. H. in Berlin W 66, Mauerstraße 83/84, verwendet in ihrem Delbag-Viscin-Filter (Abb. 42) als Füllgut Raschigringe, gewöhnlich aus kupferplattiertem Eisen, die sich regellos lagern und mit Öl benetzt werden. Diese Ringe werden zwischen zwei parallelen Siebwänden gelagert, die mit einem Rahmen einen Einsatz bilden, so daß die benötigte Filterfläche aus einer entsprechenden Zahl solcher Einsätze zusammengebaut wird, die dabei eine lotrechte Wand bilden. Um auf einem bestimmten Kanalquerschnitt eine größere Filterfläche zu erhalten, werden die Einsätze auch schräg übereinander gelagert, wobei entweder als Füllgut gewellte oder mit eingepreßten Nuten versehene Platten verwendet werden, die in einem Rahmen übereinander in einem Abstand von wenigen Millimetern lagern und für den durchgetriebenen Luftstrom einen vielfach abgelenkten Weg bieten, auf dem er mit dem Benetzungsöl in Berührung kommt, oder es werden wieder Ringe eingelegt. Eine dritte, namentlich bei Abscheidung von fasrigem Staub zur Anwendung gelangende Bauart ist das Delbag-Gliederbandfilter (Abb. 43), das aus Gliederbanddrahtlagen besteht, die vorhangartig in einen Rahmen gehängt werden, wobei dann die ersten beiden Lagen trocken bleiben und eine Vorabscheidung gröberer Teile bewirken, die anderen dann benetzt werden. Dieses Filter wird auch beweglich gebaut, um die Bandplatten durch ein Ölbad zur Reinigung und neuen Benetzung laufen zu lassen. Abgesehen von dieser selbsttätigen Reinigung werden die Filtersätze nach längerem Gebrauch in besonderen Apparaten ausgewaschen.

W. Bartel, G. m. b. H., Luftfilterbau, Berlin-Steglitz, Menckenstr. 23, baut Stufen-Luftfilter, bei denen einige gewellte und gelochte, ölbenetzte Metallplatten wagerecht übereinander oder lotrecht hintereinander in einem Einsatz gelagert werden (Abb. 44 u. 45). Bei der erstgenannten Bauart wird zur Entfernung des abgeschiedenen Staubes die unterste Platte herausgezogen, die übrigen sinken dann durch ihr Eigengewicht nach. Bei der anderen Bauart wird die vorderste Platte herausgenommen und eine gereinigte Platte in die letzte Stufe geschoben, wobei dann die andern sich nach vorn schieben.

Alfred Budil, G. m. b. H., Luftfilterbau in Berlin-Tempelhof, Hohenzollernkorso 1, verwendet bei dem Luftfilter »Purator« ölbenetzte Ringe, Profilrohre und Platten in Einsätzen (Filterelemente), die an einem Winkeleisenrahmen angehängt werden, so daß sie zur Abreinigung der Einlagen sich leicht abnehmen lassen. Die Einsätze haben einen gelochten Boden und einen ausziehbaren Deckel. Abb. 46 bis 48 veranschaulichen die drei Ausführungsformen. Bei dem Ringfilter tritt die Staubluft von unten ein und durchzieht die etwa 80 mm hohe Filterschicht. Beim Plattenfilter strömt sie durch die Zwischenräume der etwas schräg gelagerten Platten, deren eingepreßte Nuten sie in einem Abstand von einigen Millimetern halten.

Die bereits genannte Firma K. & Th. Möller (S. 29) baut neuerdings Doppelzellen-Luftfilter (Abb. 49). Bei ihnen sind je zwei mit ölbenetzten Platten besetzte Zellen übereinander angeordnet. Eine der zu reinigenden Luftmenge entsprechende Anzahl von Doppelzellen wird in einem Rahmen schräg eingesetzt. Die Staubluft durchzieht die beiden Zellen, von denen die eine als Vor-, die andere als Nachfilter wirkt. Die Platten sind derart mit eingepreßten Nuten versehen, daß sie sich in einem geringen Abstand übereinander lagern und die sich kreuzenden Nuten die Luft zwingen, einen vielfach abgelenkten Weg zu durchströmen. Eine selbstwirkende Abreinigung ergibt die andere, von der genannten Firma schon seit längerer Zeit hergestellte Bauart, das Phönixfilter. Die Filterplatten bilden dabei ein endloses Umlaufband und sind mit mehreren quer zur Luftrichtung verlaufenden Erhöhungen versehen. Das über Umlaufräder gelegte Band (Abb. 50) wird zeitweise durch Drehen des oberen Rades mittels Handkurbel oder eines Elektromotors langsam durch ein Ölbad gezogen, dadurch also benetzt und gereinigt.

Abgesehen von den Bauarten mit selbsttätiger Abreinigung müssen die Metallfilter nach einer durch die Erfahrung bestimmten Zeit in einem Ölbade abgespült werden, nachdem sie vorher abgeklopft worden sind. Die erwähnten, mit Einsätzen ausgebil-

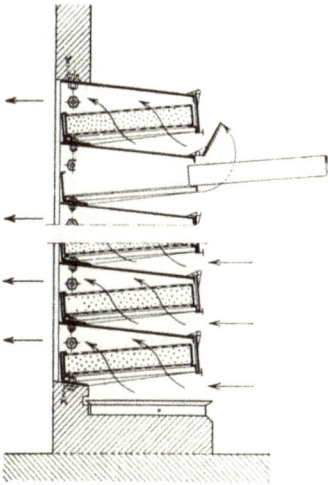

Abb. 46. **Alfred Budil, G. m. b. H.**
Ring-Luftfilter.

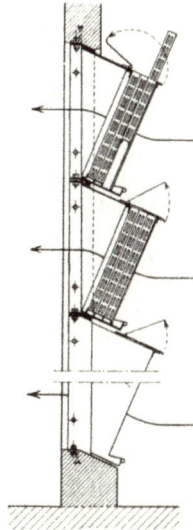

Abb. 48. **Alfred Budil,**
G. m. b. H. Turbo-Luftfilter.

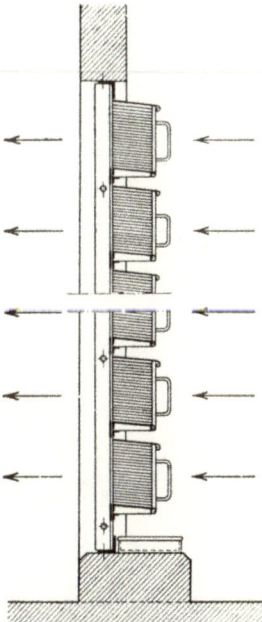

Abb. 47. **Alfred Budil, G. m. b. H.**
Platten-Luftfilter.

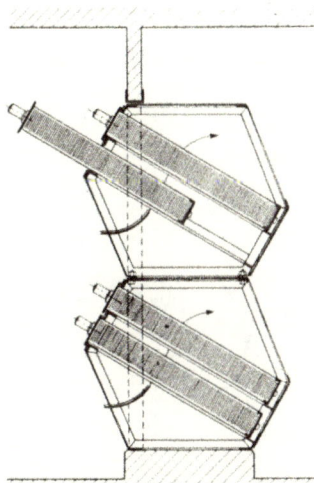

Abb. 49. **K. & Th. Möller, G. m. b. H.**
Stufenfilter.

deten Filterformen ermöglichen, daß die Abreinigung immer nur an einem Teil des Filters vorzunehmen ist und durch Einfügen gereinigter Reserveplatten der Betrieb nicht unterbrochen zu werden braucht.

Die Geschwindigkeit, mit der die Luft durch Metallschichtfilter getrieben wird, läßt sich zu 1 bis 2 m in der Sekunde, gemessen zur Filterfläche annehmen. Der Widerstand, den solche Filter dem Luftstrom entgegensetzen, beträgt etwa 6 bis 10 mm WS.

Zur Abscheidung gröberer Teile, wie besonders der Späne und des Sägemehls, die bei den Holzbearbeitungsmaschinen in großen Mengen entstehen und ein gut verwertbares Brennmaterial darstellen, ferner auch von Flocken, Hülsen, Schalen, wie sie in Mühlen abfallen, eignen sich besonders die auch als Zyklon bezeichneten, verhältnismäßig einfachen Vorrichtungen, in denen die von der Abluft mitgeführten Teilchen durch entstehende Zentrifugalwirkung gegen die Wandung des Apparats geschleudert werden und sich dort ausscheiden. Diese Zyklone können in den größten Abmessungen hergestellt werden, bedürfen keiner Bedienung und haben eine lange Haltbarkeit. In den zuerst ausgeführten Formen erzeugten sie allerdings einen großen Widerstand. Nachdem aber Professor Prandtl schon vor längerer Zeit gezeigt hatte, daß durch eine zweckmäßige Bauart der Widerstand ganz bedeutend vermindert werden konnte, sind die neueren Ausführungen für genannten Zweck wohl als durchaus geeignet

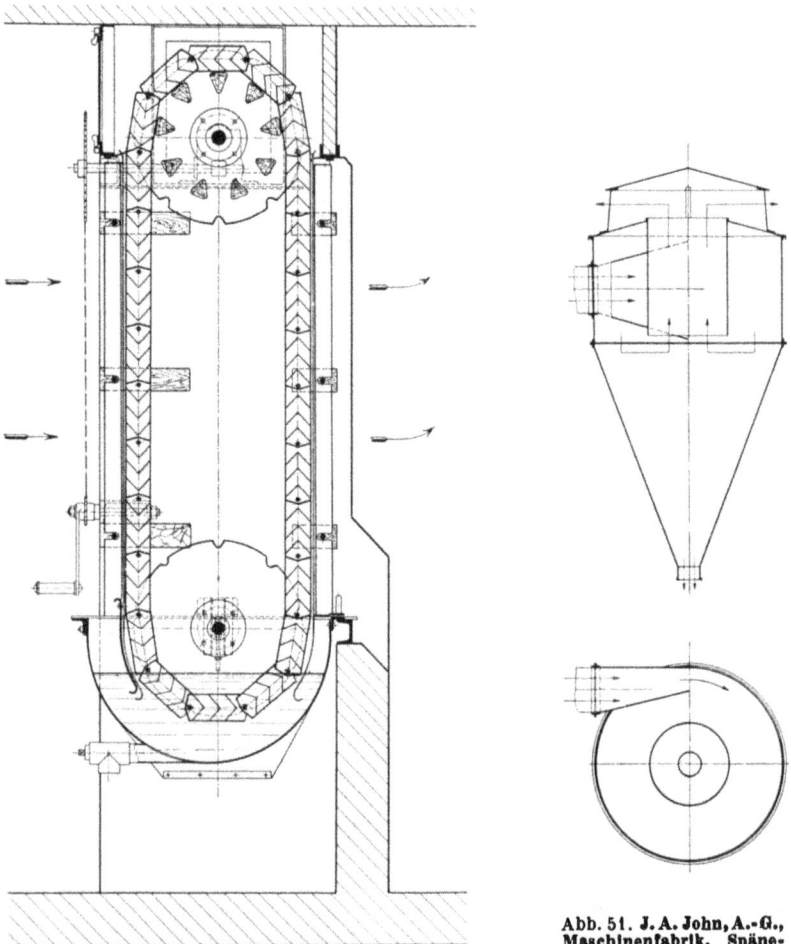

Abb. 50. K. & Th. Möller, G. m. b. H. Phönixfilter.

Abb. 51. J. A. John, A.-G.,
Maschinenfabrik. Späne-
und Staubabscheider.

zu bezeichnen. Die Staubluft wird vom Ventilator durch ein an den Zyklon oben tangential anschließendes Rohr mit einer Geschwindigkeit von mehreren Metern in ein Blechgefäß getrieben, wirbelt in diesem herum, wobei sich die mitgeführten Teilchen aus scheiden, um dann durch ihre Schwere an der Wandung herabzurutschen und unten entweder in eine Vorrichtung zur Wegschaffung, z. B. in eine Transportschnecke zu fallen oder von Zeit zu Zeit aus dem Zyklon durch Öffnen eines Schiebers abgezogen zu werden. Die von Prandtl angegebenen und zunächst von der Maschinenfabrik Augsburg-Nürnberg (S. 15), jetzt aber in mehr oder weniger gleichen Formung von verschiedenen Firmen hergestellten Verbesserungen betreffen die Gestaltung der Zuleitung der Staubluft und der Ableitung der gereinigten Luft. Damit die oben tangential eintretende Staubluft so geführt wird, daß sie nicht gegen die neu zuströmende wirkt, sondern unter ihr durchgeht, ist die Luftzuleitung als ein schraubenförmig gewundener Kanal einmal im Kreise herumgeführt, oder es wird ein spiralförmiger Blechstreifen zur Luftleitung eingesetzt. Ferner ist ein Leitschaufelapparat eingefügt, so daß der kreisende Strom der gereinigten Luft in die senkrechte Ausströmrichtung übergeführt wird. Dieser Apparat wird auch verstellbar angeordnet, um die Luftbewegung zu regeln. Wird der Zyklon im Freien aufgestellt, so wird er mit einem Regenhut gekrönt, der auch so ausgestaltet werden kann, daß er den Eintritt von Wind verhindert.

Einige Ausführungsformen von J. A. John (S. 12), Maschinenfabrik Augsburg-Nürnberg (S. 15), Paul Pollrich & Co. (S. 26), Telex Apparatebau (S. 28), sind in den Abb. 51 bis 54 veranschaulicht; Abb. 55 zeigt die Aufstellung eines Späneabscheiders mit Bunker und Umschaltkasten nach dem entfernt befindlichen Kesselhaus nach einer Ausführung von Danneberg & Quandt (S. 15).

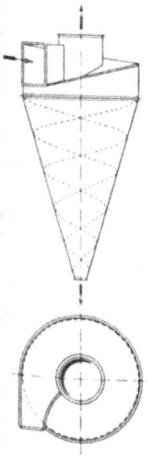

Abb. 52. Telex Apparatebau. Zentrifugalabscheider.

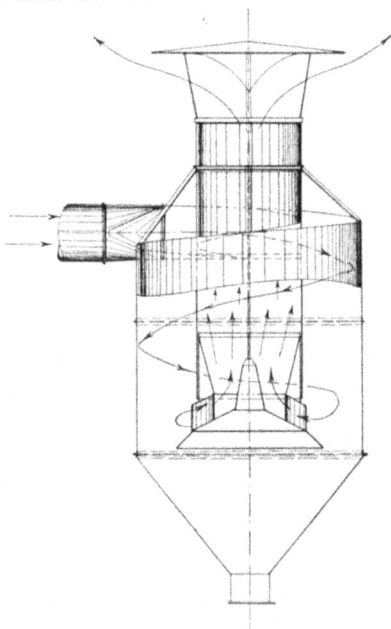

Abb. 53. Paul Pollrich & Co. Staubabscheider.

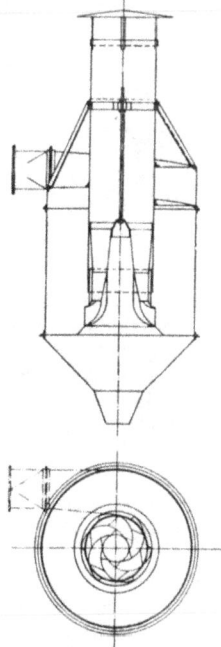

Abb. 54. Maschinenfabrik Augsburg-Nürnberg A.G. Abscheider.

Die Verwendung hochgespannter Elektrizität ist in den letzten Jahren zu ausgedehnter Anwendung gekommen, fast ausschließlich zur Reinigung von Gasen und Dämpfen von mitgeführtem Staub, Rauch und Nebeln zum Zweck, die Verunreinigung sowie die gesundheitliche und wirtschaftliche Schädigung der Umgebung des Betriebes zu verhüten, vielfach aber auch, um die Schwebestoffe wiederzugewinnen und damit erhebliche wirtschaftliche Vorteile zu erzielen. Da diese elektrische Reinigung auch bei sehr heißen, sauren und ätzenden Gasen und Dämpfen verwendbar ist, so eignet sie sich besonders zur Anwendung in der Hütten- und chemischen Industrie, wird aber immer mehr auch in anderen Industriezweigen ausgeführt. Sie beruht im wesentlichen darauf, daß das zu reinigende Gas mit etwa 0,8 bis 1,5 m Geschwindigkeit zwischen Elektroden durchgetrieben wird, von denen der einen Gleichstrom von etwa 50000 Volt Spannung zugeleitet wird. Aus dieser als Draht, Drahtnetz oder sonst geeignet gestalteten, isoliert befestigten Ausströmer- oder Sprühelektrode strömt die hochgespannte Elektrizität zu der geerdeten röhren- oder plattenförmigen Abscheide- oder Niederschlagselektrode über, wobei die dazwischen durchgetriebenen Schwebestoffteilchen elektrisch geladen und von der Anode angezogen werden, an der sie sich absetzen, so daß sie von selbst oder unter Wirkung einer Schüttelvorrichtung abfallen und sich dann in einem unter den Elektroden angebrachten Trichter oder Graben sammeln, aus dem sie durch Ausfallverschlüsse oder Förderschnecken abgezogen werden. Die Verfahren, wie sie namentlich von der Lurgi Apparatebau-Gesellschaft m. b. H. in Frankfurt a. M., Gervinusstr. 17/19, von den Siemens-Schuckert-Werken in Berlin-Siemensstadt, von der Oski-Aktiengesellschaft in Hannover, Friedrichstr., und von der Telex Apparatebau-Gesellschaft in Frankfurt a. M., Gr. Gallusstr. 9, ausgeführt werden, unterscheiden sich hauptsächlich in der Ausbildung der Elektroden. Die Lurgi-Gesellschaft verwendet als Sprühelektroden glatt gespannte Drähte, als Niederschlagselektroden Röhren besonders für die Reinigung metallurgischer Gase und ebene oder gewellte Platten oder Siebe für andere Zwecke. Abb. 56 veranschaulicht die Anordnung einer Rohrgruppe. Das Rohgas tritt in die obere Sammelkammer einer Rohrgruppe ein, durchzieht diese, dann eine zweite und strömt aus dem oberen Sammelraum der letzteren ab. Der an den Rohrwänden sich abscheidende Niederschlag fällt von selbst oder unter Nachhilfe einer Klopfvorrichtung in die Staubbunker. Die mit Platten ausgerüsteten Apparate werden in liegender oder stehender Anordnung ausgeführt, wie die Abb. 57 und 58 veranschaulichen. Der Gasstrom wird bei ersterer wagerecht, bei der anderen lotrecht durchgeleitet.

Die Oski- und die Telex-Gesellschaft benutzen für die Anoden Halbleiter, erstere Platten aus Beton mit Drahteinlage oder aus gedrückten Blechrohren mit halbleitender Schicht. Die Anordnung der Elektroden ergibt sich aus der Betriebsweise, die entweder eine senkrechte oder wagerechte Führung des zu reinigenden Gas- oder Dämpfestromes zweckmäßig erscheinen läßt. Die Gehäuse, in welche die Elektroden eingebaut sind, werden in Eisen, Holz, Mauerwerk oder Beton ausgeführt

Abb. 55. **Danneberg & Quandt. Späneseparator.**

und geerdet. Abb. 59 veranschaulicht schematisch eine Ausführung der Oski-A.-G. für Rauchgase.

Die Siemens-Schuckert-Werke verwenden als Sprühelektroden kleinflächige, meist gitterförmige Gebilde aus Streckmetall, von Rohrrahmen umfaßt, die Niederschlagselektroden bestehen aus platten oder gewellten Blechen oder Drahtsieben (Abb. 60 und 61).

Die elektrische Reinigung ergibt eine fast vollkommene Staubabscheidung, sie erzeugt auch eine weitgehende Ausscheidung von Tröpfchen aus Gasen und Dämpfen, von Ruß aus den Feuerungsgasen und ist selbst gegen Temperaturen von einigen hundert

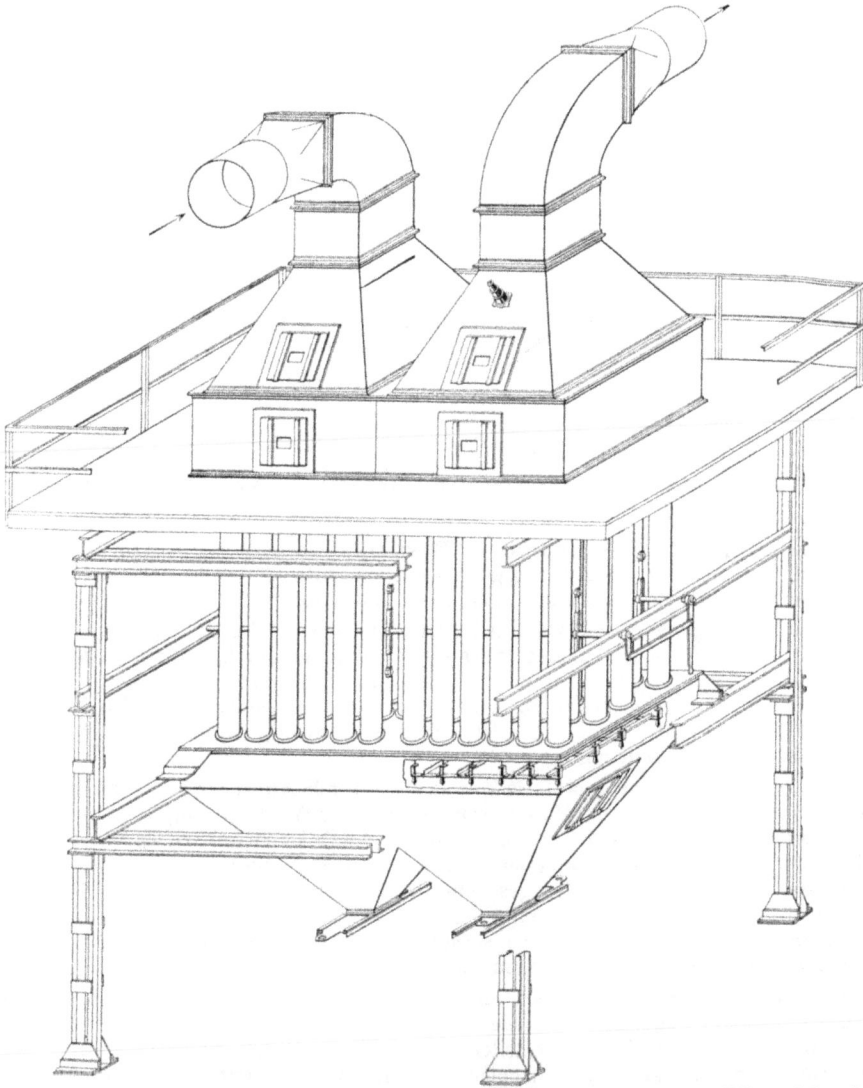

Abb. 56. Lurgi Apparatebau-Gesellschaft m. b. H. Elektrische Reinigung mit Röhrenelektroden.

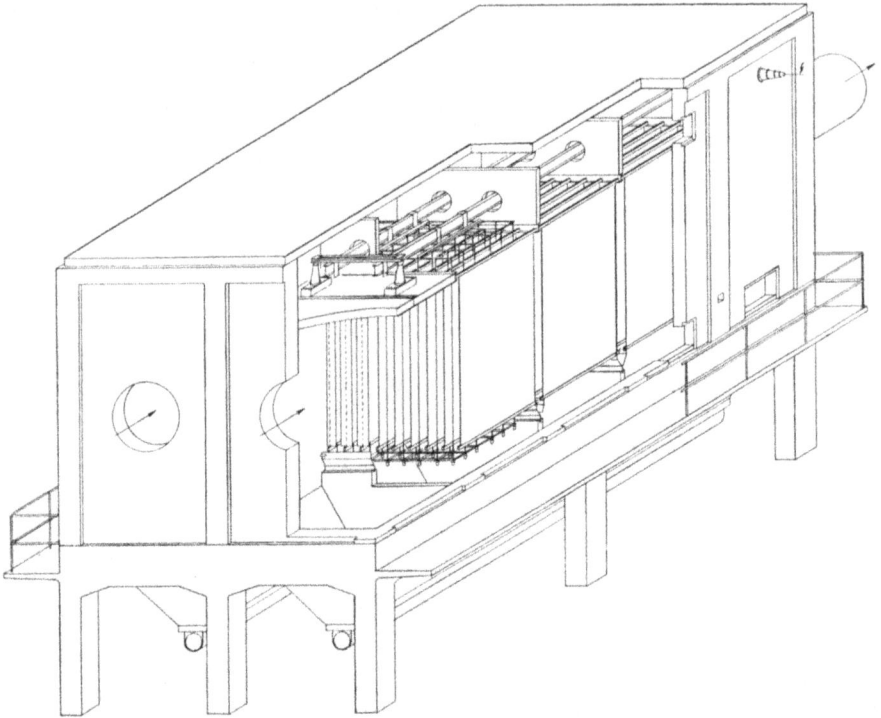

Abb. 57. Lurgi Apparatebau-Gesellschaft m. b. H. Elektrische Reinigung mit Plattenelektroden.

Grad unempfindlich. Der Widerstand des Elektrofilters beträgt nur wenige Millimeter Wassersäule, so daß z. B. bei der Reinigung von Rauchgasen der Schornsteinzug genügt. In anderen Fällen ist der Gasstrom durch einen Ventilator durch das Filter zu treiben.

Für die Reinigung großer Gas- und Dämpfemengen, und namentlich wenn diese hohe Temperaturen besitzen, bietet daher die Verwendung der Elektrizität ein zweckmäßiges Mittel. Allerdings ist zur Erzeugung des notwendigen hochgespannten Gleichstroms eine besondere Hochspannungsanlage oder eine Umformung des in den Fabriken gewöhnlich vorhandenen Werk- oder Drehstromes notwendig, wobei eine sachgemäße Bedienung vorhanden sein muß.

Eine Reinigung der Staubluft läßt sich auch durch Auswaschen erzielen, wird aber gewöhnlich nur dann ausgeführt, wenn gleichzeitig Wrasen, Dämpfe, Gase niedergeschlagen werden sollen und der abgeschiedene Staub keine weitere Verwendung zu finden hat. Soll er zurückgewonnen werden, dann kann dies durch vorgeschaltete Filter oder Zentrifugalabscheider geschehen. Das Auswaschen selbst erfolgt durch Wasserbad oder Wasserschleier, häufiger und wirksamer durch Sprühregen, die durch Wasserzerstäuber erzeugt werden, wie sie auch zur Befeuchtung von Luft in verschiedenen Bauarten zur Verwendung kommen.

Diese Regen werden dann gewöhnlich in einem Schlot durch übereinander angebrachte Brausen erzeugt; die Gase oder Dämpfe werden durch einen Ventilator hochgetrieben und auf diesen Weg durch teller- oder ringartige Einsätze mehrfach abgelenkt, wobei sie durch die Sprühregen strömen müssen. Für die Reinigung zuzuführender Luft eignen sich Naßfilter nur, wenn die Luft zugleich befeuchtet werden darf.

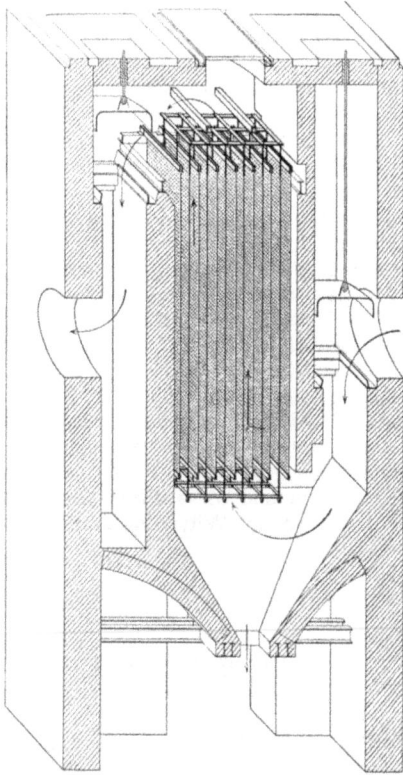

Abb. 58. Lurgi Apparatebau-Gesellschaft m.b.H.
Elektrische Reinigung mit Plattenelektroden.

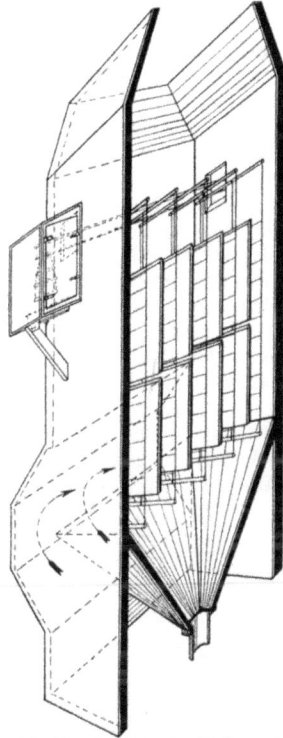

Abb. 59. Oski-A.-G. Elektrische
Rauchgasreinigung.

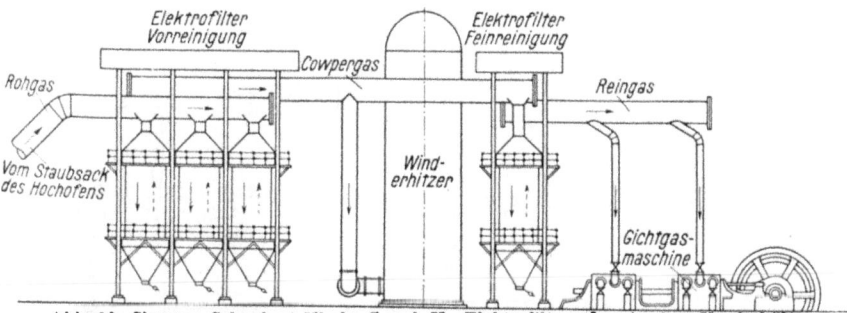

Abb. 60. Siemens-Schuckert-Werke G.m.b.H. Elektrofilteranlage in einer Kupferhütte.

Für die besondere Benutzung bei staubhaltigen Gasen baut Telex Apparatebau-Ges. m. b. H., Frankfurt a. M., namentlich für die Reinigung stauberfüllter Gase einen sog. Vakuumseparator (Abb. 62), bei dem in einem Blechgehäuse ein Ventilator und ein Wasserzerstäuber angeordnet ist. Letzterer wirkt dadurch, daß durch ein von der Ventilatorwelle getriebenes Flügelrad zugeleitetes Wasser zerschleudert wird und der entstehende feine Wasserstaub die von der durchgetriebenen Luft mitgeführten Staubteilchen umhüllt und beschwert, so daß sie sich beim Aufprallen auf schräg gestellte Klappen absetzen, um als Trübe aus einem Ablaßstutzen abzufließen. Wenn das Gas gröberen Staub mitführt, wird dieser vorher durch einen Zyklon abgeschieden.

Es seien nun noch einige besondere Anlagen kurz besprochen, die sich auch nach ihrem Zweck den erörterten Betriebseinrichtungen anschließen.

Die Beseitigung des in manchen Betrieben in großer Menge entstehenden, in die Raumluft dringenden und sie oft mit Feuchtigkeit völlig sättigenden Wasserdampfes läßt sich auf verschiedene Weise bewirken. Die Wahl einer zweckmäßigen und dabei in Anlage und Betrieb wirtschaftlichen Entnebelungsvorkehrung hängt von der Art des Betriebes, von den baulichen Verhältnissen und der Art der Beheizung der betreffenden Arbeitsräume und ihrer örtlichen Lage zu anderen Räumen ab. Es empfiehlt sich daher, hierbei Spezialfirmen mit der Planung und Ausführung zu betrauen, da der Erfolg wesentlich von der Erfahrung abhängt. Im allgemeinen ist folgendes zu beachten: Feuchte Luft ist leichter als trockene; es kann daher in manchen Fällen genügen, den Auftrieb der zu feucht werdenden Luft zu benutzen und diese durch Abzugsschlote über Dach zu leiten. Die Wirkung ist aber dann von der Witterung stark abhängig,

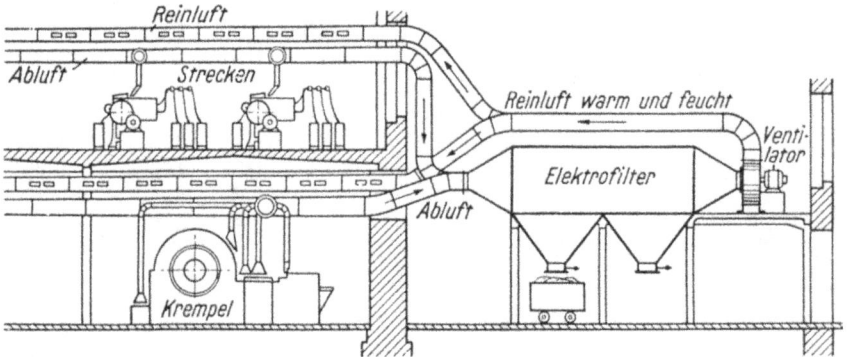

Abb. 61. Siemens-Schuckert-Werke G. m. b. H. Elektrofilteranlage für eine Spinnerei.

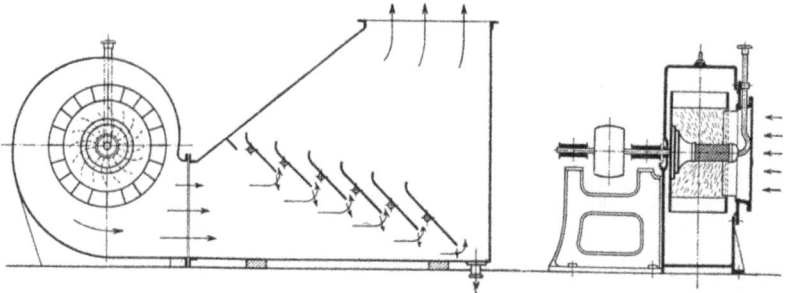

Abb. 62. Telex Apparatebau-Gesellschaft m. b. H. Vakuumapparat mit Separator.

es wird daher wenigstens eine Bekrönung der Abzugschlote mit windablenkenden, vielleicht sogar etwas saugenden Aufsätzen notwendig sein. Wirksamer ist natürlich die Erwärmung der Abzüge, eine sichere Ableitung wird durch einen Exhaustor gewährleistet. Die Wrasen werden sich bei manchen Betriebseinrichtungen, z. B. Kesseln, Bottichen, unmittelbar über ihnen durch Hauben abfangen lassen, von denen Röhren zum Exhaustor führen. Der Ersatz der abgesaugten Luft wird durch die Undichtheiten von Fenstern, Türen und Wänden erzielt werden, wenn der damit verbundene Übelstand nicht zu erheblich wird, daß damit kalte Luft von außen in den Arbeitsraum kommt und die Nebelbildung in ihm durch Abkühlung verstärkt. Es wird dann in der kalten Jahreszeit geboten sein, die von außen zugeführte Luft an Heizkörpern vorbeistreichen zu lassen, um sie genügend zu erwärmen.

Die anderen, neuerdings durch die Anwendung der örtlich angebrachten Lufterhitzer mehr ausgeführte Art der Entnebelung besteht in der unter Druck bewirkten Zuführung hocherwärmter Luft mit Ableitung des Wrasens durch Abzugschlote, die bis auf den Fußboden des Raumes herabreichen und entweder über Dach führen, wobei sie nur gegen Windeinfall geschützt werden oder zu einem Sammelabzug vereinigt sind, in den ein Exhaustor eingebaut ist. Die Zuführung der etwa auf 50 bis 60° erwärmten trockenen Luft erfolgt entweder durch einen Ventilator von einer Hauptleitung aus, von welcher die in die Arbeitsräume führenden, dort über Kopfhöhe mündenden Luftleitungen ausgehen, oder es werden die bereits mit ihren Vorzügen genannten Lufterhitzer in den Räumen selbst angebracht und die in ihnen angeordneten Ventilatoren treiben die erhitzte Luft an mehreren Stellen in jeden Raum ein, am wirksamsten derart, daß die Warmluft sich schnell mit den aus den betreffenden Betriebseinrichtungen entweichenden Wasserdampf mischen kann. In beiden Fällen dienen natürlich die Lufterhitzer auch zur Beheizung der Räume, ausschließlich oder zum Teil. In der warmen Jahreszeit wird gewöhnlich die Absaugung allein genügen, namentlich wenn sie auch künstlich, also durch einen Exhaustor bewirkt wird. Da die Wirkung der Zuführung warmer Luft wesentlich davon abhängt, daß keine kalte Außenluft zudringt, so muß stets ein Überdruck im ganzen Arbeitsraum erzielt werden. Gegebenenfalls ist allerdings zu beachten, daß durch diesen Überdruck nicht feuchte Luft in benachbarte Räume getrieben wird. Eine gute Anlage muß sich dadurch kennzeichnen, daß Temperatur und Feuchtigkeit einzeln und zusammenwirkend nicht den gesundheitlich zulässigen Grad überschreiten. Entnebelungsanlagen werden gewöhnlich von Firmen ausgeführt, die sie als besonderen Fabrikationszweig herstellen. Solche Firmen sind z. B. Gesellschaft für Abwärmeverwertung (S. 15), W. Heiser & Co., G. m. b. H., Dresden-A. 16, Heydestr. 9, J. A. John (S. 12), Maschinenfabrik Humboldt (S. 17), Maschinenfabrik Kiefer (S. 17), Netzschkauer Maschinenfabrik (S. 15), Sesam-Werk (S. 12), Siegle & Epple (S. 15), Telex Apparatebau G. m. b. H. (S. 28).

Eine Befeuchtung der Luft ist im allgemeinen für Arbeitsräume hygienisch nicht notwendig. Nur wenn zur Beheizung der Räume erwärmte Außenluft benutzt wird, kann deren relativer Feuchtigkeitsgehalt infolge der Erhitzung auf etwa 50° zu gering sein, so daß eine Anfeuchtung gewünscht wird. Auch kann in Einzelfällen die Betriebsweise eine Austrocknung der Raumluft ergeben, so daß eine Wasserzuführung gerechtfertigt ist. In den allermeisten Fällen ist sie nur aus betriebstechnischen Gründen notwendig, wie in Spinnereien, Webereien, Seilereien, Sackfabriken, Zigarettenfabriken, Tabaklagern, da die hierbei zu verarbeitenden Werkstoffe einer hohen Feuchtigkeit bedürfen, um nicht Schaden zu leiden. Da somit hygienische Forderungen nur eine geringe Rolle spielen, genügt es, hier ganz kurz die Mittel anzuführen, durch welche eine Befeuchtung der Luft bewirkt wird. Hierzu dienen mit Wasser gefüllte Schalen, benetzte Tücher, die Berieselung der Wände luftzuführender Kanäle oder von Luftkammern, auch von in letzteren eingesetzten Gittern aus Latten, Steinen usw., ferner Wasserzerstäuber der verschiedensten Bauart. Bei den letztgenannten Vorrichtungen erfolgt die Zerstäubung meist durch Brausen oder Düsen mittels des Druckes der vor-

handenen Wasserleitung oder durch Druckluft, wobei die Apparate entweder im Arbeitsraume selbst angebracht werden oder eine entsprechend umfangreiche Vorkehrung in
einer Kammer angeordnet wird, von der dann Leitungen die befeuchtete Luft in die
Arbeitsräume führen. Bei Verwendung von Druckluftbefeuchtern in den Räumen
selbst werden Röhren für die Druckluft und für das Wasser an der Decke der Arbeitsräume entlang nebeneinander verlegt und an mehreren Stellen durch den Zerstäubungs-
apparat verbunden, der je nach Bedarf eingeschaltet wird. Bei zentraler Anwendung
der Befeuchtung wird die Anlage gewöhnlich mit der Heizungsanlage so verbunden,
daß die in letzterer erwärmte Luft durch die Zerstäuber geleitet wird, wozu dann meistens
ein Ventilator anzuordnen ist.

Bei allen Befeuchtungsanlagen ist dafür zu sorgen, daß ein Einfrieren verhindert
wird, das Wasser selbst rein ist und eine Regelung der Wirkung nicht nur durch entsprechende Vorkehrung möglich ist, sondern auch tatsächlich erfolgt, am besten nach
Angabe von Feuchtigkeitsmessern. Es ist ferner durch Anbringung von Tropfenfängern,
Auffangrinnen u. dgl. das Eindringen von Wassertropfen in die Arbeitsräume zu verhindern. Wasserschalen, berieselte Flächen sind häufig zu reinigen; bei letzteren ist
nicht verdunstetes Wasser abzuleiten.

Abb. 63. Gebr. Körting A.G. Druckluft-Befeuchtungsanlage.

Befeuchtungsanlagen bauen als besonderen Fabrikationszweig beispielsweise
Danneberg & Quandt (S. 15), Gebrüder Körting (S. 26), A. Wagner (S. 28),
Alfred Wasmuth (S. 17), Winkelsträter & Sure (S. 28). Abb. 63 veranschaulicht
eine Ausführung von Gebrüder Körting.

Besondere Einrichtungen zur Verminderung der Lufttemperatur in Arbeitsräumen
werden selten angeordnet, obgleich aus den erwähnten Gründen das Wohlbefinden
und die Leistungsfähigkeit der Arbeiter unter hohen Raumtemperaturen, wie sie in der
heißen Jahreszeit und durch wärmeabgebende Betriebseinrichtungen entstehen, stark
leiden. Durch Steigerung der Luftbewegung im Raum, die dann 1,2 m und mehr Geschwindigkeit erreichen kann, läßt sich eine Besserung in der Wärmeregelung der Arbeiter erzielen. Hierzu lassen sich elektrisch getriebene Fächerventilatoren anbringen.

Ist eine Lüftungsanlage vorhanden, so kann mit ihr gegebenenfalls ein erhöhter Luftwechsel erzeugt werden, der gleichfalls abkühlend wirkt, sofern die zugetriebene Außenluft an kühlen Stellen der Umgebung entnommen oder vorher durch kühle Keller geleitet werden kann. Allerdings wird dieses Verfahren meist die Verwendung eines Ventilators voraussetzen, dessen Wirkung sich steigern läßt. Eine Abkühlung der Arbeitsräume läßt sich bewirken, wenn auch während der Nacht die Lüftungsanlage betrieben wird, da dann gewöhnlich eine erheblich geringere Außentemperatur herrscht. Ein anderes Mittel ist die Abkühlung der den Arbeitsräumen zuzuführenden Luft durch Wasserverdunstung, wozu in den von der Luft durchzogenen Kellerräumen oder Kanälen Wasserzerstäuber oder berieselte Lattengerüste, Steinschichten usw. angeordnet werden. Jedoch ergibt dieses Verfahren auch eine Befeuchtung der Luft, die nicht immer zulässig ist. Soll ein bestimmter Feuchtigkeitsgehalt nicht überschritten werden, dann muß die Luft zunächst soweit abgekühlt werden, bis ihre Temperatur dem Taupunkt des im Endzustand gewünschten Wassergehalts entspricht. Hierauf ist die Luft wieder auf die für ihren Eintritt in den Arbeitsraum nötige Temperatur zu erwärmen. Dieses Verfahren ist umständlich und kostspielig, so daß nur in besonderen Fällen davon Gebrauch zu machen ist. Es kann auch die Luft durch Eisschichten gekühlt werden, wovon sich aber nur selten Gebrauch machen läßt. Die mehrfach erwähnten Lufterhitzer lassen sich bei entsprechender Einrichtung zur Kühlung der von ihren Ventilatoren in die Arbeitsräume einzutreibenden Luft benutzen, wenn die eingebauten Heizröhren entweder mit Leitungswasser, sofern die damit erzielbare Kühlung genügt, oder mit einer hochgekühlten Flüssigkeit gespeist werden. Die hierdurch entstehende mittelbare Kühlung hat den Vorteil, daß der Luft keine Feuchtigkeit zugeführt wird, im Gegenteil die Luft Wasserdampf verliert, die aber dann Schwitzwasser und gegebenenfalls sogar Eisbildung an den Kühlflächen erzeugt, wodurch deren Wirkung vermindert wird. In geeigneten Fällen wird es zweckmäßig sein oder genügen, anstatt den ganzen Arbeitsraum zu kühlen, eine Temperaturerniedrigung nur an Arbeitsstellen zu erzeugen, an denen eine starke Wärmeentwicklung auftritt. Es wird dann diesen Stellen Luft zugeblasen, die durch einen Kühlapparat getrieben und durch Leitungen den Ausblasetrichtern zugeführt wird. Die Lösung der Aufgabe, in wirtschaftlicher und technisch einwandfreier Weise Überhitzung von Arbeitsräumen zu vermeiden, bleibt der Zukunft vorbehalten.

Für die Lüftungs-, Entstaubungs- und sonstigen Absaugungsanlagen mit ihren Einrichtungen zur Abreinigung usw. der abgeführten Luft-, Gas-, Dämpfemengen, ferner für die Befeuchtungs-, Entnebelungsanlagen ist es von größter Wichtigkeit, daß sie nicht nur ihren Zweck erfüllen, sondern auch wirtschaftlich günstig arbeiten. Dazu gehört nicht nur, daß sie in Ausführung und Betrieb so wenig Kosten verursachen, als diese nicht durch die Erreichung des Zwecks technisch bedingt sind, also namentlich der Kraftbedarf für die Bewegung der Luft, Gase, Dämpfe durch alle Einzelteile der Anlage hindurch möglichst gering wird und die Haltbarkeit der Vorkehrungen durch sachgemäße Ausführung gewährleistet ist, sondern daß auch die Anordnung und Bedienung keine erhebliche Behinderung der Betriebsweise verursacht. Diese Forderungen sind durchaus nicht leicht zu erfüllen, da es sich um Anlagen handelt, die in den verschiedensten Gewerbezweigen herzustellen sind, also den verschiedensten betriebstechnischen Bedingungen sich anpassen müssen. Da für die Bestimmung der Abmessungen und des Kraftbedarfs der einzelnen Einrichtungen theoretische Berechnungen fast in jedem Falle versagen oder überhaupt nicht verwendbar sind, so gehört ein großes Maß von Erfahrung und technischem Geschick dazu, um Anlagen der besprochenen Art nach jeder Richtung zweckmäßig zu planen und herzustellen. Es kann daher nur immer wieder empfohlen werden, fachmännischen Rat zu Hilfe zu ziehen.

Die hiermit in notwendiger Kürze gegebenen Darlegungen werden gezeigt haben, daß für die Erfüllung der so einfach und selbstverständlich klingenden Forderung »Reine Luft in Arbeitsräumen« zunächst eine Reihe von Problemen der Lösung harren. Hygienische Forschung, technische Untersuchungen und Versuche müssen die Grund-

4*

lagen schaffen, auf denen technisches Geschick in Planung und Ausführung einen Erfolg erzielen kann, der nach allen Richtungen, auch nach der wirtschaftlichen befriedigt. Denn das wirtschaftlich günstige Ergebnis der zu schaffenden Einrichtungen und Anlagen in Bau und Betrieb ist die Voraussetzung dafür, daß diese mehr als bisher ausgeführt werden.

Das Arbeitsfeld der besprochenen Aufgaben ist bei der außerordentlichen Mannigfaltigkeit der Betriebsarten, für welche die Lösungen zu fordern sind, nicht leicht zu beackern. Es ist, namentlich auf technischem Gebiete, schon sehr viel geleistet worden; diese Tatsache läßt hoffen, daß die Technik auch weiterhin Mittel und Wege zur Erfüllung der hygienischen Forderungen finden wird. Diese aber bedürfen noch vielfach der sicheren Formulierung. Es gilt, für das Zusammenwirken der die den Arbeiter umgebenden Luft beeinflussenden hygienischen Faktoren eine Formel zu finden, die für weitere Maßnahmen, wie sie z. B. im Bergbau gesetzlich vorgenommen worden sind, eine sichere, auch wirtschaftlich zu vertretende Grundlage bildet. Diese Formel aufzustellen und dann sie technisch zu bearbeiten, erfordert gegenseitiges verständnisvolles Zusammenarbeiten. Daran fehlt es zurzeit noch vielfach. Es wird daher eine für die Wahrung von Volksgesundheit und Volkswohlfahrt außerordentlich wichtige Aufgabe der nahen Zukunft sein müssen, hygienische und technische Fachmänner für die Lösung der Aufgabe »Reine Luft in Arbeitsräumen« zu gedeihlicher Gemeinschaftsarbeit zu vereinigen.

Schlußbemerkung. Bei der auszugsweisen Wiedergabe des Vortrags auf dem Kongreß wird der Vortragende Vorschläge für die weitere Behandlung der hier besprochenen Aufgaben machen.

Literaturverzeichnis.

Größere Werke und Vorträge.

Reinhaltung der Luft in Arbeitsräumen. Von Dr.-Ing. Konrad Hartmann. Lieferung 19 von Weyls Handbuch der Hygiene, 2. Aufl. Verlag von Joh. Ambr. Barth, Leipzig 1914.

Handbuch des Arbeiterschutzes und der Betriebssicherheit. Herausgegeben von Geh. Reg.-Rat Dr. Syrup, Präsidenten der Reichsarbeitsverwaltung. Verlag von Reimar Hobbing, Berlin SW 61, 1926. Band I, Abschnitt I. Gesetzlicher Arbeiterschutz. Abschnitt II. Bauliche Anlagen (darunter »Künstliche Lüftung und Luftverbesserung« von Dr.-Ing. K. Hartmann).

Heizungs- und Lüftungsanlagen in Fabriken. Von Professor Valerius Hüttig. Verlag von Otto Spamer, Leipzig. 1925.

H. Rietschels Leitfaden der Heiz- und Lüftungstechnik. 7. Auflage von Professor Dr. techn. Brabbée. Verlag von Julius Springer, Berlin. 1925.

Der Industriestaub. Wesen und Bekämpfung von Dr.-Ing. Robert Meldau. V.D.I.-Verlag G. m. b. H., Berlin NW 7.

Die Gebläse. Von Geh. Reg.-Rat A. v. Ihering. Verlag von Julius Springer, Berlin 1913.

Die Ventilatoren. Berechnung, Entwurf und Anwendung. Von Dr. sc. techn. E. Wiesmann, Ingenieur. Verlag von Julius Springer, Berlin. 1924.

Vorträge über Temperatur, Feuchtigkeit und Luftbewegung in industriellen Anlagen, ihre Bedeutung für die Gesundheit der Arbeiter und die Verhütung ihrer schädlichen Einflüsse. Von Ministerialrat Prof. Dr. Koelsch-München, Prof. Dr. Rosenthal-Göttingen, Gewerberat Spannagel-Berlin und Oberregierungs- und Gewerberat Wenzel-Berlin. Beihefte 5/6 zum Zentralblatt für Gewerbehygiene und Unfallverhütung. Verlag Chemie G. m. b. H., Leizig-Berlin. 1926.

Vorträge über »Der Staub in der Industrie, seine Bedeutung für die Gesundheit der Arbeiter und die neuen Fortschritte auf dem Gebiet seiner Verhütung und Bekämpfung«. Von Geh. Hofrat Prof. Dr. K. B. Lehmann-Würzburg, Regierungsrat Dr. Engel-Berlin und Oberregierungsrat und Gewerberat Wenzel-Berlin. Beiheft zum Zentralblatt für Gewerbehygiene und Unfallverhütung; Band I, Heft 2. Verlag Chemie G. m. b. H., Leipzig-Berlin. 1925.

Hinweise auf Veröffentlichungen in Zeitschriften usw.

Übersicht über das in den Jahren 1911 bis Anfang 1924 erschienene Schrifttum auf dem Gebiete der Lufthygiene. Berichterstatter Prof. Dr. R. Weldert, Mitglied der Landesanstalt für Wasser-, Boden- und Lufthygiene zu Berlin-Dahlem. Beiheft zum Gesundh.-Ing., Reihe 2, Heft 2. Verlag von R. Oldenbourg, München und Berlin.

Literaturverzeichnisse im Beiheft 5/6 zum Zentralblatt für Gewerbehygiene. Verlag Chemie G. m. b. H., Leipzig-Berlin. 1926.

Zeitschriften.

Zentralblatt für Gewerbehygiene und Unfallverhütung. Herausgegeben von der Deutschen Gesellschaft für Gewerbehygiene. Verlag Chemie G. m. b. H., Leipzig, Bosestraße 2.

Rauch und Staub. Zeitschrift für ihre Bekämpfung und Verwertung für Feuerungstechnik, Luftreinigung, Gewerbehygiene und Abfallstoffbeseitigung. Herausgegeben von Dr.-Ing. R. Meldau-Charlottenburg und R. Liebetanz, Düsseldorf. Hansa-Verlag, Düsseldorf, Herderstr. 10.

Gesundheits-Ingenieur. Verlag von R. Oldenbourg, München und Berlin.

Beziehung zwischen Architekt und Heizungsfachmann.

Vortrag des Herrn Professors der Technischen Hochschule München,
Richard Schachner.

Ein im besten Sinne modernes Gebäude, sei es ein Wohnhaus, eine Schule, ein Krankenhaus usw., kann nur aus engstem Zusammenarbeiten von Baukünstler und Gesundheitstechniker entstehen. Dies gilt im Besonderen auch für die Erwärmung, Warmhaltung und Lüftung der Gebäude. Dabei kommt dem Architekten ein viel größerer Anteil technischer Mitarbeit zu, als von der Allgemeinheit und auch von den Architekten selbst oft angenommen wird. Schon die Anlage und der Aufbau eines Hauses verlangen besondere Beachtung in wärmetechnischer Hinsicht. Auch die Schönheit der heiztechnischen Einrichtung erfordert rege Anteilnahme des Architekten; die Wirtschaftlichkeit des Betriebes ist gleichfalls eine Sache, die von den Architekten bei der Planung einer Bauanlage nicht außer acht gelassen werden darf.

Heizung ist notwendig, um die Wärmeverluste zu decken. Je mehr der Architekt für eine gute wärmetechnische und wärmewirtschaftliche Ausgestaltung seiner Bauten sorgt, desto geringer werden die Kosten für die Heizungseinrichtung, um so geringer wird auch weiterhin der Aufwand für die Warmhaltung der Gebäude. Wärmeschutz eines Gebäudes ist sonach wesentliche Aufgabe des Architekten.

Einiges mir in dieser Beziehung wichtig erscheinendes möchte ich hier nur kurz andeuten. Schon durch zweckmäßige Raumanordnungen lassen sich in einem Gebäude die Wärmeverluste erheblich vermindern, so, indem man den zu beheizenden Räumen seitlich gegen außen Nebenräume vorlagert und die bewohnten Räume nachbarlich zusammenlegt. Ich verweise in dieser Beziehung auf die Untersuchungen über die wärmewirtschaftliche Anlage, Ausgestaltung und Benützung von Gebäuden, die auf Veranlassung der bayerischen Landeskohlenstelle im Jahre 1921 von Dr. Knoblauch, Dr. Henky und mir veröffentlicht wurden. Siehe die hier wiedergegebenen Abbildungen aus meinem Buche »Gesundheitstechnik im Hausbau«.

Auch durch möglichste Geschlossenheit in der Grundrißgestaltung und im Aufbau können erhebliche Vorteile in wärmewirtschaftlicher Beziehung erzielt werden. Eine Beschränkung der Raumhöhe wird gleichfalls Wärme sparen. Da durch Fenster und Türen große Wärmeverluste entstehen, ist ihre Zahl und Größe, insbesondere bei Häusern, die Wind und Wetter ausgesetzt sind, soweit als möglich zu beschränken. Eine in dieser Hinsicht vorbildliche, mehrfach allerdings auch etwas zu weitgehende Beschränkung zeigen allenthalben ältere Bauten in Stadt und Land.

Auch im Innenbau sind wärmewirtschaftliche Gesichtspunkte nicht außer acht zu lassen. Ein Beispiel: Die in Einfamilienhäusern so vielfach beliebten, durch 2 Stockwerke gehenden Dielen (Hallen) lassen die Wärme aus den unteren Geschossen nach oben abziehen, sind deshalb überall dort, wo an Wärmeaufwand gespart werden muß, zu vermeiden.

Von wesentlicher Bedeutung ist ein ausreichender Wärmeschutz der Raumumschließungen, der Wände, Decken und Böden. Man nimmt im allgemeinen an, daß der

Wärmeschutz, den eine 1½ Stein (38 cm) starke, beiderseits verputzte Backsteinwand
gewährt, für unsere klimatischen Verhältnisse genügend sei und gestaltet dementsprechend
die Umfassungsmauern eines Gebäudes aus, sei es daß man die Mauern aus Backsteinen
in der angegebenen Stärke oder in geringerer Dicke aus Baustoffen mit geringerer Wärme-

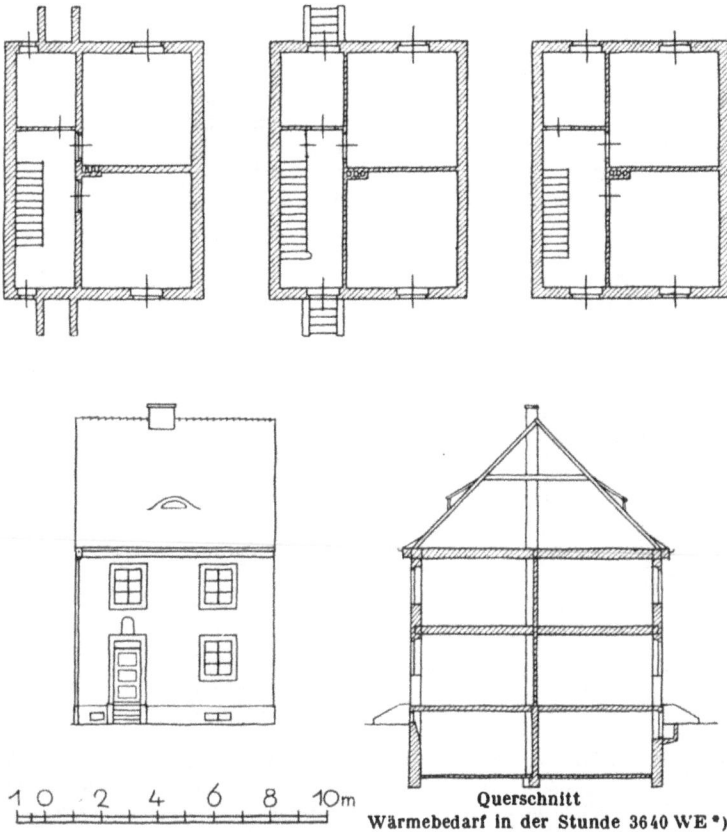

Querschnitt
Wärmebedarf in der Stunde 3640 WE *)

Abb. 1. Kleinwohnungshaus als Einzelhaus, freistehend.

*) Annahme, daß die beiden im Erdgeschoß gelegenen Wohnräume beheizt werden. Weitere Grund-
lagen in der angegebenen Schrift und in meinem Buche „Gesundheitstechnik im Hausbau". Verlag
von R. Oldenbourg, München und Berlin 1926.

leitfähigkeit (z. B. aus Schwemmsteinen) errichtet, sie aus Hohlwänden verschiedener
Konstruktion aufbaut oder indem man dünnere, den statischen Anforderungen gerade
noch genügende Wände mit entsprechenden Isolierschichten auf den Innen- oder Außen-
seiten bekleidet.

Ich möchte es auch an dieser Stelle nicht unterlassen, meiner Anschauung Ausdruck
zu geben, daß ich den Wärmeschutz einer 38 cm starken Backsteinmauer, der mehr und
mehr als Normalschutz betrachtet wird, für viele Gegenden Deutschlands als unzureichend erachte, insbesondere für jene Umfassungsmauern, die gegen Norden und Westen
gelegen sind, der Besonnung entbehren und Wind und Wetter ausgesetzt sind. Ich habe
wiederholt schon Veranlassung genommen, in solchen Fällen Umfassungswände zu
empfehlen, die den Wärmeschutz einer 51 cm starken Backsteinmauer bieten und gegen

Feuchtigkeitsaufnahme geschützt sind. Die Kosten für heiztechnische Einrichtungen und Heizungsbetrieb können dadurch sicherlich nicht unerheblich vermindert werden. Die oft so lästige Schwitzwasserbildung an den Innenflächen läßt sich hierdurch vermeiden, das Wohnen wird behaglich und gesund.

Solchen Forderungen nach erhöhtem Wärmeschutz wird nun meist entgegengehalten, daß dadurch die Baukosten erheblich steigen und deshalb Mittel für dergleichen wärmeschützende Maßnahmen bei Neubauanlagen nicht vorgesehen werden könnten. Es ist das aber Sparsamkeit am unrechten Orte; den ungenügenden Wärmeschutz büßt der Bewohner der Gebäude durch erhöhten Aufwand für Anlage und Betrieb der Heizung. Ich habe dies in einem Aufsatze in den Mitteilungen des Bayerischen Wärmewirtschaftsverbandes unter dem Titel: „Der eine baut, der andere heizt" des Näheren dargelegt und erlaube mir darauf zu verweisen, da eingehende Ausführungen hierüber an dieser Stelle zu weit führen würden.

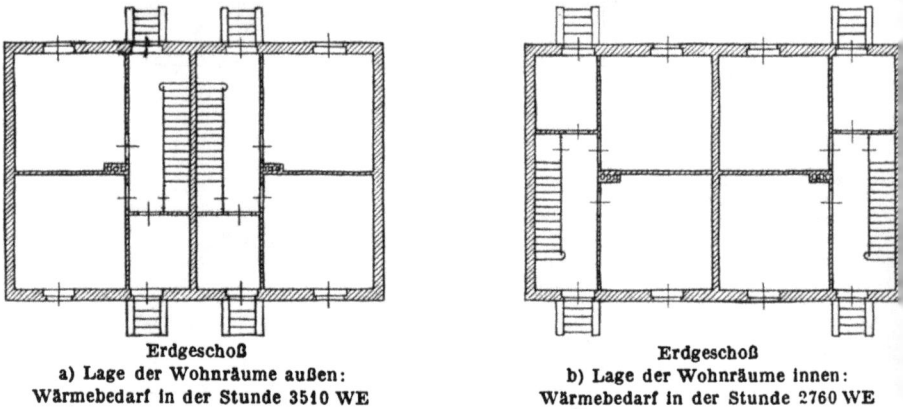

Erdgeschoß	Erdgeschoß
a) Lage der Wohnräume außen:	b) Lage der Wohnräume innen:
Wärmebedarf in der Stunde 3510 WE	Wärmebedarf in der Stunde 2760 WE

Abb. 2. Kleinwohnungshaus als Doppelhaus.

In neuester Zeit ist in Architektenkreisen mehrfach über die Zweckmäßigkeit der flachen und steilen Dächer eine sehr lebhafte Auseinandersetzung entstanden. Dabei wurde dem steilen Dach mit den Dachräumen wegen des besseren Wärmeschutzes das Wort geredet. Meines Erachtens kann das flache Dach durch Einfügung von Isolierschichten aus Kork und dgl. ohne besondere Kostenerhöhung ebenso wärmeschützend gestaltet werden.

Mit einem kurzen Hinweis darauf, daß aus Gründen des Wärmeschutzes auch einer dichten Ausgestaltung von Fenstern und Außentüren, insbesondere der Anordnung von Doppelfenstern, Doppeltüren oder Windfängen ganz besonderer Wert beizumessen ist, möchte ich meine knappen Hinweise auf bautechnisches Gebiet schließen, auf dem ein Architekt wesentlich zum Wärmeschutz der Gebäude beitragen und dadurch bedeutsame Mitarbeit für den Heizungsfachmann leisten kann.

Doch auch die Einrichtung einwandfreier Heizungsanlagen selbst ist meist in die Hand der Architekten gegeben; dem Architekten obliegt es in der Regel nicht nur über die Wahl der Heizungssysteme, sondern auch über so manche Einzelheiten der Heizungseinrichtungen Entscheidung zu treffen. Ich darf es aber wohl aussprechen ohne irgendwie meinen eigenen Kollegen etwas Abfälliges nachzusagen, daß eine größere Zahl von Architekten des öfteren nicht in der Lage ist, eine wirklich einwandfreie Entscheidung zu fällen, da es ihnen an der nötigen Sachkenntnis und auch an der sich nur aus ständiger Praxis auf dem Sondergebiete der Heizung ergebenden Erfahrung fehlt.

Ich selbst rechne mich zu diesen, weil ich infolge meiner langjährigen Beschäftigung mit Heizungsfragen und dgl. einen Einblick in die Schwierigkeit dieses Gebietes gewonnen habe. Jeder Architekt kann und soll dem Heizungsfachmann ein getreuer Helfer sein, wie das auch umgekehrt zu wünschen ist. Jeder Architekt muß den Heizungseinrichtungen ein gewisses Verständnis entgegenbringen und sich um sie auch annehmen, da die Heizungseinrichtungen im engsten Zusammenhang mit den Hochbauarbeiten stehen,

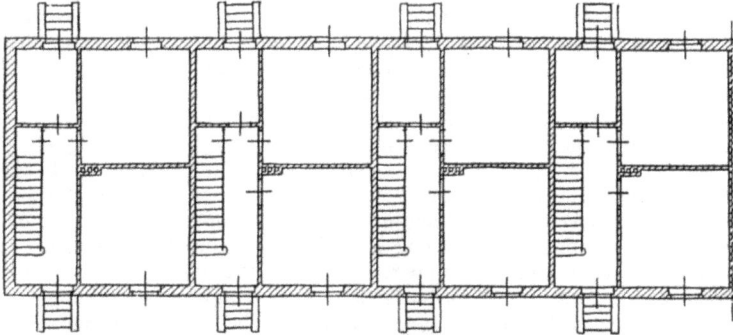

Erdgeschoß
a) Bei gleichartiger Aneinanderreihung: Wärmebedarf in der Stunde 2720 WE

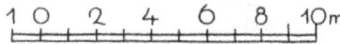

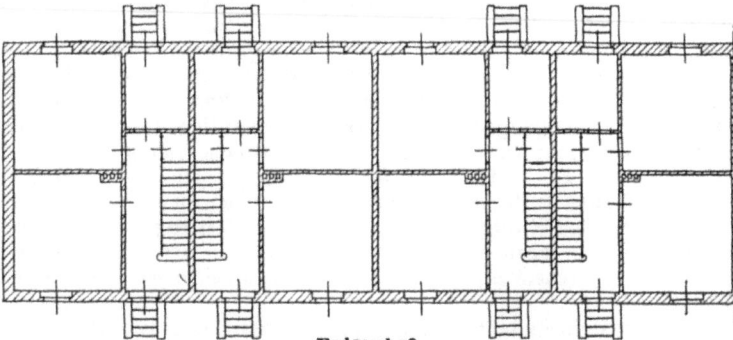

Erdgeschoß
b) Bei Zusammenlegung der bewohnten Räume: Wärmebedarf in der Stunde 2500 WE.
Abb. 3. Kleinwohnungshaus als Reihenhaus.

der Architekt selbst einen Teil der technischen Arbeiten auszuführen und auch die Oberleitung eines Baues auszuüben berufen ist, und weil schließlich ein gedeihliches Bauen nur dann möglich ist, wenn Architekt und Heizungsfachmann in gegenseitigem, engsten Einvernehmen arbeiten. Bei beiden muß ein Verständnis für die beiderseitigen Leistungen vorhanden sein und ein gemeinsamer Wille, alle Schwierigkeiten zum Vorteil der Gesamtanlage zu überwinden.

Leider fehlt es, wie ich auch in meinem Handbuche „Gesundheitstechnik im Hausbau" einleitend ausführte, nicht selten an dem nötigen Verständnis für die gegenseitigen Bauaufgaben. Viel zu häufig werden seitens der Architekten die heizungstechnischen Einrichtungen als nebensächlich behandelt, insbesondere wird bei der Planung nicht die nötige Rücksicht auf sie genommen. Folgen davon sind nicht nur manche Unschönheiten in der baulichen Ausgestaltung sondern auch Unzweckmäßigkeit und Unwirtschaftlichkeit der technischen Einrichtungen.

Jeder überlegende Architekt erwägt schon bei den ersten Grundrißdispositionen für seine Bauten in großen Umrissen deren äußere Form, auch im wesentlichen die Raumwirkung der wichtigsten Innenräume. Wenn auch nicht so bedeutsam, doch durchaus nicht unwichtig ist es bei vielen Bauanlagen, (so insbesondere bei Krankenhäusern und ähnlichen Bauten) auch eine zweckmäßige Heizungseinrichtung von Anbeginn an in den Bereich der Erwägungen zu ziehen. Meist werden jedoch von den Architekten die Baupläne ziemlich weitgehend ausgearbeitet, ohne daß auf die so wichtigen Heizeinrichtungen wie auch auf so viele andere gesundheitstechnische Anlagen entsprechend — wenn überhaupt — Rücksicht genommen wird. Hieraus ist es nun leicht begreiflich, daß sodann Heizungseinrichtungen nicht so organisch, zweckmäßig und schön in die Baukörper eingefügt werden können, als es unter anderen Umständen möglich geworden wäre. Kesselhäuser von Zentralheizungsanlagen werden nicht selten ungünstig gelegt, unzweckmäßig in der Form gestaltet und leiden oft unter mangelhafter Lüftung und Belichtung; Brennstofflagerräume sind häufig nicht ausreichend groß bemessen oder liegen ungünstig für die Brennstoffversorgung der Kessel. Bisweilen erfordern ungünstige Baudispositionen auch komplizierte unwirtschaftliche Hilfseinrichtungen. Die Ableitung der Heizgase durch Füchse und Schornsteine begegnet gleichfalls häufig erheblichen Schwierigkeiten. Sorgfältige Überlegung und Durcharbeitung verlangen auch die Leitungsanlagen, die Bedachtnahme auf Aussparungen lotrechter und wagrechter Schlitze in den Mauern, Wand- und Deckendurchbrüche, wenn man die kostspieligen und den Baubestand schädigenden nachträglichen Ausbrucharbeiten vermeiden will. Dies erscheint insbesondere wichtig bei Gebäuden, bei denen Eisenbeton in größeren Ausmaßen verwendet wird. Es ist durchaus nicht so einfach, bei den Bauplanungen all den technischen Notwendigkeiten von Zentralheizungseinrichtungen einwandfrei Genüge zu leisten. Um so notwendiger ist reifliche Überlegung und Zusammenarbeit mit dem Heizungsfachmann von Anbeginn. Doch nicht nur bei größeren Zentralheizungsanlagen, auch schon bei kleineren Heizeinrichtungen tut Sorgfalt not. Viele Architekten denken nicht daran, daß schon bei kleineren Gebäuden ein zweckmäßiger Einbau von O f e n - heizungen reifliche Überlegungen bei den Grundrißdispositionen, so bei der Anordnung der Schornsteine, als recht wünschenswert erscheinen lassen kann. Ich weise nur auf die Verbindungen von Küchenherd und Zimmerofen, auf die Zwei- und Dreizimmerheizungen· mit und ohne Lufterhitzungseinrichtungen von e i n e r Kachelofenfeuerstelle aus hin. Um solche Einrichtungen muß — ich möchte fast sagen — ein Haus herumgebaut werden. — Wir leben nicht mehr in der Zeit, in der man ohne weiteres in Zimmer um Zimmer Kachelöfen, Eisenöfen oder Zentralheizungskörper lediglich stückweise aufstellte.

Daß der Schornstein ein sehr wichtiger Bauteil eines Hauses ist, dessen sachgemäßer Anlage und Ausgestaltung von Architekten und Hochbautechnikern häufig nicht die für eine wirtschaftliche Heizung notwendige Beachtung zu teil wird, sei hier nur kurz eingeschaltet. Die Klagen hierüber werden andauern, solange Schornsteine gebaut werden. Die Schornsteine werden gerne minder behandelt, weil sie dem Entwerfenden unangenehme Objekte im Hausbau sind.

Auch der schönheitlichen Gestaltung der Heizungseinrichtungen ist rechtzeitige Vorarbeit von Vorteil. Es ist nicht nur notwendig, daß Heizkörper aller Art die Räume erwärmen, sie sollen auch zweckmäßig und schön im Raume stehen. Vielfach sehen Architekten ihre Mitarbeit an der schönheitlichen Gestaltung von Zentralheizungen nur darin, daß alle Leitungen möglichst verdeckt und die Heizkörper selbst verkleidet werden. Es ist aber häufig auch recht wohl möglich, sie auch unverkleidet so in einen Raum an eine Wand zu stellen, daß sie zum mindesten gänzlich unauffällig sind. Meines Erachtens ist es aber z. B. keine Lösung des Problems der Heizung einer Kirche, daß man sich damit begnügt, Heizkörper den Wänden entlang oder an sonstigen Hauptabkühlungsflächen aufzustellen. Radiatoren stehen dabei so, daß man bisweilen meinen könnte, sie seien an dieser oder jener Stelle vor einer Wand versehentlich stehen gelassen worden. Heizeinrichtungen sollen aber gut in einen Raum eingegliedert und mit den Wandungen usw. in Verbindung und Beziehung gebracht werden, sei es indem man sie hervorhebt oder unterordnet Schließlich kann es bei diesen und jenen künstlerisch bedeutsameren Monumentalaufgaben sich als notwendig erweisen, die Heizungseinrichtungen überhaupt äußerlich nicht in Erscheinung treten zu lassen. (Entsprechende Wahl des Heizungssystems, Nischenheizung u. dgl.)

Bei sorgfältiger Planung lassen sich auch die oft so unschönen Rohrzweigleitungen zu den Radiatoren vermeiden und gefällig aussehende Leitungseinrichtungen erreichen, zumal wenn auch seitens der Heizungsmonteure saubere Arbeit geleistet wird. Auf solche nachdrücklichst hinzuwirken, ist auch Sache der Architekten; nicht alle Heizungstechniker haben ein ausgesprochenes Gefühl hierfür. Auch die Anstriche der Radiatoren sind von wesentlicher Bedeutung für ihre Wirkung in den Räumen.

Bei Kachelöfen ist es von besonderer Bedeutung, daß sie nicht nur heiztechnisch zweckmäßig aufgebaut, sondern auch in der äußeren Form ansprechend und reizvoll sind und an günstiger Stelle vorteilhaft im Raume aufgestellt werden.

Ich habe bereits wiederholt betont, daß der Architekt stets im Benehmen mit einem Heizungsfachmann arbeiten soll. Wer ist nun in allen den verschiedenen Stadien der Planungen sein Berater und Mitarbeiter? Größere Stadtverwaltungen haben meist bei den Hochbauämtern oder diesen gleichgeordnet eigene Heizungsämter. In solchen Fällen sind die Stellen, die miteinander zu arbeiten haben, gegeben. Staatlichen Baubehörden sind jedoch in der Regel keine in heiztechnischen Anlagen erfahrene Abteilungen angegliedert, sie fehlen auch bei den meisten anderen Baubehörden. Diese alle sind deshalb gleich den Privatarchitekten angewiesen, sich in anderer Weise heiztechnische Beratung zu erholen. In Deutschland ist es meines Wissens allgemein Gebrauch, daß sich Behörden ohne Heizungsämter und Privatarchitekten an ihnen bekannte Heizungsfirmen wenden und sich von diesen nicht nur bei den Vorarbeiten beraten sondern auch Projekte und Voranschläge und weiterhin die Grundlagen für die Vergebung von Heizungsanlagen auf dem Wege der Submission ausarbeiten lassen (Blankettverfahren). Solche Arbeit leisten die Heizungsfirmen unter dem Drucke der Konkurrenz vielfach ohne Berechnung von Kosten, lediglich in der Erwartung oder der Voraussetzung, zur Angebotsabgabe auf die einschlägigen Arbeiten eingeladen zu werden, und glauben sich durch die vorhergehende eingehendere Befassung mit den Projekten auch einen gewissen Vorrang bei der Auftragserteilung zu sichern. Dabei kommt es mehrfach vor, daß die zur Beratung zu den Vorentwürfen und zur Ausarbeitung von Vergebungsgrundlagen beigezogenen Firmen sich durch Zugrundelegung ihnen geschützter Apparate oder von ihnen bevorzugter Spezialeinrichtungen auch gewisse Vorteile zu sichern suchen. Da sie fernerhin durch eingehendere Vorbehandlung der Heizungsanlagen auch einen besseren Einblick in die Sache bekommen, haben sie auch vor den bei Submissionen mitkonkurrierenden Firmen meist auch manches voraus. Sind die Ausschreibungsgrundlagen enge gefaßt, so scheidet für die konkurrierenden Firmen auch häufig die Möglichkeit aus, mit eigenen anderen Vorschlägen, die oft auch eine Verbesserung zu bringen vermögen, hervorzutreten. Es ergeben sich hieraus nicht selten Unzuträglichkeiten, auch Nachteile für die Anlagen selbst.

Das vielfach angewendete Blankettwesen hat nicht mit Unrecht Anfeindungen erfahren, da es an Stelle der geistigen Arbeit der Heizungsingenieure die kaufmännisch technische Leistung der Firmen setzt. Wird aber volle Freiheit für die Ausarbeitung von Angeboten gegeben, so kommt es meist vor, daß infolge verschiedener Annahmen und Vorschläge weitgehende Unterschiede entstehen. Die Architekten sind mehrfach nicht in der Lage, die verschiedenen Angebote, Vorschläge usw. ihrem Werte nach sachkundig zu beurteilen und zu prüfen. Nicht selten kommt es dabei vor, daß zum Nachteil der Sache das billigere Angebot den Vorzug vor dem besseren aber etwas höher berechneten erhält.

Ich habe es als Architekt — und darf wohl gleiches von vielen Kollegen annehmen — in meiner Praxis manches Mal als unangenehm empfunden, daß mir bei Bearbeitung von Bauprojekten der Rat gänzlich unparteiischer Sachverständiger des Heizungsfaches fehlte, wenn ich auch unumwunden zugebe, daß ich mir bekannten vertrauenswürdigen Heizungsfirmen für bereitwilligste und einwandfreie Auskunft vielen Dank schulde. Ich habe aber auch mehrfach die Erfahrung machen müssen, daß von anderer Seite Vorschläge der beratenden Firma als einseitig, unzweckmäßig oder gar als gänzlich verfehlt bezeichnet wurden. Solches wird sich allerdings auch nicht vermeiden lassen, wenn an Stelle einer Firma ein an Ausführungen unbeteiligter sachverständiger Berater treten würde. Doch hätte man bei solcher gegen Gebühren stattfindender Beratung das immerhin etwas befreiende Gefühl, nicht in irgendwelcher Weise verbindlich sein zu müssen. Man wird sich auch kaum entschließen können, durch eine Firma die Angebote der konkurrierenden Firmen nachprüfen zu lassen, schon aus dem Grunde, da dies zu sehr großen Unzuträglichkeiten führen könnte.

Es liegt für den Architekten in manchen Fällen der Wunsch nach Beratung durch an Ausführungen uninteressierte Sachverständige nahe. Solche würden den Architekten wie auch den Bauherren gegenüber die gleiche Stellung einnehmen können, wie sie die Architekten als Vertrauensleute ihrer Bauherren haben. Man fürchtet in Kreisen der Heizungsfirmen vielleicht, daß solche Fachberater nicht immer die notwendige Unparteilichkeit beweisen würden. Das gleiche müßte man aber doch auch bei Architekten wegen Bevorzugung gewisser Baufirmen befürchten. Mir ist jedoch eine begründete Klage in dieser Hinsicht bisher nicht bekannt geworden.

An Stelle beratender Sachverständiger ließe sich auch die Einrichtung von Beratungsstellen größerer Verbände oder die Angliederung eigener allgemeiner Beratungsstellen bei Behörden, Hochschulen usw. denken, wie sie auf verschiedenen Gebieten ja bereits bestehen. Das Ofensetzergewerbe ist beispielsweise in dieser Hinsicht vorbildlich vorgegangen. Wohl kann man bei manchen Organisationen wie z. B. bei dem bayerischen Revisionsverein auch Heizungsprojekte prüfen lassen; die dem Architekten notwendige eingehende Beratung bei der Planung von Gebäuden übernehmen jedoch solche Stellen meines Wissens nicht.

Dem Architekten wertvolle Hilfe könnten solche Berater, abgesehen von der Mitarbeit an den Vorentwürfen und den Bauplanungen sowie bei der Aufstellung der Grundlagen für Vergebung von Heizungsanlagen (Wärmebedarfsberechnungen usw.), auch bei der Auswahl der zur evtl. freien Angebotsabgabe einzuladenden Firmen leisten, ferner bei der genauen und abwägenden Prüfung der eingelaufenen Angebote, bei den Vorschlägen für Zuschlagserteilung, bei der sachkundigen Überwachung der Ausführung der Arbeiten sowie bei Differenzen gelegentlich der Arbeitsleistungen. Sehr wertvoll wäre auch ihre Mitarbeit bei der Abnahme und Abrechnung der ausgeführten Arbeiten und schließlich weiterhin für die dauernde Überwachung der Heizungsbetriebe. In gleicher Weise wie für die Heizungseinrichtungen gelten diese Darlegungen natürlich auch für Lüftungseinrichtungen, Warmwasserversorgungen usw.

Es liegt mir bei meinen Ausführungen gänzlich ferne, den anerkannten leistungsfähigen Firmen der hochentwickelten deutschen Zentralheizungsindustrie, die mit Recht auf das gleiche Vertrauen wie die anerkannten Unternehmungen des Maschinenbaues und der Elektrizität Anspruch erheben können, in irgendwelcher Weise nahezutreten und sie gewissermaßen unter Aufsicht stellen zu wollen. Sie verfügen selbst über tüchtige Ingenieure und geschultes technisches Personal. Dem Pfuschertum, das sich aber auch auf dem Gebiete der Zentralheizung eingeschlichen hat und das nur von der Unkenntnis der Auftraggeber lebt, kann jedoch m. E. durch fachmännische Beratung und Überwachung wohl mehr Einhalt geboten werden, als dies noch allenthalben der Fall ist. Im Konkurrenzkampfe dürften die soliden Firmen aus fachkundiger Beratung der Auftraggeber nur Vorteil ziehen.

Ich weiß von vornherein, daß meine Anregungen bei verschiedenen Seiten auf Bedenken und Widerstand stoßen werden. Einer sachlichen Aussprache sollte man aber nicht aus dem Wege gehen. Ich würde einer solchen mit größtem Interesse entgegensehen.

Zentralheizung und Warmwasserversorgung für Klein- und Mittelwohnungen in Wiesbaden.

Von Reg.-Baumeister a. D. Magistratsbaurat **Berlit**.

Die Stadt Wiesbaden hatte bereits im Jahre 1920 erstmalig den Versuch gemacht, nicht nur einzelne Mietshäuser, sondern Häusergruppen mit bis zu 50 Wohnungen mit Warmwasserheizung von gemeinschaftlichen Kesselanlagen zu versehen. Diese Bauten waren für Besatzungsangehörige bestimmt und sind später an das Reichsvermögensamt übergegangen. Man hat damals aus Gründen billigerer Herstellung die Heizungsanlage insofern vereinfacht, als man mit nur je 2 Heizsträngen für 1 Wohnung nicht alle Zimmer an die Zentralheizung angeschlossen und für die anderen Zimmer die Möglichkeit einer Ofenheizung vorgesehen hat. Dies Verfahren, einzelne Zimmer zunächst ohne jede Heizmöglichkeit zu lassen, ist in Wiesbaden bei Neubauten auch bei reinen Ofenheizungen oft üblich; zum Beispiel werden Schlafzimmer, sofern sie zwischen oder neben stets geheizten Räumen liegen, meist ohne Öfen gelassen, was bei dem milden Klima der Stadt durchführbar ist. Leider hat aber diese Übertragung auf Zentralheizung zu Schwierigkeiten geführt, so daß man später stets alle Zimmer mit Heizkörpern versah. Die damals aufgetauchten juristischen Bedenken, daß mit der gemeinsamen Kesselanlage die verschiedenen Häuser in eine wirtschaftliche Abhängigkeit voneinander kämen, hat man nach kurzer Erwägung zur Seite gestellt. Nachdem durch die steigende Geldentwertung die Anlagekosten für Heizungen relativ mehr gestiegen waren als für einfache Ofenanlagen, hat man bei weiteren Bauten der Stadt Wiesbaden von dem Einbau von Zentralheizungen Abstand genommen, zumal die in den letzten Jahren gebauten Wohnungen in erster Linie als billige Volkswohnungen gedacht waren und man hierfür eine Zentralheizung nicht als wirtschaftlich vertretbar ansah. Erst im Vorjahr, als die Stadt mehrere größere, nahe beieinanderliegende Häusergruppen in bisher unbebautem Stadtteil in Angriff nahm, wurde beschlossen, die dort zu errichtenden 450 bis 500 Wohnungen mit je 2 bis 4 Zimmern mit Warmwasserheizung zu versehen und an eine zentrale Kesselanlage anzuschließen, um mit der Einführung von Zentralheizungen für kleinere Wohnungen einen größeren Versuch zu machen. Weiterhin sind noch in anderer Stadtgegend 3 Baublocks zu je 40 bis 50 Wohnungen in Angriff genommen, welche ebenfalls von einer zentralen Kesselanlage versorgt werden sollen. Inzwischen hat man auch noch den Versuch gemacht, einen Häuserblock mit 34 Wohnungen an die Kesselanlage einer großen Doppelschule anzuschließen, um auch hier Erfahrungen zu sammeln, wie sich die Kombination der ja verschiedenartig gestalteten Betriebe durchführen läßt.

Die zuerst genannte Anlage für etwa 450 bis 500 Wohnungen ist inzwischen im Bau so weit fortgeschritten, daß etwa 250 Wohnungen bis zum Herbst in Betrieb genommen werden können und die Kesselanlage ist bis auf die im nächsten Jahr noch kommende Erweiterung fertiggestellt, so daß ich diese Gesamtanlage zum Gegenstand einer besonderen Betrachtung machen kann.

Abb. 1. Lageplan.

Aus dem Lageplan Abb. 1 ist ersichtlich, daß es sich zunächst um 9 Bau-blocks handelt, von denen 4 einen großen Hof einschließen; in diesem Hof ist das Kesselhaus untergebracht, das 2 Schornsteine im Innern je eines der vorgenannten Baublocks besitzt. Von diesem Kesselhaus gehen zum Teil durch begehbare, z. T. durch bekriechbare Kanäle die Hauptverteilungsleitungen aus, die schematisch in dem Lageplan dargestellt sind. Diese Verteilungsleitungen sind zum Teil jeweils für mehrere Baublocks zusammengefaßt, so daß von dem Hauptventilstock zunächst nur 5 Haupt-leitungen ausgehen, während für eine weitere Hauptleitung nach 2 großen Blocks auf einer anderen Straßenseite noch Raum vorgesehen ist und auch die nötigen Durch-führmöglichkeiten in den Kellern verschiedener Baublocks. Diese Hauptverteilungsleitungen liegen in den Häuserblocks durchweg unterhalb des Kellergeschosses, und es war dies deshalb mit verhältnismäßig billigen Kosten zu erreichen, weil ohnehin die Fundamente tief heruntergeführt werden mußten, so daß also der geldliche Aufwand für diese Hauptverteilungskanäle, trotzdem sie an verschiedenen Stellen reichlich groß und begehbar sind, gering ist. Ein Kanalquerschnitt für Straßenunterführungen ist in Skizze 2 dargestellt und so gewählt, daß er wenigstens bekriechbar ist, da der Baukostenunterschied zwischen bekriechbaren Kanälen und solchen von ganz geringem Querschnitt verhältnismäßig gering ist, zumal es sich nicht um große Längen handelt. Die Hausverteilungsleitungen dagegen, an welche die Heiz - Steigestränge anschließen, liegen sämtlich gut isoliert in den Kellergängen. Diese Gänge selbst sind von den Kellern durch Mauern und dichte Türen abgeschlossen, und da die Steigleitungen sämtlich an den inneren Mauern hochgeführt sind, so konnten die Haushaltungskeller von etwa schädliche Erwärmung bringenden Rohrleitungen freigehalten werden. In den möglichst noch entlüfteten Kellergängen wird schon mit Rücksicht auf die bei Warmwasserheizung geringe Temperatur keine große Wärme erwartet, wie sich dies auch an anderer Stelle gezeigt hat.

Als Heizung ist Warmwasserheizung gewählt, die eine zentrale Regulierung ermöglicht und so eine gewisse Zwangsersparung gegen Verschwendung durchführen läßt. Als Radiatoren sind solche aus Schmiedeeisen (Bauart Maschinenfabrik Wiesbaden) gewählt. Diese haben gegenüber Gußradiatoren den Vorteil geringeren Platzbedarfes und geringeren Gewichtes, was bei den Bauarbeiten sehr

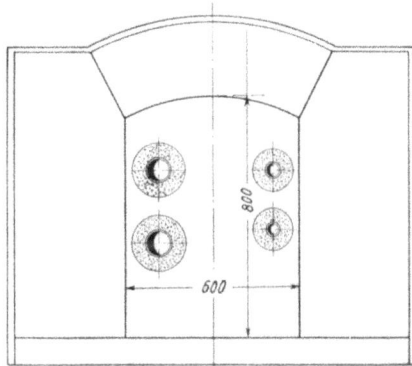

Abb. 2. Kanalquerschnitt.

in die Wagschale fällt und wodurch auch nicht so leicht Beschädigungen im Bau bei Transporten, Umwerfen usw., verursacht werden.

Nachdem man sich entschlossen hatte, eine Heizungszentrale zu wählen, wurde auch die Folgerung daraus gezogen, die Wohnungen selbst von allen Einrichtungen freizuhalten, die irgendwie Kohlentransport durch die Gebäude erfordern. Dadurch werden die sonst üblichen Kohlenaufzüge überflüssig bzw. die Treppen geschont. Es sind durchweg Gasküchen vorgesehen. Da Warmwasserbereitung mit Gas, weil Abwärmschiffe wie in Kohlenherden nicht vorhanden sind sowie der Betrieb von Gasbadeöfen für die kleinen Mieter kostspielig ist, so ist auch zentrale Warmwasserbereitung gewählt. Den Wohnungsinhabern wird das Warmwasser durch Wassermesser zugemessen und vierteljährlich besonders verrechnet. Erfahrungsgemäß wird bei einem Preise von M. 1 bis 1,20 je m³ (bei 30 Pf./m³ Wasserpreis) monatlich 1 ½ bis 3 m³ je Wohnung verbraucht. Alle Verteilungsleitungen für das Gebrauchswarmwasser liegen jeweilig neben den entsprechenden Heizleitungen, und es sind Rücksaugeleitungen nicht nur für die ganzen Baublocks vorgesehen, sondern auch durch alle Stockwerke durchgeführt; in vielen Fällen ist bei unmittelbar nebeneinanderliegenden Küchen durch diese eine Schleifenleitung durchgeführt von der Verteilungsleitung nach der Rücksaugeleitung, so daß man stets an den Zapfhähnen Wasser von der höchsten Temperatur hat.

Die Kesselanlage ist in Abb. 3 und 4 im Grundriß und Querschnitt dargestellt. Bei einem durchschnittlichen Wärmebedarf je Wohnung von 7500 WE sind für 500 Wohnungen 3,75 Mill. WE nötig, und hierfür hätte man mit entsprechender Reserve und zum schnellen Aufheizen etwa 400 bis 500 m² Heizfläche nötig gehabt. Um nun einen gleichmäßigen wirtschaftlichen Betrieb der Kessel besonders bei dem

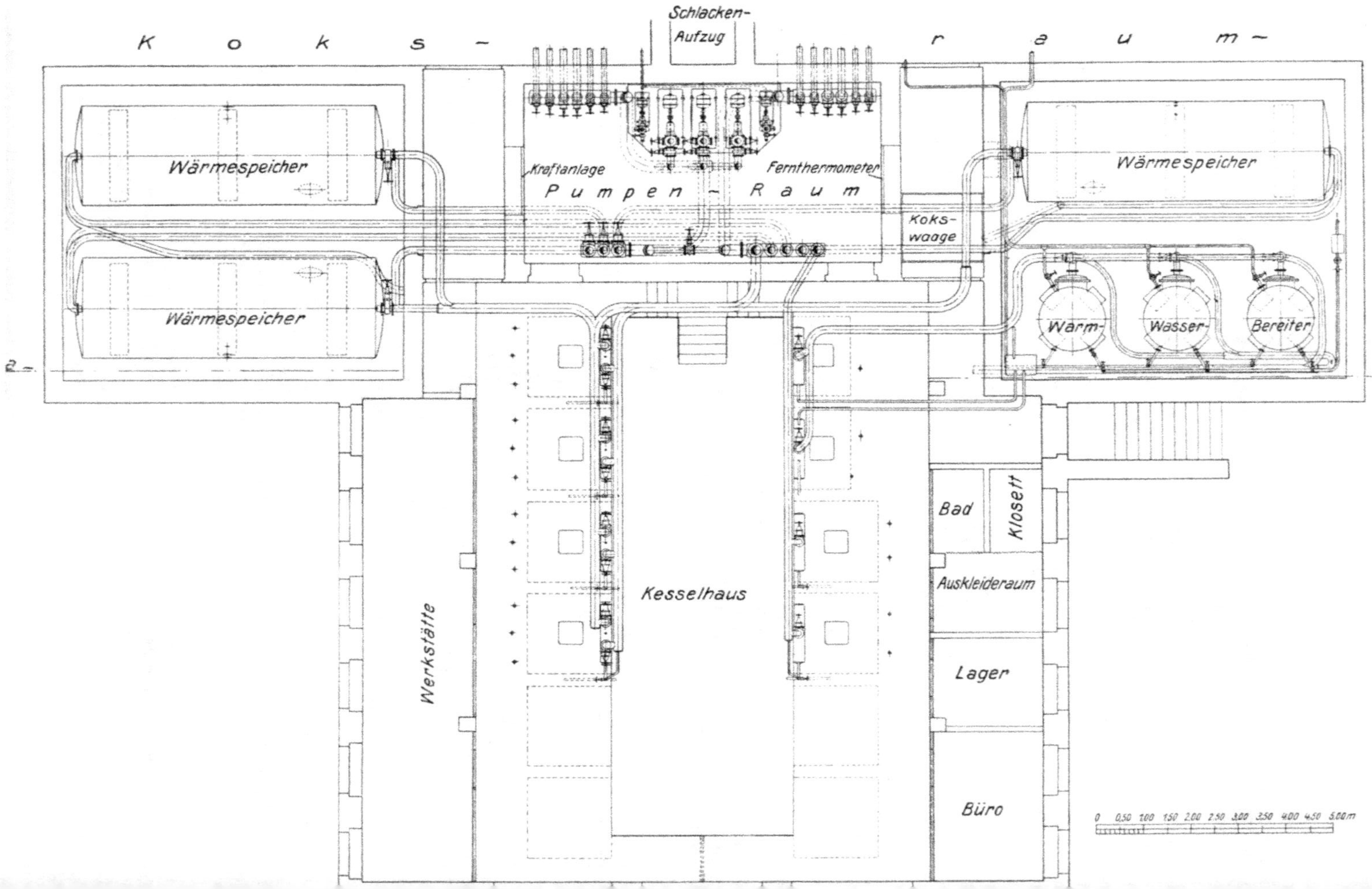

Wärmespeicher

Warm-Wasser-Bereiter

Koks-woage

Fernthermometer

Pumpen-Raum

Kraftanlage

Schlacken-Aufzug

Kesselhaus

Bad

Kloseтт

Auskleideraum

Lager

Büro

Werkstätte

Wärmespeicher

Wärmespeicher

0 0,50 1,00 1,50 2,00 2,50 3,00 3,50 4,00 4,50 5,00 m

m Anheizen des Morgens sehr hohen Wärme-
darf zu erhalten, ist die Anordnung von 3 großen
ärmespeichern von je 25 m³ Wasserinhalt gewählt,
 bei entsprechender Aufheizung mindestens 3 Kes-
mehrere Stunden ersetzen können, und die Kessel-
lage selbst erhält 10 Heizungskessel zu je 37 m²
eizfläche. Die Wärmespeicher sind besonders gut
liert in 2 besonderen Räumen untergebracht, in
ren einem auch die 3 Gebrauchswarmwasserbe-
ter stehen. Letztere werden — unabhängig von
n Heizungskesseln — von 2 Warmwasserkesseln
n je 20 m² Heizfläche mit Kupferschlangen in-
ekt erwärmt. Man hätte hierfür, wie anderswo
schehen, Dampfkessel wählen können, aber man
t diese Anordnung trotz höherer Anlagekosten
shalb gewählt, um desto sicherer die Erwärmung
s Gebrauchswassers unter 60⁰ zu halten und
mit Kesselsteinausscheidungen zu vermeiden; ver-
glich kann der Mieter nur Wasser von 45⁰ in
ner Küche fordern.

Die Schaltung der Wärmespeicher (s. Abb. 3 u. 4)
so gewählt, daß nur von der einen Kesselgruppe
n zunächst 4 (später 6) Kesseln je doppelte Vor-
ife und Rückläufe für Wärmespeicherung und die
ekte Heizung abgehen, während zunächst 2 (spä-
4) Kessel ausschließlich zur direkten Heizung be-
mmt sind. Der Betrieb ist so gedacht, daß man
zelne Kessel entweder allein auf Speicher oder
ein auf direkte Heizung schaltet, was bei der
öße der Anlage wirtschaftlich sein wird und den
trieb vereinfacht. Die Entnahme aus den Wärme-
ichern wird dann auch direkt von den Haupt-
mmelventilstöcken geregelt. Um bei hoher Spei-
ertemperatur die Vorlauftemperatur zu regeln,
vom Rücklaufsammelventilstock eine direkte
schleitung nach dem Vorlaufsammelventilstock
egt.

Der Pumpen- und Ventilstockraum ließ sich
istig und übersichtlich anlegen und enthält auch
e Fernthermometeranlage für 60 Thermometer,
nicht nur an den Endstellen der Fernleitungen
Heiz- und Gebrauchswarmwasser, sondern auch
Wärmespeichern (in 6 Höhen), Warmwasserbe-
tern und in 7 Wohnungen untergebracht sind.
ner sind auch auf der Fernthermometertafel
l im Kesselhaus Kohlensäureanzeiger außer den
Fuchstemperaturfernzeigern untergebracht, um
 Verbrennungsprozeß zu verfolgen.

Der Koks ist in einem großen Bunkerraum
er einem Hofteil untergebracht, wo die im Som-
r vom Gaswerk zu beziehende Koksmenge für
 größten Teil des Winters gelagert werden kann,
 wird mit Kokskippwagen von je 200 kg In-
t über die Kessel gerollt. In einem Gang ist

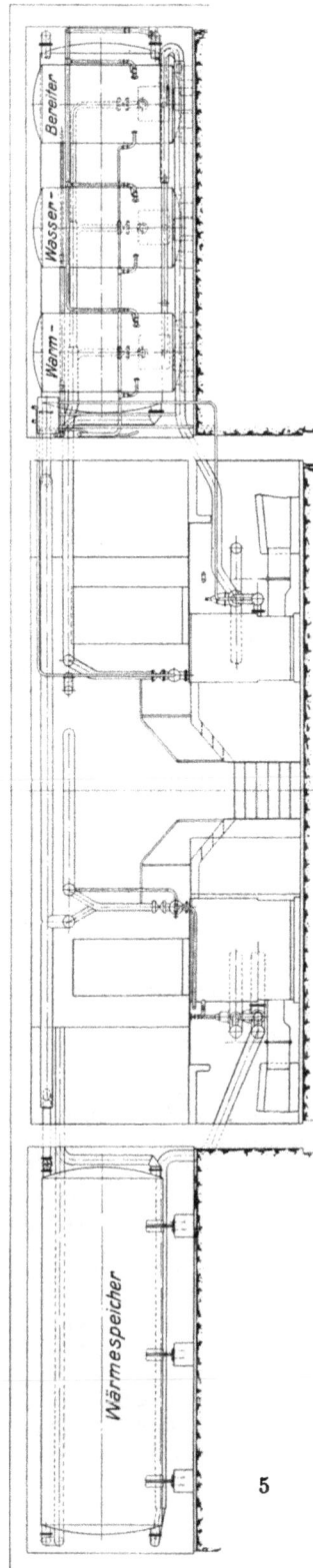

Abb. 4. Kesselhaus.

5

eine Zeigerwage untergebracht, um Stichproben über die mittlere Wagenfüllung zu machen, da dies für den allgemeinen Kontrollbetrieb genügt. Die Asche wird durch besonderen Aschenwagen nach einem Aufzug gebracht und täglich abgefahren.

Ein Aufenthaltsraum, Bad und Werkstatt nebst Lager sind für die 2 dauernd dort beschäftigten Schlosser vorgesehen, da diese auch Hausausbesserungen vornehmen sollen; im Winter wird das reine Heizerpersonal nach Bedarf verstärkt.

Die wichtigste Frage, die stets bei Einbau von Zentralheizungen in Mietswohnungen entsteht, ist diejenige nach den Anlagekosten im Vergleich zu Ofenheizungen, und ich habe zu diesem Zweck die verschiedenen Architekten, welche diese Häuserblocks im Auftrage der Stadt ausführen, gebeten, eine Zusammenstellung der tatsächlich erwachsenen Hochbaukosten für die Zentralheizung einerseits zu machen und diesen Kosten diejenigen Ersparnisse gegenüberzustellen, welche durch Fortfall der Ofenheizung erreicht werden. Diese Ersparnisse bestehen nicht nur, wie man gewöhnlich annimmt, in dem einfachen Fortfall der Öfen und gegebenenfalls einiger Schornsteine, sondern sie sind gerade bei den kleinen Wohnungen auch noch im wesentlichen auf dem Gebiet der Platzersparnis zu suchen. Hat man in großen Wohnungen Zimmer von 25 bis 35 m² Größe, so macht es keinen wesentlichen Unterschied, ob da ein Ofen in der Ecke steht, der als dekorativer Kachelofen ausgebildet womöglich mehrere Quadratmeter Platz wegnimmt oder ob ein unauffälliger Radiator an irgendeiner versteckten Stelle steht, denn es pflegt in derartigen Räumen immer reichlich Platz und Wandfläche genug für Möbel vorhanden zu sein. Ganz anders ist das Verhältnis in Kleinwohnungen, die gerade unter dem heutigen Druck äußerster Sparsamkeit mit den geringsten Mitteln und dem geringsten Platzaufwand herzustellen sind, da spielt es wohl eine Rolle, ob in dem Zimmer, vielleicht sogar hinter einem Türaufschlag versteckt, ein kleiner Heizkörper steht, oder ob an entsprechend ungünstiger Stelle ein Ofen mit entsprechendem Kohlenkasten in das Zimmer hereinragt. Selbstverständlich sind über die dadurch ersparten Quadratmeter Fläche die Ansichten verschieden; während der eine der Ansicht ist, daß überhaupt kein Platz gespart werde, wenn man als Vergleich in die Wand einzubauende Kachelöfen für je 2 Zimmer verwende, schätzt ein anderer die Ersparnis auf 0,9 m² je Zimmer, meint aber, daß man das auch nicht voll bewerten dürfe, da man das Haus doch nicht wesentlich kleiner machen könne, weil andere Gründe die Grundrißlösung bzw. Flächenverteilung beeinflußten. Immerhin wird von den meisten bei kleinen Zimmern mindestens eine bessere Ausnutzbarkeit und damit Höherwertigkeit der kleinen Zimmer zugestanden. Als Mittelwert kann man wohl je Zimmer 0,6 m² ansetzen; also bei 3,30 m Geschoßhöhe rd. 2 m³ umbauten Raum. Dementsprechend ist die Ersparnis durch die weniger umbauten Kubikmeter Raum oder Mehrwert durch verfügbaren, sonst zu schaffenden Raum bei M. 30 bis 35/m³ Baukosten etwa M. 60 bis 70 je Zimmer. Da die betrachteten Wohnungen durchschnittlich 2,85 Zimmer haben, so ist der Einfluß dieses Faktors etwa M. 170 bis 200/Wohnung Ersparnis bzw. Mehrwert.

Über die kleinen baulichen Mehr- oder Minderaufwendungen besteht ebenfalls ziemlich weitgehende Meinungsverschiedenheit in den Einzelheiten, zumal im vorliegenden Falle zur Vorsicht noch mehr als reichliche Reserveschornsteine vorgesehen sind, die zum Teil in dicken Wänden ohne wesentliche Mehrkosten untergebracht werden konnten, zum Teil aber doch durch die Dachdurchführungen größere Kosten machten. Immerhin ergab eine Gesamtsummierung der verschiedenen Berechnungen fast vollständigen Ausgleich. Bezüglich der Schornsteine wird die mögliche Ersparnis auf M. 125 bis 175 je Wohnung geschätzt, aber diese Ersparnis wird dadurch zum Teil aufgehoben, daß man aus übertriebener Vorsicht reichlich Reserveschornsteine vorgesehen und sogar bis über Dach durchgeführt hat. Als Mehrkosten sind, abgesehen von den Durchbrüchen, die dichten Abschlüsse zwischen Kellergängen und Kellern, Anstrich der Rohrleitungen und Heizkörper in den Wohnungen, einzelne Rohrschlitze, Ölanstrich hinter Heizkörpern, angeblich öfter nötiges Abnehmen von Heizkörpern (?) usw. in Rechnung gestellt. Dazu kommen die Kosten der 2 großen Schornsteine vom

Kesselhaus an, so daß man für alle diese Bauarbeiten reichlich zuungunsten der Zentralheizung im vorliegenden Falle Ausgleich annehmen kann.

Dazu treten die Ersparnisse, die durch Fortfall der Öfen- und Kohlenaufzüge sicher eintreten, und die sich natürlich sehr nach den Ansprüchen richten; sie sind um so höher, je mehr man geneigt ist, Kachelöfen zu verwenden. Im Mittel kann man nach den sonstigen hier in Betracht kommenden Gepflogenheiten und nicht allzu hohen Ansprüchen die wahrscheinliche Ausgabe bei der mittleren Zimmerzahl von M. 2,85 auf 400 bis 450/Wohnung schätzen. Zuzüglich dem oben je Wohnung ermittelten Mehrwert von M. 170 bis 200 ergibt sich somit ein Betrag von mindestens M. 600 bei Fortfall der Öfen.

Dieser Ersparnis bzw. Gutrechnung stehen die Anlagekosten für die Heizungsanlage gegenüber, die sich im vorliegenden Fall bei einem Durchschnittsbedarf von 7500 WE je Wohnung nach sorgfältiger Auseinanderrechnung der verschiedenen Posten folgendermaßen stellen:

Bau des Kesselhauses und Bunkers . . . . . . je Wohnung etwa rd. M. 170
Kesselanlage selbst nebst Wärmespeicher, Fernthermometer, Aschenaufzug, Beleuchtung usw. je Wohnung etwa rd. M. 190
Fernleitungen bis zu den Verteilstellen in den Häuserblocks nebst Kanälen (M. 50 bis 60) . . . je Wohnung etwa rd. M. 110
Heizungsanlage selbst . . . . je Wohnung etwa rd. M. 530

Summa M. 1000.

Dazu treten noch die Kosten der zentralen Warmwasserversorgung, die allerdings nicht ohne weiteres auf die Heizung allein gerechnet werden können. Diese betragen einschließlich der Steigleitungen, Wassermesser und Zapfhähne in den Geschossen durchschnittlich M. 107 je Wohnung.

Aus vorstehenden Zahlen ergibt sich, daß die Zentralheizung eine Mehrbelastung im Rahmen von etwa M. 400 bis 500 je Wohnung an Anlagekapital bedingt. Wenn man aber berücksichtigt, daß die Durchschnittskosten einer zu erstellenden Wohnung mit Grundstücksanteil im vorliegenden Falle sich auf M. 17 000 bis 18 000 belaufen, so steht die Mehrausgabe von nur 2 bis 3% in gar keinem Verhältnis zu den allgemeinen wirtschaftlichen und persönlichen Vorteilen, welche eine Zentralheizung im Wohnungsbau mit sich bringt, ganz abgesehen von der zweifellos besseren Ausnutzung der Brennstoffwärme und den indirekten Vorteilen, die unter anderem auch durch Verminderung der Rauch- und Rußplage bestimmt entstehen. Es sind als direkte Vorteile für den Mieter zu erwähnen die Bequemlichkeit, Sauberkeit, Schonung der Fußböden und Treppenhäuser, die Minderarbeit für kleine Familien, die sich keine besonderen Dienstboten leisten können, die ständige Warmhaltung aller Wohnräume, so daß diese im Winter gleich wie im Sommer benutzt werden können und das Zusammenpferchen der ganzen Familie in einem Wohnraume vermieden wird. Kurz, es treten Vorteile in Erscheinung, die man zahlenmäßig überhaupt nicht erfassen kann, und es scheint daher durchaus berechtigt, auch in größerem Umfange die Zentralheizung für Klein- und Kleinstwohnungen durchzuführen. Eine gewisse Schwierigkeit wird stets hierbei die Verrechnung der laufenden Betriebskosten machen, denn solange man keine Einzelzähler in den Wohnungen anwendet, wird man nach Pauschalsätzen abrechnen müssen, und das gibt mehr oder weniger zu Wärmeverschwendung Veranlassung. Deshalb wird man in Zukunft zu Wärmezählern für die einzelnen Wohnungen übergehen müssen, und es ist auch, abgesehen von den in einem Doppelhaus gemachten Versuch, in Aussicht genommen, diese sämtlichen Häuserblocks mit Wärmezählern nach dem System der Wärmemesser-Gesellschaft Hamburg auszurüsten, da hiermit ein Anreiz zur Brennstoffersparnis oder wenigstens eine Verminderung überflüssiger Verschwendung zu erwarten ist.

Wenn man so das Ziel erreicht, daß bei mäßigen Anlagekosten und bei sparsamem Betrieb die Gesamtkosten einer Zentralheizung sich nicht erheblich höher stellen als die Kosten von Ofenheizungen, so wird man dem Ideal guter Zusammenfassung der Wärmewirtschaft und zugleich guter Wohnbedingungen näherkommen.

Grundlagen der Städteheizung.

Von Dipl.-Ing. Margolis, Hamburg.

Übersicht.

Die Entwicklung des Fernheizwesens hat mit der zentralen Wärmebelieferung von Kranken- und Irrenanstalten begonnen. Für die Errichtung dieser Fernheizwerke waren nicht wirtschaftliche, sondern vor allem hygienische Gründe und Gesichtspunkte der Bequemlichkeit ausschlaggebend. Öffentliche Fernheizwerke können dagegen, zurzeit wenigstens, nur auf wirtschaftlicher Grundlage gebaut werden — das Anlagekapital soll verzinst und getilgt werden und zusätzlich noch Gewinn bringen. Die eigentliche Entwicklung der Städteheizung hat auch erst eingesetzt, nachdem in Hamburg und Kiel öffentliche Fernheizwerke als Erwerbsunternehmen entstanden sind.

Die Wirtschaftlichkeit des Fernheizbetriebes ist vom Verhältnis des Umsatzes zu den Anlagekosten sowie des Wärmeverkaufspreises zu den Erzeugungskosten abhängig. Da der Wärmeverkaufspreis und damit auch der Umsatz für eine Stadt oder ein Versorgungsgebiet durch die Kosten der Wärmeerzeugung mit Zentralheizungskesseln begrenzt ist, so ist die Wirtschaftlichkeit der Städteheizung letzten Endes von den Anlage- und Wärmeerzeugungskosten abhängig. In diesem Zusammenhange werden die Kosten der Wärmeverteilung in Abhängigkeit vom Umfange des Versorgungsgebietes und von der Wärmedichte untersucht und die Bedeutung der Angliederung des Fernheizbetriebes an bestehende Elektrizitätswerke gezeigt. Die Fragen der Verteilung der Wärme mit Dampf und Warmwasser werden dabei eingehend behandelt. Die wirtschaftlichen Grenzen der Frischdampfverteilung werden festgelegt.

Die Ausbildung des kombinierten Kraft-Heizbetriebes ist das wirksamste Mittel sowohl die Anlage-, wie auch die Betriebskosten der Städteheizung zu vermindern. Daraus ergibt sich die Abhängigkeit der Wärmeverteilung von der Stromerzeugung und die Schwierigkeit der richtigen Bemessung des Rohrnetzes wird erhöht. Es werden die Elemente gezeigt, die bei der Berechnung des wirtschaftlichsten Rohrdurchmessers zu berücksichtigen sind, und der Einfluß der Strombewertung sowie der Entfernung des Versorgungsgebietes untersucht.

Die Wärmetarife müssen möglichst einfach gestaltet werden. Die in Frage kommenden Grundlagen werden behandelt.

Neben der Wirtschaftlichkeit ist die Betriebssicherheit Voraussetzung für die Errichtung eines Fernheizwerkes und die Gestaltung der Anlagen und Ausbildung der Bestandteile wird an Hand ausgeführter Beispiele gezeigt. Vor allem wird die Einrichtung der Zentralen, die Ausführung der Kanäle und Fernleitungen, der Anschlüsse und Meßstationen des Hamburger Fernheizwerkes vorgeführt.

Die Entwicklung des Hamburger Fernheizwerkes wird eingehend erörtert.

Zum Schluß werden die zukünftigen Aussichten der Städteheizung besprochen. Die Entwickelung der Städteheizung in Deutschland hat zu einem Zeitpunkte der vollsten Entfaltung der Elektrizitätswirtschaft eingesetzt. Der Unterschied in der Größenordnung der Elektrizitäts- und Heizwerke ist zurzeit noch ungeheuer, so daß die volle wirtschaftliche Auswirkung durch Zusammenfassung beider Betriebe zunächst noch nicht möglich ist. Aber nach und nach wird die Fernheizung das gesamte Gebiet der Stadt erobern und damit die Grundlagen der Stromerzeugung für die Städte im Sinne des kombinierten Kraft-Heizbetriebes vollständig umgestalten.

Städteheizungen im Anschluß an Kraftwerke.

Von E. Schulz, Berlin.

(Inhaltsangabe).

Der energiewirtschaftlich begründeten Forderung nach einer Vereinigung von Strom- und Wärmeabgabe aus gleichem Werk sind bei unserer heutigen Stromerzeugung in öffentlichen Kraftwerken Grenzen gesetzt. Selbst bei mitten in Städten gelegenen Anlagen stehen einer weitgehenden Kupplung meistens die städtebauliche Entwicklung, oft die Strombelastung und Verteilung und die Größenordnung von Wärme- und Strombedarf entgegen. Aus den Ermittlungen des Vortragenden über die in Frage kommenden Wärmemengen bei Strom- und Wärmelieferung in verschiedenen Stadtbezirken Berlins wird dies besonders deutlich. Nicht nur die absoluten Mengenverhältnisse lassen eine vereinigte Wärme-Kraftlieferung als praktisch undurchführbar erscheinen, auch die Verschiedenheit des Bedarfs bei ganz großen Mengen steht ihr entgegen. In gewissen Grenzen kann man dies durch Speicherung ausgleichen. Damit ergibt sich die Beschränkung der Städteheizung auf kleinere Stadtbezirke. Bei der durchschnittlichen Belastungsart unserer Kraftwerke kann keine wesentliche Verbilligung der reinen Stromerzeugung durch gleichzeitige Wärmelieferung eintreten. Nur bei Entlastung der Kraftwerke durch Lieferung von Spitzenstrom ist dies möglich, wobei immer noch zu beachten ist, daß ein erheblicher Teil der gesamten Stromkosten zu Lasten der Stromverteilung geht. Diese elektrizitätswirtschaftlichen Momente sind leider zu wenig bekannt. Gerade eifrige Verfechter des Städteheizungsgedankens beschränken ihre Wirtschaftlichkeitsbetrachtungen auf das »Kraftwerksgrundstück« und gehen darin sehr an der Wirklichkeit vorbei. Die ausgeführten und schwebenden Städteheizungspläne der Berliner Städtischen Elektrizitätswerke (Bewag) werden beschrieben. Auf Grund der nunmehr vorhandenen Wärmeverbräuche, Anlage- und Erzeugungskosten, Verkaufsmöglichkeiten usw. werden Schlüsse gezogen auf ihre Rentabilität. Die bisherige Verlegungstechnik für Wärmeleitungen in Großstadtstraßen ist unzulänglich. Sie beeinträchtigt in Berlin die Erschließung der für den Wärmeabsatz vornehmlich in Frage kommenden Innenstadt. Eine eingehende Unterteilung der Anlagekosten des Rohrnetzes wird benutzt, um Mängel ausgeführter Anlagen, Einfluß der Abnahmeverhältnisse auf die Wirtschaftlichkeit u. a. zu schildern. Es ergeben sich Beziehungen über das Verhältnis von Rohrnetzkosten zu Wirtschaftlichkeit der Gesamtanlage, die hoffentlich durch Angabe anderer Werke rückhaltlos ergänzt werden und dann eine wertvolle Projektierungsgrundlage zu bilden geeignet sind. Bisher mangelt es hieran. Die Bewag hat von vornherein Wert auf Ermittlung derartiger statistischer Daten gelegt. Hingewiesen wird schließlich noch auf die Städteheizungsfrage in Amerika, die der Vortragende aus eigener Anschauung kennt. Dort scheint sich eine Abkehr von der jetzigen Frischdampflieferung zur kombinierten Kraft-Wärmeerzeugung anzubahnen.

Neues aus der amerikanischen Heiz- und Lüftungstechnik.

Von Dr. techn. C. Brabbée,

Direktor des »Brabbée-Laboratoriums« der American Radiator Co., New York.

Vor 5 Jahren betrat ich zum ersten Male New Yorker Boden. Welch eine Fülle von Erfahrungen, Mühen, Sorgen, Leid und Freud liegt dazwischen! Tausende sind vor und nach mir denselben Weg gezogen, denn die Vereinigten Staaten bilden seit langem ein beliebtes Reiseziel. Man fühlt unwillkürlich, daß große Dinge da drüben vorgehen, daß Amerika trotz höchster Löhne und teuerster Lebenshaltung einen wirtschaftlichen Siegeszug durchläuft, der kaum jemals erträumt worden ist. Englische Ingenieure schreiben darüber folgendes: »Es gibt keinen Zweifel mehr. Millionen Menschen haben Standardformen von Komfort erreicht, ungleich höher als in irgendeinem anderen Staate der Welt und unvergleichlich überlegen allem, was bisher in der Weltgeschichte bekannt war.«

Es gibt naturgemäß auch entgegengesetzt lautende Urteile. Man findet sie öfters in den Berichten derer, die in 4 Wochen die Staaten durchfliegen, 25 Universitäten und 100 industrielle Anlagen besuchen. Ich bin nun mehrere Jahre im Lande, und wenn man mich über mein Urteil fragen würde, so müßte ich sagen: »Ich stehe erst am Beginne des Erkennens, namentlich des Erkennens der amerikanischen Volksseele, die sich nicht enthüllt dem eilig Reisenden.« So wie man die Architektur einer bestimmten Zeitspanne nicht verstehen kann, ohne die Geschichte jener Zeit zu kennen; wie man Musik nicht kritisieren kann, ohne die in der Tiefe treibenden Kräfte zu verstehen, wie kein Urteil über Staatsformen möglich ist, ohne die Grundlagen des inneren Aufbaues zu berücksichtigen, so kann man auch die Vereinigten Staaten nicht gebührend würdigen, solange man fremd gegenübersteht dem Wesen jenes Volkes.

Ich will nun versuchen, Ihnen auf eine neue Art Einblick in die amerikanische Denkweise zu geben, wobei ich ein ganz kleines Sondergebiet herausgreife. Auf diesem vermag ich Ihnen aber wahrheitswirkliche und lebenstreue Bilder vorzuführen, und es wird daher für Sie möglich sein, bestimmte Folgerungen aus eigener Erkenntnis zu ziehen. Jenes engbegrenzte Gebiet ist das meiner eigenen Tätigkeit, von der ich Ihnen naturgemäß alle zum Verständnis der Lage notwendigen Einzelheiten übermitteln kann.

Im Jahre 1921 vertrat ich in einer Mitteilung der Charlottenburger Versuchsanstalt die Ansicht, daß die in physikalischer Richtung unentbehrlichen »absoluten Maß verfahren« auf unserem Gebiet zweckmäßig durch »Vergleichsverfahren« ergänzt werden sollten, wobei man öfters rasch zu praktisch brauchbaren Lösungen gelangt. Ja, in vielen Fällen wird ein solches Verfahren zu greifbaren Fortschritten in einer Zeit führen, da die wissenschaftliche Forschung noch nicht in der Lage ist, die Aufgabe theoretisch zu erfassen.

Als Beispiel dieser wissenschaftlich-praktischen Forschung waren damals Kachelöfen gewählt worden, die nicht nur auf ihren Feuerwirkungsgrad, sondern auch darauf untersucht worden sind, welche Wirkung sie auf den im Raum befindlichen Menschen ausüben. Hierzu sind zwei wärmegleiche Räume (Abb. 1) benutzt worden, die unabhängig von allen äußeren Witterungseinflüssen waren. Wir hatten dabei jeden Raum in drei Zonen eingeteilt und die betreffenden Temperaturmessungen in Knie-, Augen- und Deckenhöhe durchgeführt.

Eine Anerkennung hat sich diese Auffassung in der Heimat nicht erringen können; anders in der Neuen Welt. Kaum hatte ich in Amerika festen Fuß gefaßt, so stellte man mir in großzügiger Weise Mittel zum Bau des sog. Brabbée-Laboratoriums zur Verfügung, in dem ich daran ging, zwei Versuchsräume A und B nach Abb. 2 zu schaffen, die untereinander wärmegleich waren. Sie befinden sich in einem großen Umfassungsraum C, der mit Hilfe einer Kühlanlage Sommer und Winter auf 0° C gehalten wird. D sind beiderseits vorgelagerte Isolationsräume, und auf der Südseite ist außerdem eine mit Aluminiumfarbe gestrichene Holzwand angebracht, um den strahlenden Einfluß der Sonne möglichst abzuhalten. In der Tat sind diese Räume, sowohl an den heißesten Sommertagen als auch im strengsten, stürmischen Winter völlig unabhängig von den äußeren Verhältnissen, sie sind ferner untereinander wärmegleich, und die Versuchsergebnisse weichen weniger als $\pm 1\%$ von den Jahresmittelwerten ab. Schon in 1925 konnte ich auf einem Kongreß der amerikanischen Heizungs- und Lüftungs-Ingenieure in Buffalo beweisen, daß die bisherige physikalische und absolute Meßmethode, Heizkörper nur nach ihrem Kondensat zu bewerten, einseitig ist und durch ein relatives Forschungsverfahren ergänzt werden müsse. Der Vortrag fand willige Aufnahme in den Tages- und Fachzeitschriften, Universitäten erbauen zurzeit ähnliche Versuchsanlagen, ich wurde in das »Komitee für Heizkörper« des Vereines amerikanischer Heizungs-Ingenieure berufen und auf dem diesjährigen Kongreß in St. Louis ist

Abb. 1. **Wärmegleiche Versuchsräume, Charlottenburg.**

grundsätzlich anerkannt worden, daß Forschungen in der neuen Richtung unmittelbar aufgenommen werden müssen. In St. Louis ging ich noch einen Schritt weiter. Ich führte aus, daß unsere bisherige Einstellung zur ganzen Frage der Heizung nicht logisch sei. Sobald wir mit der Anlage einer Heizung beginnen, sehen wir vor unserem geistigen Auge alsbald die Zimmer und Gebäude, in die wir eine errechenbare Anzahl von Wärmeeinheiten abzuliefern haben, um eine gewisse Innentemperatur zu erzielen.

Der Zweck der von uns zu schaffenden Anlagen ist aber nicht, die Zimmer oder etwa gar den Menschen schlechtweg zu heizen, sondern den Aufenthalt in den betreffenden Räumen für Menschen behaglich zu gestalten. Dabei muß bedacht werden,

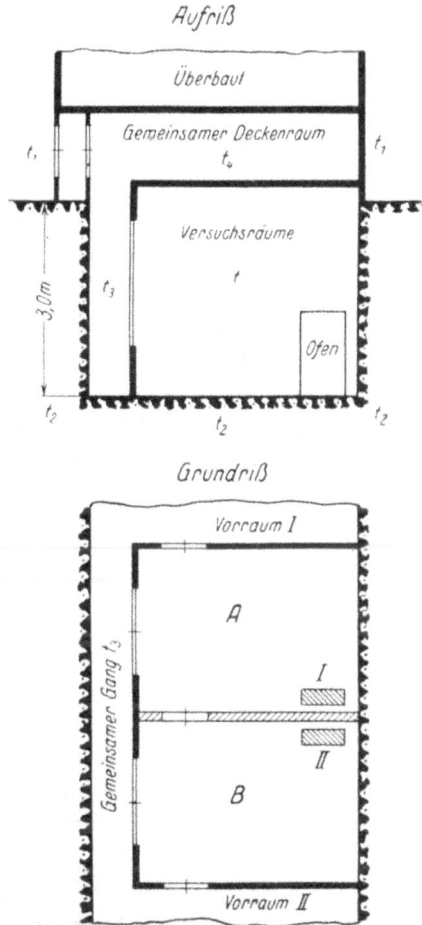

daß jeder Mensch selbst ein Heizkörper ist, und daß es, wie vielfache Versuche bewiesen haben, darauf ankommt, den menschlichen Körper im Winter vor zu großer und insbesondere einseitiger Abkühlung zu schützen, im Sommer aber eine gleichmäßige Auskühlung des menschlichen Körpers zu ermöglichen. Bleiben wir für heute bei dem Gebiet der Heizung, so wird der Gedankengang noch klarer, wenn wir schrittweise vorgehen. Sie sehen in Abb. 3 einen Raum R, der von auf 18^0 C erwärmten Nebenräumen allseitig, also auch oben und unten umschlossen ist. In diesem Raum brauchen wir selbstverständlich keine Heizvorrichtung. Das Bild aber ändert sich sofort, wenn wir die Halle Nr. 1 wegnehmen und durch Außenluft von —20^0 C ersetzen, wie dies Abb. 4 zeigt. Kurz nachdem dies geschehen ist, wird sich der Rauminsasse, solange

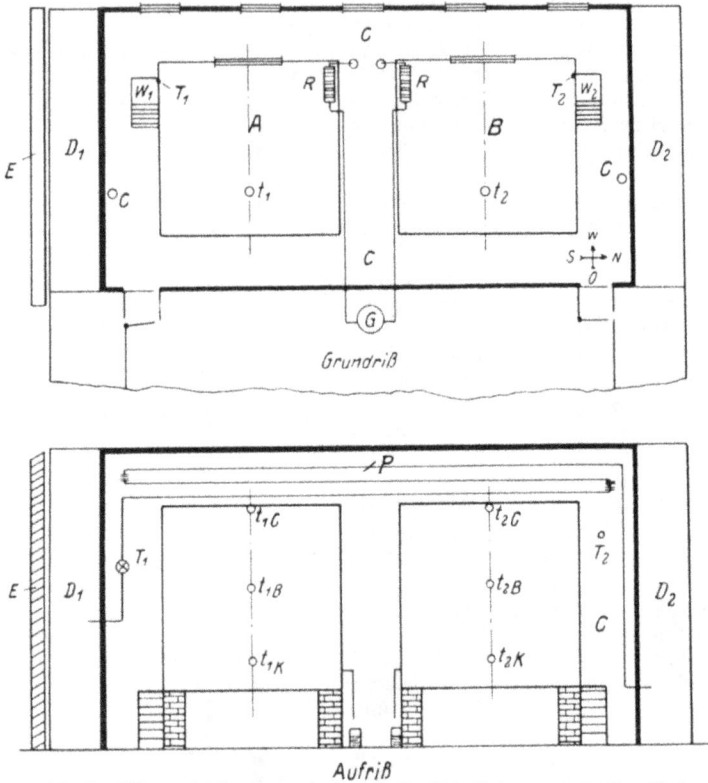

Abb. 2. **Wärmegleiche Versuchsräume, Brabbée-Laboratorium, New York.**

er sich in dem rückwärtigen Teil des Raumes befindet, noch für kurze Zeit wohl fühlen. Lassen wir ihn nun aber gegen das Fenster vorschreiten, so wird sein Körper nach dieser Seite rasch und einseitig ausgekühlt, und die Notwendigkeit einer Heizvorrichtung wird ersichtlich. Diese kann, wie z. B. Abb. 5 zeigt, aus einem lotrechten Rippenrohr, das andere Mal, Abb. 6, aus einem Plattenheizkörper bestehen, der, unter dem Fenster angeordnet, die ganze Fensterbreite einnimmt.

Nehmen wir nun weiter an, daß beide Heizkörper 5 kg Kondensat je Stunde liefern. Trotzdem wird es jedem, der praktisch zu denken versteht, sofort klar sein, daß der Plattenheizkörper wesentlich angenehmere Verhältnisse schaffen wird als das Rippenrohr, wofür er allerdings den Beweis nicht unmittelbar würde antreten können.

Dieser Beweis ist gelegentlich der früher erwähnten Kongresse erbracht worden, und mehr als 300 Versuche, die inzwischen ausgeführt worden sind, haben die Richtigkeit unserer Anschauungen praktisch bewiesen. Einige von diesen Versuchen möchte ich kurz näher anführen. In einem Eckzimmer unseres Laboratoriums war zunächst ein gewöhnlicher Säulenheizkörper (Abb. 7) von 7,4 m² Heizfläche an der Innenwand aufgestellt worden. Sein stündliches Kondensat im Beharrungszustande betrug 7,4 kg. Später haben wir diesen Heizkörper durch die in Abb. 8 dargestellte Anordnung von 3,6 m² Heizfläche und einem stündlichen Kondensat von 3,6 kg (im Beharrungszustand) ersetzt. Dies bedeutet, daß

etwa die halben Anlagekosten und etwa nur die halben Betriebskosten gegen früher auflaufen. Trotzdem wurden mit dem kleinen Heizkörper weit bessere »Comfort-Conditions« als mit dem großen erzielt. In mehr als einjährigem Betrieb saßen unsere Herren, selbst im harten Winter bei teilweise geöffneten und dazu noch einfachen Fenstern, von diesen nicht weit entfernt, und erfreuten sich dauernd »warmer Füße und kühler Köpfe«. Ein anderer Fall ist folgender: Zwei Eckräume (Abb. 9) unserer Bureaus sind wärmegleich gebaut, nur die Lage nach der Himmelsrichtung ist verschieden. Wir haben daher die Vergleichsversuche nachts nach regnerischen und windstillen Tagen durchgeführt. In dem einen Eckraum waren unter dem Fenster 3,5 m² eines gewöhnlichen Gliederheizkörpers von 500 mm Höhe angeordnet, während im zweiten Raum, und zwar ebenfalls unter dem Fenster, 3,4 m² Heizfläche von 300 mm Höhe aufgestellt wurden. An diesem war die

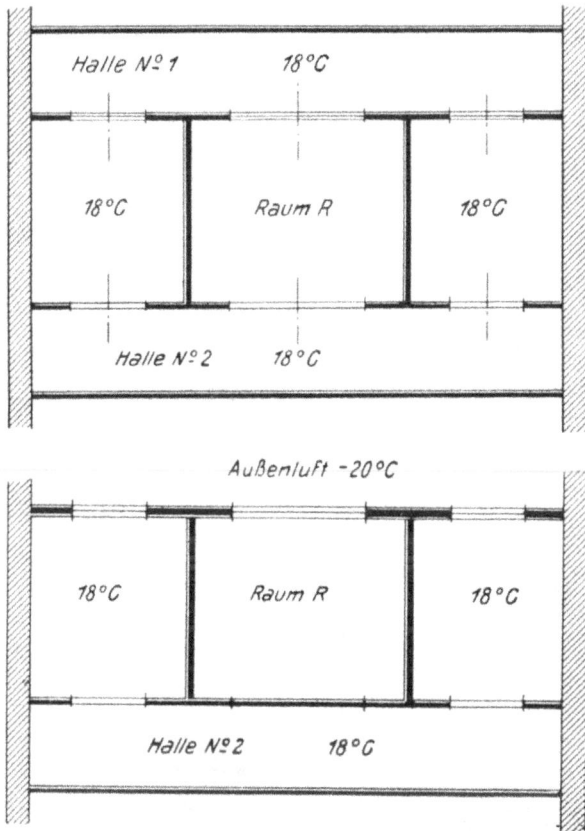

Abb. 3 und 4. Schema zur Entwicklung der Heizung.

Wärmeabgabe durch Konvektion absichtlich, durch Anbringung eines ziemlich engen Gitters, verringert worden (Abb. 10). Vergleichsversuche über lange Zeiträume ließen keinen Zweifel zu, daß die letztere Anordnung bei nahezu gleichen Anlage- und Betriebskosten weit bessere »Comfort Conditions« ergab.

Als letztes Beispiel sei folgendes gebracht. In einem unserer Bureauräume in Buffalo (Abb. 11a) waren zwei gewöhnliche Säulenheizkörper mit zusammen rd. 13 m² Heizfläche angeordnet. Später wurden diese durch Heizkörper nach Abb. 11b ersetzt, jedoch ihr Ausmaß auf 9,5 m² verringert, was einer Verminderung der Anlage- und Betriebskosten von rd. 30% entsprach. Beachten Sie die Innenarchitektur der Räume und die Tatsache, daß die Heizkörper unter den Fenstern angebracht sind, also an Wandflächen, die zu nichts anderem verwendet werden können, sowie endlich, daß die Radiatoren überhaupt nicht in den Raum hineinragen. In diesem Bureau ist selbst an Tagen mit 25⁰ C Kälte und sehr scharfen Nordwinden in Kniehöhe eine Temperatur von 21⁰ C erzielt worden, während 17⁰ C völlig ausreichend wären. Die Heizflächen hätten demnach fast auf die Hälfte der ursprünglich vorhandenen vermindert werden können und damit auch die Kondensatmenge in fast dem gleichen Verhältnis, wobei bessere »Comfort Conditions« auftreten würden als mit der doppelten Heizfläche und etwa dem doppelten Kondensat in der ursprünglichen Anordnung.

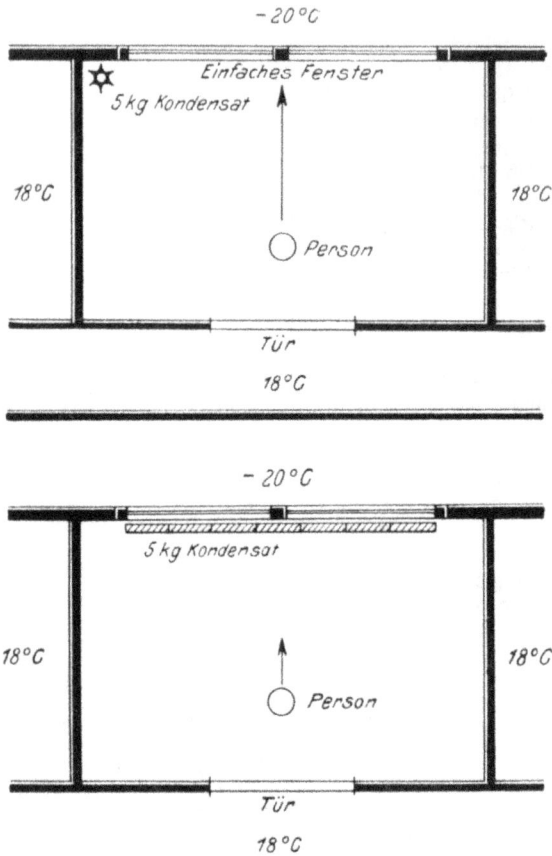

Abb. 5 und 6. Schema zur Darstellung des „Comforteffects".

Selbstverständlich sind nun diese wissenschaftlich-praktischen Forschungsergebnisse so schnell als möglich ausgewertet worden. Zunächst gingen wir daran, Heizkörper so zu bauen, daß der öfters fühlbare Widerstand gegen ihre Anwendung aufhört.

In Amerika hört man heutzutage unablässig den Ruf nach »unsichtbaren Heizkörpern«, und es sind ganz unglaubliche Konstruktionen marktfähig geworden nur aus dem Grunde, daß man sie nicht sieht. Wir haben die Lösung dieser äußerst schwierigen und in ihrer Tragweite gar nicht abzusehenden Frage auf andere Weise versucht. In Abb. 12 sehen Sie eines der vornehmsten Hotels der Welt, das neue Savoy Plaza, 5. Avenue, New

York-City, das mit einem Aufwand von mehr als 25 Mill. Goldmark errichtet wurde. Dieses Gebäude verwendet fast ausschließlich unsere Recesso-Radiatoren, deren Anordnung aus Abb. 13a und b ersichtlich ist. Die Vorteile der neuen Bauweise lassen sich kurz wie folgt zusammenfassen:

1. Keine eigentliche Verkleidung wird benutzt. Die Heizkörper sind durchaus offen aufgestellt, aber ihre flachen Vorderseiten fügen sich zwanglos in die Architektur der Wand ein. Die Rohrleitungen sind hinter Seitenblechen versteckt.

2. Die Heizkörpervorderseite wendet ihre volle Strahlungswirkung dem Raume zu, wobei eine Wirkung ähnlich der offener Kamine geschaffen wird, nur ist die Strahlung milder.

3. Die Heizflächen stehen unauffällig und ohne einen anderweitig brauchbaren Raum zu beanspruchen, an den Stellen größter Abkühlung.

4. Kein wesentliches Vorspringen der Heizkörper in den Raum tritt ein und daher keine Schwierigkeiten beim Stellen der Möbel oder späteren Anordnung von Zwischenwänden.

5. Große Raumersparnisse werden erzielt, die bei einem jährlichen Mietpreis von 150 Goldmark je m² Fußbodenfläche (z. B. in New York-City) stark ins Gewicht fallen.

6. Die Heizkörper erlauben ein sehr einfaches Streichen. Sie hängen an Trageisen, die einen Teil der Fensterkonstruktion bilden, so daß die Heizkörper aufgestellt und in Betrieb genommen werden können, sobald die Fenster eingesetzt, der eigentliche Fußboden aber noch gar nicht vorhanden ist. Sie dürften ja wissen, daß bei der amerikanischen Bauweise z. B. unten schon Lichtspielhäuser mit 6000 Sitzen und mehr im Betrieb sind, während die oberen Stockwerke noch kaum im Gerippe fertig erscheinen.

7. Zur raschen und guten Reinigung der Recesso-Radiatoren werden die Seitenbleche und das untere Gitter durch Lösung zweier Schrauben abgenommen, und auf Wunsch

Abb. 7. Gewöhnlicher Säulenheizkörper.

kann auch noch das obere Gitter, das im Fensterbrett liegt, ausgehoben werden. Staubsauger tun das übrige.

8. Die gesamte Anordnung schaut mindestens so gut aus wie eine völlige Heizkörperummantelung, die aber wesentlich teurer ist.

9. Recesso-Radiatoren ersparen das Einmauern von Wandträgern, die infolge der äußerst hohen Arbeitslöhne etwa 10 Goldmark je Fenster kosten.

10. Die besprochene Anordnung macht die sog. »Temporary heat« überflüssig, da alle Heizkörper sofort endgültig angeordnet werden, was eine weitere Ersparnis von etwa 50 Goldmark je Fenster (und es sind deren oft 3000 und mehr in einem Bau) mit sich bringt.

11. Die »Nutzleistung« der Recesso-Radiatoren nimmt in dieser Aufstellung nur etwa 5 bis 10% ab, während für volle Ummantelungen mit einer Verminderung der Wärmeabgabe gewöhnlicher Heizkörper bis 40% zu rechnen ist.

Abb. 8. Panelradiator.

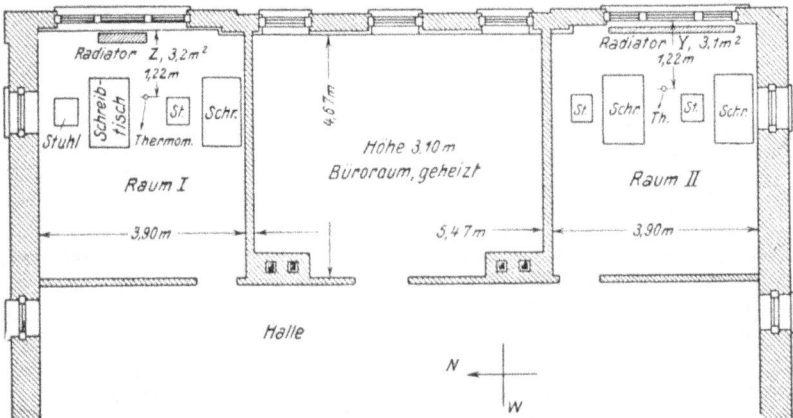

Abb. 9. Vergleichsräume in der Praxis.

Abb. 10. Verminderung der „Konvektion" an einem sehr niedrigen Heizkörper.

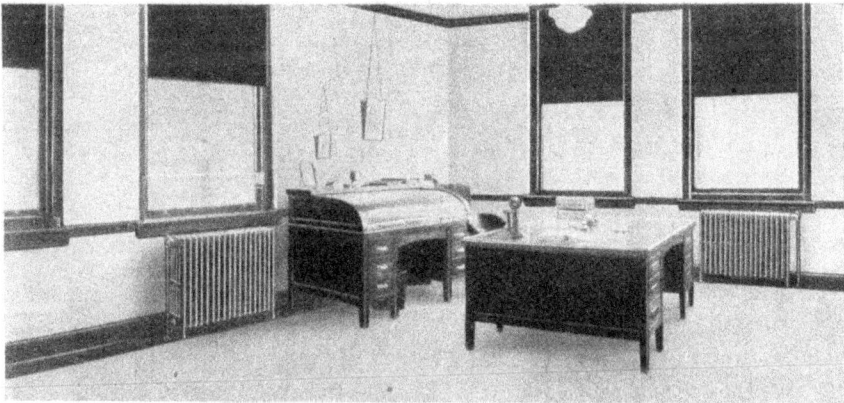

Abb. 11a. Bureau mit gewöhnlichen Säulenheizkörpern.

Abb. 11b. Bureau mit Panelradiatoren.

Abb. 12. Savoy-Plaza-Hotel, Fifth Avenue, New York City.

Die eben besprochenen Ausführungen kennzeichnen die eine Richtung unserer Bestrebungen. Man kann sie wie folgt zusammenfassen: Neue Formgebung für Raumheizflächen, dadurch gekennzeichnet, daß einerseits Verkleidungen überflüssig werden, anderseits die volle Strahlungswirkung der Heizkörper ausgenutzt wird.

Die andere Richtung, in der wir vorwärts strebten, kann mit dem Stichwort »Vermehrung der Raumstrahlung« gekennzeichnet werden. In welcher Weise dieses in der Praxis erreicht wurde, zeigte schon Abb. 8, aus der ersichtlich ist, daß die ganze Fenster-

Abb. 13a. **Recesso-Radiatoren.**

front unverkleidete, raumstrahlende Flächen aufweist. Eine andere Ausführung desselben Gedankens zeigt Abb. 14a. Die benutzten Heizglieder sind nur 70 mm tief, sichern ebenfalls volle Raumstrahlung und wiegen hierbei nur 20 kg je m² Fläche.

Endlich sehen Sie in Abb. 14b einen anderen unserer Arbeitsräume, bei dem nahezu glatte, raumstrahlende Flächen die ganze Wand unterhalb der Fenster einnehmen. Man kann diese Entwicklung in die Worte kleiden: Vermehrung der raumstrahlenden Teile von Heizflächen, dadurch gekennzeichnet, daß mit dem Mindestwert an Baustoff ein Höchstwert der Nutzleistung erreicht wird.

Abb. 13b.   Recesso-Radiatoren.

Abb. 14a.   Einsäuliger Recesso-Radiator.

Abb. 14 b. Sonderausführung des Panelradiators. Abb. 8.

Diese zwei Bestrebungen arbeitete ich in einer überfüllten Sitzung im Ingenieurklub in Philadelphia (Mai 1927) programmatisch so aus, daß in der Diskussion von einem Wendepunkt in der Heizungstechnik gesprochen wurde.

Nach dem bisherigen Stand der Wissenschaft ist unter sonst gleichen Umständen jener Heizkörper der beste, der den höchsten Koeffizienten aufweist, oder in anderen Worten jener, der die größte Dampfmenge zu kondensieren vermag[1]).

Diese Auffassung ist, sofern menschliche Aufenthaltsräume in Betracht kommen, irrig. Wir erkennen nunmehr klar, daß Heizkörper nicht unter die Gruppe »Kondensatoren oder Wasserkühler« gehören, sondern daß es Einrichtungen sind, deren einziger Zweck ist, das Wohlbefinden der Menschen zu gewährleisten.

Abb. 15 a. **Brabo Stove — Gußeiserner Ofen —**
Schnitt.

---

[1]) Für Warmwasser - Heizkörper sinngemäß: jener, der die größte Kühlleistung des Wassers ermöglicht.

Und somit ergibt sich eine neue Definition wie folgt: »Für menschliche Aufenthaltsräume und unter sonst gleichen Umständen ist jener Heizkörper der beste, der mit dem kleinsten Kondensat (der kleinsten Kühlleistung des Heizmittels) oder, in anderenWorten, mit dem kleinsten Brennstoffaufwand das größte Ausmaß menschlichen Wohlbefindens sichert.« Damit ändern sich aber auch alle Grundlagen für die Konstruktion, die Prüfung und die Anwendung von Heizflächen.

Abb. 15b. Derselbe wie 15a — Ansicht. — Emailliert.

Die in Philadelphia versammelten Herren erhoben sich von ihren Sitzen, die größte Ehre, die in Amerika einem Vortragenden zuteil werden kann. Ich erwähne diese Tatsache nicht etwa aus persönlichen Gründen, sondern um zu zeigen, wie hochherzig amerikanische Ingenieure mühsame Pionierarbeit anerkennen.

So haben denn die dereinst so sehr angefeindeten Kachelofenversuche zu recht weitreichenden und überraschenden Ergebnissen geführt.

Verlassen wir nun den Gegenstand der Heizkörper und gehen über auf das Gebiet der Wärmeerzeugung, wobei wir mit eisernen Öfen beginnen wollen. Auf Grund statistischer Erhebungen wissen wir, daß in den Vereinigten Staaten etwa 17 Millionen eiserne Öfen im Gebrauche sind, von denen ein erheblicher Teil alljährlich erneuert werden muß. Als Brennstoff wird hauptsächlich »Softcoal« verwendet, die in ungeheuren Mengen und verhältnismäßig billig zu haben ist. Keiner der deutschen Brennstoffe kann mit dieser »Softcoal« verglichen werden, die bei 30 bis 40% Gehalt an flüchtigen Bestandteilen backend, klinkerbildend und entsetzlich rauchend ist. Hier galt es, neue

Abb. 16. Kalorifere für „Softcoal".

Wege zu beschreiten. Sie sehen aus Abb. 15 a, daß in dem Ofen eine kleine Baffel angeordnet ist, durch welche die Rauchgase nach rückwärts geführt werden und einen sehr heißen, engen Raum durchstreichen, in dem an geeigneter Stelle Zweitluft zugeführt wird. Das Ergebnis ist wirtschaftliche und rauchfreie Verbrennung. Später wurde der Ofen umgestaltet, weiter vereinfacht, in einem Stück gegossen und für Massenproduktion sowohl in einfacher als in emaillierter Form vorbereitet (Abb. 15 b). Es ist selbstverständlich, daß das in dem Ofen angewandte Prinzip, einmal als richtig erkannt, sofort auf andere Konstruktionen übertragen wurde. So sehen wir in Abb. 16 eine Kalorifere für die rauchlose Verfeuerung von »Softcoal« geplant. Ohne Einzelheiten hervorzuheben, möchte ich nur darauf hinweisen, daß auch hier eine besondere Baffel die Rauchgase nach rückwärts zwingt, wobei sie einen sehr engen und heißen Raum durchstreichen, in dem ihnen an geeigneter Stelle Zweitluft zugeführt wird. Auch hier ist, wie Versuche bewiesen haben, das Ergebnis wirtschaftliche und rauchfreie Verbrennung. Die Baffel ist wassergekühlt und dient zur Versorgung des Hauses mit warmem Wasser.

Sie erkennen ferner in Abb. 17 einen Dampf- oder Wasserkessel, der das gleiche Prinzip verkörpert. Auf dem Rost wird bei verhältnismäßig geringer Luftzufuhr der Brennstoff nicht verbrannt, sondern vergast. Die in großen Massen und sehr schnell auftretenden flüchtigen Bestandteile werden wieder durch Baffeln gezwungen, nach rückwärts zu ziehen und einen sehr heißen und engen Raum zu durchstreichen, wobei Zweitluft in feiner Verteilung eingeführt wird. Die Verbrennung ist so vollkommen

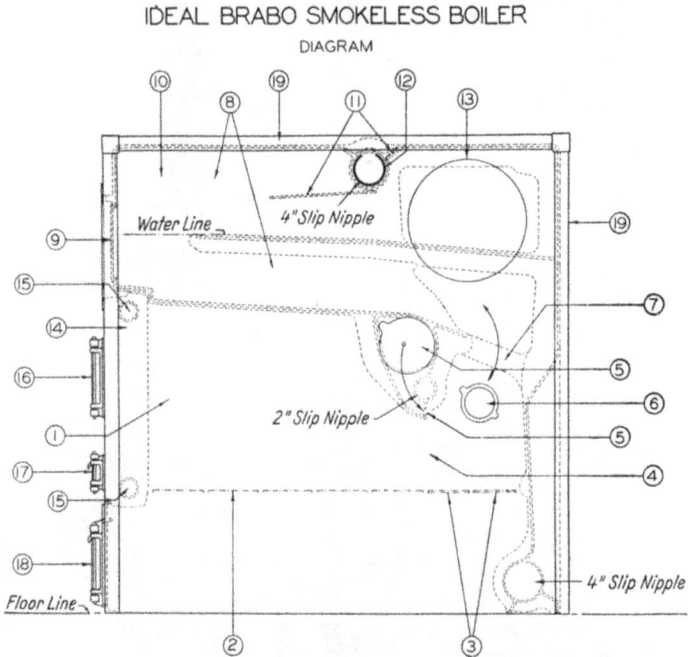

IDEAL BRABO SMOKELESS BOILER
DIAGRAM

Abb. 17. Dampf- oder Wasserkessel für Softcoal (Schema).

und rauchfrei, daß amtliche Rauchinspektoren, denen der Kessel vorgeführt wurde, behaupteten, er müsse ausgegangen sein, während er sich tatsächlich in vollem Betrieb befand. Bemerkenswert ist, daß dieses Ergebnis ohne die Anwendung von Schamottesteinen erzielt wurde. Weitere Vorteile dieser Konstruktion sind: kurze Feuer- und Schürlänge, unveränderliches Verhältnis zwischen Aschfall, gesamter und toter Rostfläche, Erst- und Zweitluft, Heizfläche und Rauchzügen. Die erzielten günstigen Ergebnisse wiesen darauf hin, kleinere und größere Ausführungen dieser Art zu versuchen, wovon eine der ersteren in Abb. 18 gezeigt ist.

So sehen wir denn, daß der kleine eiserne Ofen, den ich seinerzeit in Deutschland zu studieren begann, zu recht praktischen und verheißungsvollen Konstruktionen geführt hat. Was die Lösung dieses Problems für viele amerikanische Städte bedeuten wird, können Sie erkennen, wenn Sie die Abb. 19 betrachten. In Abb. 19a sehen Sie das Bild einer rauchenden Softcoal-Hausfeuerung, während in Abb. 19b dieselbe »Softcoal« in einem unserer »Smokeleßboiler« rauchlos verbrennt. Es ist dabei gerade der böseste Abschnitt, nämlich die Zeit kurz nach der »Beschickung« des Kessels herausgegriffen worden.

Als ich einst in St. Louis, einer Stadt, die etwa 2000 km südwestlich New Yorks, am Mississippi liegt, eintraf, war es spät nachts. Aber am nächsten Morgen erschienen die Straßen fast ebenso dunkel, denn ein ungünstiger Wind trieb all die schweren, übelriechenden Rauchschwaden nieder und wehrte allem Licht. Große Anstrengungen

Abb. 18. Dampf- oder Wasserkessel für Softcoal (Ausführung).

werden von vielen Seiten gemacht, um dem Übel beizukommen, und wir hoffen ernstlich, zur Gesundung der amerikanischen Städte in erheblichem Maße beitragen zu können.

Noch ein anderes Gebiet sei gestreift. In den Vereinigten Staaten haben die Gaskompagnien in den letzten Jahren einen ungeheuren Aufschwung genommen. Die American Radiator-Gaskessel, die in unserem Laboratorium studiert und entwickelt werden, haben sich in kurzer Zeit Anerkennung erworben. Sie sehen einen Gas-Großkessel in Abb. 20 dargestellt und erkennen die automatischen Zugaben; einen Ver-

brennungsregler, einen Feuerlöscher, wenn die Stichflamme ausgeht, und einen Gas-
unterbrecher, falls der Wasserstand des Kessels unter ein gewisses Minimum sinkt.
Abb. 21 zeigt einen Kleinkessel derselben Art, und Abb. 22 läßt den außerordentlichen
Anstieg im Verkauf unserer Gaskessel erkennen, der in den letzten Jahren eintrat.
Zwei weitere Konstruktionen mögen folgen. Man findet in den Vereinigten Staaten,
trotzdem Ost und West vom Meereswasser umspült werden und viele riesige sowie un-
zählige kleine Seen über das Land verteilt sind, daß der Feuchtigkeitsgehalt der Luft

Abb. 19a. Rauchende „Softcoalfeuerung".

in geheizten Räumen bei hartem Winterwetter recht niedrig ist; dieses nicht zuletzt
deshalb, weil die oft absichtlich gewollte luftdurchlässige Bauweise der Häuser und die
Anwendung meist schlechtschließender Fenster einen Luftwechsel ermöglicht, der bei
niedrigen Außentemperaturen wesentlich über das Einfache des Rauminhaltes hinausgeht. Wir haben daher einen elektrischen Befeuchter (Abb. 23)[1] herausgebracht, der
sich wachsender Beliebtheit erfreut, wobei die Verdampfung von kleinen Mengen eines
bestimmten Nadelholzextraktes das Wohlbefinden der Menschen angenehm beeinflußt.
Wird der Apparat nicht rechtzeitig nachgefüllt, so schaltet eine automatische Vorrich-

---

[1] Diese Form ist später etwas geändert worden.

tung den Strom selbsttätig aus. Leichtes Schütteln des Apparates genügt, um nach neuerlicher Wasserfüllung den Betrieb ohne weiteres fortzusetzen.

Ein wesentlich anderer Gedanke liegt nachfolgender Erfindung zugrunde. Europäer sind so sehr an Warmwasserheizungen in ihren Wohnhäusern gewöhnt, daß sie kaum verstehen können, wenn man ihnen sagt, daß die große Mehrheit der amerikanischen Wohnungen Dampfheizungen aufweist. Ein Schema einer solchen Anlage ist in Abb. 24 gegeben, und man erkennt, daß der Dampf von unten in den Heizkörper eintritt, das Kondensat aber durch dasselbe Rohr wieder zum Kessel zurückfließt. Eine solche

Abb. 19 b.   Rauchlose „Softcoalfeuerung".

Ausführung hat natürlich allerlei Nachteile, aber sie werden in Kauf genommen, weil die Einrichtung eines solchen ›One-Pipe-Steam-Systems‹ verhältnismäßig billig ist.

Nicht die Heizkörper oder Kessel sind das Teuerste an der Anlage, sondern ihr Einbau, was bei Löhnen von mehr als 60 Goldmark je Tag für Monteur klar sein dürfte. Es kann ferner keinem Zweifel unterliegen, daß ein solches Dampfeinrohrsystem die Anwendung von Zentralheizungen in Amerika in 100 000 Fällen ermöglicht, in denen sonst auf Ofenheizung zurückgegriffen werden würde. Wir haben nun für die Heizkörper (Abb. 25) einer solchen Anlage einen kleinen Kunstgriff angewendet. In das erste Glied des Radiators ist eine Scheidewand eingegossen; die linke Hälfte wird mit dem Dampfsystem des Hauses verbunden, während der ganze übrige Heizkörper einschließlich der rechten Hälfte des ersten Gliedes mit Wasser gefüllt wird, wodurch eine lokale Warmwasserheizung entsteht. Sogar eine gewisse Regelung ist erreicht. Schließt man auf der Dampfseite den automatischen Spezialentlüfter vorzeitig bei Hand, so kann Dampf überhaupt nicht in das erste Glied eintreten. Läßt man dagegen die kleine Handschraube offen, so entweicht alle Luft, bis beim Eintritt von Dampf in den Entlüfter dieser automatisch abschließt, auf welche Weise eine Wasserheizung mit etwa 80⁰ Vorlauf und 70⁰ Rücklauf entsteht. Bei einigermaßen verständiger Bedienung der Anlage haben wir z. B. in unserem Hause jetzt schon durch drei Winter sehr angenehme Verhältnisse geschaffen. Wir verhehlen uns nicht, daß die Einführung dieser Anordnung in Amerika auf Widerstand stoßen wird, da niemand irgend etwas mit der Handregelung der Heizung zu tun haben will, sondern alles sich auf automatische Vorrichtungen verläßt.

Im Gegensatz zu derartigen Systemen sind fast alle Wolkenkratzer mit dem normalen, jedoch für europäische Begriffe noch immer geheimnisvollen Vakuumsystem

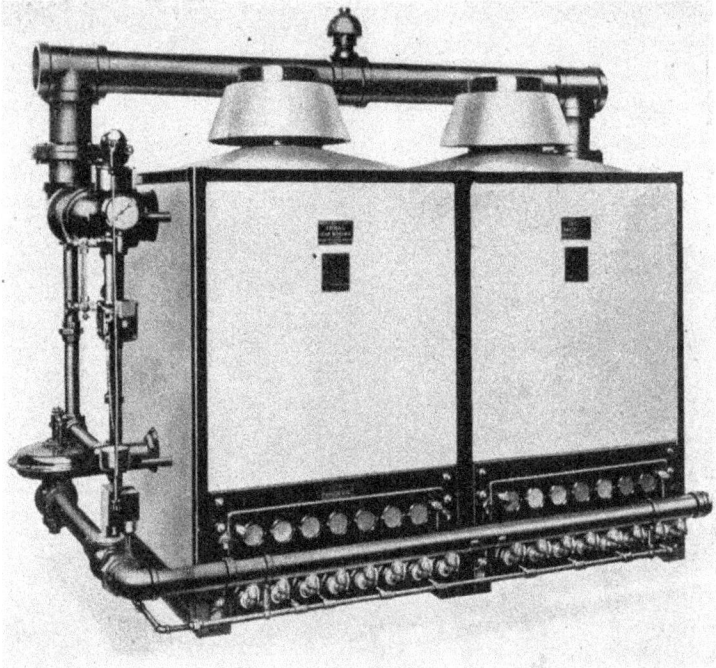

Abb. 20. Groß-Gaskessel.

ausgerüstet. Dieses ist in der Tat nichts anderes als eine gewöhnliche Niederdruckdampfheizung, in der Vakuumpumpen an das Ende der Rückleitung gesetzt werden, welche Luft und Kondensat automatisch in einer solchen Weise absaugen, daß eine einstellbare Druckdifferenz zwischen Vor- und Rücklauf erhalten bleibt, die Vorlauftemperatur aber nach Maßgabe der Außentemperatur beeinflußbar ist. Ein solches System erfordert eine ganze Reihe besonderer automatischer Vorrichtungen, und diese sind es, die in Europa noch nicht den Weg in die Praxis gefunden haben und daher die allgemeine Einführung dieses Systems nicht gestatten. Sie sehen in Abb. 26 die Vakuumpumpen aus unserem Bureaugebäude, das in Abb. 27 erscheint. Dieses Gebäude ist das einzige in New York, das in schwarzen Ziegeln ausgeführt wurde, um anzudeuten, daß die Entwicklung unserer Gesellschaft unzertrennbar ist von der Geschichte der schwarzen Kohle. Abb. 28 zeigt einen sog. Vakuum-Trap, die hinter jedem Heiz-

körper und überall da sitzen, wo die Dampfleitung durch Rohre mit der Kondensleitung verbunden ist und die für die Aufrechterhaltung der richtigen Druckunterschiede
sorgen. Abb. 29 gibt ein Heizkörperventil einer solchen Anlage, aus dem Sie ersehen,
daß auch hier Spezialkonstruktionen sich entwickelten, von denen die gezeigte eine
Ausführung ohne Stopfbüchsendichtung darstellt. Erwähnungswert ist, daß die Vakuum-
heizung nicht etwa hygienischen Vorteilen, z. B. der Anwendung niedrigerer Ober-
flächentemperaturen oder ihrer generellen Regulierfähigkeit ihre Einführung verdankt,
sondern der Notwendigkeit, auch ohne genaue Berechnung des Systems, eine Anlage

Abb. 21. Klein-Gaskessel.

zu schaffen, die unbedingt sicher entwässert, rasch entlüftet und somit jeden Radiator
heiß macht. Erst in der letzten Zeit, so z. B. bei dem Kongreß in St. Louis, wurden
die hygienischen, praktischen und betriebstechnischen Vorteile solcher Vakuumanlagen
näher gewürdigt.

Ich möchte bei dieser Gelegenheit eine allgemeine Bemerkung einschieben. Der
Grundstückserwerb in Amerika geht außerordentlich geheimnisvoll vor sich und erfordert oft lange Fristen. Sobald aber der Kauf abgeschlossen ist, muß das Gebäude
in kürzester Zeit entstehen, um so rasch als möglich Zinsen zu tragen. Für den Entwurf
der Heizung stehen da meistens nur wenige Wochen zur Verfügung, denn die Rohrleitungen steigen hoch mit den aufwachsenden Stockwerken. In diesem Zusammen-

hang wird drüben folgende Geschichte glaubwürdig erzählt. Als vor Jahren einer der ersten größeren Wolkenkratzer gebaut wurde, sollen europäische Sachverständige gefragt worden sein, wie lange sie zur Berechnung der umfangreichen Anlage brauchen. »Etwa ein Jahr würde dazu nötig sein«, war die Antwort. Amerikanische Ingenieure haben dann die ganze Ausführung in vereinfachter Form in wenigen Wochen berechnet und alle erforderlichen Pläne fertiggestellt, wobei viele zehntausende Dollars erspart worden sind. In praktischer und wirtschaftlicher Hinsicht arbeitet aber auch die einfach berechnete Anlage zur vollen Zufriedenheit. Es sollte dies ein Beispiel für unsere Ingenieure sein, mit ihren theoretischen Erwägungen nicht allzuweit zu gehen, Abhängig-

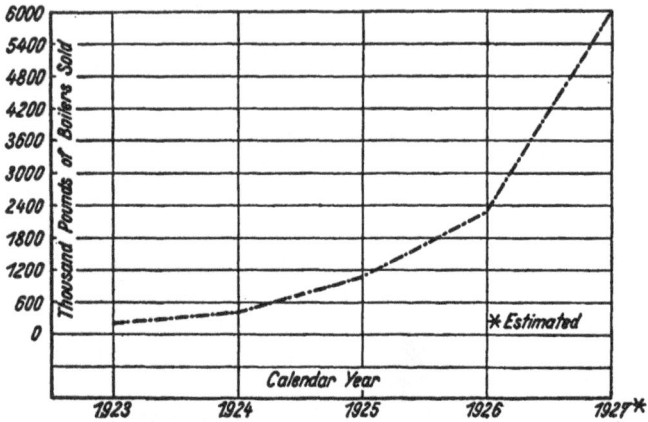

Abb. 22. Diagramm, betr. Gaskesselvertrieb.

Abb 23. Elektrischer Raumbefeuchter.

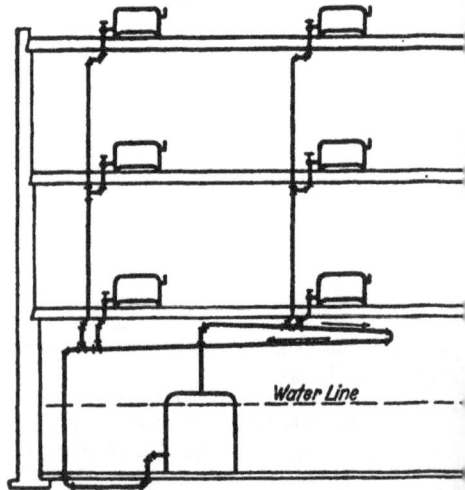

Abb. 24. Schema eines „One Pipe Steam Systems"
Einrohr — Dampf — Heizung.

keiten geringerer Art zu vernachlässigen und möglichst einfache, rasch brauchbare Methoden zu finden, die die außerordentlich hohen Generalunkosten in unserem Fache herabzusetzen in der Lage wären.

Lassen Sie mich, bitte, hier ein anderes Beispiel erwähnen. Im Jahre 1921 hatten wir in der Charlottenburger Versuchsanstalt die bekannten »Classic-Radiatoren« untersucht, und ich äußerte mich hierüber in einem Gutachten wie folgt:

Abb. 25. Sonderheizkörper in einem System nach Abb. 24.

»Die Einzelwerte für die 3 untersuchten Heizkörperhöhen weichen um nicht mehr als ± 2% (d. i. die Fehlergrenze der Versuche) voneinander ab«, und an anderer Stelle: »Die Heizkörper zeigen hinsichtlich ihrer Wärmeabgabe im Gegensatz zu den üblichen Radiatoren keine entschiedene Abhängigkeit von der Heizkörperhöhe«.

In Amerika wäre man über eine solche Feststellung erfreut; man würde erkennen, daß hiermit ein wichtiger Schritt zur Vereinfachung der Ingenieurarbeit und damit zur Herabsetzung der »Generalunkosten« ermöglicht ist.

In Deutschland ist die Wirkung des Gutachtens in anderer Richtung in Erscheinung getreten. Man hat immer wieder versucht, nachzuweisen, daß mein Gutachten nicht wissenschaftlich sei. Ich habe bisher zu diesen Vorgängen nicht Stellung genommen, da ich weitere Versuchsdaten nicht zur Hand hatte.

In den letzten Jahren sind in dem Brabbée-Laboratorium in New York eine große Anzahl von Heizkörpern untersucht worden, die den deutschen Classic-Modellen sehr ähneln (Abb. 30). Wie immer sind alle Beobachtungen an dem Versuchsradiator und gleichzeitig an dem »Standard« durchgeführt worden, der in einem zweiten wärmegleichen Raum aufgestellt war. Dies diente einerseits zur Feststellung der »Nutzleistung«, anderseits zur Kontrolle des Hauptversuchs, um zu erkennen, ob einwandfreie Versuchsbedingungen herrschten.

Abb. 26. **Vakuumpumpen im Bureaugebäude der American Radiator Co., New York City.**

Daß dies der Fall war, sehen Sie aus der nachstehenden Zahlentafel 1, in der die Wärmedurchgangszahlen des »Standard« weniger als $\pm 2\%$ von dem Durchschnittswert abweichen, obwohl die Versuche teils im Sommer, teils im Winter gemacht worden sind.

Zahlentafel 1.

Nr.	»K«	Nr.	»K«
1	8,75	9	8,6
2	8,75	10	8,7
3	8,7	11	8,75
4	8,7	12	8,7
5	8,75	13	8,7
6	8,7	14	8,7
7	8,7	15	8,7
8	8,7	16	8,8

»K«-Werte des Standard Peerless 3 col. 38″

Abb. 27. Bureaugebäude 40 West 40th Street der American Radiator Co.,
New York City.

Abb. 28.
Vacuumtrap aus der Anlage Abb. 27.

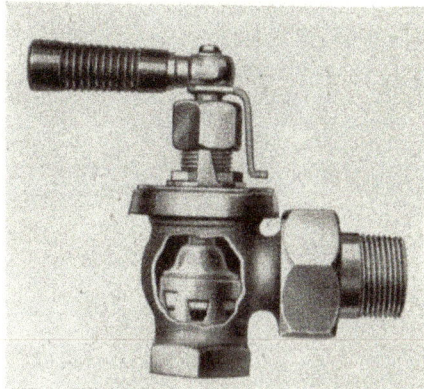

Abb. 29.
Heizkörperventil aus der Anlage Abb. 27.

Das Ergebnis kann ja auch gar nicht anders sein. Beide Versuchsräume sind, wie Sie bereits aus Abb. 2 erkannt haben, allseitig von einem gemeinsamen Raum umschlossen, in dem immer dieselbe Außentemperatur von 0° C aufrechterhalten wird.

Abb. 30. „American Corto Radiatoren".

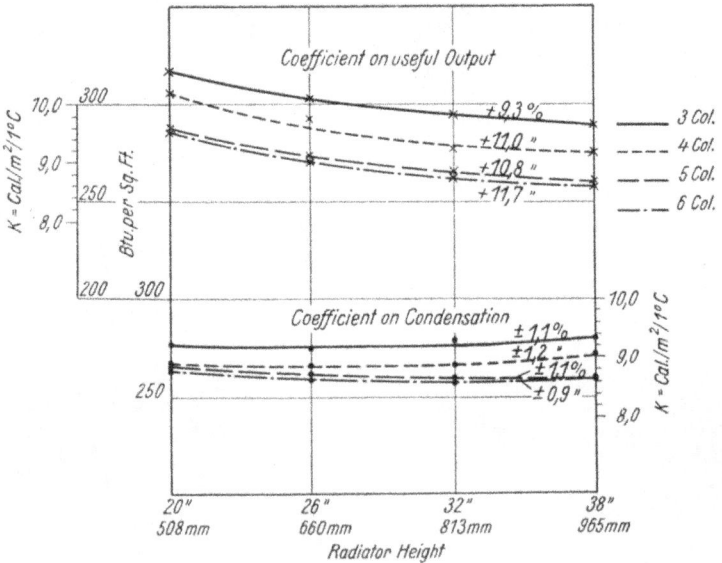

Abb. 31. Versuchsergebnisse an Heizkörpern nach Abb. 30.

In den Versuchsräumen herrschten Raumtemperaturen von etwa 20° C, gleiche relative Feuchtigkeiten von etwa 35%, gleichartige Bewegungen der Raumluft, und auch sonst waren alle übrigen Bedingungen völlig gleichartig.

Die Auswertung der Ergebnisse ist in Abb. 31 zusammengefaßt, in der wir zunächst den unteren Teil betrachten wollen. Wir sehen daselbst die durch Kondensatmessungen

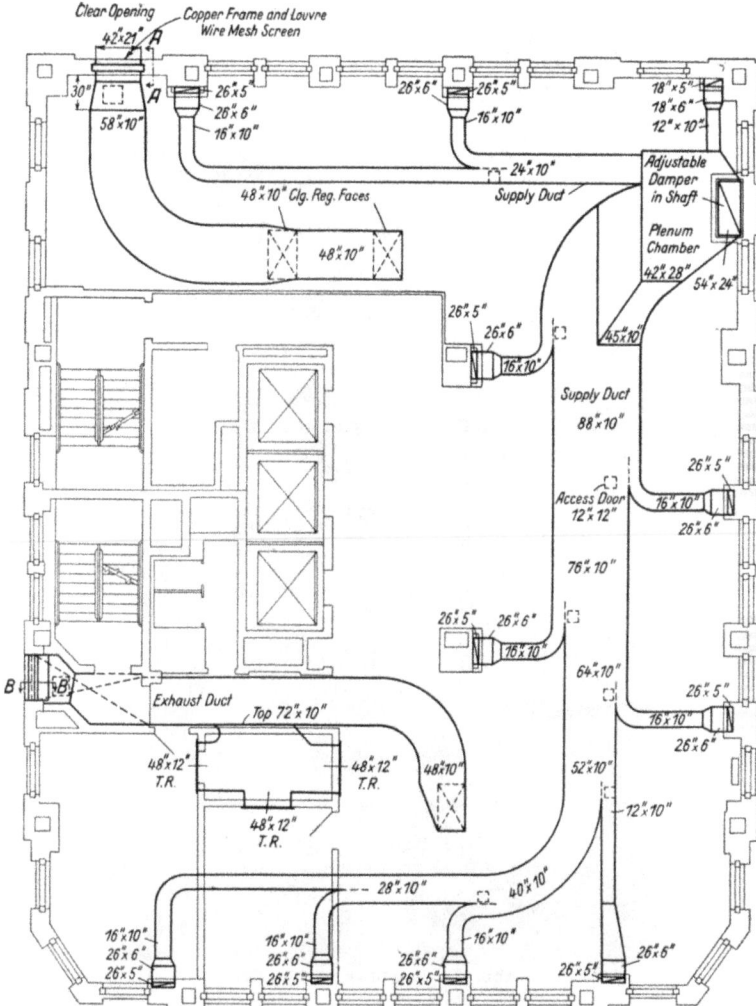

Abb. 32. Lüftungs- und Kühlungsanlage im Gebäude Abb. 27.

ermittelten Wärmedurchgangszahlen als Funktion der Heizkörperhöhe aufgetragen, und zwar für 4 verschieden hohe Radiatoren, von denen ein jeder 3, 4, 5 und 6 Säulen aufwies. Alle Linien sacken in der Mitte ein wenig durch, jedoch betragen die Abweichungen nur $\pm 1{,}1$, $\pm 1{,}2$, $\pm 1{,}1$ und $\pm 0{,}9\%$.

Trägt man dagegen wie in dem oberen Teil der Abb. 31 die Wärmedurchgangszahlen, bezogen auf die »Nutzleistung«, auf, so ergeben sich ·Unterschiede zugunsten der niedrigsten Modelle von + 9,3, + 11,0, + 10,8 und + 11,7%. Zusammenfassend ist also zu sagen: »Der Einfluß der Heizkörperhöhe ist bei allen 4 Typen vernachlässigbar, dagegen weisen die niedrigsten Modelle von rd. 500 mm Bauhöhe »Nutzleistungen« auf, die etwa 10% höher sind als jene der rund 850 mm hohen Bauarten. Vernachlässigt man aber, wie dieses in Deutschland tatsächlich der Fall ist, letzteren Einfluß, so kann man logischerweise hinsichtlich der ersteren, viel geringeren Abweichungen nicht allzuweit gehen.

Es ließen sich noch viele andere interessante Einzelheiten, z. B. der Einfluß der Gliederzahl, besprechen, was aber zu weit führen würde. Dagegen glaube ich, darf folgende Überlegung nicht verschwiegen werden.

Abb. 33. Steinfilter zu Abb. 32.

Denken Sie sich zwei Ingenieurunternehmungen, von denen das eine 100 Wissenschaftler und einen Praktiker, das andere 100 Praktiker und einen Wissenschaftler beschäftigen würde. Deutsche Betriebe ähneln mehr der ersten, amerikanische Unternehmen mehr der zweiten Art. Wer immer im Zweifel sein sollte, welche Art der Organisation die wirtschaftlichere ist, der wird, wenn er genügend lange Zeit in Amerika gearbeitet hat, nicht mehr im unklaren sein.

Selbstverständlich liegt mir nichts ferner, als die »theoretische Richtung« nicht genügend hoch einzuschätzen, ganz abgesehen davon, daß die Erfolge meines Laboratoriums eben auf wissenschaftlicher Forschung, freilich mit erheblichem praktischen Einschlag, zurückzuführen sind. Jedoch ist eines nicht zu übersehen. Ein Volk, das Welthandel und damit Weltpolitik betreiben will, muß sich den wirtschaftlichen und — ich will offen aussprechen — den kaufmännischen Notwendigkeiten der Zeit rasch anzupassen verstehen.

Mit solchen Überlegungen hängt noch eine andere Frage zusammen, die ich kurz streifen möchte. Man frug mich öfters, warum in Amerika der Anteil der Fernheizwerke so niedrig sei im Verhältnis zur ungeheuren Anzahl der Zentralheizungen.

Darauf ist nur eine Antwort möglich. Ich weiß, sie wird meinen ehemaligen Schüler, Assistenten und Freund, Dipl.-Ing. Margolis, dessen technische Leistungen ich bewundere,

Abb. 34. Kohlensäure-Eismaschine zu Abb. 32.

nicht befriedigen, aber er wie ich wissen, daß man seine Überzeugung nicht verheimlichen soll. Man hat scheinbar in Amerika erkannt, daß die Verzinsung der großen Summen, die Fernheizwerke erfordern, nicht verlockend ist oder, mit anderen Worten, daß dieselben Summen, irgendwie anders verwertet, wesentlich größere Einkünfte abwerfen würden. Wo also nicht besonders günstige Sonderfälle der Abwärmeverwertung vorliegen oder andere Gründe entscheidend sind, wird in absehbarer Zeit die Fernheizung der Ferngasversorgung Platz machen, wobei Preßgas die Wärme auf größere Entfernung befördern wird.

Streifen wir jetzt noch rasch ein Beispiel aus der Lüftungstechnik. Wie bereits berichtet, habe ich bald nach meiner Ankunft in Amerika eine Lüftungs- und Kühlungsanlage (Abb. 32) in unserem Bureaugebäude ausgeführt, die im allgemeinen derjenigen in der Charlottenburger Versuchsanstalt gleicht. Sie erkennen in Abb. 33 die Steinfilter, in Abb. 34 die Kohlensäureeismaschinenanlage und in Abb. 35 einen von der Anlage versorgten Arbeitssaal. Über die Wirkung dieser Anlage ist wie folgt zu berichten: Trotzdem die Verteilung der Luft von »unten nach oben erfolgt« und trotz der Tatsache, daß sehr leicht gekleidete Damen in unmittelbarer Nähe der Luftaustritts-

Abb. 35. Arbeitssaal zu Abb. 32.

Abb. 36. Ursprüngliches „Brabbée-Laboratorium" New York.

öffnungen ruhig sitzend an Schreibmaschinen arbeiten, ist im ganzen Raum nicht die geringste Zugerscheinung zu verspüren. Der durchaus nicht angenehme Schauer, den man so oft empfindet, wenn man an sehr heißen Tagen künstlich gekühlte Räume betritt, fehlt hier vollkommen. Wohlig umfängt den Ankommenden eine unmittelbar erfrischende Atmosphäre, die Herren arbeiten in den so beliebten Hemdsärmeln, ein frohes Lächeln ist in aller Augen, die sich sekundenlang von den »Orderbüchern« abheben.

Alle Fenster sind und bleiben fest geschlossen, eine Tatsache, die für den, der das amerikanische Geschäftsleben im Sommer kennt, unglaublich erscheint. Aber die Damen und Herren wissen, daß es draußen erstickend heiß und schwül ist und daß von da keine Erfrischung kommen kann. Im Gegenteil, in den kurzen Mittagspausen will alles so schnell als möglich in die Arbeitsräume zurück, um sich von den glühenden Asphaltstraßen und der betäubenden Hitze zu erholen. Die wirklich erreichte Besserung der Luftverhältnisse kann nur derjenige verstehen, der selbst einmal eine rechte amerika-

Abb. 37. Erweiterungsbau zu Abb. 36.

nische Hitzewelle erlebt hat. Unsere Kinder lagen z. B. im Juni 1923 wie leblos am Boden, aßen, tranken, sprachen und schliefen fast nicht, bis dann schwere Stürme plötzliche Abkühlungen von mehr als 20° C brachten.

Es ist naturgemäß, meine Damen und Herren, daß unter den beschriebenen Umständen unser ursprünglich kleines Laboratorium (Abb. 36) nicht mehr ausreicht. Wir kauften den alten Bau, während darin Kindermöbel hergestellt wurden, rissen alles nieder bis auf die Außenmauern und schufen in wenigen Monaten ein recht brauchbares Forschungsinstitut. Ein einziger Sekretär war alles, was ich damals hatte. In Abb. 37 sehen Sie nun die Erweiterung unserer Anstalt in vollem Fluß, zu welchem Zweck mir etwa GM. 500000 zur Verfügung gestellt worden sind. Meine Mitarbeiter, deren ausgezeichneten Leistungen unsere Erfolge in erster Linie zu danken sind, sehen darin gleich mir eine großzügige Anerkennung unserer wissenschaftlich-praktischen Bemühungen.

7*

Neben all diesen Arbeiten ist die englische Ausgabe des Rietschel-Brabée Leit-
fadens so beschleunigt worden, daß die Ausgabe in den Vereinigten Staaten demnächst
stattfinden wird. Wer jemals ein Werk aus dem metrischen in das Zollsystem übertragen hat, wird wissen, daß die Arbeit, die
fast zwei volle Jahre in Anspruch nahm,
nicht leicht war. Die Übersetzung ist
nicht wörtlich durchgeführt. Die amerikanischen Verhältnisse sind so weit als
möglich berücksichtigt, und es ist insbesondere darauf Wert gelegt worden,
die Berechnungsverfahren noch weiter
zu vereinfachen, um dadurch die Inge-
nieurkosten der Anlagen herabzudrücken.
Die in der englischen Ausgabe vorhandenen Hilfstabellen sind zum ersten
Male bei der Berechnung des Rohrnetzes unseres Erweiterungsbaues benutzt worden, der teilweise eine Pumpenwarmwasserheizung, teilweise eine
Warmwasserluftheizung erhält, in welch
letzterem Falle neue, von uns konstru-
ierte Lamellenheizkörper (Abb. 38) Verwendung finden dürften. Mit dem Erscheinen der englischen Ausgabe des Leit-
fadens wird die American Radiator Co.
500 Freiexemplare, hauptsächlich an
Universitäten und andere technische
Lehranstalten mit englischer Unter-
richtssprache, verteilen.

Abb. 38. Lamellen-Heizkörper.

Der Ordnung halber sei festgestellt, daß wir noch viele andere Erfindungen und
Konstruktionen ausgearbeitet haben, die sich zur öffentlichen Besprechung zurzeit
nicht eignen. Damit möchte ich die Niederschrift meines Vortrages beenden. Ich behalte
mir vor, gelegentlich des Kongresses einige persönliche Bemerkungen anzufügen, sowie
eine weitere Mitteilung zu machen, die vielleicht allgemeines Interesse finden wird.

Wärmetransport und Wärmeschutz.

Von Dr.-Ing. H. Gröber,
ord. Professor an der Technischen Hochschule in Charlottenburg.

Der Gedanke, größere Wohngebiete von einer einzelnen Stelle aus mit Wärme zu versorgen, ist so naheliegend, und die sich dabei ergebenden Vorteile sind so mannigfaltig, daß schon vor Jahrzehnten dieser Gedanke in Form von Fernheizwerken verwirklicht wurde. Wenn trotzdem die zentrale Versorgung mit Wärme heute noch nicht jene allgemeine Verbreitung gefunden hat, wie die zentrale Versorgung mit Wasser, Gas und Elektrizität, so ist dies allein auf Schwierigkeiten bei der Fernleitung der Wärme zurückzuführen. Rein technische Schwierigkeiten spielen dabei nur eine untergeordnete Rolle, denn es ist heute sehr wohl möglich, auch große Fernleitungsnetze mit hinreichender Sicherheit gegen kleinere und größere Störungen zu bauen und zu betreiben. Um so schwerwiegender sind dafür die rein wirtschaftlichen Schwierigkeiten, die in der Hauptsache auf die sehr hohen Kosten des Rohrnetzes zurückzuführen sind. Diese Kosten setzen sich zusammen aus den Kosten für die Erdarbeiten bis zur Fertigstellung des Kanals und den Kosten für die eigentlichen Rohrstränge.

Die rasche Entwicklung, welche die Schweißtechnik im letzten Jahrzehnt genommen hat, hat in einschneidender Weise auf den Bau der Fernheizwerke zurückgewirkt. Während man früher die einzelnen Rohrschüsse nur durch Flanschen verbinden konnte, ist man heute in der Lage, Rohrstrecken von 50 bis 100 m zu einem Stück zusammenzuschweißen. Die Folge davon ist eine ganz bedeutende Erhöhung der Betriebssicherheit, die sich vor allem darin auswirkt, daß man keine begehbaren Kanäle mehr für die Rohrleitungen nötig hat, sondern dieselben in niedere, zum Teil aus fertigen Formstücken bestehende Kanäle verlegen kann und nur alle 50 bis 100 m einen Einsteigschacht vorzusehen braucht. Die Verbindung der Rohre durch Schweißen verbilligt also nicht nur den Rohrstrang, sondern noch in bedeutend höherem Maße die Erdarbeiten, und es ist unstreitig in erster Linie der Einführung der Schweißtechnik zuzuschreiben, wenn heute Fernheizwerke in größerer Zahl gebaut werden können.

Die bauliche Ausführung der Kanäle einschließlich der Einsteigschächte hängt hauptsächlich von den Verhältnissen des Baugrundes und dem Grundwasserstand ab. Diese Umstände bestimmen die Herstellungskosten für 1 km Kanallänge. Wie sich dieser Betrag unter Wahrung voller Betriebssicherheit vermindern läßt, ist Sache des Bauingenieurs. Der Heizungsingenieur hat hierauf nur wenig Einfluß. Ihm fällt dagegen die Aufgabe zu, die Kosten für die Rohrleitung nach Möglichkeit herabzusetzen. Durch Verkleinerung des Durchmessers lassen sich die Kosten für die Rohre und Formstücke und für die Isolierung stark herabdrücken. Dann wachsen aber anderseits die Druckverluste, also die laufenden Betriebsausgaben, und es besteht für den Konstrukteur die Aufgabe, den besten Ausgleich zwischen Verzinsung und Amortisation des Anlagekapitals einerseits und den laufenden Betriebsausgaben anderseits zu finden.

Bei dem entscheidenden Einfluß der Rohrnetzkosten auf die Wirtschaftlichkeit der Fernheizwerke können die einzelnen Faktoren, welche die Kosten beeinflussen, gar nicht sorgfältig genug geprüft werden, und es ist deshalb die Aufgabe dieser Arbeit, die Rückwirkung einzelner konstruktiver Maßnahmen auf die Herstellungskosten und die Betriebskosten zu untersuchen. Die Erörterung der einzelnen Zusammenhänge soll dabei nicht an Hand allgemeiner Formeln erfolgen, sondern durch Besprechung von Zahlenbeispielen. Es kann aber nicht genug vor einer Verallgemeinerung dieser Zahlenwerte gewarnt werden, da die Rechnungsgrundlagen, wie z. B. Selbstkosten von 1 t Dampf oder 1 kWh, Verkaufswert von $1 \cdot 10^6$ kcal, insbesondere bei Abwärmeverwertungsanlagen in den weitesten Grenzen schwanken. Für ihre Höhe ist nicht nur die Güte der technischen Anlage, sondern noch ganz andere Gründe, wie etwa die Finanzpolitik der Werke, entscheidend.

Die drei ersten Fragen, die besprochen werden sollen, sind:

1. Wärmeverluste der Leitung,
2. Sattdampf oder Heißdampf als Wärmeträger und
3. Anfangsdruck in der Leitung.

Bei der Besprechung dieser drei Fragen soll eine einfache Rohrstrecke ohne Abzweigung zugrunde gelegt werden.

A. Die einfache Rohrstrecke.

Von einer Zentrale aus soll Dampf nach einer 1000 m entfernten Verbrauchsstelle

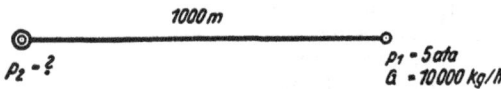

Abb. 1. Die einfache Rohrstrecke.

geleitet werden. Unterwegs wird kein Dampf entnommen. An der Verbrauchsstelle wird eine Dampfmenge von 10 000 kg/h, und zwar im Sättigungszustand bei 5 ata Druck verlangt. Bei Kondensation dieser Dampfmenge steht dann eine Wärmemenge von $5,05 \cdot 10^6$ kcal/h bei 151° C zur Verfügung.

1. Die Wärmeverluste der Leitungen.

Für den Wärmeverlust des Rohres gilt die Gleichung

$$Q_h = k \cdot \pi L \cdot (\vartheta_i - \vartheta_a),$$

worin für die Wärmedurchgangszahl k der Wert zu setzen ist:

$$k = \cfrac{1}{\cfrac{1}{a_i d_i} + \cfrac{1}{2 \lambda_J} \cdot \ln \cfrac{d_a}{d_m} + \cfrac{1}{a_a d_a}};$$

Die Bedeutung der Buchstaben ist:

Q_h der stündliche Wärmeverlust des ganzen Rohres,
d_i der Innendurchmesser des Rohres,
d_m der Außendurchmesser des Rohres,
d_a der Außendurchmesser der Isolierung,
ϑ_i die Temperatur des strömenden Wärmeträgers,
ϑ_a die Temperatur außen um das Rohr,
a_i die Wärmeübergangszahl an der Dampfseite,
a_a die Wärmeübergangszahl an der Außenseite,
λ_J die Wärmeleitzahl des Isoliermittels.

Für die Temperatur ϑ_i gelten folgende Überlegungen. Bei Sattdampf kann man ohne weiteres die Sättigungstemperatur bei dem Druck am Ende der Leitung einsetzen und braucht auf die durch den Druckabfall bedingte Temperatursenkung im allgemeinen keine Rücksicht zu nehmen. Bei Heißdampf findet ein beträchtlicher Temperaturabfall längs des Rohres statt, dem man Rechnung trägt, indem man als mittlere Dampftemperatur ϑ_i das arithmetische Mittel zwischen Anfangs- und Endtemperatur setzt. Nur in besonderen Fällen wird man auf die genauere Formel (Hütte, 25. Aufl., I. Bd., S. 461) zurückgreifen müssen.

Die Außentemperatur ϑ_a, also die Temperatur im Rohrkanal, hängt davon ab, wie die Wärme aus dem Kanal abfließen kann, sie ist also durch die Bauweise der Kanalwand und die Wärmeleitfähigkeit des Erdreiches beeinflußt. Eine theoretische Behandlung dieser Vorgänge wäre zwar möglich, aber das Ergebnis der Rechnung würde durch unkontrollierbare Einflüsse wie Durchnässung des Erdreiches, Luftströmungen im Kanal usw. wieder völlig entwertet. Sichere Rechnungsgrundlagen für die Zukunft können hier nur durch Versuche im Betriebe gewonnen werden. Solange keine solche Messungen vorliegen, empfiehlt es sich, im Anschluß an die Werte, welche de Grahl angibt, einheitlich mit dem Wert $\vartheta_a = 35^0$ C zu rechnen.

Um den Einfluß der Isolierstärke zu besprechen, ist es zweckmäßiger, statt der Wärmedurchgangszahl k ihren Kehrwert, den Wärmedurchgangswiderstand $1/k$, zu betrachten.

Die Gleichung

$$\frac{1}{k} = \frac{1}{a_i \, d_i} + \frac{1}{2 \, \lambda_J} \cdot \ln \frac{d_a}{d_m} + \frac{1}{a_a \, d_a} ;$$

besagt, daß sich der Wärmedurchgangswiderstand aus drei Teilwiderständen summiert, dem Wärmeübergangswiderstand an der Dampfseite, dem Wärmeleitwiderstand der Isolierschicht und dem Wärmeübergangswiderstand an der Außenseite. Der Wärmeleitwiderstand der eisernen Rohrwand kann stets vernachlässigt werden. Für Sattdampf mit der Wärmeübergangszahl $a_i = 10000$ und für ein Isoliermittel mit der Wärmeleitzahl $\lambda_J = 0,07$ ist bei einem Rohr vom Innendurchmesser $d_i = 290$ mm in Zahlentafel 1 ein Vergleich verschiedener Isolierstärken durchgeführt.

Zahlentafel 1.

Wirksamkeit und Gewichte verschieden dicker Rohrisolierungen.

		Dicke der Isolierschicht				
		2 cm	5 cm	8 cm	11 cm	14 cm
Teilwiderstände · · · · {	$\dfrac{1}{a_i \, d_i}$	—	—	—	—	—
	$\dfrac{1}{2 \, \lambda} \cdot \ln \dfrac{d_a}{d_m}$	0,88	2,03	3,02	3,88	4,65
	$\dfrac{1}{a_a \, d_a}$	0,41	0,35	0,31	0,27	0,24
Gesamtwiderstand · · ·	$\dfrac{1}{k}$	1,29	2,38	3,33	4,15	4,89
Wärmedurchgangszahl	k	0,78	0,42	0,30	0,24	0,20
Gew. von 1000 m Isolierung in Tonnen		6,3	16,8	29,1	43,2	58,8

Die drei ersten Zahlenzeilen geben die Teilwiderstände an, wobei sich zeigt, daß für Sattdampf der Innenwiderstand immer gleich Null gesetzt werden kann. Die vierte Zeile gibt den Gesamtwiderstand an, also die Isolierwirkung des Ganzen. Man sieht, daß diese mit steigender Dicke der Isolierschicht beträchtlich wächst, aber ein Vergleich mit der letzten Zeile zeigt, daß das Gewicht der Isolierung — und damit näherungsweise der Preis — noch schneller wächst, so daß man sehr bald an die wirtschaftliche Grenze gelangt.

Unter Berücksichtigung der Wärmeersparnis, des Preises und der Lebensdauer einer Isolierung hat Dr. Cammerer eine kleine Tabelle für die wirtschaftlichste Isolierstärke aufgestellt. Die Tabelle, welche als Zahlentafel Nr. 2 hier wiedergegeben ist, bringt die wirtschaftlichste Isolierstärke in Abhängigkeit vom Rohrdurchmesser und vom Temperaturunterschied ($\vartheta_i - \vartheta_a$) und für Dauerbetrieb, das ist für 8760 Betriebsstunden im Jahr, zur Darstellung.

Zahlentafel 2.

Wirtschaftlichste Isolierstärken nach Cammerer.

Temperatur- unterschied innen u. außen	Rohrdurchmesser in mm			
	50	100	200	400
100°	30	40	50	60
200°	50	70	80	90
300°	60	80	90	110
400°	70	90	110	120

Bei Berechnung dieser Tabelle ist die normale Lebensdauer von Fabrikleitungen zugrunde gelegt. Bei Fernleitungen, die geschützt in Kanälen liegen, ist mit einer viel längeren Lebensdauer zu rechnen, dafür sind anderseits die Erneuerungskosten bedeutend höher als bei offenen Leitungen. Es empfiehlt sich darum, die Cammerersche Tabelle nur als Ausgangspunkt für eine eingehende Wirtschaftlichkeitsberechnung zu benutzen. Da der Wert der jährlichen Wärmeverluste in die Tausende geht, so lohnt sich die für solche Rechnungen aufgewendete Zeit immer reichlich.

Das Bestreben, die Wärmeverluste durch Vergrößerung der Isolierstärke zu vermindern, findet also in dem steigenden Preis der Isolierung sehr bald seine Grenze. Ein anderer Weg zur Verminderung der Wärmeverluste besteht in der Verkleinerung des Rohrdurchmessers.

Für eine Dampftemperatur von 151° und eine Kanaltemperatur von 35° C gibt die nachstehende Abbildung die jährlichen Wärmeverluste in Millionen Kilokalorien für verschiedene Rohrdurchmesser. Bei der Berechnung dieser Werte ist die zum jeweiligen Durchmesser gehörende wirtschaftlichste Isolierstärke eingesetzt.

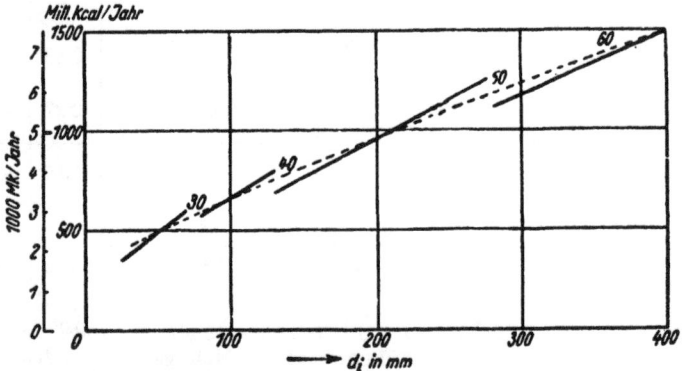

Abb. 2. Beziehung zwischen Rohrdurchmesser und Wärmeverlust.

Der Geldwert des Wärmeverlustes ist an der zweiten senkrechten Teilung abzulesen. Bei Berechnung dieser Teilung ist ein Selbstkostenpreis von 5 M. für die Million Kilokalorien eingesetzt. Die Cammerersche Zahlentafel ordnet jedem Rohrdurchmesser eine bestimmte wirtschaftlichste Isolierstärke zu, und damit ist auch jedem Rohrdurchmesser — wenigstens näherungsweise — ein stündlicher Wärmeverlust zugeordnet. Die punktierte Linie in Abb. 2 gibt diesen Zusammenhang für 151° C Innentemperatur und 35° C Außentemperatur wieder. Man sieht, daß die jährlichen Ausgaben für Wärmeverluste mit abnehmendem Rohrdurchmesser nur langsam abnehmen.

Ein dritter Weg zur Verminderung der Wärmeverluste kann unter Umständen darin bestehen, daß man als Wärmeträger Heißdampf statt Sattdampf verwendet. Es führen dazu die folgenden Überlegungen über den Wärmeaustausch zwischen Sattdampf bzw. Heißdampf und kalten Metallwandungen.

Bei diesem Wärmeaustausch sind im wesentlichen drei Fälle zu unterscheiden:

1. Kommt Sattdampf mit kalten Wandungen in Berührung, so tritt sofort Kondensation ein, und beträchtliche Mengen von Verdampfungswärme werden aus dem Dampf frei. Dadurch entsteht der bekannte kräftige Wärmeübergang, der durch die große Wärmeübergangszahl von 7000 bis 12000 seinen zahlenmäßigen Ausdruck findet.

2. Kommt Heißdampf mit Wandungen in Berührung, deren Temperatur niedriger ist, als dem Sättigungszustand des Dampfdruckes entspricht, so tritt auch hier Kondensation ein; die Vorgänge sind aber im einzelnen heute noch keineswegs so klar, wie man dies bei der großen Bedeutung der Frage annehmen möchte. Auf Anregung des V.D.I. werden deshalb zurzeit in der Physikalisch-Technischen Reichsanstalt über diese Fragen eingehende Versuche angestellt, die aber noch nicht zum Abschluß gelangt sind. Jedenfalls lehnt die Praxis zurzeit die Verwendung von Heißdampf bei Wärmeaustauschapparaten ab.

3. Kommt Heißdampf mit Wandungen in Berührung, deren Temperatur höher ist als die Sättigungstemperatur, die zum herrschenden Dampfdruck gehört, so tritt keine Kondensation ein. Der Dampf bleibt überhitzt und die Wärmeübergangsvorgänge spielen sich im wesentlichen ebenso ab wie bei Gasen. Die Wärmeübergangszahl ist je nach der Geschwindigkeit der Dampfströmung, der Weite des Strömungskanals und anderen Umständen von der Größenordnung zwischen 20 und 200. Dieser verhältnismäßig geringe Wärmeübergang bei Heißdampf legt den Gedanken nahe, als Wärmeträger bei Fernleitungen nicht Sattdampf, sondern Heißdampf zu verwenden, um damit die Wärmeverluste zu verringern.

Um die Richtigkeit dieser Vermutung zu prüfen, sollen im Anschluß an die Rechnungen auf S. 97 und die Zahlentafel 1 die Teilwiderstände für den Wärmeverlust bei Sattdampf mit denen bei Heißdampf verglichen werden.

Unter Annahme einer Rohrweite von 290 mm errechnet sich eine Strömungsgeschwindigkeit von 16,9 m/s und eine Wärmeübergangszahl des Heißdampfes von 102 kcal/m² · h · ⁰ C.

		Sattdampf	Heißdampf
Innerer Widerstand:	$\dfrac{1}{a_i\,d_i}$	= 0,00	0,03
Isolierungswiderstand bei 8 cm Dicke:	$\dfrac{1}{2\,\lambda} \cdot \ln \dfrac{d_a}{d_m}$ =	3,02	3,02
Äußerer Widerstand:	$\dfrac{1}{a_a\,d_a}$	= 0,31	0,31
Gesamt-Widerstand:	$\dfrac{1}{k}$	= 3,33	3,36
Wärmedurchgangszahl:	k	= 0,300	0,298

Die beiden Wärmedurchgangszahlen unterscheiden sich also erst in der dritten Dezimale, und dieser Unterschied ist weit unter der Genauigkeit der ganzen Rechnung. Die Gleichheit beider Wärmedurchgangszahlen erklärt sich daraus, daß infolge der hohen Strömungsgeschwindigkeit der Wärmeübergangswiderstand auch bei Heißdampf so klein ist, daß er gegenüber dem großen Widerstand der Isolierung keine Rolle spielt. Diese Gleichheit der Wärmedurchgangszahlen entscheidet aber noch keineswegs über die Zweckmäßigkeit oder Unzweckmäßigkeit der Verwendung von Heißdampf. Es spielen hier noch andere Umstände herein, die eine eingehende Besprechung erfordern.

Bei der Verwendung von Sattdampf als Wärmeträger bleibt die Temperatur des Dampfes längs des Rohres nahezu konstant, die Wärmeverluste treten nur dadurch in die Erscheinung, daß eine entsprechende Menge Kondensat ausfällt. Um den Betrag dieses Kondensates muß dann der Leitung mehr Dampf zugeführt werden, damit die verlangte Dampfmenge am Ende der Leitung zur Verfügung steht. In dem erwähnten Zahlenbeispiel beträgt der Wärmeverlust des Rohres 162000 kcal/h und die Kondensatmenge 320 kg/h. Es müssen also statt 10000 kg Dampf 10320 kg Dampf erzeugt werden.

Außerdem entsteht noch ein Wärmeverlust dadurch, daß das Kondensat sich auf dem Wege vom Wasserabscheider zum Kessel weiterhin abkühlt. Nimmt man an, daß das Kondensat mit 50° C in den Kessel zurückgelangt, so ist der Wärmeverlust des Kondensates 32000 kcal/h.

Bei der Verwendung von Heißdampf als Wärmeträger tritt — sofern die Überhitzungstemperatur genügend hoch gewählt wurde — keine Kondensation ein, dafür aber findet ein starker Temperaturabfall längs des Rohres statt. Im allgemeinen wird man die Überhitzung nur soweit treiben, daß am Ende der Leitung der Sättigungszustand eben erreicht ist. Im vorliegenden Falle ist die notwendige Überhitzung 36° C, die Anfangstemperatur des Dampfes also

$$151° + 36° = 187° C$$ und der Wärmeverlust längs des Rohres 184000 kcal/h.

Dem Vergleich der Verluste beider Wärmeträger sei vorausgeschickt, daß die Rechnung bei Sattdampf einen Anfangsdruck in der Leitung von 5,15 ata, bei Heißdampf von 5,16 ata erfordert. Der Druckverlust ist also in beiden Fällen praktisch gleichzusetzen.

Für die Wärmeverluste gilt

Verlust des Sattdampfes	162000 kcal/h,
» » Kondensates	32000 »
Gesamtverlust bei Sattdampf	194000 »
Verlust bei Heißdampf	184000 »
Unterschied	10000 kcal/h.

Die Verwendung von Heißdampf bringt in diesem Falle eine Ersparnis von nur 5% des gesamten Verlustes oder 2°/₀₀ der Wärmeleistung des Rohrstranges. Wie später gezeigt werden wird, verschieben sich die Verhältnisse zugunsten des Heißdampfes bei kürzerer Rohrlänge, größeren Dampfmengen und niederen Temperaturen für das zurückgekehrte Kondensat. Die umgekehrten Verhältnisse vermindern die Ersparnisse, ja können sie in eine beträchtliche Einbuße zuungunsten des Heißdampfes verwandeln.

Und doch kann sich sogar in diesen Fällen die Verwendung von Heißdampf empfehlen, und zwar wegen der betriebstechnischen Vorteile, die der Wegfall des Kondensates mit sich bringt. Die Entwässerungseinrichtungen können bedeutend einfacher ausgeführt werden, da sie nur während des Anstellens der kalten Leitung von Hand bedient zu werden brauchen, die Sorge für richtige Entwässerung der Leitung während des Betriebes entfällt ganz. Die Lebensdauer des Rohrstranges wird erhöht, da die schädliche Wirkung des Kondensates und der Dampffeuchtigkeit auf das Material der Rohrwandungen ausgeschaltet ist. Der Heißdampf selbst übt bei den niedrigen Temperaturen, die hier in Frage kommen, noch keine schädlichen Wirkungen auf die Wandungen aus.

Die Frage »Wie groß sind die Ersparnisse durch die Verwendung des Heißdampfes« ist also zweckmäßiger durch die andere Frage zu ersetzen: »Wie groß darf gegebenenfalls die Einbuße an Wärme sein, wenn man um der betriebstechnischen Vorzüge willen Heißdampf verwenden will.«

Natürlich ist die Verwendung des Heißdampfes nur dann zweckmäßig, wenn kein Sattdampf unterwegs entnommen werden muß und wenn die Erzeugung und Abgabe des überhitzten Dampfes keine Nachteile im Kraftwerk zur Folge hat.

Um den Wärmegewinn oder die Wärmeeinbuße bei Verwendung von Heißdampf rasch ermitteln zu können, ist nachstehende Rechnung eingeschaltet.

Einschaltung.

Außer den bisher eingeführten Bezeichnungen sollen gelten:

ϑ_s = Sattdampftemperatur,

$\vartheta_{\ddot{u}}$ = Heißdampftemperatur am Anfang der Leitung,

ϑ_{sp} = Temperatur, mit der das Kondensat in den Kessel zurückgespeist wird,

ϑ_a = Temperatur im Rohrkanal,

G = stündliches Dampfgewicht,

K = » Kondensatgewicht aus der Leitung,

c_p = spez. Wärme des Heißdampfes,

c = » » » Kondensates,

r = Verdampfungswärme.

1. Wärmeverlust des Rohres bei Sattdampf:
$$Q_s = k \pi L \cdot (\vartheta_s - \vartheta_a).$$

2. Wärmeverlust des Kondensates auf dem Rückwege:
$$Q_k = K \cdot c \cdot (\vartheta_s - \vartheta_{sp})$$
$$= \frac{k \pi L \cdot (\vartheta_s - \vartheta_a)}{r} \cdot c \cdot (\vartheta_s - \vartheta_{sp}).$$

3. Wärmeverlust des Heißdampfes:
$$Q_{\ddot{u}} = k \pi L \cdot \left(\frac{\vartheta_{\ddot{u}} + \vartheta_s}{2} - \vartheta_a \right).$$

4. Mehrverlust an Wärme bei Sattdampf:
$$Q_s + Q_k - Q_{\ddot{u}} = k \pi L \cdot \left\{ \vartheta_s - \vartheta_a + (\vartheta_s - \vartheta_a) \cdot \frac{c}{r} (\vartheta_s - \vartheta_{sp}) \right.$$
$$\left. - \frac{\vartheta_{\ddot{u}} + \vartheta_s}{2} + \vartheta_a \right\} = k \pi L \cdot \left\{ (\vartheta_s - \vartheta_a) \cdot \frac{c}{r} (\vartheta_s - \vartheta_{sp}) - \frac{\vartheta_{\ddot{u}} - \vartheta_s}{2} \right\}.$$

5. Berechnung der Überhitzung $(\vartheta_{\ddot{u}} - \vartheta_s)$ aus der Bedingung:
$$k \pi L \cdot \left(\frac{\vartheta_{\ddot{u}} + \vartheta_s}{2} - \vartheta_a \right) = G \cdot c_p \cdot (\vartheta_{\ddot{u}} - \vartheta_s)$$

oder
$$\vartheta_{\ddot{u}} + \vartheta_s - 2\,\vartheta_a = \frac{2 \cdot G \cdot c_p}{k \pi L} \cdot \vartheta_{\ddot{u}} - \frac{2 \cdot G \cdot c_p}{k \pi L} \cdot \vartheta_s.$$

Zur Vereinfachung der Schreibweise sei gesetzt:
$$R = \frac{2\,G \cdot c_p}{k \pi L};$$

Die letzte Gleichung lautet weiter:
$$(1 - R) \cdot \vartheta_{\ddot{u}} + (1 + R) \cdot \vartheta_s = 2\,\vartheta_a$$
$$\vartheta_{\ddot{u}} = \frac{R + 1}{R - 1} \cdot \vartheta_s - \frac{2}{R - 1} \cdot \vartheta_a$$
$$= \vartheta_s + \frac{2}{R - 1} \cdot (\vartheta_s - \vartheta_a).$$

Die Überhitzung ist

$$\vartheta_{ii} - \vartheta_s = \frac{2}{R-1} \cdot (\vartheta_s - \vartheta_a)$$

6. Fortsetzung von Ziffer 4.

Dieser Wert für die Überhitzung oben eingesetzt gibt einen Mehrverlust an Wärme bei Sattdampf:

$$k \, \pi \, L \cdot (\vartheta_s - \vartheta_a) \cdot \left\{ \frac{c}{r} \cdot (\vartheta_s - \vartheta_{sp}) - \frac{1}{R-1} \right\}.$$

Um die Zahlenrechnung zu vereinfachen, soll für den Ausdruck c/r $(\vartheta_s - \vartheta_{sp})$ ein Schaubild, und zwar auf folgender Grundlage aufgestellt werden: Die spezifische Wärme des Kondensates kann konstant, und zwar gleich 1,0 gesetzt werden. Die Verdampfungswärme r und die Sättigungstemperatur ϑ_s hängen nur von dem Druck p ab, so daß man das Schaubild zweckmäßigerweise mit den Koordinaten p und ϑ_{sp} aufstellt (Abb. 3).

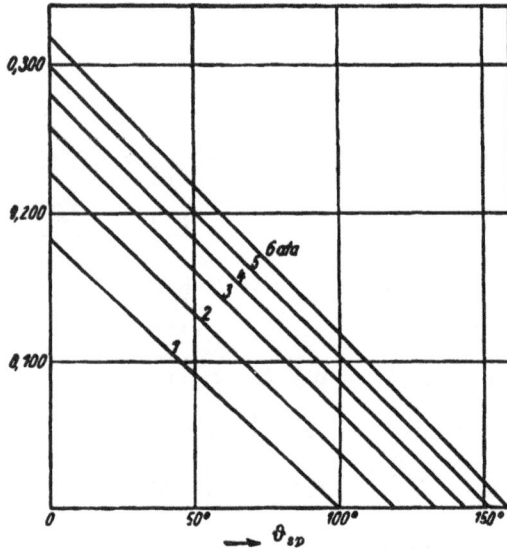

Abb. 3. Schaubild für den Wert $\frac{c}{r} (\vartheta_s - \vartheta_{sp})$.

Der Heißdampf ist dem Sattdampf überlegen, solange der Klammerausdruck

$$\left\{ \frac{c}{r} (\vartheta_s - \vartheta_{sp}) - \frac{1}{R-1} \right\}$$

positiv ist, also wenn

$$R = \frac{2 \, G \cdot c_p}{k \, \pi \, L} > \frac{1 + \frac{c}{r} (\vartheta_s - \vartheta_{cp})}{\frac{c}{r} (\vartheta_s - \vartheta_{sp})}.$$

In dieser Ungleichung sind für eine bestehende Dampfanlage alle Größen im wesentlichen konstante Werte. Nur das stündliche Dampfgewicht erleidet im Laufe des Betriebes weitgehende Schwankungen. Die

Mindestdampfmenge, von der ab Heißdampf im Nachteil ist, ist durch die Ungleichung gegeben:

$$G < \frac{k \pi L}{2 \cdot c_p} \cdot \frac{1 + \frac{c}{r}(\vartheta_s - \vartheta_{sp})}{\frac{c}{r}(\vartheta_s - \vartheta_{sp})}$$

$$= \frac{k \pi L}{2 \cdot c_p} \cdot \text{funkt}(p, \vartheta_{sp}).$$

Der Verlauf von funkt (p, ϑ_{sp}) ist in Abb. 4 wiedergegeben.

2. Wahl des Rohrdurchmessers.

Das Bestreben, die Herstellungskosten des Rohrstranges und auch die Wärmeverluste möglichst zu ermäßigen, führt dazu, den Rohrdurchmesser möglichst klein zu wählen. Damit wachsen aber sehr rasch die Druckverluste in der Leitung und mit ihnen die laufenden Betriebsausgaben. Die wirtschaftlichste Lösung ist wie immer diejenige, bei der die Summe aus dem Kapitaldienst und den laufenden Betriebsausgaben ein Kleinwert wird.

In welcher Weise die Kosten für die Herstellung des Kanals, für die Rohrleitung und für deren Isolierung mit dem Durchmesser wachsen, zeigt die nachstehende Abb. 5a, die mir Herr Margolis- in liebenswürdiger Weise zur Verfügung gestellt hat.

Aus diesen Anschaffungskosten ist dann der Kapitaldienst zu ermitteln.

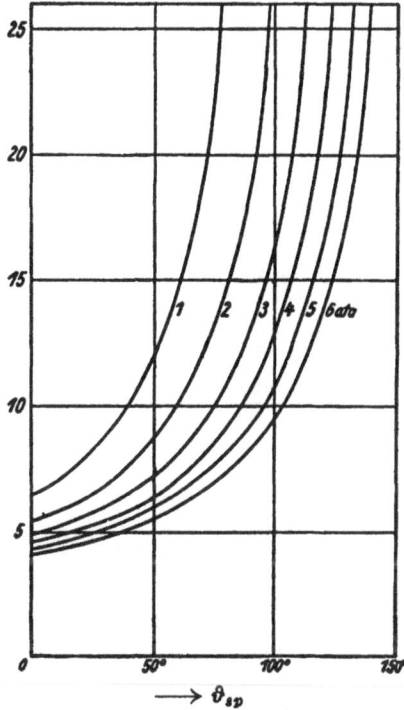

Abb. 4. Schaubild für

$$\text{funkt}(p, \vartheta_{cp}) = \frac{1 + \frac{c}{r}(\vartheta_s - \vartheta_{sp})}{\frac{c}{r}(\vartheta_s - \vartheta_{sp})}.$$

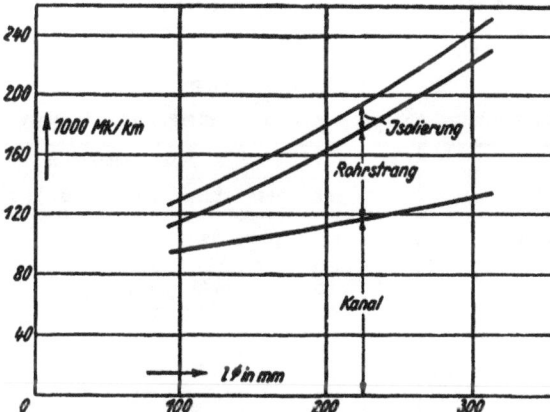

Abb. 5a. Kosten für Erdarbeiten, Rohrleitung und Isolierung abhängig vom Rohrdurchmesser.

Rechnet man mit einer Abschreibung in 20 Jahren mit 8% Verzinsung und mit 1% Instandhaltung, so ist der jährliche Kapitaldienst durch die Kurve in Abb. 5b gegeben.

Der aus den Wärmeverlusten entstehende jährliche Betriebsaufwand ist in Abhängigkeit vom Rohrdurchmesser schon früher festgestellt worden (vgl. Abb. 2).

Es bleibt nur noch zu bestimmen, in welcher Weise der jährliche Betriebsaufwand für den Druckverlust vom Rohrdurchmesser abhängt.

Nach den Untersuchungen der Versuchsanstalt für Heiz- und Lüftungswesen der Technischen Hochschule zu Berlin ist für Sattdampf der Druckverlust durch die Gleichung dargestellt:

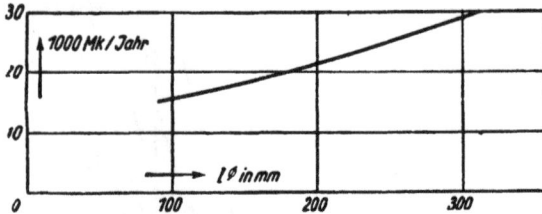

Abb. 5b. **Kapitaldienst abhängig vom Rohrdurchmesser.**

$$\frac{dp}{dl} = 5{,}66 \cdot \gamma^{0,852} \cdot \frac{v^{1,853}}{d^{1,281}}.$$

Dabei gelten die Bezeichnungen:

$p =$ Druck,
$\gamma =$ spez. Gewicht,
$v =$ Geschwindigkeit,
$d =$ Durchmesser.

Übernimmt man aus der Gleichung für das stündliche Dampfgewicht

$$G = \frac{d^2 \pi}{4} \cdot v \cdot 3600 \cdot \gamma$$

die Geschwindigkeit v und setzt sie in die Gleichung für den Druckverlust ein, so lautet diese

$$\frac{dp}{dl} = 299 \cdot 10^3 \cdot \frac{G^{1,853}}{d^{4,987}}.$$

Der Druckverlust ändert sich also bei konstant gehaltener Dampfmenge umgekehrt mit der fünften Potenz des Durchmessers.

Für das mehrfach erwähnte Zahlenbeispiel (10 000 kg/h Dampf von 5 ata am Ende der Leitung) ist der Einfluß des Rohrdurchmessers in Zahlentafel 3 dargestellt.

Zahlentafel 3.
Zusammenhang zwischen Rohrdurchmesser und Druckverlust.

	Rohrdurchmesser								
	∞	290	264	241	216	192	169	156	143
Strömungs-Geschw. . . . m/s	0	16	19	22	27	33	41	45	51
Druckverlust . . . . . . at	0	0,15	0,25	0,35	0,62	1,05	1,90	2,65	3,88
Anfangsdruck . . . . . ata	5,0	5,15	5,25	5,35	5,62	6,05	6,90	7,65	8,88
Maschinenleistung bei 20 at Kesseldruck u. Gegendruck n. Zeile 3. kW	595	580	575	565	545	515	460	415	350
Einbuße an Leistung . kW	0	15	20	30	50	80	135	180	245
Jährliche Einbuße an Leistung (Geldwert) Mk.	0	3940	5260	7900	13100	21000	35700	47300	64400

Zeile 1 bis 3 enthält die Strömungsgeschwindigkeit v, den Druckverlust $(p_2 - p_1)$ und den Druck p_2 am Anfang der Leitung. Für die Berechnung der Maschinenleistung (Zeile 4) ist ein Kesseldruck von 20 ata angenommen und der Gegendruck an der Maschine gleich den verschiedenen, oben errechneten Werten p_2 gesetzt. Zeile 5 enthält dann die Einbuße an Maschinenleistung durch den Druckabfall in der Leitung. Um diese Einbuße an Maschinenleistung ihrem Geldwert nach zu bemessen (Zeile 6), ist mit einem Preis von 3 Pf. für die Kilowattstunde als Selbstkostenpreis gerechnet.

Die gesamten jährlichen Ausgaben für den Transport der Wärme summieren sich aus dem Kapitaldienst (Abb. 5b), den jährlichen Wärmeverlusten (Abb. 2) und der Einbuße an Maschinenleistung durch den Druckabfall im Rohrstrang (Zahlentafel 3, letzte Zeile). Diese Summierung ist in Abb. 6 ausgeführt, und man sieht daraus, daß bei dem Durchmesser 255 mm die Summe ihren Kleinstwert hat, so daß also dieser Durchmesser sich als der wirtschaftlich günstigste Durchmesser ergibt. Der Verlauf der Kurve läßt ferner erkennen, daß ein zu groß gewählter Durchmesser die Wirtschaftlichkeit der ganzen Anlage nur wenig herabdrückt, daß dagegen ein zu klein gewählter Durchmesser wegen des rasch steigenden Druckverlustes sich sofort sehr

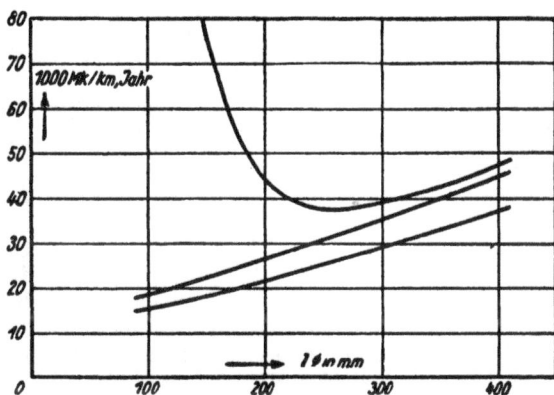

Abb. 6. Jährliche Gesamtkosten abhängig vom Rohrdurchmesser.

ungünstig äußert. Man wird also den Durchmesser eher etwas zu groß als zu klein wählen, auch aus dem anderen Grunde, weil sich dann gegebenenfalls eine spätere Verstärkung des Betriebes leichter ermöglichen läßt.

Abb. 6 läßt auch ablesen, um wieviel der Dampf durch die Übertragung sich verteuert. Dividiert man die jährlichen Ausgaben durch die Zahl der Stunden im Jahre (8760 bei Dauerbetrieb), so ergibt sich, daß die verwendeten 10000 kg Dampf an der Verwendungsstelle (also in 1 km Entfernung) um 4,20 M. teurer sind als an der Erzeugungsstelle.

Für die Berechnung des wirtschaftlichsten Durchmessers ist nachstehender Umstand zu beachten. Bei einer bestehenden Anlage sind alle Größen, die der Wirtschaftlichkeitsberechnung zugrunde gelegt sind, im wesentlichen konstant. Nur die stündliche Dampfmenge wird während des Betriebes stark schwanken. Man darf nun nicht die Höchstdampfmenge der Rohrstrecke einsetzen, sondern nur einen Mittelwert. Da in der Formel für den Druckverlust das Dampfgewicht in der 1,853. Potenz auftritt, so muß man bei der Mittelwertsbildung die großen Dampfmengen stärker berücksichtigen als die niedrigen.

B. Das Rohrnetz mit Abzweigungen.

Für die weiteren Besprechungen soll statt der einfachen Rohrstrecke das in nachstehender Abb. 7 dargestellte Rohrnetz mit Abzweigungen zugrunde gelegt werden. Die Zeichnung ist maßstäblich ausgeführt, außerdem sind die Längen der einzelnen Teilstrecken in Zahlentafel 4, Spalte 3, angegeben. Die Zahlen in der Abbildung am Ende der Leitungen bedeuten den Wärmebedarf der Verbrauchsstellen in Millionen Kilokalorien.

An Hand dieses Beispieles sollen für Sattdampf als Wärmeträger einige Beziehungen über die Druckverteilung im Netz abgeleitet werden, und dann soll eih Vergleich zwischen den Kosten für Dampfleitungen und für Heißwasserleitungen durchgeführt werden.

Die Druckverteilung im Dampfnetz.

Das Rohrnetz läßt sich berechnen, wenn außer den obigen Angaben noch der Dampfdruck an den Verbrauchsstellen und der Dampfdruck am Anfange des Haupt-stranges gegeben ist. Der Verbrauchsdruck soll für alle Verbrauchsstellen gleich, nämlich gleich 1,5 ata, und der Anfangsdruck gleich 3,5 ata gesetzt werden.

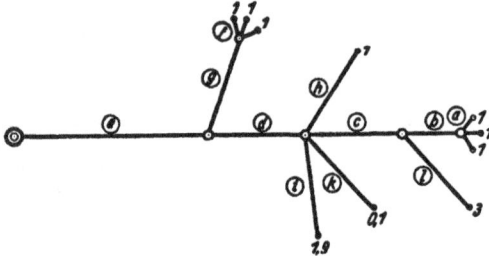

Abb. 7. Rohrnetz mit Abzweigungen.

Die Berechnung enthält aber an einer Stelle eine durchaus willkürliche Annahme, und zwar bezieht sich diese Annahme auf den Druckverlauf längs des Haupt-stranges a, b. c, d, e. Die nächst-liegende Annahme hierfür ist, daß das Druckgefälle längs des ganzen Hauptstranges konstant zu machen sei. Das Diagramm des Druckverlaufes ist dann eine gerade Linie (vgl. Linie I in Abb. 8).

Bei Annahme dieses Druckverlaufes nimmt die Geschwindigkeit von 51 m/s an der Zentrale bis auf 38 m/s in der entferntesten Teilstrecke ab.

Bei Annahme des Druckverlaufes nach Linie II in Abb. 8 ist die Geschwindigkeit im wesentlichen längs des Hauptstranges konstant, sie schwankt zwischen 48 und 55 m/s. Ein vollständig gleichbleibender Wert ist nicht zu erreichen, da man an die handelsüblichen Stufen der Rohrdurchmesser gebunden ist. Der Druckverlauf nach b ist dadurch ausgezeichnet, daß die Rechnungshilfsgröße $B = p^{1,9375}$ eine konstante Abnahme längs des Hauptstranges aufweist (vgl. Riethschel-Brabbée, Leitfaden, II. Bd., S. 62).

Bei der dritten Annahme für den Druckverlauf, nämlich nach der Linie III, nimmt die Geschwindigkeit längs des ganzen Hauptstranges vom Wert 41 m/s am Anfang bis zum Wert 70 m/s an der Verbrauchsstelle zu. Der Druckverlauf ist so ermittelt, daß die Hilfsgröße w für $\gamma = 1$ (Rietschel-Brabbée, II. Bd., S. 64 und 65) längs des ganzen Hauptstranges konstant ist.

Für diese drei Fälle des Druckverlaufes sind in Zahlen-

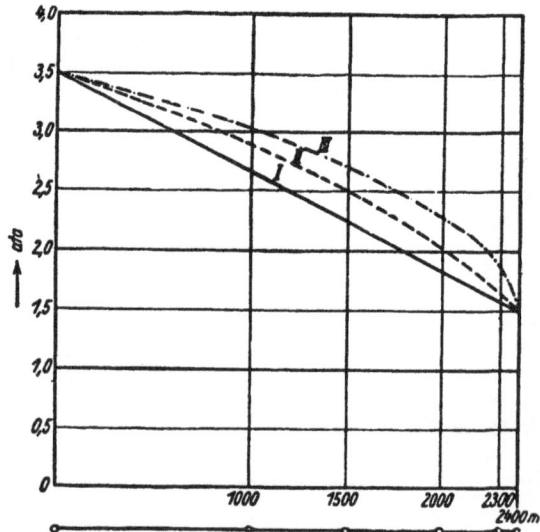

Abb. 8. Druckverlauf längs des Hauptstranges.

tafel 4 die Rohrdurchmesser und die Gewichte der einzelnen Teilstrecken zusammengestellt. Außerdem sind in den letzten Spalten noch einige Angaben über die

Kondensleistung gegeben. Der besseren Übersichtlichkeit wegen sind die wesentlichen Zahlen nachstehend besonders hervorgehoben.

	Rohrgewicht bei Druckverteilung		
	I	II	III
Hauptstrang	123,2	124,4	125,9
Abzweigungen	48,7	44,2	34,2
Gesamtleitung	171,9	168,6	160,1

Zahlentafel 4.

Teilstrecke			Druckverlauf I Geschwindigkeit abnehmend		Druckverlauf II Geschwindigkeit konstant		Druckverlauf III Geschwindigkeit zunehmend		Kondensleitung	
Nr.	Länge m	Wärmemenge in Mill. kcal	Durchmesser mm	Gewicht t	Durchmesser mm	Gewicht t	Durchmesser mm	Gewicht t	Kondensatmenge t/h	Gewicht t
1	2	3	4	5	6	7	8	9	10	11	12
a	3×100	3×1	143	4,9	125	3,8	100	2,9	1,9	0,6
b	300	3	216	10,6	192	8,0	180	7,5	5,6	0,8
c	500	6	241	19,8	241	19,8	241	19,8	11,2	2,3
d	500	9	290	27,4	290	27,3	302	30,2	16,9	3,2
e	1000	12	302	60,5	327	65,5	327	65,5	22,5	4,5
				123,2		124,4		125,9		11,4
f	3×100	3×1	119	3,6	106	3,0	88	2,2	1,9	0,6
g	500	3	162	9,2	162	9,2	162	9,2	5,6	1,3
h	500	1	125	6,3	113	5,7	106	5,0	1,9	0,9
i	500	1,9	156	8,8	143	8,1	137	7,8	3,6	0,9
k	500	0,1	57	2,2	49	1,6	47	1,2	0,2	0,5
l	500	3	228	18,6	203	16,6	156	8,8	5,6	1,3
				171,9		168,6		160,1		16,9

(In der linken Randspalte: Hauptstrang umfaßt a–e, Abzweigungen umfaßt f–l.)

Es zeigt sich, daß der Druckverlauf nach »III« zwar im Hauptstrang ein kleines Mehrgewicht bedingt, daß er aber in den Abzweigungen dafür eine bedeutende Gewichtsverminderung zur Folge hat, so daß sich im Gesamtnetz eine ganz beachtenswerte Gewichtsersparnis ergibt.

Das Wesentliche dieser Druckverteilung »III« ist, daß noch an entfernteren Stellen des Hauptstranges ziemlich hoher Druck herrscht, und erst in den letzten Strecken der Druck rasch auf den Verbrauchsdruck fällt. Außer der errechneten Gewichtsverminderung hat diese Annahme den weiteren Vorteil, daß die Druckverteilung im Netz weniger stark mit der wechselnden Entnahme in den Abzweigstellen schwankt, und daß sich unvorhergesehene Neuanschlüsse leichter ermöglichen lassen, als wenn der Druck im Hauptstrang schon gleich von der Zentrale weg gleichmäßig fällt.

4. Vergleich zwischen Dampf- und Heißwassernetz.

Für das gleiche Rohrnetz sollen nun die Rohrgewichte für eine Heißwasserfernleitung bestimmt und mit den Gewichten der Dampfleitung verglichen werden. Dabei ist nicht nur auf gleiche Wärmelieferung an die Verbraucher, sondern auch auf einwandfreie Vergleichsverhältnisse in der Zentrale zu achten.

Um letzteres zu erreichen, nehmen wir an, daß es sich in beiden Fällen um eine Abdampfausnutzung derselben Gegendruckturbine handelt. Dann ist die Vergleichsbasis dadurch gegeben, daß die Maschine bei gleichem Kesseldruck und gleicher Dampfmenge durch den Anschluß der Heizung in beiden Fällen dieselbe Einbuße in ihrer Leistung erleiden soll.

Bei der Dampffernleitung entsteht diese Einbuße nur durch den Gegendruck an der Turbine, den wir gleich dem Anfangsdruck in der Leitung, also gleich 3,5 ata setzen wollen.

Bei der Heißwasserfernleitung muß die Kraftmaschine außerdem noch — sei es direkt oder indirekt — die Arbeit für den Betrieb der Pumpen liefern. Wir müssen also den Gegendruck an der Maschine etwas niedriger wählen als bei Dampfleitungen. Eine gesonderte Berechnung ergab: 100 PS Pumpenarbeit, 75 m Pumpendruck und 3,2 ata Gegendruck, also 135° C Abdampftemperatur. Wenn der Gegenstromapparat nicht allzu groß ausfallen soll, so läßt sich damit eine Vorlauftemperatur von nur 125°C erzielen. Wählt man die Rücklauftemperatur zu 75° C, so ergibt sich ein Temperaturunterschied von 50° C und damit ein Wasserumlauf von 67 l/s. Um den Vergleich richtig zu führen, wurde auch bei der Heißwasserleitung der Druckverlauf längs des Hauptstranges nach Kurve »III«, Abb. 8, angesetzt.

Den Vergleich der Rohrgewichte zeigt die folgende Zahlentafel 5.

Zahlentafel 5.

Vergleich der Rohrgewichte an Heißwasser- und Dampfleitungen.

		Teilstrecke		Heißwasser		Dampf		
	Nr.	Länge m	Wärmemenge in Mill. kcal	Durchm. v. Vor- u. Rücklauf mm	Gewicht beider Rohre t	Dampfrohr Durchm. mm	Gewicht t	Kondensleitung Gewicht t
1	2	3	4	5	6	7	8	9
Hauptstrang	a	3×100	3×1	64	2,9	100	2,9	0,6
	b	300	3	113	6,9	180	7,5	0,8
	c	500	6	156	17,6	241	19,8	2,3
	d	500	9	192	26,6	302	30,2	3,2
	e	1000	12	216	70,6	327	65,5	4,5
					124,6		125,9	11,4
Abzweigungen	f	3×100	3×1	57	2,7	88	2,2	0,6
	g	500	3	106	10,1	162	9,2	1,3
	h	500	1	70	5,4	106	5,0	0,9
	i	500	1,9	88	7,3	137	7,8	0,9
	k	500	0,1	34	2,0	47	1,2	0,5
	l	500	3	113	11,5	156	8,8	1,3
					163,6		160,1	16,9

Auszugsweise ergibt sich daraus folgende Gegenüberstellung:

Gewicht der Dampfleitung . . . . 160,1 t,
» » Kondensleitung . . . . 16,9 t,
zusammen . . . . 177,0 t,
Gewicht der Heißwasser-Vor- und Rücklaufleitung 163,6 t,
Unterschied . . . . . 13,4 t.

Das Verhältnis der Gewichte ist

$$\frac{163,6}{177,0} = \frac{92,5}{100}.$$

Diese Übersicht sowie die Zahlentafel 5 zeigt, daß das Gewicht von Dampfleitung plus Kondensatleitung größer ist als die Summe der Gewichte von Vorlauf- und Rücklaufleitung bei Heißwasser.

Nimmt man selbst an, daß sich die Preise der fertigen Rohrstränge wie die Gewichte verhalten, so werden doch die Kosten der fertigen Rohrnetze nicht in demselben Zahlenverhältnis stehen, da sich zu den Kosten der Rohrstränge in beiden Fällen fast die gleichen Kosten für die Kanäle addieren. Die endgültigen Kosten werden sich also etwa wie 95:100 verhalten.

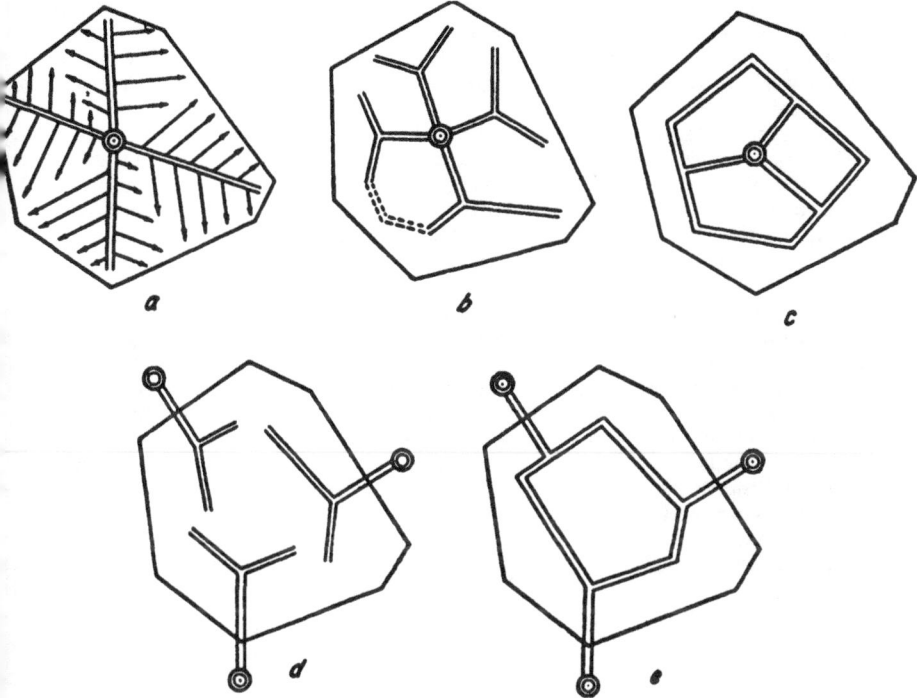

Abb. 9a bis e. Schema für den Verlauf der Hauptstränge.

Wenn auch dieses Zahlenverhältnis keineswegs verallgemeinert werden darf, da es an einem Einzelfall abgeleitet wurde, so läßt sich doch aus ihm der Schluß ziehen, daß der Preisunterschied zwischen Heißwasser- und Dampfnetzen nicht in erster Linie entscheidend für die Wahl des Wärmeträgers sein kann.

5. Die Linienführung des Netzes.

Soll von der Heizzentrale aus nur eine beschränkte Anzahl von Großabnehmern mit Wärme versorgt werden, so ergibt sich meist die Linienführung von selbst aus der Lage und dem Wärmebedarf dieser Einzelabnehmer. Anders liegen die Verhältnisse, wenn ein größeres Gebiet mit gleichmäßigem Wärmebedarf versorgt werden muß. Der nächstliegende Gedanke ist dann, daß man von der Zentrale aus nach den Ecken des Gebietes starke Hauptstränge legt und von diesen aus durch Abzweigungen die zwischenliegenden Räume versorgt (vgl. Abb. 9a).

Bei dieser Anordnung werden jedoch die Abzweigungen ziemlich lang, sie müssen deshalb auch im Durchmesser reichlich bemessen werden, und die Folge ist, daß das ganze Rohrnetz ziemlich teuer kommt. Es ist darum zweckmäßiger, die Hauptstränge nicht nach den Ecken zu führen, sondern in Richtung auf die Längsseiten und sie dann zu gabeln, gegebenenfalls auch mehrfach zu verästeln (vgl. Abb. 9b). Dadurch wird zwar das Netz der Hauptstränge etwas teurer, dafür aber die Gesamtheit der Abzweigungen bedeutend billiger. Oft ist es zweckmäßig, die Endpunkte zweier solcher Abzweigungen unter sich zu verbinden, wie das durch die punktierte Linie in Abb. 9b angedeutet ist. Dadurch besteht die Möglichkeit, daß sich bei Betriebsstörungen die einzelnen Zweige gegenseitig unterstützen können. Eine Ringleitung darf dies jedoch nicht genannt werden, denn die Ringleitung setzt voraus, daß sie in allen ihren Teilen nahezu gleichen Druck hat. Eine solche Ringleitung stellt Abb. 9c dar, wobei das Kraftheizwerk im Innern des Ringes liegt und diesen durch einige starke Versorgungsstränge speist.

Bei neuen Anlagen ist es meist zweckmäßig, das Heizwerk nicht in das Innere des Gebietes zu verlegen, sondern an die Außenseite, dorthin, wo Bahnanschluß zur Verfügung steht. Der Vorteil besteht dann für das Heizwerk in der Ersparnis bei der Beförderung der Kohle und für die Stadt in einer Entlastung des Verkehrs der inneren Straßen. Dieser Fall ist schematisch in Abb. 9d dargestellt. Vereinigt man die Abzweigungen der einzelnen Hauptstränge, so entsteht wieder die Ringleitung, diesmal mit außen liegenden Heizwerken gemäß Abb. 9e.

Um bei Störungen im Rohrnetz den Betrieb des Fernheizwerkes möglichst aufrechterhalten zu können, werden entweder die Hauptversorgungsstränge als Doppelleitungen ausgeführt, oder es wird der Hauptstrang als Ringleitung verlegt. Es ist jedoch zu bemerken, daß bei der heutigen Ausführung der Rohrnetze, insbesondere seit Einführung der Schweißtechnik, die Gefahr der Betriebsstörungen im Netz bedeutend zurückgegangen ist, so daß sich besonders hohe Kosten nicht lohnen. Glaubt man ohne besondere Sicherheitsmaßnahmen nicht auskommen zu können, so wird man im allgemeinen die Ringleitung bevorzugen, da diese nicht nur billiger ist, sondern auch die Betriebsstörungen wirksamer vermeidet als Doppelleitungen.

Die in den Abb. 9 gezeichneten Grundgedanken für die Führung der Hauptstränge werden in ihrer tatsächlichen Ausführung verschieden ausfallen bei dem Straßennetz einer Altstadt, bei dem rechteckigen Straßennetz aus der Mitte des letzten Jahrhunderts und bei dem Straßennetz eines neuen Außenbezirkes.

6. Die Wärmeverbraucher.

Bei der Werbung neuer Anschlüsse ist weniger Wert darauf zu legen, das Einzugsgebiet des Heizwerkes zu erweitern, als vielmehr darauf, innerhalb des vorhandenen Gebietes nach Möglichkeit alle Wärmeverbraucher zum Anschluß zu bewegen. Nur so lassen sich die hohen Kosten des Rohrnetzes auf möglichst viele Abnehmer verteilen. Eine möglichst große räumliche Dichte ist also die erste Forderung für die Wirtschaftlichkeit des Fernheizwerkes. Die zweite Forderung ist ein möglichst gleichmäßiger Verbrauch über das ganze Jahr, und in dieser Hinsicht sind reine Wohngebiete äußerst ungünstig, denn der Wärmebedarf reiner Raumheizungen weist starke Schwankungen im Laufe des Tages und starke Schwankungen im Laufe des Jahres auf. Die tägliche Schwankung, vor allem die starke Morgenspitze, ist für die Betriebsführung des Heizwerks unangenehm. Die ungleichmäßige Verteilung über das Jahr wirkt sich aber vor allem wirtschaftlich äußerst ungünstig aus. Setzt man den Verbrauch im Januar = 100%, so verändert sich der Verbrauch in den einzelnen Monaten gemäß nachstehender Abb. 10.

Das ganze Heizwerk und vor allem das Rohrnetz muß für den Höchstbedarf im Januar berechnet werden, bringt aber während der übrigen Monate teils stark verminderte, teils gar keine Einnahmen.

Um den Wärmebedarf möglichst gleichmäßig über das Jahr zu verteilen, wird man versuchen, Abnehmer zu gewinnen, die auch im Sommer Wärme benötigen. Als solche kommen in Frage: Badeanstalten, gewerbliche Betriebe, wie etwa Wäschereien und Textilbetriebe, dann Fabriken usw. Findet man genügend ganzjährige Wärmebezieher, um das Netz auch im Sommer in Betrieb halten zu können, dann kann man auch die Warmwasserversorgung der Häuser für Bäder und Küchen aus der Wärme des Hauptnetzes mit Hilfe von Gegenstromapparaten betreiben. Man wird also die Erwärmung des Gebrauchswassers in den Häusern vornehmen. Findet man nicht ge-

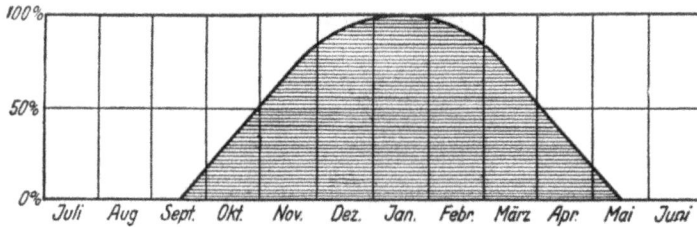

Abb. 10. **Wärmebedarf bei reiner Raumheizung.**

nügend solche ganzjährigen Bezieher, dann ist es oft zweckmäßiger, das heiße Wasser in der Heizungszentrale zu erzeugen und durch ein gesondertes Netz den Abnehmern zuzuführen. Es kann dann das Hauptnetz im Sommer gänzlich außer Betrieb genommen werden. Dabei ist es sehr wohl möglich, daß diese Warmwassererzeugung dem Unternehmen statt eines Gewinnes einen Verlust einbringt. Aber dieser Verlust muß in Kauf genommen werden, da ohne Warmwasserlieferung die Hauseigentümer nicht zum Anschluß ihrer Heizung für den Winter zu bewegen wären.

Die örtliche Dichte des Wärmeverbrauches sowie die betriebstechnischen Forderungen der Abnehmer werden je nach der Art des Stadtteiles gänzlich verschieden sein, also verschieden bei Gegenden mit vielen und großen Bureaugebäuden, bei reinen Geschäftsvierteln, bei Wohngebieten, die stark mit gewerblichen und Fabrikbetrieben durchsetzt sind, bei reinen Wohngebieten u. a. m. Von dieser Eigenart des Stadtgebietes wird es abhängen, welchen Dampfdruck an der Verbrauchsstelle man bei Dampfleitungen wählt, welche Vorlauf- und Rücklauftemperatur man bei Heißwasserleitungen einsetzt, davon wird es vor allem abhängen, ob man sich für Dampf- oder Heißwasser als Wärmeträger zu entscheiden hat.

Scharfe Grenzen für die zuletzt genannte Entscheidung lassen sich nicht aufstellen. Im allgemeinen kann man sagen, daß Dampf als Wärmeträger das ganze Fernheizwerk in seiner Betriebsführung elastisch macht, daß vor allem Erweiterungen sich leichter durchführen lassen und daß man leichter eine im Gebäude vorhandene Warmwasserheizung von einem Dampfnetz aus versorgt als umgekehrt eine vorhandene Dampfheizung von einem Heißwassernetz. Anderseits hat auch das Heißwasser seine Vorzüge, indem die ganze Sorge für richtige Entwässerung der Leitung und für einwandfreie Kondensatrückführung aus den Verbrauchsstellen entfällt, und daß man die Vorlauftemperatur im Hauptstrang den Schwankungen der Außentemperatur anpassen kann. Jedoch kommt diese generelle Regelung nur bei reinen Wohngebieten in Frage, denn so bald gewerbliche und ähnliche Betriebe angeschlossen sind, muß die einmal gewählte Vorlauftemperatur während des ganzen Jahres beibehalten werden.

Zusammenfassung.

Bei dem Entwurf eines Fernheiznetzes und der Festsetzung seiner Betriebsbedingungen ist die erste Frage: »Soll man Dampf- oder Heißwasser als Wärmeträger nehmen, und welchen Dampfdruck bzw. welche Vorlauftemperatur soll man wählen?« Bei der Entscheidung dieser Frage wird der Unterschied in den Rohrnetzkosten, den stündlichen Wärmeverlusten usw. nur in untergeordneter Weise mitzusprechen haben, denn diese Unterschiede treten in ihrer Wirkung gegenüber den beiden Grundforderungen eines möglichst dichten und möglichst gleichmäßigen Wärmeverbrauches weit zurück. Man wird diese erste und wichtigste Frage allein danach beurteilen, welche Wahl die Werbung von Abnehmern und vor allem von ganzjährigen Abnehmern erleichtert. Wenn diese Entscheidung getroffen ist, erst dann kommt die zweite Aufgabe, im Rahmen dieser Entscheidung die wirtschaftlichste Lösung für das Rohrnetz in bezug auf Herstellungskosten und Betriebsunkosten zu finden.

Praktische Ausgestaltung von Fernheizleitungen.

Von Dipl.-Ing. Wilh. Vocke, Dresden-A. 27.

Inhaltsverzeichnis.

	Seite
1. Baustoffe	113
2. Wanddicken	115
3. Probedrücke	117
4. Flanschverbindungen und Schmelzschweißung	117
5. Längenausgleicher	121
a) Schiebestopfbüchsen oder Degenrohre	122
b) Kugelgelenke und Gelenkflanschen	122
c) Drehkompensatoren	122
d) Metallschläuche	122
e) Linsenausgleicher	123
f) Rohrschenkel, einfach	123
g) Rohrschenkel, doppelt	124
h) Posthornbogen	125
i) Lyrabogen	126
k) Faltenrohr—Lyrabogen	126
l) Wellrohr-Ausgleicher	126
m) Variatoren	127
Allgemeines über Längenausgleicher	128
6. Rohrlagerung	129
7. Gefälle der Rohrleitungen	132
8. Wasserabscheider	133
9. Kondenstöpfe	133
10. Absperrorgane	135
11. Druckminderventile	135
12. Sicherheitseinrichtungen	136

1. Baustoffe.

Die Rohrleitungen zur Fortleitung von Dampf, Warmwasser und Gas dürften heute zum weitaus größten Teil aus Flußeisen bzw. Flußstahl hergestellt werden, und zwar nahtlos geschweißt.

Für normale Fälle, d. h. wenn weder besonders große Rohrdurchmesser noch besonders hohe oder besonders niedrige Drücke in Frage kommen, sind wohl die handelsüblichen nahtlosen Stahlrohre zu bevorzugen. Diese werden entweder nach der Siederohrliste (Zahlentafel 1) oder nach der Stahlmuffenrohrliste (Zahlentafel 2) in Längen bis zu 16 m geliefert.

Bei Dampfrohrleitungen, gleichgültig ob aus Schweißeisen oder Flußstahl, dürften Korrosionen kaum vorkommen. Wenigstens ist mir im Laufe meiner Praxis, in der

Zahlentafel 1.

Genormte Siederohre.

Nennweite		60	70	80	90	100	110	(120,)¹)	125	(130,)¹)	(140)¹)	150
Durchmesser . . mm		64/70	70/76	82,5/89	94,5/102	100,5/108	113/121	119/127	125/133	131/140	143/152	150/159
Trägheitsmoment . .	cm⁴	35,50	45,91	80,58	139,86	167,09	251,87	292,61	377,52	440,11	567,61	652,26
Widerstandsmoment .	cm³	10,14	12,08	18,11	27,43	30,94	41,63	46,08	50,75	62,87	74,68	82,04
Gewicht je m Rohr. .	kg	4,96	5,40	6,87	9,09	9,64	11,54	12,13	12,73	15,04	16,37	17,15
Wasserinhalt	kg	3,22	3,85	5,35	7,01	7,93	10,03	10,94	12,27	13,48	16,06	17,67
Umhüllung etwa . . .	kg	15,00	15,80	17,50	19,00	25,00	27,00	28,00	29,00	30,00	32,00	40,00

Nennweite		(160)¹)	175	200	225	250	275	300	(325)¹)	350	(375)¹)	400
Durchmesser . . mm		161/171	180/191	203/216	228/241	252/267	276/292	302/318	327/343	352/368	376/394	402/420
Trägheitsmoment . .	cm⁴	898,98	1379,9	2349,3	3294,1	1551,0	7201,9	9365,3	11818	14665	20180	24549
Widerstandsmoment .	cm³	105,14	144,48	217,52	273,36	385,84	493,28	589,01	689,09	797,01	1024,3	1169,6
Gewicht je m Rohr. .	kg	20,47	25,16	33,58	37,59	48,00	56,03	61,16	66,09	71,03	85,45	91,22
Wasserinhalt	kg	20,36	25,45	33,37	40,83	49,88	59,83	71,63	83,98	97,31	111,04	126,92
Umhüllung etwa . . .	kg	42,00	46,00	50,00	55,00	70,00	75,00	80,00	86,00	104,0	110,0	116,0

Die angegebenen Wanddicken genügen bei 300 bis 400 mm Nennweite für Betriebsdrücke bis 25 at bei Wasser, 20 at bei Gas und Sattdampf, 16 at bei Heißdampf; für die kleineren Rohre bis 275 mm Nennweite bis 32 at bei Wasser, 25 at bei Gas und Sattdampf, 20 at bei Heißdampf.

¹) Die eingeklammerten Größen sind möglichst zu vermeiden.
Der Röhrenverband liefert bekanntlich normal Siederohre von 32 bis 318 mm a. D.

Ausführung von nahezu 30 umfangreichen Fernheizwerken für Irrenanstalten, Krankenhäuser, Fabriken usw., nicht ein einziger Fall bekannt geworden, daß eine Rohrleitung für Dampf- oder Pumpenwarmwasserheizung zerstört worden sei.

Zahlentafel 2.
Schweißmuffenrohre.

Lichter Durchmesser mm	40	50	60	70	80	90	100	125	150
Wandstärke . . . . mm	3	3	3	3,25	3,5	3,75	4	4	4,5
Trägheitsmoment . cm⁴	9,41	17,59	31,24	50,25	80,16	121,51	176,95	337,52	652,26
Widerstandsmoment cm³	4,09	6,28	9,47	13,14	18,42	24,93	32,76	50,75	82,04
Rohrgewicht je m . kg	3,85	4,90	5,50	6,50	8,60	10,50	11,60	14,00	19,00
Wasserinhalt . . . kg	1,26	1,96	2,83	3,85	5,03	6,36	7,85	12,27	17,67
Umhüllung etwa . . ka	12,00	13,30	14,50	15,80	17,30	18,70	25,00	29,00	40,00

Lichter Durchmesser mm	175	200	225	250	275	300	325	350
Wandstärke . . . .. mm	5	5,5	6,5	7	7,5	7,75	8	8
Trägheitsmoment . cm⁴	1145,9	1875,7	3169,3	4669,9	6644,8	8875,9	11607	14421
Widerstandsmoment cm³	123,8	177,8	266,3	353,8	458,3	562,4	676,8	788,1
Rohrgewicht je m . kg	25,00	30,00	40,00	47,00	57,00	64,00	72,00	78,00
Wasserinhalt. . . . kg	24,05	31,42	39,76	49,00	59,40	70,69	82,96	96,21
Umhüllung etwa . . kg	45,00	49,00	54,00	68,00	74,00	80,00	85,00	102,00

Auf besonderen Wunsch werden Schweißmuffenröhren bis zu 600 mm Durchmesser geliefert.

Anders liegt die Sache bei Rohrleitungen für Kondenswasser, welches meist freien Sauerstoff mit sich führt, sowie bei Leitungen für heißes Verbrauchswasser für Badezwecke. Diese Rohre wird man nur selten aus Flußstahl ausführen dürfen, da die Wandung schon nach verhältnismäßig kurzer Zeit zerstört wird. Dies trifft aber nicht für alle Orte zu. Es gibt sonderbarerweise einzelne Städte, in welchen Kondenswasser oder auch frisches Warmwasser zu Badezwecken usw. nicht zerstörend wirkt.

Gußeiserne Flanschenrohre (Normaltabelle s. Hütte, 25. Aufl., Bd. II, S. 34 bis 35) haben sich hierfür in zahlreichen Fällen gut bewährt, können aber nur in kurzen Baulängen (2 bis 4 m) geliefert werden. Infolgedessen entstehen viel Flanschverbindungen, welche bei nicht begehbaren Kanälen nicht nachgezogen werden können. Diese Rohrart dürfte daher nur für begehbare Kanäle, Kellerräume usw. angewendet werden.

Für nicht begehbare Kanäle werden Kondensleitungen am besten aus nahtlosem Kupferrohr hergestellt, namentlich in solchen Städten, wo erfahrungsgemäß Kondensleitungen für Hochdruckdampf aus Flußstahl nicht halten. Normaltabelle s. Hütte, 25. Aufl., Bd. I, S. 782.

2. Wanddicken.

Die Berechnung der Wanddicke erfolgt gemäß den Festsetzungen des deutschen Normenausschusses nach der Formel

$$s = \frac{p \cdot d}{200 \cdot \sigma_{zul} \cdot v} + c.$$

Hierin bedeutet

s die wirkliche Wanddicke in mm an der schwächsten Stelle; z. B. bei Gewinderohren zu beachten!

p den Betriebsdruck in kg/cm^2,

d den inneren Rohrdurchmesser in mm (Nennweite),

σ_{zul} die zulässige Beanspruchung in kg/mm^2,

v das Verhältnis der Festigkeit der Rohrnaht zur Festigkeit der vollen Rohrwand

c einen Zuschlag zum Ausgleich von Herstellungsungenauigkeiten, Rostangriff usw

Von Fall zu Fall ist σ, v und c besonders zu bestimmen.

c wird bei Flußstahlrohren meist mit 1 mm anzunehmen sein; v ist bei nahtlosen Röhren im allgemeinen = 1, bei geschweißten etwa 0,8, und zwar unabhängig von der Art der Schweißung (tadellose Ausführung natürlich vorausgesetzt);

für genietete Rohre 0,57 bis 0,63 für einreihige Nietung der Längsnaht.

Es ist aber auch zu beachten, daß bei nahtlosen Röhren Rundschweißungen und Abzweigschweißungen wohl kaum zu vermeiden sind, und daß daher auch bei Verwendung dieser Rohre höchstens mit $v = 0,8$ zu rechnen ist, wenn man sicher gehen will.

Besondere Vorsicht ist bei der Wahl von σ_{zul} geboten.

Das Normblatt Din 2413 setzt σ_{zul} in kg/mm^2 fest zu:

Flußstahl bei Festigkeit	Wasser	Gas- und Sattdampf	Heißdampf
34—35 kg/mm^2	8	6,4	5
45—55 »	10	8	6

Häufig wird σ_{zul} nicht mehr wie früher als Teil der Bruchfestigkeit festgesetzt, sondern als Teil der Streckfestigkeit σ_s. In diesem Falle wird meist

$$\sigma_{zul} = \frac{\sigma_s}{2,3}$$

angenommen.

Für weichen Flußstahl in Handelsqualität, mit einer Bruchfestigkeit von etwa 38 kg/mm^2, ergibt sich die Streckgrenze σs und die zulässige Beanspruchung

$$\sigma_{zul} = \frac{\sigma_s}{2,3}$$

bei verschiedenen Temperaturen aus Zahlentafel 3.

Zahlentafel 3.
Wärmefestigkeit von weichem Flußstahl.

Temperatur	20°	100°	200°	300°	325°	350°	400° C
Streckgrenze σ_s	2000	1900	1650	1200	1100	1000	800 kg/cm^2
$\sigma_{zul} = \dfrac{\sigma_5}{2,3}$	870	825	720	520	480	435	350 kg/cm^2

Man sieht aus der Tafel, daß die zulässige Beanspruchung mit wachsender Temperatur schnell abnimmt. Hat man nun z. B. Turbinenabdampfleitungen mit großen Durchmessern zu bauen und verwendet dazu geschweißte Blechrohre, so spielt die Abnahme der Festigkeit bereits eine erhebliche Rolle, da Turbinenabdampf bei 2,5 ata eine Temperatur von 175 bis 250° C haben kann.

Kondenswasserleitungen dürften meist keinen nennenswerten Betriebsdrücken oder Temperaturen unterliegen, so daß die Berechnung der Wanddicke nach dem inneren Überdruck sich meist erübrigt. Gußeiserne Normalflanschenrohre haben hierfür wohl stets mehr als ausreichende Wanddicken, kupferne Röhren wird man bei kleinen Durchmessern bis 30 mm mit 1,5 bis 2 mm Wanddicke, von 31 bis 100 mm Durchmesser mit 2 bis 2,5 mm, darüber mit 2,5 bis 3 mm Wanddicke ausführen. Sofern die Wanddicke berechnet werden muß, dürfte in der vorgenannten Formel σ_{zul} mit 4 kg/mm², v mit 0,9 bei nahtlosem Rohr, c mit 0,1 s einzusetzen sein.

3. Probedrücke.

Die Probedrücke, denen Rohrleitungen zur Fortleitung von Wasser bis 100° C, Gas, Naßdampf und Heißdampf zu unterwerfen sind, sind vom deutschen Normenausschuß festgesetzt und z. B. in der Hütte 25. Bd. II, S. 30, angegeben. Für die hier in Frage kommenden Drücke betragen sie etwa:

Für Wasser bis 100° C und 2,5 bis 40 atü das 1,6fache des Betriebsdrucks; für Gas, Naß- und Heißdampf von 1 bis 40 atü das 2fache des Betriebsdrucks.

Für Heißwasser von mehr als 100° C sind keine Normen für Probedrücke aufgestellt. Es ist zu empfehlen, für derartige Rohrleitungen ebenso zu verfahren wie bei Heißdampfleitungen, d. h. den Probedruck auf das Doppelte des Betriebsdruckes festzusetzen.

Mit Rücksicht darauf, daß sowohl in Wasser- wie in Dampfleitungen, namentlich aber in Heißwasserleitungen, Wasserschläge kaum zu vermeiden sind, bei welchen die Drücke auf das Fünffache des Betriebsdruckes und mehr hochschnellen, und auf die großen Kosten, welche bei Ausbesserungsarbeiten von Rohren in nicht begehbaren Kanälen bestehen, ist dringend zu empfehlen, die Kaltwasserprobedrücke höher anzunehmen, als vom Normenausschuß festgesetzt.

Wie hoch man damit gehen will, müßte von Fall zu Fall entschieden werden.

4. Flanschverbindungen und Schmelzschweißung.

Infolge der Schwierigkeiten beim Bahnversand dürften Rohre in größeren Längen als 16 m wohl schwerlich zu haben sein. Daher müssen Verbindungen der einzelnen Rohrstäbe hergestellt werden. Als solche kommen hauptsächlich in Betracht:

1. Gewindeverbindungen,
2. Flanschverbindungen,
3. Verbindungen durch Schmelzschweißung.

Gewindeverbindungen werden in Amerika bis zu 10 Zoll Rohrdurchmesser hergestellt. Doch scheinen die damit gemachten Erfahrungen nicht allenthalben gute zu sein (s. Ohmes 1912, S. 58). In Deutschland sind sie nur für kleinere Rohrdurchmesser üblich, vom deutschen Normenausschuß nur bis 4 Zoll genormt. Bedenklich ist namentlich für größere Durchmesser und höhere Drücke die Schwächung der Wandung durch das Einschneiden des Gewindes.

Flanschenverbindungen sind in sehr verschiedener Ausführung genormt (s. Hütte 1925, Bd. II, S. 40); für die bei Städteheizungen in Betracht kommenden Durchmesser und Drücke kommt wohl hauptsächlich der Walzflansch mit Ansatz in Frage (s. Abb. 1).

Nach den Untersuchungen von C. H. Bernhardt, Dresden-N. 6, werden alle Unebenheiten zwischen Flansch und Rohr beim Einwalzen zu Staub verrollt, um so mehr, als die Streckung der Rohrwand nicht nur am Umfang, sondern auch in der Längsrichtung stattfindet. Infolgedessen ist nicht zu empfehlen, die Flanschen im Walzloch grob auszudrehen, sondern sondern vielmehr möglichst glatt. Ebenso muß das Rohr außen auf das beste von Rost, Zunder usw. befreit sein. Die Walzrillen dürfen keine scharfen Kanten haben, da diese beim Einwalzen weggedrückt werden. Die Länge L (Abb. 1) darf nicht länger sein als die Länge der Dichtmaschinenrollen.

Bei Heißdampfrohren von 200 mm aufwärts ist die Aufwalzverbindung durch Hilfsnietung oder ähnliche Sicherungen (Senknietsicherung der Allg. Rohrleitungs-A.-G., Düsseldorf, oder Seiffert & Co., Berlin) zu unterstützen, da durch die Radialdehnung bei der Erwärmung der Flansch mit der Zeit gelockert wird. Auch ist zu empfehlen, den Hals am äußersten Ende bis auf die Rohrwanddicke abzudrehen und mit dem Rohr selbst zu verschweißen. Flanschenverbindungen haben im allgemeinen die Eigenschaft, daß ihre Schrauben nachgezogen werden müssen, wenn die Rohrleitung warm wird. Das erschwert ihre Verwendung in nicht begehbaren Kanälen. Daher hat für diese die Rohrverbindung mittels Schmelzschweißung große Bedeutung erlangt.

Diese muß natürlich mit der nötigen Vorsicht von nur durchaus erfahrenen Rohrschweißern ausgeführt werden, denn die Rohrschweißung muß nicht nur eine gewisse Festigkeit besitzen, sondern muß auch eine völlig dichte Naht haben. Sog. perfekte

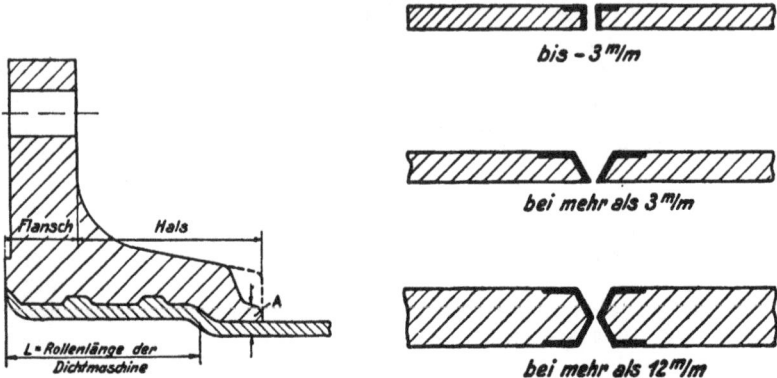

Abb. 1. Walzflansch.

Abb. 2. Schweißnähte.

Autogenschweißer aus dem Eisenhochbau oder allgemeinen Maschinenbau versagen oft völlig, wenn sie Rohre schweißen sollen. Namentlich das »Überkopfschweißen« ist eine Leistung, die nur von verhältnismäßig wenigen Schweißern ausgeführt werden kann.

An Schweißungsarten kommen vor

A. Die Stumpfschweißung.

Bis zu etwa 3 mm Wanddicke sind die Rohrenden gerade aneinanderzustoßen, bei größerer Wanddicke sind sie anzuschärfen, so daß ein $\vee$-förmiger Einschnitt entsteht (Abb. 2).

Die in der Abb. 2 stark gezeichneten Stellen sollen metallisch rein bearbeitet sein, also frei von Rost, Zunder, Schlacke, Öl usw. Werden derartige Verunreinigungen mit eingeschweißt, so entstehen Nähte, die undicht oder von geringer Festigkeit sind. Beimengungen von Schwefel oder Phosphor sind sehr nachteilig; Rohre, deren Wandungen größere Bestandteile davon enthalten, lassen sich schlecht oder überhaupt nicht schweißen. Ebenso ist auf Reinheit des Schweißgases sowie des Schweißgutes (Schweißdraht) zu sehen.

Die von Dr. Neese (s. Meller, Elektr. Lichtbogenschweißung) angestellten Untersuchungen haben ergeben, daß die Festigkeit autogen geschweißter Nähte je nach Art der Schweißung verschieden ausfällt (s. Abb. 3). Man wird also vielleicht bei guter Autogenschweißung im Mittel mit einer Festigkeit der Schweißnaht von etwa 0,7 der Festigkeit der unverletzten Wand rechnen können. Bei guter Stumpfschweißung ist die Festigkeit etwas geringer, etwa 65%, bei $\vee$-Schweißung etwas größer, etwa 75%. Auf dem Normblatt Din. 2413 wird mit 0,8 gerechnet, was reichlich hoch erscheint. Zu beachten ist, daß man mit diesen Zahlen nur rechnen darf, wenn man sich auf den Schweißer selbst völlig verlassen kann. Deshalb soll man für Schweißnähte von Fernheizleitungen, bei denen hohe Festigkeit infolge hoher Drücke oder hoher Temperaturen oder infolge Verlegung in unzugänglichen Kanälen zu fordern ist, nur ausgesucht tüchtige

Leute verwenden und ihnen für sorgfältige Arbeit die erforderliche Zeit auch für die Vorbereitung lassen. Akkordarbeit dürfte hier nicht am Platze sein. Dem an und für sich verständlichen Treiben der Bauherren, die Fernheizkanäle möglichst bald wieder zu verschließen, ist deshalb entgegenzutreten. Auch soll ein nicht begehbarer Kanal nicht eher verschlossen werden, bevor die darin untergebrachte Fernleitung mit Kaltwasser abgedrückt und darauf mehrere Tage lang mit vollem Dampfdruck oder der in Frage kommenden Heizwassertemperatur betrieben worden ist, und zwar in unterbrochenem Betriebe derart, daß die Rohrleitung abwechselnd warm und kalt wird. Durch die hierbei entstehende Dehnung und Wiederzusammenziehung der Rohre wird von der Innenwand der Zunder

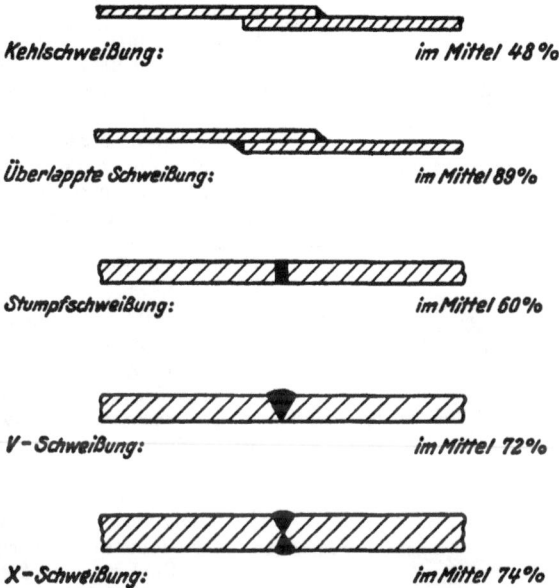

Kehlschweißung: im Mittel 48%

Überlappte Schweißung: im Mittel 89%

Stumpfschweißung: im Mittel 60%

V-Schweißung: im Mittel 72%

X-Schweißung: im Mittel 74%

Abb. 3. Festigkeit verschiedener Schweißnähte.

losgesprengt, der vom Walzen her vorhanden ist. Ebenso arbeiten sich etwaige Schweißperlen los, welche durch die Schweißnaht nach innen durchgedrungen sind. Diese Unreinigkeiten sind durch mehrmaliges energisches Durchblasen der Rohrleitung mit Dampf bzw. Durchspülen mit Heißwasser zu entfernen, sonst bilden sie später die Ursache für Undichtheiten von Ventilen, Versagen von Regulier- und Reduzierventilen, Kondenstöpfen usw. Ferner machen sich hierbei Fehler in der Rohrwand selbst (Poren, Lunker, eingewalzte Schlacken usw.) häufig bemerkbar, welche der Kaltwasserprobe standgehalten haben. Bei einer von mir ausgeführten Rohrleitung aus nahtlosem Stahlrohr von rd. 4500 m Länge wurden 9 derartige poröse Stellen in der Rohrwand selbst festgestellt, also etwa alle 500 m eine.

Die Festigkeit der normalen Naht bei Stumpfschweißung kann erhöht werden
a) durch Verdickung der Schweißnaht (s. Abb. 3),
b) durch Aufschweißen von Laschen,
c) durch Überschieben und Aufschweißen von Muffen (s. Städteheizung, S. 127, R. Oldenbourg 1927).

Durch die beiden letztgenannten Arten sind Festigkeiten zu erzielen, welche an die Festigkeit der unverletzten Rohrwand herankommen und möglichenfalls sogar noch darüber hinausgehen.

Außer der Stumpfschweißung kommt für Fernleitungen in Betracht:

B. Die Muffenschweißung

und zwar:

a) die normale Schweißmuffe (Abb. 4),
b) die Schweißmuffe System Strenger, D.R.P. 318977 (Abb. 5), welche große Sicherheit gegen Herausziehen des Rohrs aus der Muffe bei Wasserschlägen bietet, und
c) die sog. Gebo-Muffe (Abb. 6).

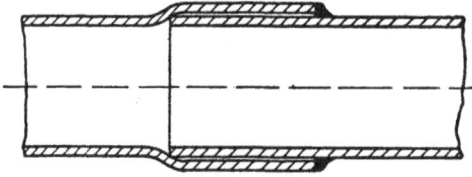

Abb. 4. Schweißmuffe.

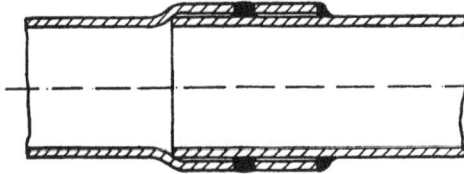

Abb. 5. Schweißmuffe D. R. P. Nr. 367186.

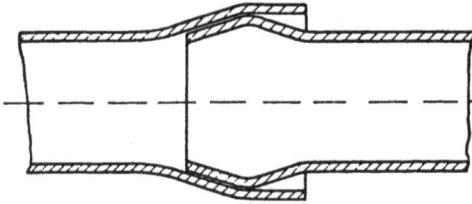

Abb. 6. Gebo-Muffe.

Bei allen Schweißmuffen wird die Muffe zuerst mit dem Schweißbrenner angewärmt und mit dem Hammer an das Rohr dicht herangeschlagen. Dann erst erfolgt die Verschweißung. Schweißmuffen haben den Vorteil, daß keine Schweißperlen in das Innere des Rohrs gelangen können. Außerdem bieten sie eine gewisse Führung des Zopfendes in der Muffe, so daß die Rundnaht weniger auf Biegung beansprucht wird.

Gegen Biegungsbeanspruchung sind Rohrschweißnähte einigermaßen empfindlich, namentlich, wenn sie durch nachträgliches Anwärmen nicht von den beim Schweißen unvermeidlichen Spannungen befreit wurden. Es ist deshalb nicht ratsam, die Rohre außerhalb des Rohrgrabens in großen Längen zusammenzuschweißen und nachträglich in den Graben herunterzulassen. Wenigstens muß das Herunterlassen mit sehr großer Vorsicht ganz gleichmäßig vorgenommen werden (etwa alle 5 bis 6 m ein Flaschenzug).

Sind zwei größere Rohrlängen im Kanal in richtige Lage gebracht oder soll ein Bogen angeschweißt werden, so kann dies nur durch die sog. Überkopfschweißung geschehen, da das Rohr nicht mehr gedreht werden kann. Zur Ausführung dieser Arbeit ist ein sog. Kopfloch nötig, d. h. eine Stelle in der Kanalsohle von etwa 1,50 m × 1,50 m Grundriß, deren Boden sich etwa 0,50 unter Rohrunterkante befindet, damit der Schweißer von unten an das Rohr herankommt. Kann ein derartiges Kopfloch nicht beschafft werden, etwa weil die Kanalsohle schon fertig ist, so muß an dieser Stelle eine Flanschverbindung angeordnet werden. Diese muß natürlich durch einen Einsteigschacht zugängig sein, damit etwaige Undichtigkeiten festgestellt und beseitigt werden können.

C. Elektrische Schweißung

ergibt nach den vorgenommenen Versuchen kaum größere Festigkeit als Autogenschweißung und kann zurzeit für Wanddicken von 3 mm und weniger kaum ausgeführt werden. Sie ist im allgemeinen teurer als Autogenschweißung und erfordert sehr geübtes Personal.

5. Längenausgleicher.

Ist l die Länge einer Rohrleitung bei 0^0 C, so ist ihre Länge l bei t^0 C

$$l = l_0 (1 + at + b t^2),$$

worin

für	$a =$	$b =$
Flußeisen	0,000 011 475	0,000 000 005 3
Schmiedeeisen .	0,000 011 705	0,000 000 005 254
Flußstahl	0,000 011 181	0,000 000 005 26
Kupfer	0,000 016 7	0,000 000 004 03

Mithin dehnen sich 100 m Rohr, vorausgesetzt eine Montagetemperatur von 0^0 C, bei Erwärmung auf t^0, um die in Zahlentafel 4 angegebenen Größen.

Für die Aufnahme dieser Dehnungen sind sehr verschiedenartige Mittel gebräuchlich.

Zahlentafel 4.

Längendehnung.

100 m Rohr dehnen sich, bei 0^0 Montagetemperatur, um mm:

bei Er-wärmung auf °C	Flußeisen mm	Schmiedeisen mm	Flußstahl mm	Kupfer mm
50	59	60	57	84
60	71	72	69	102
70	83	85	81	119
80	95	97	93	136
90	108	110	105	154
100	120	122	117	171
110	133	135	129	189
120	145	148	142	206
130	158	161	154	224
140	171	174	167	242
150	184	187	180	260
160	197	201	192	278
170	210	214	205	296
180	224	228	218	314
190	237	241	231	332
200	251	255	245	350
220	278	283	271	—
240	306	311	299	—
260	334	340	326	—
280	363	369	354	—
300	392	398	383	—
320	421	428	412	—
340	451	459	441	—
360	482	489	471	—
380	513	521	501	—
400	544	552	531	—

a) Schiebestopfbüchsen oder Degenrohre.

Nach den bei Dampffernheizungen gemachten Erfahrungen haben sich diese Längenausgleicher im allgemeinen nicht bewährt, weil die Packung leicht entweder bläst oder festbrennt. Festbrennen ist besonders bedenklich, da hierdurch Rohrbrüche entstehen können. Die Packung muß also sorgfältig beobachtet werden. In Maschinenhäusern, bei geraden Verbindungsleitungen zwischen nahestehenden Maschinen, z. B. zwischen Dampfturbinenaustrittsstutzen und Kondensator, wird man bisweilen kaum eine andere Ausgleicherform anwenden können als die Schiebestopfbüchse. Für Ferndampfleitungen, namentlich in nicht begehbaren Kanälen, sind diese Art Längenausgleicher mit größter Vorsicht anzuwenden und nur dann zulässig, wenn keine andere Form von Ausgleichern angewendet werden kann.

Für Warmwasserfernleitungen scheinen die Verhältnisse anders zu liegen. Nach den in Neukölln gemachten Erfahrungen haben sich dort diese Ausgleicher bewährt, nachdem die Stopfbüchsen mit fettreicher Bleiwolle verpackt worden sind.

b) Kugelgelenke und Gelenkflanschen.

Diese sind bei Ferndampfleitungen mehrfach mit gutem Erfolg verwendet worden, und zwar nach meiner Kenntnis bis zu etwa 6 atü Sattdampf. Ob sie sich auch für höhere Drücke und namentlich für überhitzten Dampf, auch für größere Rohrdurchmesser bewährt haben, entzieht sich meiner Kenntnis.

Ihre Brauchbarkeit für Fernwarmwasserleitungen muß wohl erst durch Versuche, zunächst in kleinerem Maßstab, erprobt werden.

c) Drehkompensatoren.

Für diese gilt im allgemeinen das gleiche wie das unter a) Gesagte über Schiebestopfbüchsen. Sie sind zwar etwas weniger empfindlich gegen Festbrennen, bedürfen aber trotzdem sorgfältiger Wartung. Mir ist ein Fall bekannt, wo ein derartiger Drehkompensator trotz ungewöhnlich kräftiger Bauart beim Anlassen der Dampfleitung gebrochen ist.

d) Metallschläuche.

Diese bestehen aus einem spiralig gewickelten profilierten Metallband und dürfen nicht verwechselt werden mit später unter k) erwähnten Wellrohren.

Metallschläuche in Durchmessern von 50 bis 150 mm haben sich in einer mir bekannten, 1903 gebauten Fernheizung, welche mit 3 bis 6 at Dampfdruck arbeitete, nicht bewährt und mußten sämtlich entfernt werden.

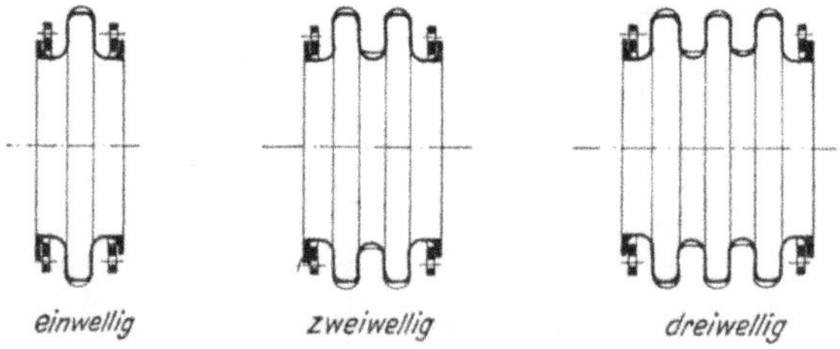

einwellig   zweiwellig   dreiwellig

Abb. 7. Linsenausgleicher.

Dagegen habe ich über 100 Stück derartiger Schläuche von 50 bis 70 mm Durchmesser teils für Niederdruckdampf, teils für Warmwasser von 70 bis 80° C und 2 at mit gutem Erfolg verwendet.

Da mir weitere Erfahrungen nicht bekannt sind, wird man vielleicht folgern dürfen, daß Metallschläuche für niedrige Drücke und kleinere Durchmesser an zugänglichen Stellen als Längenausgleicher brauchbar sind. Für unzugängige Fernheizkanäle sind sie nicht zu empfehlen.

e) Linsenausgleicher (s. Abb. 7)

	einwellig	zweiwellig	dreiwellig
federn um	10 mm	25 mm	45 mm

falls um die Hälfte der Federung gespannt montiert.

Sie ergeben keine Vergrößerung des Durchflußwiderstandes, wie z. B. Omegabögen. Sie werden in Durchmessern von 21 bis 2000 mm hergestellt, aber normal nur für Drücke bis 3 at. Die Axialdrücke, welche zum Zusammendrücken derartiger Linsen aus bestem Flußstahlblech, für 3 at Betriebsdruck, erforderlich sind, werden von einer Lieferfirma solcher Linsen angegeben zu

Rohrdurchm.	1wellig	2 wellig	3 wellig
100 mm	200 kg	400 kg	600 kg
200 »	320 »	640 »	960 »
300 »	600 »	1200 »	1800 »

Bei höheren Drücken, bis zu 8 at, müssen die Wandstärken größer genommen werden, wodurch die Federung abnimmt. Bei noch höheren Drücken läßt die Wirtschaftlichkeit dieser Kompensatoren infolge der noch weiter zunehmenden Wandstärke und infolgedessen sehr kleinen Federung sehr nach.

f) Rohrschenkel, einfach.

Diese Art der Ausgleicher ist für Städteheizungen von besonderer Wichtigkeit, weil sie beim Umbiegen der Fernleitung um 90° an Straßenecken oder bei Kreuzungen usw. von selbst in die Rohrleitung die zum Ausgleich der Längendehnung nötigen nachgiebigen Elemente einfügt. Natürlich müssen die Schenkel die nötige Länge haben, um genügend nachgiebig zu sein.

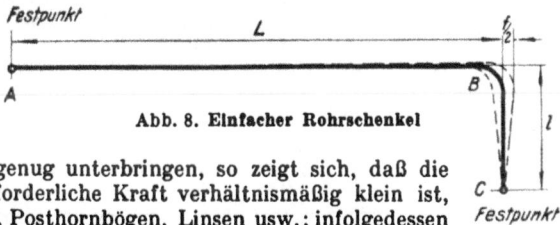

Abb. 8. Einfacher Rohrschenkel

Kann man die Schenkel lang genug unterbringen, so zeigt sich, daß die zum Ausbiegen der Schenkel erforderliche Kraft verhältnismäßig klein ist, meist kleiner als bei Lyrabögen, Posthornbögen, Linsen usw.; infolgedessen werden die Festpunkte nicht stark beansprucht.

Um für die Praxis eine einfache Formel zur Berechnung der Länge des Schenkels l (s. Abb. 8) bei gegebener Länge L zu erhalten, sei angenommen, daß der Winkel $A B C$ ein rechter Winkel sei, und ferner, daß $B C$ ein bei C eingespannter, bei B aber frei beweglicher Balken sei.

Bezeichnet man dann mit

f die Längenzunahme der Strecke L in cm (= Durchbiegung des Schenkels l),
σ die zulässige Biegungsbeanspruchung in kg/cm² (z. B. 750 kg/cm²),
l die Länge des Biegungsschenkels in cm,
D den äußeren Rohrdurchmesser in cm,
E den Elastizitätsmodul (z. B. für Flußeisen 2 000 000),

so ist nach Hütte I, 609

$$f = \frac{2}{3} \frac{\sigma}{E} \cdot \frac{l^2}{D}$$

$$= \frac{2}{3} \cdot \frac{750}{2\,000\,000} \cdot \frac{l^2}{D}$$

$$= \frac{1}{4000} \frac{l^2}{D},$$

woraus

$$l^2 = 4000 \cdot D \cdot f$$

$$l = 63 \cdot \sqrt{D \cdot f}.$$

Diese Formel ist für die Berechnung sehr bequem und hat sich in meiner fast 30jährigen Praxis genügend genau erwiesen. Für spezielle Fälle, z. B. Kupfer, sind natürlich die passenden Zahlen für σ oder E einzufügen.

Die Zahlentafel 5 gibt eine Übersicht, wie lang für eine Strecke $L = 100$ m bei verschiedenen Rohrdurchmessern und verschiedener Dampftemperaturen der Biegungsschenkel l in cm ausfällt, vorausgesetzt, daß der Schenkel in kaltem Zustand um $\frac{t}{2}$ cm gespannt eingesetzt wird. Außerdem ist die Kraft P mit angegeben, welche nötig ist, um den Biegungsschenkel um $\frac{t}{2}$ durchzubiegen.

Zahlentafel 5.

Einfache Rohrschenkel

für eine Rohrstrecke aus Flußeisen von 100 m Länge.
Montagetemperatur 0° C. Biegungsbeanspruchung $\sigma_B = 750$ kg/cm².

Länge des Rohrschenkels $l = 63 \sqrt{D \cdot \frac{t}{2}}$, bei 50% Vorspannung.

Betriebstemperatur		100°	150°	200°	250°	300°	350°	400°
Längendehnung von 100 m $t =$		12,0	18,4	25,1	32,0	39,2	46,7	54,4 cm
$\frac{t}{2} =$		6,0	9,2	12,55	16,0	19,6	23.35	27,2 cm
$D = 150/159$ mm ϕ	$l =$	6,16	8,07	8,88	10,02	11,07	12,12	13,08 m
	$P =$	100	76	69	61	55	51	47 kg
$D = 200/211$ mm ϕ	$l =$	7,06	8,78	10,26	11,55	12,79	13,93	15,08 m
	$P =$	188	152	130	115	104	96	88 kg
$D = 250/264$ mm ϕ	$l =$	7,92	9,83	11,45	12,89	14,31	15,65	16,80 m
	$P =$	335	270	232	206	186	170	158 kg
$D = 300/315$ mm ϕ	$l =$	8,69	10,69	12,50	14,13	15,65	16,99	18,42 m
	$P =$	485	395	338	298	269	248	229 kg
$D = 350/366$ mm ϕ	$l =$	9,31	11,55	13,46	15,18	16,80	18,42	19,85 m
	$P =$	634	511	439	389	352	321	298 kg

g) Rohrschenkel, doppelt (s. Abb. 9).

Sofern man diese Anordnung durch die Schnittebene $X - X$ in zwei gleiche Teile zerlegt, ist sie auf den Fall unter e) zurückgeführt, wobei für L die Strecke $\frac{L}{2}$ einzu-

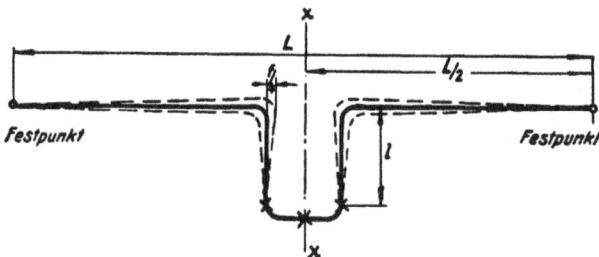

Abb. 9. Doppelter Rohrschenkel.

führen ist. Die Zahlentafel 6 gibt eine Übersicht über die entstehenden Abmessungen von l, falls $L = 100$ m.

Auch hier ist die zum Durchbiegen des Schenkels l nötige Kraft P mit aufgeführt.

Zahlentafel 6
Doppelte Rohrschenkel
für eine Rohrstrecke aus Flußeisen von 100 m Länge.

Montagetemperatur $0°$ C. Biegungsbeanspruchung $\sigma_s = 750$ kg/cm².

Länge des Rohrschenkels $= 63 \cdot \sqrt{D \cdot \dfrac{f}{4}}$, bei 50% Vorspannung.

Betriebstemperatur		$100°$	$150°$	$200°$	$250°$	$300°$	$350°$	$400°$
Längendehnung von 100 m $\cdot f =$		12,0	18,4	25,1	32,0	39,2	46,7	54,4 cm
$\dfrac{f}{4} =$		3,0	4,6	6,275	8,0	9,8	11,68	13,7 cm
$D = 150/159$ mm ϕ	$l =$	4,35	5,39	6,30	7,11	7,87	8,60	9,30 m
	$P =$	142	114	98	87	78	72	66 kg
$D = 200/211$ mm ϕ	$l =$	5,02	6,22	7.26	8,20	9,07	9,91	10,72 m
	$P =$	265	215	184	162	148	135	125 kg
$D = 250/264$ mm ϕ	$l =$	5,61	6,95	8,11	9,16	10,14	11,07	11,98 m
	$P =$	473	382	327	290	262	239	211 kg
$D = 300/311$ mm ϕ	$l =$	6,12	7,58	8,85	10,00	11,06	12,09	13,08 m
	$P =$	688	555	475	420	380	348	320 kg
$D = 350/366$ mm ϕ	$l =$	6,60	8,17	9,55	10,78	11,93	13,04	14,10 m
	$P =$	892	722	618	546	495	450	418 kg

h) Posthornbogen (s. Abb. 10 und 11).

Einen derartigen Rohrbogen kann man angenähert als Schraubenfeder mit kreisringförmigem Querschnitt mit nur einem Gang betrachten, für welche nach Hütte, Bd. I, S. 662, die Formel gilt

$$P = \frac{f \cdot E \cdot J}{l \cdot r^2}$$

worin

f die Zusammendrückung in cm,
E den Elastizitätsmodul
  $= 2\,000\,000$,
J das Trägheitsmoment in cm⁴,
l die Länge der Schraubenfeder (hier
  $= 2\,r\,\pi$) in cm,
r den Radius des Biegungskreises in cm,
P die Kraft, welche zum Zusammendrücken nötig ist.

Da hier $l = 2\,r\,\pi$,
so ist zur Zusammendrückung

um $f = 1$ cm nötig,

$$P = \frac{E\,J}{2\,\pi \cdot r^3}.$$

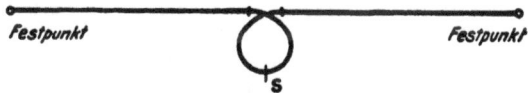

Abb. 10. Posthornbogen.

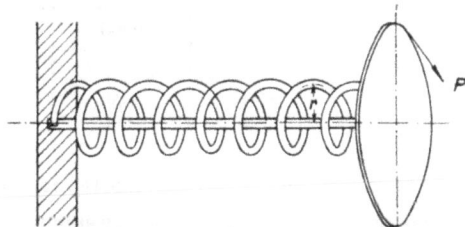

Abb. 11. Schraubenfeder.

9*

Oder umgekehrt: eine Kraft $P = 1$ kg drückt den Bogen zusammen um

$$f = \frac{2\,\pi \cdot r^3}{E \cdot J}\,\text{cm}.$$

Das Maximalmoment im Scheitel S ist Moment/max $P \cdot 2\,r$, woraus die Maximalbeanspruchung

$$\sigma_{\text{max}} = \frac{P \cdot 2\,r}{W}$$

worin W das Widerstandsmoment in cm³.

i) Lyrabogen.

Die Behandlung der ziemlich verwickelten Beziehungen zwischen den einzelnen Größen dieses Längenausgleichers würde hier zu weit führen. Es sei deshalb verwiesen auf die Arbeit von Bantlin, »Formänderung und Beanspruchung federnder Ausgleichsrohre«, Heft 96 der Mitteilungen über Forschungsarbeiten des V.D.I.

Außerdem lohnt es, die nahezu vergessene Arbeit von Westphal, »Durchbiegung einer ebenen, beliebig gekrümmten Feder«, Zeitschrift des Vereins deutscher Ingenieure, 1885, S. 726, nachzulesen, in welcher in geistvoller Weise ein Prinzip entwickelt wird, wie man das Trägheitsmoment eines derartigen Längenausgleichers auf einfache Weise mit ausreichender Genauigkeit bestimmen kann.

k) Faltenrohr — Lyrabogen.

Diese Ausgleicher erfordern geringere Kräfte zur Zusammendrückung als Lyrabogen aus glattem Rohr (s. Gesundh.-Ing. 1925, Heft 23), namentlich, wenn man Lyrabögen mit großer Ausladung verwendet. Wieviel hierdurch erzielt werden kann, geht aus Zahlentafel 7 hervor.

Zahlentafel 7.
Faltenrohr-Lyrabögen.

L. Rohrdurchmessser mm	Ausladung mm	Federung f mm	Kraft zum Spannen um f_1 kg
100	1000	30	etwa 350
100	1450	230	» 130
125	1200	35	» 450
125	1700	290	» 160
200	1850	45	» 1000
200	2600	460	» 430
250	2250	100	» 1340
250	3600	580	» 570
300	2600	120	» 1700
300	4100	700	» 730
400	3550	230	» 2300
400	4000	315	» 2050

l) Wellrohr-Ausgleicher.

Diese bestehen aus einem gewellten, dünnwandigen Rohr mit angeschweißten Flanschen, welches zwecks Parallelführung der Flanschen, und um unzulässige Zerrung der Wellen bzw. Überbeanspruchung einzelner Stellen zu vermeiden, mit Führungs-schienen armiert ist (s. Abb. 12). Eine Firma baut neuerdings auch Wellrohr-Aus-gleicher für axiale Belastung (s. Abb. 13). Durch die Freundlichkeit von Herrn Baurat

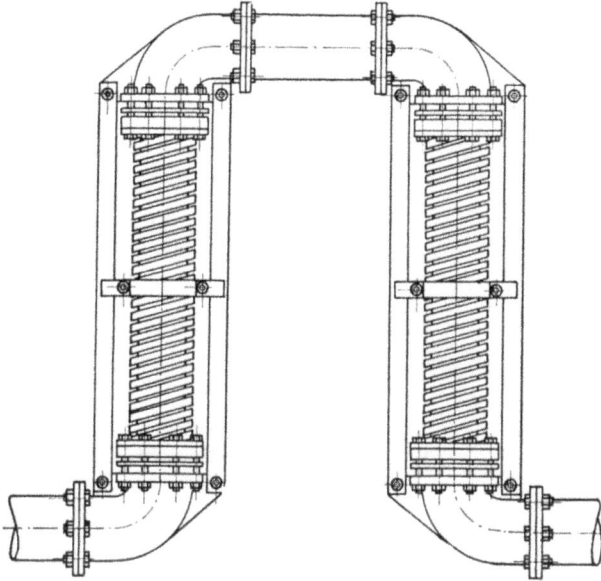

Abb. 12. Wellrohrausgleicher.

Karl Schmidt, Dresden, wurden mir die Zahlenergebnisse einer längeren Versuchsreihe übermittelt, aus welchen hervorgeht, daß ein derartiger Ausgleicher für 400 mm Rohr-durchmesser bei 1,0 m Baulänge 50 mm Rohrausdehnung auszugleichen vermag. Die zum Zusammendrücken bzw. Auseinanderziehen benötigte Kraft betrug:

bei 10 mm Bewegung etwa 700 kg,
» 15 » » » 1050 »
» 20 » » » 1500 »
» 25 » » » 1950 »

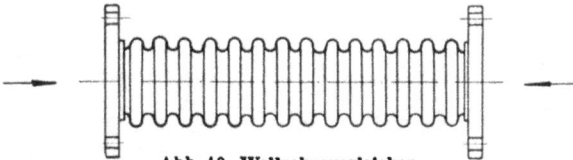

Abb. 13. Wellrohrausgleicher.

Diese Ausgleicher sind zum Einbau in die Fernleitungen·besonders bequem, weil keine seitlichen Kanalausbauten nötig sind, wie z. B. für Lyrabogen. Sie dürften aber vorläufig nur für nicht allzu hohe Betriebsdrücke erhältlich sein.

m) Variatoren (s. Abb. 15).

In Amerika werden vielfach sog. Variatoren als Längenausgleicher verwendet, meist eine Verbindung von Linsenausgleicher und Degenrohr. Sie haben bisher in Deutschland meines Wissens keine Verwendung gefunden.

Allgemeines über Längenausgleicher.

Man kann in der Praxis ziemlich häufig beobachten, daß Längenausgleicher nicht sachgemäß ausgewählt oder eingebaut werden. Die Vorschrift: »Etwa alle 40 m ist ein Längenausgleicher einzubauen«, welche man bisweilen heute noch in den Ausschreibungsbedingungen vorfindet, ist derartig zur Norm geworden, daß sie häufig mechanisch angewendet wird. Man findet infolgedessen gar nicht selten gerade Rohrstrecken von 40 oder 50 m Länge, in deren Mitte ein Posthornbogen oder ein Lyrabogen eingebaut ist. Mißt man die Flanschenentfernung des Ausgleichers im warmen und kalten Zustand nach, so findet man häufig, daß der Unterschied der beiden Maße nur wenige Millimeter beträgt, während die Dehnung der Rohrstrecke etwa das Zehnfache oder mehr sein muß. Es wird eben nicht beachtet, daß zum Zusammendrücken eines derartigen Ausgleichers, namentlich bei Handelsware, eine meist recht erhebliche Kraft nötig ist, daß aber infolgedessen die geraden Rohre rechts und links vom Ausgleicher auf Knickung beansprucht werden. Wird die Knickgrenze überschritten, so weichen die Rohre seitlich aus, ohne daß der Ausgleicher nennenswert zusammengedrückt wird (s. Abb. 16).

Das ist besonders bei Rohren kleineren Durchmessers der Fall.

Bei Städteheizungen, namentlich wenn die Rohre in nicht begehbaren Kanälen liegen, darf ein derartiger Fehler nicht vorkommen, denn sonst legen sich die Rohre bei seitlichem Ausweichen gegen die Kanalwand, wodurch die Rohrumhüllung beschädigt wird, oder, bei mehreren Rohren in einem Kanal, berühren sich die Rohre untereinander.

Es ist deshalb zu empfehlen, die Längenausgleicher im Scheitelpunkt S_i (s. Abb. 16) durch eine Festschelle festzuhalten. Außerdem muß man sich aber über die Kräfte klar werden, welche zum Zusammendrücken des Ausgleichers nötig sind. Namentlich bei den im Handel erhältlichen Federbogen aus glattem Rohr sind sie bisweilen sehr groß, da diese Bögen, um billig zu sein, mit zu kleinen Abmessungen hergestellt werden.

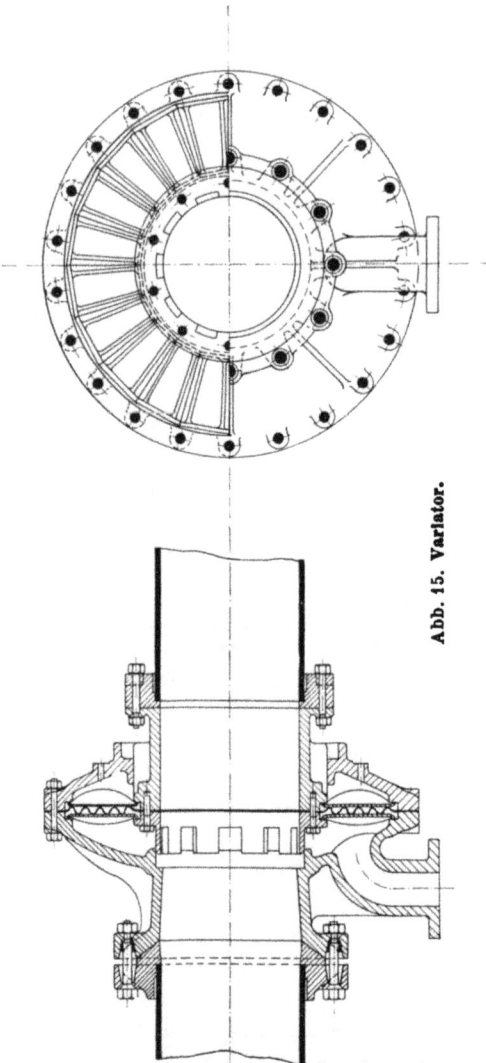

Abb. 15. Variator.

Hat man die Kräfte bestimmt, die zum Zusammendrücken des Ausgleichers erforderlich sind, so berechne man die zugehörige Knicklänge nach der Eulerschen Formel (s. Abb. 17)

$$P_k = 4 \pi^2 \frac{E J}{l^2},$$

woraus

$$l = 2 \pi \sqrt{\frac{E J}{P_k}}.$$

Hierin ist

l die Länge der Rohrstrecke zwischen den Festpunkten, in cm,
E der Elastizitätsmodul ($= 2\,000\,000$),
J das Trägheitsmoment des Rohres in cm,
P_k die Knicklast.

Abb. 16. Omegabogen.

Abb. 14. Posthorn-Ausgleicher.

Abb. 17.
Knickungs-
beanspruchung.

Es ist zu empfehlen, l kleiner anzunehmen, als die Formel es ergibt, da die Rohrstrecke nie ganz gerade ist (s. Zahlentafel 8).

Zu beachten ist noch, daß bei vielen Längenausgleichern infolge der Zusammendrückung eine Schrägstellung der Flanschen eintritt. Es ist daher falsch, die Rohrachse durch Führungsschellen am Ausweichen zu verhindern (s. Abb. 14).

6. Rohrlagerung.

Infolge der Ausdehnung durch die Wärme nimmt jede Rohrleitung im Betriebe eine andere Lage an als bei der Montage. Es dürfen hierdurch weder unzulässige Materialbeanspruchungen eintreten noch Berührungen der Rohre untereinander oder zwischen Rohr- und Kanalwand. Daher ist es zweckmäßig, die Rohre in angemessenen Abständen durch Festschellen mit dem Mauerwerk zu verankern. Zwischen je zwei benachbarten Festschellen muß für die nötige Aufnahme der Längendehnung gesorgt werden, entweder durch Richtungsänderung oder durch Einbau von Ausgleichern. Dies muß aber derart erfolgen, daß sich geometrisch genau bestimmen läßt, wohin jeder Punkt der Rohrleitung infolge der Erwärmung wandert.

Zum Beispiel wird in Abb. 18 der Punkt B bei Erwärmung auf 300⁰ C infolge der Erwärmung der Strecke $A B$ um 200 mm nach B_1 wandern und infolge der Erwärmung von $B C$ um 80 mm nach B_2. Die Rohrlagerung muß so beschaffen sein, daß sie dieser Veränderung nachzugeben vermag, ohne daß unzulässige Beanspruchungen auftreten.

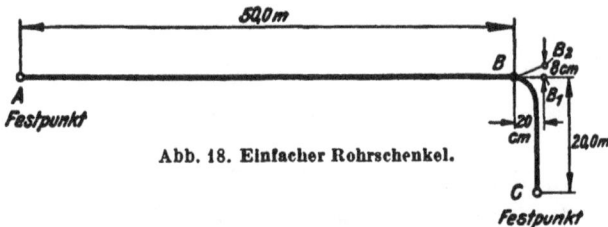

Abb. 18. Einfacher Rohrschenkel.

Die auf die Festpunkte wirkenden Kräfte setzen sich zusammen aus der Kraft zum Zusammendrücken oder Auseinanderziehen der Längenausgleicher, vermehrt um die Kraft, welche zur Bewegung der Rohrleitung auf ihren Lagern erforderlich ist. Ist die Rohrleitung auf Kugeln gelagert (Abb. 19 a), so wird diese Bewegungskraft nur gering sein; wenn sie aber nur auf der Unterlage rutscht (s. Abb. 19 d), so entsteht eine erhebliche Zusatzkraft, namentlich wenn es sich um Rohrleitungen großen Durchmessers handelt, welche mit Wasser gefüllt sind (s. Zahlentafel 8, Knicklängen).

Zahlentafel 8.

Knicklängen in m für Flußstahlrohre (nach Euler).

Durchmesser kg	50/56 mm	80/87 mm	100/108 mm	150/159 mm	200/211 mm	250/264 mm	300/315,5 mm
$P_k =$ 100	38	79	118	225	—	—	—
» = 250	24	50	75	143	243	—	—
» = 500	17	35	53	101	155	272	—
» = 750	14	29	43	83	140	221	305
» = 1000	11	25	37	71	121	192	263
» = 1500	—	20	31	58	99	154	215
» = 2000	—	—	26	50	86	135	180
» = 3000	—	—	—	41	70	110	152

Da die Rohrachse nie eine gerade Linie ist, ist zu empfehlen, die Knicklängen wesentlich kleiner anzunehmen.

In Abb. 19 sind eine Reihe derartiger Rohrunterstützungen abgebildet. Es muß dem Geschick des Konstrukteurs überlassen bleiben, für jeden einzelnen Fall das Richtige herauszufinden; eine allgemeine Regel, welche Lagerung sich bei begehbaren oder nicht begehbaren Kanälen mit 1, 2, 3 oder 4 Rohren, kleinen oder großen Durchmessers, mit oder ohne Wasserfüllung, bei großer oder geringer Dehnung in Richtung tung der Rohrachse oder quer dazu besonders eignet, gibt es nicht.

Noch einige Worte über die Entfernung der Lagerstellen (Stützweite).

Die Entfernung der Festpunkte wird man im allgemeinen zu etwa 50 m annehmen können, bei Heißdampf weniger, bei Warmwasser vielleicht etwas mehr. Doch hängt auch dies wesentlich von den Umständen ab, namentlich von der Art der Längenausgleichung und den dabei auftretenden Kräften sowie vom Rohrdurchmesser und der Knicklänge.

Wählt man die Entfernung der einzelnen Lagerstellen zu groß, so wird einmal die Belastung jedes Lagers groß. Diese Last muß aber durch die Kanalkonstruktion aufgenommen werden. Bei großen Rohrdurchmessern, ev. mit Wasserfüllung, handelt es sich um ganz erhebliche Lasten (s. Zahlentafel 1 und 2).

Ferner aber hängt die Rohrleitung bei zu großer Stützweite zu stark durch, wodurch Wasser- und Luftsäcke entstehen. Die Größe des Durchhangs ist leicht zu be-

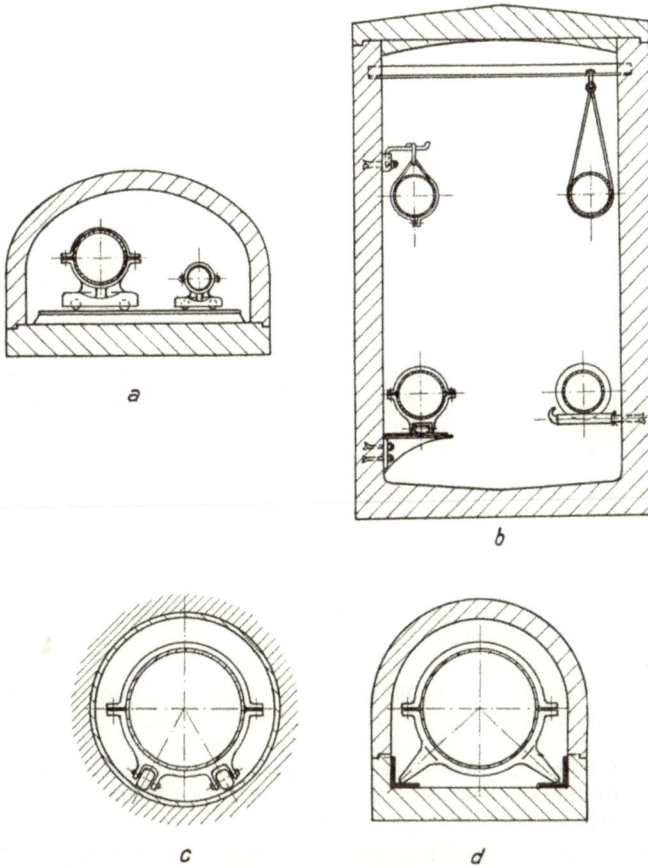

Abb. 19. Rohrlagerung.

rechnen (Hütte I, S. 616), wobei außer der Eigenlast der Rohrleitung nebst Umhüllung und Wasserfüllung immer noch eine Zufallslast in Ansatz zu bringen ist, namentlich bei an Masten verlegten Freileitungen. — Der Durchhang zwischen zwei Stützen muß stets so klein gehalten werden, daß sich dazwischen kein Wassersack bilden kann bzw. das Gefälle der Rohrleitung muß entsprechend groß gewählt werden.

Je kleiner der Rohrdurchmesser, um so größer ist der Durchhang. Bei Vorhandensein mehrerer Rohrleitungen, die an gemeinsamen Stützen befestigt sind, ist also die dünnste Rohrleitung für die Bemessung der Stützweite ausschlaggebend. Namentlich ist hierbei auf Kupferleitungen besonders Rücksicht zu nehmen.

7. Gefälle der Rohrleitungen.

Für Fernwarmwasserleitungen und Kondensleitungen, durch welche das Kondensat hindurch gepumpt wird, spielt das Gefälle der Rohrleitungen eine untergeordnete Rolle. Denn es ist bei diesen Rohrleitungen lediglich darauf zu achten, daß sie ohne Luft- und Wassersäcke verlegt werden, und daß sie bei Außerbetriebsetzung möglichst vollständig entleert werden können. Ein Gefälle von 1 mm je m Rohrlänge dürfte die untere Grenze des Gefälles sein. Die mangelnde Meßgenauigkeit auf den Bauten bringt es mit sich, daß ein so geringes Gefälle schon recht bedeutende Montageschwierigkeiten ergibt. Bei Verlegung von Freileitungen an Masten mit größeren Stützweiten möchte ich empfehlen, mit dem Gefälle auch für Fernwarmwasserleitungen nicht unter 3 mm je m zu gehen.

Bei Kondensatleitungen mit freiem Gefälle (d. h. ohne Pumpenbetrieb) wird man meist das höchste erreichbare Gefälle ausnutzen, weil sich dann die wirtschaftlichsten Rohrdurchmesser ergeben. Diese werden entweder als gänzlich mit Wasser gefüllte Rohrleitungen nach Rietschel-Brabbée oder als offene Gerinne nach Ganguillet & Kutter berechnet.

Bei Dampfleitungen liegt die Entscheidung für die Größe des Gefälles beim Anheizen. Im Betriebe braucht eine Dampfleitung überhaupt kein Gefälle zu haben, ja, wenn dauernd genügend große Dampfgeschwindigkeit vorhanden ist, kann die Rohrleitung sogar unter Umständen mit Steigung verlegt werden.

Bei Sattdampfleitungen mit Vorwärtsgefälle pflege ich ein Gefälle von 3 mm je m Rohr anzustreben, falls die Verhältnisse nicht von vornherein ein stärkeres Gefälle zulassen. Beim Anlassen läuft dann das entstehende Kondensat mit erträglicher Geschwindigkeit (etwa 40 bis 50 cm/s) nach der Entwässerungsstelle, so daß das Anlassen der Dampfleitung, ohne daß Knallen entsteht, in angemessener Zeit erfolgt. Bei einem Gefälle von nur 2 mm je m beträgt die Abflußgeschwindigkeit des Kondensats etwa 30 bis 40 cm/s, bei nur 1 mm Gefälle etwa 15 bis 30 cm/s. Man sieht hieraus, wie stark die Zeit für ruhiges Anlassen einer Sattdampfleitung wächst, wenn das Gefälle zu klein genommen wird.

Will man trotzdem die Anlaßzeit abkürzen, indem man das Anfangsventil mehr öffnet, so sucht der Dampf den in der Rohrleitung abfließenden Wasserpfropfen zu überholen, und es entstehen Wasserschläge.

Nun sind vielfach auch Dampfleitungen mit Steigung verlegt worden, namentlich wohl in größerem Maße in den Rheinischen Provinzial-Irrenanstalten, und zwar mit gutem Erfolg. Um einen solchen zu erzielen, darf in der steigenden Dampfleitung sich keine scharfe Krümmung befinden, und außerdem muß am Ende der Dampfleitung für sofortigen Abfluß des beim Anlassen ankommenden Kondensats in seiner ganzen Menge gesorgt sein.

In der Hand des erfahrenen Konstrukteurs mag diese Anordnung eine wertvolle Vereinfachung der Gesamtanordnung mit sich bringen, nicht nur deswegen, weil die Anordnung an sich häufig billiger und bequemer wird, sondern weil oft eine Anzahl lästiger Kondenstöpfe wegfallen kann. Indessen möchte ich davor warnen, sie schematisch zu übernehmen. Wenn z. B. Schwankungen in der Dampfentnahme eintreten und die Dampfgeschwindigkeit zu gering wird, um das entstehende Kondensat voranzutreiben, so entsteht eine Wasseransammlung im Rohr, die unter Umständen einen Wasserschlag nach sich ziehen kann. Der ausführende Ingenieur hat sich eben immer vor Augen zu halten, daß bisweilen Menschenleben auf dem Spiele stehen, wenn Wasserschläge in Rohrkanälen oder Rohrkellern eintreten.

Über das Anlassen von Rohrleitungen mit Gegengefälle für überhitzten Dampf sind im Bericht »Städteheizung«, S. 165, Erörterungen angestellt. Erfahrungen hierüber sind mir nicht bekannt.

8. Wasserabscheider.

Tiefpunkte von Dampfrohrleitungen sind stets zu entwässern.

Dies kann geschehen

1. durch eine einfache, mit einem Absperrorgan versehene Zapfleitung,
2. durch die gleiche Einrichtung, jedoch statt des Absperrorgans mit einem Kondenstopf versehen,
3. durch Einschaltung eines besonderen Wasserabscheiders mit Ablaßhahn oder Kondenstopf.

Die Auswahl unter den vorstehend genannten Einrichtungen, insbesondere die Entscheidung, ob man einen besonderen Wasserabscheider einbauen soll, hängt von den Begleitumständen ab.

Man denke sich eine längere, mit Vorwärtsgefälle verlegte Fernleitung für Sattdampf, an deren Ende sich ein Wasserabscheider befindet, und hinter dem Wasserabscheider sei die Fernleitung durch ein Absperrventil verschließbar. Man kann häufig beobachten, daß der Wasserabscheider in gleichen Zeitabschnitten verschieden große Wassermengen abscheidet. Schließt man das erwähnte Absperrventil hinter dem Wasserabscheider, so daß also der Dampf in der Rohrleitung gewissermaßen ruht, so wird viel Wasser abgeschieden. Öffnet man dagegen das Ventil, so kommt weniger Wasser, und zwar um so weniger, je schneller der Dampf durch die Rohrleitung strömt. Der ausströmende Dampf nimmt einen großen Teil des entstandenen Kondensats mit.

Hat man also eine Dampfleitung zu bauen, in welcher stets eine gleichmäßige große Dampfgeschwindigkeit herrscht, so kann man unter Umständen sich damit begnügen, am Ende der Rohrleitung oder an Tiefpunkten nur für das Anlassen einen von Hand zu bedienenden Entwässerungshahn anzubringen, der im Betriebe geschlossen bleibt. Dieser Fall kommt aber sehr selten vor, namentlich bei Städteheizungen wohl kaum. Zum Beispiel werden angeschlossene Teilnehmer, etwa Fabriken mit Tag- und Nachtbetrieb, stets am Eintritt der Dampfleitung ins Gebäude ein Absperrventil verlangen. Dieses wird bisweilen geschlossen, z. B. zur Vornahme von Ausbesserungen, Erweiterungsarbeiten usw. Dann aber bildet sich in der Fernleitung Kondenswasser, selbst wenn es sich um überhitzten Dampf handelt.

Man wird also in den meisten Fällen einen Kondenstopf einbauen müssen, welcher in seiner Größe so zu bemessen ist, daß er die im Betriebszustand entstehende Höchstkondensatmenge (also bei ruhendem Dampf in der Fernleitung) abzuführen vermag. Für das Anlassen reicht ein solcher Topf nicht aus, da hierbei je nach Länge und Lage der Fernleitung weit größere Kondensatmengen entstehen. Hierfür muß ein von Hand bedienbares Absperrventil mit entsprechender Entwässerungsleitung vorgesehen werden oder ein geräumiger Wasserabscheider angelegt werden, möglichst von so großem Inhalt, daß er das gesamte, beim Anlassen entstehende Kondensat aufzunehmen vermag.

Einbau von Zwischenwänden, Schleudervorrichtungen usw. in die Wasserabscheidern erhöht den Widerstand, unter Umständen ganz erheblich. Derartige Maßnahmen dürften nur gerechtfertigt sein, wenn das Bedürfnis vorliegt, möglichst trockenen Dampf an der Verwendungsstelle zu haben.

Von größter Wichtigkeit ist die Berücksichtigung der Tatsache, daß beim Anlassen einer Dampfleitung, wenn die erste große Wassermenge abfließen will, in der Rohrleitung kein Druck vorhanden ist. Die für das Anlassen vorgesehene Abflußleitung darf nicht mit Steigung verlegt werden, sondern muß freies Gefälle nach einem Kondensatsammelbehälter oder der Schleuse haben. Kondenstöpfe dürfen also nur im Betriebe drücken, nicht beim Anlassen!

9. Kondenstöpfe.

Es ist hier nicht der Ort, eine vollständige Theorie der Kondenswasserableiter zu entwickeln. Auch muß aus naheliegenden Gründen vermieden werden, gewisse Fabrikate zu empfehlen.

Allgemein läßt sich deshalb nur sagen, daß Kondenstöpfe Apparate sind, welche aus einem Gefäß oder einer Rohrleitung automatisch aus einem Dampfwassergemisch das Wasser möglichst vollständig ausscheiden sollen, um es in ein zweites Gefäß überzuführen. In dem erst angenommenen Gefäß wechselt Druck und Temperatur, und das Dampfwassergemisch hat bald viel, bald wenig Wasser. In dem zweit angenommenen Gefäß herrscht meist wenig oder gar kein Druck.

In den hiermit gegebenen Bedingungen liegen die Schwierigkeiten, über welche der Kondenstopf Herr werden soll.

Zunächst ist der Kondenstopf also ein Automat. Automaten versagen gelegentlich alle. Sie haben meist bewegliche Teile, welche der Abnutzung unterliegen, oder Durchflußöffnungen, welche sich verstopfen können. Alle Kondenstöpfe bedürfen daher der Wartung.

Stellt man diesen Gesichtspunkt an erste Stelle, so wären solche Kondenstöpfe die besten, welche keine oder möglichst wenig bewegliche Teile haben (wie z. B. Prallplattentöpfe oder Kreuzstromableiter). Solche Töpfe haben aber mangels beweglicher Teile einen festen Durchflußwiderstand. Sind sie derartig eingestellt, daß sie bei hohem Dampfdruck eine bestimmte Kondensatmenge durchlassen, so fließt bei sehr geringem Dampfdruck (d. h. beim Anlassen) żu wenig durch.

Etwas besser benehmen sich die auf Ausdehnung beruhenden Kondenstöpfe, bei welchen ein Stab oder eine Feder, durch die Temperatur beeinflußt, den Ventilquerschnitt bei kaltem Kondensat vergrößert, bei heißem Kondensat verkleinert.

Leider ist der Unterschied der abgeschiedenen Kondensatmenge auch hier nicht erheblich, da einmal die Ausdehnung des Stabes oder der Feder meist nur Bruchteile eines Millimeters beträgt, so daß die Vergrößerung des Abflußquerschnittes nur gering ist. Zweitens aber herrscht, wie schon früher gesagt, beim Anlassen in der Dampfleitung kein oder nur geringer Druck, während im Betriebe der Druck häufig recht erheblich ist. Infolgedessen wächst auch im Betriebe die Geschwindigkeit des abgeschiedenen Wassers im Ventilquerschnitt auf ein Vielfaches über die Geschwindigkeit beim Anlassen. Auch diese Töpfe erfüllen also nicht alle Anforderungen.

Die dritte Bauart von Kondenstöpfen benutzt die Tatsache, daß Wasser schwerer ist als Dampf, und bedient sich hierzu der Schwimmer. Es gibt Töpfe mit geschlossenen oder mit offenen Schwimmern, und zwar können die Schwimmer entweder oben oder unten offen sein.

Kondenstöpfe mit geschlossenen oder mit oben offenen Schwimmern lassen überhitztes Wasser ohne weiteres durch. Hat man also eine Dampfleitung mit 10 at Druck zu entwässern, so tritt das Kondensat mit rd. 180° C in den Topf ein und verläßt ihn auch mit dieser Temperatur. Bis zum Ventilkegel des Kondenstopfes herrscht der Druck der Dampfleitung, dahinter ist er meist geringer. Infolgedessen tritt die sog. Nachverdampfung des überhitzten Wassers in dem Augenblick ein, wo es druckentlastet wird. Bei derartigen Schwimmerkondenstöpfen entwickelt sich also in der Kondensleitung hinter dem Topf stets eine Dampfmenge, die verhältnismäßig um so größer ist, je höher der Dampfdruck ist.

Diese Erscheinung wird bei Kondenstöpfen mit unten offenem Schwimmer vermieden, da der Schwimmer den Austritt von Kondensat hindert, sobald dieses Dampf entwickelt. Aber das bedeutet natürlich, daß diese Bauart nicht alles Wasser ohne weiteres austreten läßt, sondern vielmehr einen Teil zurückhält. Derartige Töpfe sind deshalb hauptsächlich im Verein mit größeren Wasserabscheidern zu empfehlen.

Da bei einfachen Schwimmertöpfen mit geschlossenem oder oben offenem Schwimmer der Ventilkegel in geschlossenem Zustand durch den Dampfdruck auf den Sitz gepreßt wird, so ist es zu empfehlen, namentlich bei größeren Dampfdrücken ihn zu entlasten, entweder durch Hebelübersetzungen oder durch entlastete Doppelsitzventile (die aber selten ganz dicht halten) oder durch Spezialkonstruktionen (wie z. B. die sog. Freifalltöpfe).

Im allgemeinen läßt sich sagen, daß schwerlich ein Kondenstopf, gleichgültig welcher Bauart, allen Anforderungen genügt, welche bei Städteheizungen zur Entwässerung der Ferndampfleitungen an ihn zu stellen sind. Man wird sich deshalb damit abfinden müssen, die Rohrleitung beim Anlassen durch von Hand zu betätigende Ventile zu entwässern und die Entwässerung während des Betriebes durch richtig auszuwählende Kondenstöpfe zu bewirken. In allen Fällen ist es empfehlenswert, die Zahl derartiger Entwässerungsstellen nach Möglichkeit zu beschränken und die Rohrleitung vor Inbetriebnahme durch mehrmaliges Durchblasen mit Dampf gründlich zu reinigen, damit die Kondenstöpfe nicht schon in den ersten Tagen nach Inbetriebnahme verdorben werden.

10. Absperrorgane.

Als solche kommen für Städteheizungen wohl nur Ventile und Schieber in Betracht, und zwar Ventile in erster Linie für Dampfleitungen und Schieber für Warmwasserleitungen. Die Schwierigkeiten dichten Abschlusses wachsen mit dem Durchmesser, dem Betriebsdruck und der Temperatur des Heizmittels.

Ventile, die im allgemeinen die bessere Abdichtung geben, weil sie in warmen Zustand eingeschliffen werden können, haben leider einen ziemlich erheblichen Widerstand und ergeben deshalb Druckverluste, durch welche die Wirtschaftlichkeit der Rohrleitung häufig nennenswert herabgesetzt wird.

Man hat deshalb Ventilkonstruktionen ersonnen, bei welchen der Durchflußwiderstand verringert wird. Am geringsten fällt er wohl bei den sog. Idealventilen aus, bei welchen der Ventilsitz völlig senkrecht zur Rohrleitung liegt. Leider sind diese Ventile recht teuer.

Bei den sog. Koswa-Ventilen liegt der Sitz schräg zur Rohrachse; der Durchflußwiderstand ist gegenüber normalen Ventilen erheblich verringert, und die Preise sind durchaus erschwinglich.

Störend wirkt bisweilen die schräge Spindel, namentlich bei Verteilern.

Bei allen Absperrorganen ist darauf zu sehen, daß die Stopfbüchsen während des Betriebes verpackt werden können und daß möglichst ebenfalls während des Betriebes ein Einschleifen der Sitze möglich ist. Die Spindeln sollen genügend lang sein, daß die Stopfbuchsbrille hoch genug gezogen werden kann, um ein bequemes Einbringen der Packung zu ermöglichen. Sofern bei Säulenventilen die Schrauben der Stopfbuchsbrille mit den Säulen in der gleichen Ebene liegt, ist dies zu begrüßen, weil diese Anordnung das Einbringen der Packung erleichtert.

11. Druckminderventile.

Druckminderer, bei welchen der Ventilkegel mittels einer Feder oder mittels Hebel und Gewicht gesteuert wird, und bei welchen Schiebestopfbüchsen verwendet werden, eignen sich meist nur für grobe Vorregelung. In staubiger Luft brennt die Spindel in der Stopfbüchse leicht fest, und das Ventil versagt.

Besser sind schon Druckminderer mit Drehstopfbüchse.

Für Feinregelung, wie sie bei Dampffernheizwerken zum Anschluß von Niederdruckheizungen erforderlich ist, haben sich in erster Linie Druckminderer mit Quecksilberabschluß gut bewährt. Es ist zweckmäßig, hinter derartigen Ventilen stets eine Wasserschleife anzuordnen.

Um die Vergiftungsgefahr, welche mit der Verwendung von Quecksilber verbunden ist, zu vermeiden, sind auch Ventile gebaut worden, bei welchen das Quecksilber durch einen Wasserabschluß ersetzt wird, freilich unter Zwischenschaltung eines belasteten Kolbens mit Kolbenringen.

Neuerdings ist auch in Deutschland die Herstellung von Feindruckminderern mit Membranensteuerung aufgenommen worden, wie sie in Amerika schon seit längerer Zeit bekannt sind. Die bisher mir bekannt gewordenen Erfahrungen sind gute.

Druckminderer, welche durch Servomotoren gesteuert werden, sind kostspielig, und wohl nur ausnahmsweise, etwa in der Zentrale bei sehr großen Durchmessern verwendbar.

Man vergesse nie, daß ein Druckminderer erstens ein Automat ist, welcher gelegentlich versagt, und zweitens ein Ventil ist, welches in ganz geschlossenem Zustand schwerlich dicht hält, zumal es, wie bei Druckminderern, mit einer nur geringen Kraft geschlossen wird. Falls also hinter dem Druckminderer der Dampfverbrauch aufhört, steigt in diesem Teil der Rohrleitung praktisch auf den vor dem Druckminderer herrschenden Druck. Da dieser Fall überall eintreten kann, ist stets hinter jedem Druckminderer ein Sicherheitsventil anzubringen, welches abbläst, wenn der Druck hinter dem Druckminderer die zulässige Grenze übersteigt.

12. Sicherheitseinrichtungen.

Rohrleitungen für Städteheizungen, namentlich wenn sie in nicht begehbaren Kanälen liegen, müssen möglichst betriebssicher sein, da ihre Außerbetriebsetzung infolge Schadhaftwerdens meist recht unangenehme Folgen hat. Man muß deshalb bei der Planung und Ausführung von vornherein darauf sehen, daß nur solche Baustoffe mit genügenden Wanddicken und in zweckmäßiger Form zur Verwendung gelangen, welche den auftretenden Beanspruchungen unter allen Umständen genügen. Deshalb ist als erste Sicherheitsmaßregel dringend zu empfehlen, die Ausführung von Städteheizungen bzw. die dazu nötigen Fernleitungen nur solchen Firmen zu übertragen, welche durch ihre bisherigen Leistungen und durch die Zusammensetzung ihres Bureaus, durch ihre Monteure usw. Gewähr dafür bieten, daß sie in der Lage sind, die auftretenden Materialbeanspruchungen zu berechnen und durch entsprechende Maßnahmen in den zulässigen Grenzen zu halten. Man lasse diesen Firmen im Entwurf freie Hand, indem man zwischen einigen Firmen Ideenwettbewerbe veranstaltet; die Ausschreibung von Fernheizleitungen im Blankettverfahren, auch bei beschränkter Ausschreibung, bringt schwere Gefahren mit sich, indem bei derartigen Angeboten vielen Anbietenden die Schwierigkeiten der angefragten Arbeit gar nicht genau bekannt sind, da sich diese nur bei sorgfältiger Durcharbeitung durch den Ingenieur herausstellen; beim Blankett werden aber die Preise einfach durch den Kaufmann ausgefüllt, und da werden die niedrigsten Preise eingesetzt, die eben noch dem Wortlaut des Blanketts gerecht werden. Bearbeitet aber der Ingenieur einen vollständigen Entwurf, so wird er von vornherein unsichere Konstruktionselemente vermeiden.

Damit kein unzulässiger Druck in die Fernleitungen gelangt, ist hinter dem Anfangsventil bzw. dem dahinter sitzenden Druckminderer ein Sicherheitsventil einzubauen. Dieses muß aber regelmäßig durch Anlüften geprüft werden, daß der Kegel nicht etwa auf dem Sitz festgebrannt ist. Die Belastung des Ventils ist durch Plombieren gegen Überlastung zu sichern. Ebenso sind die einzelnen angeschlossenen Gebäude mit Niederdruckdampfheizung davor zu sichern, daß etwa der volle Dampfdruck der Fernleitung in die Gebäudeleitung gelangen kann.

Ferner ist dafür zu sorgen, daß keine höhere Temperatur in den Fernleitungen entstehen kann, als der Konstruktion beim Entwurf zugrunde gelegt war. Zum Beispiel ist bei Fernleitungen für Sattdampf darauf zu achten, daß nicht überhitzter Dampf hineingelangen kann. Mir ist ein Fall bekannt, bei welchem eine große Fernleitung infolge Unverstand des Bedienungspersonals auf diese Weise großen Schaden gelitten hat, die Rohrumhüllung war auf viele Hunderte von Metern zerstört, die Ausdehnungsvorrichtungen infolge übermäßiger Dehnung verbogen usw.

Viel Sorgfalt erfordern die Maßnahmen gegen Einfrieren bei Freileitungen, da die Betriebsleitung von Städteheizungen es häufig nicht erfährt, wenn ein Abnehmer seine Leitung abstellt. Hier ist bei Kälte, namentlich bei größeren Betriebsunterbrechungen, wie etwa zu Weihnachten, große Aufmerksamkeit nötig.

Bei Fernwarmwasserheizungen ist dafür zu sorgen, daß der bisweilen recht hohe Druck der Fernleitung nicht in die Gebäudeheizung gelangen kann. Das geschieht am besten durch Zwischenschaltung von Gegenstromapparaten. Doch bildet auch das keine absolute Sicherheit, da unter Umständen die Rohrbündel undicht werden können.

Ferner sind namentlich bei Fernwarmwasserheizungen scharfe Richtungsänderungen möglichst zu vermeiden, ebenso schnellschließende Absperrorgane, weil hierdurch Wasserschläge entstehen können.

Messung der Nutzwärme und Meßinstrumente.

Von Stadtbaumeister **Hugo Schilling**, Barmen.

Inhaltsverzeichnis.

Seite

1. Der Begriff »Nutzwärme« 137
2. Geschichtliches über Wärmemesser. 138
3. Wo werden Wärmemesser gebraucht? 139
4. Grundbegriffe für das Messen und die gebräuchlichen Meßmethoden . 139
5. Die Ausführungsformen der Meßgeräte 148
   a) Mechanische Dampfmeßgeräte zur indirekten Ermittlung des Wärmedurchflusses 148
   b) Mechanische Dampfmeßgeräte zur direkten Ermittlung des Wärmedurchflusses 157
      Allgemeines 157
      Dampfzeiger (Dampfuhren) 157
      Dampfmesser und Dampfzähler mit Antriebswerk 161
      Dampfzähler ohne Antriebswerk 166
   c) Mechanische Warmwassermeßgeräte zur direkten Ermittlung des Wärmedurchflusses (Heizmesser und Heizzähler) 167
      Allgemeines 167
      Heizmesser und Heizzähler mit Antriebswerk 167
      Heizzähler ohne Antriebswerk 171
   d) Elektrische Wärmemesser 171
6. Schlußwort 172

1. Der Begriff „Nutzwärme".

Unter »Nutzwärme« ist diejenige Wärmemenge zu verstehen, welche von Wärmeerzeugern abgegeben oder von Wärmeverbrauchsstellen aufgenommen wird, um nutzbare Verwertung zu finden. Das Messen der Nutzwärme bildet nach den folgenden Darlegungen eines der wichtigsten Probleme für die moderne Wärmewirtschaft und geschieht mit Hilfe von Geräten, welche hier ausführlicher behandelt werden sollen.

Um bei Benennung dieser Geräte keine Mißdeutungen hervorzurufen, werde ich in meinen Ausführungen wie folgt verfahren:

Von den Dampf messenden Apparaten bezeichne ich

a) diejenigen, welche nur die augenblicklich durch ein Rohr strömende Dampfmenge anzeigen, als »Dampfzeiger« (weniger gut »Dampfuhr«. Siehe Hütte I, S. 913),

b) diejenigen, welche die fortlaufend durch ein Rohr strömende Dampfmenge registrieren als »Dampfmesser«,

c) diejenigen, welche die fortlaufend durch ein Rohr strömende Dampfmenge zählen, als »Dampfzähler«.

Eine treffende Bezeichnung für Meßgeräte, die den Wärmeverbrauch bei Warmwasserheizungen und in Warmwasserleitungen anzeigen, gibt es nicht, denn der Begriff »Wärmemesser« oder »Wärmezähler« ist zu weitfassend und führt zu Verwechselungen mit Dampfmeßgeräten, welche mit Fug und Recht auch »Wärmemesser« genannt werden können.

Die an sich korrekte Bezeichnung »Heißwassermesser« oder »Heißwasserzähler« ist leider vergriffen, da in der Praxis hierunter die das heiße Kesselspeisewasser messenden Wassermesser verstanden werden.

Bis eine bessere Benennung gefunden wird, bezeichne ich

a) alle Warmwasser messenden Apparate, welche die jeweils durch eine Heizanlage fließende WE-Menge registrieren, als »Heizmesser«,

b) alle Warmwasser messenden Apparate, welche die jeweils durch eine Heizanlage fließende WE-Menge zählen, als »Heizzähler«.

Die Bezeichnung »Wärmemesser« und »Wärmezähler« diene als Sammelbegriff für Dampf- und Warmwassermeßgeräte.

2. Geschichtliches über Wärmemesser.

Während es seit vielen Jahrzehnten zur Messung von flüssigen und gasförmigen Medien sowie von Elektrizität einwandfreie Messer gibt, werden erst seit etwa 20 Jahren Apparate auf den Markt gebracht, welche die direkte Ermittlung der Nutzwärme gestatten; bis dahin behalf man sich mit indirekten Meßmethoden. Doch auch die heute im Handel erhältlichen Dampf- und Warmwassermeßgeräte entsprechen nur teilweise den Ansprüchen, welche eine neuzeitliche Wärme- bzw. Heizwirtschaft an sie stellen muß. Das nimmt jedoch nicht wunder, wenn man die Entwicklungsdauer der Wärmemeßgeräte mit der von Gas-, Wasser- und Elektrizitätsmessern vergleicht: Als nämlich die ersten Dampfmesser von den Firmen Hallwachs & Co., Saarbrücken (heute Bensheim), sowie Bayer, Leverkusen, im ersten Jahrzehnt dieses Jahrhunderts konstruiert wurden, baute die Industrie bereits etwa 20 Jahre lang Elektrizitätszähler, etwa 50 Jahre hindurch Wassermesser und annähernd 80 Jahre Gasmesser.

Nach den mir möglichen Nachforschungen ist der erste wenigstens auf dem Kontinent hergestellte Dampfmesser zu Anfang dieses Jahrhunderts von der Firma Hallwachs & Co., Saarbrücken, gebaut worden. Dem Firmeninhaber war damals die Aufgabe gestellt, den von einer Kokerei im Saargebiet erzeugten Dampf durch ein Gerät so zu messen, daß er an eine ca. 800 m entfernt liegende Grube verkauft werden konnte. Die Lösung des Problems glückte, und es entstand so der erste Hallwachs-Dampfmesser, welcher mit Staugerät, d. h. mit der Stauscheibe arbeitete. Andere Wege beschritt einige Jahre später die Firma Bayer in Leverkusen, welche Dampfmeßapparate zur Ermittelung des Verbrauchs in ihren Betriebsabteilungen benötigte: sie verwendete als Hauptorgan zur Messung des Dampfdurchflusses einen Ventilteller, welcher in einem senkrecht stehenden konischen Rohrstück vom Dampfstrom bewegt wurde.

In etwa 20jähriger Entwicklungszeit ist der Dampfmesser sodann von einigen weiteren Firmen zu einem Gerät durchgebildet worden, das technisch einwandfrei ist und nur in bezug auf Wohlfeilheit den heutigen Ansprüchen nicht überall genügt.

Ein noch viel jüngeres Erzeugnis der Technik ist der Wärmemesser für Warmwasserheizungen; da er kaum dem Konstruktionsbureau entwachsen ist, so läßt sich geschichtlich über ihn höchstens so viel sagen, daß entsprechende Patente für Heizmesser bereits vor vielen Jahren erteilt worden sind, ohne daß damit brauchbare Geräte auf den

Markt kamen; unter anderen erhielt der Verfasser schon im Jahre 1913 ein Patent auf einen logarithmisch arbeitenden Wärmemesser. Die seit etwa drei Jahren herrschende große Nachfrage nach Heizzählern hat nun endlich dazu geführt, daß solche heute von einigen Firmen angeboten werden.

3. Wo werden Wärmemesser gebraucht?

Wärmemeßgeräte finden hauptsächlich in den nachfolgend aufgeführten Betriebsstellen Verwendung:

a) In Dampfkesselanlagen zur Ermittlung der augenblicklichen oder laufenden Kesselleistung,

b) bei Wärmeumformern zur Feststellung der von diesen abgegebenen Wärmemenge,

c) in industriellen Betrieben oder an Einzelapparaten allerverschiedenster Art, deren Wärmeverbrauch zeitlich oder laufend ermittelt werden soll,

d) bei Gebäudeheizungen oder Warmwasserversorgungsanlagen, zur Anzeige der laufenden Wärmeabgabe.

Der zunehmende Verbrauch an Wärmemeßapparaten — gekennzeichnet durch das zahlenmäßige Anwachsen von Wärmemesserfabriken — würde ohne Frage noch bedeutend größer sein, wenn neben den jetzt im Handel befindlichen und dem Preis nach nur für größere Anlagen geeigneten Geräten auch wohlfeilere Apparate zu haben wären. Die Wünsche und Bedürfnisse der Heizungsindustrie sind in dieser Beziehung hinlänglich in dem Preisausschreiben des V.D.C.I. vom 15. Dezember 1925 dargelegt. Aber nicht allein auf die Wärmemesserindustrie wirkt der Mangel an billigen Geräten hemmend, sondern auch auf zahlreiche wärmewirtschaftliche Unternehmungen, für welche die Wärmemessung eine Lebensfrage ist, vor allem auf die Entwicklung der Sammelheizungen bei Siedlungsbauten und in Wohnungsblocks. Während hier für den Hausbesitzer die Gefahr vorliegt, daß seitens der Mieter die Wärme verschleudert wird, hat der Mieter kein Interesse daran, sich mit dem Wärmeverbrauch einzuschränken, wenn er weiß, daß seine Mitbewohner nicht dasselbe tun. Um solchen Mißständen aus dem Wege zu gehen, verfuhr man oft leider so, daß man auf die Sammelbeheizung verzichtete und Öfen oder eine häusliche Zentralheizung nahm. Bei solcher Sachlage verliert jedoch nicht nur die Heizungsindustrie zahlreiche Aufträge, sondern auch die nach Rationalisierung strebende Hauswirtschaft viele Arbeitsstunden durch Feueranzünden und -reinigen, Abschlacken, Füllen u. dgl. Dieser Mangel aber kann durch unsere rührige Wärmemesser-Industrie beseitigt werden, wenn sie die in späteren Kapiteln gekennzeichneten Wege einschlägt.

4. Grundbegriffe für das Messen der Nutzwärme und die gebräuchlichen Meßmethoden.

Die Maßeinheit der Nutzwärme ist bei Feinmessung die kcal; bei Grobmessung und für Dampf kann man die mit den heutigen Meßgeräten besser erfaßbare Dampfgewichtsmessung (in Tonnen) anwenden; selbstverständlich darf hierbei nicht übersehen werden, daß der Wert einer Tonne Dampf (der Wärmeinhalt) von der Spannung bzw. der Temperatur abhängig ist, und daß der Dampf für den Wärmeverbraucher auch praktisch einen größeren Wert hat, wenn er hochgespannt ist, als wenn er mit niedrigerer Spannung abgegeben wird.

Die im Handel erhältlichen Apparate dienen zur Messung einer strömenden, entweder an Dampf oder an Wasser gebundenen Wärmemenge, welche auf direktem oder auf indirektem Wege, ferner mittels mechanischer, elektrischer oder kombinierter (elektrisch-mechanischer) Einrichtungen ermittelt werden kann. Diese Geräte ermöglichen dabei, entweder das Anzeigen der augenblicklich strömenden Wärmemenge oder das Aufzeichnen bzw. Zählen derselben mit Hilfe eines Kolbens, eines Kippgeräts, einer Stauvorrichtung, eines Schwimmers, eines Flügelrades oder des Thermoelements.

Die älteste Methode zum Messen der Nutzwärme besteht — wie bereits an anderen Stellen erwähnt — darin, daß auf indirektem Wege durch Feststellung einer bestimmten Kondensat- bzw. Speisewassermenge die äquivalente Dampfmenge gefunden wird. Hierbei ermittelt man entweder das Wasservolumen oder das Wassergewicht mit Wassermessern, welche unter Anwendung eines der obengenannten Meßorgane gebaut und in Abschnitt 5 beschrieben sind.

Die direkte Messung der Nutzwärme kann, wie gesagt, durch mechanische Mittel oder auf elektrischem Wege vor sich gehen. Die mechanische Meßmethode bedient sich entweder eines Staugeräts, eines Schwimmers oder eines Flügelrades.

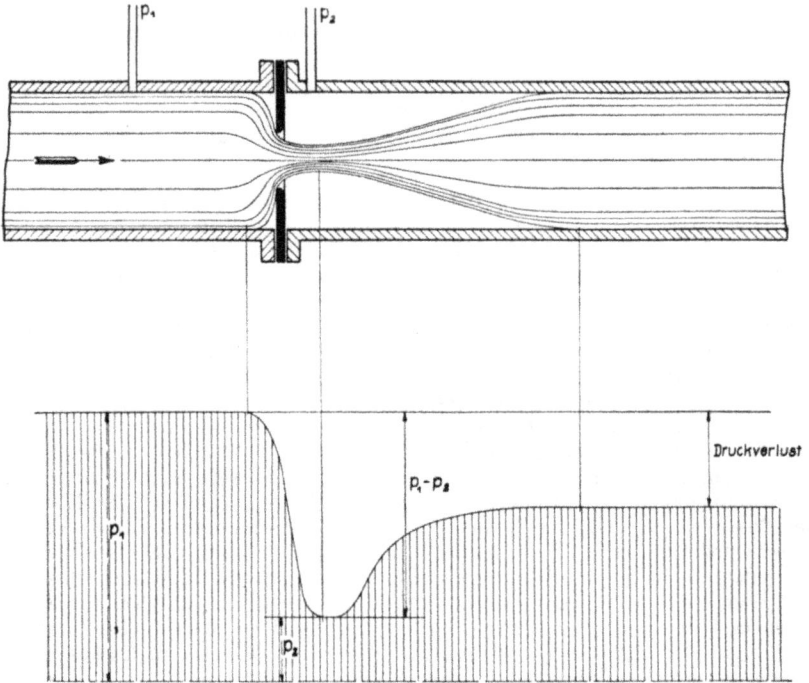

Abb. 1. **Strömungsvorgang durch eine Stauscheibe.**

Das Stauprinzip beruht darauf, daß die Rohrleitung an einer Stelle eingeschnürt wird, so daß zwischen der Verengungsstelle und dem normalen Rohrquerschnitt ein Differenzdruck entsteht, der einen Maßstab für die strömende Dampf- oder Wassermenge bildet und an einem Quecksilbermanometer abgelesen wird. Als Staugeräte verwendet man Stauscheiben, Staudüsen und das Venturirohr.

Die Stauscheibe ist das einfachste Meßgerät[1]). Sie besitzt eine scharfkantige zylindrische Öffnung, durch welche der Flüssigkeitsstrom hindurchfließen muß. Die Durchflußmenge ist hier in großem Maße abhängig von dem Ausflußkoeffizienten der Stauscheibe, der sich mit dem Verhältnis der Meßöffnung zum Rohrquerschnitt ändert. Je nachdem die Meßöffnung gegenüber dem Rohrdurchmesser sehr klein oder fast

---

[1]) Auszug aus dem Katalogmaterial der Firma Bopp & Reuther, Mannheim-Waldhof.

gleich demselben ist, schwankt der Ausflußkoeffizient zwischen 0,60 und 1,0. Für genaue Messungen ist dieser Koeffizient daher immer durch besondere Eichversuche zu ermitteln. Der für die Messung aufgewendete Energieverlust beträgt etwa 30 bis 100 % des erzeugten Differenzdruckes, je nach der Konstruktion des Rohrquerschnittes.

Vorstehende Abb. 1 zeigt ein Schaubild des Strömungsvorganges durch eine Stauscheibe. In kurzem Abstand hinter der Stauscheibe tritt eine Kontraktion der Stromlinien ein; von da aus expandiert der Flüssigkeits- oder Gasstrom wieder in der Rohrleitung, bis der volle Rohrquerschnitt erreicht ist. Die hierbei auftretenden Druckverhältnisse sind im Diagramm eingezeichnet.

Die Druckabnahme geschieht meist nur an einer Stelle der Rohrleitung, und zwar kurz vor und kurz hinter der Stauscheibe. Der Abstand dieser Druckabnahmepunkte von der Stauscheibe ist von Einfluß auf das Meßergebnis. Die Stauscheibe ermöglicht einen leichten Einbau, hat aber einen verhältnismäßig geringen Meßbereich.

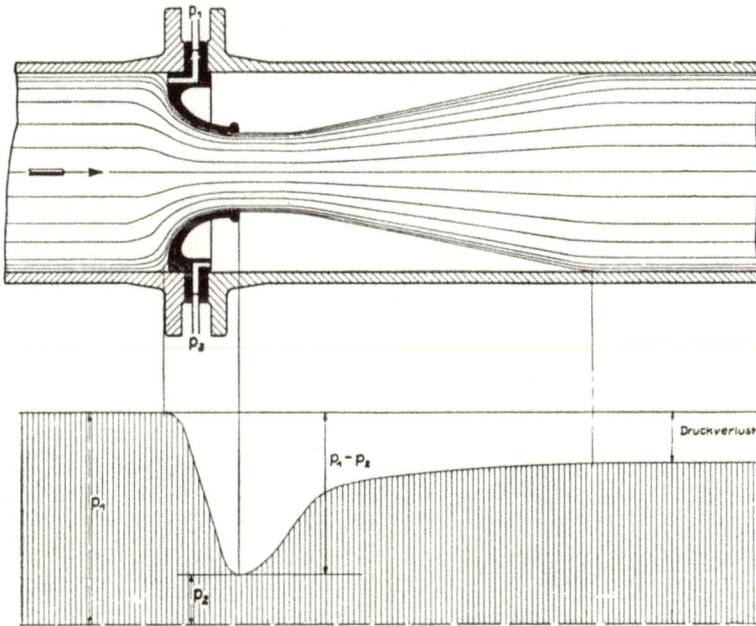

Abb. 2. **Strömungsvorgang durch eine Meßdüse.**

Genauere Messungen lassen sich durch die Verwendung von genau parabolisch geformten Meßdüsen erzielen. Die bis heute vorliegenden Versuche haben gezeigt, daß mit guten parabolischen Meßdüsen eine hohe Meßgenauigkeit erreichbar ist, und daß der Ausflußkoeffizient von Meßdüsen nur zwischen 0,97 und fast 1,0 schwankt. Verwendet man daher einen Mittelwert von 0,98, so kann das Meßergebnis ohne Eichung im allgemeinen schon bis auf etwa $\pm$ 2 % an die tatsächliche Durchflußmenge herankommen. Es liegt dies hauptsächlich daran, daß die Kontraktion bei guten Staudüsen fast ganz fortfällt, da die Stromlinien durch die parabolische Meßdüse ziemlich gut geführt werden und sich eng an die Düsenform anlegen.

In Abb. 2 ist das Schaubild des Strömungsvorganges durch eine Meßdüse mit den dabei vor und hinter der Düse auftretenden Druckverhältnissen dargestellt.

Bei Meßdüsen bleibt der für eine Messung ermittelte Ausflußkoeffizient ziemlich konstant, auch wenn die Durchflußmenge sich in weiten Grenzen ändert.

Der Venturimesser besteht in seiner üblichen Form aus einem kurzen, konischen Einlaufrohr, dem zylindrischen Halsstück oder der Einschnürung und einem langgestreckten, konischen Auslaufrohr. Diese von Clemens Herschel 1866 auf Grund seiner Versuche in Holyoke, Massachusetts angegebene Form des Venturirohres wird heute noch fast überall benutzt. In Abb. 3 ist ein solches Venturirohr im Schnitt dargestellt.

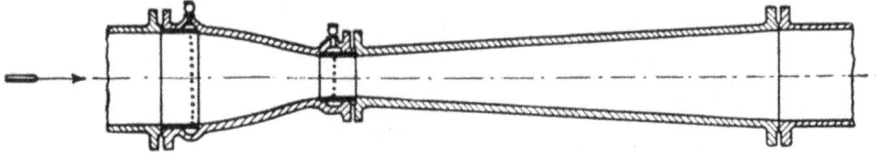

Abb. 3. Venturirohr.

Der Venturimesser weist im Gegensatz zur Stauscheibe und zur Staudüse den außerordentlichen Vorteil auf, daß der größte Teil des erzeugten Differenzdruckes im konischen Auslaufrohr wieder zurückgewonnen wird. Der zur Messung verfügbare Differenzdruck läßt sich daher bei gleichem Druckverlust wie bei Stauscheiben oder Staudüsen ungefähr 3- bis 4mal vergrößern, so daß die Messung erheblich an Genauigkeit gewinnt und auch ein bedeutend größerer Meßbereich erzielt wird.

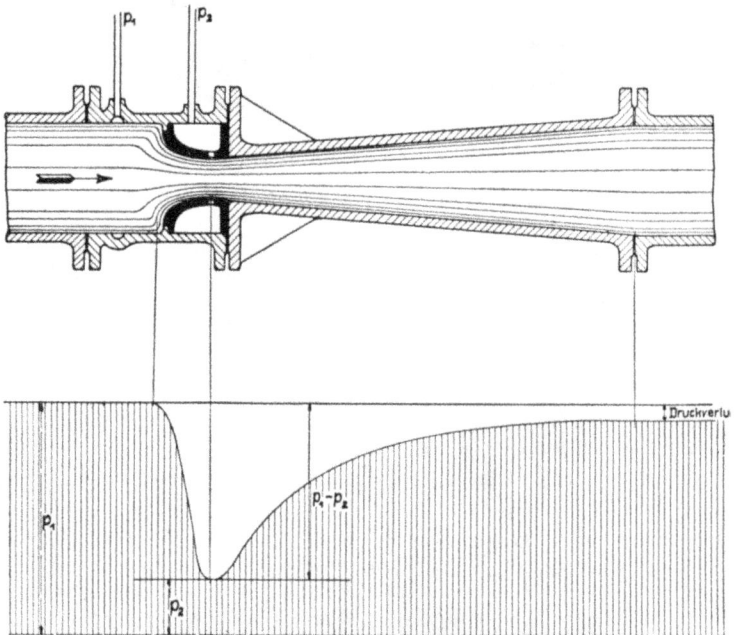

Abb. 4. Strömungsvorgang im Venturirohr.

Abb. 4 zeigt ein Venturirohr der Firma Bopp & Reuther. Der Strömungsvorgang und die Druckverhältnisse im Venturirohr mit dem Druckabfall und der Wiedergewinnung des verwendeten Differenzdruckes sind schematisch dargestellt.

Die mit Venturimessern erzielten Meßergebnisse zeigen eine große Gleichmäßigkeit der Durchflußkoeffizienten bei den verschiedenen Wassergeschwindigkeiten und eine geringe Veränderlichkeit bei den verschiedenen Durchmessern. Die Beschaffenheit der Düsenoberfläche und die verwendete Düsenform hat natürlich einen Einfluß auf die Größe des Durchflußkoeffizienten. Sauber gedrehte Metalldüsen haben einen bedeutend besseren Durchflußkoeffizienten als einfache gußeiserne Düsen, die nur teilweise innen ausgedreht sind.

Der Vorteil der Venturirohre zu Meßzwecken liegt darin, daß infolge der Wiedergewinnung von 85 bis 90 % des erzeugten Differenzdruckes im konischen Auslaufrohr ein etwa 3- bis 4mal so großer Differenzdruck als bei der einfachen Meßdüse für die Messung verwendet werden kann, ohne daß der Energieverlust in der Leitung größer wird.

Dem Venturiprinzip liegen die Kontinuitätsbedingung und der Bernoullische Satz zugrunde[1]) (s. Abb. 5).

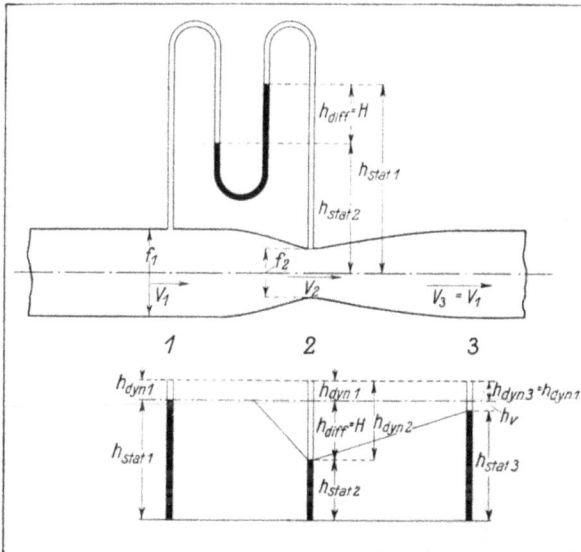

Abb. 5. **Druckverhältnisse im Venturirohr.**

Die Kontinuitätsgleichung sagt aus, daß bei einem strömenden Medium das Produkt aus Querschnitt f und zugehöriger Geschwindigkeit v für jede Stelle der Rohrleitung konstant ist: $Q = f \cdot v =$ konst.

Nach dem Bernoullischen Satz ist in einer geschlossenen Leitung die Summe aus der statischen und dynamischen Energie für jede Stelle konstant. Für die statische Energie ist die Druckhöhe h_{stat}, für die dynamische Energie die Geschwindigkeitshöhe h_{dyn} ein Maß; beide werden in Meter Wassersäule gemessen. Danach kann der Bernoullische Satz folgendermaßen ausgedrückt werden: $h_{ges} = h_{stat} + h_{dyn}$, wobei h_{ges} ein Maß der gesamten Energie ist.

Die Druckhöhe kennzeichnet den Leitungsdruck an der betreffenden Stelle, während die Geschwindigkeitshöhe durch die Beziehung

$$h_{dyn} = \frac{v^2}{2\,g}$$

mit der Geschwindigkeit verknüpft ist.

---

[1]) Auszug aus dem Katalogmaterial der Firma Siemens & Halske, Berlin-Siemensstadt.

Mit der Verringerung des Rohrquerschnitts f_1 auf f_2 im Einschnürungsorgan erhöht sich die Geschwindigkeit von v_1 auf v_2 und damit die Geschwindigkeitshöhe von

$$h_{dyn_1} = \frac{v_1^2}{2\,g} \ \text{auf} \ h_{dyn_2} = \frac{v_2^2}{2\,g},$$

also um

$$h_{diff} = H = \frac{v_2^2}{2\,g} - \frac{v_1^2}{2\,g}.$$

Da anderseits nach dem Bernoullischen Satz h_{ges} gleichgeblieben ist, muß sich die statische Druckhöhe um den Zuwachs ($h_{diff} = H$) der Geschwindigkeitshöhen vermindert haben. Es hat sich also h_{stat_1} auf h_{stat_2} verkleinert. Die Größe der Druckdifferenz

$$H = \frac{v_2^2}{2\,g} - \frac{v_1^2}{2\,g}$$

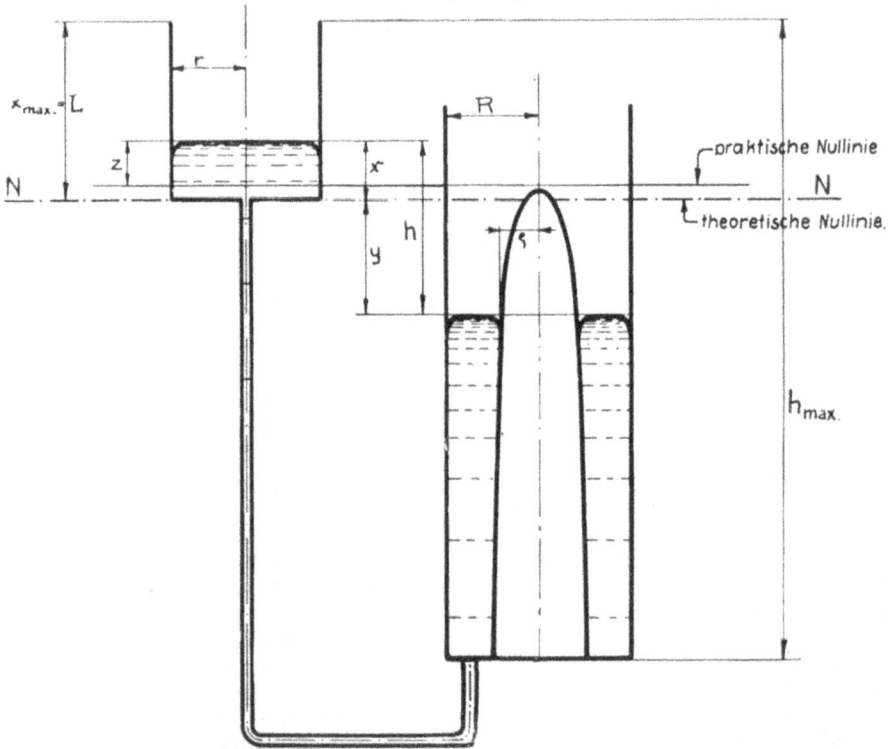

Abb. 6. **Schematische Darstellung eines Quecksilbermanometers.**

hängt von der Durchflußmenge ab; denn wachsende Durchflußmenge erfordert erhöhte Geschwindigkeit v_2, wenn ihr der gleiche Querschnitt f_2 wie vorher zur Verfügung steht.

Durch das konische Auslaufrohr wird dieser Vorgang fast vollständig rückgängig gemacht, so daß nunmehr eine Druckhöhe h_{stat_2} vorhanden und der alte Rohrleitungsdruck bis auf einen kleinen Verlustbetrag h_{verl} wiederhergestellt ist.

Die mit einem Differential-Manometer leicht festzustellende Druckdifferenz h_{diff} ergibt zusammen mit der ursprünglichen Geschwindigkeitshöhe h_{dyn_1} die im engsten

Querschnitt vorhandene Geschwindigkeitshöhe h_{dyn_2}. Aus dieser ist die Geschwindigkeit v_2 mit Hilfe der Beziehung

$$h_{dyn_2} = \frac{v_2^2}{2\,g}, \text{ also } v_2 = \sqrt{2\,g\,h_{dyn_2}} = \sqrt{2\,g\,(h_{dyn_1} + H)}$$

ohne weiteres zu ermitteln. Da ferner der Düsenquerschnitt nach der Konstruktion bekannt ist, kann die Durchflußmenge errechnet werden.

Aus diesen Ausführungen erhellt, daß die am Manometer abgelesene Druckdifferenz ein Maß für die Durchflußmenge ist.

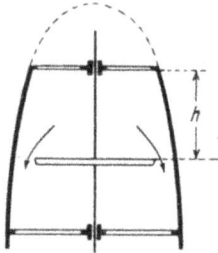

Abb. 7a.

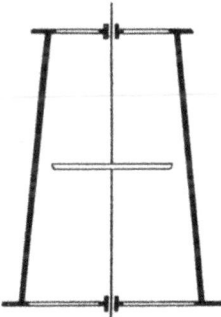

Abb 7b.

Schwimmer vom Schwimmer-Dampfmesser.

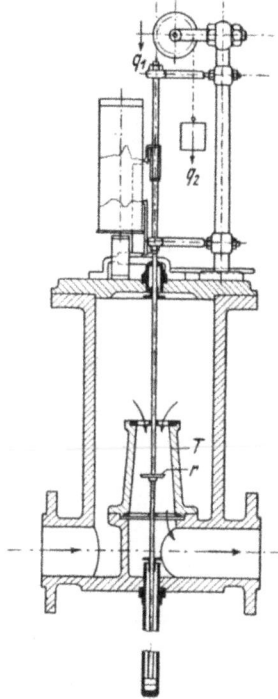

Abb. 8. Bayer-Dampfmesser.

Die Ermittlung des Differenzdruckes geschieht mittels eines bekannten Quecksilbermanometers, das in Abb. 6 schematisch dargestellt ist, bestehend aus zwei Gefäßen, welche einerseits durch ein Rohr miteinander, anderseits mit dem Staugerät verbunden sind. Da nach den oben abgeleiteten Beziehungen die Durchflußmenge im Venturirohr der Quadratwurzel aus der erzeugten Druckdifferenz proportional ist, so erfährt ein normales Quecksilbermanometer quadratische Ausschläge. Um diese zu vermeiden und bei den Anzeige- bzw. Registrierapparaten lineare Ausschläge zu erhalten, gibt man dem in Abb. 6 rechts dargestellten größeren Gefäß entweder eine parabolische Form oder (bei zylindrischem Gefäß) einen parabolischen Einsatz, während das linke kleinere Gefäß zylindrische Gestalt erhält. Auf dem Quecksilberspiegel dieses letzteren Gefäßes ruht ein Schwimmer, welcher die durch den Differenzdruck bedingten Quecksilberausschläge auf mechanischem oder mechanisch-elektrischem Wege an das Anzeige- bzw. Registrierinstrument durch Mittel weitergibt, welche im Abschnitt 5 ausführlich beschrieben sind.

Schwimmermeßgeräte beruhen im Prinzip darauf, daß der Dampf- oder Wasserstrom ein bewegliches Organ — einen Schwimmer, einen Teller, eine Kugel oder eine Klappe — aus der Ruhelage verschiebt, wobei vor und hinter dem Bewegungsorgan eine geringe Druckdifferenz entsteht. Der bei dieser Verschiebung (s. Abb. 7 a u. 7 b) mit mechanischen Mitteln erzielte Hub bildet einen Maßstab für die durchströmende Dampf- bzw. Flüssigkeitsmenge, so daß sich unter Annahme adiabatischer Zustandsänderung die Ausflußgeschwindigkeit mit genügender Genauigkeit durch die Formel

$$u = \varphi \sqrt{2 g v (p_1 - p_2)} \qquad \dots \dots \dots \dots \quad (I)$$

ausdrücken läßt[1]).

Es bedeuten:

u die tatsächliche Ausflußgeschwindigkeit in m/sek,

g die Beschleunigung der Schwere in m/sek^2,

p_1 der spezifische Dampfdruck vor der Ausströmungsöffnung in kg/m^2,

p_2 der spezifische Dampfdruck hinter der Ausströmungsöffnung in kg/m^2,

v das dem mittleren Dampfdruck entsprechende spezifische Dampfvolumen in m^3/kg,

γ das spezifische Dampfgewicht in kg/m^3,

F den Ausflußquerschnitt in m^2,

G die Ausflußmenge in kg/sek,

φ den konstanten Ausflußfaktor.

Setzt man

$$v = \frac{1}{\gamma},$$

so erhält man für die durch den Querschnitt F ausfließende Dampfmenge die Formel

$$G = F \cdot \gamma \cdot u = \varphi \cdot F \cdot \sqrt{2 g \gamma (p_1 - p_2)} \qquad \dots \dots \dots \quad (II)$$

Bei dem Bayerschen Dampfmesser (s. Abb. 8) ist nun $p_1 - p_2$ konstant und gleich der unveränderlichen Gewichtsdifferenz $q_2 - q_1$ zu beiden Seiten der Rolle R (s. Einzelzeichnung der Abb. 8). Setzt man somit

$$\sqrt{2 g (p_1 - p_2)} = k',$$

so wird aus Gleichung (II)

$$G = \varphi \cdot F \cdot k' \cdot \sqrt{\gamma} \qquad \dots \dots \dots \dots \quad (III)$$

Bei der untersuchten Konstruktion wird der Dampf gezwungen, zwischen einer ebenen Platte r (Abb. 7 a und 7 b) und einem als Rotationsparaboloid ausgebildeten Umschließkörper T durchzuströmen. Die Platte r wird vom Dampf naturgemäß soweit nach abwärts gedrückt, d. h. der Strömungsquerschnitt F derart eingestellt, daß die sich in ihm ausbildende Druckdifferenz gleich der konstanten Gewichtsdifferenz $q_2 - q_1$ ist. Der jeweilige Strömungsquerschnitt F kann, wie sich aus den geometrischen Eigenschaften eines Rotationsparaboloids ergibt, durch die Gleichung

$$F = c \cdot h \qquad \dots \dots \dots \dots \dots \quad (IV)$$

ausgedrückt werden, worin c eine Konstante, h den bezüglichen Hub des Tellers (s Abb. 7 a) bedeuten. Somit ergibt sich aus Gleichung (III) die Schlußformel

$$G = \varphi c h k' \sqrt{\gamma} = K h \sqrt{\gamma}, \qquad \dots \dots \dots \dots \quad (V)$$

worin $K = \varphi c k'$ den Eichungsfaktor bedeutet.

---

[1]) Aus den »Mitteilungen der Prüfungsanstalt für Heizungs- und Lüftungseinrichtungen«, Heft 4 vom Mai 1913 betr. Eichung eines Dampfmessers der Farbenfabriken vorm. Friedr. Bayer & Co.

Für die praktische Ausführung des Dampfmessers ist als Umschließungskörper jener Teil des Rotationsparaboloids gewählt, der sich mit genügender Genauigkeit durch einen einfachen Kegel ersetzen läßt (s. den Kegel T in der Einzelzeichnung der Abb. 8). Die Größe h zeichnet der Dampfmesser selbsttätig auf, da mit dem Teller r ein Schreibstift T_1 verbunden ist, der auf einer Uhrtrommel den Tellerhub als Kurve I aufzeichnet (s. Abb. 9). Die jeweiligen Werte von γ sind durch die bezüglichen Dampfdrücke gegeben, die von einem Federmanometer mittels des Schreibstiftes T_2 auf derselben Uhrtrommel als Kurve II angegeben werden.

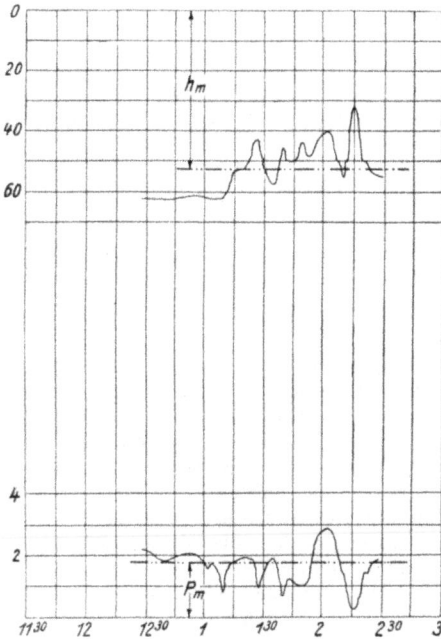

Abb 9.
Kurven zum Bayer-Dampfmesser.

Abb. 10.
Ansicht Kolbenwassermesser.

Flügelradmeßgeräte sind als Wassermesser zwar seit vielen Jahrzehnten bekannt, für die Dampfmessung dagegen erst in allerjüngster Zeit vom Verfasser zur Anwendung gebracht. Die Flügelradmessung beruht darauf, daß der Dampfstrom ein geeignetes Rad, dessen Achse horizontal oder vertikal zur Durchflußrichtung gestellt sein kann, in Umdrehung versetzt. Die Umdrehungszahl bildet einen Maßstab für die Durchflußmenge. Die Eichung läßt sich hier nur auf empirischem Wege durchführen.

Zur Messung der Nutzwärme auf elektrischem Wege verwendet man Thermoelemente, welche auf den zu messenden Wärmestrahlstellen angebracht werden. Die Bestimmung des Wärmeverbrauchs erfolgt auf Grund der Proportionalität zwischen Wärmeabgabe und Thermostrom.

Für die Wärmeabgabe eines Heizkörpers gilt die Gleichung:

$$Q = k \cdot F \left(t_0 - t_z \right),$$

wobei Q die Wärmeabgabe des zu messenden Heizkörpers, F seine Oberfläche, t_0 die mittlere Oberflächentemperatur, t_z die Zimmertemperatur, und k den Koeffizienten für den Wärmedurchgang des Heizkörpers bedeutet.

Für die thermoelektromotorische Kraft eines Thermoelementes gilt die Gleichung:

$$e = c \cdot n \left(T_{II} - T_K \right)$$

wobei e die elektromotorische Kraft, n die Zahl der hintereinander geschalteten Thermoelemente, T_H die Temperatur der heißen Lötstelle, T_K die der kalten Meßstelle und c einen Koeffizienten bedeutet. c ist abhängig von der Art der verwandten Metalle und bei Verwendung chemisch reinen Metalls innerhalb normaler Heiztemperaturen konstant.

Durch die Kombination beider Gleichungen und da $t_o - t_r = T_H - T_K$ ergibt sich:

$$Q = \frac{e \cdot k \cdot F}{c \cdot n},$$

d. h. eine unmittelbare Abhängigkeit der Wärmeabgabe des Heizkörpers von der elektromotorischen Kraft und der Zahl der Elemente. Diese Beziehung gilt sowohl für Dampf- als auch für Wasserheizungen, ganz gleichgültig ob mit oberer oder unterer Verteilung, Ein- oder Zweirohrsystem, Nieder- oder Hochdruck (Heißwasser).

5. Die Ausführungsformen der Meßgeräte.

a) Mechanische Dampfmeßgeräte zur indirekten Ermittlung des Wärmedurchflusses.

Die indirekte Messung der an Dampf gebundenen Wärme wird in der Praxis hauptsächlich bei Kesselanlagen zur Ermittlung der geleisteten Dampfmenge, ferner bei Fernheizwerken zur Feststellung der von den Konsumenten in ihrer Anlage verbrauchten Wärmemenge angewandt. Für den erstgenannten Fall sind die Meßgeräte so gebaut, daß sie in die Speisewasser-Druckleitung hinter der Pumpe, seltener vor der Pumpe angeordnet werden, bei Fernheizwerken dagegen arbeiten die Meßapparate stets drucklos. Zur Ermittlung der Kesselleistungen mit Hilfe von Kesselspeisewassermessern ist es, um Falschmessungen zu vermeiden, notwendig, daß der Kesselwasserstand bei den Ablesungen auf gleicher Höhe gehalten wird; es ist ferner zweckmäßig, das Meßgerät vor dem Speisewasservorwärmer einzubauen, da hier die Wassertemperatur sich im allgemeinen zwischen 30 und 50°C bewegt, während sie hinter dem Vorwärmer 100 bis 150° betragen kann und hier die Kalkabscheidungen größer und das aggressive Verhalten des heißen Wassers stärker ist. Die in die Druckleitung einzubauenden Wassermesser kann man gliedern in:

a) Messer mit hin- und herbeweglichem Kolben,
b) Messer mit rotierendem oder oszillierendem Kolben (sog. Volumenmesser),
c) Flügelradmesser mit senkrecht zum Durchfluß stehender Flügelradachse,
d) Flügelradmesser mit parallel zum Durchfluß stehendem Flügelrad (Woltmannmesser),
e) Differenzdruckmesser oder Venturiwassermesser,
f) Schwimmermesser.

Messer mit hin- und hergehendem Kolben wirken im allgemeinen derart, daß der Speisewasserstrom mit Hilfe von Steuerungsorganen einen Kolben aus der einen zur anderen Totlage bewegt, um bei diesem Bewegungsvorgang ein Zählwerk in Tätigkeit zu setzen.

Als Beispiel für Wassermesser dieser Art sei im folgenden der von J. C. Eckardt, Stuttgart-Cannstatt, gebaute Kolbenspeisewassermesser unter Hinweis auf die Abb. 10, 11 und 12 kurz beschrieben.

Befindet sich der Kolben K in seiner Tiefstellung im Zylinder C, so strömt das Wasser durch den Kanal AB unter den Kolben, hebt diesen hoch und drückt das darüber befindliche Wasser durch den Kanal D nach dem Kessel. Mit der Kolbenstange St ist die im Block F geführte Doppelzahnstange d_z verbunden, die durch Vermittlung eines Getriebes das Nockenrad N mit angegossener Nase n antreibt (s. Abb. 11 und 12). Durch das Nockenrad N wird ein an dem Gewichtshebel befestigtes Gewicht G so weit gehoben bis es infolge seiner eigenen Schwere nach der anderen Seite herunter-

fällt. Ein an dem Gewicht G vorspringender Ansatz g nimmt während des Herunter-
fallens den Doppelhebel T, der mit dem Steuerungskegel H (Reiber) zu einem Vier-
weghahn fest verbunden ist, mit und bewirkt so die Umsteuerung. Das Wasser
tritt nun, nachdem der Kolben K seine Höchstleistung erreicht hat, durch den Kanal AD
über den Kolben, drückt ihn wieder nach unten und damit gleichzeitig das unter ihm
befindliche Wasser durch Kanal B nach dem Kessel. Die Kolbenwege werden durch
das im Räderbock R gelagerte Räder- und Wendegetriebe auf das Zählwerk Z übertragen, das die Wassermenge in Litern anzeigt.

Messer mit rotierendem bzw. oszillierendem Kolben haben in den letzten
Jahren als Kesselspeisewassermesser großen Anklang gefunden, da sie relativ genau
bei verhältnismäßig geringen Reibungswiderständen arbeiten; ihre Konstruktion ist
durch die Abb. 13 und 14 (Messer mit oszillierendem Kolben — sog. Taumelscheibe

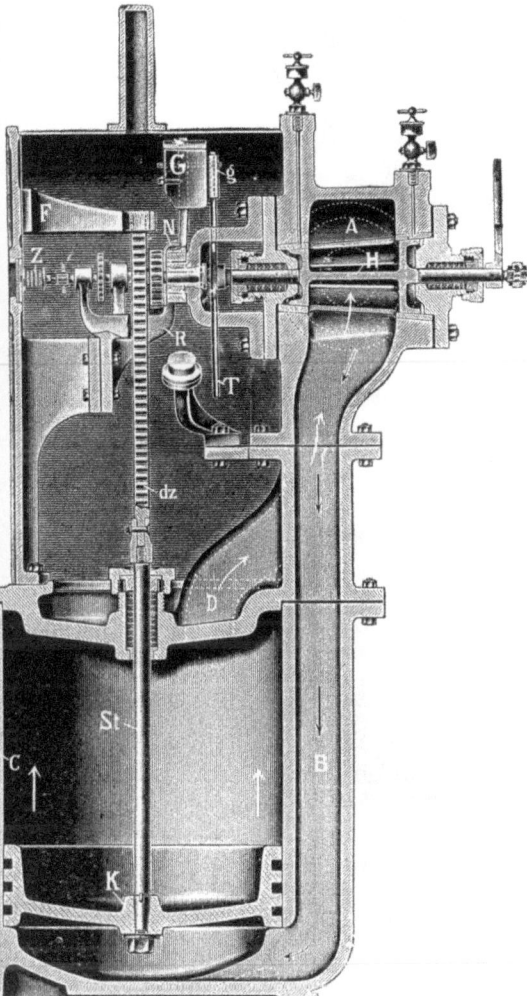
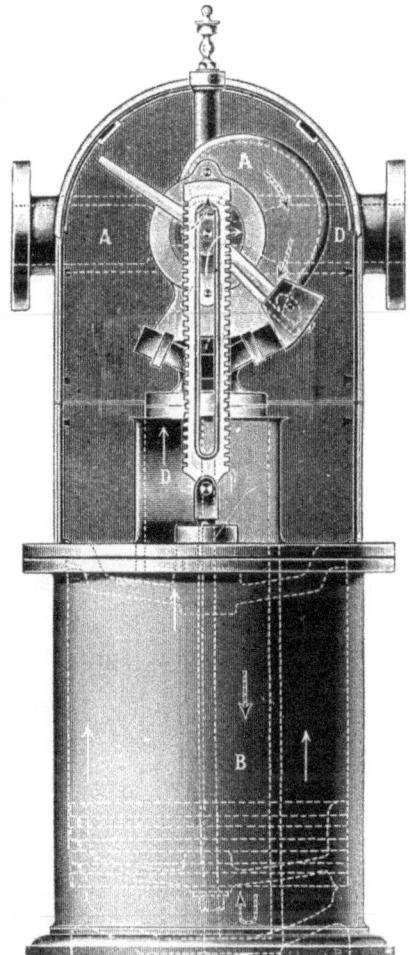

Abb. 11.   Abb. 12.

Schnitt durch Kolbenwassermesser.

von Siemens & Halske, Berlin)[1] sowie Abb. 15 (Messer mit rotierendem Kolben von Bopp
& Reuther, Mannheim) gekennzeichnet. Das aus Gußeisen oder Stahlguß bestehende
Gehäuse besitzt eine besondere Meßkammer, in dieser wird durch das ein- und aus-

Abb. 13. Ansicht vom Scheibenwassermesser.

tretende Wasser entweder eine oszillierende Scheibe oder ein senkrecht zu seiner Achse
sich drehender Meßkolben in Bewegung gesetzt; das Wasser strömt unten in die Meßkammer ein, füllt den Raum zwischen Meßkammer und Scheibe bzw. Meßkolben und
tritt nach erfolgter Verschiebung des Meßorgans oben wieder aus. Scheibe bzw. Meß-

Abb. 14. Schnitt durch Scheibenwassermesser.

kolben bestehen ganz oder teilweise aus einer Graphitkohle, die bei hohen Temperaturen
— im allgemeinen bis etwa 200° C — noch keine meßbare Ausdehnung besitzt.

Die Graphitkohle arbeitet in der Meßkammer, welche gewöhnlich aus Bronze
hergestellt ist, mit geringer Reibung, da sie selbstschmierende Eigenschaften hat und

[1] Meßgenauigkeit ± 1%.

zugleich stark polierend auf die Kammerwandungen wirkt. Ein Vorzug dieser Konstruktion besteht darin, daß die eingesetzten Meßkammern auswechselbar sind und daher bei etwaiger Verschmutzung des Gerätes in kurzer Zeit der reinigungsbedürftige Einsatz durch einen anderen ohne nennenswerte Betriebsunterbrechung ersetzt werden kann.

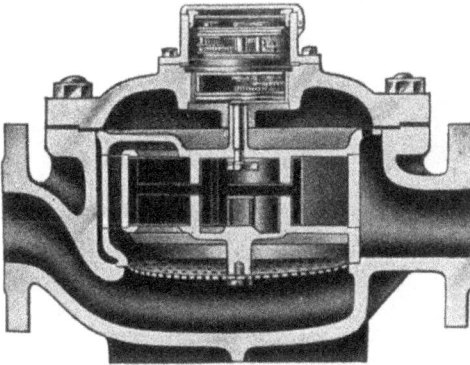

Abb. 15. Schnitt durch Volumenwassermesser.

Am einfachsten in seiner Bauart und zugleich am wohlfeilsten ist der Flügelradheißwassermesser mit senkrecht zum Durchfluß stehender Flügelradachse (s. Abb. 16 u. 17, Fabrikat Pipersberg, Lüttringhausen, Rheinld.). Derselbe besteht gewöhnlich aus einem Metall- oder Gußgehäuse, in welches ein leicht aus-

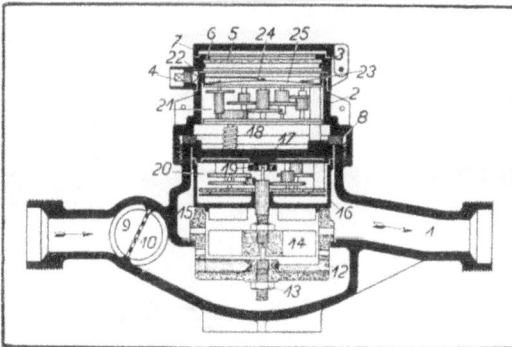

Abb. 16.

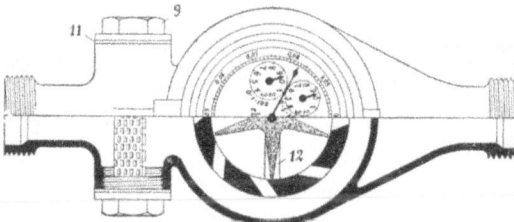

Abb. 17.
Schnitt durch Flügelradmesser.

Abb. 18. Schmutzkasten zum Flügelradwassermesser.

wechselbarer Bronzeeinsatz eingefügt ist. In diesem Einsatz ist das
aus Spezialhartgummi oder Nickel
bestehende Flügelrad derart vertikal gelagert, daß die durchströmende
Flüssigkeit nur die Spurzapfenrei-
bung zu überwinden hat. Das Wasser
trifft auf das Flügelrad je nach der
Konstruktion entweder von einer
oder von mehreren Seiten in tan-
gentialen Strahlen, um es in Umdrehung zu versetzen und die Drehzahl mittels eines vielfachen Zahnradvorgeleges auf ein Zählwerk zu
übertragen. Um Schmutzteilchen
aus Kalk oder Rostablagerungen
bestehend, ferner Dichtungsfasern u. dgl., vom Messer fernzuhalten, muß derselbe
entweder selbst ein Schlammsieb oder besser noch einen besonderen Schmutzkasten
vorgeschaltet bekommen (s. Abb. 18). Die Meßgenauigkeit dieser Messer beträgt bei
guter Wartung und guter Instandhaltung bis zu ± 2%.

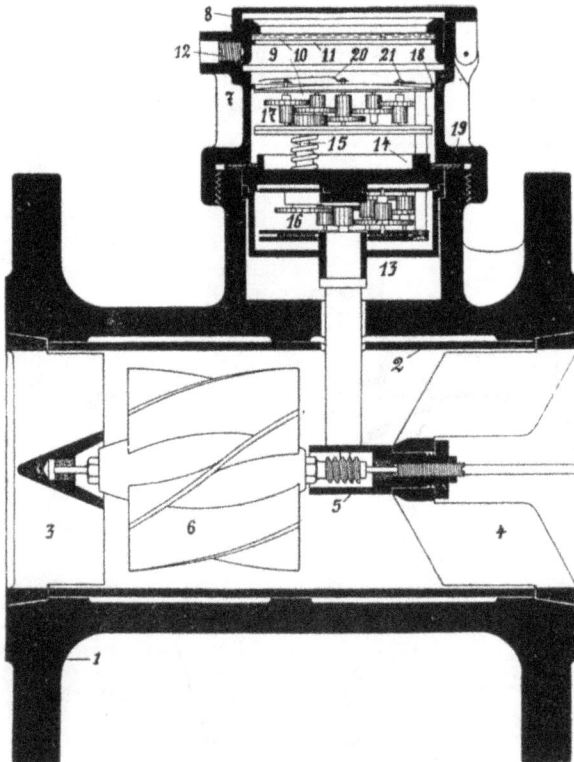

Abb. 19. Woltmann-Wassermesser.

Für Wassermengen von etwa 20 bis 150 m³ je Stunde und darüber hinaus, verwendet man an Stelle der beschriebenen Flügelradwassermesser Woltmann-Heißwassermesser mit einem Flügelrad, welches parallel zum durchfließenden Wasserstrom steht (s. Abb. 19, Fabrikat Pipersberg, Lüttringhausen (Rheinld.). Die schraubenförmig gewundenen und entweder aus Metall oder aus einer Graphitmasse bestehenden Flügel werden von dem Wasserstrom getroffen und in Umdrehung versetzt. Die Umdrehung wird mittels eines Schneckengetriebes zunächst auf ein Zahnradvorgelege, sodann auf das Zählwerk übertragen.

Mit den bisher beschriebenen Heißwassermessern ist es nur möglich, den fortlaufenden Gesamtverbrauch des Speisewassers an einem Zählwerk abzulesen. Da in modernen Kesselanlagen jedoch vielfach darauf Wert gelegt wird, neben oder an Stelle der laufend gemessenen Speisewassermenge auch jeweils das augenblicklich durchströmende Speisewasserquantum erkennen und registrieren zu können, so verwendet man in neuerer Zeit besonders dort, wo es sich um die Messung großer Mengen handelt, vielfach den Venturimesser. Nachdem das Prinzip der Messung mittels Staugeräts oben bereits ausführlich behandelt worden ist, genügt es, wenn hier eine Beschreibung der üblichen Ausführungsform folgt: Dort, wo die Stauung nach dem Venturiprinzip durchgeführt wird (und das ist bei Wasser fast ausschließlich der Fall), verwendet man an Stelle der früher gebräuchlichen gußeisernen Rohre meist solche aus Bronze bzw. aus Gußeisen mit Bronzeeinsatz, welche innen sauber gedreht werden. An den Stellen des größten und des kleinsten Querschnitts (s. Abb. 20) befinden sich gewöhnlich ringförmige Kammern, welche mit dem Innern des Venturirohres durch einen Kreis von Löchern verbunden sind. Diese Druckentnahme auf dem ganzen Umfang des

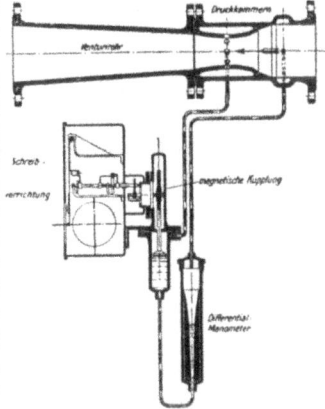

Abb. 20. Schema der Venturi-Durchflußmessung.

Abb. 21.
Schnitt durch Kippwassermesser.

Abb. 22.

Wasserfadens hat gegenüber der zweimaligen Anbohrung des Rohres an je einer einzigen Stelle den Vorteil, daß etwaige lokale Wirbelströmungen nicht in Erscheinung treten und man gute Mittelwerte des Druckes für das Anzeigeinstrument erhält, welches mit dem Staugerät durch zwei dünne Metallrohre verbunden ist (s. Abb. 20). Die Messung kann dazu benutzt werden, um entweder die augenblickliche Durchflußmenge anzuzeigen, zu registrieren oder auch zu summieren bzw. zu zählen. Da die auf dem Stauprinzip beruhenden Meßgeräte — gleichgültig, ob sie für Dampf oder für Wasser verwendet werden — keine konstruktive Abweichung zeigen, so genügt hier ein Hinweis auf die genaue Beschreibung im Abschnitt 5b.

Schwimmer-Heißwassermesser sind in bezug auf ihre Konstruktion sowie auf die Wirkungsweise durchaus ähnlich den in Abschnitt 5b erläuterten Schwimmer-Dampfmessern, so daß ihre Besprechung sich an dieser Stelle erübrigt.

Abb. 23. Ansicht vom Trommelwassermesser.

Neben den beschriebenen, in Druckleitungen einzubauenden Speisewassermessern verwendet man auch Meßapparate, welche nahezu drucklos arbeiten, also bei Kesselanlagen vor der Kesselspeisewasserpumpe anzuordnen sind. Diese Messer werden als sog. Kippwassermesser und als Trommelmesser gebaut und besitzen 2 oder mehr Kammern, welche abwechselnd mit Wasser gefüllt werden. Die Wirkungsweise dieser Geräte beruht darauf, daß beim Füllen einer Kammer der Schwerpunkt derselben sich allmählich so weit verschiebt, bis das Gefäß kippt und seinen stets gleichbleibenden Inhalt entleert. Der mit dem Kippen verbundene Bewegungsvorgang wird dazu benutzt, um ein Zählwerk zu betätigen.

Die Abb. 21 und 22 zeigen einen Kippwassermesser der Firma I. C. Eckardt, Stuttgart-Cannstatt, bestehend aus 2 Kammern, welche abwechselnd eine Links- und eine Rechtsbewegung ausführen. Die Flüssigkeit tritt durch die Einlauföffnung in die jeweils darunter befindliche Meßkammer ein und füllt diese bis zur Überlaufrinne. Die Entleerung findet dann in die darunter liegenden Behälter statt, während die zweite Meßkammer unter den Einlaufflansch gelangt, um sich zu füllen. Die Kippvorgänge werden mittels eines Hebels auf das Zählwerk, welches an der Stirnwand des Behälters angebracht ist, übertragen. Die Bestimmung der gesamten Durchflußmenge erfolgt durch Multiplikation der auf dem Zählwerk abgelesenen Anzahl der Kippungen mit dem Meßkammerinhalt, welcher auf jedem Zählwerk angegeben ist.

In Abb. 23 ist ein Trommelwassermesser der Firma Gebrüder Siemens, Berlin, welche die ersten Meßgeräte dieser Art auf den Markt gebracht hat, mit abgenommener Haube dargestellt; hier senken sich die Meßkammern nicht wie bei dem Kippwassermesser abwechselnd nach links und rechts, sondern bewegen sich in derselben Drehrichtung weiter. Eine um die Achse a (Abb. 24) drehbare Meßtrommel besitzt einen Innenzylinder, der in die drei Kammern 1, 2 und 3 eingeteilt ist. Diese Kammern stehen untereinander durch die Öffnungen e_1, e_2, e_3 in Verbindung. Ferner ist jede Kammer durch je eine Öffnung b_1, b_2, b_3 mit den zugehörigen eigentlichen Trommelkammern I, II, III räumlich verbunden. Um die Achse a herum führt parallel zu ihr das Zuleitungsrohr c mit der ständig nach unten zeigenden Abflußöffnung d. Durch die Spalten f_1, f_2, f_3 stehen die Trommelkammern I, II, III mit der freien Luft in Verbindung.

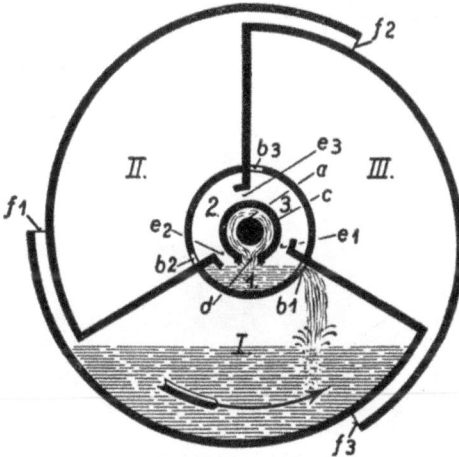

Abb. 24. Schnitt durch Wassermessertrommel.

In der gezeichneten Lage tritt das zu messende Kondenswasser aus der Ausflußöffnung d in die Kammer I des Innenzylinders ein und gelangt zugleich durch die Öffnung b_1 in die Trommelkammer. Sie füllt sich mit Flüssigkeit an, jedoch dreht sich die Trommel zunächst nicht, da sich diese Kammer senkrecht unter der Achsmitte befindet. Ist die Kammer I vollständig gefüllt, so tritt die Flüssigkeit durch die Öffnungen e_2 und b_2 in die Kammer II ein und füllt auch diese allmählich an. Dadurch wird der Schwerpunkt nach links verlegt, und die Trommel beginnt, sich in der Pfeilrichtung zu drehen. Hierbei wird zugleich die Trommelkammer I durch den Ausfluß f_1 entleert. An Stelle der Kammer I tritt jetzt die Kammer II, und der oben beschriebene Vorgang wiederholt sich. Hierauf folgt die Kammer III usw. Die Bewegung der Trommel wird auf ein Zählwerk übertragen, an dem man die durch den Apparat geleitete Wassermenge unmittelbar ablesen kann. Ähnlich wirken und sind konstruiert die Trommelmesser von I. C. Eckardt (s. Abb. 25) sowie die Aqua-Messer von Hesselbach & Schüller, Düsseldorf (s. Abb. 26). Diese letzteren, vom Verfasser auf Grund der in Fernheizwerken gesammelten Erfahrungen durchkonstruiert, weisen manche Verbesserungen auf.

Abb. 25. Trommelwassermesser-Ansicht.

Trommelwassermesser werden — wie schon gesagt — außer zur Messung des Kessel-speisewassers vor allem für Fernheizwerke verwendet, wo man sie in die Kondens-leitung einbaut, um das anfallende Kondensat, welches der im Netz verbrauchten Dampf-menge äquivalent ist, zu messen. Da bei Heizungsanlagen erfahrungsgemäß von allen Kondenswasserleitungen Schlamm mitgeführt wird, so ist vor jedem Trommelwasser-

Abb. 26. Ansicht Trommelwassermesser.

messer, um Störungen und Falschmessungen zu vermeiden, eine Wasserschleife sowie ein Schlammfang anzuordnen, am besten in Form einer Kombination beider Teile, etwa wie die Abb. 27 des Aqua-Messers (Seitenansicht) das zeigt; um zu verhindern, daß beim Eintreten von Dampf in die Kondensleitung der Messer beschädigt wird und zugleich Wärme ungemessen das Netz passiert, ist direkt vor der Wasserschleife eine Luftleitung von mindestens derselben Rohrstärke wie die der Kondensleitung anzuordnen (s. Abb. 27); etwa auftretender Dampf nimmt in diesem Fall seinen Weg durch die Luftleitung sichtbar ins Freie, so daß leicht der Fehlerquelle nachgegangen werden kann. Das Kondensat muß dem Messer frei zufließen und von demselben frei abfließen können, jedes Anstauen des Wassers im Messer be-hindert die Trommelbewegung und führt zu Fehl-messungen. Die Größe der Wassermesser ist mit Rücksicht auf den beim Anheizen entstehenden größeren Kondenswasseranfall wie folgt zu wählen:

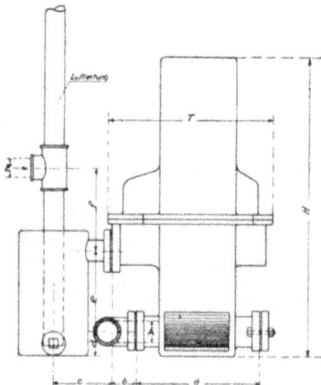

Abb. 27. Kombination des Trommelwasser-messers mit Schlammfang und Luftrohr.

Für Gebäude mit Schwerkraft- und Dampf-heizungen bis 100 000 WE max. Anschlußwert 300 l

von 100 000 bis 200 000 WE . . . . . 600 l,
» 200 000 » 500 000 » . . . . . 1500 l,
» 500 000 » 10⁶ WE . . . . . . 3000 l.

Für Gebäude mit Pumpenheizungen bis

$$
\begin{array}{llr}
75\,000 \text{ WE max. Anschlußwert} & \ldots & 300\text{ l,} \\
\text{von } 75\,000 \text{ bis } 100\,000 \text{ WE} & \ldots\ldots & 600\text{ l,} \\
\text{» } 150\,000 \text{ » } 350\,000 \text{ »} & \ldots\ldots & 1500\text{ l,} \\
\text{» } 350\,000 \text{ » } 750\,000 \text{ »} & \ldots\ldots & 3000\text{ l.}
\end{array}
$$

**b) Mechanische Dampfmeßgeräte zur direkten Ermittlung
des Wärmedurchflusses.**

Allgemeines.

Während die bisher beschriebenen Geräte dazu dienten, bestimmte Dampfmengen auf indirektem Wege zu messen, sollen die folgenden Abschnitte eine Darstellung der direkten Wärmemessung bringen. Dieser Meßmethode ist insofern der Vorzug zu geben, als sie vielfach einfacher ist, vor allem aber beabsichtigte oder unbeabsichtigte Meßfehler eher ausschließt. Bei indirekter Ermittlung des Wärmeverbrauchs treten Falschmessungen — wie früher bereits angedeutet — auf, wenn die gemessene Kondensatmenge nicht der verbrauchten oder erzeugten Dampfmenge äquivalent ist; dieses kann bei Dampfkesselanlagen auf schwankenden Wasserstand oder auf

Abb. 28. Staudüse.

gewollte bzw. ungewollte Betätigung des Schlammablaßventils zurückzuführen sein, bei Fernheizanschlüssen ist es möglich, daß innerhalb des Verbrauchsnetzes Kondensat — und zwar durch Zufall oder mit Absicht — verlorengeht, es kann hier aber auch bei Versagen einer Rückspeisepumpe das Niederschlagswasser statt den Wassermesser zu passieren durch das Überlaufrohr des Sammelgefäßes ungemessen fortfließen. Solche Vorkommnisse schließt die direkte Durchflußmessung aus, deshalb sollte zur Vermeidung mancher Meßfehler viel mehr zu dieser Methode gegriffen werden, wenigstens dort, wo Geräte von genügender technischer Vollkommenheit und entsprechender Wohlfeilheit verfügbar sind.

Dampfzeiger (Dampfuhren).

Die Anzeigung der in jedem Augenblick ein Dampfrohr passierenden Dampfmenge kann sowohl nach dem beschriebenen Prinzip der Durchflußmessung mit Staugerät als auch mit Hilfe eines Schwimmers geschehen. Bei Staumessungen erhält die

Dampfleitung entweder einen Stauflansch, eine Staudüse oder ein Venturirohr; Meß-
scheibe (auch Meßflansch genannt — s. Abb. 28, Fabrikat Siemens & Halske) und
Meßdüse lassen sich infolge ihrer gedrungeneren Ausführungsform oft leichter in eine
Rohrleitung einbauen als das Venturirohr, welches demgegenüber die in Abschnitt 4
dargelegten Vorzüge hat. Alle Staugeräte müssen sauber bearbeitet sein, um lokale
Wirbelungen und damit verbundene Falschmessungen zu vermeiden; ihre Verbindung
mit dem Anzeigeinstrument soll möglichst durch Metallrohrleitungen (Stahl, Eisen,
Messing, Kupfer od. dgl.) und höchstens bei transportablen Versuchsapparaten mittels
Gummischlauches geschehen. Die Geräte, welche zur Anzeige der augenblicklich strömenden Dampfmenge dienen, sind, wie in Abschnitt 4 gesagt, als Quecksilbermanometer
gebaut und können die verschiedensten Ausführungsformen annehmen.

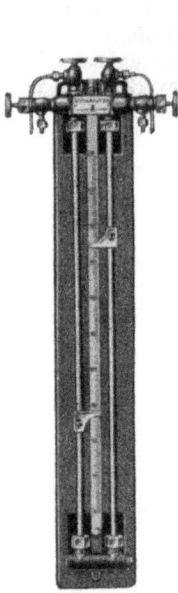

Abb. 29.
Quecksilber-Manometer
aus Glasrohr.

Abb. 30.
Quecksilber-Manometer.

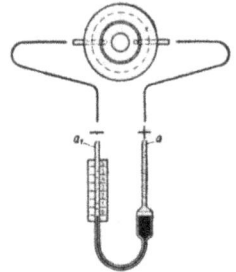

Abb. 29 zeigt ein derartiges Gerät in einfachster und übersichtlicher Ausführung
von der Firma Bopp & Reuther, Mannheim, gebaut; die beiden Schenkel des Mano-
meters werden durch 2 Glasrohre gebildet, die am unteren Ende miteinander verbunden
und am oberen Ende durch ein Metallstück gehalten sind, welches gleichzeitig einen
Anschlußhahn mit Verschraubung sowie einen besonderen Entlüftungshahn besitzt.
Bei Inbetriebnahme dieser Meßvorrichtung wird das Manometer bis zu halber Höhe
mit Quecksilber gefüllt, indem man den Entlüftungshahn abschraubt. Zwischen den
beiden Glasrohren befindet sich zweckmäßigerweise eine verschiebbare Metallskala,
die entweder Millimetereinteilung oder Einteilung nach m³ bzw. nach kg je Stunde
besitzt. Es ist ferner vorteilhaft, wenn auf den beiden Glasrohren 2 Metallschieber
angebracht werden, welche sich bequem auf die entsprechende Stellung der Quecksilberspiegel einstellen lassen. Die Skala wird dann so verschoben, daß der untere
Spiegel mit dem Nullstrich der Skala übereinstimmt, während der Schieber an der
rechten Glasröhre auf den anderen Quecksilberspiegel eingestellt wird. Hiernach kann
man an der Skala direkt den Ausschlag in Millimeter oder die Durchflußmenge in kg
bzw. m³/h ablesen; in letzterem Fall ist die Einteilung jedoch quadratisch. Um zu

verhindern, daß das Quecksilber bei Überlastung durchschlägt und in die Verbindungsleitungen zum Venturirohr oder gar in die Rohrleitung gerät, wird im oberen Befestigungsstück über dem rechten Glasrohr ein kleines Ventil eingebaut. Dasselbe hat einen Fortsatz nach unten, welcher bewirkt, daß, sobald der höher steigende Quecksilberspiegel ihn erreicht, das Ventil angehoben und hierdurch die Durchflußöffnung abgeschlossen wird, ehe das Quecksilber noch das eigentliche Ventil erreicht hat.

Eine andere sehr einfache Form des Leistungsmessers zeigt die Abb. 30, welche ein Gerät der Firma Dr. Martin Böhme, Berlin, nach Vorschlägen der »Wärmestelle Düsseldorf des Vereins deutscher Eisenhüttenleute« darstellt. Der in der Leitung erzeugte Druckunterschied wirkt auf ein Quecksilbergefäß in Form eines U-Rohres. Die Höhe der Quecksilbersäule, gemessen an einer Skala, die nach Belieben in kg/s

Abb. 32. Abb. 33.

Quecksilber-Manometer mit runder Skala.

oder kg/h eingeteilt und auf den herrschenden Druck eingestellt werden kann, ergibt die jeweilige Durchflußmenge. Dieser einfache und bequem tragbare Apparat (Abb. 31 zeigt ein Schema) ist besonders für Versuchsmessungen geeignet.

Da im Betrieb den Anzeigeinstrumenten mit runder Skala oft gegenüber solchen mit vertikaler Teilung der Vorzug gegeben wird, zumal das Bedienungspersonal meist an die Handhabung uhrenförmiger Geräte gewöhnt ist, so ist man auch im Dampfmesserbau dazu übergegangen, neben den beschriebenen Leistungsmessern solche mit runder Skala zu bauen. Auch diesen Instrumenten liegt das Prinzip der Quecksilbermanometer zugrunde; da bei einem runden Zeigerapparat mehr noch als beim geraden Glasrohr der quadratische Ausschlag stört, so baut man alle mit Zeiger versehenen Geräte unter Zuhilfenahme der in Abschnitt 4 beschriebenen Mittel nur für lineare Bewegung.

Derartige Geräte — in den Abb. 32, 33 und 34 dargestellt — lassen das Barometerprinzip nicht mehr eindeutig erkennen, da beide Schenkel aus konstruktiven Gründen entweder zu einem Block aneinandergegossen oder auch ineinandergeschoben sind, so daß der eine Quecksilberschenkel durch ein engeres Rohr, der andere durch ein im

Querschnitt weiteres, äußeres Rohr, welches das engere Rohr mit gewissem Spielraum umschließt, gebildet wird (s. Abb. 35). In jedem Fall erhält der eine Schenkel parabolische Form (s. Abschnitt 4), während der andere in ein Gefäß ausmündet, welches den Schwimmer aufnimmt; dieser besteht meist aus Eisen, Hartgummi od. dgl., und trägt eine Spindel mit Zahnstange, welche in ein Zahnrad eingreift, das bei Differenzdruckbewegungen in Rotation versetzt wird. Auf der Zahnradachse sitzt zugleich der Zeiger, welcher sich vor einer Leistungs- oder Belastungsskala dreht. Da das Gehäuse, in welchem der Schwimmer, die Zahnstange und das Zahnrad sich befinden, unter dem Dampfleitungsdruck steht, der Zeiger sich aber gewöhnlich im drucklosen

Abb. 34. Quecksilber-Manometer mit runder Skala nebst Registrierung.

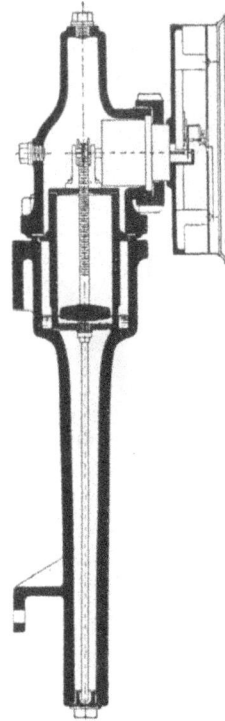

Abb. 35. Quecksilber-Manometer Bewegungsübertragung.

Raum bewegt, so muß die Zeigerwelle mit einer Stopfbüchse versehen werden; besser ist dagegen eine reibungslose Übertragung der Bewegungen mit mechanischen Mitteln oder mit einer Magnetkupplung (Siemens & Halske). Das beschriebene Gerät läßt sich auch für elektrische Fernanzeigung verwenden, indem das manometrische Teil desselben mit einem elektrischen Geber versehen wird.

Abb. 36 zeigt ein solches Geber-Aggregat, wie es die Firma Siemens & Halske, Berlin, baut: Ein auf die Kammer des Differenzialmanometers aufgeschraubtes Neusilberrohr schließt hier das Spulensystem von dem unter Druck stehenden Differenzial-Manometer ab; damit ist ein mechanisch einwandfreier Abschluß erreicht, ohne daß die Wirkung des in diesem Rohr geführten Eisenkerns auf das Magnetsystem beeinträchtigt wird. Das elektrische Anzeigegerät erhält von den Induktionsspulen des Gebers seinen Impuls; zur Erregung ist Wechselstrom erforderlich, der eine Frequenz von 50 Perioden und eine Spannung von 120 Volt haben muß. Die Fernanzeige selbst erfolgt mittels eines normalen elektrischen Meßinstrumentes, welches als Dampf-leistungs- oder Dampfbelastungsmesser geeicht ist (s. Abb. 37).

Die Messung der augenblicklichen Durchflußmenge mittels Schwimmer ge-schieht nach den Darlegungen in Abschnitt 4 meist mit Hilfe eines ventilartigen Tellers, welcher sich in einem konischen Hohlkörper auf- und abbewegt (s. Abb. 7a und b). Während die Firmen Bayer, Leverkusen[1]), Claassen, Schwedt a. d. Oder, Samson, Frank-furt a. M. u. a. diese Konstruktion unverändert anwenden, schlägt Stabe, Berlin, in-sofern den umgekehrten Weg ein, als er den beweglichen Teil in Form eines koni-schen Vollkörpers ausbildet, der sich in einem ringartigen Sitz hebt und senkt (s. Abb. 38). Die Bewegung des gut geführten Schwimmerorgans ist, wie zu ersehen, auf ein Hebel-gestänge übertragen, das eine Horizontalwelle sowie den darauf sitzenden Zeiger dreht, um die jederzeitigen Durchflußmengen kenntlich zu machen. Dort, wo Dampfstöße zu befürchten sind, gibt man der Schwimmerführungsstange eine Bremse, die gleich-falls in Abb. 38 als kleiner Kolben sichtbar ist.

Abb. 37. Elektr.
Dampfleistungs-
anzeiger.

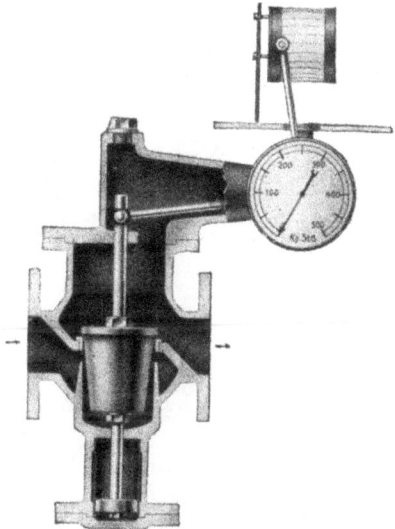

Abb. 36. Elektr. Ferngeber.

Abb. 38. Dampfleistungsanzeiger mit
Schwimmer.

Dampfmesser und Dampfzähler mit Antriebswerk.

Diese unterscheiden sich organisch kaum von den Dampfzeigern (Dampfuhren) bzw. Leistungsanzeigern, denn sowohl bei der Stau- als auch bei der Schwimmermessung wird lediglich die oben beschriebene Drehbewegung der Zeigerachse unter Zwischen-schaltung eines Geradlenkers (s. Abb. 39) oder direkt (s. Abb. 34) nach einem Schreib-stift übertragen, der auf einen mechanisch bewegten Papierstreifen die Mengenkurve zeichnet. Die Bewegung des Registrierstreifens erfolgt gewöhnlich mittels eines Uhr-werks, seltener durch einen vollkommen gleichmäßig laufenden Elektromotor. Bei Staumessungen läßt sich endlich unter Zuhilfenahme des oben bereits beschriebenen elektrischen Gebers auch Fernregistrierung durchführen, wie dies in dem Schema-bild Abb. 40 dargestellt ist. Die registrierende Empfangseinrichtung besteht dabei aus einem umlaufenden Registrierstreifen, über welchem sich der elektrisch verstell-bare Schreibstift hin- und herbewegt.

---

[1]) Der Vertrieb dieser Messer ist jetzt von der Firma Siemens & Halske A.G. übernommen worden.

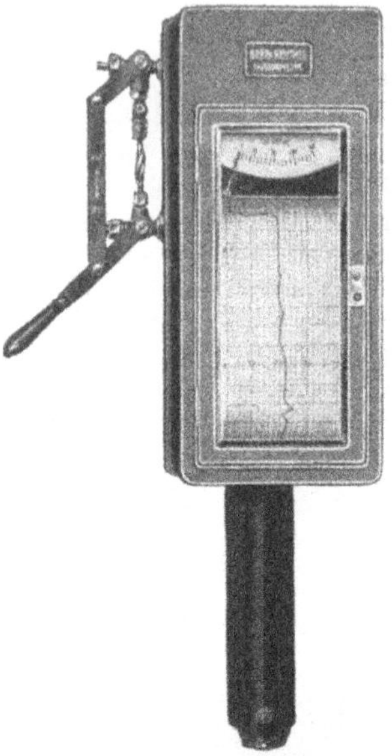

Abb. 39. **Registrierender Dampfleistungsanzeiger.**

Alle bisher beschriebenen Dampfmeßgeräte lassen lediglich das Volumen des durchströmenden Dampfes erkennen, was in vielen Fällen durchaus genügen mag, dort aber, wo Druckschwankungen auftreten, ist diesen unter allen Umständen Rechnung zu tragen, da die Dampfgewichte und -volumina nicht proportional sind. Während bei den mit Staugerät arbeitenden Meßapparaten durchweg auf eine Druckberücksichtigung verzichtet ist, wird von den Fabriken für Schwimmermesser vielfach eine solche angewandt:

Den in dieser Beziehung einfachsten Weg schlagen die Farbenfabriken von B a y e r, Leverkusen, ein, indem sie auf demselben Registrierstreifen sowohl die Volumen- als auch die Druckkurve des durchströmenden Dampfes schreiben (s. Abb. 9, altes Modell).

Die Firma F e o d o r S t a b e, Berlin, verfährt bei ihrer Druckberücksichtigung dagegen so, daß sie die Bewegung eines Manometermembrans auf den Schreibhebel einwirken läßt und dadurch dessen Verstellung auf eine dem jeweiligen Druck entsprechende Mengeneinheit hervorruft. Die konstruktive Durchbildung dieses Geräts ist nach Abb. 41 folgendermaßen gelöst:

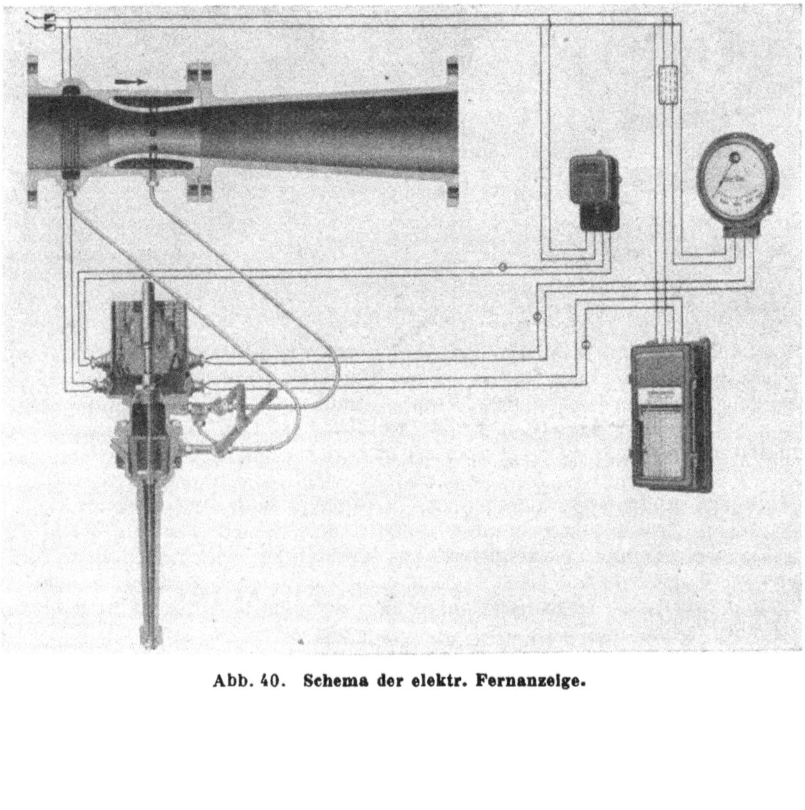

Abb. 40. **Schema der elektr. Fernanzeige.**

Eine Membran hebt bei steigendem Druck einen Stift empor, welcher auf den kurzen Arm eines zweiarmigen Hebels wirkt und dessen anderes Ende mit der Laufrolle nach unten bewegt. Diese Laufrolle betätigt wiederum den kürzeren Arm eines anderen zweiarmigen Hebels, wodurch auch die am längeren Arm sitzende Rolle nach unten verschoben wird. Die Rolle läuft zudem auf der Kreiskurve eines Schreibhebels, so daß dieser in der Nullstellung sich nicht verstellt. Der Schreibhebel sitzt unten drehbar auf einem Hebel, durch den der Hub des Schwimmerkegels auf ihn übertragen wird. In der Nullstellung zeigt der Schreibhebel mit dem Schreibstift auf die Nullinie des Diagramms. Bewegt sich nun der entsprechende Hebel beim Anheben des Schwimmerkegels und mit ihm der Drehpunkt des Schreibhebels nach links, so bleibt er immer durch die Feder angezogen und gegen die Rolle des zugehörigen Hebels angedrückt, so daß der Schreibhebel bei steigendem Druck weiter nach rechts ausschlägt und damit eine dem höheren spezifischen Gewicht des Dampfes entsprechende höhere Anzeige des Dampfgewichtes erfolgt.

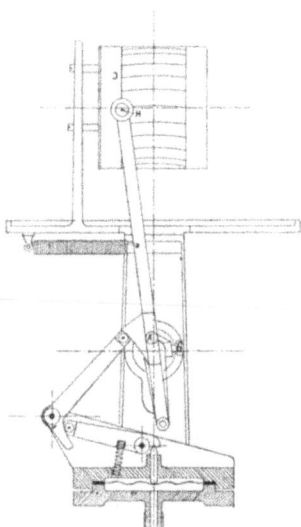

Abb. 42.
Elektr. Fernzähler.

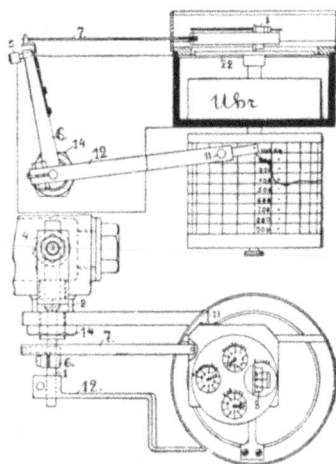

Abb. 41.
Druckberücksichtigung.

Abb. 43.
Registrier- und Zählvorrichtung.

Die von der Firma Claassen in Schwedt a. d. Oder gebaute Druckberücksichtigung zeigt eine ähnliche Konstruktion.

Bei Dampfzählern (Dampfmeßgeräten, welche die jeweils durchströmende Dampfmenge summieren), verwendet man wie bei registrierenden Dampfmessern sowohl Stau- als auch Schwimmergeräte.

Die Staumessung läßt sich hier allerdings nur in Verbindung mit dem elektrischen Ferngeber sowie entsprechender Empfangseinrichtung, bestehend aus einem normalen, für Dampfmengenzählung geeichten Elektrizitätsmesser, durchführen (s. Abb. 42), wobei eine Druckberücksichtigung natürlich nicht stattfindet.

Schwimmerdampfzähler mit Integrator werden seit etwa 5 Jahren von der Firma Claassen gebaut und sind so konstruiert, daß der Integrator von einem Uhrwerk angetrieben wird, während ein Friktionsrad auf einer Friktionsscheibe proportional zum Schwimmerhub hin- und herbewegt wird. Der Integrator liegt durch sein Eigengewicht auf der Friktionsscheibe auf. Die Einstellung auf den Nullpunkt erfolgt durch eine Mikrometerschraube. Abb. 43 zeigt die Registrier- und Zählvorrichtúng des Dampfmessers. Die Meßscheibe bewegt sich, wie bekannt, in der Düse (s. Abb. 44) und wird durch einen Hebel auf eine Welle übertragen; auf derselben sitzen 2 Hebel (6 und 12). Der Hebel 12 hat an seinem oberen Ende einen Silberstift und schreibt, genau wie bei dem registrierenden Apparat, ein Diagramm auf. Der Hebel 6 ist mit der Zugstange 7 verbunden und bewegt einen Integrator. Die Meßrolle 8 ist im Mittelpunkt der Friktionsscheibe 5 in der Nullstellung angeordnet; sie zeigt die Einer an und ist in je 10 gleiche Teile geteilt, während jeder Teilstrich nochmals in weitere 10 Teile unterteilt ist, so daß man auch $1/_{100}$ der Umdrehung der Meßrolle 8 ablesen kann. Die Meßscheibe 9 ist in 100 Teile geteilt. Eine Umdrehung der Meßrolle 8 ist also gleich $1/_{100}$ Umdrehung des Zifferblattes 9.

Die Firma Stabe baut einen ähnlichen Dampfzähler (siehe Abb. 45).

Der vom Verfasser durchgebildete und von der »Samson« Apparatebau A.-G., Frankfurt a. M., gebaute Schwimmerdampfzähler verwendet ein für den Wärmemesserbau neuartiges Konstruktionselement — die Zahnradkurvenwalze — welche als Multiplikationsmechanismus gelten darf. Sattdampfmesser (siehe

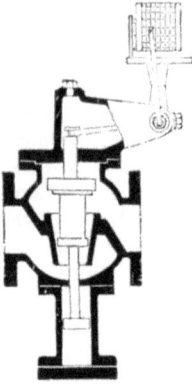

Abb. 44. Schnitt durch Dampfmesser.

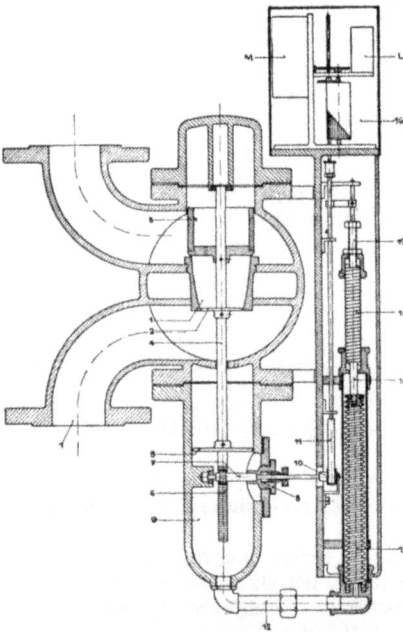

Abb. 45. Dampfzähler.

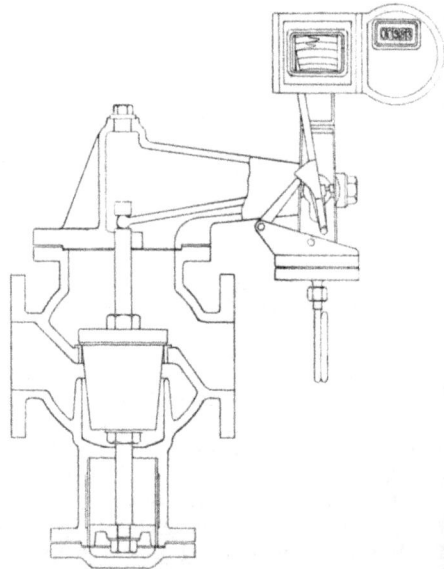

Abb. 46. Sattdampfzähler mit Multiplikationswerk.

Abb. 46) benötigen zwei dieser Aggregate, welche durch eine mechanische Kraftquelle oder einen kleinen, gleichmäßig laufenden Elektromotor angetrieben werden. Während die eine Walze unter Zwischenschaltung eines Zahnradvorgeleges in erwähnter Weise in

Umlauf gesetzt wird, gibt sie die Bewegung durch Zwischenzahnräder auf die zweite Walze weiter, welche mit einem Zählwerk in Eingriff steht. Zwei der erwähnten Zwischenzahnräder werden von dem Schwimmer bzw. von einem Spezialmanometer derart auf und nieder bewegt, daß sie je nach dem Volumen oder dem Druck mit mehr oder weniger Zähnen

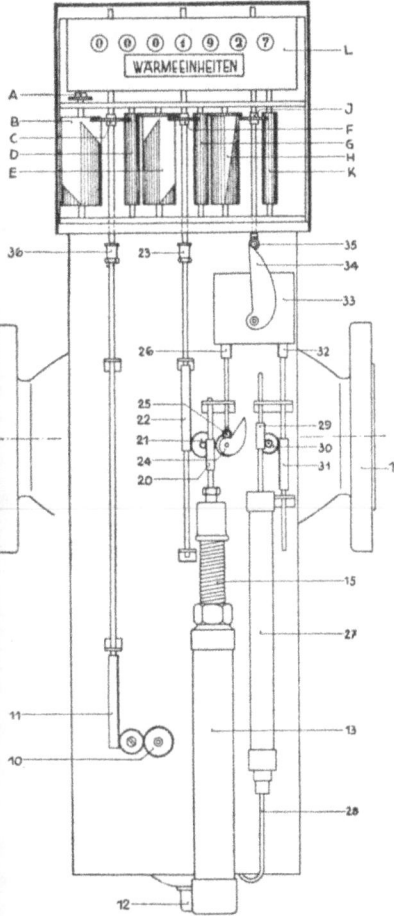

Abb. 47. Heißdampfzähler.

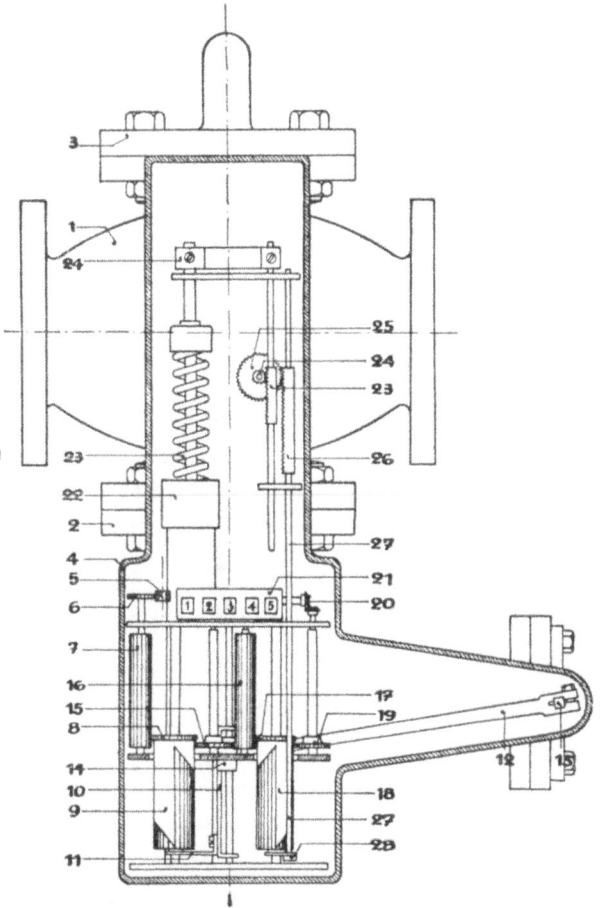

Abb. 48. Dampfzähler mit stopfbüchsenloser Bewegungsübertragung.

der Kurvenwalzen in Eingriff kommen. Da bei diesem Verfahren Druckschwankungen durch das Manometer berücksichtigt werden, so summiert der Apparat das Dampfgewicht. Abb. 47 zeigt ferner eines der ersten auf dem Markt befindlichen Geräte für Heißdampfmessung, bei welchem die Überhitzungstemperatur durch eine dritte

Kurvenwalze erfaßt wird. In Abb. 48 ist endlich ein Instrument dargestellt, welches die stopfbüchsenlose Übertragung der im Dampfkörper vor sich gehenden Schwimmerbewegung auf das Multiplikationswerk gestattet.

Dampfzähler ohne Antriebswerk.

Während die zuletzt beschriebenen Dampfzählapparate eines besonderen Antriebswerks bedurften, fallen diese Kraftquellen bei einem anderen gleichfalls vom Verfasser durchgebildeten Dampfzähler fort, da hier zum Antrieb des Summierungswerkes die Energie des strömenden Dampfes verwertet wird. Wie die Abb. 49 zeigt, beruht dieser

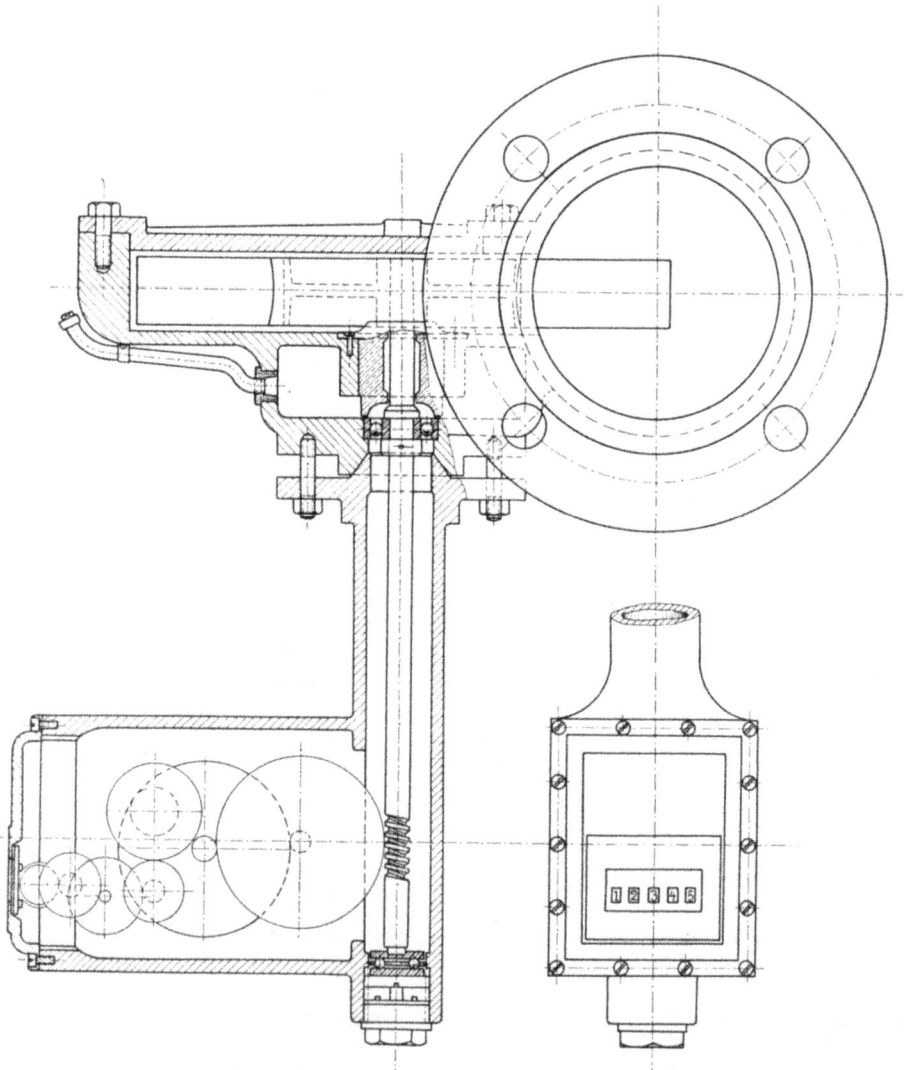

Abb. 49. **Dampfzähler ohne Antriebswerk — ohne Druckberücksichtigung.**

Dampfzähler prinzipiell darauf, daß, ähnlich wie beim Wassermesser, ein vom strömenden Medium erfaßtes Flügelrad in Umdrehung versetzt wird. Die Umdrehungszahl ist im allgemeinen proportional der durchgehenden Dampfmenge bzw. dem entsprechenden Volumen. Zur Messung von Niederdruckdampf bestimmter Spannung genügt, wie mehrmonatige Versuche gezeigt haben, die Volumenmessung und die Gewichtseichung; handelt es sich dagegen um Dampf von schwankender Spannung, so ist zur Vermeidung zu großer Ungenauigkeiten der Druck zu berücksichtigen. Dieses geschieht in ähnlicher Weise wie bei dem vorbeschriebenen, von Samson gebauten Dampfmesser. Während dort jedoch zwei Kurvenwalzen nötig waren, genügt hier eine solche. Der Bewegungsvorgang des Flügelrades erübrigt also nicht nur den Antriebsmechanismus, sondern auch eine Kurvenwalze.

Abb. 49 stellt ein Gerät für konstante Spannung (ohne Druckberücksichtigung) dar, das bisher für 0,1 atü angewandt ist; es besteht lediglich aus dem Gehäuse, dem Flügelrad, einem Vorgelege und dem Zählwerk. Abb. 50 läßt einen Apparat für schwankenden Druck und Sattdampf erkennen. Mengenregistrierung und Anzeige der augenblicklich durchströmenden Dampfmenge sind mit diesem Apparat natürlich nicht möglich.

c) Mechanische Warmwasser-Meßgeräte zur direkten Ermittlung des Wärmedurchflusses (Heizmesser und Heizzähler).

Allgemeines.

Zur Ermittlung der durch Warmwasserleitungen strömenden Nutzwärme (Produkt aus Wassermenge und Wassertemperatur) können prinzipiell dieselben Geräte verwendet werden, welche für die Dampfmessung in Gebrauch sind, d. h. zur reinen Volumenmessung wendet man:

1. Schwimmerwassermesser,
2. Wassermesser mit Staugerät und
3. Flügelradmesser

an. Die Temperaturmessung erfolgt mit Hilfe von Spezialthermometern. Die reine Volumenmessung genügt zur Ermittelung des Wärmedurchstroms bei Warmwasserleitungen in vielen Fällen ebensowenig wie bei Dampfleitungen; so daß entweder die durchströmende WE-Menge empirisch festgestellt oder die Durchflußmenge sowie die Temperatur mit mechanischen Mitteln gemessen und aus beiden Faktoren das Produkt gebildet werden muß. Wenn dieses schon bei der WE-Messung in einfachen Warmwasserleitungen schwierig ist, so wird die Komplikation bei Warmwasserheizungsanlagen dadurch erhöht, daß hier die Temperaturdifferenz zwischen Vor- und Rücklauf mit der Durchflußmenge multipliziert werden muß; hieraus aber erklärt es sich, daß bis zur Stunde kaum ein Warmwassermeßgerät über das Probestadium hinausgekommen ist. Trotzdem darf nicht verkannt werden, daß einige Konstrukteure zweifellos auf dem richtigen Wege sind, zumal wenn sie das Problem der Wärmemessung nicht nur vom technischen, sondern auch vom wirtschaftlichen Standpunkt auffassen.

Heizmesser und Heizzähler mit Antriebswerk.

Heizmesser mit Stau- oder mit Schwimmergerät sind dem Verfasser nicht bekannt geworden.

Neben den bei einigen Firmen auf dem Probierstand arbeitenden Heizzählern hat die Samson-Apparatebau Akt.-Gesellschaft ein Gerät (Heizzähler System Sandvoß-Schilling) auf den Markt gebracht, welches zur Volumenmessung einen als Klappe ausgebildeten Schwimmer besitzt; zur Temperaturermittlung im Vor- und Rücklauf dienen 2 bekannte Thermostaten, die auf ein Differenzialgetriebe wirken; die

Meßergebnisse beider Organe werden auf das vom Verfasser durchgebildete, unter 5b beschriebene und in den Abb. 47 und 48 dargestellte Multiplikationswerk übertragen und können an einem Zählwerk bekannter Ausführung in WE abgelesen werden. Abbildung 51 zeigt einen Schnitt durch das gesamte Getriebe; dort stellt Nr. *12* die erwähnte Schwimmerklappe dar, deren Bewegung unter Verwendung eines Metallschlauchs stopfbüchsenlos auf die außerhalb des Wasserraums liegenden Arbeitsmechanismen, d. h. zunächst auf den Hebel *43* übertragen wird; dieser hebt eine Welle *19* und hiermit das Zahnrad *20*, welches so durch die Schwimmerbewegung neben der

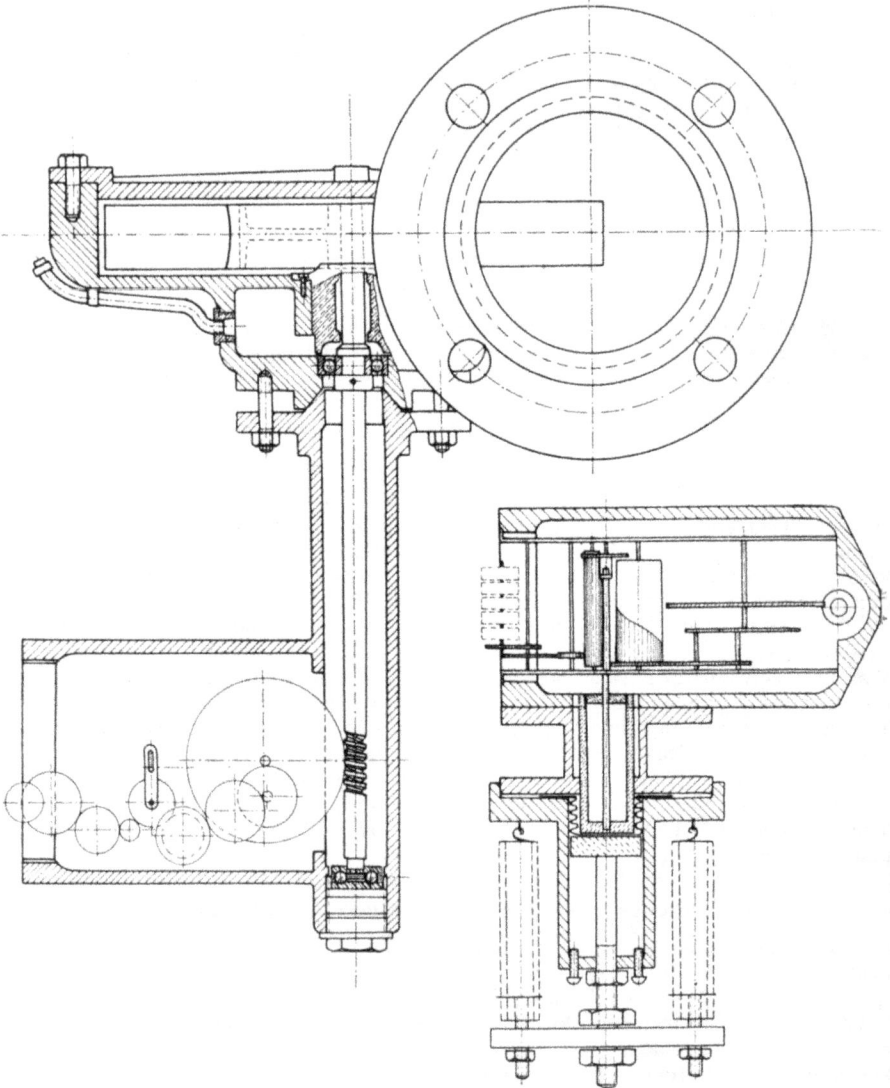

Abb. 50. Dampfzähler ohne Antriebswerk — mit Druckberücksichtigung.

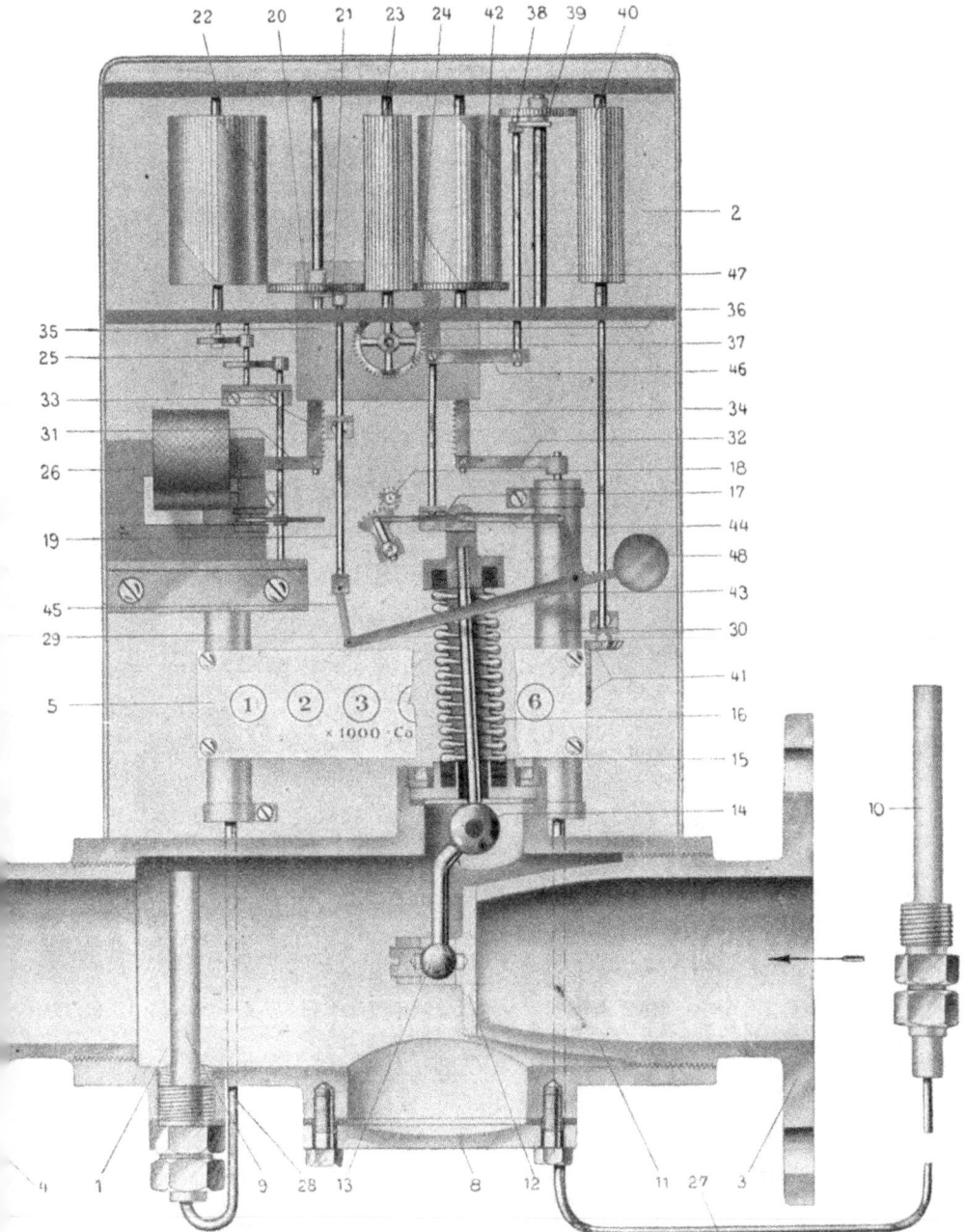

Abb. 51. **Heizzähler mit Antriebswerk.**

Kurvenwalze *22* auf- und absteigt, um je nach der Höhenstellung eine veränderte Umlaufszahl anzunehmen. Die Bewegungsvorgänge der Thermostaten *9* und *10* wirken auf ein Differenzialgetriebe *35*, das ein axial bewegliches Zahnrad *39* hebt und senkt. Da *39* mit der Kurvenwalze *43* in Eingriff steht, diese ihren Antrieb daher von der

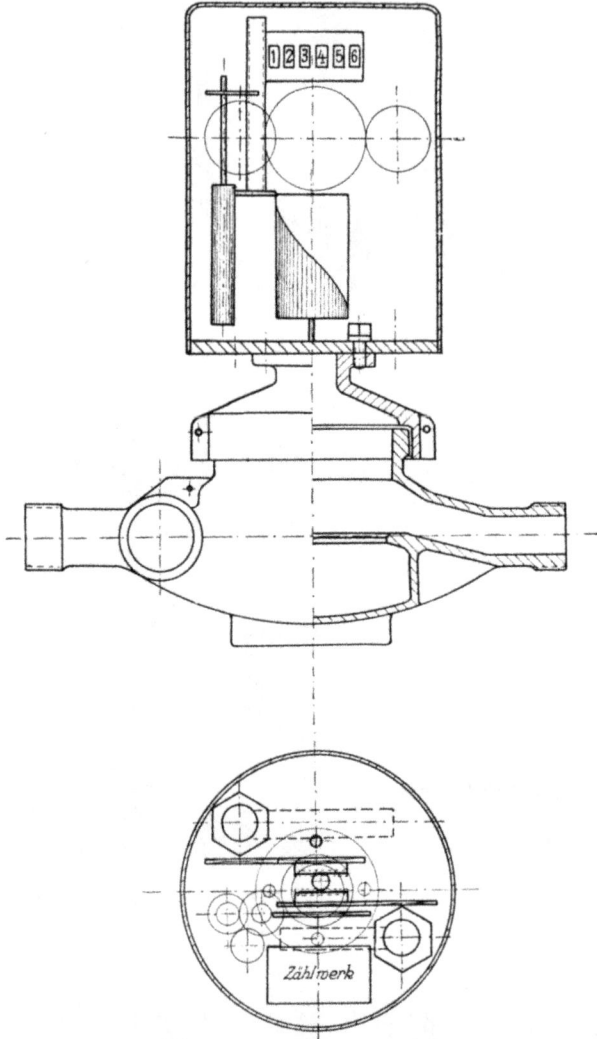

Abb. 52. **Heizzähler ohne Antriebswerk.**

Kurvenwalze *22* her erhält, so bildet der Umlauf des Zahnrades *39* bereits einen Maßstab für die durchströmende WE-Menge, welche an dem Zählwerk *5* abgelesen werden kann. Selbstverständlich bedarf der gesamte Arbeitsmechanismus eines besonderen motorischen Antriebes, welcher in Nr. *26* dargestellt ist.

Der Heizmesser und Zähler der Firma Claassen in Schwedt a. d. Oder ist unter Anwendung einer elektrischen Stromquelle derart konstruiert, daß die Bewegung eines

Flügelradmessers Kontakte schließt und diese Kontakte durch einen Kontakt-Thermostaten entsprechend der Temperatur noch einmal unterbrochen werden. Bei jedem Kontaktschluß springt sodann auf einem Zähler eine Zahl vor.

Heizzähler ohne Antriebswerk.

Verwendet man zur Volumenmessung einen Flügelradmesser oder Kolbenmesser mit rotierendem bzw. oszillierendem Kolben, so kann das Antriebswerk für die Zählung der durchfließenden Wärmemenge im allgemeinen fortfallen.

Als Flügelradmesser kommen dabei entweder solche in Frage, deren Achse senkrecht zum Wasserstrom steht oder Woltmannmesser. In beiden Fällen wird die Drehbewegung des Flügelrades und die Bewegung eines Thermostaten bzw. eines oben bereits erwähnten Differenzialgetriebes dazu benutzt, um die durchfließende Wassermenge und die Temperatur bzw. Temperaturdifferenz mechanisch zu multiplizieren und die Ergebnisse fortlaufend zu summieren. Die Ausführungsform eines derartigen, vom Verfasser durchgebildeten Meßgeräts zeigt die Abb. 52.

Nr. 1 deutet dabei einen Wassermesser, 2 das Thermometeraggregat für den Vorlauf, 3 das für den Rücklauf an. Mit 4 ist ein Differenzialgetriebe und mit 5 die wiederholt erwähnte Kurvenwalze bezeichnet. Das Gerät arbeitet so, daß die Flügelradbewegung des Wassermessers über ein Vorgelege hinweg die Kurvenwalze 5 dreht, während die Temperaturänderung des Vor- und Rücklaufs das Differenzialgetriebe 4 betätigt, welches die Zahnstange 6 und das Zahnrad 7 hebt oder senkt. Die Umdrehungszahl der Kurvenwalze 5 und die Höhenstellung des Zahnrades 7 bedingen die minutlichen Touren der Triebstange 8, welche die Drehbewegung über das Zahnrad 9 auf das Zählwerk 10 überträgt; an diesem ist der Wärmedurchgang in WE ablesbar.

Infolge des vom V.D.C.I. veranstalteten Preisausschreibens sind auch andere Lösungsvorschläge bekannt geworden, welche entweder auf empirischem Wege ihr Ziel anstreben oder mechanisch die Multiplikation der Durchflußmenge und der Temperaturdifferenz durchzuführen suchen. Alle Lösungen scheitern aber an dem Multiplikationswerk, sobald dieses von einer Reibscheibe, einem Kegelgetriebe ohne Zahn oder ähnlichen Mechanismen abhängig ist; für die Praxis sind nach den Erfahrungen des Verfassers hier nur Zahnradgetriebe zu gebrauchen, die allein Gewähr für die notwendige Meßgenauigkeit bieten.

d) Elektrische Wärmemesser.

Die von der »Wärmemesser Aktien-Gesellschaft«, Hamburg, gebauten Geräte (es sind wohl die einzigsten z. Z. im Handel befindlichen elektrischen Wärmemesser) arbeiten — wie im Abschnitt 4 erläutert — mit Thermoelementen, welche auf den zu messenden Wärmeausstrahlstellen von Radiatoren, Rippenrohren, Rohrschlangen usw. angebracht werden und deren erzeugte Elektrizitätsmengen durch geeignete Meßapparate zusammengezählt werden. Während also bei anderen Meßverfahren mittels Thermoelements nur Augenblicksmessungen vorgenommen wurden, handelt es sich hier um die Summierung der Augenblickswerte und damit um die Feststellung des Wärmeverbrauchs während beliebiger Zeitabschnitte.

Diese Zusammenzählung erfolgt nicht mittels besonderer Getriebe, sondern durch Elektrolytzähler, welche durch die schwachen Thermoströme in Tätigkeit gesetzt werden.

Da die Thermoelemente an der Oberfläche der Heizkörper angebracht werden, so ist das Verfahren unabhängig von dem Wärmeträger (Wasser, Dampf, Luft usw.). Infolgedessen können Heizkörper miteinander verbunden werden, welche von ganz verschiedenen Verteilungssystemen oder Rohrsträngen mit Wärme versorgt werden. Insbesondere wird ermöglicht die Zusammenfassung der horizontal abgewickelten Wohnungen, Bureaus usw., welche an vertikal gegliederte Rohrstränge angeschlossen sind, ohne daß an der technischen Einrichtung der Heizungsanlage selbst Änderungen vorgenommen zu werden brauchen. Deshalb ist diese Meßmethode gerade bei bestehenden Heizungsanlagen von Vorteil.

Die Anordnung wird so getroffen, daß für jeden Heizkörper die Heizfläche, die Bauart, die Glieder- und Säulenzahl, die besonderen Einbauverhältnisse usw. durch die Widerstandsbemessung und die Zahl der Thermoelemente berücksichtigt wird, wobei man 10 bis 20 Elemente zu einer Batterie vereinigt (s. Abb. 53). Diese Batterien werden in Gruppen zu je 2 oder mehr Elementen an der Oberfläche des Heizkörpers angebracht, wobei jedes einzelne heiße Element mit einem kalten Element in Verbindung steht, welches sich in der dem Heizkörper zuströmenden Raumluft befindet (s. Abb. 54). Die Heizkörperoberfläche heizt nun diese Batterien und erzeugt eine elektromotorische Kraft, die in einem Zähler einen Strom erzeugt, welcher der von dem Heizkörper abgegebenen Wärmemenge proportional ist. Die verschiedenen Heizkörper, welche zu einer Wohnung, einem Bureau oder einer anderen Raumgemeinschaft gehören, werden durch Kabel verbunden, welche die summierten Thermoströme dem Zähler zuleiten.

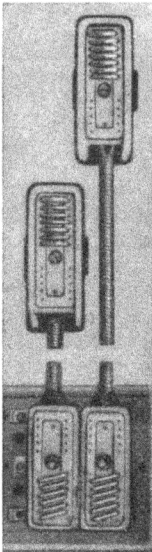

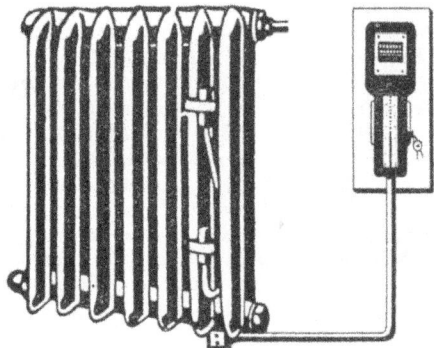

Abb. 53. Abb. 54.

Elektr. Wärmemesser.

Die Eichung der Zähler kann mittels geeigneter Vorschaltwiderstände entweder derart erfolgen, daß innerhalb kurzer Zeitabschnitte, z. B. monatlich, abgelesen wird, worauf der Elektrolytzähler wieder gekippt wird, oder durch Vorschaltwiderstände wird der Gang des Zählers derart gehemmt, daß der Zähler erst innerhalb einer ganzen Heizperiode vollläuft. In diesem Falle addieren sich die einzelnen monatlichen Ablesungen bis zum Schluß der Heizperiode.

Die Anbringung der Zähler erfolgt zweckmäßigerweise neben dem Elektrizitätsmesser und der Gasuhr.

6. Schlußwort.

Die voraufgegangenen Ausführungen würden unvollständig sein, wenn sie nur zeigen sollten, daß die Frage der Dampfmessung in jeder Beziehung gelöst, die der Wärmemessung bei Warmwasserheizungen dagegen noch in der Entwicklung begriffen ist; daher möchte ich dem noch folgendes hinzufügen:

Die Wärmemesserfrage ist meines Erachtens heute weniger ein technisches als vor allem ein wirtschaftliches, um nicht zu sagen kulturelles Problem.

Aus meiner jahrelangen Praxis im Betrieb von Städteheizungen weiß ich, daß Wärmeverbraucher, welche einen Fernheizanschluß besitzen, auf ihn nie wieder verzichten, selbst wenn sie etwa finden würden, daß die aus dem Heizwerk gekaufte Wärme teurer als die selbsterzeugte ist. Wenn diese Tendenz sich schon dort, wo Geschäftshäuser in Frage kommen, ganz allgemein bemerkbar macht, so tritt sie in viel stärkerem Maße noch bei Privathausanschließern in die Erscheinung; eine Erklärung hierfür dürfte durch den Hinweis auf die bestehende Dienstbotenfrage und auf das allgemeine Bestreben nach weitestgehender Rationalisierung auch im Haushalt gegeben sein.

Da aber der Wohnungs- und im besonderen der Siedlungsbau zurzeit gute Fortschritte macht, so muß die Sammelbeheizung solcher Wohnhausblocks dort, wo technische oder wirtschaftliche Behinderungen nicht vorliegen, unter allen Umständen hiermit Schritt halten, denn hemmen läßt sich der Fernheizgedanke nicht mehr.

Die Durchführung der Sammelbeheizung steht und fällt heute aber mit der Wärmemessung. In den Abschnitten »Heizmesser und Heizzähler« sowie »elektrische Wärmemesser« versuchte ich nachzuweisen, daß die Konstruktion dieser Geräte als gelöst anzusehen ist; es ist daher nur eine Frage von Monaten, wann sie in genügender Auswahl und Konkurrenz auf den Markt kommen. Hier bliebe noch darzulegen, daß die Apparate auch den wirtschaftlichen Forderungen genügen: Der V.D.C.I. verlangt in seinem Preisausschreiben, daß ein Heizzähler nicht mehr als 5 % der zugehörigen Heizanlage kostet. Obschon meiner Meinung nach unbedenklich 10 % für ein Meßgerät aufgewendet werden dürften (heute kostet ein Kondenswassermesser bis 20 % der Anlage), ergeben die Werkskalkulationen für den vom Verfasser durchgebildeten und in Abb. 52 dargestellten Heizmesser ohne Antriebswerk, daß dieser sich im Rahmen der vom V.D.C.I. gestellten Forderung hält. Inwieweit dieses auch auf die von Eckart und Claassen gebauten Heizzähler zutrifft, vermag ich nicht zu beurteilen, da mir die Preise derselben nicht bekannt sind.

Das Problem der Wärmezählung darf somit in absehbarer Zeit als gelöst angesehen werden, — daher ist es jetzt an den Erbauern von Siedlungsanlagen, sich in weitgehendstem Maße der Sammelheizung und der Wärmemesser zu bedienen.

XII. KONGRESS
FÜR HEIZUNG UND LÜFTUNG

8.—11. SEPTEMBER 1927 IN WIESBADEN

BERICHT

HERAUSGEGEBEN VOM

STÄNDIGEN KONGRESSAUSSCHUSS

II. TEIL

BERICHTE
ÜBER DIE ARBEITEN DER FACHAUSSCHÜSSE

AUSSPRACHE ZU DEN VORTRÄGEN

TEILNEHMERVERZEICHNIS

MÜNCHEN UND BERLIN 1928
DRUCK UND VERLAG VON R. OLDENBOURG

Inhaltsverzeichnis zum II. Teil.

Seite

Bericht über den Verlauf des Kongresses 1

Allgemeine und wirtschaftliche Fragen aus dem Heizungsfach von Dr.-Ing. ehr.
Schiele 9

Bericht über die Arbeiten des Lüftungsausschusses von Prof. Dr. med. Pfeiffer 28

Bericht über die Arbeiten des Bauausschusses von Ministerialrat Huber . . 32

Bericht über die Arbeiten des Heizungsausschusses von Stadtbaurat Wahl . 39

Aussprache zu den Vorträgen 45

a) Reine Luft in Arbeitsräumen von Senatspräsident i. R., Geh. Reg.-Rat
Honorarprof. Dr.-Ing. E. h. Konrad Hartmann 45

b) Beziehung zwischen Architekt und Heizungsfachmann von Prof. Richard
Schachner 48

c) Zentralheizung und Warmwasserversorgung für Klein- und Mittelwohnungen in Wiesbaden von Reg.-Baumeister a. D., Magistratsbaurat
Berlit 62

d) Grundlagen der Städteheizung von Dipl.-Ing. Margolis 65

e) Neues aus der amerikanischen Heiz- und Lüftungstechnik von Prof.
Dr. techn. C. Brabbée 78

f) Wärmetransport und Wärmeschutz von Prof. Dr.-Ing. H. Gröber.
Praktische Ausgestaltung von Fernheizleitungen von Dipl.-Ing. W. Vocke.
Messen der Nutzwärme und Meßinstrumente von Stadtbaumeister Hugo
Schilling 81

Schlußwort des Vorsitzenden des Heizungsausschusses 88

Nachtrag:

1. Grundlagen der Städteheizung von Dipl.-Ing. Margolis 98

2. Städteheizung im Anschluß an Kraftwerke von Dipl.-Ing. Erich Schulz-
Berlin 137

Teilnehmerverzeichnis 200

Bericht über den Verlauf des 12. Kongresses für Heizung und Lüftung.

Der XII. Kongreß für Heizung und Lüftung begann am 9. September 1927 mit einem Begrüßungsabend im Kurhaus Wiesbaden.

Man sah den Versammelten an, daß sie sich des Wiedersehens freuten. Auch vernahm man lebhafte Unterhaltung und erkannte daran ein Zusammengehörigkeitsgefühl, das die beste Grundlage für die bevorstehende Tagung zu werden versprach.

Teilnehmerzahlen sind ein äußerliches Kennzeichen, dennoch ist die Feststellung von Interesse, daß in dieser Beziehung der Anschluß an die aufsteigende Linie aus der Zeit vor dem Kriege voll erreicht wurde. Scheinbar war das auch in Berlin 1924 schon der Fall, aber doch nur scheinbar, weil dort die hohe Teilnehmerzahl zum großen Teil durch die Anwesenheit von Ortsansässigen bedingt war.

Die Gesamtzahl der Teilnehmer betrug 874, und zwar 689 Herren und 185 Damen Das Ausland sandte 96 Vertreter.

Die wissenschaftliche Tagung wurde durch den Ehrenvorsitzenden Herrn Oberbürgermeister Travers eröffnet, dessen Ansprache hier im Wortlaut folgen soll, ebenso wie die Eröffnungsrede des Vorsitzenden, Senatspräsidenten Dr.-Ing. Hartmann. Im Verlauf dieser Rede wurde die Rietschelplakette an die Herren Geh. Rat Prof. Dr.-Ing. Knoblauch-München, Geh. Rat Prof. Pfützner-Dresden und Fabrikbesitzer A. B. Reck-Kopenhagen feierlich verliehen.

Ehrenvorsitzender Oberbürgermeister Travers: „Meine sehr verehrten Herren! Als Ehrenvorsitzender des XII. Kongresses für Heizung und Lüftung habe ich die Ehre, den Kongreß zu eröffnen. Die Bedeutung der Heizungs- und Lüftungsfragen ist im Laufe der Jahrzehnte immer mehr erkannt und anerkannt worden. Es ist ein unbestrittenes Verdienst Ihres Kongresses, diese Erkenntnis herbeigeführt zu haben. Gerade Ihr Kongreß, der die für Heizung und Lüftung interessierten Kreise, die hervorragendsten Vertreter von Technik, Wissenschaft und Praxis, in sich vereinigt, der enge Fühlungnahme gesucht und gefunden hat mit den dem Heizungs- und Lüftungswesen verwandten Berufen, hat die Aufmerksamkeit weiter Bevölkerungskreise auf ein Gebiet gelenkt, das für die Volkswohlfahrt und für die Volksgesundheit von ausschlaggebender Bedeutung ist und das zum Ziele hat, den in den Städten und in den Industriezentren dicht zusammengedrängten Menschen Wärme und reine Luft in ihren Aufenthaltsräumen in technisch und hygienisch vollendeter Weise und in wirtschaftlichster Form zuzuführen. Wir in Deutschland können stolz darauf sein, daß wir auf diesem Gebiete Bedeutendes leisten und der Weltkrieg und seine Folgen uns nicht daran gehindert haben, zu neuen Fortschritten zu kommen. Wir Deutsche können für uns das Recht in Anspruch nehmen, trotz der Wunden, die der Krieg uns geschlagen hat, auch auf diesem Gebiete wertvolle Mitarbeit zu leisten an der Hebung der Kultur der ganzen Menschheit.

Als Oberbürgermeister der Stadt Wiesbaden heiße ich Sie besonders willkommen. Wenn schon alle kommunalen Verwaltungen ein lebhaftes Interesse an diesen Fragen haben, so trifft das für Wiesbaden in ganz besonderem Maße zu. Wiesbaden ist eine Weltkur- und Bäderstadt, in der die Luft rein und frei von Kohlenstaub sein soll, die wie keine andere Stadt in gleicher Größe ausgestattet ist mit zahlreichen Einrichtungen, die dem Aufenthalt von größeren Menschenmengen dienen. Hier sind frühzeitig und zahlreich Zentralheizungen angelegt worden, und in neuester Zeit wurde der Bau einer Fernheizung unternommen, die 500 Wohnungen speisen soll. So bringen wir Ihren Verhandlungen lebhaftes Interesse entgegen und wünschen Ihren Arbeiten vollen Erfolg.

Meine Herren! Besonders dankbar sind wir Ihnen dafür, daß Sie Ihre diesjährige Tagung im besetzten Gebiet abhalten. Wir wissen, daß Sie uns dadurch die Gefühle Ihrer Sympathie zum Ausdruck bringen wollen und sind überzeugt, daß Sie im Rückblick auf die schwere Zeit, die das besetzte Gebiet hat durchleben müssen, auch für die Zukunft die Gewißheit mit in die Heimat nehmen werden: ‚Hie gut deutsch allewege!‘ (Lebhafter Beifall.) Ich gebe nunmehr den Vorsitz an Herrn Präsidenten Hartmann.“

Geheimrat Dr.-Ing. Hartmann-Göttingen: „Hochansehnliche Versammlung! Unser hochverehrter Ehrenpräsident, Oberbürgermeister Travers, hat die Güte gehabt, uns nicht nur den Willkommengruß der Stadt Wiesbaden zu entbieten, sondern auch anerkennende Worte über unsere Tätigkeit und über unsere Bestrebungen zu sagen. Im Namen des Ständigen Kongreßausschusses und, ich darf wohl sagen, im Namen aller Kongreßteilnehmer danke ich Herrn Oberbürgermeister Travers für die freundliche Begrüßung. Wir sind bewegten Herzens hierher gekommen an den nahen Rhein, der in uns große, aber auch schwere Erinnerungen und Gefühle wachruft. Wiesbaden, die schönste und größte Bäderstadt des Deutschen Reiches, hat sich in deutscher Not als ein Hort deutscher Treue, deutscher Gesinnung, deutscher Standhaftigkeit erwiesen, was wir nicht genug bewundern und anerkennen können. Die von Herrn Oberbürgermeister Travers uns freundlichst dargebrachte Anerkennung unserer Wirksamkeit dürfen wir annehmen als ein Dokument für die Notwendigkeit unserer Versammlung, die von dem Beginn ab im Jahre 1896 immer nur der weiteren Entwicklung eines technischen Gebietes gewidmet war, das in der umfassendsten Weise der Volkswohlfahrt und Volksgesundheit dient. Die Eigenart unseres Kongresses als einer freien Vereinigung von Fachmännern des Heizungs- und Lüftungswesens schafft ein Forum, auf dem alle interessierten Kreise zum Wort kommen können, und so hoffen wir, daß unsere diesmaligen Verhandlungen segensreich für die Förderung unseres gesundheitstechnischen Spezialfaches wirken. Wir haben eine Reihe der wichtigsten aktuellen Fragen auf die Tagesordnung gesetzt; die zu behandelnden Themen sind so umfangreich, daß es unmöglich ist, sie in langen Vorträgen hier zu bewältigen. Wir können sie nur von den Vortragenden in kurzer Darstellung kennzeichnen lassen, was darin zum Ausdruck kommen wird, daß die Vorträge, die Ihnen bereits gedruckt zugegangen sind, nur im Auszug hier mitgeteilt werden. Diese Vorträge, bilden den ersten Teil unseres Kongreßberichtes. Der 2. Teil, der die Diskussion enthält, von der wir hoffen, daß sie in sehr eingehender Weise erfolgt, wie auch die Teilnehmerliste und sonstige Mitteilungen, wird bald nach dem Kongreß erscheinen und den Kongreßteilnehmern zur Verfügung stehen. Es soll auch ein Gesamtbericht herausgegeben werden, der für den buchhändlerischen Vertrieb bestimmt ist.

Meine Herren! Wir haben die Ehre, mit dem Herrn Oberbürgermeister der Stadt Wiesbaden eine Reihe hervorragender Beamten hier begrüßen zu können. Ich danke den Herren Ehrengästen für die Auszeichnung, die sie uns mit ihrer Anwesenheit erweisen. Trotz der Ungunst der Zeit, die besonders die Heizungsindustrie mit großen wirtschaftlichen Sorgen erfüllt und die es den auswärtigen Behörden schwer, ja geradezu unmöglich macht, Vertreter hierher zu unserem Kongreß zu entsenden, haben wir die Genugtuung, daß unserem Rufe mehrere hundert Fachmänner gefolgt sind. Im Namen des ständigen Kongreßausschusses heiße ich alle Teilnehmer willkommen. Die Opfer, die sie uns mit ihrer Beteiligung bringen, werden sich sicher durch die Kenntnisnahme und den Austausch von Erfahrungen lohnen. Der ständige Kongreßausschuß dankt ganz besonders den Reichs-, Staats-, Provinz- und Kommunalbehörden, den Ämtern, Verbänden und Vereinen, den Hoch- und Fachschulen und sonstigen Stellen, die zu unserem Kongreß Vertreter und Fachbeamte entsandt haben. Es war von uns stets dankbar anerkannt worden und eine Eigenheit unseres Kongresses, daß er Gelegenheit gab, die Angehörigen der Industrie zusammenzubringen mit den für das Fach maßgebenden Beamten und den sonst an der Entwicklung interessierten Berufskreisen. Wir danken verbindlichst den zu uns gekommenen Beamten und anderen Delegierten und hoffen, daß unsere Versammlung auch für sie wertvollen Inhalt hat. Es wird mir nicht als Unhöflichkeit ausgelegt werden, wenn ich davon absehe, diese hochverehrten Herren, mehr als 100, hier zu nennen. Sie finden die Namen in der Teilnehmerliste, und die Rücksicht auf unsere ausgedehnte Tagesordnung und auf die zur Verfügung stehende kurze Zeit haben uns auch dazu geführt, den hochverehrten Herren, die uns heute Begrüßungsansprachen halten wollen, für ihre Absicht herzlichsten Dank zu sagen, sie aber zu bitten, davon abzusehen. Wir sind überzeugt, daß alle Herren uns das allerbeste wünschen. Wir werden uns Mühe geben, daß alles das, was die Herren von uns erwarten, auf dem Kongreß erfüllt werden kann. Besonders herzlichen Gruß möchte ich den aus dem Ausland zu uns gekommenen Fachkollegen widmen, die wieder in großer Zahl aus Amerika, Dänemark, Finnland, Holland, Norwegen, Österreich, Schweden, aus der Schweiz, Tschechoslowakei, aus Ungarn und anderen Ländern zu uns gekommen sind, eine Zahl, die fast 100 beträgt. Wir legen den größten Wert auf die Pflege guter Beziehungen zu den ausländischen Fachmännern, bei denen wir wohlwollendes Interesse für unsere Bestrebungen annehmen können. Wir haben dies auch dadurch zum Ausdruck gebracht, daß wir unserem Ständigen Ausschuß eine Reihe von ausländischen Fachmännern als korrespondierende Mitglieder angegliedert haben; zu unserer großen Freude sind mehrere davon hierher gekommen, mit ihnen eine große Zahl ihrer Landsleute, die wir herzlichst willkommen heißen.

Besonders hervorheben möchte ich noch, daß die American Society of Heating and Ventilating Engineers uns durch ihr Mitglied, Herrn Prof. Dr. Brabbée, ein Schreiben hat überreichen lassen, in dem die Amerikanische Fachvereinigung unseren Kongreß herzlich begrüßt und die besten Wünsche für eine erfolgreiche Tagung übermittelt. Ich glaube Ihrer Zustimmung sicher zu sein, wenn ich Herrn Professor Brabbée bitte, die Grüße unseres Kongresses den amerikanischen Kollegen zu überbringen mit der Versicherung, daß wir von dem Schreiben außerordentlich erfreut worden sind.

Meine Herren! Mir ist noch eine besonders ehrenvolle Aufgabe zuteil geworden. Im Jahre 1924 hat der Verband der Zentralheizungsindustrie eine Rietschelstiftung errichtet zur Ehrung des Gedächtnisses unseres hochverehrten Herrn Geheimrats Prof. Dr.-Ing. Hermann Rietschel, der in unserer Erinnerung fortlebt als hervorragender Fachmann, der in seinem Wissen und Können theoretische und praktische Fachkenntnisse in hohem Maße vereinigte. Diese Rietschelstiftung verleiht für besonders hervorragende technische, wirtschaftliche und organisatorische Leistungen auf dem Gebiete des Zentralheizungs- und Lüftungsfaches eine mit dem Bilde Rietschels gezierte Plakette. In der Satzung der Stiftung ist bestimmt, daß diese Plakette in dem Jahre, in dem ein Kongreß für Heizung und Lüftung stattfindet, auf diesem verliehen werden soll. Im Namen des Kuratoriums habe ich daher heute die Ehre, drei Plaketten darbringen zu können, und zwar nach dem einstimmigen Beschluß des Kuratoriums den Herren Geheimrat Prof. Dr.-Ing. Knoblauch-München, Geheimrat Prof. Pfützner-Dresden und Fabrikbesitzer A. B. Reck-Kopenhagen. Zur Begründung unseres Beschlusses darf ich folgendes sagen: Herr Geheimrat Knoblauch, den ich die Ehre habe hier zu begrüßen, hat vor kurzem auf eine 25jährige erfolgreiche Tätigkeit zurückblicken können, die er als Professor der Technischen Hochschule in München in der Leitung des Laboratoriums für technische Physik ausgeübt hat. Es ist ein gutes Omen, daß dieses Institut zuerst in den Räumen eingerichtet werden konnte, die Herr Geheimrat von Linde zur Verfügung stellte. In diesen Räumen hat Linde, zu dessen ersten Schülern der Zeit nach ich mich rechnen darf, Probleme der theoretischen Maschinenlehre durch Experimente untersucht und zu Erfindungen entwickelt, die, wie Sie wissen, von der größten Bedeutung für die Kulturwelt geworden sind. In gleicher Weise haben Sie, hochverchrter Herr Geheimrat, ein Institut geschaffen, das sich zu einer Stätte von Weltgeltung entwickelt hat nach Ihrem Leitwort: ‚Die Physik für die Technik‘, und unter Ihrer Leitung haben Sie durch Ihre Assistenten und Praktikanten eine große Zahl Untersuchungen ausführen lassen mit dem Ausblick auf Verwertung der Ergebnisse in der Praxis. Die aus Ihrem Institut hervorgegangenen Resultate auf dem Gebiete der Wärmelehre sind für die Entwicklung der Heizungstechnik und damit für die Heizungsindustrie von wertvoller praktischer Bedeutung geworden. Die Heizungsindustrie ist Ihnen daher zu ganz besonderem Dank verpflichtet, und diesem Dank gibt die Rietschelstiftung heute Ausdruck durch die Verleihung der Plakette, die ich mir Ihnen hiermit zu überreichen erlaube mit dem herzlichen Wunsche, noch recht lange dem Heizungsfach ein Führer auf dem Wege zur wissenschaftlichen, technischen und wirtschaftlichen Höhe zu sein und zu bleiben."

Geh. Reg. Rat Prof. Dr. Knoblauch-München: ,,Hochgeehrte Herren! Die hohe Ehrung, die Sie mir durch Verleihung der Rietschelplakette erwiesen haben, erfreut mich ganz außerordentlich; sie bedrückt mich aber doch bis zum gewissen Grade. Denn ich habe die Empfindung, daß Sie das, was mir für die technische Physik im allgemeinen und für die Heizung und Lüftung im besonderen zu leisten vergönnt war, wohl wesentlich überschätzen.

Fast jeder Erfolg, sei er technisch, wissenschaftlich oder wirtschaftlich, ist bedingt durch das Zusammenwirken einer Anzahl glücklicher und günstiger Umstände. Dies gilt auch für die erfolgreiche Entwicklung eines Forschungslaboratoriums.

In meinem besonderen Falle fiel erstens die Gründung des Münchener Laboratoriums für technische Physik in die Zeit, wo die Notwendigkeit wissenschaftlich-technischer Untersuchungen nicht nur von einzelnen führenden Personen empfunden, sondern auch schon von stetig wachsenden Kreisen verstanden wurde. Aber der Leiter eines Laboratoriums ist doch hinsichtlich der Zahl, des Umfanges und der Vielseitigkeit der Untersuchungen ganz wesentlich auf die Unterstützung seiner Mitarbeiter angewiesen. Hier muß ich als ein zweites, besonders günstiges Moment hervorheben, daß es mir geglückt ist, in den vergangenen 25 Jahren eine große Zahl ausnehmend arbeitsfreudiger und begabter Mitarbeiter zu gewinnen und sich rasch zu völliger wissenschaftlicher Selbständigkeit entwickeln zu sehen. — Als ein drittes, gerade Sie, meine Herren, berührendes Moment, möchte ich noch erwähnen, daß wir für unsere Tätigkeit in den Kreisen der Technik das weitestgehende Interesse und Vertrauen gefunden haben. Diesem verdanken wir eine große Zahl wissenschaftlicher Anregungen und außerdem ein Wohlwollen, das auch zu finanzieller Unterstützung bereit war.

Somit blieb mir als dem Leiter des Laboratoriums im wesentlichen die Aufgabe, auf diesem Forschungsschifflein, das mir vom Staate anvertraut worden ist und das mit staatlichen und privaten Mitteln ausgestattet wurde, jeden meiner Matrosen an die für ihn geeignetste Stelle zu stellen und diesem Schiff den richtigen Kurs zu geben.

Was mich an meiner heutigen Ehrung, für die ich Ihnen von ganzem Herzen danke, besonders erfreut, ist, daß ich aus ihr wohl entnehmen darf, daß Sie diesen Kurs für den richtigen halten, daß Sie ebenfalls der Meinung sind, daß die wissenschaftliche Untersuchung technischer Fragen, das Ausbreiten wissenschaftlichen Denkens und technisch-wissenschaftlicher Erfahrung dasjenige ist, was den technischen Fortschritt wesentlich mitbedingt.

Für diese Ihre Zustimmung zu dem von uns gewählten wissenschaftlichen Kurs nochmals meinen herzlichen Dank!"

Geheimrat Dr. Hartmann: ,,Meine Herren! Herr Geheimrat Prof. Pfützner ist den meisten von Ihnen bekannt. Er ist einer der wenigen noch Lebenden, die mit Rietschel an der Entwicklung des Heizungs- und Lüftungsfaches und, was ich ebenso hoch schätze, an der Hebung des Ansehens der Heizungs- und Lüftungsfachmänner gearbeitet haben. Wir verehren in Geheimrat Pfützner den hervorragenden Ingenieur, der in leitender Stellung bei Rietschel und Henneberg zahlreiche Heizungs- und Lüftungsanlagen geschaffen hat, z. B. das erste Fernheizwerk in Dresden vor 25 Jahren. Wir schätzen in ihm aber auch den Lehrer, der als Professor der Technischen Hochschule in Karlsruhe mehrere Jahre die Heizungs- und Lüftungswissenschaft mit dem Hinweis auf die praktische Verwertung seinen Studierenden nahegebracht hat. Und heute, wo die Jahre unseren verehrten Kollegen in den Ruhestand verweisen, stellt Pfützner seine reichen Erfahrungen immer noch in den Dienst des technischen Spezialgebietes, dem er seine ganze Lebensarbeit stets mit Begeisterung gewidmet hat, als Herausgeber des Sammelwerkes ‚Wärmelehre und Wärmewirtschaft‘. Geheimrat Pfützner ist damit noch unermüdlich tätig für die moderne Entwicklung der Wärmetechnik. Als Zeuge dieses hervorragenden Wirkens seit vielen Jahren ist es mir eine ganz besondere Freude, die Verleihung der Rietschelplakette an Herrn Geheimrat Pfützner verkünden zu dürfen. Leider ist er nicht anwesend, da er aus Gesundheitsrücksichten von uns fern gehalten ist. Wenn Sie damit einverstanden sind, werde ich ihm von der Verleihung Kenntnis geben mit dem Ausdruck unseres herzlichsten Dankes für die unserem Kongreß stets gewidmete Bereitwilligkeit in Rat und Tat. (Beifall.)

Direktor Ing. Reck ist nicht nur in seinem Heimatlande Dänemark als hervorragender Vertreter des Heizungsfaches bekannt, sondern hat auch bei uns im Kreise der Fachmänner einen guten Namen erworben durch sein Streben, Probleme wissenschaftlich zu erfassen. Sein besonderes Verdienst liegt auf dem Gebiete der Erweiterung der Anwendungsmöglichkeit der Warmwasserheizung. Die von ihm erdachte und nach ihm benannte Reckheizung kennzeichnet sich in der erhöhten Umlaufsenergie durch Herstellung einer Emulsion von Dampf und Wasser. Daraus ergeben sich engere Rohrleitungen und höhere Anwendungsfähigkeit in gewissen Grenzen. Die Reckheizung ist damit die Vorläuferin und Bahnbrecherin für die Pumpenheizung geworden. Meine sehr verehrten Herren! Leider ist auch Herr Reck durch Kränklichkeit verhindert, heute hier zu sein. Sein Sohn will die Freundlichkeit haben, die Plakette in Empfang zu nehmen und seinem Vater zu überreichen mit unseren herzlichsten Grüßen und Wünschen.‘‘

Ingenieur Reck jr., Kopenhagen: ,,Hochverehrter Herr Geheimrat! Mein Vater bedauert lebhaft, daß er heute nicht gegenwärtig sein kann. Er bittet das Kuratorium, seinen herzlichsten Dank entgegenzunehmen für die hohe Ehrung, die ihm durch die Verleihung der Rietschelplakette erwiesen worden ist.

Mein Vater hat mich beauftragt, bei dieser Gelegenheit auszusprechen, daß es nicht schwierig gewesen wäre, einen Würdigeren zu finden als ihn, daß das Kuratorium aber niemals einen finden könne, der die Verleihung der Plakette höher schätze als er.‘‘

Vorträge und Aussprachen nahmen 3 Tage in Anspruch, und zwar bei stets großer Beteiligung von 9 Uhr früh bis in die späten Nachmittag.

Die Vorträge sind vor dem Kongreß gedruckt und den Teilnehmern mit dem ausgesprochenen Zweck zugesandt worden, hierdurch die Aussprache anzuregen. Es wurden infolgedessen einige in Wort und Bild sehr wohl vorbereitete Diskussionsreden gehalten.

Einmal nahm die Aussprache heftige Formen an, als nämlich der Vortrag von Herrn Prof. Schachner die wichtigsten Belange des Heizungsfaches berührte. Hoffentlich üben die in Erscheinung getretenen Gegensätze keine zerstörenden Wirkungen aus, sondern aufbauende, wie es bei einem gesunden Wettbewerb sein soll

Leider war die Akustik des Verhandlungssaales keine günstige. Nur einige Redner verstanden es, sich trotzdem ganz durchzusetzen, wofür sie doppelten Beifall ernteten, den andere, obwohl sie es verdient hätten, nicht in gleichem Maße erhielten.

Sehr bedauert wurde der Ausfall des Vortrages von Herrn Dipl.-Ing. Erich Schulz-Berlin, der plötzlich schwer erkrankte. Es fehlten infolgedessen die von vielen erwarteten notwendigen Ergänzungen zu dem Vortrag von Herrn Dipl.-Ing. Margolis-Hamburg.

Um so größer war die Überraschung, als Herr Stadtbaurat Wahl bei Gelegenheit seines Schlußwortes einen außerordentlich aufschlußreichen Film über den Bau von Fernheizungen in Dresden vorführte.

Bevor Herr Präsident Hartmann das Schlußwort ergriff, nahm Herr Ministerialrat Dr. Dr. Schindowski die Gelegenheit wahr, um Herrn Hartmann Worte zu widmen, die der Versammlung aus dem Herzen gesprochen waren. Er wies darauf hin, daß Herr Präsident Hartmann als ein rechter Führer seit 30 Jahren an der Spitze des Kongresses stehe. Ihm sei es zu verdanken, wenn heute die Heizungstechnik auch von Fernerstehenden in verdienter Weise geachtet werde. Die Aufwendung ungewöhnlicher Mühe und Arbeit habe hierzu gehört. Die in kleinerem Kreise von Herrn Hartmann geäußerte Absicht, vom Vorsitz zurückzutreten, veranlaßte Herrn Ministrialrat Schindowski zu der Bitte, Herr Präsident Hartmann möchte doch den von ihm hochgebrachten Kongreß auch weiterhin leiten und aus dem vollendeten Dutzend in das nächste Dutzend hineinführen.

Bei diesen Worten erhoben sich alle Teilnehmer von den Sitzen und gaben hierdurch lebendigen Ausdruck für ihre herzliche Zustimmung, und Herr Ministerialrat Schindowski konnte mit dem vollen Einverständnis der Versammlung rechnen, als er im Namen des Vorstandes und des Kongreßausschusses den Vorschlag machte, Herrn Präsident Hartmann zum Ehrenvorsitzenden des Kongreßausschusses zu ernennen.

Herr Präsident Hartmann dankte in bewegten Worten für die ihm dargebrachte Ehrung, betonte aber, daß Alter und die Schwierigkeit, von Göttingen aus die Kongreßgeschäfte zu leiten, ihn veranlassen müßten, die Vorstandsleitung der künftigen Kongresse einem anderen Vorsitzenden zu überlassen. Für den gegenwärtigen Kongreß habe ihm besonders der stellvertretende Vorsitzende des Ständigen Kongreßausschusses, Herr Ministerialrat Dr. Dr. Schindowski, treuen Beistand geleistet, ihm danke er dafür herzlichst.

Die Vorbereitung der Vorträge sei in eingehenden Verhandlungen von den Sonderausschüssen durchgeführt worden, denen und namentlich ihren Vorsitzenden der Redner innigen Dank aussprach.

In der Schriftleitung des vor dem Kongreß schon veröffentlichten I. Teiles des Kongreßberichtes habe Herr Dr. Allmenröder bestens geholfen, wofür ihm auch herzlicher Dank gebühre. Redner sprach hierauf seinen und der ganzen Versammlung ergebensten Dank aus dem Herrn Oberbürgermeister Travers, der nicht nur das Kurhaus und das Paulinenschlößchen zur Verfügung gestellt habe, sondern dem Kongreß lebhaftes Interesse dargebracht und weitgehende Hilfe erwiesen habe, besonders auch dadurch, daß er Herrn Magistratsbaurat Berlit und dem von diesem geleiteten Maschinenbauamt die Möglichkeit gegeben habe, die Vorbereitung und Durchführung des Kongresses in geradezu vorbildlicher Weise zu bewältigen. Alle Kongreßteilnehmer dürften mit dem Redner übereinstimmen, daß, wenn der Kongreß so große allgemeine Anerkennung gefunden habe, dies der vorzüglichen Vorarbeit des Herrn Baurat Berlit zu danken sei. (Beifall.) Für die bei der ausgezeichneten Durchführung des Kongresses geleistete Mitwirkung dankte Redner auch Herrn Kurdirektor Hofrat Rauck und Herrn Verkehrsdirektor Wermeling. Herzlicher Dank, an dem ganz besonders die Damen beteiligt seien, gebühre Herrn Stadtrat Arntz, der den Damen der Kongreßteilnehmer den herrlichen Genuß der landschaftlichen Umgebung Wiesbadens in so angenehmer Weise vermittelt habe.

Redner hob hervor, daß, wenn man dem Kongreß ein Zeugnis ausstellen solle, es heißen müsse: „gut und reichlich"! Reichlich jedenfalls, denn noch mehr wichtige Probleme des Heizungs- und Lüftungswesens auf dem Kongreß zu behandeln, hätte die Aufnahmegabe der Teilnehmer sicher überstiegen. Aber der Kongreß könne auch als gut bezeichnet werden, denn nach seiner, des Redners, Erfahrung habe noch keine ähnliche Veranstaltung sich so auf wissenschaftlicher und technischer Höhe befunden und eine so zahlreiche Zuhörerschaft bis zum Schlusse zu fesseln verstanden.

Redner dankte noch der Presse für ihre sachlich gute Berichterstattung und das dem Kongreß dargebrachte Interesse und bat sie, den hygienisch-technischen Fragen des Heizungs- und Lüftungsfaches etwas mehr Raum in ihren Zeitungen zu gönnen, denn daran sei die ganze Leserschaft in ihrem Wohlbefinden und ihrer Gesundheit interessiert, und so verdienten diese Fragen mehr Beachtung als Sport und Übersport, dem ein so großer Teil des Zeitungsinhaltes gewidmet werde.

Redner betonte noch, daß mehrere Vorträge mit der Hervorhebung der Notwendigkeit schlossen, durch eingehende Versuche die Klärung und Förderung der noch ungelösten Fragen zu erzielen. Hierzu aber seien größere Mittel erforderlich, denn heutzutage könne für solche zeitraubenden Arbeiten nicht mehr mit der Aufopferungsfähigkeit von Gelehrten und Ingenieuren gerechnet werden. Der immer schwerer gewordene Kampf ums Dasein erfordere, daß auch solche Arbeiten honoriert würden. Redner bat die Vertreter der Behörden und Amtsstellen, bei diesen dafür zu wirken, daß die erforderlichen Geldmittel zur Verfügung gestellt würden, deren Aufwendung dann Millionen in Förderung ihrer Gesundheit und ihres Wohlbefindens zugute kämen.

Redner schloß mit den Worten: „Der Ständige Kongreßausschuß hat beschlossen, in längstens drei Jahren wieder einen Kongreß zu veranstalten. Für die Wahl des Kongreßortes sind dem Ausschuß freundlichste Einladungen der Stadtgemeinden von Danzig, Dortmund, Düsseldorf, Karlsruhe, Königsberg, Mannheim, Stuttgart zugegangen. Ich bitte die anwesenden Vertreter dieser Städte versichert zu sein, daß der Kongreßausschuß die Wahl unter Würdigung aller in Betracht kommenden Verhältnisse und unter Rücksichtnahme auf die Wünsche der drei Fachvereinigungen, die gewöhnlich ihre Versammlungen dem Kongreß anfügen, vornehmen wird. Und nun zum Schluß! In meinem Alter ist es gewagt, von einem ‚Wiedersehen' zu sprechen; ich will es aber nochmals riskieren, und so rufe ich Ihnen, meinen verehrten Kollegen, zu: Auf Wiedersehen beim nächsten Kongreß!"

Für den gesellschaftlichen Teil des Kongresses war in so ausgezeichneter Weise gesorgt, daß eine kurze Erwähnung an dieser Stelle nicht versäumt werden darf.

Das bunte Bild der ausgedehnten Festtafeln im großen Saal des Kurhauses war würdig und eindrucksvoll. Ernste und heitere Reden konnten nicht fehlen.

Herr Präsident Hartmann fand warme Worte fürs deutsche Vaterland, wobei der schweren Lage Wiesbadens nach dem Kriege bis auf den heutigen Tag gedacht wurde.

Herr Ministerialrat Schindowski begrüßte die Ehrengäste und dankte der Stadt Wiesbaden für die freigebig gewährte Gastfreundschaft. In seiner Antwortrede dankte der Oberbürgermeister Travers für die Sympathie, die der Kongreß dem besetzten Gebiet und besonders der Stadt Wiesbaden entgegengebracht habe und schloß mit einem Hoch auf den Kongreß.

Herr Dr. Schiele begrüßte die Ausländer, deren Nationalhymnen von der Kapelle gespielt wurden. Stehend hörten die Teilnehmer die Klänge an, die schließlich in das gemeinsam gesungene „Deutschland, Deutschland über alles" ausmündeten.

Im Namen der Ausländer dankte Herr Direktor von Kreß.

Professor Brabbée erntete heiteren Beifall mit seiner Damenrede.

Der zweite Abend brachte die Fledermausvorstellung, die wohl noch in aller Gedächtnis haftet. Daß im Zimmer des Herrn Gefängnisdirektors die Heizung nur deshalb nicht funktionierte, weil all die „Heizungsonkels" auf dem Kongreß waren, erfreute nicht minder, als die fensterscheibenklirrende neue Lüftungsanlage und die beiden reizenden Heizkörper des betrunkenen Frosch.

Auch im Feuerwerk fehlten die Anspielungen nicht. Mit Entsetzen stellte aber der Fachmann fest, daß der leuchtende Zentrifugalventilator sich verkehrt herumdrehte.

Den Damen — und es muß schon gestanden werden, auch mehreren Herren — wurden auf großen, gemeinsamen Autofahrten die Reize von Wiesbadens Umgebung eindringlich vor Augen geführt.

Niemand sollte Wiesbaden verlassen, ohne vorher noch auf dem Rhein gewesen zu sein. Ganz gnädig war der Wettergott hierbei leider nicht. Aber er konnte nicht hindern, daß die mächtigen Fluten dieses Stromes, seine Berge und Burgen als letzte Steigerung der Tagung empfunden wurden, als ein leuchtender Eindruck, der noch lange das Grau des nun wieder beginnenden Alltages erhellen sollte.

Allgemeine und wirtschaftliche Fragen aus dem Heizungsfach.

Von Dr. Ing. h. c. **Schiele**, Hamburg.

Allgemeine Wirtschaftslage.

Die wirtschaftliche Entwicklung der Jahre 1924 bis 1927.

Meine sehr geehrten Herren! Im Auftrage des Kongreßausschusses nehme ich das Wort zu einem Bericht über allgemeine und wirtschaftliche Fragen aus dem Heizungs-

fach und beginne mit einem Rückblick auf die Zeit seit 1924, dem Jahre unseres letzt stattgehabten Kongresses.

Meine Herren! Wer auch immer über deutsche Wirtschaftsfragen der letzten Jahre sprechen soll, findet bei seinen Überlegungen einen Pol in der Flucht der wirtschaftlichen Erscheinungen. Ich möchte ihn »ruhenden« oder Beruhigung spendenden Pol nennen können, doch ist er uns Deutschen nur allzu gleichbedeutend mit Unruhe, ja mit Bedrohung — der »Sachverständigen-Plan«, nach seinem Bearbeiter »Dawes-Plan« genannt.

Der Einfluß dieses Zahlungsplanes auf das deutsche Wirtschaftsleben ist so einschneidend, daß es notwendig erscheint, immer wieder auf die uns auferlegten Lasten hinzuweisen. (Abb. 1.) Im Jahre 1924/25 — der Zahlungsplan läuft bekanntlich vom 1. September bis 31. August jeden Jahres — sind uns außer den durch eine Auslandsanleihe gedeckten 800 Mill. RM. nur direkte

Abb. 1.[1]

Lasten in Höhe von 200 Mill. RM. entstanden. Aber schon im Jahre 1925/26 steigen die unmittelbaren Zahlungen auf 1220 Mill. RM., 1926/27 auf 1500 Mill. RM., und

---

[1] Quelle: Die Berichte des Generalagenten 1927.

vor einigen Tagen, am 1. September, hat das Leistungsjahr 1927/28 begonnen, das uns 1750 Mill. RM. Lasten bringt. Mit der Periode 1928/29 beginnt die Reihe der sog. »Normaljahre« mit Leistungen von mindestens je 2500 Mill. RM., die außerdem nach einem Wohlstandsindex erhöht werden können. Im Schatten dieser Titanenzahlen vollzieht sich unsere wirtschaftliche Arbeit, soll unser wirtschaftlicher Aufbau vor sich gehen.

Lassen Sie mich nun zunächst die Jahre 1924 bis 1927 in bezug auf die allgemeine Wirtschaftslage in Deutschland kennzeichnen.

1924/25. Nachdem es im Spätherbst 1923 gelungen war, die Währung zu stabilisieren und damit dem Elend der Inflation ein Ende zu bereiten, begann der wirtschaftliche Wiederaufbau. Die Wirtschaftsmaschine setzte sich in dieser Deflationsperiode bei dem Mangel an finanziellem Betriebsstoff langsam und knarrend in Bewegung. Das Mißverhältnis zwischen der Zahl der industriellen Produktionsstätten und den Absatzmöglichkeiten trat deutlich hervor.

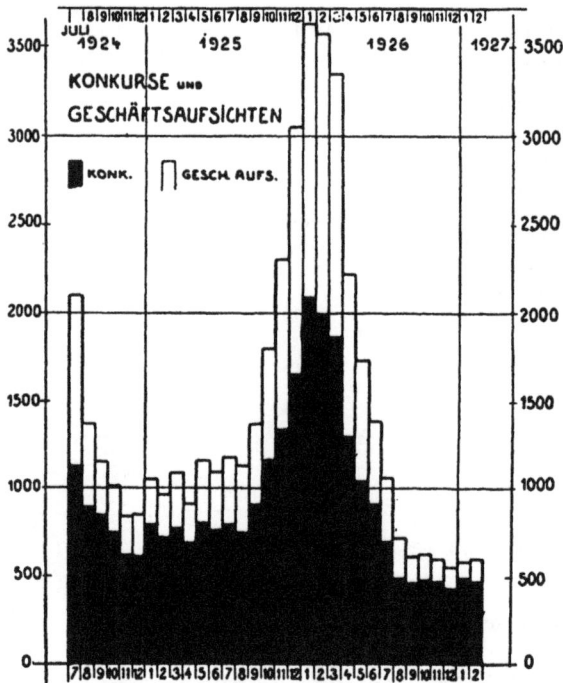

Abb. 2.[1]

1925 ist wirtschaftlich als ein Jahr der Stagnation zu bezeichnen. Dieses wirkte sich in dem zweiten Halbjahre zur Krisis aus, was für die Heizungsindustrie gegen Jahresende fühlbar wurde.

1926. Die Depression von 1925 hielt zunächst in vollem Umfang an. Die Erkenntnis der Notwendigkeit einer Rationalisierung brach sich Bahn und führte zur freiwilligen Stillegung von Betrieben, soweit nicht schon durch die Auslese im Winter und Frühjahr 1925/26 eine unfreiwillige Verminderung derselben stattgefunden hatte.

Wie kritisch sich Ende 1925 und Anfang 1926 für die deutsche Wirtschaft gestaltete, zeigt eine graphische Auftragung der Konkurse und Geschäftsaufsichten. Im weiteren

[1] Quelle: Vierteljahrshefte zur Konjunkturforschung.

Verlaufe kann man 1926 als ein Jahr rastloser Arbeit ansprechen, in das der Beginn des Wiederaufbaues fiel. (Abb. 2.)

Der englische Bergarbeiterstreik trug mit zur Ankurbelung der deutschen Wirtschaft bei, und wenn in der Heizungsindustrie auch erst gegen Ende 1926 eine deutlichere Belebung fühlbar wurde, so wollen wir doch unserem verdienten Außenminister Dr. Stresemann glauben, daß Mitte 1926 so etwas wie ein silberner Streifen am Horizont sichtbar war. Die Entschlossenheit und Tatkraft der Industrie in diesem Jahre ermöglichte unter den Auswirkungen des Dawesplanes die Heranziehung von Auslandsgeldern; die Zinssätze senkten sich, der Privatdiskont, der im Jahre 1925 im Durchschnitt $7\frac{1}{2}\%$ betragen hatte, ging auf 5% zurück, und die zur Verfügung stehenden reichlicheren Geldmittel hoben die Unternehmungslust.

Im Lichte der Konjunkturforschung gehört das erste Halbjahr 1926 noch der sog. »Stockungsperiode« an. Im zweiten Halbjahre setzt sich der Rückgang der Roheisen- und anderer Grundstofferzeugung nicht fort, und eine gewisse Stabilisierung tritt ein. Erst gegen Ende 1926 beginnt eine Belebung, auch für die weiterbearbeitenden Industrien — der Übergang von der Stockung zur Aufwärtsbewegung ist vollzogen.

Für die Heizungsindustrie, die den Konjunkturbewegungen nur langsam, mit ziemlicher Nacheilung, folgt, war das Jahr 1926 ein außerordentlich schweres, für viele Betriebe ein verlustreiches.

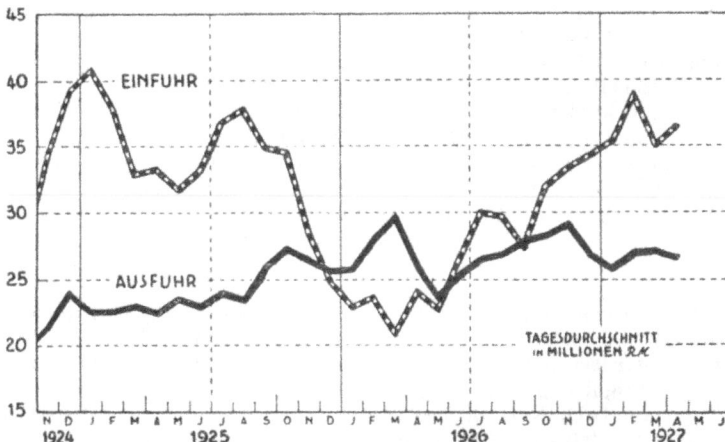

Abb. 3. Der deutsche Außenhandel von November 1924 bis Ende April 1927.[1]

1927. Die Lage war in der ersten Jahreshälfte günstiger, eine gewisse Belebung auf dem Baumarkt ist eingetreten, und es kann für die Heizungsindustrie auf eine erhebliche Zunahme des Umsatzes gegenüber dem Vorjahre geschlossen werden. Bedauerlich bleibt der anhaltende Tiefstand der Preise.

Über die weitere Entwicklung der Wirtschaftslage gehen die Vermutungen auseinander. Der Voraussage über ein Anhalten des Aufschwunges steht die Befürchtung gegenüber, daß die Konjunkturwelle verebben werde.

Vor der Behandlung von Einzelfragen muß noch ein Wort über das Barometer unserer Gesamtwirtschaft, über unsere Handelsbilanz gesagt werden, deren Gestaltung in den letzten Monaten Sorge erweckt.

Die dauernde Erfüllung des Dawesplanes ist nur möglich bei einer durchaus aktiven Handelsbilanz, also beim Überwiegen der Ausfuhr gegenüber der Einfuhr. Leider zeigt das hier folgende Diagramm eine steigende Passivität, die sich im Juli dieses Jahres bis zur höchsten Einfuhrziffer nach dem Kriege für den Monat entwickelte. (Abb. 3.)

---

[1] Quelle: Die Berichte des Generalagenten 1927.

Im Juli betrug die Einfuhr 1277 Mill. RM., die Ausfuhr 847 Mill. RM.
Für die Zeitspanne von Januar bis Juli 1927 ergibt sich ein Gesamt-P a s s i v saldo
von 2418 Mill. RM., während das Jahr 1926 für die gleiche Zeitspanne noch ein Ge-
samt-A k t i v saldo von 518 Mill. RM. aufwies.

Meine Herren! Alle Bestrebungen zur Rationalisierung, die Verhandlungen der
Schwerindustrie zur Gründung internationaler Kartelle, die jahrelangen mühevollen
Arbeiten für den Abschluß von Handelsverträgen haben den Zweck, die Wettbewerbs-
fähigkeit auf dem Weltmarkte zu erlangen, und das Ziel, den Exportüberschuß zu erreichen, der allein die Erfüllung der übernommenen Verpflichtungen ermöglicht.

Diese Erkenntnis ist von der Wirtschaft gewonnen worden — die Konsequenzen
müssen von allen Bevölkerungsschichten gezogen werden, nicht nur von Arbeitgebern,
auch von Arbeitnehmern und schließlich auch von den Behörden in weitestem Sinne,
die z. B. bezüglich Rationalisierungsbestrebungen nicht immer nur vor anderer Leute
Tür kehren dürfen.

Steuer- und Soziallasten.

Die über Deutschland nach dem unglücklich beendeten Krieg hereingebrochenen
Ereignisse hatten die wirtschaftlichen Verhältnisse derart geändert, daß die Steuergesetzgebung zunächst kaum in der Lage war, eine Grundlage zu finden. Auf der einen
Seite sollte sie Deckung für die staatlichen und kommunalen Bedürfnisse sowie für die
enormen Lasten schaffen, die durch den Begriff Versailles gekennzeichnet sind, auf
der anderen Seite befand sie sich durch Revolution, Inflation und wirtschaftliche
Krise einer Umschaltung gegenüber, die ihr jeden Maßstab nahm.

Es ist deshalb wohl nicht weiter verwunderlich, daß sie über das Ziel hinausschoß,
indem sie nicht nur den Ertrag erfaßte, sondern in schädlicher Weise in die wirtschaftliche Substanz eingriff. Die Thesaurierung ungeheurer Mittel in der öffentlichen Hand
und deren unheilvolle Folgen sind noch in unser aller Erinnerung.

Die Notwendigkeit einer Senkung der Steuerlasten ist seitens der gesetzgebenden
Körperschaften inzwischen erkannt, wird aber erschwert durch die Wirrsale des ganzen
Steuersystems, das allzu verfeinert von Reich, Ländern und Gemeinden zur Anwendung
gekommen ist.

Die bis heute eingetretenen Senkungen sind unzureichend, zum mindesten aber
die Verteilung der Steuerlasten auf die einzelnen Schultern noch falsch, die Gesetzgebung
noch derart kompliziert, daß die Wirtschaft durch Veranlagungs- und andere Arbeiten
weit über das erträgliche Maß in Anspruch genommen wird. Die behördlicherseits aus
solchen Gründen notwendigen, wenigstens für notwendig gehaltenen, steuertechnischen
Überholungen von Betrieben haben einen ungeheuren Aufwand von Arbeitskräften
und dementsprechende Kosten verursacht.

Das Verlangen der Wirtschaft geht nach Steuern auf gesunder Basis, ohne über-
triebene Verfeinerung, ohne die unendlichen Kosten für Kontrolle und Erhebung und
auf eine Verteilung der Lasten, die wenigstens eine allmähliche Kapitalbildung nicht
ausschließt, denn ohne Kapital keine Wirtschaft!

Eine interessante Untersuchung über die steuerliche Belastung eines industriellen
Betriebes in 38 verschieden großen, preußischen Städten findet sich in der Zeitschrift
»Wirtschaft und Statistik«, herausgegeben vom Statistischen Reichsamt. Man hat
einen Betrieb sozusagen von einer zur anderen Stadt ziehen lassen und jeweils seine
steuerlichen Verpflichtungen ermittelt. Ich möchte Ihnen darüber wenigstens drei
Zahlen geben, die niedrigste, eine mittlere und die höchste, zumal aus den autoritativen
Ermittlungen des Reichsamtes auch die absolute Höhe der Steuer ersichtlich ist.

Das Unternehmen hat RM. 1000000.— eigenes und RM. 600000.— fremdes Kapital,
eine Jahreslohnsumme von RM. 1500000.—, ein Vermögen an Grund und Boden von
RM. 300000.—, einen steuerpflichtigen Umsatz von RM. 2500000.—, einen Rohertrag
von RM. 375000.—, Zinsverpflichtungen von RM. 48000.— und schafft einen Produk-
tionswert von RM. 3500000.—.

Die niedrigste Besteuerung beträgt RM. 110012
„ mittlere „ „ „ 143799
„ höchste „ „ „ 178046
Der Restrohgewinn ergibt sich je zu RM. 216987.—, 183200.—, 148953.—, also
auf das investierte Kapital 11,4, 9,6 und 7,8%. Es sind nun allerdings der Annahme
zufolge 65 Angestellte und 600 bis 650 Arbeiter von dem Unternehmen unterhalten worden, doch liegen die Ergebnisse als Roherträgnisse unbedingt in der Gefahrenzone.
Es ist einleuchtend, daß nach einem unglücklich abgeschlossenen Kriege Lasten
in höherem Maße getragen werden müssen. Es darf aber nicht länger jeder Gewinn
entzogen oder gar die Substanz angegriffen werden.

Das Verhältnis der steuerlichen Belastungen der Jahre 1913 und 1925 geht aus der
hier wiedergegebenen graphischen Darstellung hervor. (Abb. 4.)

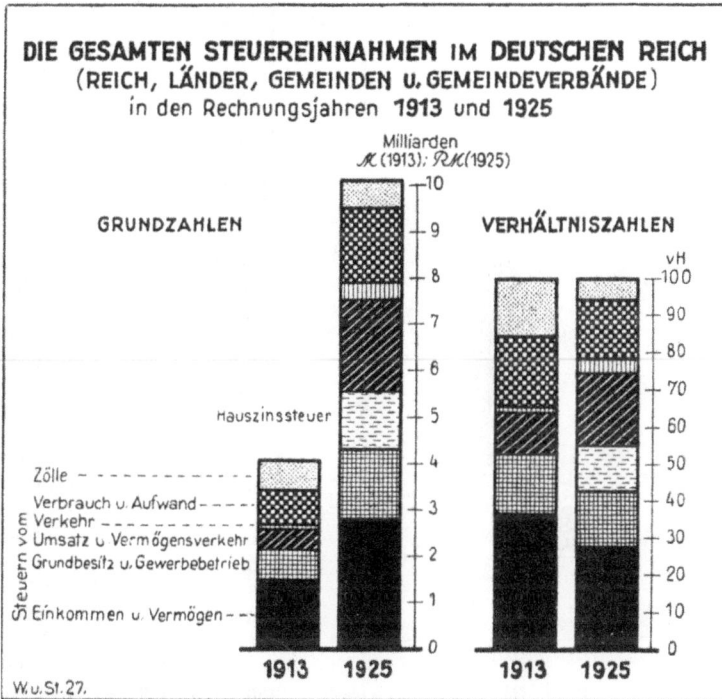

DIE GESAMTEN STEUEREINNAHMEN IM DEUTSCHEN REICH
(REICH, LÄNDER, GEMEINDEN U. GEMEINDEVERBÄNDE)
in den Rechnungsjahren **1913** und **1925**

Abb. 4.[1]

Die beiden Kolonnen linker Hand zeigen, daß einer Gesamtsteuereinnahme von
etwas über 4 Milliarden in 1913 eine solche von über 10 Milliarden für 1925 gegenüber
steht. Verfolgt man diese Kolonnen in der Richtung von oben nach unten, so ergibt
sich folgendes Bild:

Die Einnahmen aus »Zöllen« sind für 1913 und 1925 etwa gleich hoch, »Verbrauch«
und »Aufwand« zeigen starke Zunahme, ebenso der »Verkehr«, »Umsatz- und Vermögensverkehr« ist stark gewachsen. Die »Hauszinssteuer« ist mit einem erheblichen Betrag
neu hinzugekommen, »Grundbesitz- und Gewerbebetrieb« ergeben über doppelt so hohe,
»Einkommen- und Vermögenssteuern« fast doppelt so hohe Steuererträgnisse. Die
Kolonnen rechts zeigen den prozentualen Anteil der Einzelsteuern am Gesamtergebnis.

[1] Quelle Wirtschaft und Statistik.

Wie groß die Steuerlasten in der Zukunft zu sein haben, ist eine Frage der Sparsamkeit in jeder Beziehung und auf allen Gebieten, nicht nur in den wirtschaftlichen, sondern namentlich auch in den behördlichen Betrieben.

Land	Gesetzliche Beschränkung der Arbeitszeit	Obligatorische Arbeitslosenversicherung	Obligatorische Krankenversicherung	Obligatorische Unfallversicherung	Obligatorisches Schlichtungsverfahren	Gesetzlich eingerichtete Betriebsräte mit Kontrollrechten
Deutschland	+	+	+	+	+	+
Rußland	+	+	+	+	+	+
Polen	+	+	+	+	—	—
Tschechoslowakei . .	+	—	+	+	—	+
Österreich	+	+	+	+	+	+
Italien	+	+	—	+	+	—
Frankreich	+	—	—	+	—	—
Belgien	+	—	—	—	—	—
England	—	+	+	O) —	—	—
Kanada	—	—	—	+	—	—
Südafrika ·	—	—	—	O) —	—	—
Vereinigte Staaten von Nordamerika	—	—	—	OO) +	—	—

+ bestehende gesetzliche Regelungen
— nicht Vorhandensein einer gesetzlichen Regelung

O) Haftpflicht
OO) In der Mehrzahl der Einzelstaaten

Abb. 5.[1]

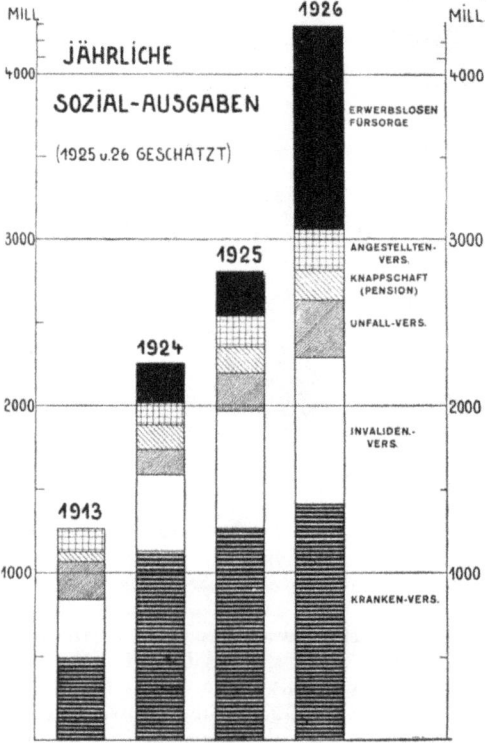

MILL.

JÄHRLICHE
SOZIAL-AUSGABEN
(1925 u.26 GESCHÄTZT)

1926
1925
1924
1913

ERWERBSLOSEN-FÜRSORGE
ANGESTELLTEN-VERS.
KNAPPSCHAFT (PENSION)
UNFALL-VERS.
INVALIDEN-VERS.
KRANKEN-VERS.

Abb. 6.[2]

Eine besonder Stellung nimmt Deutschland bezüglich der Sozialpolitik ein. Die hier folgende Gegenüberstellung gibt Aufschluß über die von den einzelnen Weltstaaten übernommenen Verpflichtungen. (Abb. 5.)

Die + Zeichen bedeuten Erfüllung, die — Zeichen das Gegenteil. Sie werden erkennen, daß Deutschland voll erfüllt hat und neben ihm — für die Gegenwart vollkommen ohne Belang — nur Rußland, außerdem Österreich. Die übrigen, für uns als Konkurrenten auf dem Weltmarkt viel wesentlicheren Länder zeigen nur teilweise Erfüllung.

Bei aller sozialen Gesinnung und aller Menschenliebe wird man mit Rücksicht auf die Verhältnisse, unter denen Deutschland gezwungenermaßen lebt, zu der Erkenntnis kommen müssen, daß die bei uns betriebene Sozialpolitik losgelöst erscheint von allen wirtschaftlichen Grundlagen. Es kann unmöglich wirtschaftlich richtig sein, je mehr soziale Fürsorge zu üben, je tiefer der finanzielle Stand der Wirtschaft ist. Es wird aber richtig sein, was der

[1]) Quelle: Vereinigung der deutschen Arbeitgeberverbände 1925 und 1926.
[2]) Quelle: Amtl. Nachrichten des Reichs-Versicherungs-Amtes 1927 Nr. 2.

Vorsitzende des Reichsverbandes der Deutschen Industrie im vergangenen Jahre in Dresden
aussprach, daß nämlich die beste Sozialpolitik eine gute Wirtschaftspolitik ist. (Abb. 6.)
Die sozialen Aufwendungen betrugen vor dem Kriege jährlich 1,2 Milliarden
gegenüber 4,3 Milliarden im Jahre 1926. Berücksichtigt man hierbei noch die Verdop-
pelung der Steuerlasten, so wird man erkennen müssen, in welchem Maße dem doch
an Umfang kleiner gewordenen Wirtschaftskörper Blut entzogen wird.

Es kann auch nicht außer acht gelassen werden, daß für die Unterstützungs-
empfänger aus einer allzu weitgehenden Sozialpolitik Gefahren entstehen. Die persönliche Verantwortung und Selbständigkeit kann leiden, der Selbsterhaltungstrieb,
die beste Triebkraft zur Produktion, kann geschwächt werden.

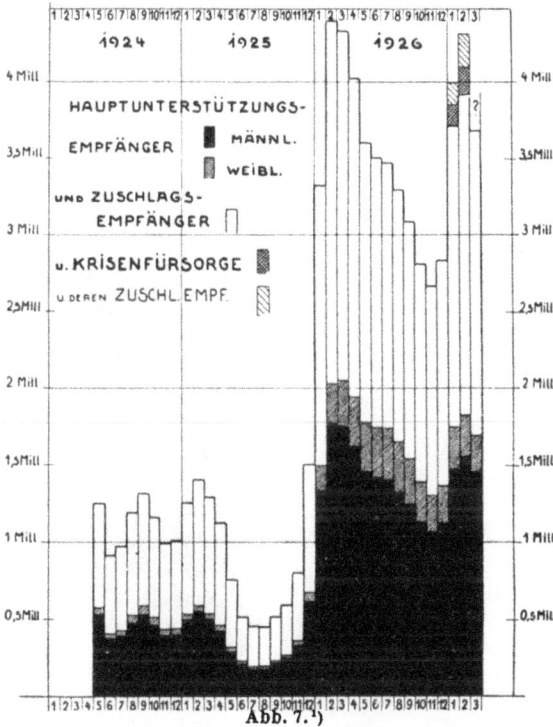

Abb. 7.[1]

Die in den Jahren 1913 bis 1926 jährlich für soziale Ausgaben aufgewandten Mittel
lassen sich in der hier wiedergegebenen Aufstellung erkennen. Von 1924 an ist die
»Erwerbslosenfürsorge« hinzugekommen, die Aufwendungen für »Angestelltenversiche-
rung« sind gewachsen, in geringem Umfang auch die »Knappschaftspensionen«, stark
vergrößert sind die Beträge für »Unfall-, Invaliden- und Krankenversicherung«.

In ganz unzulässigem Maße ist die Sozialpolitik Handelsobjekt der politischen
Parteien geworden, und schließlich dürfen nicht nur von den Seiten Mittel für soziale
Zwecke bewilligt werden, die an den Lasten nicht teilnehmen. Alle Rücksichten auf
die Tragfähigkeit der Wirtschaft scheinen auszuscheiden, und so ist auch in diesem
Teil unserer Bilanz ein Mißverhältnis vorhanden.

Eine der grausamsten Erscheinungen der Nachkriegszeit ist die Arbeitslosigkeit
mit all ihren sozialen Gefahren und wirtschaftlichen, finanziellen und politischen Auswirkungen. (Abb. 7.)

[1] Quelle: Reichsarbeitsblatt.

Aus dem Diagramm ist die monatliche Zahl der Hauptunterstützungsempfänger von Mai 1924 bis März 1927 ersichtlich und die erschreckende Zunahme im Jahre 1926 zu erkennen.

Staat und Wirtschaft hat das Erwerbslosenproblem in steigendem Maße beschäftigt, zahlreich sind die Vorschläge und Versuche, zahlreich auch die Fehler und groß die aufgewandten Mittel. Als Fehler müssen behördliche Versuche bezeichnet werden, die darauf hinauslaufen, die Wirtschaft unmittelbar im Sinne des Kampfes gegen die Erwerbslosigkeit zu beeinflussen. Daraus entstehen Vorschriften, die die Wirtschaft lediglich beunruhigen und belasten, da sie zur Erfüllung nicht in der Lage ist Ich habe,

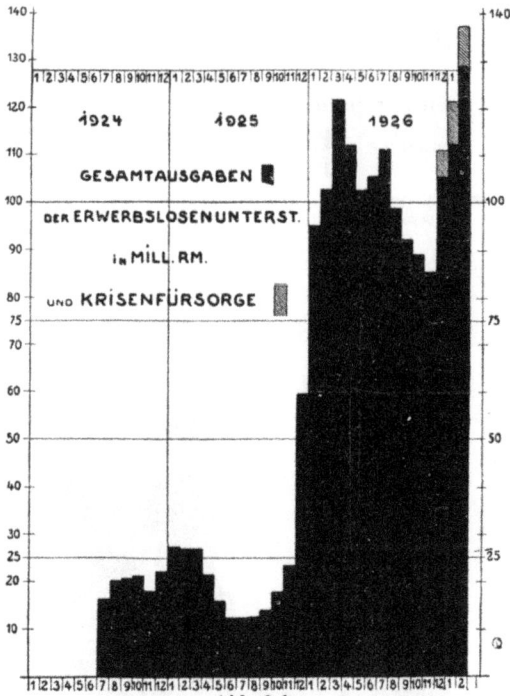

Abb. 8.[1]

wo immer möglich, den Standpunkt vertreten, daß es in der Mehrzahl der Fälle für Reich, Land und Gemeinde nur darauf ankommen dürfe, Arbeitsmöglichkeiten zu schaffen, äußersten Falles den Bezirk vorzuschreiben, aus dem die Arbeitnehmer stammen sollen, alles andere aber dem natürlichen Verlauf der Dinge zu überlassen. Der Erfolg ist derselbe wie der auf Umwegen mit viel mehr Kraftvergeudung und Reibung erzielte. (Abb. 8.)

Eine Darstellung über die Gesamtausgaben der Erwerbslosenunterstützung in Millionen Reichsmark für die Zeit von Mitte 1924 bis Anfang 1927 spricht eine beredte Sprache. Rückhaltlos anzuerkennen ist es, mit welcher Energie man behördlicherseits an die Erwerbslosenfrage herangegangen ist und wie bedeutend die dafür bereitgestellten Mittel sind. Das Ergebnis war denn auch unbedingt eine Belebung der Wirtschaft, und das ist schließlich die beste Erwerbslosenfürsorge.

---

[1] Quelle: Reichsarbeitsblatt.

Zwangswirtschaft.

Zur Abrundung des Bildes über die allgemeine Wirtschaftslage muß kurz auf einen Fremdkörper in der Wirtschaft, auf den »Zwang« eingegangen werden.

Alle Zwangswirtschaft entsteht aus Unnatur und hat Unnatur im Gefolge. Deshalb muß zur Vermeidung von Schäden ihre rauhe, plumpe Hand die feinen Fäden der Wirtschaft wieder freigeben, sobald der Zweck des Eingriffes auch nur einigermaßen erreicht ist.

Diese Erkenntnis ist teuer erkauft, aber wohl heute Allgemeingut, und wo man ihr trotzdem zuwiderhandelt, da dürften Politik und Dogma nicht weit voneinander zu suchen sein.

Besonders umstritten ist die Zwangswirtschaft im Wohnungswesen. Ihre Befürworter erklären, daß man jeden Zwang leichter und eher fallen lassen könne als gerade diesen, während alle wirtschaftlichen Vertretungen und Körperschaften die alsbaldige und vollkommene Wiederzulassung der Freiheit auch auf diesem Gebiete fordern.

Das ist ein Verlangen, dem sich die Heizungsindustrie unbedingt anschließen muß, denn sie ist durch die Wohnungszwangswirtschaft auf das stärkste in Mitleidenschaft gezogen und kann von ihrem Standpunkt aus darin nur ein Hindernis zur freien Entfaltung der Bautätigkeit erblicken, herrührend aus der Entwertung von Grund und Boden und Bau. Sie wird deshalb auch die von dem Zentralverband deutscher Haus- und Grundbesitzervereine erhobene Forderung auf restlose Aufhebung der Zwangswirtschaft im Wohnungswesen und volle Freiheit der Betriebsführung für den Hausbesitzer in seinem Eigentum, ergo Beseitigung der unsozialsten aller Steuern, der Mietzinssteuer, zu unterstützen haben.

Die Frage der Kosten der Wohnungszwangswirtschaft ist von allgemeinem Interesse. Der Reichstagsabgeordnete Lucke hat unlängst den Versuch zur Beantwortung unternommen. Er hat festgestellt, daß in den Wohnungsämtern 30600, bei den Gerichten 19800 Beamte mit der Bearbeitung von Wohnungsangelegenheiten beschäftigt sind. Für die Bearbeitung der mit dem Wohnungswesen zusammenhängenden Steuern und Abgaben sind 8000 Steuerbeamte tätig. Insgesamt handelt es sich also um 58400 Beamte. Diese Beamten haben ein Durchschnittseinkommen von RM. 4000.—, so daß an Gehältern allein im vergangenen Jahre 223,6 Millionen aufgewandt werden mußten. Büromieten und Handlungsunkosten erforderten 100 Millionen, 816000 Prozesse mußten wegen Wohnungsstreitigkeiten geführt werden, die dem Reich im vergangenen Jahre 122,4 Mill. RM. Unkosten verursachten. Den Arbeitsverdienstausfall, welcher den Parteien durch die Prozesse entstand, berechnet Lucke auf 90,82 Mill. RM. Das Reich allein kostet also die Wohnungszwangswirtschaft die ungeheure Summe von 445,98 Millionen RM. im Jahre.

Hierzu kommen noch die Ausgaben, welche die Organisationen erfordern, die sich den Kampf gegen die Wohnungszwangswirtschaft zur Aufgabe gemacht haben und die ebenfalls in die Millionen gehen, sowie die verlorene Zeit, welche die Wohnungsuchenden durch die endlosen Verhandlungen mit den Wohnungsämtern opfern müssen. Die angeführten Zahlen enthalten ein vernichtendes Urteil über die Wohnungszwangswirtschaft. Wie viel Wohnungen hätten jährlich für diese Summen hergestellt werden können!

Was in wirtschaftlicher Beziehung der deutsche Hausbesitz bedeutet hat, geht daraus hervor, daß er vor dem Kriege der Träger von 100 Milliarden M. Volksvermögen war und daß der Hausbesitzerstand den belebenden Faktor für die Wohnungsproduktion bildete, bis der Staat ihn zur Ohnmacht verurteilte.

Bei der Betrachtung dessen, was der Wirtschaft Zwang antut, kann man nicht an Erscheinungen vorübergehen, die trotz ihrer sozialen Gebarung zum Teil doch auch Selbstzweck sind. Ich meine das Eindringen der öffentlichen Hand in die private Wirtschaft, wohl auch als »kalte Sozialisierung« bezeichnet.

Lassen Sie mich Ihnen hierzu ein Lichtbild zeigen, aus dem sich ergibt, daß 23% aller Erwerbstätigen vom Staate leben und daß die öffentliche Hand aus dem Volkseinkommen 1926 22 bis 25% gegen 12½% im Jahre 1913 erhalten hat. (Abb. 9.)

Wenn ich von sozialer Gebarung spreche, so denke ich dabei sowohl an Hilfsaktionen für eine Gesamtheit, z. B. für eine Gemeinde, wie vor allem auch an die behördliche Übernahme der Funktionen des Bankiers der Privatwirtschaft gegenüber. Darunter fällt auch die Subvention oder die teilweise Übernahme gewerblicher Unternehmungen, wovon man in letzter Zeit in unserer Industrie ebenfalls gehört hat.

Beide Arten können, aus Notwendigkeiten geboren, wirklich sozial sein. Es wird aber stets gefordert werden müssen, daß ein solcher Eingriff der öffentlichen Hand nur vorübergehend erfolgt, da diese in der Privatwirtschaft nur auf Kosten des Steuerzahlers beschäftigt sein kann, ja daß sie zur Konkurrentin wird, sofern sie über den Rahmen ihrer anerkannten Monopolbetriebe hinübergreift.

Die öffentliche Hand in Deutschland

Wieviel Deutsche leben vom Staat?

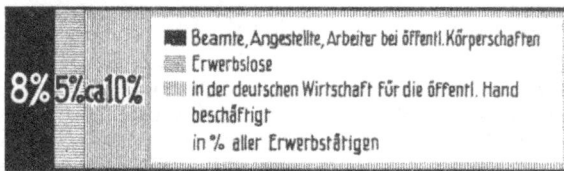

8% 5% ca 10%

■■ Beamte, Angestellte, Arbeiter bei öffentl. Körperschaften
▨ Erwerbslose
▥ in der deutschen Wirtschaft für die öffentl. Hand beschäftigt
in % aller Erwerbstätigen

Was erhält die öffentl. Hand vom Volkseinkommen?

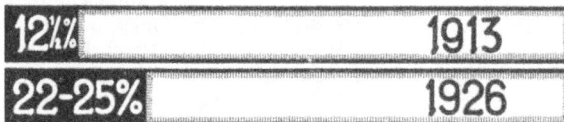

12½% 1913
22-25% 1926

Abb. 9.[1]

Das Geschrei nach Sozialisierung ist nach den damit errungenen Mißerfolgen so gut wie verstummt. Wir sind aber alle in dieser Richtung mehr oder weniger angekränkelt oder doch stumpf geworden und müssen deshalb bei der Beurteilung jeden Falles, um bei gesunden und erprobten wirtschaftlichen Methoden zu bleiben, den Maßstab der Vorkriegszeit anlegen.

Für wie groß die Gefahren in Wirtschaftskreisen gehalten werden, erhellt aus den Ergebnissen einer Versammlung der Spitzenverbände der Industrie, des Groß- und Einzelhandels, der Landwirtschaft und des Handwerkes, sowie des Bank- und Versicherungsgewerbes, die am 10. November 1926 in der Singakademie zu Berlin stattfand. Sie nahm Stellung zu der Frage der Gefährdung des Privateigentums sowie zu den Gefahren und Nachteilen der zunehmenden gewerblichen Betätigung der öffentlichen Hand und gipfelte in einer Entschließung, aus der ich folgendes hervorheben möchte.

[1] Quelle: Hamburger Nachrichten.

Die Privatwirtschaft ist in Deutschland im wesentlichen die Trägerin der Lasten, aus denen Reich, Länder und Gemeinden die Kosten ihrer Haushalte bestreiten und die darüber hinaus die Erfüllung der von Deutschland dem Auslande gegenüber übernommenen Verpflichtungen ermöglichen sollen. Das Privateigentum muß deshalb die unantastbare Grundlage der Wirtschaft bleiben und darf durch den Wettbewerb von Reich, Ländern und Gemeinden nicht beeinträchtigt werden.

Schon der Gedanke ist widersinnig, daß ein Gemeinwesen seinen Angehörigen, die durch ihre Steuern und Abgaben zu seinen Lasten beitragen, auf dem Gebiete ihrer privatwirtschaftlichen Tätigkeit Konkurrenz macht.

Die Abwehr gegen Eingriffe der öffentlichen Hand in Privatwirtschaft und Privateigentum ist nicht nur gemeinsame Aufgabe, sondern Sache jedes einzelnen und hat sich auch gegen alle Bestrebungen zu richten, die das Privateigentum an Grund und Boden in irgendwelcher Form antasten wollen.

Die gleiche Absicht verfolgt ein unlängst im Preußischen Landtag eingebrachter Gesetzentwurf, der bezweckt, die privatwirtschaftliche Betätigung der Gemeinden und Gemeindeverbände durch ein Genehmigungsverfahren zu beschränken.

Wirtschaftliche Lage der Heizungsindustrie.

Einfluß der Gesamtwirtschaftslage und wirtschaftliche Erscheinungen.

Den im Vorhergehenden geschilderten allgemeinen Einflüssen unterliegt natürlich auch die Zentralheizungsindustrie, und sie hat deshalb allen Grund, sich in ihrer bedrängten Lage dagegen zu wehren. Es machen sich ihr gegenüber aber noch eine Reihe von Sondereinflüssen geltend.

Die deutsche Zentralheizungsindustrie ist hervorgegangen aus dem Maschinenbau und zum großen Teil entstanden aus der Angliederung von Heizungsabteilungen an Maschinenfabriken. Den Stempel dieser gesunden Entwicklung und Herkunft trug die Mehrzahl der vor dem Kriege bestehenden Fachfirmen. Jedenfalls handelt es sich ganz allgemein um eine hochentwickelte Spezialindustrie, die unter der bahnbrechenden Führung eines Rietschel den ihr anvertrauten großen und schönen Aufgaben voll gewachsen war und die den Vergleich mit der Fachindustrie irgendeines anderen Landes keineswegs zu scheuen brauchte.

Die Nachkriegszeit hat dieser Stammindustrie von über 500 Firmen einen Zuwachs von einigen Tausend neuer Firmen gebracht, die nicht mehr die ursprüngliche Herkunft und Struktur zeigen.

Wie war das möglich? Wie konnte diese Firmeninflation Platz greifen?

Die Aufgaben der Vorkriegszeit fehlten zunächst vollkommen. Die öffentlichen Kassen waren leer, und es gab fast nur Arbeiten, die mit der Bekämpfung der alles beherrschenden Wohnungsnot zusammenhingen. Man baute klein und billig, die Ansprüche an die Ausführung sanken, und es war kein Wunder, daß die Heizungsanlagen von dem gleichen Schicksal ereilt wurden. Die Fähigkeit zur Erstellung solcher Anlagen, namentlich kleinsten Umfanges, maßte sich jeder an, war er auch sonst fachunkundig, so doch irgendwie technisch z. B. als Klempner, Mechaniker, Schlosser, Rohrleger oder ähnlich tätig und froh, seinen Betrieb ausdehnen zu können. Das gelang verhältnismäßig leicht, denn die erforderlichen Mittel waren gering, außerdem stützte man sich auf einen nur zu willig eingeräumten Lieferantenkredit.

Ferner erleichterte das Aufleben eines unglaublichen Partikularismus, nicht nur von Land zu Land, sondern sogar von Gemeinde zu Gemeinde, die Hinzunahme eines neuen Berufszweiges.

Dieser Partikularismus wurde erzeugt und gestützt durch die Arbeitslosigkeit, besonders aber auch durch die Steuergesetzgebung, soweit Landes- und Kommunalsteuern in Frage kommen. Es war eben jeder in der Lage, bei den zum größten Teil mit öffentlichen Mitteln hergestellten Baulichkeiten geltend zu machen, daß er Träger der örtlichen Steuerlasten, namentlich der Gewerbesteuer, sei und daß man ihm deshalb vor allen Rücksicht schulde.

Eine ungeheure Reklame für Kleinheizungen, die deren Einfachheit und Zweckmäßigkeit meisterhaft mundgerecht zu machen verstand, kam als gewichtiges Moment hinzu. Alle diese Einflüsse ließen Firmen über Firmen entstehen. Genaue statistische Angaben fehlen, man spricht aber von einer Vermehrung um 2000 bis 3000, so daß es wohl eine Zeit gegeben hat, zu der etwa 4000 sog. Heizungsfirmen in Deutschland bestanden haben. — Ich spreche in der Vergangenheit, denn eine große Zahl der Neuerstandenen hat durch die Inflation ihr Ende gefunden oder den Bau von Heizungsanlagen aus anderen Gründen wieder aufgegeben.

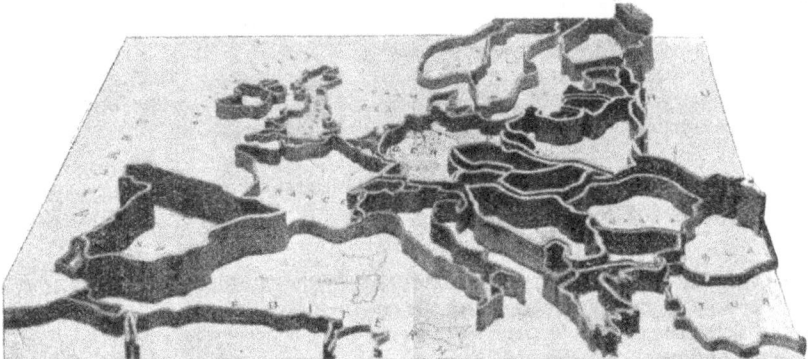

Abb. 10. Die chinesische Mauer in Europa, eine plastisch-statistische Darstellung der Zollschranken, die die Länder Europas voneinander abschließt.

Fügt man zur Vervollständigung des Bildes noch den Umstand, daß der Export fast vollkommen aussetzte und daß infolge des mangelhaft organisierten, heruntergewirtschafteten Marktes namentlich in Kesseln und Radiatoren der Kleinabnehmer fast zu den gleichen Preisen einkaufte wie der Großabnehmer, so wird es verständlich, daß gute alte Heizungsfirmen aus dem Kreise der Wirtschaft verschwanden. Sie waren als Träger der Unkosten des Faches und belastet mit einem umfangreichen, kostspieligen Apparat einfach nicht in der Lage, sich den Schwankungen der Konjunktur ebenso anzupassen, wie das die kleinen, neuentstandenen Betriebe vermochten.

Zu der soeben berührten Frage des Exportes möchte ich noch ein Lichtbild vorführen, das z u m T e i l die Gründe für sein Abflauen dartut. Ich entnehme es einer der im Verlag Ullstein Berlin erscheinenden Zeitschrift und bemerke, daß die Höhe der Mauern auch die Höhe der Zollschranken kennzeichnet. (Abb. 10.)

Ähnlich so würde, nach meinen vorherigen Darlegungen, das Deutsche Reich mit seinen künstlich zwischen Ländern und Gemeinden errichteten Mauern aussehen. Eigenbrötelei ist auch der Baustoff dieser Mauern.

Die vorgeschilderte Entwicklung vollzog sich einem Baumarkt gegenüber, der im Jahre 1923 infolge des Währungsverfalls einen starken Rückgang erfahren hatte. Von diesem Zeitpunkt an hob er sich ziemlich gleichmäßig. Das geht aus einer graphischen Aufzeichnung über den jährlichen Zuwachs von Gebäuden, Wohngebäuden und Wohnungen in den Gemeinden von über 50000 Einwohnern hervor. Würde man in dem Diagramm die Eintragungen vierteljährlich vorgenommen haben, so wären erhebliche Knickungen der Linien die Folge. Man bedenke z. B. die fast regelmäßige Steigerung durch den erhöhten Zugang im letzten Vierteljahr oder z. B. den Einfluß der 8000 Neubauten, die Berlin vor kurzem beschlossen hat. (Abb. 11.)

Zu bemerken ist noch, daß das Jahr 1927 nur nach seinen Ansätzen geschätzt ist und daß in der Darstellung die Maßstäbe für die Zahlen der Gebäude und die Zahlen der Wohnungen verschiedene sind.

Zur Beurteilung der Weiterentwicklung des Baumarktes im Jahre 1927 erscheint ein Vergleich der Bauvorhaben mit 1926 nützlich. Ich habe die aus der Zeitschrift »Die Bauwelt« stammenden Zahlen dem »Berliner Börsen-Courier« entnommen und in einem Diagramm verwertet. Der Börsen-Courier sagt dazu (Abb. 12):

»Die günstigste Entwicklung, in der der Baumarkt in diesem Jahre begriffen war, scheint abzuebben, wenn man nicht gar die Befürchtung aussprechen soll, daß durch äußere Einflüsse bedingt die Baukonjunktur den Höhepunkt vorläufig bereits überschritten hat. Im besonderen gilt.das für den Wohnungsbau... Hingegen zeigt der gewerblichen Zwecken dienende Bau im Juli wieder eine Zunahme. Der gewerbliche Bau, vornehmlich der Industriebau, ist nämlich weit unabhängiger von der Verfassung des Kapitalmarktes als der Wohnungsbau.«

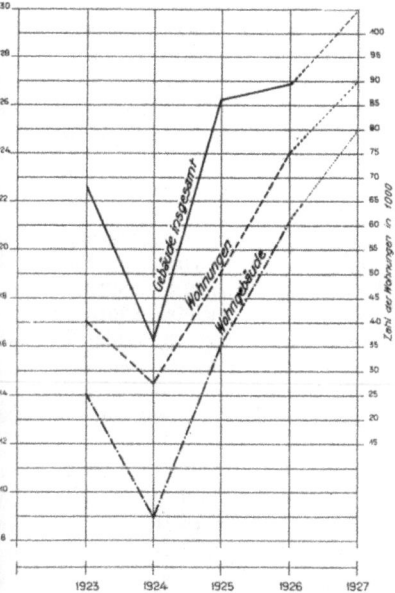

Abb. 11. Reinigung an Gebäuden, Wohngebäuden und Wohnungen in den Gemeinden von über 50000 Einwohnern, in den Jahren 1923 bis 1926. [1]

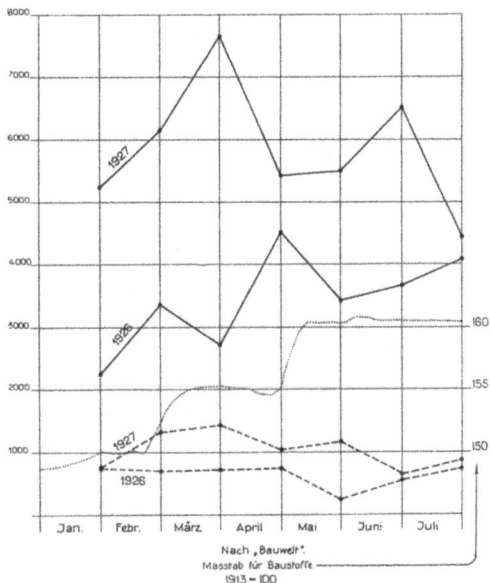

Abb. 12. Bau-Tendenz.
—— Vorhaben an Wohnbauten 1927 und 1926.
‑‑‑ Vorhaben an gewerbl. Bauten 1927 und 1926.
Baustoffpreise 1927 nach Berliner-Börsen-Courier.

Die Baustoffpreise halten sich von Mai ab auf gleicher Höhe, scheiden demnach als den Baumarkt beeinflussende Faktoren aus.

Ein ungeheures Hemmnis bedeuten für die Heizungsindustrie die mehrfach erwähnten Schranken, die Länder und Gemeinden zwischeneinander aufgerichtet haben. Geradezu mittelalterlich muten die Zustände an, denen gegenüber wir uns befinden. Der Partikularismus, hauptsächlich wohl unter Berufung auf die Steuergesetzgebung durch eine große Zahl von Firmen belebt und reingezüchtet, treibt wahre Wunderblumen.

In früheren Zeiten war es den Zentralheizungsfirmen im allgemeinen möglich von irgendeiner Stelle aus über das ganze Deutsche Reich zu arbeiten. Ausnahmen hat es natürlich gegeben, denn es hat auch immer Bundesstaaten gegeben, die sich wirtschaftlich mehr oder weniger abzuschließen verstanden. Damals richtete man Zweignieder-

---

[1] Zusammengestellt aus: „Wirtschaft und Statistik" 1927 nach dem Ansatz des 1. Vierteljahres geschätzt.

lassungen ein, um den Verkehr mit den Baustellen und Auftraggebern zu erleichtern, also um den Einfluß der Entfernung auszuschalten.

Anders heute! Abgesehen von besonderen Objekten muß jetzt eine Heizungsfirma, um qualifiziert zu sein, also mit annähernd denselben Aussichten wie der Angesessene, im Lande, ja in der Gemeinde eine eingetragene Niederlassung, zum allermindesten einen einflußreichen Vertreter besitzen.

Wie eine Botschaft aus einer besseren Welt mutet solchen Zuständen gegenüber der heute noch in Geltung befindliche Runderlaß des preußischen Ministers für öffentliche Arbeiten vom 29. April 1909 an:

»Es sind nur Firmen vorzuschlagen, die sich bereits bei Ausführung für die Staatsbauverwaltung bewährt haben. Lediglich der Umstand, daß eine Firma am Orte oder im Bezirk ansässig ist, kann nicht bestimmend für die Zulassung zum Wettbewerbe sein, vielmehr ist neben dem Nachweise technischer Tüchtigkeit auch die wirtschaftliche Leistungsfähigkeit der Firma zu berücksichtigen.«

Da Firmen von einem gewissen Umfang darauf angewiesen sind, für einen entsprechenden Umsatz zu sorgen und sich Arbeitsgebiete zu erhalten, kann leicht ermessen werden, wohin bei der großen Firmenzahl, bei dem verringerten Bedarf und der bekannten Einstellung von Ländern und Gemeinden die Reise geht. Mir scheint, daß nur das Gegenteil von Rationalisierung, nämlich steigende wirtschaftliche Not, wenn nicht der Zusammenbruch größerer Firmen, das Ergebnis sein kann.

Besonders beliebt ist die Teilung von Aufträgen geworden, um den Ansprüchen der Ortsangesessenen auf wirtschaftliche Unterstützung zu entsprechen. Der Eindringling in das geschützte Gebiet, der solchen Falles als höher qualifiziert anzusprechen ist, mag sehen, wie er mit der Anlage fertig wird und wie er die Garantiefrage löst. Neuerdings werden gelegentlich sogar schon bei der Ausschreibung die ortsansässigen Firmen benannt, deren Mitarbeit sich der etwa erfolgreiche »Fremdling« zu bedienen hat.

Eine Eingabe des Reichsverbandes der Deutschen Industrie an den Reichsfinanzminister beleuchtet eine bereits andeutungsweise behandelte Erscheinung, die ebenfalls in das Kapitel »Partikularismus« gehört. Es heißt darin:

»Aus der Industrie ist darüber Klage geführt worden, daß verschiedentlich Länder und Gemeinden bei der Vergebung von Aufträgen an die Industrie von dem Grundsatz ausgehen, daß nur landes- bzw. ortsansässige Firmen herangezogen werden dürfen. In anderen Fällen wiederum werden zwar seit Jahr und Tag auswärtige Firmen, aber lediglich zu Kontrollofferten, aufgefordert.«

Als eine Blüte des Partikularismus können unter Umständen auch die in bedauerlichem Maße wieder zunehmenden Ausschreibungen im Blankettverfahren angesehen werden, nämlich dann, wenn damit der Zweck verfolgt wird, wenigstens äußerlich den Ausgleich zwischen den verschieden qualifizierten ortsansässigen und auswärtigen Bewerbern zu schaffen. Das ermöglicht das Blankett durch die Herausnahme der technischen Leistung aus dem Angebot.

Ich muß es mir im Rahmen dieser Ausführungen versagen, auf die Fragen des Blanketts und eine Schilderung seiner Minderwertigkeit näher einzugehen, erlaube mir aber den Hinweis auf eine kleine Arbeit, die ich im Heft 11 des Gesundheits-Ingenieurs von 1923 veröffentlicht habe, da m. E. gegen das Blankett gar nicht stark und oft genug Front gemacht werden kann.

Nur eines möchte ich hier nochmals aus voller Überzeugung aussprechen: Das Blankett schaltet den technischen Wettbewerb aus, der doch einzig und allein den Fortschritt gewährleistet und, deutscher Überlieferung entsprechend, den errungenen Stand der Heizungsindustrie in unserer Gesamtwirtschaft sichert.

Da solche Eigenschaften und Folgen des Blanketts gegen den Sinn der Wirtschaft laufen und da dasselbe nicht einmal das wirtschaftlich günstigste Ergebnis sichert — denn eine andere technische Lösung kann besser und wohlfeiler sein — ist nach meiner Auffassung das Blankettverfahren nur als wirtschaftsfeindlich zu brandmarken.

Das gleiche gilt von dem öffentlichen Ausschreibungsverfahren in seiner Anwendung auf technische Leistungen. Es ist ebenfalls wirtschaftsfeindlich, weil es Nationalvermögen vergeudet. Wollte man ihm diese Eigenschaft nehmen, so könnte das nur mittels des, aus anderen Gründen abzulehnenden, Blankettverfahrens geschehen.

Zusammenfassend muß ich Blankett und öffentliche Ausschreibung, auf das Heizungsfach angewandt, als Mißbräuche bezeichnen, die nur mit einer vollkommenen Verkennung der besonderen und allgemeinen wirtschaftlichen Belange entschuldbar sind. Denselben Standpunkt vertritt Direktor Dieterich, Berlin, in einem unlängst erschienenen Aufsatz: »Technische, wirtschaftliche und soziale Fragen der Heizungsindustrie.«

Die Fragen der Ausschreibung und Vergebung gehören zu den schwierigsten und meist umstrittenen. Nur tiefes Erkennen und vollstes Verantwortungsbewußtsein jedes Beteiligten kann sie in ihren Auswirkungen mildern, wirtschaftlich richtig behandeln, vielleicht auch einmal lösen.

Besonders zu erwähnen sind in dieser Richtung die verdienstvollen Arbeiten des Reichsverdingungsausschusses, der im Jahre 1926 die »Verdingungsordnung für Bauleistungen« und die »Technischen Vorschriften für Bauleistungen« herausbrachte und damit den Rahmen schuf, der, richtig angewandt, Nutzen stiften kann.

Das Submissionswesen ist eine französische Erfindung, die Anfang des vorigen Jahrhunderts über Preußen nach Deutschland kam. Vordem wandte man sich wohl allgemein an den Mann oder die Firma seines Vertrauens und fuhr damit sicher nicht schlechter, denn Vertrauen verpflichtet mehr als Zwang und Vertrag Vielleicht wird dieser alte Weg einmal wieder entdeckt, als segensreiche Neuheit.

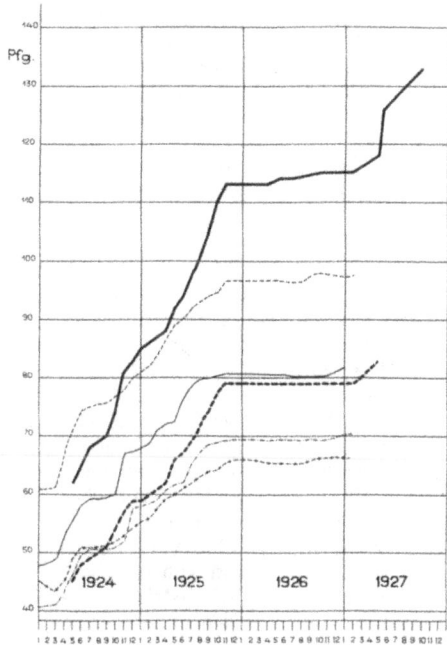

Abb. 13.[1])

Arbeitswirtschaftliche Fragen.

Wenn ich zu arbeitswirtschaftlichen Fragen übergehen darf, so möchte ich vor allem die Entwicklung der Löhne in den Jahren 1924 bis etwa Mitte 1927 kurz streifen. Es dient dazu am besten ein Diagramm aus den Veröffentlichungen des Statistischen Reichsamtes in der Zeitschrift »Wirtschaft und Statistik«. (Abb. 13.) Das Diagramm enthält ursprünglich nur die schwach ausgezogenen Linien, die die durchschnittlichen tariflichen Stundenlöhne der Gesamtindustrie wiedergeben. Die starke, meinerseits eingetragene Linie gibt den Durchschnitt der tariflichen reinen Montagelöhne in der deutschen Heizungsindustrie. Sie zeigt im ganzen den Verlauf der auf die Gesamtindustrie bezüglichen Kurven, verläßt aber bald deren Gebiet und liegt dann nicht unwesentlich höher. Das ist zurückzuführen auf die von jeher bestehenden Einflüsse der hohen Löhne der Bauhandwerker, die dauernd mit dem Montagepersonal der Heizungsindustrie in Fühlung sind. Auch machen sich wohl einige zu hohe Tarifabschlüsse geltend.

---

[1]) Aus Wirtschaft und Statistik.

Der Verlauf der Kurven gibt im allgemeinen mehr ein Bild gewerkschaftlichen Einflusses als wirtschaftlicher Konjunktur. Die im großen ganzen horizontale Richtung in dem Krisenjahr 1926 würde die letztere Auslegung zulassen, es darf aber nicht vergessen werden, daß Anfang 1925 der Friedenslohn bereits wieder erreicht war und daß auch während dieses ganzen Jahres die Lohnkurven gleichmäßig steigend verliefen. Rücksichtlich der Heizungsindustrie ist noch darauf hinzuweisen, daß 1926 im Gegensatz zu der übrigen Industrie nicht nur keine Senkung, sondern sogar eine leichte Hebung des Durchschnittslohnes brachte. Den starken Steigerungen des Jahres 1927, mit denen die Mietzinssteuer von 10 bzw. 20% abgegolten sein sollte, muß nun Ruhe folgen.

Von großen und langdauernden Lohnkämpfen ist die Zentralheizungsindustrie im ganzen seit 1925 verschont geblieben. Darauf ist von Einfluß, daß sich ihre Lohnkämpfe, soweit das Montagepersonal in Frage kommt, im Gegensatz zu anderen Industrien vor aller Öffentlichkeit und unter dem Druck derselben abspielen. Nur die Verbindung mit einer zahlenmäßig starken, verwandten Industrie kann hier Hilfe und Wandel schaffen.

Die Arbeitszeit in der deutschen Heizungsindustrie beträgt mit Ausnahme von Berlin nicht unter 8 Stunden täglich. Die Arbeitszeitfrage, die gelöst schien oder doch längere Zeit latent blieb, ist neuerdings wieder stark in den Vordergrund getreten. Anfang 1926 setzten Bestrebungen ein, das Washingtoner Abkommen über die Arbeitszeit zu fördern, und Ende 1926 wurde weitgehende Beseitigung jeglicher Mehrarbeit durch ein »Notgesetz« gefordert. Begründet vielleicht durch einzelne mißbräuchliche Vorkommnisse, vor allem aber durch die falsche Behauptung, daß Verkürzung der Arbeitszeit ein Mittel gegen Arbeitslosigkeit sei.

Unter dem unheilvollen Einfluß der Politik, die nun endlich bei rein sachlichen Wirtschaftsfragen und Notwendigkeiten einmal ausscheiden sollte, erließ die Reichsregierung Mitte April 1927 das Gesetz zur Abänderung der Arbeitszeitverordnung. Dasselbe wirkt bezüglich der Gestaltung der Arbeitszeitfrage stark beschränkend und greift erheblich in das tarifliche Vereinbarungsrecht über. Außerdem liegt der Entwurf eines Arbeitsschutzgesetzes vor, das über das Washingtoner Abkommen hinausgeht, trotzdem die Reichsregierung die Ratifikation dieses Abkommens als unmöglich bezeichnet hatte. Das sind Vorgänge, die mit dem Umstand nicht in Einklang zu bringen sind, daß das Ausland von dem genannten Abkommen immer weiter abrückt.

Die Frage der Arbeitsleistung liegt in der Zentralheizungsindustrie, von einzelnen rühmlichen Ausnahmen abgesehen, so, daß die Vorkriegsleistung im allgemeinen noch nicht wieder erreicht ist, im wesentlichen wohl verursacht durch den Ausfall der Akkordarbeit in einzelnen Landesteilen. Ein Fortschritt im ganzen soll immerhin anerkannt werden, wenn er auch keinen preissenkenden Einfluß auf die Gestehungskosten der Heizungsanlagen gewinnen, noch den Vergleich mit der Besserung in anderen Industrien aushalten kann.

Lieferungsfragen und Preise.

Meine Herren! Ich habe bereits auf den ungeheuren, scheinbar nicht endenwollenden Preisrückgang der Heizungsanlagen hingewiesen.

In erster Linie ist dieser natürlich und unmittelbar auf das Mißverhältnis zwischen Angebot und Nachfrage zurückzuführen; also ins Heizungstechnische übersetzt: auf Firmenzahl und Objektzahl.

Um die Zulassung zum Angebot hebt schon ein Wettrennen an, und um jede Anlage entsteht ein erbitterter Kampf. Der Abschluß einer Anlage ist zum Kunststück geworden, das auch nur wieder gelingt oder wenigstens erleichtert wird durch ein Abgebot auf die schon viel zu niedrigen Angebotspreise.

Diese Einflüsse finden ihre Begründung in der Wirtschaftslage und sind deshalb letzten Endes natürliche. Sie gehen von dem Fache selbst aus, und es trägt somit auch die Verantwortung dafür. Anders liegt es mit dem leider fast immer einsetzenden Preisdruck von Auftraggeberseite, der namentlich dann schwer verständlich und unnatürlich erscheint, wenn er von behördlicher Seite ausgeht. Die Klagen darüber wollen nicht verstummen. Eine Hauptrolle spielt dabei die mißbräuchliche Benutzung von Angeboten zur Herstellung von Blankettunterlagen. Darüber hinaus hört man sogar gelegentlich von einer direkt feindlichen Einstellung.

Es wird solchen Falles offenbar vergessen, daß auch die Heizungsindustrie Steuerzahlerin und Mitträgerin der ungeheuren sonstigen öffentlichen Lasten ist, daß sie deshalb auch ein Anrecht auf einen angemessenen Preis, also auch das Recht hat, sich gegen Verlustpreise zu schützen, wie das jeder anderen Industrie als Selbstverständlichkeit zugestanden wird.

In die Klasse der preisdrückenden Faktoren gehört auch das Sinken der Ansprüche an die Qualität; eine sehr bedauerliche Erscheinung, die von einer in jeder Beziehung falschen wirtschaftlichen Einstellung zeugt. Richtig ist es und allein wirtschaftlich, Anlagen zu kaufen, deren Besitz man sich leisten kann, im Gegensatz zu Anlagen, die man billig kauft, aber teuer besitzt.

Welchen Ursachen die deutsche Heizungsindustrie die Firmeninflation dankt, habe ich bereits ausgeführt.

Der Preisdruck, der die Heizungsanlagen beschwert, überträgt sich naturgemäß auf die Einkaufspreise der Heizungsindustrie, d. h. also auf die Verkaufspreise der Lieferanten, und so werden auch diese notleidend, und zwar um so mehr, je weniger sie organisatorisch gefestigt sind.

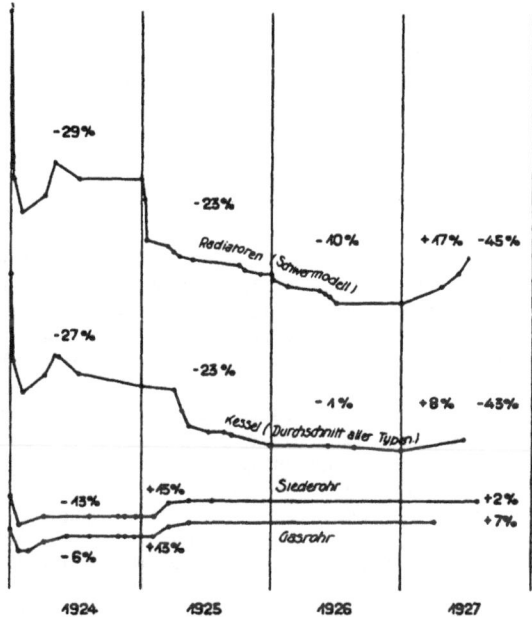

Abb. 14. Bewegung der Einkaufspreise 1924—1927
Guß-Kessel und Radiatoren, Siede- und Gas-Rohr.

Die drei Hauptbestandteile der Heizungsanlagen bilden Kessel, Radiatoren und Röhren, und deren Preise sind damit die ausschlaggebenden Faktoren im Kostenanschlag.

Die beiden erstgenannten Fabrikate werden von Spezialfirmen hergestellt und zwar ausschließlich für die Verwendung in Zentralheizungsanlagen, während von der Röhrenproduktion nur etwa 10% des deutschen Inlandverbrauches auf die Heizungsindustrie entfallen. Es mag indessen sein, daß dieser Prozentsatz eine Steigerung durch die weitere Ausbreitung der Fern- und Städteheizungen erfahren hat.

In einem Diagramm habe ich die Preisbewegung dieser drei wichtigen Faktoren einander gegenübergestellt; es handelt sich dabei um Gußkessel, Gußradiatoren und schmiedeeiserne Rohre. (Abb. 14.)

Im Jahre 1924 zeigt der Bewegungswechsel in allen Kurven Unruhe und Unsicherheit, wie das nach der gerade überwundenen Inflation nicht weiter überraschen kann. Es fehlte eben damals zunächst jeder Maßstab, und es handelte sich bei der Herausgabe von Preisen, wenn ich so sagen darf, um einen Orientierungsflug. Immerhin macht der Verlauf der Rohrkurve den Eindruck größerer Sicherheit, und der Preis weicht nur um 13 und 6% gegenüber 29 und 27% bei Kesseln und Radiatoren.

Die Jahre 1925 und 1926 zeigen für Kessel- und Radiatorenpreise fallende Tendenz mit zahlreichen Neunotierungen, die den Eindruck der Nervosität machen, und ergeben Senkungen von je 23%. Der Verlauf der Kurven für 1926 ist ruhiger, die Notierungen sind weniger zahlreich und die Senkung mit 10 und 1% ist geringer.

Das Rohr geht nur Anfang 1925 noch einmal mit 15 und 13% in die Höhe, und von da ab verläuft seine Preislinie in voller Stetigkeit horizontal mit dem Endergebnis einer Preiserhöhung von Anfang 1924 bis heute von nur 2 und 7%.

Kessel und Radiatoren weisen trotz einer Erhöhung von 17 und 8% im Jahre 1927 heute gegenüber Anfang 1924 einen Preisrückgang von 45 und 43% auf.

Die Zusammenstellung ist nur eine ungefähre, und die Zahlen sind abgerundet. Ich habe sie aber für wesentlich gehalten, um zu zeigen, welch wechselnden Einflüssen die Heizungsindustrie ausgesetzt ist.

Das Bild des Marktes wäre nicht vollständig, wenn nicht ein besonderer Umstand noch Erwähnung fände. Es ist eine wirtschaftliche Selbstverständlichkeit, den Großkonsumenten im Preise besserzustellen als den Kleinkonsumenten, und guter kaufmännischer Brauch, derart zu verfahren, um unter anderem auch den Großverbraucher zu entschädign, der den Bedarf wirkungsvoller aufschließt und der dauernd fortschrittlich tätig, auch die fachlichen Unkosten in ganz anderem Maße auf sich nimmt als der Kleinverbraucher.

Anders liegt, zur Zeit jedenfalls, das Verhältnis, oder besser gesagt, das Mißverhältnis zwischen der Heizungsindustrie und den allein für diese im Kessel- und Radiatorenbau beschäftigten Fabrikationsfirmen. Die Gründe hierzu sind in Fachkreisen genügsam bekannt, ich sehe deshalb von einer Erörterung ab, bin aber der Meinung, daß in diesem Zusammenhange nicht eindringlich genug auf die Verantwortung hingewiesen werden kann, die auch diese mit der Heizungsindustrie auf das engste verbunden, ihr zugehörenden Firmen im allgemeinen und in diesen kritischen Zeiten in gesteigertem Maße dem Fache gegenüber tragen.

Ein Mißverhältnis auf dem deutschen Heizungsmarkte ist es auch und angesichts der geschichtlichen Entwicklung und Stellung des Heizungsfaches in Deutschland nicht zu rechtfertigen, daß Lieferfirmen zum wenigsten propagandistisch den Kundenkreis der Heizungsindustrie zu beeinflussen suchen. Nach Überlieferung und zu recht geht der Besteller vor dem Lieferer, ebenso wie die Bestellung der Lieferung vorangeht. Jeder hat seinen Markt und seinen Abnehmer, zu dessen Schutz er sich verpflichtet halten sollte. Auch dürfte feststehen, daß der Markt eines Kunden den Lieferer nur soweit angeht, als sein Kunde das für gut hält, und nicht umgekehrt.

Dazu machen sich seit einiger Zeit Bestrebungen geltend, Heizungsanlagen zu einem Markenartikel zu machen, wie es in der Zigarettenindustrie oder für kosmetische Präparate angebracht sein mag, während es sich doch bei den fabrikmäßigen Erzeugnissen um stark fungible Materialien handelt, die erst Leben und Gestalt einer Heizungsanlage annehmen durch die Tätigkeit des Ingenieurs, durch die Arbeit der Heizungsfirma.

Man verallgemeinere doch einmal, um solches Vorgehen zu prüfen, und man wird finden, daß es auch auf diesem Wege ad absurdum geführt wird. Wir haben z. B. früher Radikessel gekannt, daraus entstünden zwanglos »Radiheizungen«. Jede Fabrik würde sich möglichst aus ihrem Namen eine neue Bezeichnung zusammenstellen. Schlimm daran wären nur die Firmen, deren Name mit »Zentral« beginnt. Daraus müßte wohl rettungslos »Zentralheizung« entstehen, doch würde dieser einfache Name wohl nicht phantasievoll genug sein, denn es handelt sich ja um Zentralheizungen, und zwar um solche, die sich alle ähnlich sehen wie ein Ei dem anderen.

Meine Herren! Aus meinen Ausführungen, die kein Klagelied, sondern ein Ruf zur Besonnenheit und Abwehr sein wollen, werden Sie erkannt haben, daß die deutsche Heizungsindustrie sich in kritischer Lage befindet und zwar doppelt betroffen, einmal durch eine äußere, wirtschaftliche Krise, zum anderen durch eine innere, strukturelle. So wird es denn auch zur Wandlung dieser Zustände der Hilfe von außen wie von innen und der Einsicht und des Willens aller an dem Fach interessierten Kreise bedürfen, seien sie Lieferwerke, Heizungsfirmen, private oder behördliche Auftraggeber, Architekten oder Fachgelehrte.

Erste Notwendigkeit in dieser Richtung — und das gilt im wesentlichen für den Kessel- und Radiatorenmarkt — ist eine einsichtsvollere Einstellung und engere Verbindung zwischen den Lieferwerken und den Heizungsfirmen, wie heute sonst allgemein zwischen fachlichen Erzeuger- und Verbrauchergruppen üblich.

Zum zweiten ist not eine förderliche und nicht eine schädliche Handhabung des Ausschreibungs- und Vergebungsverfahrens.

Der erstrebenswerte und nach meiner Auffassung auch der richtigste und beste Weg zu solchem Ziel führt über den freien, nur programmatisch beeinflußten, in der Teilnehmerzahl beschränkten Wettbewerb und über eine Wertung der Vorschläge, die die technische, wirtschaftliche und qualitative Seite dem Preise überordnet.

Dazu müssen auch eines Tages wieder in reicherem Maße die großen und schönen Aufgaben der Vorkriegszeit treten, deren Lösung der Ingenieurarbeit der Fachfirmen, und deren Durchführung ihrem praktischen Können anzuvertrauen und vorzubehalten ist.

Meine Herren! Ich glaube mich mit Ihnen im Einverständnis zu befinden, wenn ich zum Schluß ausspreche: Nur bei einsichtsvoller Förderung und Berücksichtigung seiner Belange kann das Heizungsfach wieder aufleben und auch in der Zukunft sein, was es in der Vergangenheit war.

Schlußwort des Vorsitzenden:

Geheimrat Dr. Hartmann: Meine sehr verehrten Herren! Wir sind Herrn Dr. Schiele außerordentlich dankbar für seinen Vortrag, der uns einen Einblick in einen Teil der allgemeinen Wirtschaftslage und in die der Heizungsindustrie ermöglicht hat. Dafür nochmals herzlichen Dank. Meine Herren! Wir kommen nun zur Inangriffnahme der technischen Tagesordnung. Hier ist zu bemerken, daß sie nach den Vorschlägen von drei Sonderausschüssen aufgestellt wurde, die der ständige Kongreßausschuß gebildet hat: einem Sonderausschuß für Lüftung unter dem Vorsitz des Präsidenten des staatlichen Gesundheitsamtes in Hamburg, Herrn Prof. Dr. Pfeiffer, einem Sonderausschuß für das Bauwesen unter dem Vorsitz des Herrn Ministerialrats Huber-München und einem Sonderausschuß für Heizungsfragen unter dem Vorsitz des Herrn Stadtbaurats Wahl-Dresden. Die Sonderausschüsse haben in eingehenden Beratungen die Vorträge ausgewählt, die Vortragenden bestimmt und in großen Zügen die Ausführungen, die in den Vorträgen gemacht werden sollen. Wir werden zunächst in die Verhandlungen über die Lüftungsfragen eintreten. Da ich bei den Lüftungsfragen persönlich beteiligt bin, darf ich den stellvertretenden Vorsitzenden des ständigen Ausschusses, Herrn Ministerialrat Dr. Dr. Schindowski, bitten, den Vorsitz zu übernehmen.

Ministerialrat Dr. Dr. Schindowski übernimmt den Vorsitz und erteilt Herrn Präsidenten Pfeiffer das Wort.

Bericht über die Arbeiten des Lüftungsausschusses.

Von Präsident Prof. Dr. Pfeiffer, Hamburg.

Meine Herren! Der Lüftungsausschuß hat sich in einer Reihe von Sitzungen damit beschäftigt, Klarheit zu bringen über die Anforderungen, die wir an die Technik stellen müssen für Lüftung, Entlüftung und Belüftung von Schulen und Krankenhäusern. Für Theater und Besuchssäle sind sie leichter und einfacher als für Schulen und Krankenhäuser, weil es sich um große, hohe Räume handelt.

Je mehr wir uns mit dem Gebiete beschäftigt haben, desto mehr sind wir zu der Überzeugung gekommen, daß vielfach in diesen Fragen heute ein gewisser Nihilismus besteht. Die alten Zentralanlagen mit Zulüftung und Abzug wurden mehr oder weniger in den einzelnen Gebäuden vernachlässigt. Was die Technik so schön vorgeschlagen hatte, ist in der Kriegszeit verloren gegangen zum Teil an mangelnden Mitteln, zum Teil durch Personen, die mit einer gewissen Indolenz die Anlagen bedient haben.

Wenn wir die Literatur betrachten, die besonders aus Amerika zahlreich vorliegt, so sind eine große Reihe interessanter Versuche und Probleme angeschnitten, Dinge, die wir bei unserer Wirtschaftslage nicht ohne weiteres nachmachen können. In Amerika sind die einzelnen Institute mit ganz anderen Geldmitteln beglückt, um Versuche machen zu können. Theoretische Erwägungen in Laboratorien sind auch mit praktischen Versuchen in Deutschland ganz ausgezeichnet durchgeführt und in verschiedenen Zeitschriften veröffentlicht, im Gesundheits-Ingenieur, in den Blättern für Schulgesundheitspflege, in Wochen- und Monatsschriften, in denen namentlich auch hygienische Stellen ihre Erfahrungen publiziert haben, aber immer noch erleben wir es recht oft, daß einer für Überdruck schwärmt, ein anderer der Unterdruck-Abzugslüftung das Wort redet. Wenn einer sagt: »Die natürliche Lüftung ist unbedeutend«, so sind andere, die sagen, man müsse sie ganz wesentlich in Rechnung ziehen. In vielen Punkten sind doch noch Unklarheiten vorhanden.

Wenn wir kurz bei der Schule bleiben, finden wir, daß die Bedienung der Zentralentlüftung außerordentlich mangelhaft vor sich geht. Der Schuldiener ist heute nicht mehr eine ideale Figur in der Pünktlichkeit und der Pflichttreue, und infolge des Achtstundentages sind Klagen zu hören, daß nach 3 bis 4 Uhr die Heizung abgestellt wird, und wenn z. B. geturnt werden soll, so muß geschlossen werden, weil der Herr Schulwart sein Arbeitspensum erledigt hat und nicht besonders dafür honoriert wird, nach 4 Uhr noch tätig zu sein. Ich habe diese Erfahrung wiederholt gemacht. Und will man nach 4 Uhr die Arbeit dieser Leute haben, so würde es sich nur um Vermehrung des Personals handeln, und ob das wirtschaftlich ist, ist eine andere Frage. Infolge der schlechten Belüftung und Entlüftung durch Personen sind die zentralen Anlagen in Mißkredit gekommen, wenn auch dank mancher Stadtbaumeister und besonders interessierter Herren und Lehrerinnen, die eifrig aufgepaßt und sich Mühe gegeben haben, wir es erleben können, daß hie und da Entlüftungsvorrichtungen gut funktionieren. Aber doch zum großen Teil müssen wir sehen, daß Lüftungsanlagen wegen der Klagen der Lehrer und Schüler über Zug stillgelegt werden. Die Schüler klagen wegen Luftzug im Rücken, und dem Lehrer zieht es auf den Kopf, weil die Klappen anders gestellt werden oder die Kinder daran gespielt haben. Einige haben versucht, mit Fähnchen an den Luftklappen und mit besonderen Markierungen Abhilfe zu schaffen und haben gute Erfolge. Andere sind dazu übergegangen, die Zentrallenkung der Entlüftung von der Stelle aus zu leiten, wo der Maschinist sich befindet. Die Zentralregulierungen sind gut, wenn sie gut bedient werden, aber nicht immer ist das bekanntlich der Fall. Wir haben Thermographen, Hygrographen und Thermohygrographen, aber von einer Zentrale geleitet sind sie nicht immer das Ideal, da die Klassen verschieden gekühlt und die Lehrer verschieden empfindlich sind für die Temperaturunterschiede. Wenn wir nun weiter noch die atmosphärischen Einflüsse bedenken, Windrichtung, Lage der Schulgebäude in den eng gebauten geräuschvollen Vierteln und selbst in Vierteln, die durch Rußbelästigung sehr leiden, so müssen wir immer wieder das in der Voraussetzung zugrunde legen.

Ein anderes Gebiet, welches uns noch sehr viel Sorge macht, weil es sehr schwer zu übersehen ist, ist das Gebiet der Lüftung und Entlüftung der Krankenhäuser. Die Krankenhausräume bedürfen je nachdem, was darin für Patienten liegen, ganz andere Berücksichtigung in bezug auf Lüftung und Belüftung als normale Schulräume, und es zeigt sich auch hier wieder, daß, wenn wir den Dingen auf den Grund gehen, wir immer noch nicht die richtigen Methoden haben, um klar zu sehen zwischen der höchsten Grenze der Temperatur, die zulässig ist für den Raum, und der höchsten Grenze der Feuchtigkeit im Vergleich zur Temperatur des Raumes. Die Beobachtungen und Veröffentlichungen darüber schwanken noch sehr, indem die einen sagen: »Es spielt keine so große Rolle, und letzten Endes sind wenige Grade Differenz gleichgültig.« Andere wieder wollen sehr genaue Differenzen festlegen, und für uns im Lüftungsausschuß als Unterabteilung ist es sehr schwer, genaue Grundlagen zu geben. Es muß die Sache Hand und Fuß haben, sonst ist man nicht zufrieden mit den Arbeiten im Unterausschuß, und das Geld ist umsonst ausgegeben. Und wenn wir die Zahlen hören, die Herr Dr. Schiele vorgetragen hat, werden wir um so mehr bestärkt in der Auffassung, daß bei der Unklarheit der Verhältnisse es heute nicht angängig sein kann, Ihnen bestimmte Forderungen und ganz bestimmte Wünsche vorzulegen.

Wir können im großen und ganzen sagen, es ist notwendig, daß noch Versuche gemacht werden, und zwar Versuche zusammen mit der Technik und einem Hygieniker, aber praktische und nicht theoretische, nicht Laboratoriumsversuche, von der Sorte haben wir genug. Untersuchungen über verschiedene Luftveränderungen und Einwirkungen von Feuchtigkeit und Temperatur in hermetisch abgeschlossenen Räumen, die gemacht worden sind, nützen der Technik nichts, sie dürfen aber nicht nur in Schulen und Krankenhäusern gemacht werden, sondern in verschiedenen Gebäuden mit verschiedenen Systemen, unter verschiedenen Verhältnissen, in verschiedenen Gegenden, in Nord und Süd, im Winter und Sommer müssen sie gemacht werden. Wenn erst solche Resultate vorliegen, kann man sagen, das ist ungefähr die Norm, die wir vorschlagen können. Wir haben dies sehr reiflich überlegt und sind zu der Überzeugung gekommen, daß es noch nicht an der Zeit sei, und wenn auch sehr viele enttäuscht sind über diesen kurzen Bericht, so bitte ich doch zu bedenken, daß man in Amerika über 10 Jahre für Lüftung und Belüftung gearbeitet hat und mit reichen Mitteln ausgestattet war und noch nicht soweit gekommen ist, endgültige Normen zu bringen, trotz so vieler Vorschläge und Experimente. Die einen schwärmen für Fensterlüftung, die anderen für künstliche Lüftung. Wir können es uns heute bei unseren finanziellen Verhältnissen nicht leisten, verschiedene Systeme, die mit großen Kosten verknüpft sind, in verschiedenen Schulen und Krankenhäusern einzubauen. Und wenn wir wiederum hören, was wir im Frühjahr erfahren haben auf der Tagung der deutschen Krankenanstalten, wo man auf einem Bericht fußen konnte, den dieser Ausschuß zusammengetragen hatte aus einer Umfrage in den Krankenhäusern, daß die große Mehrzahl der Krankenhäuser die Zentrallüftung und -belüftung ausgeschaltet hatte und nicht mehr damit arbeitete, so ist es ein trauriges Zeichen, wenn wir so etwas hören, und wir müssen doppelt vorsichtig sein, wenn wir mit neuen Vorschlägen kommen, die vielleicht wieder eine Stilllegung im Gefolge haben. Ich verweise besonders auf die interessanten Ausführungen von Geheimrat Neißer, der im Ausschuß seine Richtlinien niedergelegt hat. Sie dienen uns heute noch nicht als absolute Richtlinien, nicht als Postulate. Ich habe es absichtlich vermieden, Ihnen von den bestehenden Berichten mehr zu sagen, und wenn wir etwas Unvollständiges bringen, so wollen wir Sie heute nicht mit allen möglichen Dingen belästigen, die Sie im Gesundheits-Ingenieur oder einer anderen Zeitschrift zur Genüge nachlesen und noch lesen können.

Eins steht fest für mich, die Theorie, nur in den Instituten erprobt, bringt uns nicht weiter; wir können nicht nur von stillgelegten Einrichtungen hören. Wir können nur etwas erreichen, wenn Technik und Hygiene zusammenarbeiten. Unser Wunsch ist, Mittel und Wege zu finden, damit irgendein tüchtiger Ingenieur, der sich für die Sache interessiert und einsetzt, an irgendeinem hygienischen Institut arbeiten kann zur Förderung der Hygiene und Technik, um durch Versuche zu erreichen, was der Arzt wünscht und vertreten kann. Hierdurch gewinnen wir Unterlagen für fortlaufende, dauernde Versuche, die wir innerhalb der $\frac{3}{4}$ Jahre natürlich gar nicht in der Lage waren, uns zu verschaffen. Ich habe es auch wiederholt versucht, da und dort Interesse dafür zu erwecken, jeder scheut sich vor der Riesenarbeit, die man in so kurzer Zeit nicht erledigen konnte. So ist es auch uns gegangen, wir blieben auf dem Riesenmaterial sitzen und mußten die Industrie bitten: habt Geduld mit uns, bis wir etwas Brauchbares, Besseres bringen. Besonders nach der Seite der Krankenhäuser werden wir am leichtesten durch die Mithilfe der Stadtverwaltungen und den Einfluß der Ärzte weiter kommen.

Ideal müßte es sein, wenn Ärzte und Techniker näher zu bringen wären und besonders nach der Richtung hin, daß nicht nur Entlüftung und Belüftung besser sein können, sondern daß wir auch im Krankenhause neben der Belüftung die Gerüche mit beseitigen können. Es wäre zu wünschen, daß dies alles mit einbegriffen wird in die Versuchsreihe, damit von der Kommission aus bei passender Gelegenheit bessere Unterlagen gegeben werden können. Es ist nötig und in Krankenhäusern gar nicht anders möglich, Lüftungsverbesserungen zu bekommen, wenn wir nicht die Gerüche gleichzeitig mit beseitigen, z. B. wenn man es mit Kindersälen oder übelriechenden Ausscheidungen zu tun hat. Wenn man nur Rücksicht auf die Leichtkranken zu nehmen hat, die im Bette liegen, hauptsächlich durch Ruhe sich erholen sollen, so kann man, wenn man sie zudeckt, die Fenster öffnen und gute Luft hereinlassen. Es ist ja ein Vorteil, wenn man die übelriechenden Dinge wo anders hinbringen kann, aber diese Räume müssen auch wieder entlüftet werden zur Schonung der Patienten, und wenn man nur den Raum wechselt, so trägt man nur den Geruch im Krankenhaus spazieren. Es ist vorgeschlagen worden, und auch Geheimrat Neißer bezeichnet es als Ideal, die Räume einzeln zu entlüften, jeden für sich, wenn zentrale Lüftungen nicht mehr beliebt sind. Dieser Vorschlag ist sehr bestechend. Wir sind auch dafür, daß Versuche gemacht werden in einem Raum, wo niemand an der Lüftung spielen kann, im Korridor, bei der Oberschwester oder in einem Zimmer, an welchem der Arzt täglich vorbeigeht und nachsehen kann, ob Feuchtigkeit und Temperatur im Einklang stehen.

Die Lösung dieses Problems ist wohl in erster Linie eine Kostenfrage, und bei welchen Zahlen werden wir die Grenze suchen müssen? Hier gehen die Ansichten weit auseinander. Wir wissen eigentlich nicht, wie die Luft im Raume läuft. Wir haben schöne Bilder gesehen und Pfeile, aber je nach Luft- oder Winddruck und anderen Einflüssen läuft sie doch ganz anders, als wir denken. Das liegt auch nicht fest. Auch da, wo wir Luftklappen haben, wo die reine, gefilterte Luft hereinkommen soll, sahen wir einen strahlenden, schwarzen Rand darum. Wo soll die Güte der Luft herkommen, wenn sie solche Streifen hinterläßt, wenn bei bewegter Luft der Staub wieder wo anders deponiert wird. Da stehen wir vor Fragen, die hier und da beschrieben und erwähnt, aber nicht einheitlich und dauernd genug durchgeforscht sind, und es müßte möglich sein, und das ist unser Wunsch, daß wir heute beim Vorstand oder wen es angeht Stimmung machen, daß für einen Ingenieur, welcher sich dafür interessiert, soviel

Geld flüssig gemacht werden kann, daß er sorglos mit einem Hygieniker zusammen an verschiedenen Stellen des Reiches, an verschiedenen Systemen, in verschiedenen Schulen, in verschiedenen Krankenhäusern je nach den vorhandenen Einrichtungen Versuche machen kann. Ich bin überzeugt, daß die Stadtverwaltungen sehr gern die Schulen, und die Ärzte die Krankenhäuser zur Verfügung stellen; wenn alle hierfür interessiert werden, ist es am besten möglich. Und wenn wir uns nach ein oder zwei Jahren wiedersehen, und die Herren, die die praktischen Versuche gemacht haben, uns ihre Resultate vorlegen, dann wird man sicher etwas Gutes bekommen.

Schlußwort des stellvertretenden Vorsitzenden:

Ministerialrat Dr. Dr. Schindowski: Ich danke Herrn Präsidenten Pfeiffer nerzlich. Die Frage der Lüftung hat uns auf jedem Kongreß beschäftigt, besonders lebhaft auf dem Kongreß in Berlin, und uns veranlaßt, einen besonderen Lüftungsausschuß einzusetzen. Wenn uns der Lüftungsausschuß praktische Ergebnisse noch nicht gebracht hat, so liegt es daran: Wir haben eben kein Geld, um diese Versuche durchzuführen. Ich glaube aber in Ihrer aller Sinn zu sprechen, wenn ich sage, daß wir wieder einen Schritt vorwärts gekommen sind. Wir müssen jetzt aus der Theorie in die Praxis hinein. Wir müssen die Versuche in Gebäuden anstellen und von dem Ausschuß aus, den Anregungen des Herrn Präsidenten Pfeiffer entsprechend, versuchen, mit den Behörden in Verbindung zu kommen, damit dieser Wunsch in Erfüllung gehen kann, namentlich, damit Techniker und Hygieniker praktisch zusammenarbeiten und beim nächsten Kongreß praktische Erfolge vorführen können.

Bericht über die Arbeiten des Bauausschusses.

Von Ministerialrat **Huber,** München.

Sehr verehrte Kongreßteilnehmer! Aus den Ihnen zugekommenen Drucksachen und aus den Darlegungen unseres Herrn Vorsitzenden werden Sie bereits von der Aufgabe Kenntnis bekommen haben, die mir übertragen ist. Ich habe die Ehre, als Vorsitzender des Bauausschusses zu Ihnen zu sprechen, der nach den Vereinbarungen von Heidelberg im November 1925 als Unterausschuß des ständigen Ausschusses der Kongresse für Heizung und Lüftung gebildet worden ist.

Wer in behaglich erwärmtem Raume sich aufhält, oder wer vor der gut besetzten Tafel sitzt, besinnt sich in der Regel nicht darauf, wie diese Behaglichkeit oder dieser Genuß ermöglicht worden ist. Nur wenn die Behaglichkeit gestört oder der Genuß verdorben ist, erinnert man sich des Heizungsfachmannes, des Herdsetzers oder des Architekten. Mit diesen Worten möchte ich nur andeuten, wie wenig ganz allgemein die technische Arbeit eingeschätzt und gedankt wird. Leute, die tagtäglich in Tages- und Fachzeitungen von den Errungenschaften der Technik lesen, die sich vielleicht auch einmal zu einem Worte der Anerkennung oder Bewunderung aufschwingen, sind doch immer wieder nur zu gerne geneigt, dem Techniker und insbesondere dem akademisch ausgebildeten Techniker eine nur untergeordnete Stellung einzuräumen. Besonders in der gegenwärtigen Zeit, in der der Begriff »Vereinfachung und Verbilligung der Betriebe und Verwaltungen« zum Schlagwort geworden ist, wird gerade im öffentlichen Leben darnach getrachtet, den Techniker aus der verantwortlichen Stellung zu verdrängen und ihn zum notwendigen Mitarbeiter und Fachberater zu machen; die Entscheidung soll unter Ausnützung der technischen Vorarbeit von Nichtfachleuten getroffen werden. Da, wo alte Erfahrung bereits Gesetz geworden ist, hält man den höher vorgebildeten Beamten für nötig, aber in der Technik, bei der neues, produktives Schaffen ständig Höchstleistung erfordert, glaubt man ihn ausschalten zu sollen. Dabei soll die Bedeutung der nichttechnischen Verwaltungsarbeit durchaus nicht herabgesetzt werden. Das Bedauerlichste aber an diesen Erscheinungen ist, daß sich immer wieder Techniker finden, die diesen Handlangerdienst zu übernehmen bereit sind und auf diese Weise ein derartiges System überhaupt möglich machen. Die geringe Wertung der technischen Arbeit ist meines Erachtens gerade darauf zurückzuführen, daß die technisch vorgebildeten ·Leute sich gegenseitig dauernd bekriteln und daß ein Techniker die Arbeit des anderen herabsetzt. Auf diese bedauerliche Erscheinung in den Kreisen der Techniker ist es hauptsächlich zurückzuführen, daß es immer noch an einem verständnisvollen Zusammenarbeiten der Techniker untereinander fehlt.

Wenn wir auf das engere Fach der Heizung und Lüftung, das in diesen Tagen wiederum hier in Wiesbaden erörtert und wissenschaftlich untersucht werden soll, uns beschränken wollen, so finden wir auch hier, daß der Baufachmann seine Planungen und Berechnungen vielfach anstellt, ohne mit dem ·Heizungsfachmann und dem Hygieniker rechtzeitig in Verbindung zu treten, und hinwiederum nimmt auch der Heizungsfachmann bei seinen Arbeiten zuwenig Rücksicht auf das, was für den Baufachmann mehr oder minder zwingende Notwendigkeit ist. Den Schaden daraus hat zwar in erster Linie die Technik, in viel höherem Maße aber die Volksgemeinschaft. Wenn wir uns nicht zur Gemeinschaftsarbeit entschließen können, so wird der Erfolg der gründlichen deutschen Forscherleistung nur dem Auslande zugute kommen, das sehr wohl versteht, die deutsche Arbeit richtig zu bewerten und zu seinem Vorteil zu nutzen. Bei uns aber macht sich Pfuschertum, Halbheit und Dilettantismus breit. Wozu haben wir ein gut ausgebildetes technisches Fachschulwesen, wozu insbesondere hervorragende technische Hochschulen, wenn wir nicht auch eine höhere Wertung des voll ausgebildeten Technikers anerkennen und ihm die Verantwortung und Führung auf den Gebieten überlassen, auf denen sie ihm zukommen und auf denen der Nichtfachmann niemals Ersprießliches aus eigenem Können leisten kann?

Es wird eben vielfach gänzlich außer acht gelassen, daß im Laufe der letzten Jahrzehnte ein tief einschneidender gründlicher Wandel der Dinge vor sich gegangen ist. In den Zeiten, in denen wir nur die lokale Heizstelle kannten, und in denen Knappheit der Mittel noch nicht die straffste Wirtschaftlichkeit des Bauens verlangt hatte, da mochte die Kenntnis und Erfahrung des einfachen Bauhandwerksmeisters genügen, der die behäbigen Bauten mit ihren dicken Mauern und ihren geringen Anforderungen an technische Einzelheiten des inneren Ausbaues mit geringen Löhnen und billigen Baustoffen erstellen konnte. Dabei hat dieser zünftige Handwerksmeister der Vergangenheit vielleicht mehr Beziehung gepflogen zu seinem Ofensetzer als heute der Architekt zum Heizungsfachmann.

Wir sind nun einmal in die Zeit der Spezialisierung der einzelnen Berufe gekommen, weil die Vielheit der technischen Neuerungen es dem einzelnen unmöglich macht, das ganze Stoffgebiet allein zu beherrschen. Dabei muß berücksichtigt werden, daß die frühere Zeit zweifelsohne über einen stärkeren, mit Erfahrungen besser ausgerüsteten Handwerks- und Gewerbestand verfügt hat als die Gegenwart. Die Trennung der Tätigkeit des Baufachmannes zwischen künstlerischer Leistung und technischem Können darf nicht zu weit geführt werden.

Ich möchte als Vorsitzender des Bauausschusses im Namen der sämtlichen Mitglieder desselben erklären, daß wir unbedingt auf dem Standpunkte stehen, daß in der Person des Architekten, der in der heutigen Zeit erfolgreich und wirtschaftlich arbeiten will, künstlerisches Können unbedingt vereint sein muß mit technischem Können und daß im praktischen Leben nur der bestehen kann, der neben seiner künstlerischen Befähigung auch technische und wirtschaftliche Anlagen und Kenntnisse besitzt. Wir treten deshalb den Bestrebungen nach einer vorausbestimmenden Trennung in der Ausbildung der Architekten unbedingt entgegen und geben der Anschauung Ausdruck, daß es der späteren Entfaltung des jungen Architekten überlassen bleiben muß, ob er eine Befriedigung seines Schaffens mehr auf dem Gebiete der Kunst oder mehr auf dem Gebiete der angewandten Technik finden und suchen will.

Wir vertreten auch, vielleicht im Gegensatz zu dem nachfolgenden Vortrage, die Anschauung, daß der Architekt auf Grund seines Studiums und noch viel mehr durch die mit den Jahren zu erlangende Erfahrung in der Lage sein muß, über vorliegende Heizungsprojekte sich selbst ein Urteil zu bilden und seinem Bauherrn einen Vorschlag machen zu können; dabei soll er aber beileibe nicht sich als Heizungsfachmann fühlen. Der Architekt soll kein Heizungsingenieur und der Ingenieur kein Architekt sein, aber der Architekt muß Verständnis für die Wärmetheorie, für Brennstofflagerung, für die Stellung der Heizkörper, und andrerseits der Heizungsingenieur Verständnis für Rohrführung und Raumausnutzung haben. Der Architekt soll sich auch nicht mit Berechnungen abplagen, die über sein Fachgebiet hinausgehen und die er letzten Endes doch nicht abschließend und verantwortlich erledigen kann. Auf der anderen Seite verlangen wir von dem vollwertigen Heizungsfachmann, daß er sein Arbeitsgebiet nicht nur wissenschaftlich und technisch beherrscht, sondern daß er auch ein Empfinden für die schönheitliche und raumtechnische Wirkung der Heizung sich aneignet und entfaltet.

Im ähnlichen Sinne verlangen wir auch ein Zusammenarbeiten des Baufachmannes und des Heizungsfachmannes mit dem Hygieniker und Physiker, mit dem Praktiker und Wissenschaftler auf diesen Gebieten. Denn alle Stände haben das größte Interesse daran, daß das fertige Werk den späteren Bewohner, sei es, daß er freiwillig sich in dem Bauwerk aufhält oder daß er gezwungenermaßen darin lebt, wie z. B. in Krankenhäusern, Anstalten u. dgl., befriedigt oder doch vor dauerndem Schaden bewahrt.

Die Notwendigkeit eines solchen Zusammenarbeitens zwischen Baufachmann, Heizungsfachmann und Hygieniker bzw. Physiker ist längst erkannt, sie hat sich bisher aber nur in beschränktem Maße erreichen lassen, und auf diese Erkenntnis ist auch der Beschluß des Kongreßhauptausschusses in Heidelberg vom Jahre 1925 aufgebaut. Es fehlt uns gerade in Deutschland sicherlich nicht an Vorschriften aller Art; man könnte vielleicht eher von einem Übermaße sprechen. Es fehlt uns auch nicht an Ergebnissen der wissenschaftlichen Forschung, ja man kann sagen, es fehlt auch besonders seit den Kriegs- und Nachkriegsjahren wenigstens nicht überall an der klaren Erkenntnis der Dinge. Aber zweifelsohne fehlt es bisher wenigstens an der praktischen Anwendung dieser Erkenntnis. Wenn ich als einziges Beispiel die Behandlung aller Baugesuche herausgreife, so sehen Sie, daß es nicht an Vorschriften mangelt, aber zuweilen an der Handhabung. Der hochwertige Techniker bemüht sich, ein Bauvorhaben nach allen Regeln der Wissenschaft und Kunst vorzubereiten. Wer aber fällt die Entscheidung? In formeller Hinsicht ein Beamter des mittleren Dienstes in der Baupolizeibehörde, in technischer Hinsicht — besonders auf dem Lande, wo im übrigen sehr viele wichtige Anlagen, wie Krankenhäuser, Schulen u. dgl. errichtet werden — ein mittlerer Beamter des technischen Dienstes; die maßgebende Unterschrift und Entscheidung gibt in der Regel ein höherer Verwaltungsbeamter, dessen Urteil in der Regel nicht auf Fachkenntnis beruhen kann.

Es fehlt nicht an der Erkenntnis, aber es besteht ein Vorurteil gegen die notwendige Zusammenarbeit, die nur unter gegenseitiger Achtung und unter Zurückstellung von Vorurteil und Eigennutz zustande kommen kann. Das schönste Bauwerk mit den schönsten Innenräumen wird den dauernden Beifall der Mitmenschen und der Nachwelt nicht finden können, wenn der Aufenthalt in demselben infolge Mängel der heiztechnischen oder gesundheitstechnischen Ausführung nicht behaglich ist, und die besterdachte Heizung oder Lüftungsanlage kann nicht ihren Zweck erfüllen, wenn der Architekt in der Anordnung der Räume, in der Beachtung wärmetechnischer Grundwahrheiten, in der Anlage der Kamine, in der Anordnung der Lagerräume für die Brennstoffe usw. usw. bei Anlage und Durchführung des Baues grundlegende Fehler begangen hat.

Nachdem die Menschheit sehr rasch wieder geheilt worden ist von der übertriebenen Vorliebe für Ersatzbaustoffe und vergängliche Bauwerke, haben wir wieder mit einem langen Bestande unserer Werke zu rechnen, und deshalb können durch Fehler und mangelhaftes Zusammenarbeiten große wirtschaftliche Nachteile entstehen, weil auf die Dauer die Betriebs- und Unterhaltungskosten zuviel Kapital verschlingen und weil früher oder später mit viel Aufwand und viel Erschwernis die unvermeidlichen Verbesserungen durchgeführt werden müssen. Die Not der Zeit und die Folgen eines verlorenen Krieges, sowie der überaus schwere Mangel an verfügbaren Wohnungen machen es zur zwingenden Notwendigkeit, daß wir die Anlagen bei voller Wahrung der Güte der Leistung doch so billig wie möglich erstellen, und deshalb sieht der Bauausschuß seine Aufgabe ganz besonders darin, auf eine Verbilligung der Leistung und der unproduktiven Kosten hinzuarbeiten. Nach dieser Richtung gehen die Bestrebungen nach Normung und Typisierung der einzelnen Teile einer Heizungsanlage, aber auch nach Normung und Typisierung der Gebäude selbst, nach Vereinheitlichung der Stockwerkhöhen, der Fensternischen, der Armaturen usw. Sowohl der Bauherr als auch der Architekt, aber insbesondere der Heizungsfachmann haben das allergrößte Interesse daran, daß die Anlage unter Zubilligung eines angemessenen Nutzens, unter Aufwand möglichst geringer Mittel hergestellt werden kann.

Hierher gehören u. a. auch die Erwägungen, wie weit man insbesondere beim Kleinwohnungsbau mit der Beheizung der Räume und mit der Belieferung mit Warmwasser von zentraler Stelle aus überhaupt gehen will   Jeder einsichtige Unternehmer wird lieber zwei Anlagen in mäßigem Umfange und mit bescheidenem Nutzen tatsächlich ausführen, als daß er eine sehr opulente Anlage projektiert und veranschlagt, die dann letzten Endes wegen Mangels an Mitteln nicht durchgeführt werden kann. Ein besonderes Augenmerk möchte der Bauausschuß der Fernhaltung jeglichen Pfuschertums widmen. Je strenger die Gebote der Sparsamkeit und Wirtschaftlichkeit hervortreten, um so größer wird die Gefahr des Einschleichens des Pfuschertums. Es kann anerkannt und es muß auch offen gesagt werden, daß die deutsche Heizungsindustrie heute auf hohem wissenschaftlichen und technischen Stande sich befindet und daß in der Heizungsindustrie eine große Zahl wertvoller, voll ausgebildeter Heizungsfachleute vorhanden ist; man kann deshalb die Heizungsindustrie vermöge ihrer Eigenart nicht ohne weiteres mit irgendeiner anderen Industrie vergleichen. Die Frage der Erwärmung der Räume, deren Lüftung, die Frage der Versorgung mit warmem Wasser und die Unsumme hygienischer Einrichtungen erfordern nahezu in jedem einzelnen Falle eine tiefgründende, auf Erfahrungen beruhende ingenieurwissenschaftliche Tätigkeit. Alle diese Fragen sind Vertrauensfragen von einschneidender Bedeutung, weil sie sich, wie oben schon erwähnt, nicht nur bei der Herstellung, sondern insbesondere auch im Betriebe überaus empfindlich nach der wirtschaftlichen Seite hin auswirken. Es wäre ein überaus bedenkliches Verfangen, wollte man eine derartige Industrie auf den Stand der schematischen Arbeitsausführung herabdrücken. Der Bauausschuß hat sich auf den Standpunkt gestellt, daß auch dann, wenn eine Behörde, eine Körperschaft oder auch ein Großunternehmen sich ein heiztechnisches Büro oder einen Heizungsfachmann als ständige Einrichtung oder Kraft halten will, was in vielen Fällen wünschenswert und notwendig sein kann, doch immer wieder die ingenieurwissenschaftliche Mitarbeit, Erfindungsgabe und Erfahrung, die in der freien Industrie geborgen sind, zum Wettbewerb herangezogen werden soll. Es kommt eben sonst der Bauherrschaft nur das Wissen und Können des Einzelnen, der noch dazu unter Umständen der Praxis entwachsen könnte, zugute, während sonst eine Vielheit zur Verfügung steht.

Man könnte gerade auf dem Gebiete der Projektierung und Veranschlagung, auf dem heute noch vielfach ein blinder Zufall waltet, daran denken, daß eine von der Industrie selbst gebildete Arbeitsgemeinschaft unter Beiziehung der Landesauftragsstellen derartige Projektierungen als Vertrauenssache übernimmt, wobei selbstverständlich die erwachsenden Kosten entschädigt werden müssen. Auf diese Weise wäre es möglich, leerlaufende Kräfte bei der einen oder anderen Firma vorteilhaft zu verwenden und dadurch die allgemeinen Geschäftsunkosten aller Firmen in nennenswertem Maße herabzumindern.

Heute ist ja noch vielfach der nicht sehr glückliche Zustand gegeben, daß sich Firmen, deren Auswahl ziemlich der Willkür anheimgegeben ist, zur kostenlosen Projektbearbeitung herbeilassen, meist in der Erwartung des späteren Arbeitsauftrages aus freier Hand. Es ist jedoch von großer Wichtigkeit, daß die Auswahl der projektierenden Firma oder Stelle auch in Beziehung gebracht wird mit der im einzelnen Falle vorliegenden Aufgabe, und daß diejenige Firma herangezogen wird, die hierfür die beste Eignung besitzt. Diese Auswahl nach derartigen Gesichtspunkten wird in der Regel nicht vom Bauherrn oder dessen Architekten allein getroffen werden können, weil meistens die Kenntnis der besonderen Verhältnisse bei den einzelnen Firmen mangeln wird.

Mindestens ebenso wichtig wie die Frage der Projektierung erscheint die Frage der Verdingung einer Heizungsanlage, sei es nun Zentralheizung oder Ofenheizung. Wenn die Verhältnisse klar gelagert sind und wenn in der vorbesprochenen Weise ein brauchbares Vorprojekt zustande gekommen ist, so kann man das Verdingungssystem auf Grund von Leistungsverzeichnissen (Blankettverfahren) oder den Wettbewerb nach Einheitspreisen nicht von der Hand weisen. Auch die Heizungsindustrie kann sich dem Wettbewerbsverfahren trotz aller dagegen vorgebrachten Gründe nicht entziehen, weil vom Standpunkte der Wirtschaftlichkeit des Bauens daran festgehalten werden muß, und weil auch in der Heizungsindustrie und im Ofensetzergewerbe bei der Ausschaltung jeglichen Wettbewerbes und bei der Schaffung einer Monopolstellung mit Auswüchsen gerechnet werden müßte. Ich habe nun schon oben hervorgehoben, daß die Frage der Beheizungen wie kaum eine andere eine Vertrauensfrage ist, und ich möchte gerade in diesem Zusammenhange ganz besonders betonen, daß bei dem Wettbewerbsverfahren keinesfalls das Mindestgebot ungeprüft angenommen werden dürfte. Man wird auch bei Beurteilung der Preisfrage und insbesondere der Unkostenfrage sehr wohl berücksichtigen können, ob eine Firma im Interesse der Gesamtwirtschaft durch wissenschaftliche Untersuchungen u. dgl. Leistungen Ersprießliches leistet und somit unter Umständen einen Anspruch auf erhöhten Unkostensatz stellen kann.

Wir haben heute Reichsverdingungsvorschriften, allgemeine und besondere Vertragsbedingungen und technische Ausführungsbestimmungen auch für die Heizungsindustrie und für das Ofensetzergewerbe. Wenn diese Ausarbeitungen des Reichsverdingungsausschusses auch noch in mancher Hinsicht der Überarbeitung und Klarstellung bedürfen, so sollte doch vermieden werden, daß in Zukunft jede Firma ihre besonderen Vertrags- und Bedingnisformulare dem Auftraggeber unterbreitet. Es wird eine der nächsten Aufgaben des Bauausschusses sein, einmal festzustellen, was ohnehin im allgemeinen bürgerlichen Recht, in den neuen allgemeinen Vertragsbedingungen und in den besonderen Vertragsbedingungen, sowie in den technischen Ausführungsbedingungen ohnehin einheitlich und einwandfrei festgelegt ist. Es wird dann nicht allzu schwer sein, die Punkte zu ermitteln, über die im einzelnen Falle eine besondere Vereinbarung zwischen Auftraggeber und Unternehmer bzw. Firma notwendig ist. Andrerseits muß eingeräumt werden, daß in neuerer und neuester Zeit mit den zunehmenden technischen Anforderungen an die Behaglichkeit unserer Wohnung, an die Bequemlichkeit und die hygienischen Einrichtungen sich diejenigen Fälle mehren, in denen schon von Anfang an die wissenschaftliche Arbeit der Heizungsindustrie und auch die handwerkliche Erfahrung des Ofensetzergewerbes in Anspruch genommen werden sollen und müssen.

Wenn es sich um die Beheizung und sanitäre Einrichtung eines umfangreichen Bauwerkes, einer besonderen Anlage, wie Lichtspieltheater, Opernhaus, Krankenhaus u. dgl., wenn es sich weiter um ganze Gebäudekomplexe oder gar um ganze Ortschaften und Stadtgebiete handelt, dann wird man zweckmäßigerweise zunächst wenigstens die in der Industrie geborgenen Kräfte und Erfahrungen in Anspruch nehmen, beim Projekt mitarbeiten lassen und zum Wettbewerb aufrufen, aber nicht zunächst zum Preiswettbewerb, d. h. zur Submission auf rein fiskalischer Grundlage, sondern zum Ideenwettbewerb auf wissenschaftlicher und fachtechnischer Grundlage unter Ausnutzung der Erfahrung. Bei dieser Art der Verdingung ergibt sich nun sofort die große Schwierigkeit der Auswahl des richtigen Projektes und der Feststellung des wirtschaftlich richtigsten Angebotes. Man kann eben nicht zwei ganz verschiedene Dinge miteinander vergleichen, und man wird dazu kommen, daß man auf Grund der einzelnen Vorlagen ein ideelles Projekt zu gewinnen sucht und daß man unter Zugrundelegung desselben und der von den Firmen angegebenen Preise das würdigste und absolut wirtschaftlichste Angebot ermittelt. Bei diesem Verfahren kann die Bauherrschaft oder der bauleitende Architekt sehr wohl zunächst in Verlegenheit geraten. Die Fähigkeiten und Erfahrungen der Architekten sind sehr verschieden, und es kann sich deshalb die Notwendigkeit ergeben, eine Autorität um die Entscheidung anzugehen, die die nötige Fachkenntnis und das erforderliche Beurteilungsvermögen sowohl in der Heizungsfrage selbst als auch in der Preisfrage besitzt, denn es wäre, wie gesagt, gerade bei großen Anlagen nichts mißlicher, als wenn nur in rein fiskalischem Sinne bei einem derartigen Wettbewerb stets das Mindestangebot gewählt würde. Wir haben uns deshalb im Bauausschuß damit einverstanden erklärt, daß diese überaus heikle Frage in dem nachfolgenden Vortrage angeschnitten wird, von der Erkenntnis ausgehend, daß es besser ist, eine derartige Erörterung auf einem Kongreß herbeizuführen, als wenn schließlich vom einseitigen Interessenstandpunkt die Frage erörtert und vielleicht von vornherein zur Streitfrage gemacht wird.

Ich möchte dem Herrn Vortragenden, der nach mir spricht, nicht vorgreifen und möchte auch von meinem Standpunkte aus die Diskussion nicht beschneiden. Aber ich glaube zum Ausdruck bringen zu dürfen, daß die ganze Angelegenheit heute wohl kaum zu einem entscheidungsreifen Abschluß gebracht werden kann. Mag in Rede und Gegenrede das Für und Wider in aller Ruhe erörtert werden. Ich möchte gerade in diesem Zusammenhang auf das hinweisen, was ich zu Eingang meiner Erörterungen gesagt habe, nämlich, daß wir alle technisch vorgebildete Fachleute sind und daß wir alle keinen Grund haben, uns wegen einer Frage, die nun einmal geordnet werden muß, zu bekämpfen, statt gemeinsam auf eine befriedigende Lösung hinzuarbeiten. Wir sind im Bauausschusse zu dem Entschlusse gekommen, Ihnen den Vorschlag zu machen, daß die endgültige Lösung der Frage der fachtechnischen Beratung gesucht wird durch weitere Bearbeitung in einer Arbeitsgemeinschaft zwischen Vertretungen des gesamten Heizungsfaches und Vertretungen der Hochschulen, der namhafteren Auftraggeber, vielleicht, wenn Sie das wollen, unter Geschäftsführung des Bauausschusses.

Möge mir noch ein kurzes Wort gestattet sein über die Bekämpfung des Pfuschertums und ähnlicher Auswüchse. Gerade im Zusammenhang mit den Fragen der Verdingung und der Beratung wurde in unserem Ausschusse wiederholt darauf hingewiesen, daß eine falsche Lösung der beiden Fragen dem Pfuschertum Vorschub leisten kann, man kann aber auch umgekehrt sagen, daß eine kluge, weit ausschauende Bewältigung dieser Probleme die Gefahren des Pfuschertums am ehesten zu überwinden vermag. Man wird auch sehr vorsichtig sein müssen mit der Begrenzung des Begriffes »Pfuschertum«. Wenn wir danach streben, daß Sammelheizungen und Warmwasserbereitung mehr und mehr Gemeingut werden und daß auch die kleinen und kleinsten Wohnungen die Wohltaten einer Erwärmung von zentraler Stelle aus, ferner die Vorteile einer gemeinschaftlichen Warmwasserbereitung evtl. auch einer gemeinsamen Wäschereieinrichtung mit maschinellem Betriebe allgemeiner eingeführt werden, so müssen wir uns darüber klar sein, daß in gewissem Umfange auch die Gewerbetreibenden sich mit Einzelinstallationen derartiger Anlagen befassen werden. Dies kann nicht ohne weiteres als Pfuschertum angesprochen werden. Es wird nicht gelingen, nach dieser Richtung eine scharfe Grenze zu ziehen zwischen Industrie und Gewerbe, zwischen Heizungsindustrie und Handwerksmeister.

Eine um so höhere Bedeutung kommt gerade deshalb der befriedigenden Lösung der vorerwähnten Probleme zu. Am ehesten können die Schwierigkeiten und Gefahren auf ein Mindestmaß beschränkt werden, wenn die Bauherren und die bauleitenden Architekten möglichst viel Verständnis für diesen Teil ihres Vorhabens oder ihrer Aufgaben aufbringen und wenn alle beteiligten Faktoren einheitlich auf das Endziel hinarbeiten, die jeweils gestellten Aufgaben in möglichst vollkommener Weise zu erfüllen. Es schadet nichts, wenn der Größere vom Kleineren lernt. Das Ofensetzergewerbe hat es längst fertig gebracht, eine Beratungsstelle einzuführen, hat es längst fertig gebracht, daß durch eine neutrale Ofenschau das Pfuschertum ausgeschaltet wird. Kann nun die Industrie nicht soviel Selbstlosigkeit aufbringen, daß sie die Anlagen gegenseitig beurteilen und die Mängel feststellen läßt? Wir haben deshalb in unserem Bauausschuß versucht, neben den Kreisen der Heizungsindustrie und des Ofensetzergewerbes insbesondere die Kreise des bauausführenden Gewerbes und der Bauindustrie, der beamteten und freien Architekten, die sich leider noch sehr zurückhaltend zeigen, und der Behördenvertreter in Reich und Land, weiterhin auch die halbamtlichen Stellen, wie Revisionsvereine und Gewerbeanstalten, insbesondere auch die Vertretungen der Mittel- und Hochschulen für unsere Aufgaben zu interessieren. Insbesondere haben wir auch Fühlung genommen mit dem Gewerbe der Kaminkehrer, weil wir der Anschauung sind, daß noch viel zu wenig darauf geachtet wird, daß diejenigen Leute, die bei Ausübung ihres Berufes die Mängel in den baulichen Anlagen hinsichtlich der Kamine tagtäglich erkennen können und bekämpfen müssen, in erster Linie auch dazu geeignet erscheinen, mit Rat und Tat an der Verbesserung der Verhältnisse, die vielfach im argen liegen, mitzuarbeiten. Mit Erfolg haben wir uns auch an die Hausfrauenvereinigungen gewendet, und es ist beabsichtigt, derartige gemeinschaftliche Besprechungen, die bisher in Rücksicht auf die erwachsenden Kosten mehr lokaler Natur waren, auf breiterer Unterlage und unter Beiziehung der Spitzenorganisationen des Deutschen Reiches weiterhin abzuhalten.

Wenn ich Ihnen nun zum Schlusse meiner Ausführungen ganz kurz berichten darf, daß der Bauausschuß im Herbste 1925 beschlußmäßig in Heidelberg gegründet worden ist, daß wir Tagungen im Januar und November 1926 und im April 1927 in München und eine Ausschußsitzung des gesamten Kongreßausschusses im August 1926 in Berlin jeweils dazu benutzt haben, die Arbeiten unseres Bauausschusses vorwärts zu bringen, und daß wir zuletzt noch in diesem Monate zu einer Vorbesprechung in Würzburg uns zusammengefunden haben, so glaube ich, meine Aufgabe erfüllt zu haben, Ihnen über die Ziele und die Absichten des Bauausschusses und über seine bisherige Tätigkeit zu berichten. Ich darf noch einmal zusammenfassen, daß wir es als unsere Aufgabe betrachten, in allen Kreisen das Verständnis für die technische Arbeit allgemein und besonders auf dem Gebiete der Heizung und Lüftung zu wecken und zu vermehren, und daß wir uns dabei insbesondere an die vergebenden Behörden und Körperschaften, an die Bauherren und an die Gruppen der Hausbesitzer und Hausfrauen sowie an die baugewerbetreibenden Fachleute wenden. Insbesondere aber streben wir an ein sachliches, vorurteilsfreies Zusammenarbeiten aller Kreise, die mit der Beheizung baulicher Anlagen zu tun haben, als da sind: Heizungsindustrie und die zugehörigen Lieferfirmen, Ofensetzergewerbe, Baugewerbe und Architektenschaft, Kaminkehrergewerbe und alle mit Wärmewirtschaft befaßten Stellen. Daneben wollen wir bestrebt sein, die Probleme des Verdingungswesens und der Beratung und auch die Fragen der Normung und Rationalisierung, soweit sie auf unser Gebiet übergreifen, zu fördern und zur Klärung zu bringen. Nicht zuletzt aber wollen wir auch versuchen, Einfluß zu gewinnen auf die Entwickelung des technischen Schulwesens hinsichtlich der Mittelschulen und Hochschulen.

Wir bedauern insbesondere, daß die Lehrstühle für Heizungswesen vielfach verwaist sind und daß die neueren Bestrebungen auf dem Gebiete der Ausbildung der Architekten die fachtechnischen Aufgaben zurückzudrängen versuchen zugunsten einer ausschließlich künstlerischen Entfaltung. Wir werden bemüht sein, Auswüchse auf den einzelnen Gebieten und insbesondere das Pfuschertum sowohl im Heizungsfache wie im Architektenfache mit allen Mitteln zu bekämpfen, denn mehr als in anderen Fächern wird letzten Endes eine Ausbreitung des Pfuschertums zum dauernden Schaden der Volkswirtschaft, weil es sich auf den hier in Frage kommenden Gebieten nicht nur um die Verhütung fehlerhafter Anlagen, sondern vor allem auch um die Vermeidung dauernder Betriebsmehrkosten handelt. Wenn es uns gelingen sollte, ohne Bevorzugung des einen oder anderen Standes zum Wohle der Volksgemeinschaft beigetragen zu haben und auch weiterhin beizutragen, so dürfen wir wohl annehmen, daß die uns gestellte Aufgabe ihrer Erfüllung entgegengeht. (Lebhafter Beifall!)

Ministerialrat Dr. Dr. Schindowski: Meine Herren! Der lebhafte Beifall, den Sie Herrn Ministerialrat Huber bezeugt haben, beweist, daß Sie mit seinen Ausführungen einverstanden sind. Seine Ausführungen sind nicht nur für uns beherzigenswert. Es wäre zu wünschen, daß in der Weise, wie Herr Huber es geschildert hat, eine vertrauensvolle Zusammenarbeit zwischen Architekt und Heizungsfachmann herbeigeführt wird. Wenn die Arbeiten im Bauausschuß in diesem Sinne weitergeführt werden, werden wir zu einem Ziele, zu einer Verständigung kommen. Ich darf Herrn Ministerialrat Huber unseren herzlichsten Dank für seine Ausführungen aussprechen.

Bericht über die Arbeiten des Heizungsausschusses.

Von Stadtbaurat **Wahl**, Dresden.

Meine Herren! Als der Kongreß für Heizung und Lüftung das letztemal in Berlin im Jahre 1924 zusammentrat, stand die deutsche Wirtschaft bereits unter dem Zeichen der festen Reichsmark. Die Kohlenknappheit der Kriegs- und Inflationsjahre war im Abflauen begriffen. Wenn auch die allgemeine Verarmung Deutschlands sich überall stark bemerkbar machte, so konnte doch eine Besserung der wirtschaftlichen Verhältnisse und allgemeinen Lebensführung schon erhofft werden. Dieser langersehnte Umschwung ist inzwischen eingetreten, wenn auch nicht überall in gewünschtem Maße und nicht auf allen Gebieten gleichmäßig, so ist doch wenigstens die Kohlennot vorüber. Viele Zentralheizungen, die im Kriege stillgelegen haben, sind wieder in Betrieb genommen worden, die zunehmende Bautätigkeit, insbesondere die Bauten der öffentlichen Hand, die Bestrebungen zur Beseitigung der drückenden Wohnungsnot haben der Zentralheizungsindustrie zunehmende Beschäftigung und dem Heizungsingenieur neue Aufgaben gebracht. Es ist eine erfreuliche Tatsache, feststellen zu können, daß sich, nachdem die Brennstoffnot einem reichen Angebot von Kohlen gewichen ist, die Forderung nach einer vernünftigen Brennstoffwirtschaft allenthalben erhalten hat. Das Streben nach Rationalisierung hat der deutschen Wirtschaft sehr starke und nachhaltige Impulse gegeben und einschneidende Maßnahmen nach sich gezogen, sodaß selbst dem Nichtfachmann die Auswirkungen gerade in der Energie- und Wärmewirtschaft sinnfällig werden.

Will man mit den geringsten Aufwendungen Höchstleistungen erzielen, so muß man bei den Produktions- und Wirtschaftsvorgängen in erster Linie die Kosten abzubauen suchen, die durch die Erzeugung, Verteilung und Verwendung von Arbeitskraft und Wärme verursacht werden. Es unterliegt keinem Zweifel, daß die deutsche Wirtschaft auf diesem Wege in den letzten Jahren ein gewaltiges Stück vorwärtsgekommen ist dank der unermüdlichen Arbeit, die Wissenschaft und Technik auf diesem Gebiete geleistet haben.

Wir müssen heute und in aller Zukunft Wärme- und Energiewirtschaft treiben, wenn wir wettbewerbsfähig in der Welt bleiben wollen nicht nur in der Gütererzeugung sondern auch in der öffentlichen Verwaltung.

Am Ende des Krieges und vor allem in der Nachkriegszeit hat es gewaltige Verschiebungen im Lohnniveau und in den Einkommensverhältnissen gegeben. Auf der einen Seite hat das vermehrte Einkommen einer großen Bevölkerungsschicht zur erheblichen Steigerung der Lebenshaltung und Erhöhung der Lebensansprüche geführt, auf der anderen Seite muß sich gleichzeitig ein unwesentlicher Teil unserer Volksgenossen erheblich einschränken und sich viel von dem versagen, was bisher zur Lebensnotwendigkeit geworden war. Diese Verschiebung ist am sinnfälligsten in unserem Wohnungswesen geworden, das zu unserem Leidwesen noch immer unter dem Drucke der Zwangswirtschaft gebunden ist und sich nicht frei entwickeln kann. Alle diese äußeren wirtschaftlichen und sozialen Entwicklungsvorgänge haben tief in das Heizungswesen eingegriffen, es umgestaltet und in neue Bahnen gelenkt.

Die in allen Landesteilen oft in großem Maße und zum großen Teil ohne sorgfältige Vorbereitung ins Leben gerufenen Siedlungsbauten haben zum Teil völlig neue Aufgaben gestellt, die nach den örtlichen Verhältnissen zu verschiedenen Lösungen geführt haben, meist unter dem Gesichtspunkt, die bisher verwendeten Heizungseinrichtungen zu verbessern, ihre Bedienung zu erleichtern und die Behaglichkeit des Wohnens zu steigern, ohne indes die Kosten der Heizung wesentlich zu erhöhen. Dies ist technisch nur möglich durch weitere Vervollkommnung und Durchbildung der von altersher bekannten Einrichtungen. Die Hersteller von Kachel- und Eisenöfen haben sich die größte Mühe gegeben, den Vorsprung, den die Zentralheizung bisher erlangt hatte, einzuholen. Als Erfolg dieser Bestrebungen ist eine wesentliche Vervollkommnung der Bauart der Öfen wahrzunehmen, die vor allen Dingen den Wohnküchen mehr Behaglichkeit bei weit leichterer Bedienung gebracht hat. Neue, geschmackvoll ausgestattete Eisenöfen sind auf dem Markt erschienen, die es ermöglichen, Koks und Brikette im Dauerbrand zu verfeuern, um damit eine gleichmäßige, angenehmeDauerheizung zu erzielen. In vielen Orten, beispielsweise hier in Wiesbaden, ist daneben das Bestreben erkennbar, die Feuerungsanlagen möglichst an einer einzigen Stelle zusammenzufassen für Häusergruppen und Siedlungsbauten mit Warmwasser- und Waschküchenanlage, um alles als ein einheitliches Ganzes durchzubilden.

In der technischen Entwicklung auch kleiner Zentralheizungen ist gleichfalls Wesentliches geleistet worden. Die Verringerung des Wasserinhaltes der Heizkörper, die Verwendung von schmiedeeisernen Heizflächen, für deren Herstellung viele gute Verfahren bekannt geworden sind, die Einführung des Schweißverfahrens bei Bau der Rohrleitungen haben erfreulicherweise eine erhebliche Verbilligung der Anlagekosten für Zentralheizungen gebracht. Bereits von einer gewissen Wohnungsgröße an sind die Zentralheizungsanlagen nicht teurer zu erstellen als Kachelöfen, vor allem, wenn man den Heizkessel nicht im Keller aufstellt, sondern wenn er als Heizkörper, z. B. im Hausflur, mit herangezogen werden kann.

Daneben finden wir in den Siedlungsbauten ein starkes Verlangen nach Gas, einmal zur Verwendung in der Küche, zum anderen zur Warmwasserbereitung für Badezwecke. In einzelnen Städten sind durch energische Propaganda der Gaswerksleiter, durch Sondertarife unterstützt, Versuche unternommen worden, ob auch die Raumheizung durch Gasöfen zu bewirken ist. Ob dieser Weg zu einem dauernden wirtschaftlichen Erfolg führt, bleibt abzuwarten. Er ist abhängig in erster Linie von den örtlichen und klimatischen Verhältnissen, von der Konstruktion der verwendeten Gasöfen und Abzugseinrichtungen und vor allem von den Gaspreisen, die in letzter Zeit durch Einführung von Grundgebührtarifen sich den Bedürfnissen der Heizung gut anpassen lassen.

Auf dem Gebiete der Gasheizung ist während des letzten Jahres von der A.-G. für Kohlenverwertung in Essen eine viel erörterte Anregung gegeben worden dadurch, daß die Gesellschaft der Allgemeinheit den Plan vorgelegt hat, eine Deutsche Großgasversorgung von der Ruhr aus durchzuführen. Wenn auch dieser groß angelegte Plan nicht in seiner gesamten Ausdehnung zur Verwirklichung kommen kann, so hat er doch ein grelles Streiflicht auf die Möglichkeiten geworfen, die in der Verwendung des Steinkohlengases im allgemeinen und im besonderen für das Heizwesen bereits heute gegeben sind.

Wir haben auf früheren Kongressen die Frage der Verwendung von Gas für Heizzwecke eingehend behandelt; das Ergebnis der Beratungen dürfte auch heute noch zutreffend sein. Technisch und hygienisch läßt sich gegen die Verwendung des Gases nicht viel sagen. Sobald man 1 m³ Gas von 4200 WE für Heizungszwecke für 6 bis 8 Pf. frei Haus geliefert bekommt, ist die Konkurrenzfähigkeit gegenüber den festen Brennstoffen erreicht, ungeachtet der großen Annehmlichkeiten, die sich im Betrieb aus dem Fortfall der Brennstoffzufuhr und der Schlackenbeseitigung überdies ergeben. Ob durch die Ferngasversorgung von der Ruhr aus oder durch eine verständige Tarifpolitik der Gasanstalten die erforderlichen Gaspreise erzielt werden, kann für den Konsumenten an sich eine gleichgültige Sache sein, die Hauptsache für ihn ist, daß die Herabsetzung des Gaspreises erfolgt und auf die Dauer auch wirtschaftlich zu rechtfertigen ist. Die mit der A.-G. für Kohlenverwertung bisher geführten Verhandlungen haben zu dem Ergebnis geführt, daß in den großen Städten, die von dem Ruhrgebiet entfernt liegen, durch Einführung der Ferngasversorgung an sich eine Senkung der Gasverkaufspreise nicht gegeben ist. Alle anders lautenden Angaben sind nur für die Umgebung der Kohlenzechen berechtigt, für die Allgemeinheit aber nicht zutreffend.

Haben wir bereits bei den Siedlungsanlagen in einzelnen Städten den Wunsch nach Zusammenfassung der Feuerstellen erkennen können, so treffen wir dasselbe Streben in besonders großem Umfange in den größeren Städten an, die, durch besondere Verhältnisse angeregt, den Zusammenschluß der Zentralheizungsanlagen über ganze Stadtteile anstreben und in Verbindung mit der Energiewirtschaft zu bringen suchen. Gerade die Verbindung der Zentralheizungsanlagen mit der Energiewirtschaft ist das Merkmal der Städteheizungsanlagen nach dem heutigen Stande. Die alten Fernheizwerke sind sämtlich entstanden durch Zusammenfassen einzelner Zentralheizungen, aber nicht beliebiger, sondern nur solcher, die sich in einer Hand befanden. Die überall vorhandenen kleinen Fernheizwerke in Krankenanstalten, das älteste deutsche Fernheizwerk in Dresden, die ausgedehnte Fernheizanlage der August-Thyssen-Hütte bei Hamborn sind beispielsweise sämtlich Werke alten Stils. Diese Werke besitzen mehr oder weniger ausschließlich einen einzigen Abnehmer. Die Gesichtspunkte einer sorgfältig durchgebildeten Energiewirtschaft konnten in solchen Fällen nur zum Teil voll zur Geltung kommen. Die Wünsche von Firmen und Privaten, auch ihnen Gelegenheit zum Anschluß an ein Fernheizwerk zu geben, gaben Veranlassung zum Entstehen öffentlicher Fernheizwerke, die sich auf stillgelegte Elektrizitätswerke oder andere ungenutzte Wärmequellen aufbauten. Auf diesem Wege sind die ersten Beziehungen zwischen Fernheizwerk und Kraftwerk entstanden.

Hierbei ergab sich die Frage, wie das notwendige Zusammenarbeiten am besten gesichert werden kann, um die höchste Wirtschaftlichkeit im Rahmen der allgemeinen Energiewirtschaft zu erzielen. Die Entwicklung hat gezeigt, daß nicht nur die öffentliche Hand, sondern ebenso die Privatwirtschaft die energiewirtschaftlichen Erfordernisse von dieser höheren Warte aus durchführen kann, wenn sie nur den bei der Deckung des Heizungsbedarfes anfallenden Energievorrat zu verwerten in der Lage ist. In Städten -mit eigener Energieerzeugung ist man immer mehr zu der Überzeugung gekommen, daß die städtischen Heizwerke eine naturgemäße Ergänzung der Elektrizitätswerke bilden, besonders dann, wenn die elektrische Fernversorgung den wirtschaftlichen Forderungen nicht voll genügt.

Auf der Städteheiztagung des Vereins Deutscher Heizungsingenieure im Oktober 1925 ist zur Vorsicht auf diesem Gebiete gemahnt worden, im Hinblick auf die amerikanischen Verhältnisse, wo die Zahl der reinen Heizwerke die Zahl der Heizkraftwerke übersteigt, und das war damals wohl berechtigt. Seitdem hat eine tiefere Erkenntnis Platz gegriffen, und der Gedanke, die Heizungs- und Kraftwerke zu kuppeln, ist heute ein wesentlicher Fortschritt und als das Fundament des Städteheizwesens zu bezeichnen.

Die Entwicklung wird zweifellos auf dieser Grundlage weitergehen, und jetzt schon sind die Wege in dieser Richtung zu erkennen. Während das öffentliche Fernheizwerk in zentraler Lage einer Stadt errichtet wurde, drängt der Zusammenschluß mit den Elektrizitätswerken zu der gleichen Entwicklung wie bei diesen selbst. Von der zentralen Lage wird auch das Kraftheizwerk zur Lage an der Peripherie übergehen und einen verhältnismäßig langen Hals des Leitungsnetzes in Kauf nehmen müssen.

Mit der schnelleren Entwicklung des Städteheizwesens geht die Klärung aller der vielen damit zusammenhängenden Einzelheiten Hand in Hand. Die erwähnte Tagung, der Städteheiztag deutscher Heizungsingenieure im Herbst 1925, hat auf vielen Gebieten wertvolle Anregungen gebracht. Von dem Heizungsausschuß des Kongresses sind diese Anregungen weiter verfolgt worden und, soweit möglich, weiterer Entwicklung entgegengeführt worden.

Von besonderer Wichtigkeit für die Städteheizung ist naturgemäß die Frage des Wärmeträgers. Im allgemeinen wird man nicht von vornherein entscheiden können, ob Dampf von hoher oder niederer Spannung, warmes oder überhitztes Wasser das Zweckmäßige ist. Auf der sorgfältigen Prüfung dieser Frage, die von Fall zu Fall ganz verschiedene Ergebnisse zeitigen kann, beruht wesentlich die Wirtschaftlichkeit eines Städteheizwerkes.

Das zur -Verwendung kommende Rohrmaterial mit seinen Verbindungen ist genau zu prüfen, denn nicht immer entspricht es den hohen Ansprüchen, die man an die Leitungen selbst stellen muß. Der Lagerung der Rohre, der Frage der Dehnungsaufnahme muß größte Aufmerksamkeit gewidmet werden. Vielleicht sind in dieser Richtung grundlegende Normen am Platze.

Die Ausführung der Kanäle zur Aufnahme der Rohrleitungen ist von erheblichem Einfluß auf die Baukosten und damit wieder auf die Gesamtwirtschaftlichkeit der Anlage. Wenn sich begehbare oder bekriechbare Kanäle ohne große Kosten ermöglichen lassen, so wird man diese gern wählen. In vielen Fällen dürften auch unbegehbare Kanäle genügen. Eine ausreichende Überwachung wird sich auch dann noch ermöglichen lassen, wenn in gewissen Abständen, vornehmlich an den Biegungen, Einsteigeschächte eingebaut werden, von denen aus man die Beleuchtung der geraden Strecken ermöglichen kann. Für eine gute Abdichtung der Kanäle in grundwasserreichem Gelände sowie für genügende Möglichkeit, auftretende Wässer schnell ableiten zu können, ist naturgemäß Sorge zu tragen. Als Kanalprofile kommen in steigendem Maße fabrikfertige Betonprofile zur Verwendung, die eine schnelle Fertigstellung des Kanals sichern. Besonders in den inneren Stadtteilen stößt die Durchführung der Kanäle auf außerordentliche Schwierigkeiten, da das an sich schon enge Straßenprofil bereits durch andere Leitungen in Anspruch genommen ist. Die Schleusennetze, Gas- und Wasserleitungen, Kabelnetze für Elektrizitätswerke, Post und Polizei- und Feuermeldeeinrichtungsanlagen sowie für die öffentliche Beleuchtung finden sich meist dort, wo der Heizungsingenieur mit seinen Rohren durch muß. Von besonderer Bedeutung ist die schnelle Beendigung der Bauarbeiten für eine Großstadt, in der jede längere Straßensperrung auf das empfindlichste stört.

Der guten Isolation der Rohre gegen Wärmeverluste ist gesteigerte Aufmerksamkeit zuzuwenden, denn durch sie werden die Betriebskosten der ganzen Anlage wesentlich beeinflußt. Lange Zeit hat man bei den Gebäudeheizungen dieser Frage verhältnismäßig wenig Beachtung geschenkt. Man verfuhr bei der Isolation recht oft rein schematisch, ohne die Verluste einer Prüfung zu unterziehen. Erst das Forschungsheim für Wärmeschutz in München hat darin im Interesse der Energiewirtschaft Wandel geschaffen und brauchbare Methoden zur Nachprüfung der Isolierung entwickelt. Naturgemäß hat der nun einsetzende Konkurrenzkampf der Isolierfirmen einen Ideenreichtum von einem gerade auf diesem Gebiete nicht geahnten Umfange gebracht. Mit den altbekannten Diatomeen- und Korkschalen wetteifern jetzt Glasgespinst- und Trockenstopfisolierungen, Magnesiaschalen, Aluminiumfolieisolierungen, um nur einige herauszugreifen, und alle unter erschwerten Bedingungen gegen früher, denn der Schmidtsche Wärmeflußmesser deckt alle nicht eingehaltenen Garantien auf zum Wohle aller Firmen, die nach dem Grundsatz des ehrsamen Kaufmanns handeln. Der Konkurrenzkampf hat dabei eine außerordentliche Verbesserung der bei den Isolierungen bis dahin erreichten Wärmeleitzahlen zur Folge gehabt. Für eine Städteheizung ist die Auswahl der Isolierung von erhöhter Bedeutung, denn nicht nur auf wärmetechnische Gesichtspunkte ist Rücksicht zu nehmen, die Unzugänglichkeit der Kanäle fordert überdies Festigkeit des Materials gegen Eindringen von Feuchtigkeit und gegen Zerstörung durch Fäulnis und Rattenfraß.

Große Schwierigkeit macht es, die abgegebene Wärme in alle Beteiligten zufriedenstellender Weise zu messen. Verhältnismäßig einfach und genau ist bei den Dampfheizungen die Messung des Kondensats Diese Messung versagt aber bei Industriedampfabnehmern, bei denen der Dampf nicht restlos aus dem Kondensat wieder gewonnen wird. Dann muß direkte Messung mit Dampfmessern erfolgen. Der Meßbereich der vorhandenen Dampfmesser ist vielfach zu klein, vor allem bei stark schwankender Dampfentnahme, wie es bei Sommer- und Winterbetrieb vorkommt. Der Entwicklung der Dampfmesser ist noch ein weites Feld gegeben, bis sie überall verwendbar sind. Bei Warmwasserheizung ist eine einwandfreie und dabei einfache Wärmemessung noch schwieriger, da sie aus dem Produkt der Wassermenge und Temperaturdifferenz des Vor- und Rücklaufes bestehen muß. Alle Meßapparate für getrennte Messung beider Faktoren scheiden wegen der großen Auswertungsarbeit aus. Alle Meßapparate, die ein durch Hilfskraft angetriebenes Antriebswerk haben, bieten keine Gewähr für einwandfreie Messung.

Ebenso harrt auch die Frage der gerechten Verteilung der Heizungskosten auf mehrere Abnehmer, die durch eine gemeinsame Zuleitung versorgt werden, noch einer in jeder Beziehung einwandfreien Lösung.

Von besonders ausschlaggebender Bedeutung für die Städteheizung ist naturgemäß die Frage der Wirtschaftlichkeit. Von ihr hängt die gesamte Zukunft der Städteheizwerke ab. Bei den Kosten spielen die Dichte des Wärmeverbrauchs und die Benutzungsdauer eine ausschlaggebende Rolle. Wegen ihrer hohen Benutzungsstundenzahl als hervorragend wirtschaftlich haben sich die Anschlüsse von Industrieabnehmern und Heil- und Pflegeanstalten, Krankenanstalten usw. gezeigt, die das ganze Jahr hindurch eine gleichbleibende Abnahme sicherstellen. Der Anschluß reiner Gebäudeheizungen hat — neben der im Gegensatz zu amerikanischen Verhältnissen weniger großen Wärmedichte — den Nachteil, daß die Zahl der Benutzungsstunden verhältnismäßig klein und der gesamte Wärmeverbrauch in weitem Maße von den Schwankungen der Außentemperatur abhängig ist. Dabei macht sich obendrein das morgendliche Anheizen unangenehm bemerkbar. Warmwasserversorgungsanlagen erhöhen die Benutzungsdauer reiner Gebäudeheizanschlüsse. Deshalb müssen die Fernheizwerke derartige Anlagen propagieren, vorausgesetzt, daß ihre Leitungsnetze mit Rücksicht auf die Wärmeverluste im Sommer entsprechend eingerichtet sind. Der Anheizspitze kann sowohl bei Dampf als auch bei Warmwasserheizungen wirksam durch nächtliches Aufladen von Speichern und im letzteren Falle evtl. auch der Rohrleitungen mit Wasser von hoher Temperatur begegnet werden. Der örtlichen, außerordentlich verschiedenen Anlagekosten wegen sind die Wärmepreise der einzelnen Heizwerke sehr verschiedene. Es ist berechtigt, in ähnlicher Weise, wie es in der Elektrizitätswirtschaft geschieht, dem Abnehmer mit dauernd gleichmäßiger Abnahme geringere Preise zu gewähren als den Abnehmern mit reiner Gebäudeheizung. Die in der Literatur vielfach durchgeführten Vergleichsrechnungen zwischen den Heizkosten bei Anschluß an ein Fernheizwerk und den Kosten bei Eigenerzeugung haben den Mangel, daß sie die nicht ohne weiteres durch Geldwert ausdrückbaren Vorteile des Anschlusses an ein Fernheizwerk oft nicht genügend berücksichtigen. Aus der Erfahrung heraus kann gesagt werden, daß die Abnehmer die Vorteile, die sich durch den Fortfall besonderer Bedienung, Gewinnung von meist sehr wertvollen Kellerräumen und durch Beseitigung von Schmutz- und Rauchbelästigung einer eigenen Kesselanlage ergeben, doch im allgemeinen sehr hoch zu schätzen wissen.

Die Betriebssicherheit von Fernheizwerken ist nach den bisher gemachten Erfahrungen als zufriedenstellend und gut zu bezeichnen. Störungen in der Versorgung sind sehr selten, sofern die Leitungsnetze sorgfältig verlegt sind. Erhöhte Sicherheit kann durch Verlegung mehrerer paralleler Leitungsstränge erreicht werden.

Meine Herren! Damit ist der große Fragenkomplex der Städteheizung skizzenhaft von mir umrissen worden, ein Fragenkomplex, der nur als ein geringer Teil der Energiewirtschaft gelöst werden kann. Für den diesjährigen Kongreß haben sich in dankenswerter Weise erste Fachleute zur Verfügung gestellt, um uns ihre Erfahrungen zu übermitteln. Wie der Herr Vorsitzende schon mitteilte, muß ein Vortrag ausfallen infolge schwerer Erkrankung des Redners. Wir wollen Herrn Schulz von ganzem Herzen eine baldige Wiederherstellung seiner Gesundheit wünschen und wollen hoffen, daß es ihm gelingt, jenes Riesenprojekt zum guten Ende zu führen, ein Projekt, welches das Städte-heizproblem der Stadt Berlin umfaßt und das wir als das größte und interessanteste in Deutschland bezeichnen dürfen. Für heute müssen wir uns mit der dem Kongreß übermittelten Inhaltsangabe und einem verhältnismäßig bescheidenen Auszug be-gnügen, den Herr Direktor Ganssauge zum Vortrag bringen wird.

Die Herren Vortragenden werden auf das von mir skizzenhaft Geschilderte näher eingehen. Sie werden uns ihren Standpunkt übermitteln und ihre Erfahrungen wissen lassen. Die Diskussion soll auf den Anregungen der Vortragenden fußen, die noch offenen Fragen klar behandeln. Nehmen Sie scharf Stellung nach Ihrem eigenen Stand-punkt, geben Sie Ihre Erfahrungen ohne Bedenken bekannt. Das wichtige Problem der Städteheizung von heute muß auf breitester Grundlage erörtert werden. Nicht jeder einzelne darf die gleichen Fehler zum Schaden der Allgemeinheit erst neu machen müssen. Die Erfahrungen aller müssen allen zugute kommen. Darum treiben Sie auf dem heutigen Kongreß zum Wohle der Allgemeinheit Rationalisierung der geistigen Energiewirtschaft.

Aussprache zu dem Vortrage:

Reine Luft in Arbeitsräumen.

Von

Senatspräsident i. R. Geh. Reg.-Rat Honorarprofessor Dr.-Ing. E. h. Konrad Hartmann.

Geheimrat Dr.-Ing. Konrad Hartmann schließt seine Ausführungen mit folgenden Worten: „Meine Herren! Wegen der kurzen mir zur Verfügung gestellten Zeit konnte ich Ihnen nur einen Einblick in die zahlreichen, technischen Aufgaben der Reinhaltung der Luft in Arbeitsräumen geben, in der Drucklegung meines Vortrages konnte ich etwas ausführlicher sein. Sie werden aber aus meiner kurzen Darlegung entnommen haben, daß verschiedene hygienische und technische Aufgaben noch der Klarstellung und Lösung bedürfen. Ebenso wie Präsident Prof. Dr. Pfeiffer die Notwendigkeit von Untersuchungen betont hat, muß ich hervorheben, daß nur durch umgehende, den praktischen Bedingungen entsprechende Versuche und Forschungen die erwähnten Aufgaben zu lösen sind. Hierzu aber ist Zeit und Geld erforderlich. Es müssen immerhin erhebliche Mittel aufgewendet werden, deren Beschaffung man nicht der Industrie zumuten kann. Ich möchte meinen, daß das Reichsarbeitsministerium helfen sollte. Es kann ein Zusammenarbeiten von Hygienikern und Ingenieuren herbeiführen, und so halte ich es für zweckmäßig, wenn sich unser Lüftungsausschuß mit dem Reichsarbeitsministerium in Verbindung setzt und es veranlaßt, sich der Angelegenheit kräftig anzunehmen. Die Industrie ist durchaus fähig, die ihr gestellten und noch zu stellenden Aufgaben zu technischem und wirtschaftlichem Erfolge zu führen, sie muß aber die wissenschaftlichen Grundlagen kennen, von denen sie ausgehen muß. Es handelt sich um das Wohl von Millionen von Arbeitern, da darf es an den erforderlichen Mitteln zur Durchführung der notwendigen Versuche und Forschungen nicht fehlen.[1] (Lebhafter Beifall.)

Ministerialrat Dr. Dr. Schindowski: Ich sage Herrn Präsidenten Hartmann unseren herzlichen Dank, daß er es verstanden hat, uns in das Gebiet der Lüftung von gewerblichen Räumen einzuführen. In umfangreichen Bildern und Darlegungen hat er uns gezeigt, was auf diesem Gebiete bereits geschehen ist. Aber zum Schlusse sind wir zu demselben Ergebnis gekommen, wir müssen in der Praxis weiterarbeiten, auch die Anregungen von Herrn Präsidenten Hartmann aufnehmen. Der Ständige Ausschuß muß in Verbindung mit dem Lüftungsausschuß sehen, wo wir das Geld hernehmen; wir werden uns zunächst an das Reichsarbeitsministerium wenden.

---

[1] Berichtigung: Die in Abb. 30, I. Teil, S. 25, veranschaulichte „Absaugungs-anlage für Flachskarden" ist von der Maschinenfabrik Augsburg-Nürnberg in Nürnberg ausgeführt. Die in Abb. 31, I. Teil, S. 26, dargestellte Absaugung von Schleifmaschinen von Alfred Wasmuth & Co., G. m. b. H.

Geheimrat Prof. Dr. Spitta (Reichsgesundheitsamt): Meine sehr verehrten Herren! Ich glaube, ich bin heute außer dem Herrn Präsidenten Prof. Dr. Pfeiffer der einzige Hygieniker auf dem 12. dieser Kongresse, die m. E. leider von Medizinalbeamten viel zu wenig besucht zu werden pflegen. Ich habe nun heute aus den Ausführungen der Herren Pfeiffer und Hartmann, denen ich an und für sich im großen und ganzen zustimme, den Eindruck gewonnen, daß man uns Hygienikern gewissermaßen einen Vorwurf daraus macht, daß wir die wissenschaftlichen und praktischen Grundlagen für eine rationelle Belüftung noch nicht geschaffen haben. Das ist aber doch nur bis zu einem gewissen Grade richtig. Wenn trotzdem neue praktische Versuche gemeinsam von Lüftungstechnikern und Hygienikern in dieser Richtung ausgeführt werden sollen, so wird das Reichsgesundheitsamt das sehr begrüßen, denn an der Lösung dieser Fragen ist ja nicht nur das Reichsarbeitsministerium, das der Herr Vorredner genannt hat, interessiert, sondern auch das dem Reichsministerium des Innern angegliederte Reichsgesundheitsamt. Ich möchte aber — auch zur Erklärung dafür, daß wir auf unserem Wege noch nicht weitergekommen sind — hinsichtlich der Versuche, die angestellt werden sollen und von deren Wichtigkeit ich überzeugt bin, doch nicht unterlassen, auf die Schwierigkeiten solcher Feststellungen hinzuweisen, die darin bestehen, daß die individuelle Empfänglichkeit gegenüber klimatischen Faktoren (Temperatur, Luftbewegung, Feuchtigkeit) bei den einzelnen Menschen wechselt, und daß wir streng genommen keinen objektiven Maßstab für die Güte einer Lüftung haben. Die Versuche, die man neuerdings, z. B. im Bergbau, mittels des Katathermometers angestellt hat, um zu einem objektiven Maßstabe zu gelangen, sind zwar bis zu einem gewissen Grade nicht ohne Erfolg gewesen, befriedigen aber doch auch nicht völlig. Wenn daher, wie Herr Präsident Pfeiffer ausgeführt hat, die amerikanische Kommission zehn Jahre gebraucht hat für ihren Ventilationsbericht, trotz der ihr zur Verfügung stehenden großen Mittel, ohne dabei zu endgültigen Schlüssen in jeder Beziehung zu kommen, so wird es, glaube ich, auch bei uns lange Zeit dauern, bis wir auf diesem Gebiete zu Normen gelangen, die wir allgemein anwenden können und die bisher von den Lüftungstechnikern noch vermißt werden. Aber dieser Umstand, glaube ich, darf uns nicht abhalten, auf dem heute von verschiedenen Seiten vorgeschlagenen Wege weiterzugehen, und ich darf wiederholen, daß ich annehme, daß auch das Reichsgesundheitsamt diese Anregungen zu gemeinsamem Vorgehen lebhaft begrüßen und daß es seine Mitarbeit, sofern das gewünscht wird, gern zur Verfügung stellen wird. (Beifall.)

Oberingenieur Arthur Schulze - Düsseldorf berichtet allgemein zu der Frage der Lüftung in Krankenhäusern und verweist auf das von ihm bearbeitete Ergebnis der vom Gutachterausschuß für das öffentliche Krankenhauswesen veranstalteten großen Rundfrage, die in über 800 Fragebogen an deutsche Krankenanstalten ergangen war.

Der Niederschlag dieser Rundfrage erschien in einem Werk bei Jul. Springer: »Das deutsche Krankenhaus«.

Nur 36% der Anstalten, das sind 187, haben künstliche Lüftung, von diesen wiederum nur 66 Luftbewegung durch Ventilatoren, Aspirationen u. dgl., 455 = 85% der Krankenhäuser geben an, daß nur Fensterlüftung durch Glasjalousien, Kippflügel, Oberlichtöffner vorhanden ist.

Das Ergebnis war bezüglich der künstlichen Lüftung vollständig negativ, und die Lüftungstechnik wird in den Antworten wohl manche Enttäuschung auf ihre langjährigen Bemühungen finden. Bei der Wichtigkeit wurden die zahlreichen Werturteile wörtlich angeführt.

Es besteht gar kein Zweifel und spricht deutlich aus den Antworten, daß viele künstliche Lüftungsanlagen nicht befriedigen, sie sind zu kompliziert, in der Bedienung viel zu umständlich, teuer und allen möglichen Störungen ausgesetzt. Wenn sich aber die Ärzte und Hygieniker auf diesen Standpunkt stellen, müssen sie unangenehme Erfahrungen dazu geführt haben, und die Lüftungstechnik wird kaum in der Lage sein, hiergegen aufzukommen.

Zu diesen ungünstigen Urteilen mögen aber sehr viele schlechte Lüftungsanlagen, die nicht mit der nötigen Sachkenntnis und Erfahrung ausgeführt waren, geführt haben. Die gewöhnlich unfreundliche Einstellung der Architekten zu den baulichen Vorkehrungen, welche die Lüftungsanlage erfordert, hat zu diesen schlechten Ergebnissen sicher viel beigetragen.

Original-Werturteile z. B.:

Die Lüftungsschächte sind eng und wenig wirksam.

Wegen Zugerscheinung und dauernder Verschmutzung der Kanäle ausgebaut.

Fensterlüftung überall bewährt.

Die künstlichen Lüftungsanlagen sind schon seit Jahren aus hygienischen und wirtschaftlichen Gründen außer Betrieb.

Die beste Lüftung geschieht durch Fenster, die künstlichen Ventilationen werden stets unvollkommen bleiben.

Anlage für künstliche Lüftung ist vorhanden, wird aber nicht benutzt, Fensterlüftung wird vorgezogen.

Künstliche Lüftung nicht bewährt.

Abluftkanäle schlecht, staubsammelnd und geräuschübertragend.

Vorhandene künstliche Lüftung hat sich nicht bewährt, sie ist beseitigt worden.

Künstliche Lüftungsanlagen sind entfernt worden.

Luftkanäle unter Fluren nicht bewährt.

Den in der Zeitschrift für Krankenanstalten mehrfach abgegebenen Urteilen über die Entbehrlichkeit der künstlichen Lüftungen, nicht nur aus Ersparnisgründen, wird zugestimmt.

Es ist erwiesen, daß Zuluft der Krankenanstalten zwecklos ist.

Außer Betrieb wegen hoher Betriebskosten und Schwierigkeiten in der Bedienung.

Nein, Fensterlüftung ist die beste.

Lüftungsanlage beseitigt.

Künstliche Lüftung vorhanden, aber nicht benutzt.

usw. usw.

Nur in sehr wenigen Urteilen wird die künstliche Lüftung noch empfohlen oder gelobt. Allgemein wird die Fensterlüftung gelobt, sie hat sich bewährt und als genügend herausgestellt.

Er fragt zum Schlusse: Was sagt die Lüftungstechnik zu diesen Urteilen? Hat es noch überhaupt Zweck, eine künstliche Lüftung im Krankenhaus vorzusehen, wenn diese von den Krankenhausleitern so abgelehnt wird?

Ministerialrat Dr. Dr. S c h i n d o w s k i : Wünscht noch jemand das Wort? Das ist nicht der Fall. Meine Herren! Der Frage, die wegen der Krankenhäuser angeschnitten ist, wollen wir nachgehen. Wir wollen ins Gebäude hinein, an den Menschen heran. Wir wollen zusammenarbeiten als Techniker und Hygieniker. Wir sind Herrn Geheimrat Spitta sehr dankbar, daß er uns zugesagt hat, mitzuwirken. Ich darf die heutige Vormittagssitzung schließen mit dem nochmaligen Dank an die Herren Präsident Hartmann und Geheimrat Pfeiffer, die uns in dieses Gebiet so eingehend eingeführt haben.

Aussprache zu dem Vortrage:

Beziehung zwischen Architekt und Heizungsfachmann.
Von Herrn Professor der Technischen Hochschule München
Richard Schachner.

Ministerialrat Dr. Dr. Schiedowski: Ich sage Herrn Prof. Schachner für seine
interessanten Ausführungen unseren herzlichsten Dank. Ich glaube, wir werden seinem
Wunsche entsprechen und in die sachliche Diskussion eintreten.

Direktor Dieterich: Meine Herren! Der bisherige Verlauf unserer Tagung hat
gezeigt und bestätigt, daß wir uns in der ganzen Zentralheizungsindustrie in dem
Stadium einer wirtschaftlichen und technischen Umwälzung befinden, die es verlangt,
daß wir jetzt etwas anders denken als bisher. Mit ein Zeichen dieses organischen Um-
baues, dem wir entgegengehen, ist das jetzt veränderte Verhältnis zwischen Architekt
und Heizungsfachmann. Herr Prof. Schachner hat besonders hingewiesen auf das
organische Zusammenarbeiten von Architekt und Heizungsfachmann, und das ist
richtig, denn wenn wir das nicht tun, dann entstehen keine harmonisch aufgebauten
Gebäude, sondern mißgestaltete Doppelgewächse, wie wir sie schon vielfach haben.
Und wir müssen Herrn Prof. Schachner außerordentlich dankbar sein, daß er in über-
zeugender und klarer Weise auf viele tiefer liegende Mängel hingewiesen hat, die wir
uns oft selbst noch nicht vorgestellt haben und über die wir uns selbst häufig noch
nicht klar geworden sind. Ich wiederhole deshalb von seiten der Zentralheizungsindustrie meinen Dank an Herrn Prof. Schachner, daß er uns Gelegenheit gegeben hat,
dieses Thema in weiterem Umfang zu erörtern.
Ich möchte mich aber nicht mit dem technischen Teil seines Vortrages befassen,
sondern mit dem wirtschaftlichen, da mir dieses Gebiet naheliegt. Ich möchte nicht
auf Einzelheiten eingehen, sondern nur ganz allgemein einige Punkte herausgreifen.
Wir sind überzeugt, daß es keine Gemeinschaftsarbeit ohne innere Reibung gibt, und
wenn wir auf eine solche zukommen, müssen wir uns darauf gefaßt machen, daß gewisse
Reibungen sachlicher Art entstehen, die überwunden werden müssen. In der Beratung
der Architekten durch die Fachfirmen haben sich hier und da Mängel ergeben, das
muß zugegeben werden. Wir müssen aber den Gründen nachgehen, aus denen das
harmonische Vertrauensverhältnis, das zwischen Architekt, Bauherrn und Heizungsfirma früher bestand, sich in den letzten Jahren etwas gelockert hat. Früher gab es
eine nur bescheidene Zahl Fachfirmen, die sich aus dem Maschinenbau herausentwickelt
hatten und die an ingenieurmäßiges Denken und ingenieurmäßiges Arbeiten gewöhnt
waren und dem Architekten als Akademiker in ihrer technischen und wirtschaftlichen
Grundeinstellung nahe standen. Heute haben wir eine Unzahl von Firmen, die nicht
aus technischer und nicht aus ingenieurmäßiger Einstellung, sondern aus nur wirtschaftlicher Einstellung entstanden sind. Wir haben heute eine Inflation von Firmen,
die ohne ausreichendes Verständnis für die wirtschaftlichen Möglichkeiten und für die
technisch-wissenschaftlichen Notwendigkeiten ohne genügende Erfahrung den Bau
von Heizungsanlagen aufgenommen haben, nur um Heizungen zu verkaufen, wie man

etwa irgendeine Handelsware verkauft. Dadurch ist ein gewisses Absinken des ganzen Faches nach außen hin eingetreten. Die wertvollen, aus früheren Zeiten bestehenden Firmen, die nicht nur auf dem kaufmännischen Standpunkt stehen, mußten durch diese Konkurrenz ihre technischen Leistungen zugunsten der Preisstellung heruntersetzen, da sie sonst nicht mehr konkurrenzfähig waren gegenüber den Firmen, die der Bedarfsdeckung gegenüber rein merkantil eingestellt sind. Prof. Schachner empfiehlt demgegenüber die Heranziehung von Zivilingenieuren als Sachverständige. Da muß man sich fragen: »Ist die Einführung dieses neuen Faktors in den Verkehr zwischen Heizungsfirma, Architekt und Bauherrn richtig?« Ich möchte ausdrücklich feststellen, daß ich hier nicht gegen die Zivilingenieure sprechen will. Sie sind nötig, auch unter deutschen Verhältnissen nötig, wenn auch nicht in dem Maße wie in England und Amerika. Sie können in besonderen Fällen auch so herangezogen werden, wie Prof. Schachner es vorschlägt. Herr Ministerialrat Huber sagt, daß sie dann aber auch »Autoritäten« sein müßten. Wenn sie alle Zivilingenieur-»Autoritäten« wären, dann könnte man sich mit der Sache schon eher befreunden. Aber dann darf die Hereinziehung eines neuen Elementes in den geschäftlichen und beruflichen Verkehr zwischen Hersteller und Verbraucher nicht verallgemeinert werden und ich glaube, daß auch Herr Prof. Schachner vielleicht das gar nicht will.

Bei der Entstehung unserer Zentralheizung vor etwa 50 bis 60 Jahren hat gerade das Fehlen des Zivilingenieurs als Zwischenglied zwischen Hersteller und Abnehmer die deutsche Heizungsindustrie als Fachindustrie groß gemacht. Aber die Firmeninflation und das Sinken der Leistungen zwangen uns, auch die Einflüsse der Lieferwerke nicht ganz außer acht zu lassen, die ebenfalls den berechtigten Forderungen der verarbeitenden und installierenden Zentralheizungsindustrie nicht genügend Rechnung getragen haben — aus merkantilen Gründen. Herr Dr. Schiele hat in den einleitenden Worten auf die Gefahr hingewiesen, daß man die Ingenieurleistungen der Zentralheizungs-Industrie oftmals verwechselt mit Markenartikeln, und auf diese Gefahr müssen wir besonders achten!

Noch eine weitere Frage möchte ich hierzu stellen: Hat nicht die wirtschaftliche und technische Höhe des Architektenstandes auch vielleicht eine Änderung erfahren, die auf das Verhältnis von Architekt und Industriellen von Einfluß ist? — Es läßt sich doch nicht verkennen, daß das Fach des Architekten heute mehr Brot- und Berufsstudium geworden ist, als es das früher war. Wir haben auch ein Absinken des Architektenstandes — früher war die Konkurrenz nicht so groß wie heute —, heute befindet sich auch unter den Architekten manche Persönlichkeit ohne genügendes Fachstudium und ohne genügendes wirtschaftliches und technisches Urteil. Würde der Vorschlag von Prof. Schachner verallgemeinert, so wäre zu befürchten, daß das Verantwortungsgefühl bei Architekten und Heizungsfirmen immer noch weiter sinken würde. Wir müssen aber darauf sehen, daß jeder eine so hohe Verantwortung aufgebürdet bekommt als möglich, da nur dadurch wieder höhere technische Leistungen erzielt werden. Mit dem Mittelsmann, den Sie dazwischen schieben wollen, führen Sie nur ein neues Glied ein, das nur scheinbar einen Teil der Verantwortung auf sich nimmt, aber gleichzeitig vermindern Sie die Verantwortung der anderen Faktoren um so mehr.

Dann sagt Prof. Schachner in seinem Vortrag, daß man das viel angefeindete Blankettverfahren nicht mit Unrecht an Stelle der kaufmännisch-technischen Leistung der Firmen setzt. — Glauben Sie wirklich, daß durch Einschieben eines Mittelsmannes zwischen Architekt und Heizungsfirmen das Blankettverfahren vermindert würde oder von seiner Bedenklichkeit verlieren oder geringer werden würde? Ich glaube das nicht. — Auch der höchststehende Zivilingenieur ist nur ein Mensch. Wenn wir sagen, er sei nicht geschäftlich interessiert, so ist er nur unparteiisch im menschlichen Sinn. Aber jeder Mensch ist der Sklave seiner Gedanken und Empfindungen und auch der höchststehende Zivilingenieur wird immer die Partei seiner eigenen technischen, wissenschaftlichen oder wirtschaftlichen Einstellung ergreifen, und die absolute Unparteilichkeit hört dann auf. Von jedem Zivilingenieur aus wird sich dann eine bestimmte

Richtung technischer Anschauung ergeben, der sich die Architekten dann mangels eigenen Urteils anpassen müssen. Die Folge davon wäre aber nicht eine Hebung der technischen Leistungen, sondern eine weitere Schematisierung und Verflachung. Die Heizungsfirmen würden mehr und mehr von selbständigen neuen technischen Leistungen ihrer schaffenden Ingenieure abkommen, sie würden Materialhändler und Leihbüros für Monteure und mehr und mehr Handwerker werden.

Und dann glauben Sie, daß die Einführung eines derartigen Vermittlers die Anlagen etwa verbilligt? — Der Zivilingenieur will bezahlt werden, wer soll ihn bezahlen? Der Architekt kann nicht, letzten Endes zahlt der Bauherr oder die Heizungsfirma, die es dem Bauherrn wieder abnehmen muß, denn irgendwie müssen die Kosten aufgebracht werden. Und wenn die Arbeit des Zivilingenieurs sehr wertvoll ist, ist sie auch entsprechend teuer. Ziehen Sie die Schlußfolge selbst. —

Eine weitere Frage: »Wer übernimmt die Garantie für derartig zustandegekommene Heizungen?« — Es wird nicht immer dabei bleiben, daß der Zivilingenieur nur die Offerten prüft, er wird seine eigenen technischen Ideen in die Sache hineinbringen wollen, und es wird leicht dazu kommen, daß den Heizungsfirmen gesagt wird: »Du bekommst den Auftrag, aber der Zivilingenieur will die Anlage nach seinen Ideen geändert haben.« Soll er dann selbst die Garantie übernehmen? Und dann: »Leistet sich der Architekt selbst einen Dienst damit?« Ohne den zwangsweise eingeschobenen Zivilingenieur hat der Architekt die souveräne Entscheidung über die ihm vorgelegten Projekte, mit ihm tritt er in Abhängigkeit von seinem Berater.

Fassen wir alles zusammen, so kommt zunächst die Verminderung des Verantwortungsgefühls für Architekt und Heizungsfirma, dann die weitere Verflachung und Schematisierung der Ingenieurleistung und schließlich der Absturz des jetzt schöpferisch tätigen Industriellen zum nur merkantil eingestellten Metallieferanten, das Blankettverfahren wird zu einer noch größeren Gefahr wie jetzt schon und schließlich wird eine Verteuerung der Anlage wegen der Ansprüche der Mittelsperson eintreten ohne Verbesserung der Garantieleistung. Das sind einige Punkte, die ich herausgreifen möchte und zu denen Sie selbst Stellung nehmen müssen.

Welches ist der richtige Weg zur Abhilfe? Herr Ministerialrat Huber hat schon einige Winke hierfür gegeben. Zunächst muß ebenso wie von jedem anderen Berufsstand auch vom Architekten verlangt werden, daß, wenn er seinen Beruf darin sieht, die Errichtung von Gebäuden mit Zentralheizung zu betreiben, er sein Studium so einrichten und ergänzen sollte, daß er hierzu auch fachwissenschaftlich in der Lage ist. Sehen Sie die anderen Berufe an: Ein Jurist, der in der Industrie arbeiten will, geht zunächst einige Zeit auf die Technische Hochschule oder in eine Handelsschule, damit er bis zu einem gewissen Grade auf dem industriellen Gebiete selbst urteilsfähig wird. Dieser Jurist in einer Maschinenfabrik will nicht etwa Maschineningenieur werden, aber sich mit grundlegenden Kenntnissen so schulen, daß sein Urteil Wert hat. Aus diesem Grunde kann man sich wohl denken, daß vielleicht auch der Studiengang der Architekten einer Revision unterzogen würde. Man soll den Architekten nicht zum Heizungsfachingenieur machen, aber sein Fachverständnis durch Ergänzung seiner Ausbildung weiter ausbilden, als es jetzt der Fall ist. Die Heizungsfirmen, als in der sich lebendig weiterbildenden Industrie stehende Organe, dürfen doch nicht nur dazu da sein, auf Grund verschiedener Kostenanschläge bewertet und geschätzt zu werden und nur auf Grund der Preise, die sie abgeben. Es muß, soweit notwendig, aber auch von diesen Firmen eine noch höhere Ausbildung ihrer technisch und wissenschaftlich schaffenden Angehörigen gefordert werden, und auch sie sollen den Architekten verständnisvoll entgegenkommen.

Noch eine andere Möglichkeit möchte ich hier andeuten. Es ist die, die von den Herren Ministerialrat Huber und Prof. Schachner von verschiedenen Gesichtspunkten aus schon berührt worden ist, die Möglichkeit, durch Bildung von Arbeitsgemeinschaften, durch gemeinsame Arbeiten von Bauherren, Architekten, Heizungsindustrie, Hochschulen und freien Ingenieuren neue Organisationen zu schaffen, von denen eine wirklich unparteiische und wissenschaftlich hochstehende Fachentwicklung erwartet werden kann.—

Ich möchte schließen mit dem nochmaligen Hinweis darauf, daß Heizungsanlagen kein Handelsobjekt und keine Markenartikel sind, sondern eine gerade so geistige Ingenieurarbeit darstellen, wie es die schöpferischen Werke der Architekten auch sind.

Dipl.-Ing. Ginsberg: Meine Herren! Wir sind ja wohl alle der Ansicht, daß der Architekt zur zweckentsprechenden Bearbeitung von wärmetechnischen Fragen der Beratung bedarf. Wenn ein Architekt wie es in Hannover vorgekommen ist, in einer langen Veröffentlichung mitteilt, daß zur Unterbringung der unsichtbaren Teile der Anlage sehr viel Stemmarbeiten erforderlich waren, so beweist das, daß er von der Sache nichts verstanden hat, daß er auch nicht gut beraten war. Und wenn mir gegenüber ein Architekt geäußert hat: ich entwerfe meine Heizungsanlagen selbst und lasse sie von der Heizungsfirma nur ausführen, so können wir mit einem Lächeln darüber hinweggehen. Eine Beratung durch Sachverständige ist nötig, aber die Frage ist: Wer ist der berufene Berater? Daß sich mein Herr Vorredner auf den Standpunkt stellt, die Heizungsfirma selbst, ist klar. Ich hätte mich gewundert, wenn er zu einem anderen Schlusse gekommen wäre.

Ich möchte ausdrücklich hervorheben, daß ich eine Reihe von Firmen kennen gelernt habe, die ihre Bauherren in allerbester Weise beraten haben, selbst auf die Gefahr hin, sich den Auftrag entgehen zu lassen. Daß aber auch, um einen Ausdruck meines Herrn Vorredners zu gebrauchen, wertvolle Firmen im Interesse des Konkurrenzkampfes ihre eigenen Leistungen verringert haben, gewiß nicht zum Nutzen der Anlage und des Faches, hat Ihnen gerade Herr Direktor Dieterich gesagt. Ich könnte diese Feststellung durch eine ganze Reihe von Beispielen ergänzen. Das würde aber zu weit führen, und über die Grenzen der Aussprache gehen.

Wir müssen natürlich einen Unterschied machen zwischen den verschiedenen Anlagen. Es gibt große, mittlere und kleine Anlagen. Bei den kleinen Anlagen wird der Architekt im allgemeinen Vorschriften machen können, nach denen jeder nur halbwegs geschulte Fachmann ein Angebot ausarbeiten kann, er braucht nur Erfahrung zu haben. Anders aber ist es bei den ganz großen Anlagen, beispielsweise bei den Fernheizwerken, Städteheizungen usw. Da ist es vollständig ausgeschlossen, daß der Architekt auch nur annähernd die erforderlichen Kenntnisse selbst für die Vorarbeiten haben kann. Dazwischen gibt es viele Anlagen, bei denen man im Zweifel sein kann, ob eine Beratung von Vorteil ist, und wenn Sie dann an eine sonst wertvolle Firma geraten, die ihre technischen Leistungen zugunsten der Preisstellung heruntersetzt, so kann dadurch die ganze Anlage, das ganze Werk gefährdet werden, und damit schadet man nicht nur dem Werk selbst, sondern dem ganzen Fach. Das Fach leidet unter jeder minderwertigen Anlage.

Ich habe öfters gehört, daß der Architekt eine Firma zu Rate zieht, zu der er Vertrauen hat, und sich von dieser ein Blankett ausarbeiten läßt, das er den anderen Konkurrenzfirmen vorlegt. Ich habe immer gesehen, daß solche Firmen, die Blankette ausgearbeitet haben, den Vorrang mißbraucht haben nicht allein durch Einsetzen geschützter Apparate und Vorrichtungen, sondern auch dadurch, daß sie den Anschlag zweideutig aufstellten, um die Konkurrenten irre zu führen und sie zu veranlassen, höhere Preise einzusetzen. Durch diese Beispiele habe ich Ihnen wohl zur Genüge gezeigt, daß das Verantwortungsgefühl der Heizungsfirmen nicht immer ausreicht, um ein gutes Werk zu gewährleisten. Ich kenne Firmen, die durchaus das Beste machen, aber auch solche, die das nicht tun.

Die Frage ist aufgeworfen: Wer bezahlt den neuen Zwischenmann? Auf den ersten Blick scheint diese Frage gerechtfertigt, sie ist aber durch die andere Frage beantwortet: Wie steht es denn, wenn die Firmen in Konkurrenz ihre Entwürfe ausarbeiten? Sie wissen, daß kein Auftrag vergeben wird, ohne daß mindestens drei Firmen aufgefordert sind, zwei Firmen machen die ganze Arbeit bestimmt vergeblich, und auf die Dauer kann keine Firma ihre Arbeit verschenken, und wenn verschiedene Entwürfe vergeblich gemacht sind, so muß der Preis hierfür in die Generalunkosten eingerechnet werden. Diese Generalunkosten fallen geringer aus, wenn die Belastung nicht so oft erfolgt, und darin liegt die Beantwortung: Wer bezahlt die Sache?

Selbstverständlich kann eine Firma nur dann einen hochwertigen Vorschlag machen, wenn hochwertige Kräfte daran arbeiten. Es gibt eine Reihe von Firmen, die hochwertige Kräfte zur Verfügung halten, aber andere sind der Ansicht, mit sogenannten billigen Kräften arbeiten zu können, die die Gehälter drücken, und dann kommen stets Schundprojekte heraus. Nur durch gute Bezahlung läßt sich hochwertige Arbeit erzielen.

Unter den Beratern gibt es selbstverständlich eine ganze Reihe verschiedenwertiger. Es ist gesagt worden, der Berater müsse eine Autorität sein. Früher hatten wir als überragende Autorität Geheimrat Rietschel. Heute gibt es wohl keinen einzigen, der diese überragende Stellung hat. Aber zwischen Rietschel und dem abgebauten Techniker, der sich aus Not als beratender Ingenieur anbietet, gibt es noch eine ganze Reihe von Zwischenstufen, eine ganze Reihe von Herren, die sachgemäß beraten und wohl den Anspruch erheben können, daß sie genügende Autorität besitzen, um auch bei wertvollen Firmen etwas verbessern zu können. -

Es ist weiter zugegeben, daß die Entscheidung über Wettbewerbsentwürfe häufig zweckmäßig in Händen eines unabhängigen Beraters liegen soll. Wer ist der richtige Berater? Soll es der Architekt oder ein hochwertiger Zivilingenieur sein? Diese Frage stellen heißt eigentlich auch sie beantworten. Voraussetzung ist selbstverständlich volle Unabhängigkeit jeder Art von den Firmen. Wenn Sie dafür sorgen, daß hochwertige beratende Ingenieure über die Vergebung der Anlagen entscheiden, werden Sie am besten gegen das Pfuschertum arbeiten. Mir ist es oft genug in meiner Eigenschaft als Berater vorgekommen, daß mir Entwürfe vorgelegt wurden, und daß ich dem Architekt sofort sagen mußte: Diese Anlagen können nicht ausreichen, an der und der Stelle ist mehr zu nehmen, dann kommt eine anständige Anlage heraus. Wenn jeder Berater sich dieser Pflicht bewußt ist, so wird das Pfuschertum besser bekämpft als durch Konzessionierung.

Zum Schlusse möchte ich noch auf eins hinweisen. Bei den Beratungen und Entscheidungen über die Vergebung von Anlagen, die ich in Händen hatte, hat sich bis jetzt fast immer durch mein Eingreifen der Auftrag vergrößert, und die Erfüllung der Gewähr ist der ausführenden Firma wesentlich erleichtert worden. Ich glaube, daß die Firmen, die mit mir zu tun hatten, deshalb mit meinem Eingreifen immer zufrieden gewesen sind und dem Besteller bessere Anlagen liefern konnten, als sie es unter dem Druck der minder wertvollen Konkurrenz getan hätten.

Oberingenieur Simonsen, Vejle (Dänemark): Meine Herren! Ich wende mich zu dem ersten Teil des Vortrages von Herrn Professor Schachner und möchte die dort besprochenen Probleme gern von einem etwas anderen Gesichtspunkte prüfen.

Während das Zentralheizungsfach in seiner Kindheit sich am meisten mit mittelgroßen Anlagen beschäftigte, so sind in unserer Zeit verschiedene Anzeichen dafür da, daß die Entwicklung — indem die Zentralheizung nach und nach allgemein angewendet wird — sich einerseits in die sehr großen Anlagen (Fernheizung und Stadtheizung), andererseits in die für den Kleinbürger bestimmten sehr kleinen Warmwasserheizungsanlagen mit nur wenigen Radiatoren teilt. Was nun mein Heimatland Dänemark anbelangt, wo die Zentralheizung auf dem Lande zu jedem kleinen Dorf vorgedrungen ist, habe ich 1925 eine orientierende Untersuchung über die Verteilung von Quadratmeter, Radiatoren auf Grundlage statistischen Materials vorgenommen und bin dabei zu dem Resultat gekommen, daß in größeren Gebäudekomplexen etwa 43% und in kleineren Gebäuden etwa 57% installiert werden. Die Zahlen, die natürlich mit allem Vorbehalt zu beurteilen sind, geben leider keine direkte Auskunft über die Ausbreitung der sehr kleinen Heizungsanlagen, doch zeugen sie von Erfolgen in der Gartenstadtbewegung; ich vermute, daß die Verhältnisse hier in Deutschland sowie auch in anderen Ländern dahin gehen, daß man mit der kleinen Heizungsanlage und ihrer wachsenden Ausbreitung als Tatsache rechnen muß.

Herr Professor Schachner hat in seinem Vortrag hervorgehoben, daß Architekt und Heizungsfachmann zusammenarbeiten müssen, um die im gegebenen Falle günstigste Lösung der Heizungsfrage zu erzielen; und er hat, teils in seinem vortrefflichen Handbuch »Gesundheitstechnik im Hausbau«, teils heute hier mit dem Kleinwohnungshaus gute allgemeine Anweisungen in dieser Richtung gegeben. Da die Zentralheizung in ihrem Leistungsvermögen nicht so elastisch ist wie Einzelofenheizung, die gegebenenfalls auf Kosten der Ökonomie forciert werden kann, so ist es bekanntlich bei der Zentralheizung notwendiger, daß die Berechnungsgrundlage so genau wie möglich ist. Bei den großen Heizungsanlagen läßt der Wärmeverbrauch sich im allgemeinen recht genau berechnen, weil die dabei in der Regel angewandten solideren Baumethoden teils durch zuverlässigere Zeichnungen besser vorbereitet sind, teils gewöhnlich unter sachgemäßer Kontrolle gut ausgeführt werden. Bei den kleinen Heizungsanlagen, die oft in kleineren Villen, Höfen auf dem Lande u. dgl. installiert werden, ist es dagegen trotz ihrer Einfachheit schwieriger, den Wärmeverlust ordentlich zu berechnen; die Gebäudezeichnungen können unvollständig oder unzuverlässig sein, die Bauart schwach und die Ausführung der Mauern u. dgl. zufällig oder gar schlecht. Diese kleinen Heizungsanlagen in den kleinen Häusern führen faktisch zurzeit ein etwas bewegtes Dasein, indem ein Ingenieur, der sich seiner Verantwortung bewußt ist, oft nicht weiß, wie er seine Berechnungsgrundlage anlegen soll, ohne daß er mit zu großer Sicherheit rechnen muß; diese Anlagen fallen daher unkundigen oder weniger gewissenhaften Installateuren in die Hände. Diese nehmen die Sache nicht so ernst und können folglich eine sog. »billige« Anlage liefern. Heizungstechniker können deshalb nur damit einverstanden sein, daß Herr Professor Schachner zu gutem Zusammenarbeiten mahnt. Denn nur dadurch kann die kleine Heizungsanlage — die ebenso wie die Fernheizung allmählich ein immer größerer Faktor innerhalb des Heizungsfaches wird — eine Ausführung als feuerökonomische Qualitätsanlage erwarten auf Basis einer zuverlässigen Berechnungsgrundlage.

In dieser Verbindung gestatte ich mir, einige Betrachtungen darzulegen, die wohl meinen hochgeehrten Herren Kollegen bekannt sind, die aber doch vielleicht bedeutungsvoll und hervorzuheben sind, besonders hinsichtlich der Zusammenarbeit zwischen Architekt und Heizungsfachmann, wenn von der kleinen Wärmeanlage in dem kleinen Haus die Rede ist.

Als Ausgangspunkt für Wärmebedarfsberechnungen benutzen wir bekanntlich z. B. die von dem Verband der Zentralheizungsindustrie festgesetzten Werte für die Innentemperatur der Räume:

$$\text{Wohnzimmer u. dgl.} \ldots \ldots \ldots \ldots 20^0 \text{ C,}$$
$$\text{Badezimmer} \ldots \ldots \ldots \ldots \ldots 22^0 \text{ C,}$$
$$\text{Treppenhaus} \ldots \ldots \ldots \ldots \ldots 10^0 \text{ C}$$

usw. — alles bei $\div 20^0$ C.

Diese Grundlage ist bis jetzt hinreichend gewesen und hat keine Schwierigkeiten ergeben, indem die Zentralheizung früher fast eine Art Luxus war und deshalb nur in den besseren Häusern von schwererer Bauart installiert wurde, wo verhältnismäßig niedrige Transmissionskoeffizienten waren. Es ist inzwischen meiner Meinung nach bei den vorher erwähnten kleinen Heizungsanlagen in Häusern von leichter Bauart nicht genügend, z. B. 20^0 C für ein Wohnzimmer festzusetzen.

Denken wir uns einige ganz gleiche Zimmer, aber von verschiedenartig isolierten Außenwänden umgeben, dann können wir ja unsere Heizungsanlagen so berechnen, daß in jedem Falle die verlangten 20^0 C da sind, aber wir befinden uns nicht gleich wohl in diesen Zimmern. Setzen wir die Wärmeabgabe eines normalen gesunden Menschen zu etwa 120 WE pro Stunde fest, so müssen hiernach, nach Rubner, cá. die 31% plus 44% = 75%, also ca. 90 WE durch Leitung und Strahlung abgegeben werden,

I *II* *III*

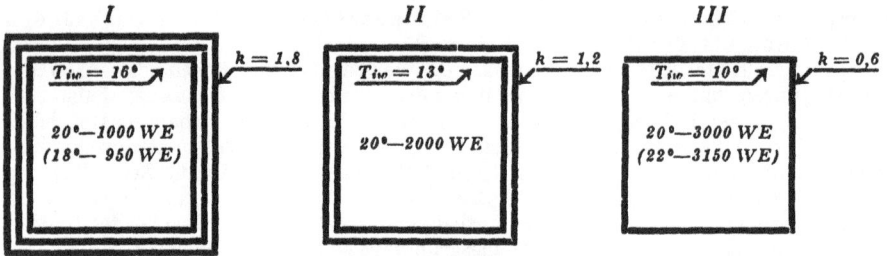

$T_{iw} = 16°$ $k = 1,8$ $T_{iw} = 13°$ $k = 1,2$ $T_{iw} = 10°$ $k = 0,6$

$20° - 1000\,WE$
$(18° - 950\,WE)$

$20° - 2000\,WE$

$20° - 3000\,WE$
$(22° - 3150\,WE)$

Abb. 1. Einfluß der Temperaturen der Zimmerluft und der Wände auf die Wärmeabgabe des menschlichen Körpers.

Schematische Darstellung desselben Raumes mit in 3 verschieden Weisen isolierten Wänden.

Voraussetzungen:

Äußere Temperatur . . . . $\div 20°\,C$,
Mitteltemperatur des menschlichen Körpers . . . . $+ 24°\,C$,
Oberfläche des menschlichen Körpers . . . . $1,8\,m^2$,
Wärmeübergangskoeffizient des Körpers an die Luft . . . . $\alpha = 4\,WE/h$
Ausstrahlungskoeffizient des Körpers nach Stefans Strahlungsformel $C = 3,2\,WE/h$.

und Abweichungen hiervon dürfen für längere Zeit nicht eintreten, wenn wir nicht dabei Unbehagen fühlen sollen. Auf Abb. 1, die wirkliche Verhältnisse nicht angibt, sondern nur zur näheren Erklärung dienen soll, sind schematisch 3 ganz gleiche Zimmer dargestellt, die von Wänden mit verschiedenen Transmissionskoeffizienten umgeben sind. Die entsprechenden Temperaturen der inneren Wandseite sind nicht berechnet, sondern den von den Schweden Kreuger und Erikson vor einigen Jahren gemachten praktischen Untersuchungen bei $\div 20°\,C$ entnommen. Dieselben Temperaturen können übrigens auch bei milderem Wetter vorkommen und sind abhängig von Wind und Feuchtigkeit. In den drei genannten Fällen ist selbstverständlich eine sehr verschiedene Wärmefläche erforderlich, aber trotzdem die geforderten 20° C zustande gekommen, so fühlen wir es zu warm im Falle I, während es uns zu kalt erscheint im Falle III. Berechnet man die Wärmeabgabe des menschlichen Körpers durch Leitung und Strahlung in obengenannten 3 Fällen, so bekommen wir, indem die Areal- und Mitteltemperatur der Oberfläche des Körpers zu bzw. 1,8 m² und 24° C gesetzt wird und man den Wärmeübergangskoeffizienten durch Leitung $\alpha = 4$ und den Strahlungskoeffizienten in Stefans Strahlungsformel $C = 3,2$ setzt, die in der Zahlentafel I aufgeführten Werte für

$$W_L + W_S.$$

Wir lesen hier direkt von den Zahlen ab, daß der größte Teil unserer Wärmeabgabe gewöhnlich durch Strahlung erfolgt, wofür wir bekanntlich auch sehr empfindlich sind in dieser Beziehung. Weiter bestätigen die Zahlen, daß die genannte Wärmeabgabe des Körpers für $L + S$ im Falle I zu gering und unzureichend ist: wir fühlen es als zu warm, während im Falle 3 umgekehrt unser Wärmeabgabe zu groß ist: wir frieren halb und halb. Sorgen wir nun dafür, in den gleichen Zimmern die Wandtemperaturen unverändert zu erhalten, dagegen aber die Lufttemperaturen so zu ändern, daß man im Falle I diese zu 18° C herabsetzt und im Falle III zu 22° C hebt, ergeben sich die in Zahlentafel II gezeigten Zahlen, welche angeben, daß die Wärmeabgabe des menschlichen Körpers jetzt fast die gleiche ist, und abgesehen von der verschiedenen Beschaffenheit, Bewegung und Erneuerung der Luft wird man sich daher gleich gut befinden in den 3 Fällen. Will man also das gleiche Wohlbehagen bei der Erwärmung fühlen — ich habe absichtlich wegen der Zeitersparnis die Ventilationsfrage nicht berührt — ist es nicht ausreichend, ohne Rücksicht auf die Bauweise, die Lufttemperatur nach den Normen anzusetzen. Die Lufttemperatur muß in gewissem umgekehrten Verhältnis zu der inwendigen Temperatur der vorliegenden Wand stehen, und hierfür mahnen wir zur Zusammenarbeit zwischen Architekt und Ingenieur schon bei dem ersten Entwurf des Gebäudes. Durch gute, wärmeisolierende Wände mit verhältnismäßig hoher inwendiger Wandtemperatur wird man dem Ideal milder Sommerwärme näherkommen können. Die Lufttemperatur in einem gewöhnlichen Wohnzimmer wird von 20° auf 17 bis 18° C herabgesetzt werden können, eine Temperatur, die ich letzten Sommer durch wiederholte Messungen an sonnenlosen Tagen mit Außentemperatur von 12 bis 14° C als die angenehmste Temperatur konstatiert habe. Ferner werden dadurch sowohl die Ausgaben für Anlage als Betrieb ermäßigt.

Zahlentafel I.

Die Wärmeabgabe des Körpers durch Leitung an die Luft und durch Strahlung an die Wände im Falle *I—III* bei einer konstanten Temperatur der Luft von 20°.

Fall	Temperatur		WE pro Stunde		
	Luft	Wand	Leitung	Strahlung	$W_L + W_S$
I	20°	16°	30	47	77
II	20°	13°	30	62	92
III	20°	10°	30	78	108

Zahlentafel II.

Die Wärmeabgabe des Körpers durch Leitung an die Luft und durch Strahlung an die Wände im Falle *I—III* bei geänderter Temperatur der Luft.

Fall	Temperatur		WE pro Stunde		
	Luft	Wand	Leitung	Strahlung	$W_L + W_S$
I	18°	16°	43	47	90
II	20°	13°	30	62	92
III	22°	10°	14	78	92

Auf welche Weise die kleinen Anlagen beheizt werden sollen, wird wohl eine andere Frage sein. Bekanntlich sind schon mehrere Lösungen vorhanden; sie können mit kleineren Zimmerkesseln oder Küchenheizungsherden beheizt werden, und zwar mit festem, flüssigem oder gasförmigem Brennstoff, oder man findet vielleicht Kombinationen mit der Fernheizung, wie es z. B. in Groningen (Holland) durch Patente Woudt mit Abzapfung von Druckwarmwasser schon seit ein paar Jahren ausgeführt ist. Die kleine Heizungsanlage bietet sonst keine großen technischen Aufgaben für den Heizungsingenieur, aber sie ist, wie schon früher erwähnt, sicher in stetig steigender Verbreitung. So muß die Heizung der zukünftigen Gartenstädte sicher durch solche kleinen Anlagen erfolgen. Es ist daher von großer, volkswirtschaftlicher Bedeutung, daß die Berechnungsgrundlage fest und gleichartig ist, und dies kann nur dadurch geschehen, daß man die jetzigen zufälligen und unzuverlässigen Wände durch wärmeisolierende und gut ausgeführte ersetzt. Dies läßt sich durch grundlegende und verständnisvolle Zusammenarbeit zwischen den interessierten Parteien erreichen, nicht nur Architekt und Heizungsfachmann, sondern auch Öffentlichkeit und Kreditinstitutionen.

Geheimrat Dr. Schleyer: Meine sehr verehrten Herren! Ich möchte nur ein paar Punkte herausgreifen aus den Fragen, die Herr Professor Schachner gestreift hat, ganz besonders aus dem Grunde, weil ich an der Technischen Hochschule in Hannover dieselbe Professur versehen habe wie er in München.

Herr Schachner sagt mit Recht, man solle wärmedicht bauen; das ist selbstverständlich und allgemein anerkannt. Ich stimme dem durchaus bei, daß für Deutschland in den allermeisten Fällen die Außenwandstärke von 1½ Stein ungenügend ist, und habe diesen Standpunkt immer sehr scharf vertreten. Jetzt sagt man: Wenn wir die Wand 2 Steine stark machen, so soll das zu teuer werden; das ist nicht der Fall. Ziegelsteine kosten wenig Geld, und die Fensterflächen fallen bei den Mehrkosten weg. Ich würde deshalb raten, in allen Fällen 2 Steine starke Außenwände zu nehmen. Die moderne Zeit will sich in anderer Weise helfen. Die Wände müssen zunächst so stark sein, daß sie stabil genug sind, und dazu genügt ein Stein; was der Wärmeschutz weiter verlangt, dichten wir durch Isolierung. Theoretisch scheint das richtig, aber praktisch! ? Ich habe vor zwei Jahren im Auftrag des Wohlfahrtsministeriums die Bauten der Nachkriegszeit in der Provinz Hannover untersucht und habe dabei Bauten gefunden, die in dieser Weise ausgeführt waren. Da zeigte sich, wo solche Bauten an großen Straßen stehen, die viel mit Lastautos befahren werden, daß die Isolierschichten bald losbröckeln und die Häuser nicht haltbar sind. Wir wollen abwarten, wie diese Gebäude nach ein paar Jahren aussehen! In derselben Ausführung werden Häuser abseits gebaut an Straßen ohne Befestigung und ohne großen Verkehr. Dort ist alles in schönster Ordnung; aber an der großen Verkehrsstraße habe ich Häuser gesehen, in denen die Isolierung ganzer Wände nur noch durch die Tapete zusammengehalten wurde. Die Bewohner klagten händeringend: »Was soll geschehen, wenn die Tapete nicht mehr hält? Wir kommen in das größte Unglück«. Ich möchte empfehlen, gerade darauf besonders bei der Ausführung zu achten. Das geht im wesentlichen den Architekten an.

Ferner wurde gesagt: Wir können ein flaches Dach wählen, das durch Isolierung einem steilen Dache gleichkommt. Das ist richtig, aber derartige Dächer kosten ein ganz erhebliches Geld, wenn man an Korkisolierung od. dgl. denkt. Steile Dächer bauen wir, weil wir den Dachraum ausnützen wollen und dadurch außerdem noch mehr Wärmeschutz bekommen. Wenn man zu flachen Dächern greift, muß man die Gebäude entsprechend höher machen, um gleich viel Nutzraum zu haben. Aus diesem Grunde wird man in Deutschland, und besonders in Norddeutschland, von den flachen Dächern bald wieder abkommen.

Es ist dann weiter betont worden das Einvernehmen zwischen Architekt und Heizungsingenieur. M. H.! Das Einvernehmen muß unter allen Umständen gewahrt sein. Wenn ich nicht mit jedem anderen Handwerkszweig in gutem Einvernehmen baue, wird auch nichts Gescheites daraus. Der Heizungsingenieur ist in mancher Richtung noch zu bevorzugen. Wir sollen in gutem Einvernehmen arbeiten. Was heißt das? Der Heizungsingenieur muß sich mit dem Architekten besprechen können, und da zeigt sich überall, daß sich über irgendeine Sache am besten sprechen läßt, wenn der andere recht viel davon weiß. Wenn er nichts versteht, hört die Verständigung auf, ich kann ihn höchstens überstimmen. Je besser der Architekt sein Fach versteht, desto besser wird der Heizungsingenieur mit ihm fertig werden. Vor kurzem habe ich dafür ein treffendes Beispiel gehört von einer großen Heizungsfirma bei einem Riesenbau Max Littmanns, dem kein Eingeweihter die größte Künstlerschaft des Architekten streitig machen wird. Der Heizungsingenieur erklärte: »In dieser schwierigen Bauaufgabe hat Littmann mit mir das Heizungs- und Lüftungsprojekt gemacht!« Haben wir einen wirklich guten Architekten, dann kann er sehr wohl und sehr energisch mit dem Heizungsingenieur zum Nutzen der Bauausführung reden. Herr Ginsberg faßt seine Betrachtung zusammen in dem Worte: »Der Architekt bedarf der Beratung.« Es fragt sich, was für ein Architekt das ist; der Berliner sagt: »Es gibt so'ne und so'ne.« Wenn wir über diese Frage sprechen, meinen wir den gebildeten Architekten. Indessen, es gibt unter den Architekten allerdings solche, die im Heizungsfache von Tuten und Blasen nichts wissen, wie es auch unter den Heizungsingenieuren solche gibt, die gestern noch Monteure waren. Diese Architekten fallen ganz und gar aus, denn mit ihnen wird der Heizungsingenieur nicht fertig werden und am besten sagen: »Du verstehst nichts davon, ich mache die Sache allein.« Jedenfalls bin ich der Meinung und habe als akademischer Lehrer den Standpunkt immer vertreten: Der Architekt muß so viel von dem Heizungsfach verstehen, daß er dem Heizungsingenieur zunächst keine Ungelegenheiten bereitet und ihn nicht baulich vor ein »fait accompli« stellt. Der akademisch gebildete

Architekt muß imstande sein, die Arbeit des Heizungsingenieurs im ganzen Umfange zu beurteilen.

Ferner wurde gesagt: Wir brauchen für den Bauherrn einen Berater im Heizungsfach. M. H.! Der Berater des Bauherrn ist der Architekt, und ich möchte den Architekten sehen, der neben sich noch andere Leute den Bauherrn beraten läßt! Der Architekt ist verantwortlich für alles, was an dem Bau geschieht, und kann rechtlich dafür haftbar gemacht werden. Er darf nicht sagen: »Vom Heizungsfach verstehe ich nichts, die Heizung schalte ich aus, ich lehne die Verantwortung dafür ab.« Dann könnte er auch sagen: »Die Dachrinne liegt mir nicht bequem, dafür will ich nicht verantwortlich sein.« Wohin sollte das führen?! Die ganze Sache bleibt in einer Hand, und der bauleitende Architekt hat in allen Dingen das letzte Wort. Der verständige Architekt wird vielleicht einmal sagen: »Hier ist meine Grenze, aber ich verstehe doch so viel, daß ich mit dem Heizungsingenieur verhandeln kann.« Jeder Architekt wird mir darin beistimmen. In der Stadtverwaltung würde man ihn schon lehren, die Verantwortung zu tragen, und der gebildete Architekt wird die Verantwortung sich überhaupt nicht nehmen lassen wollen.

Ein Wörtchen noch über das Pfuschertum. Ich fasse die Sache ganz anders auf als meine Vorredner, die sagen: »Wir wollen das Pfuschertum in dem Projekt bekämpfen.« Damit, glaube ich, kann man dem Pfuschertum nicht zu Leibe gehen. Man muß es in seinen verpfuschten Anlagen bekämpfen. Es muß heißen: »Hier habt ihr eine verpfuschte Arbeit geleistet, deshalb seid ihr unfähig«; und deshalb muß dem Pfuscher das Handwerk gelegt werden. Darauf kommt es in erster Linie an, und dazu haben wir eine gesetzliche Handhabe auf Grund des § 34 der Gewerbeordnung, wonach denjenigen Leuten das Handwerk zu legen ist, die sich ungeeignet und unfähig erweisen. In dem Hannoverschen Bezirksverein wurde darauf entgegnet: »Die Zentralheizungsindustrie ist kein Gewerbe. Wir sind Ingenieure und keine Handwerker.« M. H.! So ängstlich muß man nicht sein! Wenn die Ärzte sich gefallen lassen müssen, unter der Gewerbeordnung zu stehen, so kann sich der Heizungsingenieur dasselbe auch gefallen lassen. Als Sachverständiger bin ich ein paar Mal in Verwaltungsstreitverfahren tätig gewesen, in denen unfähigen Leuten die Ausübung ihres Handwerks tatsächlich untersagt worden ist. Ich kenne einen Fall, in dem eine heiztechnische Weltfirma, in einem Bankgebäude eine Niederdruckdampfheizung gebaut hat, deren Kessel jetzt abgängig sind. Da drängt sich ein Heizungsingenieur hinein und macht ohne weiteres aus der Niederdruckdampfheizung eine Warmwasserheizung. Wenn dieser Fall anhängig gemacht würde, müßte jeder Sachverständige das Urteil abgeben, daß dem »Ingenieur« wegen Unfähigkeit das Handwerk gelegt werden muß. Wenn man so erst ein paar Leute gefaßt hätte, die gesetzlich für unfähig erklärt würden, dann würde es einen heillosen Schrecken geben, und das Pfuschertum würde sich in acht nehmen. Das Pfuschertum muß von diesem Standpunkte aus bekämpft werden.

Dipl.-Ing. Bakowski: M. H. Die interessanten Ausführungen des Herrn Vortragenden verstärken meine Überzeugung, daß die Mißverständnisse zwischen dem Architekten und dem Heizungsingenieur sehr oft eine Folge der Unkenntnis des Wesens der Heizung und Lüftung seitens des Architekten sind, mit welcher Unkenntnis zu kämpfen ist. Meine Erfahrung hat es bestätigt. Als im Jahre 1919 an der Architektur-Fakultät der Technischen Hochschule in Warschau die Vorlesungen über jene Fächer eingeführt und mir anvertraut worden sind, war ich am Anfang etwas skeptisch gestimmt und versprach mir keinen zu großen Nutzen von den Vorlesungen, welche alles in allem 28 Stunden im Laufe eines Semesters umfassen. Die Vorlesungen tragen meist einen beschreibenden Charakter, wobei ich jedoch mich bemühe die Hörer mit den Vorarbeiten und Bauarbeiten, welche mit der Heizung und Lüftung verknüpft sind, bekannt zu machen sowie verschiedene Vorurteile, welche auf dem Gebiet der Heizung herrschen, zu zerstreuen. Nun nach acht Jahren der Vorlesungen treffe ich in meiner Praxis oft meine ehemaligen Hörer, nunmehr als junge Architekten, und zu meiner Freude darf ich es feststellen, daß dieselben viel Verständnis für die Aufgaben des Heizungsingenieurs aufweisen, was doch die Mitarbeit äußerst erleichtert. Auf Grund jener Erfahrung darf ich wohl der Meinung Ausdruck geben, daß es höchst erwünscht ist, daß das Studium eines Architekten an der technischen Hochschule einen kurzen Unterricht über die Heizung und Lüftung umfaßt.

Nun gehe ich zu einen anderen Punkt der Ausführungen des Herrn Professors Schachners über, welcher mehr einen allgemeinen Charakter hat. Ich meine die Frage der Umfassungswände. Es dürfte wohl für die Herren von Interesse sein, wie diese Frage in einem Nachbarlande aufgefaßt wird.

In einem Leitfaden für die Berechnung der Heizungsanlagen in Polen, welcher durch unsere Heizungsingenieure im Einvernehmen mit den Architekten herausgegeben wurde, heißt es u. a., daß der Wärmetransmissionskoeffizient der Decken in den Wohnräumen 0,7 nicht überschreiten darf. Was die Mauerstärke anbelangt, so müssen wir in Polen damit rechnen, daß die niedrigste Temperatur bei uns im Mittel etwa um 3° C tiefer als die betreffende Temperatur in Deutschland liegt. Es ist daher bei uns üblich, Mauern der Wohngebäude wenigstens zwei Ziegel stark auszuführen. Backsteinmauern, welche 38 cm stark sind, trifft man wohl in den westlichen Wojwodschaften, man friert dort aber oft des Winters, und Klagen über nasse Wände kommen vor. — Vor einigen Monaten sind die Dimensionen des polnischen Ziegels normalisiert worden. Der Normalisierung ging ein langer und lebhafter Streit vor, ob man 25 cm oder 27 cm, als Normallänge annehmen soll. Selbstverständlich haben auch die Heizungsingenieure mitgeredet. Endlich hat man die Dimensionen 270 × 130 × 65 mm vorgeschrieben, was bei zwei Ziegeln einer Mauerstärke von 55 cm, bei 1½ Ziegel aber einer Mauerstärke von 41 cm entspricht. Im Verlaufe der Aussprache ist es nachgewiesen worden, daß, wenn man die 55 cm, und die 51 cm starken Backsteinmauerwände vergleicht, die Mehrkosten der stärkeren Wand an Verzinsung und Tilgung in wenigen Jahren durch Ersparnisse an Kohlen gedeckt werden.

Es scheint nicht ausgeschlossen, daß die zwei Ziegel starke Mauerwand oder ihr Äquivalent für Wohngebäude im ganzen Lande obligatorisch vorgeschrieben werden wird.

Wenn ich in Anbetracht ziehe, daß das Klima Polens nicht bedeutend strenger als dasjenige Deutschlands ist, so muß ich vollkommen Herrn Prof. Schachner beistimmen, daß die 38 cm starke Backsteinmauer für viele Gegenden Deutschlands, als Normalschutz, unzufriedenstellend sein dürfte.

Berat. Ing. J. Ritter, Hannover: Meine sehr verehrten Herren! Es ist zum ersten Male, daß in diesem Kreise etwas ausführlicher über die Aufgaben der beratenden Ingenieure gesprochen wird. Es ist auch nicht zu verwundern, daß die beratenden Ingenieure die Gelegenheit wahrnehmen, etwas näher auf den Gegenstand einzugehen. Bekannt ist ja, daß es bisher gewagt war, in diesem Kreise über die Tätigkeit der beratenden Ingenieure ausführlicher zu sprechen, und wir müssen Herrn Prof. Schachner aus diesem Grunde noch ganz besonders danken, daß er es unternommen hat, diese Frage anzuschneiden. Anderseits können wir auch den Vertretern des Verbandes der Zentralheizungs-Industrie danken, daß ihre frühere Einstellung in wesentlichen Teilen eine Modifizierung erfahren hat. Eine noch mildere Auffassung würde Platz greifen, wenn die Industrie sich erst daran gewöhnt haben würde, die beratende Tätigkeit nicht als gegen sich gerichtet aufzufassen, sondern diese als eine Ergänzung der eigenen Tätigkeit anzusehen. Der beratende Ingenieur hat vor allem sein Augenmerk auf eine Vervollkommnung der Anlagen zu richten. Durch das Blankettverfahren ist dieses ausgeschlossen. Der beratende Ingenieur soll sich stets seiner wichtigen Aufgabe bewußt sein, und als Fachmann wird er auch wissen, welche Verdienste die Industrie sich um die Entwicklung des Faches erworben hat. Er wird sich die Firmen genau ansehen, mit denen er zu arbeiten hat, und keine unbilligen Anforderungen an sie stellen. Er wird auch den nötigen Ausgleich zu finden wissen, wenn er neben der Sachkenntnis das nötige Taktgefühl besitzt. Der Architekt, welcher als Bauleiter für das Ganze verantwortlich ist, kann unmöglich in der Lage sein, Heizungsanlagen genauer zu beurteilen. Wenn Sie bedenken, welche Schwierigkeit es für den Fachmann bedeutet, auf der Höhe zu bleiben, um sein Fach zu übersehen, so werden Sie mir zugeben, daß das vom Architekten nicht verlangt werden kann. Es wurde gesagt, daß »Autoritäten« den Architekten beraten sollten. Das ist bereits wieder eine schwierige Frage. Wer ist »Autorität«? Wenn man unter »Autorität« die Leistungen versteht, so könnte man damit einverstanden sein. Anderes sollte ausscheiden. Daß die frühere vollständige Ablehnung der beratenden Tätigkeit dazu geführt hat, wertvolle Kräfte aus dem Fach abzudrängen, ist mit eine Schuld der Industrie. Das Angestelltenverhältnis war oft so, daß die Angestellten es vorziehen mußten, die erste Gelegenheit wahrzunehmen, um aus diesem Verhältnis herauszukommen. Würde die beratende Tätigkeit einen größeren Teil der Fachkräfte absorbiert haben, so würde die Zahl der ausführenden Firmen wahrscheinlich geringer sein. Der Berater soll nicht der Vormund der Firmen sein, sondern als Unterstützung aufgefaßt werden zur Erreichung technisch hochstehender Anlagen zu angemessenem Preise, gegebenenfalls auch zur Belehrung solcher Bauherren, die wohl gute Anlagen haben, aber nicht entsprechend dafür bezahlen wollen.

Technischer Direktor Seegers: Meine verehrten Herren! Als Ingenieur, der in der praktischen Heizungs-Industrie steht, möchte ich betonen, daß es viele Architekten gibt, die sehr gutes Verständnis für die Heizungsfragen haben und sich ernsthaft damit beschäftigen, soweit sie dafür die nötige Zeit haben.

Was die Stellung der beratenden Ingenieure besonders in bezug auf die Heizungs-Industrie anbetrifft, so begrüßen wir es, wenn tüchtige beratende Ingenieure die Architekten und Bauherren beraten. Wir müssen daher dagegen sein, wenn sich beratende Ingenieure für das Pfuschertum einsetzen oder wenn man Inserate von beratenden Ingenieuren liest, daß sie Projekte anfertigen für Klempner, Schlosser usw., also für Handwerkszweige, die keine Beziehung zum Heizungsfache haben.

Hierdurch würde dem Heizungsfach durchaus nicht gedient. Es handelt sich bei den Heizungsfirmen nicht allein darum, ein Projekt abzugeben, sondern vor allen Dingen darum, daß die Heizungen fachgemäß eingebaut werden.

Darin bieten die legalen Heizungsfirmen, die erfahrene Fachingenieure und ständige Fachmonteure haben, Vorteile und Gewähr gegenüber Firmen, bei denen man weder von einem technischen Verständnis noch vom Vorhandensein ständiger technischer Facharbeiter sprechen kann.

Die beratenden Ingenieure wollen wir bitten, ihr Bestreben auf eine Beratung der Architekten und Bauherren zu stellen und mit uns gegen das Pfuschertum zu arbeiten, denn alle Maßnahmen, die dazu dienen, die Preise der Heizungsanlagen unangemessen herabzusetzen, führen nur dazu, den allgemeinen hohen Stand des Zentralheizungsfaches herunterzubringen, und darunter würde die Allgemeinheit leiden.

Magistratsbaurat Berlit: Ich möchte noch als behördlicher Heizungsingenieur meine Ansicht aussprechen, die für diese Frage der beratenden Ingenieure auch wichtig sein dürfte. Wir sind selbst von Firmen viel angefochten worden wegen des berüchtigten Blankettverfahrens, das aber besonders bei kleinen Anlagen nicht ganz zu entbehren ist, mindestens nicht in der Form eines ohne Zahlen herauszugebenden Kostenanschlagsformulars, um die eingelaufenen Angebote leicht vergleichen zu können. In Wiesbaden hat sich bei größeren Bauten die Praxis herausgebildet, daß man nach generellem Programm mehrere Firmen gegen Bezahlung zu Vorentwürfen heranzieht, und wenn es dann nach einem solchen Entwurf nicht sofort möglich ist, den Auftrag zu erteilen, so erfolgt eine Ausschreibung unter Zugrundelegung der bezahlten Ideen, aber auch nur nach Blankett-Schema. Ein solches Verfahren ist deshalb ohne Zuziehung von Spezialingenieuren durchführbar, weil die deutschen Heizungsfirmen es seit Jahrzehnten verstanden haben, sich große Ingenieurbureaus anzulegen, und es zweckmäßig erscheint, die bei diesen Firmen konzentrierte Erfahrung nutzbar zu machen. Von diesem Gesichtspunkte aus gewinnt die Frage der beratenden Ingenieure für Deutschland ein anderes Gesicht wie in dem vergleichsweise herangezogenen Ausland.

Daß tüchtige beratende Ingenieure dem Pfuschertum Vorschub leisten, glaube ich nicht, das sind mehr die abgebauten und zum Teil angestellten Herren, welche für billiges Geld kleinen Installateuren Entwürfe für kleine Anlagen machen aber damit leider oft einen tüchtigen Installateur verleiten, sich als große Heizungsfirma aufzutun. Ich bin auch der Ansicht, daß wir zurzeit nicht genug beratende Ingenieure haben, die als erstklassige unparteiische Sachberater den Architekten die gewünschten Dienste leisten können, und da sollte man sich doch sehr überlegen, ob man einen Beruf künstlich hochziehen soll, wenn mit vorhandenen Einrichtungen bzw. Ingenieurbureaus den Architekten geholfen werden kann

Wünschenswert ist selbstredend; daß jeder Architekt soviel als möglich vom Heizungsfach versteht, um die Anregungen und Vorschläge des Heizungsfachmannes mit Verständnis zu beurteilen. Daß dies für das Zusammenarbeiten des Architekten und Heizungsfachmannes außerordentlich wichtig ist, weiß jeder städtische Beamte aus Erfahrung. Ich weiß aber auch, daß es vielfach seitens der Architekten in den letzten Jahrzehnten am nötigen Verständnis gefehlt hat, und deshalb möchte ich die Architekten dringend bitten, stets rechtzeitig einen Heizungsfachmann oder eine Firma zuzuziehen. Zu diesem Zwecke würde ich es für zweckmäßig halten, wenn unsere gut organisierte Heizungsindustrie selbst unparteiische Beratungsstellen schüfe, durch deren Vermittlung sie die brachliegenden Kräfte in ihren Ingenieurbureaus ausnutzt, ohne daß eine einzelne interessierte Firma dabei mit Namen in Erscheinung tritt. Natürlich müßten sich die Architekten daran gewöhnen, für solche Beratung einen gewissen Betrag zu zahlen, sie haben aber dann den großen Vorteil, daß sie sich nicht um Gratisentwürfe an Firmen wenden müssen, denen sie dann moralisch verbunden sind; letzteres ist wohl auch mit ein Hauptgrund, weshalb Herr Prof. Schachner diese Frage hier aufgerollt hat. Wenn solche unparteiische Beratungsstellen geschaffen werden, durch deren Vermittlung die Firmen gegen entsprechende Entschädigung ihre Erfahrungen den Architekten zur Verfügung stellen, dann ist m. E. das erfüllt, was sich die Architekten als Beratung wünschen können.

Obering. Taubert, Berlin: Die Ausführungen meines Vorredners, des Dipl.-Ing. Ginsberg veranlassen mich zu einer Erwiderung:

Herr Dipl.-Ing. Ginsberg äußerte sich dahingehend, daß selbst gute Heizungsfirmen unter dem Druck der Konkurrenz ihre Leistungen vermindern. Diese Äußerungen sind dazu angetan, den Eindruck zu erwecken, als ob dies im großen und ganzen schon zur Gepflogenheit geworden wäre. Ich möchte hiergegen ganz entschieden protestieren und behaupte, daß eine Firma von Ruf sowohl die Entwürfe als auch die ihr übertragenen Ausführungen nach bestem Wissen und Können durchführt. Wenn ein Sachverständiger zur Beurteilung eines Heizungs- und Lüftungsentwurfes hinzugezogen wird und anderer Meinung ist, so dürfte dies wohl kaum wundernehmen bei der Eigenart solcher Anlagen. Wir wissen aus Erfahrung, daß bei Entwürfen von Heizungs- und Lüftungsanlagen, wenn nicht schon von vornherein ein fest umrissenes Programm der Ausschreibung zugrunde liegt, ebensoviel verschiedene Entwürfe eingehen können, als Firmen beteiligt sind, weil eben die Lösung der heizungs- und lüftungstechnischen Fragen, besonders der schwierigeren, auf verschiedene Weise möglich ist. Jedenfalls möchte ich an dieser Stelle nicht unausgesprochen lassen, daß eine Firma, die auf ihren Ruf hält, jederzeit nach bestem Wissen und Können die Architekten beraten wird.

Oberbauamtmann Dr. Lommel, Würzburg: Meine sehr verehrten Herren! Die Frage, ob ein Zivilingenieur als Mittelsperson oder eine Beratungsstelle zwischen dem Architekten und der Heizungsfirma stehen soll, dürfte doch nach den bisherigen

Ausführungen auch vom Standpunkt eines Architekten beleuchtet werden. Bisher ist die Sache nach den dankenswerten Ausführungen und Anregungen des Herrn Prof. Schachner als Geplänkel hin und her gegangen zwischen Heizungsfirmen und Privatingenieuren. Dabei wurde gesagt, ein Architekt müsse soviel vom Heizungsfach verstehen, daß er in der Lage sei, die Ausarbeitungen, die er von verschiedenen Heizungsfirmen hereinholt, selbständig zu beurteilen. Dagegen möchte ich Stellung nehmen. Sie muten dem Architekten entschieden zuviel zu. Es hat mich interessiert, daß Herr Prof. Schachner, der doch gewiß eine anerkannte Autorität ist, sich nicht unter allen Umständen für unterrichtet genug hält, um immer ein eigenes Urteil zu fällen. Wie soll dies dann ein Architekt können, der normalerweise viel weniger in das Heizungsfach eingearbeitet ist? Ich persönlich fühle mich auf dem Gebiet des Heizungswesens durchaus als Schüler, obwohl ich die schöne Aufgabe gehabt habe, das Fernheizwerk eines großen Krankenhauses von Anfang an vorzubereiten und durchzuführen. Gerade dabei habe ich aber erfahren, daß unabhängige Berater für den Architekten notwendig wären und daß das Fehlen dieses unabhängigen Mittelmannes eine Lücke genannt werden muß. Es ist gesagt worden, es gäbe gar nicht genug befähigte Zivilingenieure, die das Spezialgebiet des Heizungsfaches beherrschen. Ich meine diese Frage kann hier unerörtert bleiben; was aber Herr Prof. Schachner wohl hat sagen wollen, das ist der Hinweis auf die Notwendigkeit unabhängiger beratender Ingenieure. Wenn man diese Bedürfnisfrage, wie ich, bejaht, dann ist noch nicht gesagt, ob dies nun private Ingneure sein müssen oder ob sich öffentliche unabhängige Beratungsstellen herausbilden sollen. Was in dieser Richtung das Richtigere und Aussichtsreichere ist, wage ich nicht zu entscheiden, betonen möchte ich nur nochmals, daß man von dem Architekten, der ja ohnehin so unendlich viele praktisch-technische und künstlerische Fähigkeiten besitzen soll, nicht auch noch eine so weitgehende Sachkenntnis auf heiztechnischem Gebiet erwarten kann, daß er auch in schwierigen Fällen — nur um solche handelt es sich ja — allein und ohne unabhängige, fachmännische Beratung die richtige Entscheidung zu treffen in der Lage ist.

Da Herr Professor Schachner auf ein Schlußwort verzichtet, wird die Sitzung von dem stellvertr. Vorsitzenden geschlossen.

Aussprache zu dem Vortrage:

Zentralheizung und Warmwasserversorgung für Klein- und Mittelwohnungen in Wiesbaden.

Von Regierungsbaumeister a. D. Magistratsbaurat Berlit.

Magistratsbaurat Berlit leitet seinen Vortrag mit folgenden Worten ein: „Meine Herren! Das Gebiet, über das ich Ihnen zu berichten habe, gehört gewissermaßen auch zur Städteheizung, wenn auch zunächst nicht in dem Umfange, wie die Herren Vorredner besprochen haben; es ist nur ein kleiner Ausschnitt, vielleicht ein Vorläufer mit Ausdehnungsmöglichkeit. Ich bin der Ansicht, daß große Fernheizwerke nur dann rentabel sein werden, wenn eine große Anschlußdichtigkeit von Abnehmern vorhanden ist. Zunächst muß daher das Publikum für Zentralheizungen selbst gewonnen werden, es muß auf die Möglichkeit hingewiesen werden, daß Zentralheizungen zu wirtschaftlich günstigen Bedingungen zu erhalten und kein Luxus sind, kurz, es muß eine Erziehung einsetzen, damit jeder Zentralheizung fordert, der eine Wohnung sucht. Wenn man so weit kommt, wird durch die immer zunehmende Dichtigkeit von Zentralheizungen die Fernverteilung der Wärme die zwingende Folge sein. Da eine erhebliche Vorarbeit in diesem Sinne durch Erziehung geleistet werden kann und muß, so habe ich in Wiesbaden schon seit Jahren danach gestrebt, Häusergruppen mit Wärme von kleinen Zentralen zu versorgen und die ersten Anlagen 1919 eingerichtet."

Der Redner behandelt nun auszugsweise die im I. Teil, S. 55 f., behandelte Beschreibung der großen Zentralheizanlage für 500 Wohnungen, die im Anschluß an den Vortrag besichtigt wird.

Ministerialrat Dr. Schindowsky dankt Herrn Baurat Berlit für seine Ausführungen aufs herzlichste.

Direktor Hagen-Bonn: Meine Herren! In dem dankenswerten Vortrage des Herrn Baurat Berlit ist die Frage der Wirtschaftlichkeit der Zentralheizungen von kleinen und mittleren Wohnungen im Vergleich zur Zimmerofenheizung zwar einer näheren Betrachtung unterzogen, aber nicht unzweideutig beantwortet worden, und doch müssen wir Heizungsfachmänner zu dieser Frage in klarer Weise Stellung nehmen, und zwar aus folgendem Grunde: Bei der Erbauung von Häusern der fraglichen Art können finanzielle Erleichterungen — z. B. durch Erlaß der Grunderwerbssteuer — dann gewährt werden, wenn sie in einfachster Weise ohne jeglichen Luxus ausgestattet werden. Es fragt sich nun: »Sind Zentralheizungen in dieser Art von Wohnungen als Luxuseinrichtungen anzusehen oder nicht?« Nach den Akten mir zur Begutachtung vorliegender Streitsachen ist juristischerseits diese Frage in erster Instanz wiederholt bejaht worden. Auf den Einspruch der Bauherren gegen diese Entscheidung hat dann der Richter die Frage folgendermaßen formuliert: »Sind Zentralheizungen im Vergleich zu Zimmerofenheizungen wirtschaftlich oder unwirtschaftlich?« Diese Frage kann natürlich nur unter Zugrundelegung einer gleichen Anzahl und hinsichtlich der Beheizung gleich zu bewertender Zimmer beantwortet werden. Die Antwort müßte lauten: »Zentralheizungen sind gegenüber Zimmerofenheizungen unter der Voraussetzung gleichwertiger Raumbeheizung nicht unwirtschaftlich«. Ich bin mir wohl bewußt, daß die Anlagekosten von Zentralheizungen im Vergleich zu Zimmerofenheizungen auch unter Berücksichtigung sämtlicher in Rechnung zu stellender Faktoren um einiges höher sein können, aber die Betriebskosten — und um diese handelt es sich ja — sind keine höheren als bei Zimmerofenheizungen. Eine nähere Begründung hierfür brauche ich Ihnen wohl nicht zu geben. Wenn die Stadt Wiesbaden in großem Maßstabe Zentralheizungen in kleinen und mittleren Wohnungen ausgeführt hat und weiterhin ausführt, glaube ich darin eine Bestätigung meiner Auffassung erblicken zu können, und wenn hier keine gegenteiligen Ansichten geltend gemacht werden, schließe ich hieraus, daß Sie mit mir gleicher Meinung sind.

Ich möchte noch kurz auf eine Merkwürdigkeit bei der juristischen Anschauung hinweisen: »Wenn ein Neubau nicht mit Zentralheizung versehen wird, der Bauherr aber die Gasleitungen und die elektrischen Leitungen so stark ausführen läßt, daß Gasöfen oder elektrische Öfen angeschlossen werden können, so hat dieser Neubau hinsichtlich der Heizanlage keine Luxuseinrichtung; der Bauherr hat also Anrecht auf die vorerwähnten finanziellen Erleichterungen. Wenn nun der Bewohner des Hauses später an diese Leitungen Gas- oder elektrische Öfen anschließt, so ist bei gleichwertiger Raumbeheizung und bei den ortsüblichen Preisen für Gas und elektrische Energie eine derartige Heizung wesentlich teurer, also luxuriöser als Warmwasserheizung und doch hat bei der ersteren, d. h. bei der luxuriöseren Heizungsart der Bauherr ein Anrecht auf finanzielle Erleichterung und bei der zweiten, billigeren Heizungsart nicht.

Ing. Sinn-Dortmund: Herr Baurat Berlit erwähnte, er wolle einen oder zwei Kessel während des Tages oder dauernd auf die Speicher arbeiten lassen. Ich glaube, daß das nicht wirtschaftlich ist, denn der Vorteil besteht darin, daß die Kesselleistung wechselseitig nachts auf die Speicher und tags auf die Heizungsanlage geschaltet wird. Wenn ich die Speicher bereits am Tage auflade, kann ich die Wärmemenge, die die Kessel nachts erzeugen nicht mehr unterbringen. Man muß also mit möglichst hohen Temperaturunterschieden rechnen zwischen dem Zustand der Entladung und dem Zustand der Aufladung, und daraus ergibt sich, daß man das heiße Wasser der Speicher morgens austauschen wird gegen das kalte Wasser der Heizungsanlage. Zur Größenbemessung der Speicher glaube ich sagen zu können, daß die Speicheranlage für Wiesbadener Verhältnisse zu klein bemessen ist. Vielleicht ist Rücksicht darauf genommen worden, daß später eine Wärmemesseranlage eingebaut werden soll, und man glaubt, daß dann der eine oder andere Mieter seine Heizkörper oder wenigstens einige abstellt. Ich glaube nicht, daß dies bei dieser Anlage mit ihren Klein- und Kleinstwohnungen in dem Maße eintreten wird, wie dies bei großen Wohnungen festgestellt wurde.

Magistratsbaurat Berlit (Schlußwort): Meine Herren! Ich möchte auf die Ausführungen des Herrn Sinn wegen der Wärmespeicher folgendes bemerken: Ich habe sowohl bei dem Vortrag wie auch gestern bei den Erläuterungen gelegentlich der Besichtigungen ausdrücklich gesagt, daß ich mir erst über die Anwendung der Wärmespeicher ein Bild machen muß aus dem Betrieb heraus. Es ist eine erstmalige Anwendung für derartige Wohnzwecke. Die Anlage in Dortmund, die ich mir erst angesehen habe, nachdem der Entwurf im Frühjahr 1926 schon in wesentlichen festlag, dient anderen Zwecken; dort kommen Schulgebäude in Frage, deren Betriebsverhältnisse ganz andere sind als bei Wohnungen. Ich habe daher keine Rechnungen angestellt, sondern ich habe aus dem Handgelenk gesagt: Wir wollen einmal in gegebenen Räumen 3 Wärmespeicher von je 25 m³ aufstellen, sie ersetzen wärmetechnisch 3 Kessel während 3 Stunden. Wie man die Wärmespeicher im Betrieb benutzen wird, ist eine besondere Sache. Natürlich ist grundsätzlich ein Ausgleich vorgesehen, um die Kessel gleichmäßig — bis auf die Schlackungszeiten — zu belasten; ich lege mich aber nicht darauf fest, einen absolut gleichmäßigen 24-Stundenbetrieb zu erhalten und würde z. B. in der Übergangszeit auch mit ein oder zwei achtstündigen Schichten arbeiten, wobei dann allerdings das Feuerauffrischen gewisse Verluste bringt, die aber je nach der Kesselzahl durch Personalersparnis ganz oder zum Teil ausgeglichen werden. Dabei hat die Anwendung von Wärmespeichern den Vorzug, einen Nachteil der Pumpenheizung auszugleichen, die gegenüber der normalen Warmwasserheizung eine verhältnismäßig kleinere Wärmespeicherung durch geringen Wasserinhalt hat. Dieser Wasserinhalt wird bei uns noch vermindert, weil wir schmiedeeiserne Heizkörper anwenden; hierbei ist der Inhalt je qm nur $\frac{1}{3}$ so groß als bei Gußradiatoren. Es ist ja ein anerkannter Vorteil, daß Warmwasserheizungen mit großem Inhalt Temperaturschwankungen leichter ausgleichen und diese Ausgleichstelle will ich hier auf eine Stelle konzentrieren. Das Gebiet kann, kurz gesagt, erst in allmählicher Betriebserfahrung erschöpft und auf seine Wirtschaftlichkeit erforscht werden. Die Anregungen zur Anwendung solcher Warmwasserspeicher liegen schon lange zurück, und schon Rietschel hat sie meines Wissens empfohlen; ich erinnere mich auch, schon vor 25 Jahren eine solche Warmwasserspeicheranlage in einer Badeanstalt in London gesehen zu haben, die von einer Müllverbrennungsanstalt mit Eleketrizitätswerk ihre Wärme bezog, da man dadurch Ausgleich erreichen wollte. Es ist daher m. E. an sich keine patentfähige Idee. Der Entwurf hier in Wiesbaden entspricht meinen Anordnungen für diesen besonderen Fall, und ist daher auch die Schaltung anders als in Dortmund, weil ich hier andere Zwecke damit verfolge. Ich hoffe, wenn wir erst einige Anlagen im praktischen Betrieb haben, daß ich darüber Betriebsergebnisse veröffentlichen kann.

Aussprache zu dem Vortrage:

Grundlagen der Städteheizung.

Von Dipl.-Ing. Margolis, Hamburg.

Ministerialrat Dr. Dr. Schindowsky: Meine Herren! Ihr überaus lebhafter
Beifall hat bewiesen, welch lebhaftes Interesse Sie den überaus interessanten Dar-
legungen abgewonnen haben. Herr Margolis hat uns mitten in die Praxis hineingeführt,
in die Anlagen und Betriebe und uns Anregungen für die Wirtschaftlichkeit großer
Fernheizwerke gegeben. Wir sind ihm dankbar dafür, daß er uns dieses inhaltsreiche
Material dargelegt hat.

Berat. Ing. Ritter - Hannover: Meine Herren! Der ausgezeichnete Vortrag von
Herrn Dipl.-Ing. Margolis hat uns recht viele Klarheiten über Punkte gebracht, die
uns bisher noch etwas fern lagen. Daß aber alle Unklarheiten auf dem Gebiete der
Städteheizung nunmehr beseitigt sein sollen oder doch der größte Teil derselben, wie
Herr Baurat Wahl andeutete, scheint mir nicht der Fall zu sein. Es ist zu bedauern,
daß wir nicht den Vortrag von Herrn Ober-Ing. Schulz hören konnten, denn wir
würden dann noch über manche Punkte Aufklärung erhalten haben, von denen wir
Andeutungen bekamen anläßlich der Tagung über Städteheizung in Berlin. Gerade
seitens der Herren von den Elektrizitätswerken sind seinerzeit Einwendungen gemacht
worden, die auch heute noch zu Recht bestehen, insbesondere, daß die großen Elektrizitätswerke wenig Wert auf die Strombelieferung seitens der Liliputwerke legen. Ob
der Strom dieser kleinen Werke wirklich billiger geliefert werden kann, ist eine Frage,
die so einfach nicht zu beantworten ist. Es kommt dabei darauf an, wie man die einzelnen Posten bewertet. Wir haben von den Vertretern der großen Elektrizitätswerke
gehört, daß ein verschwindend kleiner Betrag für die Kohlenaufwendungen in Ansatz
gebracht wird, dagegen die Hauptbeträge in den Anlage- und Amortisationskosten zu
finden sind. Erst wenn das eintritt, was Herr Margolis als Wunsch für die Zukunft
andeutet, nämlich durch ausgedehnte Wärmespeicher die Spitzenbelastung der großen
Elektrizitätswerke zu unterstützen, wird der Zeitpunkt gekommen sein, wo Wärme-
und Krafterzeugung zeitlich sich ausgleichen und Hand in Hand arbeiten können. Von
besonderer Wichtigkeit erscheint mir der Hinweis von Herrn Margolis, indem er
sagt: Die Fernheizwerke müssen nicht in die öffentliche Hand, sondern
in die Privatwirtschaft kommen! Meine Herren! Das ist außerordentlich
wichtig. Denn wir sollen keine Werke schaffen, die den Städten als Ballast anhängen
und zu den Zuschußbetrieben gehören. Der Privatunternehmer wird sich schon vor-
sehen, wenn sein eigenes Kapital in Frage kommt und er nicht, wie es den Städten
möglich ist, die Kosten auf die Allgemeinheit abwälzen kann. Ich erinnere hierbei an
die gestrigen schätzenswerten Ausführungen des Herrn Dr. Schiele, der uns darauf
aufmerksam machte, wieviel die öffentliche Hand bereits an sich gerissen hat. Nach
seinen Angaben sind es bereits 25% des Volkseinkommens, 1913 war es kaum die Hälfte.
Wenn wir auf diesem Wege so fortfahren und der öffentlichen Hand noch mehr zu-
geschoben wird, so kann sich dieses nur zu ungunsten unserer gesamten Wirtschaft

auswirken. Besonders gefährlich ist das Übergreifen dieses Gedankens auf das Gebiet des Siedlungswesens bzw. des Wohnungsbaus überhaupt, da heute bekanntlich fast sämtliche Wohnungen mehr oder weniger unter Inanspruchnahme öffentlicher Mittel gebaut werden. Ich möchte nur darauf hinweisen, daß es gerade im Wohnungsbau ausgeschlossen ist, Kraftheizwerke zu errichten, sondern daß höchstens reine Heizwerke möglich sind. Wenn die späteren Inhaber dieser Wohnungen das bezahlen müßten, was die Wohnungen tatsächlich kosten, so würde wohl heute kaum ein einziges Fernheizwerk für dieselben gebaut werden. Auch halte ich größte Vorsicht in der Anlage von Städteheizungen aus dem Grunde für angebracht, weil heute noch nicht abzusehen ist, welche Entwicklung die benachbarten Gebiete, die Ferngasversorgung, die Kohleverflüssigung und die restlose Vergasung nehmen. Diese Gebiete laufen derart nebeneinander her, daß man nicht sagen kann, was in einigen Jahren maßgebend sein wird, und es könnte recht unangenehm sein, wenn wir mit mittels Dampf oder Wasser betriebenen Fernheizwerken gesegnet wären, die durch die weitere Entwicklung in den benachbarten Gebieten als überholt angesehen werden müßten. Von Hannover wird gesagt, daß man dort vielfach einem gewissen Pessimismus huldige, wozu ich bemerken möchte, daß wir prinzipiell gegen Fern- oder Stadtheizungen nichts einzuwenden haben, wenn diese von denjenigen bezahlt werden, die sie haben wollen und sich einen Nutzen von ihnen versprechen. Wir mahnen lediglich zur Vorsicht und sind gegen ein Eilzugstempo auf diesem Gebiete. Hoffentlich werden die Kongreßverhandlungen dazu beitragen, daß diese Vorsicht nicht außer acht gelassen wird, denn nur durch wirtschaftlich arbeitende Anlagen, die sich selbst zu erhalten vermögen, kann der Gedanke der Stadtheizungen eine tatsächliche und nachhaltige Förderung erfahren.

Dipl.-Ing. Ginsberg-Hannover: Meine sehr verehrten Herren! Zunächst einige Worte über die Ferngasversorgung. Ich stehe diesem Plane einstweilen noch recht skeptisch gegenüber, und zwar aus mehrfachem Grunde. Zunächst: Es wird immer gesagt, daß die Kosten bei der Zentralisierung der Erzeugung, vor allem, weil das Gas Abfallprodukt ist, viel geringer sind als der Preis, zu dem die Städte das Gas aus ihren Gaswerken liefern. Das ist richtig. Die großen Gaswerke, die Abfallgaswerke, können ab Werk billiger liefern als die Stadt. Tatsächlich hat aber die Gesellschaft für Kohlenverwertung z. B. der Stadt Hannover das Gas zu einem Preis frei Gasbehälter angeboten, der etwas höher liegt als derjenige, zu dem das Gaswerk sich das Gas selbst in dem Behälter herstellt. Die große Spanne, die zwischen den Selbstkosten und dem Verkaufspreis liegt, dient zur Verzinsung, Tilgung, Instandhaltung der großen Leitungen und für Verwaltung und Aufsichtskosten und zur Füllung des Stadtsäckels. Auf diese Gewinnmöglichkeiten wird eine Stadtverwaltung wohl kaum verzichten, selbst wenn die Gesellschaft für Kohlenverwertung mit ihrer Forderung so weit heruntergehen sollte, daß sie frei Behälter billiger liefert als die Gaswerke selbst. Und auch dann wird der Abnehmer kaum Vorteile haben. Ein Nachteil ist, daß die Stadt dann auf die Einnahmen aus den Nebenprodukten verzichten muß und daß soundsoviel Leute, die im Gaswerk beschäftigt sind, anderweitig untergebracht werden müssen. Eine Vergrößerung der Erwerbsmöglichkeiten tritt nicht ein, solange eine Verbilligung des Gaspreises für den Abnehmer nicht erfolgt ist. Erst wenn eine Verbilligung des Gases für den Abnehmer eingetreten ist, wird man die früher im Gaswerke tätigen Leute an anderen Stellen unterbringen können. Schließlich ist das allerschwerste Bedenken die Betriebsunsicherheit. Meine Herren! Es gibt keine technischen Einrichtungen, die nicht einmal Störungen ausgesetzt wären. Da liegt ein paar hundert Kilometer entfernt das große Gaswerk, eine kleine Störung tritt in der Leitung oder anderswo auf und die ganze Stadt hat kein Gas mehr. Wenn die Stadt vorsichtig ist, wird es nötig sein, daß sie die Gaswerke außerdem in Betrieb erhält. Was da für ein Vorteil herausspringt, weiß ich nicht recht.

Nun zur Städteheizung. Voranschicken möchte ich: Ich bin der Überzeugung, daß wir über kurz oder lang dazu kommen, daß jede Großstadt ihr Städteheizwerk besitzen wird. Wann dieser Zeitpunkt eintritt, das vorauszusagen, ist schwer. Vor allem wird es sich darum handeln, die Städteheizungen so anzulegen, daß sie wirtschaftliche Betriebe sind. Daß sie wirtschaftlich sind, möchte ich heute noch in Zweifel stellen. Ich habe seinerzeit auf der Tagung des V.D.H.I. in Berlin eine kleine Rechnung aufgemacht und die Ergebnisse von Hamburg rechnerisch zerpflückt. Es ist mir vorgeworfen worden, daß die Zahlen nicht stimmen. Leider habe ich bis jetzt noch keine Richtigstellung der Zahlen bekommen, und Herr Margolis würde sich sehr verdient machen, wenn er auf Grund seiner jahrelangen Erfahrungen alle diese Zahlen, die zur einwandfreien Beurteilung notwendig sind, öffentlich bekanntgäbe. Dazu gehört: Wieviel Wärme ist abgesetzt? Wieviel Strom ist abgesetzt? Welches sind die Preise, die das Werk für die Wärme bekommen hat? Welches sind die Preise, die das Werk für den Strom bekommen hat? Was hängen für Nebenkosten, für Verwaltung, Instandhaltung, Kapitaldienst usw. damit zusammen? Diese sind nach den Zahlen, die seinerzeit in Berlin bekanntgegeben wurden, so außerordentlich hoch und übertreffen die Kohlenkosten so erheblich, daß dadurch der finanzielle Erfolg in Frage gestellt werden kann. Es wäre wünschenswert, wenn Herr Margolis in seinem Schlußwort diese Zahlen ergänzte, damit wir ein klares Bild bekommen. Unter allen Umständen, glaube ich, würde es ein verfehltes Unternehmen sein, Städteheizungen zu bauen, wie sie mir schon zweimal im Projekt zu Gesicht gekommen sind, bei denen von dem Werk Abdampf abgegeben wird, der bis zur ersten Hauptentnahmestelle schon einen Weg von 5 km zurückzulegen hat. Solch lange Fernleitungen fressen den Nutzen unbedingt auf. Es ist ausgerechnet worden, daß die lange Leitung erst erträglich ist, wenn eine bestimmte Anzahl von Wärmeabnehmern gewährleistet ist. Ich glaube daran nicht eher, bis ich die Sache gesehen habe, in dieser Richtung wird gefärbt. Meine Herren! Sie können mit Leichtigkeit eine Rentabilität ausrechnen, ob sie aber eintritt, ist eine andere Frage.

Sehr interessant ist es gewesen, aus den Aufzeichnungen von Herrn Margolis zu sehen, daß bei den Anlagekosten die Kanäle und die Bauarbeiten so außerordentlich viel ausmachen und daß sie vielleicht den größten Teil der Anlagekosten bedingen. Es ist wohl verständlich, aber auch sehr bedauerlich, wenn die Kanäle soviel wegfressen. Wie sollen wir da zu billigen Anlagen kommen?

Ich habe früher immer den Standpunkt vertreten, daß eine Fernleitung, auch wenn sie nur Niederdruckdampf enthält, in allen Teilen überwachbar sein muß, und für begehbare Kanäle gesprochen; und solange wir keine andere Lösung haben, muß auch diese Forderung unbedingt aufrechterhalten bleiben. Ich hörte, daß in Braunschweig die Kanäle auf irgendeine Weise Wasser bekommen haben und daß da weitgehende Instandsetzungsarbeiten notwendig geworden sind. Herr Ober-Ing. Kloß aus Braunschweig wird uns vielleicht Auskunft geben, was diese Instandsetzung gekostet hat. In Braunschweig mußte zu diesem Zweck die ganze Straße aufgerissen werden. Daß das nicht billig ist, wissen Sie. Unter Umständen können solche Arbeiten nicht nur einen Jahresnutzen, sondern mehrere Jahresergebnisse verschlingen. Solche Sachen dürfen nicht vorkommen, sie müssen unter allen Umständen vermieden werden. Ich habe viel darüber nachgedacht, wie man die Sache in billiger Weise umgehen kann, und kann Ihnen heute die Mitteilung machen, daß ich zu einer Lösung gelangt bin. Die Sache ist zum Patent angemeldet. Es handelt sich um eine Kanalausführung, bei der man keine begehbaren Kanäle braucht, bei der aber doch eine Überwachung und Instandsetzung der Rohrleitungen möglich ist, ohne daß man die Straßen aufzureißen braucht. Das ist das Ei des Kolumbus (Heiterkeit), eine ganz einfache Sache. Legen Sie neben das Rohr nur noch soviel Platz, daß Sie ein zweites Rohr hineinschieben können. Verlegen Sie das Rohr nicht geradlinig, sondern mit einem kleinen Bajonettverschluß und an der Stelle, wo das Verschieben der Achse stattfindet, ordnen Sie eine kleine Montagekammer an. Und nun können Sie eine lange Rohrstrecke in den leeren Teil hineinschieben, und Sie bekommen das ganze Rohr zu Gesicht. Das ergibt eine verhältnismäßig billige Anlage, und Sie sind in der Lage, leicht an die Rohre heranzukommen und eine Reparatur voll und ganz vorzunehmen (Zwischenrufe). Sie denken an die große Montagekammer in Charlottenburg. Dort wurde eine riesige Kammer ausgeführt, in welcher eine ganze Rohrlänge Platz findet, und dann wurde Rohrlänge um Rohrlänge abgebaut, wenn man etwas reparieren wollte. Stellen wir uns 100 m bei 10 m langen Rohren vor, so benötigen Sie auf diese Länge 9 Flanschverbindungen. Sie führen aber heute meistenteils die Rohrlängen in einem Stück aus, und da ist diese Montagekammer nicht möglich.

Nun noch einen wesentlichen Gesichtspunkt zu der finanziellen Beurteilung ... Sie sprechen immer von der Tilgung der Anlage oder Amortisation und setzen als Grundlage den Preis ein, zu dem Sie die Anlage bekommen haben. Wenn Sie eine Zentrale, die schon ganz abgeschrieben ist, kostenlos übernehmen, so setzen Sie als Tilgungskosten überhaupt nichts ein. Wenn diese Anlage abgewirtschaftet ist, heißt es: Wir müssen jetzt Ersatz schaffen und tief in den Beutel hineingreifen. Ich halte es für richtiger, daß an Stelle der Abschreibung bzw. Tilgung eine Rücklage für Neubeschaffung gemacht wird. Legen Sie jedes Jahr Geld zurück; wenn dann die Anlage abgewirtschaftet ist, werden Sie den Betrag da liegen haben. Dann brauchen Sie nicht mit dem Klingelbeutel herumzugehen und zu sagen: Wir brauchen Geld. Dann sind Sie aber gezwungen, bei einer voll abgeschriebenen Anlage soviel »abzuschreiben«, daß nach Ablauf der voraussichtlichen Lebensdauer das Geld für eine neue Anlage bereitsteht. Wenn wir eine Anlage nehmen, die noch 5 Jahre aushalten wird — und das kommt oft vor — so müssen etwa 20% in jedem Jahre zurückgelegt werden, und dann sind Sie in der Lage, nach 5 Jahren eine neue Anlage zu beschaffen. Rechnen Sie nicht so, dann rechnen Sie falsch, und Sie werden eines Tages überrascht sein, wenn der finanzielle Erfolg nicht der richtige ist.

Sehr interessiert haben mich die weiteren Mitteilungen, daß in Hamburg das alte Werk in der Poststraße Frischdampf aus der Karolinenstraße bekommt. Es zeigt sich also — obwohl die Maschinen nicht voll belastet sind —, daß zeitweise der Abdampf nicht ausreicht, um den Heizbedarf zu decken. Das ist ein wesentlicher Nachteil, durch welchen unsere Städteheizungen großen Schaden erleiden. Wir haben es nicht immer mit reinem Abdampf zu tun, sondern häufig mit Frischdampf und müssen dann mit Frischdampf heizen wie in einem reinen Heizwerk.

Weiter ist von Herrn Ritter erwähnt worden, daß gerade der Kapitaldienst soviel von den Unkosten ausmacht. Meine Herren! Wenn Sie zu einem tatsächlich geplanten Kraftheizwerke eine 25 000 kW-Abdampfmaschine aufstellen wollen, dann müssen Sie nach rohem Überschlag 60 000 000 WE absetzen, damit der Abdampf voll verwendet wird. 60 000 000 WE ist schon eine Leistung, die selbst im schärfsten Winter in sehr großen Heizwerken nur selten erreicht wird. Wenn Sie selbst eine solche Höchstleistung haben, werden Sie bei dieser Anlage die Maschine den größten Teil der Zeit mit weniger als $\frac{1}{4}$ Belastung laufen haben. Das ist natürlich eine Kapitalverschleuderung. Sie können Anlagen mit so großen Maschinen nur dann einigermaßen wirtschaftlich gestalten, wenn Sie nicht Abdampf verwenden, sondern Zwischendampf, d. h. wenn Sie die Maschinen möglichst voll belasten können und alles, was in der Heizung nicht verwendet wird, in einer anderen Stufe wieder zur Krafterzeugung benutzen. Sie wissen, daß Zwischendampf im Durchschnitt ungefähr halb so teuer ist wie Frischdampf, aber bei weitem nicht kostenlos wie der Abdampf.

Bei der Beurteilung der Kosten für Gasheizung und elektrische Heizung spielen genau wie bei Städteheizungen neben den reinen Kosten Bequemlichkeitsrücksichten und Komfort eine Rolle. Bei Gas- und elektrischer Heizung kommt noch ein weiteres Moment hinzu, das ist der Raum. Wenn Sie Gas- oder elektrische Heizung haben, brauchen Sie keinen Raum zur Kokslagerung. Es gibt Fälle, in denen der Raum im Keller sehr wertvoll ist, so daß man gern die Mehrkosten in Kauf nimmt, um den Lagerraum frei zu bekommen und zu geschäftlichen Zwecken zu verwenden.

Als letztes noch die Frage der Wärmespeicherung. Gewiß, die Wärmespeicherung gibt ein wunderbares Mittel, um in vielen Fällen eine Abdampfverwertung zu ermöglichen, die sonst ausgeschlossen wäre. Wenn ich Kraft zu anderen Zeiten brauche als

Dampf, muß ich die Abwärme vernichten oder sie speichern. In vielen Fällen, in denen große Mengen Warmwasser gebraucht werden, wie z. B. in vielen Krankenhäusern oder — ein Fall, den ich behandelt habe — in einem Luxushotel, ist es leicht möglich, große Wärmemengen aufzuspeichern, und dann ist eine Abdampfverwertung außerordentlich wirtschaftlich. Wenn Sie aber Wärme für Heizzwecke speichern wollen, so kommen Sie, glaube ich, zu so großen und teueren Behältern, daß die Anlagekosten Ihnen ohne weiteres jeden Nutzen auffressen. Ich glaube nicht, daß es auf diesem Wege möglich ist, eine Wirtschaftlichkeit herbeizuführen. Abdampf ist da am Platze, wo man Warmwasser für den Betrieb aufspeichern will oder wo der Wärmebedarf mit dem Kraftbedarf zufällig zusammenfällt.

Dipl.-Ing. J. Koch-Heidelberg: Meine Herren! Der kurze Auszug aus dem Vortrag Schulz hat gezeigt, daß dieser die Absicht hatte, die zentrale Wärmeversorgung vom Standpunkt des Lieferwerkes zu betrachten. Diese von dem Ausschuß für die Tagung vorgesehene Gegenüberstellung zu dem Vortrag Margolis war wichtig, damit nicht der Eindruck entsteht, daß die zentrale Wärmeversorgung vom heizungstechnischen Standpunkt aus zu beurteilen und lediglich eine Frage der Bemessung und Führung der Rohrleitungen sei. Demgegenüber muß betont werden, daß die Wahl der Betriebsverhältnisse in dem Lieferwerk und die Ausgestaltung der Zentrale für den wirtschaftlichen Erfolg eines Heizwerkes ausschlaggebend sind.

In der Annahme, daß Herr Schulz auf die Kraft- und Wärmekupplung näher eingeht, habe ich davon Abstand genommen, über Untersuchungen, die auch die Kraftanlagen Aktiengesellschaft, Heidelberg, in dieser Richtung durchgeführt hat, zu berichten und habe daraufbezügliche Lichtbilder nicht zur Hand. Nachdem der Vortrag Schulz aber ausgefallen ist, möchte ich doch auf die Fragen, die mit dem Lieferwerk zusammenhängen, etwas näher eingehen und die Forderung begründen, daß bei der Projektierung von Wärmewerken mehr als bisher Firmen mitherangezogen werden, die besondere Erfahrungen im Bau von Zentralen, d. h. von Kessel- und Maschinenanlagen, besitzen.

Es ist mit Recht darauf hingewiesen worden, daß bei der Bestimmung des Dampfpreises die Anschaffungskosten bzw. der Kapitaldienst ausschlaggebend sind. Bei der geringen Benützungsdauer von Heizanlagen ist dies ohne weiteres verständlich. Wenn der Dampfpreis niedrig gehalten werden soll, muß man also sehen, wie man die Anschaffungskosten herunterdrücken kann. Um dies zu erkennen, muß man sich vergegenwärtigen, wie sich die Anlagekosten zusammensetzen.

Die Anlage, über die Herr Margolis berichtet hat, gab kein einwandfreies Bild, um die Wirtschaftlichkeit von Heizwerken allgemein zu beurteilen. Bei diesen Anlagen wurde, wie wir hörten, das Wärme-Versorgungsnetz an bestimmte Dampfanlagen angeschlossen. Diese waren schon abgeschrieben und wären wahrscheinlich stillgesetzt worden, wenn sich nicht Gelegenheit gegeben hätte, sie für die Wärmelieferung weiterzuverwenden. Für diese Zentralen brauchte also bei der Festlegung des Dampfpreises ein hoher Kapitaldienst nicht berücksichtigt zu werden. Es genügte, Rücklagen zu machen, um für den Fall gedeckt zu sein, daß einmal einzelne Teile ausgewechselt und erneuert werden müßten. Diese Rücklagen werden aber nie so hoch sein müssen wie der Kapitaldienst für Neuanlagen.

Die Verhältnisse liegen dort schon anders, wo mit Rücksicht auf die geplante Wärmeversorgung eine Erweiterung der Kesselanlage und, bei Kraft- und Wärmekupplung, wahrscheinlich auch der Kraftmaschinenanlage notwendig ist. Am ungünstigsten sind sie dort, wo eine neue, besondere Zentrale geschaffen werden muß. Wenn bei einem Projekt für eine derartige Neuanlage die Kosten für die Fernleitungen RM. 200 000 bis 250 000 betragen, während sich die Kosten für die dazugehörige Kesselanlage auf RM. 750 000 bis 800 000 belaufen, so sprechen diese Zahlen für sich. Dabei ist darauf hinzuweisen, daß es sich in dem Falle, an den ich hierbei denke, nicht etwa um kurze Leitungen, sondern um Leitungen von 800 bis 1000 m handelt. Trotzdem betragen die Kosten für die Kesselanlage das Drei- bis Vierfache der Kosten für die Fernleitung.

Wenn man also sparen will und muß, ist es falsch, bei den Fernleitungen anzufangen. Ersparnisse, die hier zu erzielen sind, werden zwar die Wirtschaftlichkeit auch beeinflussen, sie sind aber nicht ausschlaggebend. In den meisten Fällen verdichtet sich deshalb die Untersuchung der Wirtschaftlichkeit in die Prüfung, wie die Anlagekosten für die Zentrale durch zweckentsprechende Ausbildung vermindert werden können.

Es würde zu weit führen, auf Einzelheiten einzugehen. Wichtig ist neben der Wahl des Brennstoffs, der Feuerungsart, etwaiger Zusatzfeuerungen, der Dampfdrücke, der Art der Wasseraufbereitung, die Festlegung der Heizflächen, deren Belastung und Überlastbarkeit, die Wahl der Kessel- und Maschineneinheiten und die Entscheidung über die Art der Betriebsführung.

Soll eine Fernversorgung an ein Elektrizitätswerk angeschlossen werden, so trifft die Morgenspitze des Wärmebedarfs mit der Vormittags-Kraftspitze zusammen und bedingt eine Vergrößerung der Kesselanlage, und zwar um so mehr, je mehr sich das Werk dem reinen Gegendruckbetrieb nähert, was ja eigentlich anzustreben ist. Andererseits wird häufig mehr Energie gebraucht als dem Dampfbedarf entspricht und umgekehrt. Betrieblich kann dieser Schwierigkeit durch Wahl von Anzapfkondensationsmaschinen und Einbau von Frischdampfzusatzvorrichtungen verhältnismäßig leicht begegnet werden. Es wird aber der gesamte Wirkungsgrad vermindert, je mehr man sich vom reinen Gegendruckbetrieb entfernt.

In allen diesen Fällen ist der Wärmespeicher ein bequemes Mittel zur Anpassung an die verschiedenen Betriebsverhältnisse und zur Verkleinerung der Kesselanlage. Leider liegen die Verhältnisse nicht so einfach, wie es nach den Ausführungen von Herrn Margolis scheinen könnte Eine überschlägige Nachrechnung genügt, um einzusehen, daß das erwähnte gleichmäßige Durchfahren der Kesselanlage unter Aufladen von Dampfspeichern bei Nacht wegen der Größe der Kessel und des Platzbedarfes der erforderlichen Speicher vollkommen ausscheidet. Außerdem fällt die Versorgung des Wärmenetzes aus Speichern für mehr als 1,5 bis 2 h fort, weil die Speicher teurer würden als Kessel für die gleiche Leistung. Abgesehen davon, daß beim Einbau solcher Speicher in Anlagen ohne Kraftmaschinen der Kesseldruck wesentlich höher gehalten werden müßte als üblich, um noch eine genügende Entladespanne für die Speicher zu erhalten, während bei Anlagen mit Kraftmaschinen erhebliche Gefälleverluste eintreten, die wiederum bei Anlagen mit Gegendruckbetrieb besonders ins Gewicht fallen.

Eine befriedigende Lösung bietet nur die Wasserspeicherung. Eine Form der Wasserspeicherung ist immer möglich, nämlich die Speisewasserspeicherung. Ihre Wirkung hängt von den Betriebsverhältnissen der Kesselanlage, insbesondere von Dampfdruck und Temperatur und von der Wassertemperatur am Austritt aus den Ekonomisern ab. Sie ist um so größer, je niedriger diese Temperatur ist. Es lohnt sich, in jedem Fall zu untersuchen, ob mit Rücksicht auf die Durchführung einer derartigen Speicherung der Einbau von Ekonomisern überhaupt ratsam ist oder ob an ihre Stelle nicht besser Luftvorwärmer eingebaut werden sollen.

Ganz einfach ist der Ausgleich dort, wo als Wärmeträger Wasser verwendet wird, indem in die Vorlaufleitung ein Warmwasserspeicher eingeschaltet wird. Zweckmäßig wird dieser in der in Abb. 1 erläuterten Weise als Verdrängungsspeicher betrieben und zwischen Vor- und Rücklaufleitung parallel zu den Vorwärmern einerseits und den Heizkörpern andererseits eingeschaltet. Seine Wirkung ist um so größer, bzw. bei derselben Ausgleichwirkung wird der Speicher um so kleiner, je größer der Unterschied zwischen Vorlauf- und Rücklauftemperatur ist. Da bei großem Temperaturunterschied auch die Kosten für die Fernleitung sich vermindern, ist bei Neuanlagen eine hohe Vorlauftemperatur anzustreben. Bei Anlagen mit Kraft- und Wärmekupplung, für die diese Betriebsart besondere Vorteile bietet, wird dabei, wie bekannt, das Wasser zweckmäßig stufenweise vorgewärmt An der Verbrauchsstelle kann die Temperatur durch

Zumischung von Rücklaufwasser auf die beabsichtigte Heiztemperatur heruntergedrückt werden.

In der Abb. 1 ist eine derartige Ausgleichanlage dargestellt Die Betriebsweise ist ohne weiteres verständlich Wichtig für den Betrieb ist die Art der Regelung Will man die Energieabgabe von dem Wärmebedarf unabhängig machen, so wird man die Maschinen mit einer normalen Leistungsregelung versehen und durch ein besonderes Regelventil die vorzuwärmende Wassermenge etwa in Abhängigkeit von dem Gegendruck steuern. Will man dagegen, wie das in dem abgebildeten Beispiel angenommen ist, einen Ausgleich an der Kesselanlage erreichen, so wird das Ventil, das die vorzuwärmende Wassermenge regelt, zweckmäßig in Abhängigkeit vom Frischdampfdruck gesteuert Die Wahl der Regelung hängt also ganz von den besonderen Betriebsverhältnissen ab.

Leider läßt sich vor allen Dingen bei Anschluß bestehender Zentralheizungen an ein zentrales Netz die Warmwasserheizung in den wenigsten Fällen durchführen, weil dabei immer Gebäude sein werden, die für Dampfheizung eingerichtet sind. Es gibt zwar Möglichkeiten, an Versorgungsnetze, bei denen Wasser als Wärmeträger dient, auch Dampfheizungen in beschränktem Maße anzuschließen, die Lösung dieser Aufgabe bedingt aber eine besonders sorgfältige Untersuchung. Allgemeine Gesichtspunkte lassen sich hierfür kaum angeben. Es genügt darauf hinzuweisen, daß auch in diesen Fällen die Wahl einer hohen Vorlauftemperatur günstig ist.

Bei Neuanlagen sollte man, abgesehen von den sonstigen Vorteilen, die die Warmwasserheizung bietet, schon mit Rücksicht auf eine spätere zentrale Versorgung nach Möglichkeit sich für die Warmwasserheizung entscheiden. Dadurch wird auch einer anderen Entwicklung der Weg geebnet.

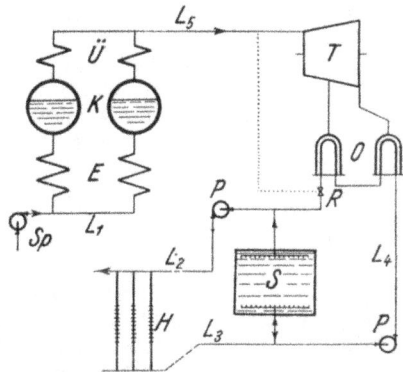

Abb. 1. Ausgleich in einem Betrieb mit Warmwasserverbrauch.

K = Kessel,	U = Überhitzer,
S = Speicher,	T = Turbine,
E = Ekonomiser,	L₁ = Speiseleitung,
Sp = Speisepumpe,	L₂ = Vorlaufleitung,
P = Umwälzpumpen,	L₃ = Rücklaufleitung,
O = Oberflächen-	L₄ = Umwälzleitung,
vorwärmer,	L₅ = Dampfleitung.
R = Regelventil,	

Herr Margolis hält auch für die Zukunft eine Wärmeversorgung auf elektrischem Wege für ausgeschlossen Darüber kann man verschiedener Meinung sein. Bei der Entwicklung, die die Dampftechnik in den letzten Jahren genommen hat, ist es sehr wohl denkbar, daß nicht allein aus Laufwasserkräften, sondern auch aus großen Dampfkraftwerken billiger Nachtstrom geliefert werden kann.

Es gibt heute schon Turbinen, die bei 35 atü/400° und 95% Vakuum nur 4 kg Dampf/kWh verbrauchen, entsprechend einem Wärmeverbrauch von 2750 bis 3000 kcal/kWh bzw. einem Aufwand von 3750 bis 4000 kcal/kWh bei einem Kesselwirkungsgrad von 75 bis 80%.

Nun ist es den Herren vielleicht bekannt, daß zurzeit im Großkraftwerk Mannheim eine Anlage für 100 at mit Regenerativverfahren erstellt wird. In einer solchen Anlage ist es möglich, den effektiven Wärmebedarf auf 3000 bis 3250 kcal/kWh herunterzudrücken. Dabei ist zu beachten, daß die Leerlaufverluste für diejenigen Maschinen, die ohnedies laufen müssen, gar nicht berücksichtigt zu werden brauchen, daß also zur Erzielung der Mehrleistung für die Heizstromabgabe nur der Mehrbedarf an Wärme berücksichtigt werden muß Der angegebene Wärmebedarf entspricht einem Kohlenverbrauch von rd. 0,4 kg Kohle. Bei einem Kohlenpreis von RM. 20 bis 25 je t berechnen sich daraus die Kosten für 1 kWh bzw. 860 kcal oder unter Berücksichtigung reichlicher Verluste von 800 kcal zu 0,8 bis 1 Pfg. Dieser Wärmepreis entspricht ungefähr einem Heizdampfpreis von RM. 7 je t. Die Zahlen können sich also schon sehen lassen. Diese Kosten stellen die reinen Kohlenkosten dar. Es ist darunter noch kein Kapitaldienst und kein Verdienst für das Elektrizitätswerk eingerechnet. Es genügt, einen Zuschlag für die erhöhten Wartungskosten zu machen. Die Elektrizitätswerke werden sich ja außerdem mit einem kleinen Verdienstzuschlag begnügen, um die mit allen Mitteln angestrebte Nachtbelastung zu erreichen. Kapitalkosten brauchen überhaupt nicht berücksichtigt zu werden, solange die Nachtstromlieferung nicht eine Vergrößerung der ganzen Zentrale bedingt.

Daraus ist zu ersehen, daß nur noch ein kleiner Schritt genügt, um die Wärmeversorgung durch Strom praktisch durchführbar zu gestalten. Tatsache ist ja auch, daß heute schon in zunehmendem Maße sogenannte Elektrospeicher zur Aufbereitung von Warmwasser für den Gebrauch eingebaut werden.

Voraussetzung für diese Entwicklung ist aber die Möglichkeit, den Wärmebedarf durch den Bezug von Nachtstrom zu decken durch eine einfache und billige Speicherung, die eben nur bei Warmwasserbeheizung möglich ist. Ob die Speicher als Einzelspeicher für jede Wohnung oder für einzelne Häuser oder Häuserblocks anzuordnen sind, mag zunächst dahingestellt bleiben. Ich möchte nur nochmals betonen, wie wichtig die Entscheidung über die Wahl der Heizungsart ist und wie sehr es geboten erscheint, wenn irgendwie möglich, Warmwasserheizung vorzusehen.

Günstiger als bei Heizwerken für reine Raumheizung liegen die Verhältnisse dort, wo wärmeverbrauchende Industrie an die Zentrale angeschlossen werden kann, weil hier mit einem gleichmäßigeren Bezug zum mindesten während der 8 Tagesstunden zu rechnen ist, wenn nicht die Wärmeverbrauchsapparate in mehreren Schichten oder durchlaufend arbeiten. Zum mindesten fällt bei diesen Anlagen der Einfluß der Jahreszeiten fort, wenn es sich nicht um ausgesprochene Saisonbetriebe handelt. Ein Nachteil dieser Anlagen ist aber, daß sie höhere Dampfdrücke benötigen als für die Raumheizung erforderlich wäre und damit einen größeren Speisedruck im Wärmeversorgungsnetz verlangen. Es ist bekannt, daß bei Anlagen mit Kraft- und Wärmekupplung die Verminderung des Gegendrucks an den Maschinen viel wirksamer und billiger ist als die Erhöhung des Frischdampfdrucks. Da die Industriebetriebe sich ohnedies sträuben, sich an ein zentrales Netz anzuschließen und damit ihre Selbständigkeit aufzugeben, ist es schwer, bei der Anschlußwerbung auch noch Bedingungen zu stellen und eine Verminderung des Heizdruckes in den Betrieben zu verlangen. Man hat sich zwar durch den ständigen Hinweis auf den Vorteil niedriger Dampfdrücke in den letzten Jahren allmählich daran gewöhnt, mit niedrigeren Dampfdrücken zu rechnen. In den meisten Betrieben sind aber die Zuführungsleitungen zu den einzelnen Apparaten so eng, daß sie bei einer Verminderung des Dampfdruckes nicht mehr ausreichen und die Herabsetzung des Dampfdruckes gleichbedeutend ist mit einer Änderung des internen Versorgungsnetzes. Ein Anreiz hierzu kann nur durch wirtschaftliche Vorteile gegeben werden, und es scheint notwendig, um diesen Anreiz zu geben, den Dampfpreis nach dem Bedarfsdruck zu staffeln, und zwar so, daß für Dampf höheren Druckes höhere Preise verlangt werden als für den Dampf niedrigeren Druckes, eine Maßnahme, die vom Standpunkt des Lieferwerkes durchaus gerechtfertigt erscheint.

Zusammenfassend möchte ich nochmals betonen, wie wichtig es ist, die zentrale Wärmeversorgung nicht nur vom Standpunkt der Wärmeverteilung zu betrachten, sondern daß die rechte Wahl der Betriebsverhältnisse mit besonderer Berücksichtigung der Betriebsbedingungen im Lieferwerk für den wirtschaftlichen Erfolg eines Heizwerkes entscheidend ist.

Direktor Willner-München: Meine sehr verehrten Herren! Gestatten Sie, daß ich abwechslungsweise zur Diskussion das Wort ergreife. Der interessante Vortrag des Herrn Margolis hat manche Frage offengelassen, z. B. sagt und betont er, daß ein Städte-Fernheizwerk nur in Verbindung mit einem elektrischen Kraftwerk denkbar ist. Er hat aber vergessen hinzuzufügen: aber nur in dem Größenausmaße, als Abdampf zur Verfügung steht; sobald längere Zeit Frischdampf zugesetzt werden muß, hat die Wirtschaftlichkeit des Fernheizwerkes ein Ende. Damit wird aber der Ausdehnung des Städteheizwerkes eine feste Grenze gesetzt. Aus statistischen Nachweisen wissen wir, daß der Kohlenverbrauch für die Erzeugung der benötigten elektrischen Energie bedeutend geringer ist, als der, welcher für Hausbrand benötigt wird. Das ist besonders in Süddeutschland der Fall, wie speziell in München, wo die hauptsächlichste Erzeugung der elektrischen Energie durch die weiße Kohle erfolgt.

Herr Margolis hat in einer Tabelle gezeigt, wie hoch sich die Baukosten für 1 Million WE Nutzleistung belaufen dürfen, um noch eine Rentabilität des Fernheizwerkes herauszuwirtschaften. Interessant wäre es gewesen, wenn er seine Tabellen praktisch verwertet und uns mitgeteilt hätte, ob man bei den bis jetzt ausgeführten Städteheizungen eine Rentabilität erzielt hat. Wenn er zugibt, daß in Hamburg nur 5% der Zentralheizungsanlagen vom Stadt-Fernheizwerk erfaßt sind, so finde ich den Ausdruck »Städte-Heizung« etwas deplaciert. Herr Margolis hat ferner gezeigt, daß die Verlegung der Fernleitungen in den Straßen außerordentlichen Schwierigkeiten begegnet, und war aus seiner Tabelle zu ersehen, daß die Baukosten für die Kanäle wesentlich höher waren, als die Gesamtkosten für Material und Montage der eigentlichen Fernheizung.

Bezüglich der Gasfernwärmeversorgung vermisse ich die Objektivität. Er stellt beim Kostenvergleich den Preis für Leuchtgas auf, welches der Konkurrenz mit anderen Brennstoffen bei Fernheizwerken nur dann standhält, wenn der Gaspreis nur 5 Pfg. pro m³ oder mit anderen Worten, wenn 1000 WE durch Gas erzeugt nicht mehr als 1,25 Pfg. kosten. Bei Generatorgas kosten 1000 WE 1,3 Pfg. frei ins Haus; ein großes Gaswerk verlangt z. B. 1,5 Pfg., wobei beträchtlich lange Leitungen zu verlegen sind, deren Unkosten bei der Preisberechnung mitinbegriffen sind. Während bei Fernheizwerken, welche durch Wasser oder Dampf betrieben werden, der Ausdehnung bestimmte Grenzen gezogen sind und außerdem die Montage oft sehr erschwert ist, fallen diese Nachteile bei Verlegung von Gasleitungen für Wärmeversorgungszwecke fast ganz weg. Die Verlegung dieser Rohrleitungen erfordert keine Kanäle und ist auch an keine Geländeschwierigkeiten gebunden. Bei den Fernheizwerken in Hamburg und Kiel konnte man die Leitungen in verhältnismäßig ebenem Gelände verlegen, solch günstige Fälle kommen wie z. B. in Stuttgart oder Plauen, nicht überall vor. Deshalb stimme ich mit Herrn Professor Brabhée darin überein, daß nicht in allen Fällen mit einer wirtschaftlichen Ausnützung des Dampfes gerechnet werden kann und dann, wie z. B. in München, die Gasfernwärmeversorgung die einzig richtige Lösung bedeutet. Im vorigen Jahre, bei dem Kongresse für Städteheizung, durfte man diese Art des Heizsystemes gar nicht erwähnen, und ist es daher erfreulich, daß man immer mehr zur Erkenntnis seiner Vorteile kommt und heute schon darüber sprechen kann. Ich bin fest davon überzeugt, daß in 10 oder 20 Jahren wir über den Wert der heutigen Fernheizwerke anderer Meinung geworden sind.

Dipl.-Ing. Mauser-Meißen. Meine Herren! Ich will Sie nur kurze Zeit in Anspruch nehmen. Herr Margolis hat uns heute ein Bild der Zukunft vorgemalt, das uns eine zentrale Zusammenfassung der Dampferzeugung für Heizzwecke vor Augen führt. Wir sprechen immer nur von Heizdampf. Ich halte es für notwendig, der Anregung eines meiner Herren Vorredner zu folgen und darauf hinzuweisen:

Dampf wird nicht nur für Heizzwecke, sondern auch für Industriezwecke erzeugt. Es wundert mich, daß bei den ganzen seitherigen Besprechungen hierüber nichts gesagt worden ist. Der Entwurf umfangreicher Rohrleitungsnetze muß auch unter dem Gesichtspunkte erfolgen, ob nicht eine Versorgung der Industrie mit Dampf möglich ist. Die Möglichkeit dieser Versorgung wird sich danach richten, ob die örtlichen Verhältnisse dazu geeignet sind. Es läßt sich nicht von vornherein sagen, ob es jeweils möglich ist, solche Anlagen zu bauen. Aber wenn das Bild der zukünftigen Fernheizversorgung umfassend geschildert werden soll, so muß auch die Frage der Versorgnung der Industrie mit Dampf gestreift werden. Es besteht ja kein Unterschied in den Fragen der zentralen Zusammenfassung der Dampferzeugung für Heizungs-, wie für Industriezwecke, und ich bin überzeugt, daß die Erörterung der Frage der Städteheizung einen Anstoß in der Richtung der Versorgung der Industrie mit Dampf geben wird. In verschiedenen Orten ist das Problem bereits angefaßt worden. In diesem Zusammenhang darf ich auf unser Werk in Meißen hinweisen, das seit dem Vorjahre die Industrie mit Dampf beliefert und weitgehende Projekte vorhat. Das Ganze ist ein Problem, das nur im Zusammenhang mit den Interessen der Elektrizitätswerke gelöst werden kann, und ich glaube, daß über diese Entwicklung noch nicht das letzte Wort gesprochen ist.

Dem Pessimismus, den man hier von verschiedenen Seiten diesen Projekten entgegengebracht hat, kann ich nicht beipflichten. Jeder, der sich mit der Sache einmal intensiv beschäftigt hat, stellt nach einfachen Berechnungen fest, daß die zentrale Wärmeerzeugung billiger ist, als die Erzeugung an vielen einzelnen Stellen. Es hängt von den Kosten der Übertragung und der Fortleitung ab, ob sich im einzelnen Falle eine solche zentrale Versorgung wirtschaftlich durchführen läßt. Entscheidend sind nicht die Anlagekosten für den Kessel und die sonstigen Maschinen, denn bei dem niedrigen Strompreis von 2 Pfg., der für die bei der Wärmelieferung erzeugten Kilowattstunden vergütet werden soll, ist der Elektrizitätspreis = den reinen Kohlenkosten. Die Kosten für die Anlage der Kessel, Maschinen usw. können als gedeckt gelten, wenn kein höherer Preis als 2 Pfg. in Ansatz gebracht wird. Meines Erachtens werden die Fortleitungs- und Rohrleitungskosten ausschlaggebend sein. Es hängt davon ab, wieweit diese verbilligt werden können, ob und in welchem Umfange sich die Dampflieferung nicht nur für Heizzwecke, sondern auch an die Industrie durchsetzt.

Magistratsbaurat Berlit-Wiesbaden: Meine Herren! Im Anschluß an das, was mein Herr Vorredner erwähnt hat von der Industrieversorgung mit Dampf, will ich bemerken, daß auch ich diese Frage für außerordentlich wichtig halte, und wir haben in Wiesbaden eine derartige Versorgung bereits in Aussicht genommen bzw. schon den ersten Schritt dazu getan. In der Nähe unseres Elektrizitätswerkes liegen nämlich verschiedene große Wärmebedarfsstellen, wie eine Brauerei, der Schlachthof, der Bahnhof u. a.; alle diese wollen mit Dampf versorgt werden. Der Anstoß zu dem ersten Schritt wurde gegeben, als im Schlachthof vor kurzem eine Dampfmaschine zusammenbrach infolge Wasserschlages, deren Ausbesserung allein etwa M. 10 000 kosten würde, und ich habe daher angeregt, daß man unter Anwendung geringer Anlagemehrkosten zur Elektrisierung zunächst des einen Kühlmaschinenaggregates übergehen soll, nachdem das Elektrizitätswerk einen sehr billigen Strompreis bei Einhaltung von Sperrzeiten angeboten hat. Trotzdem die Abdampfverwertung in Schlachthöfen ebenso wie auch in Brauereien eine große Rolle spielt, wird das Elektrizitätswerk in diesem Falle doch in der Lage sein, nach Ausbau seiner Höchstdruckkesselanlage Hochdruckdampf von 10 bis 12 at hinter der ersten Stufe der Turbine so billig in der Fernleitung abzugeben, daß für die Betriebe eigene neue Kessel- und Maschinenanlagen sich teurer stellen, als Fremdbezug von Elektrizität und Wärme. Demnach ist projektiert, daß das Elektrizitätswerk eine Dampffernleitung von 1 bis 2 km Länge für Schlachthof und die genannten Industrien anlegt, von denen eine Brauerei, die schon seit einigen Jahren ihren Betrieb elektrisiert hat, auch schon Abnahme von Dampf nach Stillegung ihrer alten Kesselanlage in Aussicht gestellt hat. Unter Umständen wird das Elektrizitätswerk mit dem Dampfpreis auf M. 3 bis 5 heruntergehen können, namentlich wenn einzelne Betriebe noch Warmwasser speichern bzw. Sperrzeiten eingehen. Es ist dies also ein praktisches Beispiel, daß die Frage der Verwertung von Abdampf für die Industrie schon tatsächlich im Fluß ist.

Dipl.-Ing. Margolis-Hamburg (Schlußwort): Meine Herren! Zunächst zu den Ausführungen von Herrn Ritter. Herr Ritter meinte, daß die großen Elektrizitätswerke wenig Wert auf die Strombelieferung seitens des Fernheizwerkes legen, weil die Stromerzeugungskosten der großen Werke sehr gering seien. Ich habe bereits in meinem Vortrag darauf hingewiesen, daß die Frage der Stromvergütung eine Frage der Größenordnung der Werke ist, und ich habe deshalb meinen Berechnungen eine Vergütung des Stromes mit nur 1 kg Kohle für 1 kWh zugrunde gelegt. Auch bei dieser oder noch geringerer Vergütung des Abfallstromes ist der Vorteil des kombinierten Kraft-Heizbetriebes beträchtlich. Ferner hat Herr Ritter darauf hingewiesen, daß unsere Zukunft noch unklar sei, und daß wir noch gar nicht wissen, wie sich die Entwicklung in den nächsten Jahren vollziehen wird, wie sich die Ferngasversorgung, die Kohlenverflüssigung usw. gestalten wird. Meine Herren! Das wissen wir selbstverständlich alle nicht, aber wenn wir diesen Standpunkt einnehmen würden, dann könnten wir in den nächsten 10 oder 20 Jahren überhaupt nichts unternehmen. Von diesem Standpunkte aus ist kein technischer Fortschritt denkbar. Wir müssen das nehmen, was greifbar ist, und die Städteheizung ist eine greifbare Aufgabe. Der Fernheizbetrieb kann heute wirtschaftlich und auch in jeder anderen Hinsicht verantwortet werden.

Dann zu den Ausführungen von Herrn Ginsberg. Herr Ginsberg bezweifelte die Wirtschaftlichkeit der Städteheizung und verwies auf seine gelegentlich der Tagung des V. D. H. I. in Berlin gemachten Berechnungen. Meine Herren! Auf dieser Tagung ist einmal berechnet worden, daß das Fernheizwerk nicht wirtschaftlich sein kann, weil der Kesselwirkungsgrad angeblich schlecht sei und das andere Mal ist behauptet worden, daß die Gewinne des Hamburger Fernheizwerkes außerordentlich groß seien. Man hatte dabei allerdings eine Vergütung des Abfallstromes mit 80 Pfg./kWh zugrunde gelegt. Wenn diese Rechnungen zutreffen würden, so hätten wir bereits Fernheizwerke in jeder Kleinstadt bauen können; eine derartige Stromvergütung ist aber selbstverständlich undenkbar. Ich habe ja in meinem Vortrag darauf hingewiesen, daß die Größenordnung der heutigen Fernheizwerke viel geringer ist als die der Elektrizitätswerke, und daß folglich der erzeugte Abfallstrom, sofern es sich nicht um Spitzenstrom handelt, lediglich mit dem sonst erforderlichen Kohlenaufwand im Kondensationsbetrieb vergütet werden kann. Und damit ist auch die Frage von Herrn Ginsberg über die Vergütung des Abfallstromes beim Hamburger Fernheizwerk beantwortet worden. Wir bekommen für den gelieferten Abfallstrom lediglich die dem Kondensationsbetrieb entsprechende Kohlenmenge, aber der kombinierte Kraft-Heizbetrieb ist selbstverständlich wirtschaftlich. Die Höhe der Wirtschaftlichkeit des kombinierten Kraft-Heizbetriebes ist vom Umfange der Stromerzeugung und vom Kohlenpreis abhängig.

Bei dem ersten Fernheizwerk in Barmen, mit einem Wärmeaufwand von etwa 5 bis 6 Millionen WE/h, war der kombinierte Kraft-Heizbetrieb nicht möglich. Beim späteren Ausbau des Fernheizwerkes bis auf einen Anschlußwert von rd. 25 Millionen WE erwies sich der kombinierte Kraft-Heizbetrieb als wirtschaftlicher. In Hamburg haben wir in diesem Jahre 4,6 Millionen kWh Abfallstrom erzeugt und im nächsten Jahre hoffen wir etwa 6 Millionen kWh zu erzeugen. Es ist hier gesagt worden, ich hätte die Zukunft zu rosig gemalt. Meine Herren! Wir kommen zu den großen Anlagen mit kombiniertem Kraft-Heizbetrieb, die die Entwicklung der Elektrizitätswirtschaft in den Städten umgestalten werden! Es liegen bereits ausgearbeitete Projekte für sehr große Anlagen vor. Für das Hamburger Fernheizwerk ist z. B. die Erweiterung des Anschlußgebietes um 85 Millionen WE mit der Aufstellung von Gegendruckturbinen für 10 000 kW geplant. Die Lieferung des Abfallstromes wird damit auf 25 bis 30 Millionen kWh im Jahre gesteigert werden können und es ist leicht zu berechnen, wie der Gewinn von der Stromerzeugung sich erhöhen wird. Aber dieser Gewinn ist erforderlich, um das Kapital für die Fernleitungen aufzubringen. Bei Frischdampfverteilung fällt der Vorteil des zusätzlichen Gewinnes von der Stromerzeugung fort, damit aber auch die Möglichkeit, derartig ausgedehnte Fernheizwerke zu bauen.

Herr Ginsberg hat auch die Frage der Abschreibung berührt und meinte, daß oft der Fehler gemacht wird, daß bei bereits abgeschriebenen Anlagen keine Rücklagen für die später erforderlichen Neuanschaffungen gemacht werden. Das Hamburger Fernheizwerk hat von den Hamburgischen Elektrizitätswerken zwar bereits abgeschriebene Kesselanlagen übernommen, zahlt aber für diese Anlagen eine Pacht, die bei Rücklage die spätere Erneuerung der Kessel gestatten, oder zum mindesten wesentlich erleichtern wird. Im übrigen ist für die Erweiterung des Hamburger Fernheizwerkes vom Elektrizitätswerk Bille die Aufstellung einer modernen Kesselanlage geplant.

Herr Ginsberg hat ferner darauf hingewiesen, daß in Braunschweig eine Kanalstrecke undicht war, die eine nachträgliche Verlegung der Fernleitung verursacht hat. Ich habe das bereits in meinem Vortrage erwähnt. Es ist einer jener bedauerlichen Fehler, wie sie bei jedem großen Bau, wie z. B. auch bei Errichtung eines Elektrizitätswerkes, vorkommen können. Schon zu Anfang der Ausführung waren Zweifel über die Dichtheit des Kanales entstanden und ein zu Rate gezogener Sachverständiger hat die Erneuerung der betreffenden Strecke empfohlen. Bedauerlicherweise ist dieses Gutachten angezweifelt worden; es ist ein zweiter Sachverständiger mit bekanntem Namen, ein Geheimrat, befragt worden, der von der Erneuerung der Strecke abgeraten hat. Leider hat die Strecke sich später tatsächlich als undicht herausgestellt, so daß sie erneuert werden mußte. Aber, meine Herren, trotz dieser zusätzlichen Kosten ist das Braunschweiger Fernheizwerk wirtschaftlich, und ich kann Ihnen schon heute mitteilen, daß auch dieses Fernheizwerk erheblich erweitert werden wird.

Herr Ginsberg meinte, daß die Aufstellung einer großen Gegendruckturbine für eine Leistung von 25 000 kW unmöglich sei, weil man dafür ein Versorgungsgebiet von 60 Millionen WE nötig hätte. Für eine 25 000 kW Gegendruckturbine muß das Versorgungsgebiet noch größer sein, aber trotzdem ist es möglich, und derartige Anlagen werden bereits bearbeitet.

Herr Ginsberg hat die Zumischung von Frischdampf in unseren Werken Poststraße und Karolinenstraße als Beweis der Unwirtschaftlichkeit des kombinierten Kraft-Heizbetriebes gedeutet Es wäre selbstverständlich naiv, die Gegendruckmaschinen für den Spitzenbedarf der Heizung zu bemessen, es ist viel richtiger, die Maschinen kleiner zu wählen, an Kapitaldienst zu sparen und die vorübergehende Frischdampfzumischung für 2 oder 3 Stunden in Kauf zu nehmen. Zwischendampfentnahme kann unter Umständen vorteilhaft sein, aber auf diesem Gebiete möchte ich zur besonderen Vorsicht mahnen. Man meint, der Zwischendampf ist billiger, weil er bereits Arbeit geleistet hat, das ist nicht immer der Fall, denn die Turbinenschaufeln müssen für bestimmte Dampfgeschwindigkeiten konstruiert werden, und bei wechselnder Zwischendampfentnahme wird der Wirkungsgrad des Niederdruckteiles der Turbine wesentlich beeinflußt, oft so stark, daß der ganze Vorteil der Zwischendampfentnahme aufgehoben wird. Es muß von Fall zu Fall berechnet werden, welche Lösung die wirtschaftlichere ist, Zwischendampfentnahme, Gegendruckbetrieb oder Frischdampfverteilung In Hamburg arbeiten wir mit Gegendruckmaschinen, in Kiel ist neben der Gegendruckturbine noch eine besondere Abdampfturbine aufgestellt worden.

Darf ich nunmehr zu den Ausführungen von Herrn Koch übergehen. Es ist sehr bedauerlich, daß Herr Schulz durch seine Erkrankung verhindert war, seinen Vortrag zu halten. Es ist eine Lücke entstanden, die für mich besonders peinlich ist, da meine Ausführungen so hingestellt worden sind, als ob sie nicht dem Standpunkte der Elektrizitätswerke entsprächen. Ein Widerspruch besteht aber tatsächlich nicht. Die Arbeiten von Herrn Schulz gehen in engster Gemeinschaft mit R.O.M. Die Berliner Städtischen Elektrizitätswerke haben bereits im Jahre 1924 mit R.O.M. eine Studiengesellschaft zur Erforschung der Fragen des Fernheizbetriebes für Groß-Berlin gegründet Es ist selbstverständlich, daß die Ansichten gelegentlich auch auseinandergehen. Herr Schulz ist zur gleichen Zeit mit mir in den Vereinigten Staaten gewesen und is durch die amerikanischen Verhältnisse in mancher Hinsicht, so auch in Bezug auf die Ausdehnung des Rohrnetzes, vielleicht anders als ich beeinflußt worden. Wir können ausgedehntere Anlagen bauen, weil die Wirtschaftlichkeit des Fernheizbetriebes im wesentlichen eine Frage der Anlagekosten der Fernleitungen ist. Die Anlagekosten drüben sind ungeheuer viel größer als bei uns; 1 lfd. m Kanal kostet z. B. in New York M. 1200, andererseits besteht dort der Vorteil der viel größeren Wärmedichte. In Detroit wird ein Versorgungsgebiet von verhältnismäßig geringer Ausdehnung von vier verschiedenen Kesselanlagen beliefert.

Es ist selbstverständlich, daß die Fragen der Städteheizung in engster Zusammenarbeit mit den Elektrizitätswerken behandelt werden müssen. Die Anlehnung des Fernheizbetriebes an die Elektrizitätswerke ist erforderlich, um den kombinierten Kraft-Heizbetrieb durchzuführen und um die Kosten der Kesselanlagen zu sparen. Schon die Ersparnisse an Anlagekosten betragen M. 20000 bis 30000 je 1 Million Anschlußwert, und das ist für die Rentabilität des Fernheizbetriebes von ausschlaggebender Bedeutung.

Herr Koch hat darauf hingewiesen, daß bei stufenweiser Erwärmung des Wassers die Stromerzeugung erhöht werden kann. Wir haben die stufenweise Erwärmung des Wassers bereits im Jahre 1920/21 ausgeführt. Die Speicherung ist ein langes Kapitel für sich, worauf ich aber in meinem Vortrag nicht eingegangen bin, weil die Zeit dazu nicht ausreichend war.

Von einem der Diskussionsredner ist die Frage der Frischdampfverteilung im Zusammenhang mit dem billigen Wasser-Strom angeschnitten worden. Der Verkaufspreis des elektrischen Stromes wird selbstverständlich durch die Konkurrenz der Wasserwerke beeinflußt, da aber der Hauptbedarf an Elektrizität in Dampfwerken erzeugt wird, so ist die unterste Grenze des Strompreises im wesentlichen doch vom Kohlenaufwand des Dampfwerkes abhängig.

Die schöne Zahl von 3100 oder gar 3000 WE/kWh, die für den Nachtstrom genannt worden ist, ist nicht zutreffend. Dieser günstige Wert könnte vielleicht im besten Falle bei voller Belastung des Werkes am Tage erreicht werden. Nachts ist aber die Belastung der Werke sehr gering und damit steigt der Kohlen- und Wärmeverbrauch. Bei Verwendung von Nachtstrom für die Wärmeerzeugung in einem Fernheizwerk ist sogar der Preis von 1 Pfg./kWh noch zu hoch, denn die Wärmeerzeugung mittels Kohle ist unvergleichlich viel billiger.

Ich weiß nicht, ob ich alle Anfragen beantwortet habe, ich hoffe aber, daß die Entwicklung der Städteheizung uns noch manchmal Gelegenheit zur gegenseitigen Aussprache geben wird und hoffe, dann in der Lage zu sein, noch zur Klärung dieser oder der anderen Frage beitragen zu können.

Aussprache zu dem Vortrage:

Neues aus der amerikanischen Heiz- und Lüftungstechnik.

Von Dr. techn. C. Brabbée,

Direktor des »Brabbée-Laboratoriums« der American-Radiator Co., New York.

Ministerialrat Dr. Schindowsky: Meine hochverehrten Herren! Wir haben schon zum Ausdruck gebracht, wie erfreut wir gewesen sind darüber, daß die Zahl der Ausländer mit jedem Kongreß wächst. Wir freuen uns heute, daß wir auch aus dem Ausland einen Vortrag bekommen haben. Aber es ist kein Ausländer, der gesprochen hat, sondern ein guter, alter Bekannter. Wir sind ihm zu großem Dank verpflichtet, und da Sie ihm ebenso lebhaft beigepflichtet haben, ist es auch mir, Herrn Prof. Brabbée für seine Mühe zu danken, eine ganz besondere Ehre und Pflicht.

Dr. Schiele: Meine sehr verehrten Herren! Ich weiß genau, daß es Herrn Dr. Brabbée nicht recht wäre, wenn nichts zu seinem Vortrag geäußert würde. Ich habe mich außerordentlich gefreut, aus seinem Munde wieder einmal über das nordamerikanische Arbeitsgebiet zu hören, auf dem ich in den Jahren 1892 bis 1894 selbst tätig war. Die Ausführungen des Herrn Dr. Brabbée haben meine Überzeugung bestätigt, daß das Weltenrad sich dauernd dreht und daß alles, was einmal oben war, nach unten kommt und umgekehrt. Als ich damals Deutschland verließ, verschachtelten wir die Heizkörper in Verkleidungen, und als ich hinüberkam, fand ich überhaupt keine Verkleidungen vor. Heute ist es genau umgekehrt. In Amerika verlangt man Heizkörper-Verkleidungen, und wir stellen die Heizkörper so frei und zugänglich auf, wie nur möglich. Es kommt da ganz gewiß etwas von Mode hinzu — wir wissen ja auch von anderen Gebieten, daß die Mode gemacht werden kann.

Herr Professor Brabbée hat über die Verwendung von Gas gesprochen; das ist zweifellos ein sehr interessantes Gebiet auch für uns.

Eine der größten Überraschungen auf fachtechnischem Gebiet war für mich, als ich nach Amerika kam, daß es kein Gas, keinen Koks, nur »hard coal« und »soft coal«, mit grausamen Rauchschwaden, für den Betrieb von Zentralheizungen gab. Dabei tausend Kesselkonstruktionen, eine besser und von höherem Nutzeffekt als die andere, 100% war gar nichts. Es schwirrte davon in den Zeitungen. Für dieses von Rauch schwer geplagte Land ist es sehr zu begrüßen, daß der Koks Eingang finden soll.

Herr Dr. Brabbée hat auch über das »One Pipe-System« gesprochen. Ich weiß nicht, ob das als etwas Neues in Amerika angesehen wird; denn vereinzelt kam dieses System dort auch schon früher vor. In Deutschland ist jedenfalls auch für Dampf das Einrohr-System nichts Neues. Es entstanden unter dem Einflusse des Systems Bechem & Post auch durch meine Firma unter der Führung von Strebel solche Anlagen. Zufriedengestellt haben sie namentlich nicht wegen der Neigung zu Geräuschen.

Den Schlußworten des Herrn Dr. Brabbée möchte ich überzeugt beitreten, und zwar als einer, den sein gutes Geschick an die Wasserkante verschlagen hat. Wir müßten uns viel mehr den stolzen Wahlspruch der Hamburg-Amerika-Linie zu eigen machen:

»Mein Feld ist die Welt«, und so sollten wir auch dafür sorgen, daß unsere Söhne das Ausland besuchen. Denen, die hinausgehen, möchte ich aber den guten Rat geben, zu beobachten, aber mit der Kritik zurückzuhalten und dann nach der Heimkehr das Gesehene und Gelernte in Wort und Schrift und Tat zu verwerten.

Dipl.-Ing. Ginsberg: Meine Herren! Ich möchte es doch nicht unterlassen, auf einige Punkte hinzuweisen, die für die weitere Entwicklung des Faches in Deutschland von grundlegender Bedeutung sein können. Herr Prof. Brabbée hat in seinem Vortrag gezeigt, wie wichtig es ist, nicht eine bestimmte Wärmemenge in den Raum hineinzuführen oder eine bestimmte Temperatur im Raum zu erzielen, sondern mit unseren Anlagen Verhältnisse zu schaffen, die allen angenehm sind. Wir können durch geschickte Anordnung und Ausbildung der Heizkörper herbeiführen, daß wir mit viel geringeren Wärmemengen auskommen, als wir bisher zu rechnen gewöhnt sind. Ich erinnere mich verschiedener Hallen, die allein durch strahlende Wärme beheizt werden, bei denen unmittelbar nach der Erwärmung der Heizfläche das Gefühl des Wohlbehagens hervorgerufen worden ist, obgleich bei weitem nicht die Wärmemenge eingeführt wurde, als nach der Transmissionsberechnung erforderlich ist, und damit eine wesentlich größere Wirtschaftlichkeit erzielt wurde. Wir sind in Deutschland dazu gezwungen, wirtschaftlich zu arbeiten, viel mehr als der Amerikaner müssen wir darauf sehen, alle diese Hilfsmittel bis zum letzten auszubeuten und auszunützen und zu sparen. Außerordentlich interessant war es, als praktische Ergebnisse die überraschenden Zahlen zu finden, nach denen durch richtige Ausgestaltung unter Umständen mit dem halben Kondensat, d. h. mit der halben Wärmemenge das erzielt werden kann, was man früher kaum mit der ganzen Wärmemenge gehabt hat. In Deutschland sind wir jetzt durch die Leicht-Modell-Radiatoren gerade den entgegengesetzten Weg gegangen. Brabbée ist wohl der erste gewesen, der diese Heizkörper untersucht und festgestellt hat, daß sie ungefähr das gleiche Kondensat haben wie die alten Modelle. Rein theoretisch wurde dem zu Anfang widersprochen. Man muß sich ohne weiteres sagen, daß durch die große Zusammendrängung eine geringere Strahlung als mit den alten Modellen erzielt wird. Da aber die gleiche Wärme abgegeben wird, muß ein großer Teil der Wärme in Teile des Raumes steigen, wo wir sie nicht brauchen können. Und ich hoffe, daß die Herren, die mir gestern gesagt haben: »Die Entwicklung wird über Ihre Ansicht hinweggehen, Sie kommen unter die Walze«, nicht recht behalten, daß dieses Modell, das in architektonischer Wirkung vor dem alten recht viele Vorzüge hat, recht bald verschwindet und die architektonische Lösung auf anderem Wege gesucht wird.

Im Zusammenhang damit komme ich zu der Frage der Verkleidung, die Herr Prof. Brabbée angeschnitten hat. Schon vor langen Jahren ist der Kampf um die Verkleidung gegangen, und ich erinnere an eine Ausführung, die unter Leitung von Herrn Dr. Marx beim Bau des neuen Rathauses in Berlin-Schöneberg ausgeführt worden ist. Dort ist selbst in dem großen Festsaal nicht ein einziger Heizkörper verkleidet und doch eine recht gute architektonische Wirkung erzielt worden. Der Heizungsfachmann sollte versuchen, auf den Architekten einzuwirken, daß dieser Unfug der Verkleidung verschwindet.

Die rauchlose Verbrennung der softcoal ist für die Amerikaner von außerordentlicher Bedeutung. In Deutschland selbst spielt diese Kohle kaum eine Rolle. Wohl aber können ähnliche Einrichtungen Bedeutung gewinnen für die deutschen Firmen, die nach dem Ausland arbeiten. Ich denke an Rußland, wo man noch viel Holzfeuerung hat, und die Holzfeuerung erfordert eine ähnliche Behandlung wie die rauchbildende Kohle.

Es wären noch sehr viel Punkte, die erwähnenswert sind, ich möchte aber Ihre Zeit nicht länger in Anspruch nehmen und glaube auch, das Wichtigste vorgebracht zu haben.

Oberingenieur Arthur Schulze-Düsseldorf: Ich habe nur eine kleine Frage an Herrn Prof. Brabbée. Sie wissen doch, daß in Deutschland Stahlrohr-Konstruktionen für Kessel und Radiatoren aufkommen, und haben wohl den neuesten Prospekt von

Mannesmann gesehen? In dem Vortrag des Herrn Brabbée habe ich nichts gehört, ob es auch ähnliche Konstruktionen in Amerika gibt und — wie in Deutschland — Schmiedeeisen zur Herstellung von Radiatoren und Heizkesseln verwendet wird. Vielleicht ist Herr Prof. Brabbée in der Lage, hierüber Aufklärung zu geben.

Prof. Dr. Brabbée (Schlußwort): Meine Herren! Zu den Ausführungen des Herrn Dr. Schiele habe ich nichts weiter zu bemerken, als ihm zu danken. Zu den Ausführungen des Herrn Ginsberg habe ich zu sagen, daß, wenn ein großes Volk allgemein etwas begehrt, so ist es klug, diesem Verlangen mit möglichst guten und billigen Bauarten entgegenzukommen, denn sonst werden schlechte und teure Konstruktionen großgezogen. Hinsichtlich der Anfrage von Herrn Schulze ist zu sagen, daß schmiedeeiserne Heizkörper und Kessel wohl in geringem Ausmaße vorkommen, aber in einem Lande, in dem überwiegend Dampfheizung verwendet wird, wurden schlechte Erfahrungen damit gemacht. Es scheint allerdings, daß man sich der Frage neuerdings wieder zuwendet. — Ich möchte nochmals herzlich danken für die große Ruhe und Aufmerksamkeit, mit der Sie mich angehört haben.

Aussprache zu den Vorträgen:

Wärmetransport und Wärmeschutz.
Von Prof. Dr.-Ing. H. Gröber.

Praktische Ausgestaltung von Fernheizleitungen.
Von Dipl.-Ing. W. Vocke.

Messung der Nutzwärme und Meßinstrumente.
Von Stadtbaumeister Hugo Schilling.[1])

Professor Hüttig, Dresden: Meine Herren! Dem Beifall, den Sie Herrn Professor Gröber gezollt haben, schließe ich mich durchaus an. Wenn man auch mit Einzelheiten nicht ganz einverstanden sein wird, so möchte ich jetzt hierauf nicht eingehen, sondern vielmehr nur auf eine Tatsache hinweisen, die ich durch einen Umweg in Erfahrung gebracht habe. Ich habe mich bei verschiedenen Fachkollegen erkundigt, wie ihnen der im Druck erschienene Vortrag gefällt, und da habe ich die Antwort erhalten, er sei zu theoretisch. Ich kann mich diesem Vorwurf nicht anschließen, da der Vortrag Zahlenbeispiele gibt, die man bei verständnisvoller Behandlung auch auf andere Ergebnisse anwenden kann. Wir haben am Freitag nachmittag gehört, wie unsererseits an die Architekten die Forderung gestellt wird, sie sollten sich soviel Kenntnisse verschaffen, daß sie uns ein größeres Verständnis beim Bau von Heizungen entgegenbringen. Wenn man an andere eine solche Forderung stellt, darf man es nicht unterlassen, an seiner eigenen Vervollkommnung zu arbeiten. Es hat mich nicht überrascht, jenes Urteil über Gröber zu hören, denn es ist schon oft vorgekommen, auch mir persönlich, wenn ich meine Erläuterungen Fachkollegen geben wollte, daß gesagt wurde: Da kommt der Professor heraus. Wenn wir uns mehr mit der Theorie befassen würden, würden wir eine sichere Waffe gegen das Pfuschertum schmieden. Die Theorie ist das Kriterium, die Praxis zeigt das Nächstliegende. So hat Kant gesagt, es ist noch zu wenig Theorie darin, umfaßt sie doch den Einzelfall. Die Praxis zeigt uns das Nächstliegende, die Theorie das Klügste. Ich sprach gestern mit Herrn Professor Müller, und er nannte mir ein recht drastisches Beispiel. Wenn bei einem Dammbruch die Bauern das Vieh von der Weide treiben, so ist das das Nächstliegende, das Klügste ist, auf den Damm zu eilen und ihn auszubessern, wie es von einem hervorragenden Mann getan wurde. Zugegeben, daß der Praktiker in dem häufig schweren wirtschaftlichen Kampf kaum die Zeit findet, sich mit wissenschaftlichen Abhandlungen zu befassen. Es muß auch zugegeben werden, daß Fragen mathematischer Natur auf den Hochschulen im Unterricht wenig oder garnicht mit praktischer Anwendung behandelt werden. Es ist nicht nötig, daß jede Abhandlung, die ein Integral enthält, gleich als zu wissenschaftlich beiseite gelegt wird. Es gibt eine große Anzahl schöner und verständlich geschriebener Bücher, die eine Brücke zwischen Mathematik und Nutzanwendung der Technik schlagen. Professor Gröber, der den Lehrstuhl unseres Altmeisters Rietschel inne hat, hat zwei ausgezeichnete Bücher für unser Fach mit großem Fleiße geschrieben. Das erste war freilich etwas zu wissenschaftlich und Professor Nusselt sagte, als ich gelegentlich darauf zu sprechen kam: Wenn Kollege Gröber im Vorwort schreibt, es sei auch für den Praktiker, so hat er

---

[1]) Die Aussprache zu diesen drei Vorträgen wurde aus Gründen der Zeitersparnis vom Vorsitzenden des Kongresses zusammengefaßt. Wortmeldungen erfolgten im wesentlichen nur zum Vortrag von Herrn Gröber.

von diesem (dem Praktiker) eine verdammt hohe Meinung. Nusselt bietet auch nicht immer in seinen Veröffentlichungen eine leicht verdauliche Speise. In Erkenntnis dieser Tatsache hat Gröber dasselbe Thema noch einmal leichter verständlich behandelt. Meine Herren! Auf eins möchte ich noch aufmerksam machen. Unser Fach braucht doch die Wärmetheorie, und das ist gerade ein schwieriges Thema, da die Wärme schwer zu messen ist. Ich möchte nur eins noch bemerken, wenn wir unseren Wissenschaftlern die Lust und Freude an der weiteren Forschung nehmen, indem wir sagen, sie seien zu wissenschaftlich, werden wir bald ihre Tätigkeit im weiteren Forschen untergraben, und das ist es, worauf ich hinweisen wollte. Es tut mir leid, wenn gerade Herr Professor Gröber als zu großer Wissenschaftler hingestellt wird und nicht für uns verständlich sein soll. Ich bedaure, meine Ausführungen nicht weiter fortführen zu können. Ich glaube, sie wären anders hinausgelaufen, als man am Vorstandstisch erwartete.

Der Vorsitzende, Herr Präsident Hartmann, unterbrach Herrn Prof. Hüttig wiederholt mit der Bitte, seine Werturteile über Herrn Professor Gröber zu unterlassen, da sie in der vorgebrachten Form nicht vor den Kongreß gehörten.

Baurat Oslender: Meine Herren! Mir geht es darum, daß der Zusammenhalt zwischen den Theoretikern und den Praktikern keine Einbusse erleidet. Ich opfere diese Erkenntnis sogar meinen persönlichen Anschauungen und würde mich dahin bescheiden, wenn ich wüßte, daß das passieren sollte durch meine Darlegungen. Ich schätze Herrn Professor Gröber sehr hoch ein. Ich habe ihn auch persönlich kennen gelernt, und ich kann nur sagen, daß er mir äußerst sympathisch als Mensch vorgekommen ist. Aber Sie werden erlauben, daß ich meinen Standpunkt darlege, indem ich kurz und klar sage: Ich bin mit den Darlegungen Gröbers in keiner Weise einverstanden. Und ich werde auch sagen, warum, wenn Sie mir nicht die 5 Minuten nehmen. Das, was Herr Professor Gröber ausgeführt hat, ist alles richtig, wenn man anstatt Fernheizleitung Fernkraftleitung setzt.

Sie sehen, daß die an sich richtigen Darlegungen nicht zutreffend sind für unsere Betriebe, die wir zu betreuen haben. Wir brauchen keine Einrichtungen, keine Fernleitungen, die am Ende der Fernleitungspunkte einen Druck von 5 at haben. Im Gegenteil, wir wollen am Ende der Leitung einen möglichst niedrigen Druck haben. Wir kommen mit dem hundertsten Teil = 0,05 at aus. Das wird in den meisten Fällen für unsere Zwecke ausreichen.

Wenn Sie dagegen eine Fernkraftleitung, wie Sie, Herr Professor, sie im Auge haben, errichten, kann man es so machen, wie Sie es dargelegt haben. Ich weiche gar nicht so weit von Herrn Prefossor Gröbers Darlegungen ab, es ist nur die Grundlage für die Berechnung, die verschoben ist, sie entspricht nicht dem, was wir hier zu verhandeln haben.

Nun wäre noch eins zu sagen. Es ist hier dargelegt worden, daß wir es unstreitig in erster Linie der Schweißtechnik zuzuschreiben haben, daß man heute Fernheizwerke in großer Zahl bauen könne. Nein, Herr Professor, so liegen die Dinge wirklich nicht. Es hat dazu einer langen Entwicklung bedurft. Wir sind dahin gekommen, daß wir zunächst einmal Fernheizwerke in großer Zahl projektierten; von Ausführungen war wenig die Rede, da wir die schlechten finanziellen Erfahrungen gemacht haben mit dem Fernheizwerk in Dresden. Das ist eine bestimmte von den maßgebenden Personen der Öffentlichkeit und in der Zeitung gegebene Erklärung. Das Staatsfernheizwerk in Dresden hat keinen finanziellen Erfolg gehabt. Das ist eine Tatsache und wohl nicht zu bestreiten. Das müßte erst kommen und dann könnten wir auch untersuchen warum. Und dann müßte die Entwicklung kommen, die noch weiter da gewesen ist. Die brauchbaren Dampfmaschinen müßten erfunden werden, die für Zwischendampfentnahme geeignet sind. Dann mußte noch ein Drittes geschehen: Es mußte erst die Starkstromleitung erfunden werden. Das sind die Punkte, die man beachten muß, und zwischendurch, parallel damit, entwickelte sich die Schweißtechnik, anfangs mit großen Mißerfolgen bis zu der heutigen Zeit, wo wir mit der Schweißtechnik ernstlich rechnen müssen und eine große Unterstützung bei ihr finden. Diese ganze

Entwicklungsgeschichte streichen Sie mit einem Satz durch. Es sind etwa 20 Jahre der Heizungsentwicklung. So können wir es nicht machen! Beim Wärmetransport kommt es darauf an: Wie machen wir die Sache auf die billigste Weise? Dabei werden Sie finden, daß die billigere Weise die ist, die den größten Druckunterschied zwischen dem Ende und dem Anfang der Leitungen zuläßt. Das ist auf alle Fälle der billigste Wärmetransport. Und wenn von Kilowattstunden die Rede ist, dann hat das nur Bedeutung wiederum für Fernkraftwerke.

Wir wollen ans Ende unserer Fernleitungen niedrigsten Druck fördern, und zwar auf die billigste Weise. Es geht nicht an, die Kosten der Fernleitung lediglich pro laufenden Meter begehbare Kanalanlage und nach dem wirtschaftlichsten Durchmesser zu berechnen. Die Röhren können auch in Kanäle gelegt werden, die schon bestehen, zum Beispiel in Kanalisationskanäle. Ich will das nicht so sehr in Rechnung stellen; jedenfalls kann man nicht eine Rechnung aufmachen, bei der in der Hauptsache den Ausschlag die Kosten der Kanäle geben, die in dem Diagramm zu 120,— M. angegegeben sind. Das stimmt nicht. Ich möchte Ihre Zeit nicht länger in Anspruch nehmen und behalte mir vor, meine Darlegungen an anderer Stelle schriftlich zu ergänzen.

Dipl.-Ing. Fritz: Meine Herren! Ich hatte mich bereits gestern zum Wort gemeldet. Der Herr Vorsitzende bat mich aber, meine Diskussionsrede auf heute zu verschieben. Der Bitte des Vorsitzenden entsprechend, werde ich Sie bestimmt nicht länger als zwei Minuten in Anspruch nehmen. Es ist gestern des öfteren und breiterer die Rede gewesen davon, welch einen großen Anteil die Baukosten bei der Ausführung von Fernheizleitungen ausmachen. Ich möchte daher einige kurze Worte vom Standpunkt des Bauingenieurs dazu sagen. Wenn die Entwicklung der Fernheizanlagen so weiter geht, ist es ratsam, auch einmal einen Vertreter unseres Faches in einem ordentlichen Vortrag zu Worte kommen zu lassen. Dabei werden ganz bestimmt wichtige Punkte, die alle Herren interessieren, zur Sprache kommen. Die Zeit erlaubt es nicht, mich jetzt mit Ihnen über begehbare oder unbegehbare Kanäle zu unterhalten, aber ich möchte darauf hinweisen, daß die Firma Dyckerhoff & Widmann A.-G., als deren Vertreter ich hier spreche, eine Konstruktion von Fernheizkanalhauben ausführt, die außerordentlich viel Vorteile bietet. Die Erfahrungen, die wir schon seit vor dem Kriege besitzen, haben dazu geführt, ganz besondere Profile auszubilden. Die Vorteile dieser Profile sind kurz zusammengefaßt folgende:

Durch Verwendung der fabrikmäßig hergestellten Hauben wird ein erheblich rascherer Baufortschritt erzielt, weil der Kanal durch Aufsetzen derselben sehr schnell geschlossen werden kann und nicht erst, wie bei ortsfester Herstellung, eine bestimmte Zeit bis zur Erhärtung des Betons gewartet werden muß.

Ferner ist das Material der Hauben durch die Gleichmäßigkeit und Sorgfalt, die eine fabrikmäßige Herstellung mit sich bringt, sehr dicht und vollkommen einwandfrei, viel dichter, als es überhaupt bei einer Herstellung an Ort und Stelle erzielt werden kann. Dieser Vorteil ist besonders wichtig, weil von der Güte des Materials das Dichthalten des Kanals abhängig ist. Unsere Profile sind in großem Umfange bereits in größeren Städten, wie Dresden, Leipzig, Meißen usw. zur Anwendung gekommen und haben sich dort überall bestens bewährt.

Auf Anregung und zusammen mit dem Betriebsamt der Stadt Dresden ist in unserem Werk ein Versuchskanal errichtet worden, der ernstlich Interessenten zugänglich ist. An diesem Kanal ist die praktische Verwendbarkeit unserer Fernheizkanalhauben erprobt worden, wobei der ausgeführte Kanal in scharfer Weise den wirklichen Betriebsverhältnissen ausgesetzt worden ist. Auch verschiedene Dichtungsmaßnahmen sind studiert worden, und es war möglich, den Kanal so wasserdicht zu machen, daß er wochenlang in blankem Wasser stand und trotz gesteigerter Temperatur in seinem Innern vollkommen trocken blieb.

Statisch sind die Hauben für die schwersten Verkehrslasten berechnet. Leider war es mir nicht möglich, Lichtbilder mitzubringen, aber Sie haben vorhin im Vortrag des Herrn Vocke auf einem Lichtbild eine solche Haubendeckung gesehen.

Meine Herren! Mitunter kommen bei den Fernheizleitungen auch Freileitungen vor. Für die Verlegung dieser Freileitungen eignen sich in besonderer Weise geschleuderte Betonmasten, weil sie sich in das Städtebild in sehr geschickter Art und für das Auge in ansprechender Form einfügen. Meine Herren! Ich komme zum Schluß. Hoffentlich sind meine Anregungen für den nächsten Kongreß auf fruchtbaren Boden gefallen. Es wird ganz bestimmt von Nutzen sein, wenn auf dem nächsten Kongreß in einem besonderen Vortrag von einem Bauingenieur über die Erfahrungen, die bis dahin auf baulichem Gebiete bei Fernheizleitungen gemacht worden sind, gesprochen wird.

Ing. J. Saxl, Brünn: Meine Herren! Zu dem Vortrag des Herrn Professor Dr.-Ing. Gröber gestatte ich mir folgende Bemerkung: Bei der zweckmäßigen Bemessung des Rohrleitungsnetzes eines Kraftheizwerkes spielt auch die wirtschaftliche Struktur des Werkes eine bedeutende Rolle. Es ist nicht gleichgültig, ob die Anlage einem Elektrizitätswerke gehört, oder, wie in Hamburg, einer Gesellschaft, die den Strom an ein Elektrizitätswerk verkauft. Wenn diese Gesellschaft an das Elektrizitätswerk infolge Druckabfalles in den Leitungen um so und so viel Kilowattstunden weniger verkauft, bedeutet dies für dieselbe einen gewissen Verlust — je nach dem abgemachten Einheitspreis pro Kilowattstunde. Dieser Verlust ist bei einem Elektrizitätswerk, das außer anderen Stromquellen auch ein Kraft-Heizwerk besitzt, unter Umständen bedeutend kleiner. Wenn ich in einem solchen Falle (infolge Druckabfalles in den Fernleitungen) etwas weniger Energie erzeuge, müssen die aus diesem Titel nicht erzeugten Kilowattstunden z. B. von einem Kondensationskraftwerke geliefert werden. Diese zusätzliche Lieferung bedeutet für das Kondensationskraftwerk in der Regel nur einen geringen Mehrverbrauch an Kohle (der Kohlenverbrauch pro zusätzliche Kilowattstunde ist bekanntlich kleiner als der Kohlenverbrauch für die durchschnittliche Kilowattstunde). — Kurz gesagt, sollen die Fernleitungen, die einem Elektrizitätswerk gehören, kleiner bemessen sein als in dem grundsätzlich anderen Falle, wo dieselben Eigentum einer Gesellschaft sind, die den Strom an ein Elektrizitätswerk verkauft. Dieser Umstand kann bei dem Bemessen der Fernleitungen berücksichtigt werden, und zwar sowie in der Fassung der Aufgabe, so in der mathematischen Formulierung.

Professor Gröber (Schlußwort): Nach Ansicht des Herrn Oslender hat mein Ausspruch, daß ohne die Schweißtechnik die meisten heutigen Fernheizprojekte nicht möglich wären, keine Rücksicht auf die wichtige Vorarbeit und die Erfahrungen genommen, die wir den früheren Generationen durch die Errichtung der älteren Fernheizungen verdanken. Meine Worte sollten aber nur besagen, daß ohne die Schweißtechnik die bedeutend billigeren, nicht begehbaren Kanäle unmöglich wären. Ich würde es lebhaft bedauern, wenn durch die Fassung meiner Worte die Verdienste früherer Generationen zu kurz gekommen sein sollten.

Herr Oslender hat ferner die gewählten Dampfdrücke in meinem Vortrag beanstandet. Dazu ist folgendes zu sagen: Ich wollte in meinem Vortrag alle mathematischen Entwicklungen und Formeln vermeiden und habe darum die darzustellenden Gesetzmäßigkeiten an Zahlenbeispielen abgeleitet. Für diese Beispiele ist es vollständig belanglos, ob ich 0,5 oder 5 at als Endspannung der Leitung gewählt habe.

Auf die Beziehungen zwischen Theorie und Praxis will ich nur ganz kurz eingehen. Ich bin der Anschauung, daß die Kenntnis der Theorie einen Menschen nicht hindern soll, auch Sinn für die Praxis zu haben.

Herr Dipl.-Ing. Vocke ergänzt seinen im Teil I, S. 113f. abgedruckten Vortrag in folgenden Punkten:

a) Zu Absatz 4: Flanschverbindungen und Schmelzschweißung:

Einen wertvollen Einblick in die Festigkeitsverhältnisse von Flanschverbindungen und Schmelzschweißungen gibt die Arbeit von Dipl.-Ing. Kaiser, Magdeburg, in der

Feuerungstechnik 15. Juni 1927. Es wird darin zunächst berichtet über die Haftfestigkeit von Flanschenverbindungen.
Auf nahtlos gezogenes Stahlrohr 180/191 mm Durchm. wurden starke Kragenflanschen nach DIN 2142 bzw. DIN 2146 c für Druckstufe 25 aufgewalzt und in der in Abb. 20 dargestellten Weise belastet, bis ein Abstreifen der Flanschen vom Rohr erfolgte. Untersucht wurden normal aufgewalzte Kragenflanschen, ferner solche mit senkrechter Umbördelung, dann Walzflanschen mit Sicherheitsnietung, einmal mit nicht angewalzten, und einmal mit sachgemäß angewalztem Rohr. Die Ergebnisse sind in Abb. 21 zusammengestellt.
Nimmt man die Zerreißfestigkeit des gesunden nahtlosen Rohres zu 100 an, so erfolgt das Abstreifen eines normal aufgewalzten Flansches bei 32; eines Walzflansches mit senkrechter Umbördelung bei 48; eines aufgenieteten, aber noch nicht gewalzten Flansches bei 54, und eines Walzflansches mit Heftnietung bei 68.
Zum Vergleiche gibt Herr Dipl.-Ing. Kaiser eine Anzahl Festigkeitsziffern, welche beim Zerreißen geschweißter Rohrrundnähte erhalten wurden

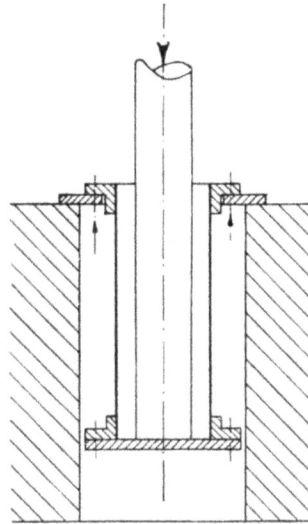

Abb. 20.

Nr.	Art der Verbindung	Haftfestigkeit, bezogen auf den Rohrquerschnitt kg/cm²	Verhältnis der Haftfestigkeit zur Rohrfestigkeit %	Wertigkeit der verschiedenen Verbindungen Nr. 2 = 1
1	Nahtlos gezogenes Stahlrohr 180/191 ϕ	41,4	100	—
2	Walzflansch mit zylindrischer Bohrung und normaler Abfassung nach DIN 2142, Nenndruck 25	13,2	32	1
3	Walzflansch mit zylindrischer Bohrung und senkrechter Umbördelung, im übrigen nach DIN 2142, Nenndruck 25	19,9	48	1,5
4	Walzflansch mit Sicherheitsnietung, zylindrischer Bohrung und normaler Abfassung nach DIN 2146 c, Nenndruck 25 Rohr nicht angewalzt	22,4	54	1,7
5	Wie 4 Rohr sachgemäß angewalzt	28,2	68	2,13

Abb. 21. Abstreifversuche von Flanschenverbindungen.

Nr.	Art der Verbindung		Zerreiß-festigkeit kg/cm²	Zerreiß-festigkeit in % bezogen auf gesundes Rohr
1	Nahtlos gezogenes Stahlrohr 180/191 ⌀		41,4	100
2	Schweißstellen aus der montierten Leitung herausgeschnitten	a b c d	30,6 33,4 17,9 23,2	74 80 43 56
3	Schweißstelle mit gesunder Innenschweiße, mit Muffe gerissen an der Innenschweiße	a b	51,8 58,9	125 142
4	Abreißen der Muffenschweiße nach dem Bruch der Innenschweiße	a b	28,6 26,2	69 63
5	Muffenschweiße ohne Innenschweiße	a b	30,9 25,5	74 62

Abb. 22. Zerreißversuche mit Schweißverbindungen an Rohrleitungen.

Abb. 23. Längenausgleichung durch wellenförmige Führung der Rohre.

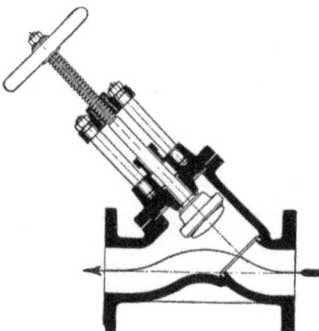

Abb. 24. Koswa-Ventile.

(s. Abb. 22). Man erkennt daraus, daß bei bequemer Lage der Schweißstelle (wenn man das Rohr drehen kann), Festigkeiten von 74—80 % des gesunden Materials erhalten wurden, während bei unbequemer Lage (Überkopfschweißung) die Festigkeit nur 43—56 % des gesunden Materials betrug. Bei Überschiebung einer Sicherheitsschweißmuffe steigt die Festigkeit bis auf 125—142 % usw.

b) Zu dem Abschnitt 5 über Längenausgleicher:

Es ist noch die Längenausgleichung durch wellenförmige Führung der Rohre (s. Abb. 23) nachzutragen. Sie ist die wirtschaftlichste Form aller Längenausgleichungen. Leider läßt sie sich bei Städteheizungen nur seltener verwenden, da zu dieser Art der Rohrführung in Straßen kein

Platz zur Verfügung steht. Jedoch ist sie z. B. in Dresden bei der Überquerung des Theaterplatzes, in Karlsruhe im Schloßgarten, und in zahlreichen Irrenanstalten mit bestem Erfolg verwendet worden. Allerdings erfordert diese Art der Rohrführung eine gute Lagerung der Rohre, am besten auf Kugeln, damit die Drücke auf die Festpunkte in gewissen Grenzen bleiben.

Die Längenausgleichung der Rohrdehnung durch wellenförmige Führung sowie die Lagerung auf Kugeln sind von Pfützner erfunden und zuerst angewandt worden.

c) Abschnitt 10: Absperrorgane:

Koswa-Ventile (s. Abb. 24) werden in Durchmessern von 13 bis 400 mm und für Drücke bis zu 35 atü hergestellt. Die großen Ventile können durch Ketten oder Zahnradübersetzung betätigt werden.

Schlußwort des Vorsitzenden des Heizungsausschusses.

Von Herrn Stadtbaurat Wahl.

Meine hochgeehrten Herren! Der Heizungsausschuß hatte es sich zur Aufgabe gemacht, Sie im Fluge über den heutigen Stand des Heizwesens zu orientieren. Meine Herren ich glaube feststellen zu müssen, daß wir uns zu einer beträchtlichen Höhe wissenschaftlichen und technischen Denkens haben aufschwingen müssen, um dieses Ziel in der kurzen zur Verfügung gestellten Zeit zu erreichen. Es galt nicht nur, Einzelheiten klar zu erkennen, es gilt vor allem die Fülle der Einzelheiten aus der Gesamtentwicklung herauszuschälen und die Richtung, nach der die Entwicklung des Heizungswesens strebt, zu erkennen. Wir haben festzustellen, daß die großen wirtschaftlichen, sozialen und technischen Entwicklungsvorgänge der letzten Jahre in unser Heizungswesen tief eingegriffen haben. Vor allem hat das Wiederaufleben des Bauwesens der Zentralheizungsindustrie neue Aufgaben

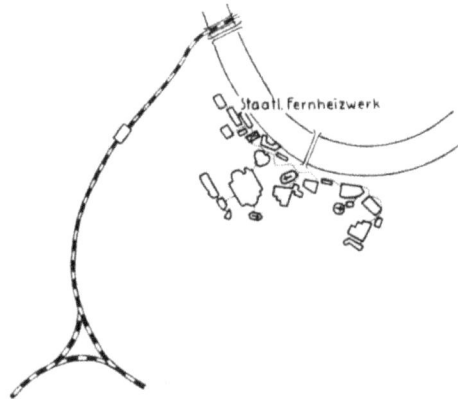

Abb. 1. Das staatliche Heizwerk in Dresden.

und neue Lösungen gebracht. Ich glaube heute feststellen zu können, daß sich zwei Wege offenbaren, wie man den Wärmebedarf großer Gebäudekomplexe decken kann.

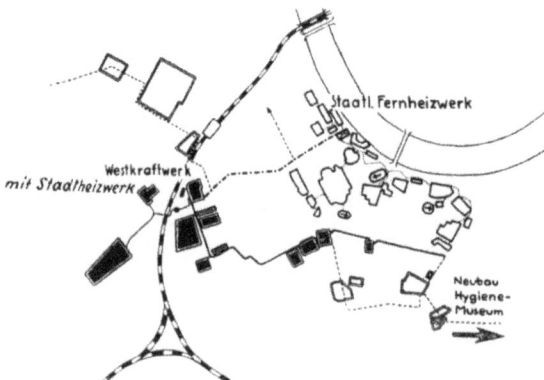

Abb. 2. Ausbaumöglichkeiten des städtischen Heizwerkes in Dresden.

Es ist mit Recht darauf hingewiesen worden, daß in der Gasheizung eine außerordentliche Zukunft liegt, das ist uns Heizungsingenieuren allen bekannt. Da ich selbst der Verwalter einer der größten deutschen Gasanstalten bin, halte ich mich für berufen, dazu Stellung zu nehmen. Ich möchte zunächst sagen, daß die Frage der Gasheizung in Deutschland nicht so leicht zu lösen ist wie beispielsweise in Amerika. Wir haben keine Naturgasschätze. Dagegen haben wir im Laufe von hundert Jahren eine besondere Gastechnik entwickelt. Diese ist heute zu einem Fabrikationsverfahren gediehen, das dem Verbrauche so angeglichen ist, wie es kaum in einem anderen Wirtschaftsbetriebe wieder zu finden ist. Wer die Verhältnisse einer gutgeleiteten Gasanstalt kennt, weiß, daß die Belastung der Gaswerke über ein Jahr hin nahezu konstant ist. Die Sachlage wird in dem Augenblick völlig anders, in dem man einer Gasanstalt in großem Ausmaße die stoßweisen Belastungen eines Heizbetriebes zumutet. Ich kenne die Verhältnisse in Wien, dort hat man 40 000 Gasheizkörper aufgestellt mit dem Erfolg, daß die Leitung der Gaswerke froh wäre, wenn sie diese Kunden wieder los wäre.

Abb. 3. Fabrikfertiger Betonkanal.

Wenn ein ordentlicher Oststurm über Wien hinwegfegt, können die Gaswerke kaum das erforderliche Heizgas beschaffen. Alle Anlagen müssen so groß dimensioniert werden, daß sie für die Höchstbelastung ausreichen. Die Momente der Höchstbelastung sind nur vorübergehend und dauern nur kurze Zeit während eines Jahres; sie sind die Belastungsspitzen, die jeder Betriebsmann kennt und haßt, da sie den Kapitaldienst erhöhen und die Ausnutzung der Anlagewerte vermindern.

Der zweite Weg, meine hochgeehrten Herren, der sich uns auf der Suche nach Wärmequellen zeigt, ist die Städteheizung von heute. Die Städteheizung von heute ist nicht eine Fernheizung im alten Sinne, sie ist etwas anderes geworden. Ich habe in meinen einleitenden Worten darauf hingewiesen, daß das moderne Städteheizungsproblem nur im Rahmen der allgemeinen Energiewirtschaft zu lösen ist. Wir haben heute und vor allem gestern die große Freude gehabt, einen tiefen Einblick in dieses ungeheuer schwierige Wirtschaftsproblem nehmen zu können, und der Heizungsausschuß dankt den Herren Vortragenden ganz besonders für die Offenherzigkeit, mit welcher sie uns ihre Geistesarbeit haben einsehen lassen, und für die Freimütigkeit, mit welcher sie ihre Erfahrungen mitgeteilt haben. Ich glaube, die Herren werden selbst die größte Anerkennung des Auslandes erfahren, wenn unser Bericht in alle Welt hinausgeht und wenn die Welt weiß, wie in Deutschland und auf welchem Niveau im Augenblick die Städteheizung betrieben wird. Im Namen des Heizungsausschusses danke ich den Herren Vortragenden auf das herzlichste für das Dargebotene, in gleichem Maße den Herren Diskussionsrednern, die ihre manchmal andersgehende Auffassung mitgeteilt und vertreten haben. Ich glaube feststellen zu können, daß wir ein gutes Stück vorwärts gekommen sind im Dienste des Heizungswesens.

Abb. 4. Umbördeln der Muffe.

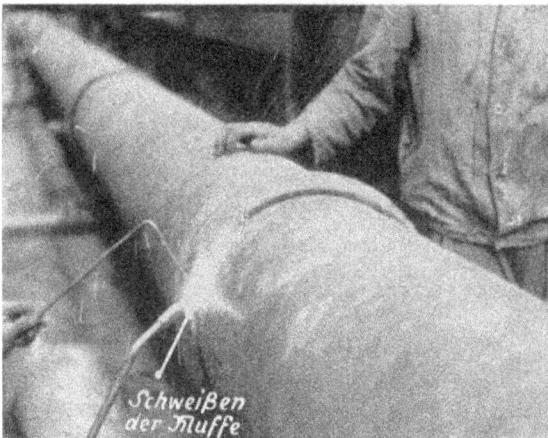

Abb. 5. Schweißen der Muffe.

Meine hochgeehrten Herren, wenn man einen großen Berg vor sich sieht voll Arbeit, so geht es einem wie einem Bergsteiger, der zu schwindelnder Höhe strebt. Wenn man ein gutes Stück gestiegen ist, benutzt man einen guten Aussichtspunkt, um Rückblick zu halten. Ich glaube, wir haben in diesem Augenblick einen solchen Ruhepunkt gefunden. Sie werden es mir nicht übelnehmen, wenn ich heute Rückschau halte. Besonders angeregt hierzu fühle ich mich durch die Ausführungen des Herrn Oslender aus Düsseldorf. Meine hochgeehrten Herren, es sind 28 Jahre her, seitdem einer der tüchtigsten Weggenossen unseres Altmeisters Rietschel, Herr Professor Pfützner, jenes kühne Werk wagte, in Dresden eine Fernheizung von damals noch nicht dagewesenen Dimensionen zur Ausführung zu bringen. Es ist vollständig irreführend, wenn man vom heutigen Standpunkte aus die Frage der Wirtschaftlichkeit dieses Werkes aufwerfen will. Nicht die heute maßgebenden Gesichtspunkte der Wirtschaft-

lichkeit waren es, die damals den sächsischen Staat veranlaßt haben, jenes Werk errichten zu lassen, das ein Markstein wurde in der Entwicklung des deutschen Zentral-
heizungswesens. Die Aufgabe war damals für den sächsischen Staat eine ganz andere.
Es galt, eine große Reihe von Staatsgebäuden, in denen ein ungemessener Reichtum
an Kunstschätzen usw. untergebracht ist, endgültig vor Feuersgefahr zu bewahren.
Das war die Aufgabe von damals und keine andere. Herr Geheimer Hofrat Professor
Pfützner hat diese Aufgabe meisterlich gelöst. Und alle Anwesenden im Saale werden

Abb. 6. Isolierung mit Glasgespinst.

unserem Herrn Pfützner, dem wir am ersten Kongreßtage die Rietschelplakette in
Anerkennung seiner hohen Verdienste für das Heizungswesen verliehen haben, nicht
die Anerkennung versagen wollen, die er sich durch jenen kühnen Schritt vorwärts
erworben hat, der so außerordentlich viel Beispiel und Nachahmung gefunden hat
(Beifall).

Meine hochgeehrten Herren! Der Worte sind genug gewechselt, lassen Sie jetzt
das Auge arbeiten! Auf dem Wege mit dem Film wollen wir rückwärts schauen und
zusehen: »Wie war die Sache damals und wie ist sie heute?« Vor 3 Tagen wurde von
mir für die Stadt Dresden mit dem sächsischen Staat ein Vertrag zum Abschluß ge-

bracht, durch welchen der sächsische Staat das Fernheizwerk der Stadtgemeinde Dresden auf 70 Jahre zum Betriebe übergeben hat. Dies ist nicht etwa deswegen geschehen, weil das Fernheizwerk nicht mehr auf der Höhe ist, nein, weil die Gesichtspunkte der Wirtschaft andere geworden sind. Sie sehen hier (Abb. 1) das staatliche Heizwerk, wie es sich vor nunmehr 25 Jahren an der Elbe entwickelt hat. Durch den neuen Vertrag mit der Stadt soll das alte Kesselhaus des Heizwerkes als solches fallen, neuen Zwecken dienstbar gemacht und das Heiznetz mit Dampf aus dem städtischen Kraft-

Abb. 7. Anbringung von Distanzringen bei Stopfisolierung.

werk am Wettiner Platz versorgt werden. Da das alte Heiznetz für die Verteilung von Hochdruckdampf erbaut ist, wird es notwendig, eine Hochdruckdampfleitung von etwa 1 km Länge zur Verbindung mit dem städtischen Kraftwerk zu verlegen. (Redner läßt einen Film laufen, den er mit erklärenden Worten begleitet)[1]. In den nächsten Bildern sehen Sie die Grundlagen eines zweiten neuen Fernheizwerkes in Dresden, welches die Stadt in diesem Jahre zu bauen begonnen hat. In den Leitungen

---

[1] Einzelne Bilder des Films sind mit einigen photographischen Aufnahmen zum Verständnis des Vortrages beigefügt.

wird Heißwasser ferngeleitet. Das Rohrnetz wird in einer neuen Art Dreileitersystem verlegt. Eines der Rohre wird als Vorlauf mit 140° für den Anschluß von Dampfheizungen betrieben, das zweite Rohr mit 80 bis 120° für Warmwasserheizungen, das

Abb. 8. Umlegen der Blechmäntel für die Stopfisolierung.

dritte Rohr dient als gemeinsamer Rücklauf. Das Netz ist nicht nur wie das alte staatliche zur Versorgung von öffentlichen Gebäuden bestimmt, sondern es soll die ganze Altstadt durchziehen und die Versorgung aller Privatgebäude übernehmen können.

Abb. 9. Einfüllen des Gichtstaubes in die Blechmäntel
der Stopfisolierung.

Hat das alte staatliche Fernheizwerk heute eine maximale Wärmeleistungsfähigkeit von 25 Millionen stündlich, so hoffen wir, mit dem neuen Kommunalfernheizwerk eine Leistungsfähigkeit von 150 Millionen erreichen zu können. Weit hinaus durch die Stadt sollen die Leitungen gehen bis in die Gegend der Ausstellung, wo Sie vor Jahren getagt haben, über eine Entfernung bis etwa 3 km. In Abb. 2 sehen Sie die Ausbaumöglichkeiten angedeutet. Die Wärmequelle ist eine modern ausgebaute Dampfkesselzentrale, in welcher wir dem heutigen Stand der Technik entsprechend Dampf von 35 at zum Betrieb von Turbinen erzeugen, deren Anzapf- oder Abdampf wir zur Erwärmung unseres Heizwassers nutzbar machen werden. — Hier sehen Sie die Männer der Tat schon beim Werke; gemeinsam mit der Verlegung von Straßenbahngleisen ziehen wir unsere Kanäle mitten durch die Stadt. — Wo es durchführbar ist, haben wir, vor allem im Zentrum der Stadt, wenigstens bekriechbare Kanäle vorgesehen, fabrikfertige Pro-

Abb. 10. **Blechmantel der Stopfisolierung vgl. fabrikmäßig hergestellte Abdeckplatten.**

file für die Kanäle gewählt und darin unsere Rohre verlegt (Abb. 3). Die Rohrleitung selbst ist so beschaffen, daß wir sie mit 50 at abdrücken können. Sie sehen, welcher Art die von uns verwendeten Schweißmuffen sind. Hier vor Ihren Augen vollzieht sich der Vorgang des Umbördelns der Muffe (Abb. 4). In Deutschland hat man gelernt, gut und sicher zu schweißen (Abb. 5), und ich glaube, daß uns dies die Amerikaner noch nicht nachgemacht haben. Der Film gibt ein schönes Bild deutschen Unternehmungsgeistes, ein schönes Bild deutscher technischer Arbeit auch in der Durchbildung von Einzelheiten und ein schönes Bild der Geschicklichkeit unseres Arbeiterstandes, der für solche hochwertige Arbeit wertvolle Mitarbeit leistet. — In Abb. 6 sehen Sie die Isolierung einer Rohrstrecke. Die Isolierung wird gebildet aus Schläuchen, die gefüllt sind mit Glaswolle. Wir haben Glaswolle gewählt, weil sie uns geeignet erscheint, die Wärme ganz besonders gut zusammenzuhalten, und weil ihre Unzerstörbarkeit durch Feuchtigkeit und Rattenfraß uns wertvoll erscheint. Die Schläuche werden mit Messingdrahtgewebe zusammengehalten. Eine Mammuthaut (asphaltgetränktes Leinengewebe) bildet den äußeren Schutz gegen Feuchtigkeit. Neben diesem Verfahren wurde

Abb. 11. Ausdehnungsbogen.

bei uns noch eine zweite Art der Isolierung verwendet, eine Stopfisolierung. Ich werde Ihnen auch diesen Arbeitsgang im Bild vorführen. Es werden zunächst auf die Rohrleitung Distanzringe aus Diatomit aufgebracht, diese Schalenringe werden mit Draht zusammengebunden (Abb. 7). Unmittelbar an den Schweißstellen wird eine Vorrichtung umgelegt, welche Tropfröhrchen aufweist, die uns davon in Kenntnis setzen sollen, wenn etwa eine von den Schweißmuffen leck werden sollte. Wir glauben nicht daran, aber Vorsicht ist die Mutter des Porzellanschranks. Über die Distanzringe werden die vorbereiteten Blechmäntel gelegt (Abb. 8), die Sie vorhin haben entstehen sehen. In diese Mäntel wird dann der feine Staub (ausgeglühter Hochofengichtstaub) eingefüllt (Abb. 9), durch fleißiges Klopfen wird er recht fest gestopft. Die Schweißstellen werden durch Asbestringe besonders gesichert, um zu verhindern, daß beim Leckwerden einer Muffe Feuchtigkeit in die Füllmasse zu beiden Seiten der Muffe eindringen kann. Auf die Mäntel wird zum Abschluß ein Schlitzdeckel aufgelötet. Wir schließen auf diese Weise das Isoliermaterial in einen allseitig geschlossenen Blechmantel ein (Abb. 10), so daß wir sicher sind, keine Wärmezirkulation zu haben. Wie schnell und einfach die Arbeitsvorgänge beider Isolierverfahren sind, haben Sie im Film sehen

Abb. 12. Herstellung eines tiefgelegenen bekriechbaren Heizkanales.

können, und gerade die Schnelligkeit ist besonders wertvoll, wenn es sich darum handelt, Fernheizkanäle mitten durch die belebtesten Stadtteile einer Großstadt hindurchzuführen. Was die Schnelligkeit der Ausführung der gezeigten Bauten anbetrifft, glauben wir in Dresden uns unseren amerikanischen Vettern an die Seite stellen zu können, denn mit der gezeigten Schnelligkeit ist nicht nur im Lichtbild, sondern auch bei der tatsächlichen Ausführung gearbeitet worden. Wegen der Schnelligkeit des ganzen Arbeitsvorganges kann man alle Bedenken wegen Verkehrsstörungen zurückstellen — kaum sind die Leitungen fertig, so werden auch die Kanäle schon sauber gemacht, es kommt der letzte Edelanstrich, ein Teeranstrich, auf die Blechmäntel der Isolierung, und schon stehen die Leute bereit, die Abdeckplatten, die ebenfalls fabrikmäßig hergestellt sind, heranzuschaffen und die Kanäle abzudecken (Abb. 10). — In Abb. 11 sehen Sie, wie außerordentlich schwierig es in einer Großstadt ist, die Leitungen mit den erforderlichen Ausdehnungsbögen unterzubringen und wie das alles bei lebhaftestem Geschäftsverkehr vor sich gehen muß. — Abb. 12 zeigt Ihnen die Herstellung eines tiefgelegenen bekriechbaren Heizkanals mit gestampfter Kanalsohle und fabrikfertigem Haubenprofil.

Meine Herren, das ist das, was ich heute vom Dresdner Fernheizwerk und seiner Entwicklung sagen möchte. Ich hoffe, über Jahr und Tag Weiteres berichten zu können über die wirtschaftliche Seite und finde dann hoffentlich auch Ihre Zustimmung. (Lebhafter Beifall.)

Grundlagen der Städteheizung.

Von Dipl.-Ing. A. Margolis.

Inhaltsverzeichnis.

Seite

Vorwort 98
  I. Allgemeine Grundlagen und geschichtliche Entwicklung der öffentlichen Fern-
     heizwerke 99
 II. Wirtschaftliche Grundlagen 103
III. Bedingungen für die Lieferung von Wärme 114
 IV. Ausführung an Hand von Beispielen 115
  V. Betriebsergebnisse 130
 VI. Wirklichkeit und Ziele 132
Anhang. Bedingungen für die Lieferung von Wärme der Fernheizwerk Hamburg
     G. m. b. H. 134

Vorwort.

Die Entwicklung der Städteheizung hat bei uns erst vor wenigen Jahren eingesetzt, aber das Gebiet ist bereits so umfangreich, daß für die Behandlung der
einschlägigen Fragen mehrere Vorträge und Referate von der Kongreßleitung vorgesehen worden sind. Dieser Vortrag soll die Grundlagen der Städteheizung behandeln,
vor allem ihre wirtschaftlichen Voraussetzungen und die praktischen Wege für ihre
Verwirklichung; trotz bewußter Beschränkung ist aber ein gelegentliches Hinüber-
greifen in die benachbarten Gebiete der anderen Vorträge unvermeidlich.

Die Entwicklung des Fernheizwesens hat mit der zentralen Wärmebelieferung
von Kranken- und Irrenanstalten begonnen. Für die Errichtung dieser Fernheizwerke
waren nicht wirtschaftliche, sondern vor allem hygienische Gründe und Gesichtspunkte
der Bequemlichkeit ausschlaggebend. Öffentliche Fernheizwerke können dagegen,
zurzeit wenigstens, nur auf wirtschaftlicher Grundlage gebaut werden — das Anlagekapital soll verzinst und getilgt werden und zusätzlich noch Gewinn bringen. Die wirtschaftlichen Fragen, vor allem die Beziehungen des Kraft- und Heizbetriebes, sollen
deshalb besonders eingehend besprochen werden. Im Zusammenhang mit der Wirtschaftlichkeit sollen auch die Grundlagen, die für den Wärmeverkauf und die Ausbildung der Tarife maßgebend sind, behandelt werden. Als Ergänzung sind im Anhang
die Bedingungen für die Lieferung von Wärme der Fernheizwerk Hamburg G. m. b. H.
veröffentlicht. Neben der Wirtschaftlichkeit ist die Betriebssicherheit Grundforderung
für die Errichtung eines Fernheizwerkes und die Behandlung dieser Frage soll durch
Vorführung bewährter Ausführungen vor allem des Hamburger Fernheizwerkes erfolgen.

Die Entwicklung der Städteheizung in Deutschland hat zu einem Zeitpunkte der
vollsten Entfaltung der Elektrizitätswirtschaft eingesetzt. Der Unterschied in der
Größenordnung der Elektrizitäts- und Heizwerke ist zurzeit noch ungeheuer, so daß
die volle wirtschaftliche Auswirkung durch Zusammenfassung beider Betriebe zunächst
noch nicht möglich ist; erst die Fernheizung der Zukunft wird das gesamte Gebiet der
Stadt erobern und damit die Grundlagen der Stromerzeugung für die Städte im Sinne
des kombinierten Kraft-Heizbetriebes vollständig umgestalten.

Gegenüber den Ausführungen in Wiesbaden ist der Vortrag in einigen Teilen
erweitert worden. Für die Ausarbeitung des Vortrages konnte das reichhaltige Material
der Firmen Rud. Otto Meyer und Fernheizwerk Hamburg G. m. b. H. benutzt werden,
die zu vertreten der Verfasser die Ehre hat.

I. Allgemeine Grundlagen und geschichtliche Entwicklung der öffentlichen Fernheizwerke.

Die Städteheizung stellt die letzte Entwicklungsstufe der Zentralheizung im Sinne der Zentralisierung des Betriebes dar. Die Zentralheizung ist bereits im vorigen Jahrhundert durch die Einführung zunächst der Dampfheizung und später der Warmwasserheizung entwickelt worden. Bessere Brennstoffausnutzung, Wegfall der vielen einzelnen Feuerstellen und damit Verschonung der Räume vom Kohlen- und Aschentransport, Ersparnis an Bedienung, gleichmäßige Durchwärmung aller Räume, Verringerung der Feuersgefahr sind die anerkannten Vorteile der Zentralheizung. In jedem Hause ist aber noch eine Kesselanlage mit Bedienung, Brennstoffzufuhr, Aschentransport und allen den damit verbundenen Begleiterscheinungen und Nachteilen vorhanden. Die Städteheizung stellt sich zur Aufgabe, diese Unbequemlichkeiten zu beseitigen und die Gebäude in gleicher Weise wie mit Wasser, Gas oder elektrischem Strom zentral mit Wärme zu beliefern.

Diese Entwicklung muß gefördert werden:

1. Im Interesse der Abnehmer, um ihren Heizbetrieb besser, bequemer und wirtschaftlicher zu gestalten,
2. im Interesse der Volksgesundheit, weil durch die Zusammenfassung der vielen Feuerstellen und den Fortfall der Schornsteine die Rauch- und Rußplage beseitigt wird; zudem werden die Gebäude und die Straßen von dem mit der Anfuhr des Brennstoffes und Abfuhr der Asche und Schlacke unvermeidlich verbundenen Schmutz und Staub befreit,
3. im Interesse der besseren Erhaltung der Gebäude, die, wie bekannt, unter dem Einfluß von Rauch und Ruß leiden,
4. im Interesse der Bekämpfung der Feuersgefahr, die durch Beseitigung der vielen Feuerstellen erheblich gemindert wird,
5. im Interesse des öffentlichen Verkehrs, weil die Anfuhr und das Abladen des Brennstoffes für die einzelnen Gebäude in den für die heutigen Verhältnisse meistens viel zu engen Straßen immer häufiger zu Verkehrsstockungen Anlaß geben,
6. im Interesse der städtebaulichen Wirkung, weil durch den Fortfall der vielen Schornsteine mit ihren Rauchfahnen und Schwaden das Städtebild gewinnen wird,
7. im Interesse einer vollkommeneren Brennstoff- und Elektrizitätswirtschaft.

Die Aufgabe, mehrere Gebäude von einer Kesselanlage aus zu beheizen, entstand zunächst bei Krankenanstalten, bei denen aus hygienischen Gründen ganz besonderer Wert auf die Beseitigung der vielen Feuerstellen gelegt werden mußte. Bereits am Ende der siebziger Jahre des vergangenen Jahrhunderts wurden für die Irrenanstalten zu Düsseldorf, Bonn, Andernach und Düren mit 200 bis 300 Betten Fernheizungen errichtet. Nach diesen ersten Versuchen nahm die Entwicklung des Fernheizwesens in Deutschland durch die große Anzahl von Heil- und Pflegeanstalten, die im Laufe der Jahre gebaut wurden, einen bedeutenden Aufschwung. Nach und nach ging man zu größeren Ausführungen über und schon vor zwei Jahrzehnten entstanden Anlagen wie das Rud. Virchow-Krankenhaus in Berlin und das Bürgerspital in Straßburg mit einem stündlichen Wärmebedarf von je rd. 20 Mill. WE.

Für die Errichtung dieser Fernheizwerke waren nicht wirtschaftliche, sondern vor allem hygienische Gründe und Gesichtspunkte der Bequemlichkeit ausschlaggebend.

In der gleichen Weise wurden auch größere Industrieanlagen verschiedentlich mit Fernheizungen versehen. Hier entschied meistens die für Kraftzwecke bereits vorhandene Kesselanlage oder verfügbarer Abdampf für die Errichtung eines Fernheizwerkes.

Einen weiteren Schritt in der Entwicklung des Fernheizwesens bildet die Errichtung des Fernheizwerkes in Dresden. Hier entstand die Aufgabe, 11 Gebäude mit

Heizdampf und 20 Gebäude mit elektrischem Strom für Kraft und Beleuchtung zu versorgen. Es handelte sich um die hauptsächlichsten Staats- und Prachtgebäude der Stadt Dresden. Einzelfeuerstellen sollten im Interesse der in einem Teil dieser Gebäude vorhandenen großen Kunstschätze gänzlich vermieden werden. Dieses bereits im Jahre 1900 eröffnete Werk hat leider keine Nachahmung gefunden, weil von einem öffentlichen Fernheizwerk im Gegensatz zu einer Krankenhausfernheizung vor allem eine Wirtschaftlichkeit verlangt wird.

Das wirtschaftliche Kriterium ist schon für die gesunde technische Entwicklung des Faches erforderlich und eine Selbstverständlichkeit für eine städtische Verwaltung. Es entsteht lediglich die Frage des Maßstabes, und in dieser Hinsicht muß für die Städteheizung die Gleichberechtigung mit Gas-, Elektrizitätswerken oder anderen öffentlichen Unternehmungen verlangt werden, bei welchen eine Verzinsung des Anlagekapitals bei angemessener Abschreibung für ausreichend erachtet wird. Wird ein Gewinn erzielt, um so besser, aber auch bei der Errichtung eines öffentlichen Fernheizwerkes sollen zunächst die Interessen der Allgemeinheit, wie das bei den anderen öffentlichen Unternehmungen der Fall ist, berücksichtigt werden.

In diesem Zusammenhange muß aber auch vor einem übertriebenen Optimismus gewarnt werden. Die Städteheizung befindet sich trotz der in den letzten Jahren erzielten Erfolge im Anfangsstadium ihrer Entwicklung, und es liegt im Interesse sowohl der Allgemeinheit wie des Faches, daß keine schlechten Anlagen gebaut werden und daß keine Zuschußbetriebe entstehen, sonst sind Rückschläge unvermeidlich.

Durch die Verteuerung der Brennstoffe nach dem Kriege haben sich die wirtschaftlichen Voraussetzungen für den Fernheizbetrieb günstiger gestaltet. Es ist sehr bemerkenswert, daß viele Großbetriebe, vor allem die Hüttenwerke, bei welchen der Kohlenverbrauch für die Heizung vor dem Kriege kaum beachtet worden ist, nach und nach zur weitgehenden Abdampfverwertung übergegangen sind. Allein durch die von der Firma Rud. Otto Meyer auf den Hüttenwerken des Ruhrgebietes errichteten Fernheizwerke werden jährliche Kohlenersparnisse von mindestens 60000 t erzielt.

Die Verteuerung der Brennstoffe hat auch das Entstehen des Hamburger Fernheizwerkes wesentlich erleichtert. Diese Anlage ist im Anschluß an das im Jahre 1894 errichtete Elektrizitätswerk Poststraße entstanden. Der veraltete Dampfmaschinenbetrieb war nicht mehr wirtschaftlich und nach den ursprünglichen Bauplänen der Hamburgischen Elektrizitäts-Werke sollte die Zentrale Poststraße in ein Unterwerk mit Drehstrom-Gleichstrom-Umformern umgebaut werden. Von den ursprünglich vorhandenen 6 Dampfmaschinen-Dynamos von je 400 kW Leistung waren bereits drei Einheiten in den Kriegsjahren durch Umformer ersetzt worden, und der Ausbau der weiteren Maschinen war nur eine Frage der Zeit. Die Überprüfung des Bauplanes vom Standpunkte der allgemeinen Wärmewirtschaft hat jedoch ergeben, daß der Dampfmaschinenbetrieb mit Vorteil beibehalten werden kann bei Aufnahme der Wärmelieferung für die Beheizung der umliegenden staatlichen und privaten Gebäude. Trotz der außerordentlich günstigen Betriebsergebnisse des neuzeitlichen Großkraftwerkes Tiefstack, von dem das Hamburgische Drehstromnetz in der Hauptsache gespeist wird, kann der Strom in der Zentrale Poststraße im kombinierten Kraftheizbetrieb billiger als mit Umformern geliefert werden.

Nachdem eingehende Untersuchungen die Wirtschaftlichkeit des kombinierten Kraftheizbetriebes der Zentrale Poststraße erwiesen und die praktischen Versuche die Eignung der Dampfmaschinen für Gegendruckbetrieb ergeben hatten, wurde von den Hamburgischen Elektrizitätswerken und der Firma Rud. Otto Meyer die Fernheizwerk Hamburg G. m. b. H. gegründet. Gegenstand des Unternehmens ist laut § 2 der Satzungen »die Lieferung von Wärme, daneben die Lieferung von elektrischer Energie durch Betrieb des in Hamburg, Poststraße, gelegenen Kraftwerkes«.

Mit der Errichtung des Hamburger und kurz darauf des Kieler Fernheizwerkes, die beide als Erwerbsunternehmungen betrieben werden, beginnt die eigentliche Entwicklung der Städteheizung in Deutschland. Wie bei so vielen anderen technischen

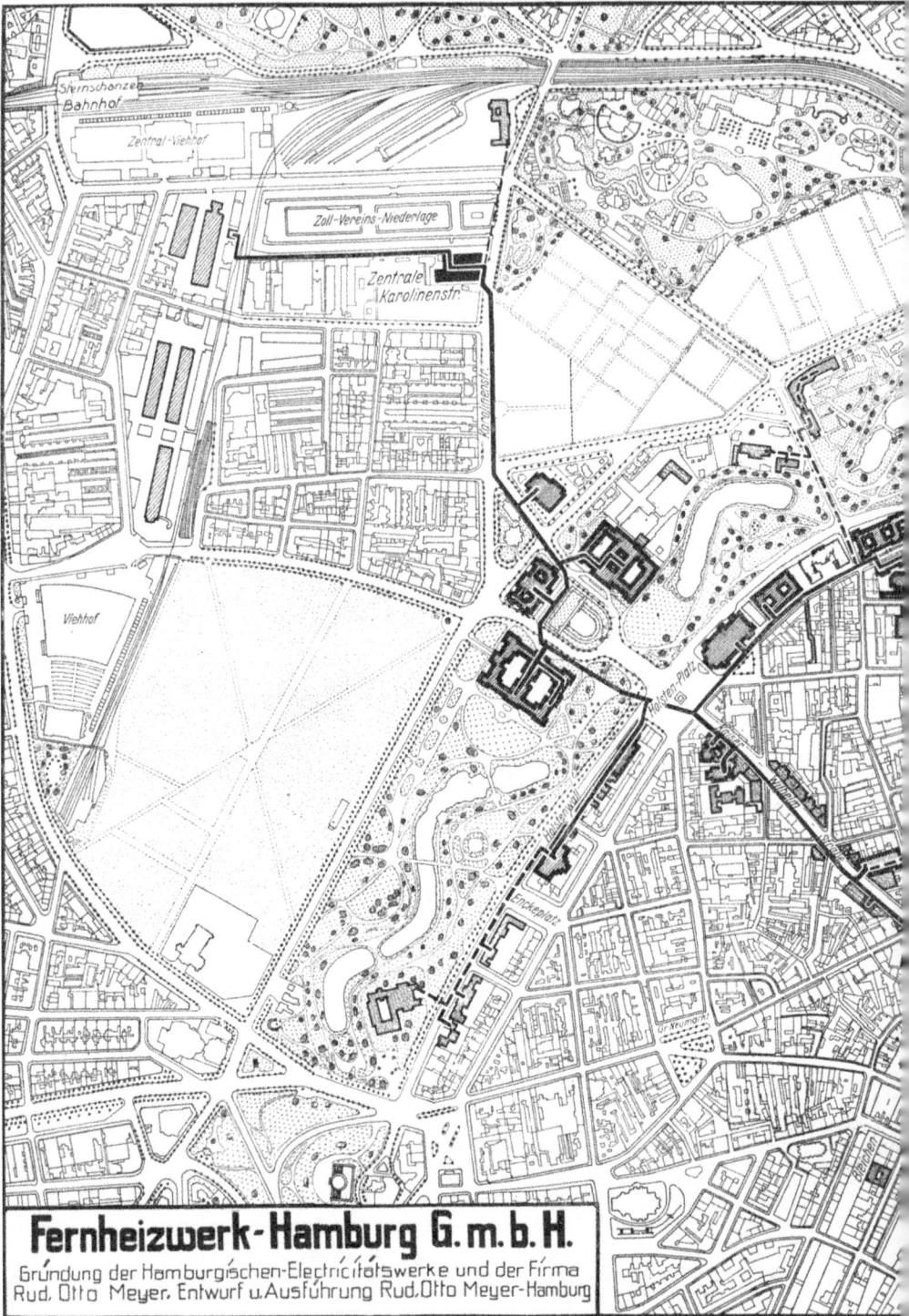

Sternschanzen Bahnhof

Zentral-Viehhof

Zoll-Vereins-Niederlage

Zentrale Karolinenstr.

Viehhof

Holsten-Platz

Endenplatz

Gr. Neumann

Fernheizwerk-Hamburg G.m.b.H.

Gründung der Hamburgischen-Electricitätswerke und der Firma
Rud. Otto Meyer. Entwurf u.Ausführung Rud.Otto Meyer-Hamburg

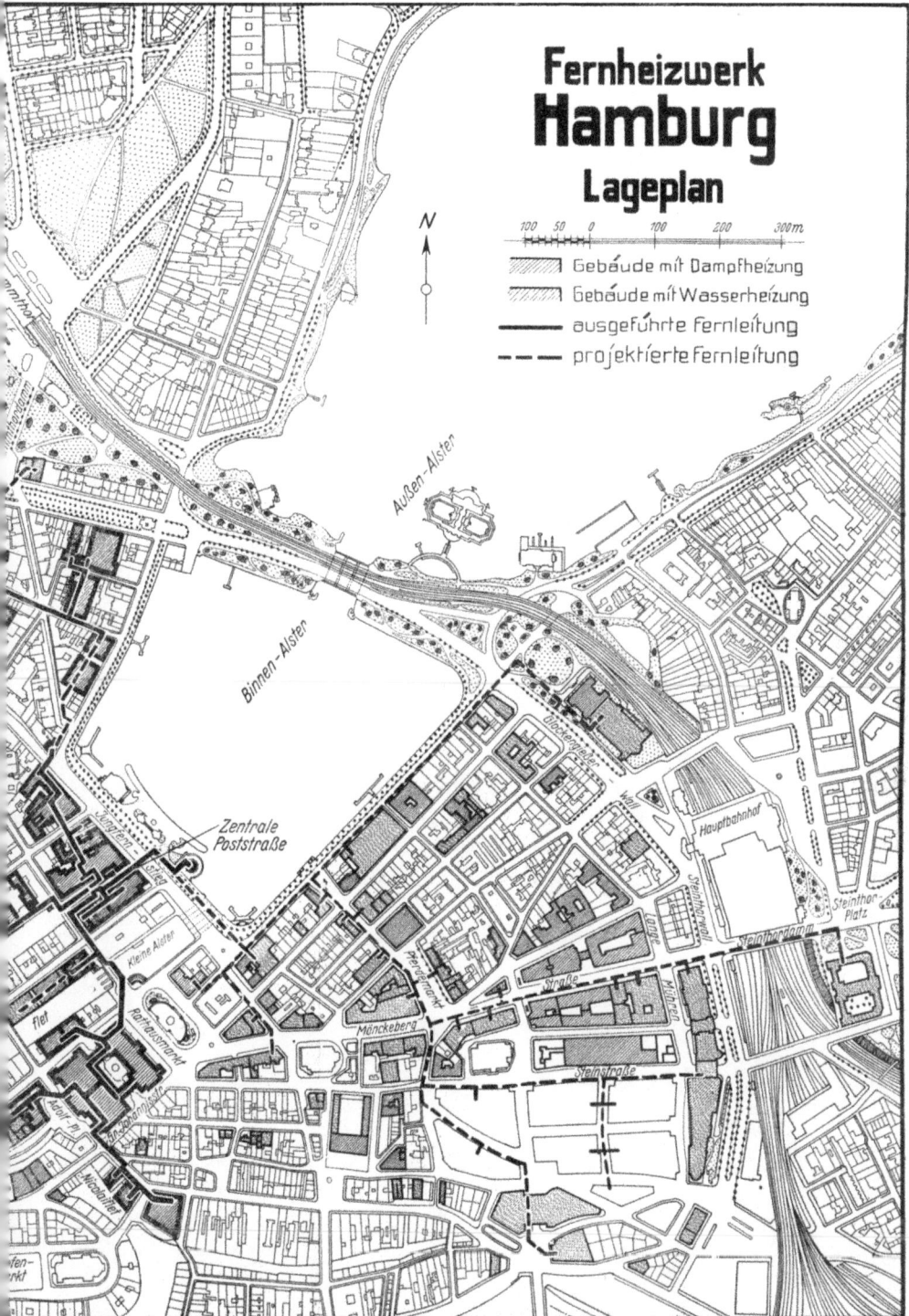

Fernheizwerk
Hamburg
Lageplan

N

| 100 | 50 | 0 | 100 | 200 | 300 m |

Gebäude mit Dampfheizung
Gebäude mit Wasserheizung
ausgeführte Fernleitung
projektierte Fernleitung

Außen-Alster

Binnen-Alster

Zentrale
Poststraße

Hauptbahnhof

Steinthor
Platz

Kleine Alster

Fleet

Rathausmarkt

Mönckeberg

Steinstraße

Neuerungen wurden die Bedenken der maßgebenden Stellen zerstreut, sobald sich das private Kapital der Sache angenommen hatte.

Nach Hamburger Muster sind dann die Anlagen in Barmen, Braunschweig, Leipzig und zuletzt auch in Charlottenburg und Breslau entstanden.

Der Betrieb des Fernheizwerkes Poststraße ist zu Beginn der Heizperiode im Jahre 1921 mit nur 6 Abnehmern aufgenommen worden. Die Abb. 1 zeigt den Lageplan der Anlage im heutigen Zustande. Die Wärmeverteilung erfolgt von der Poststraße aus mittels Abdampf von nur 0,4 atü. Die Dampfverteilung ist gewählt worden, weil eine erhebliche Anzahl der Gebäude mit Dampfheizungen versehen ist. Der Verteilungsdruck ist mit Rücksicht auf die bestehenden 3-fach-Expansionsmaschinen, die mit Dampf von 11 atü gespeist werden, sehr gering bemessen worden. Das gesamte Kondensat wird von den Gebäuden mittels selbsttätiger Elektro-Zentrifugalpumpen zur Speisung der Kessel zurückgeführt. Die Messung und Verrechnung der Wärme erfolgt mit den bekannten Trommel-Kondensatmessern von Gebr. Siemens, die sich ausgezeichnet bewährt haben.

Bis zur Heizperiode 1923/24 sind an das Werk Poststraße 24 Gebäude angeschlossen worden; damit war die Leistung der vorhandenen Kesselanlage von 9 Einheiten je 250 m², insgesamt 2250 m² Heizfläche, erschöpft. Eine Erweiterung der zwischen den Geschäftshäusern eingeklemmten Kesselanlage war nicht denkbar. Um den weiteren Ausbau des Fernheizwerkes zu ermöglichen, ist von den Hamburgischen Elektrizitätswerken das Werk Carolinenstraße mit einer Kesselheizfläche von insgesamt 4000 m² gepachtet worden. Dieses Werk ist im Herbst des Jahres 1924 mit dem Werk Poststraße durch eine rd. 2100 m lange Fernleitung verbunden worden. Für diese Ausführung waren folgende Überlegungen maßgebend:

1. Erschließung eines neuen aus dem Plan ersichtlichen Fernheizgebietes,
2. Vergrößerung des Versorgungsgebietes Poststraße durch Dampflieferung vom Werk Carolinenstraße,
3. Verbilligung der Dampferzeugung dadurch, daß ein Teil der Wärme, die in Form von Frischdampf dem Abdampf der Poststraße beigemengt werden muß, jetzt mit Kohle erzeugt werden kann, die mit der Eisenbahn angefahren wird, gegenüber der Kohle in der Poststraße, die per Achse herangebracht wird und folglich teurer ist,
4. Erhöhung der Betriebssicherheit durch Speisung des Verteilungsnetzes von zwei voneinander unabhängigen Kesselanlagen.

Der mit Punkt 3 angegebene Vorteil zeigt, daß unter gewissen Verhältnissen der Wärmetransport billiger ist als die Anfuhr der entsprechenden Kohlenmengen. Diese Tatsache ist von sehr großer Wichtigkeit, sie zeigt die große Entwicklungsmöglichkeit der Städteheizung. Zunächst ist das Versorgungsgebiet eines Fernheizwerkes auf einen verhältnismäßig geringen Umfang beschränkt, weil nur ein Teil der Gebäude bereits mit Zentralheizungen versehen ist. Nach und nach mit der weiteren Verbreitung der Zentralheizungsanlagen wird es möglich sein, das Versorgungsgebiet der Fernheizwerke planmäßig auf alle Straßen auszudehnen. Die inmitten der Stadt belegenen Fernheizwerke würden dann ohne weiteres durch am Randgebiet der Stadt befindliche Werke vorteilhaft mit Wärme beliefert werden können.

Neben der Dampffernleitung ist auch die Kondensfernleitung bis zum Werk Poststraße durchgeführt worden. Dadurch ist es möglich geworden, das in der Carolinenstraße erforderliche Zusatzwasser, das bislang dem städtischen Netz entnommen und wegen großen Härtegehaltes durch eine Speisewasser-Reinigungsanlage geführt wurde, durch Alsterwasser aus dem unterhalb des Werkes Poststraße belegenen Kanal zu ersetzen. Die Kosten für die Wasserzuspeisung und Reinigung werden somit erspart.

Für die Stromerzeugung ist im Werk Carolinenstraße zu Anfang der Heizperiode 1926/27 ein Turbogenerator von 2000 kW für Straßenbahnstrom aufgestellt worden.

Mit einem Anschlußwert von 7 Mill. WE ist der Betrieb im Jahre 1921 aufgenommen worden. Zurzeit beträgt der Anschlußwert bereits 55 Mill. WE und der An-

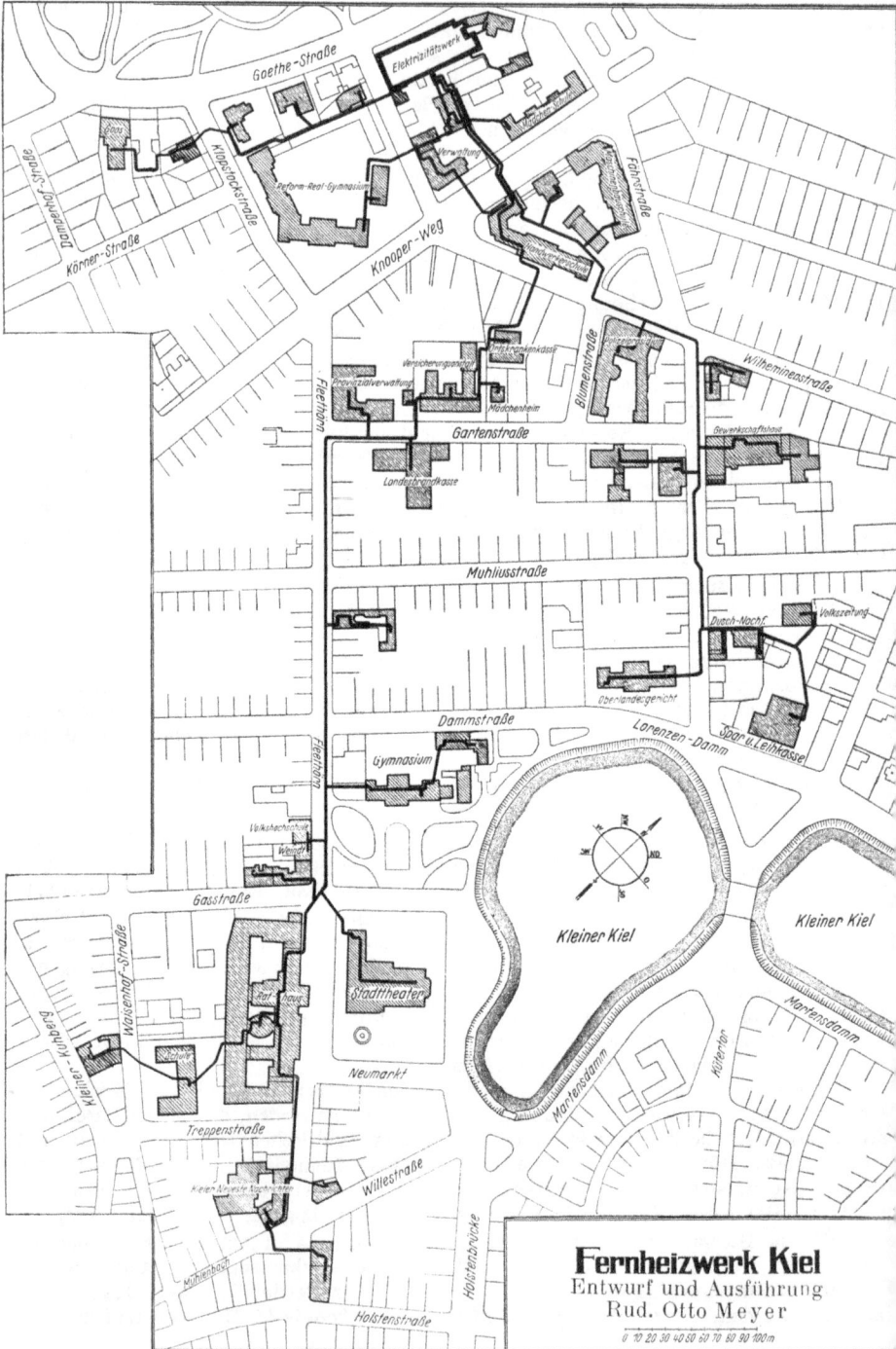

Abb. 2. **Lageplan des Fernheizwerkes Kiel.**

schluß von weiteren rd. 85 Mill. WE wird geplant. Darauf, sowie auf die Betriebsergebnisse soll noch später zurückgekommen werden.

Das Fernheizwerk Humboldtstraße in Kiel ist in der gleichen Weise in Anlehnung an ein bestehendes, vom Standpunkte der Krafterzeugung veraltetes Elektrizitätswerk entstanden. Das Versorgungsgebiet des Fernheizwerkes ist aus dem Lageplan, Abb. 2, zu ersehen. Die größte Entfernung vom Verteiler Zentrale bis zum entferntesten Abnehmer beträgt rd. 1300 m. Die Anlage ist Ende Januar 1922 mit 27 Gebäuden und einem Anschlußwert von rd. 10200000 WE/h in Betrieb gesetzt und im Laufe der Jahre bis auf 46 Gebäude mit rd. 14000000 WE/h erweitert worden.

Im Gegensatz zur Hamburger Anlage besitzt das Fernheizwerk Humboldtstraße in Kiel ein verhältnismäßig weitläufiges Rohrnetz. In Hamburg sind die Wärmeabnehmer größer, und sie liegen dichter aneinander, so daß auf die gleiche Fernleitungslänge eine höhere Wärmelieferung als in Kiel entfällt. Andererseits sind in Kiel die Straßenverhältnisse einfacher, so daß die Ausführung der Kanäle und der Straßenarbeiten viel billiger als in Hamburg ist.

Der Abdampf zur Speisung des Rohrnetzes wird von einer besonders für diesen Zweck gebauten Gegendruckturbine geliefert, die mit einer Niederdruckturbine kombiniert ist, welche bei geringer Heizbelastung den überschüssigen Abdampf verarbeitet.

Im Gegensatz zu dieser Anlage, die von Anfang an in größerem Umfange angelegt war, hat sich das Fernheizwerk in Barmen aus kleinen Anfängen entwickelt.

Aus der ehemaligen Rathausheizung, die zum Kriegsbeginn in Betrieb kam und 3 Gebäude umfaßte, ist im Jahre 1922 eine Fernheizung mit einer Wärmelieferung von rd. 6 Mill. WE/h entstanden.

Die Verteilung der Wärme erfolgte mittels Hochdruckdampf. Bei der geringen Kesselspannung von 8 atü und dem zunächst vorhandenen Wärmebedarf kam Stromerzeugung nicht in Frage. Diese Anlage ist bis zur Heizperiode 1924/25 auf etwa 60 Gebäude mit einem Anschlußwert von 11 Mill. WE erweitert worden. Neben diesem Werk ist zur Heizperiode 1925/26 eine zweite Fernheizung im Anschluß an das Elektrizitätswerk Cleferstraße entstanden, die im Gegensatz zur ersten Anlage eine Abdampfverteilung erhalten hat. Die beiden Werke sind im darauffolgenden Jahre vereinigt und erheblich erweitert worden. Zurzeit beträgt der Anschlußwert rd. 25 Mill. WE und die Anlage versorgt über 300 Gebäude mit Wärme. Der Lageplan dieses Fernheizwerkes ist aus Abb. 3 zu ersehen. Bemerkenswert ist die in Aussicht genommene großzügige Erweiterung mit einer Ringleitung, die so gut wie das ganze Stadtgebiet umfassen wird. Sehr beachtenswert ist auch die Verlegung der Fernleitung entlang der Wupper, worauf noch später zurückgekommen wird.

Das Fernheizwerk in Braunschweig ist im Jahre 1924 im Anschluß an das in der Wilhelmstraße belegene alte Werk der Elektrizitätswerk und Straßenbahn A.-G. entstanden. Dieses Elektrizitätswerk hat eine Kesselanlage mit einer Heizfläche von insgesamt 1430 m² und eine Dampfmaschinenanlage von insgesamt rd. 2000 kW. Das Werk sollte unter allen Umständen als Reserve beibehalten werden und durch Aufnahme des Fernheizbetriebes ist die Wirtschaftlichkeit der Anlage erhöht worden. Das Braunschweiger Fernheizwerk hat bereits über 50 Abnehmer mit einem stündlichen Wärmebedarf von etwa 16 Mill. WE. Das Versorgungsgebiet der Anlage geht aus Abb. 4 hervor.

Die erfreuliche Entwicklung dieser und der anderen im Reiche entstandenen Fernheizwerke, die auf kaufmännischer Grundlage betrieben werden, liefern den Beweis für die Wirtschaftlichkeit der Städteheizung. Damit gelangen wir zu der grundlegenden Frage: Unter welchen Bedingungen ist der Fernheizbetrieb wirtschaftlich?

II. Wirtschaftliche Grundlagen.

Von den bekannten Betriebsmitteln für die Wärmeverteilung: Gas, Elektrizität, Dampf und Warmwasser kommen für den Fernheizbetrieb nur die beiden letzteren in Betracht.

FERNHEIZWERK
BARMEN

VORHAND. FERNLEITUNG
PROJEKT. FERNLEITUNG

AUSFÜHRUNG
RUD. OTTO MEYER

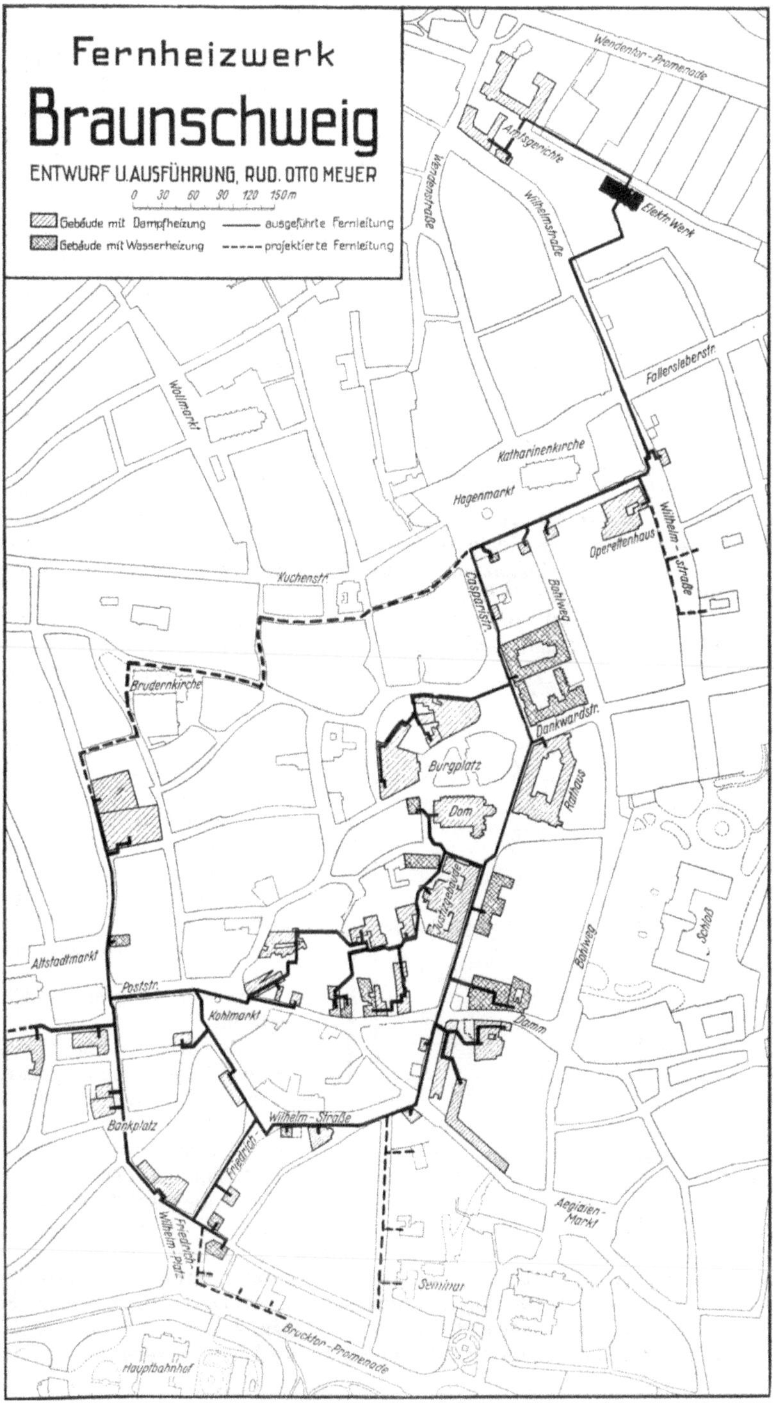

Fernheizwerk

Braunschweig

ENTWURF U. AUSFÜHRUNG, RUD. OTTO MEYER

0   30   60   90   120   150m

Gebäude mit Dampfheizung — ausgeführte Fernleitung

Gebäude mit Wasserheizung ---- projektierte Fernleitung

Abb. 4. Lageplan des Fernheizwerkes Braunschweig.

Bei einem billigen Leuchtgaspreis von 10 Pf./m³, einem Heizwert von 4000 WE/m³ und einem Wirkungsgrad der Verbrennung von 80% betragen die Kosten für 1 Mill. WE 31,30 M. gegenüber etwa 12 bis 15 M. bei Dampf- oder Warmwasserverteilung. Zudem ist die Gasverteilung nur eine Lieferung des Brennstoffes, der Kesselbetrieb bleibt bestehen, die Bedienung wird erleichtert, aber nicht entbehrlich, und die Gefahren eher erhöht als beseitigt. Eine nennenswerte Verbilligung des Leuchtgaspreises ist nur in Ausnahmefällen denkbar. Auch bei Ausführung der geplanten Ferngasleitungen wird das Gas für den Hausbesitzer kaum billiger werden. Es ist allerdings denkbar, daß das Ferngas für große Betriebe, also auch für ein Fernheizwerk zum gleichen Preise wie den städtischen Gasanstalten zu etwa 4 Pf./m³ geliefert werden könnte. In solchem Falle würde aber das Gas mit der noch viel billigeren Kohle konkurrieren. Bei einem gleich guten Heizwert des Gases von 4000 WE/m³ und einem Wirkungsgrad der Verbrennung von sogar 90% würden dann die Brennstoffkosten 11,10 M. für 1 Mill. WE betragen, gegenüber nur rd. 5 M./10⁶ WE bei Verfeuerung von Kohle (bei 25 M./t und 5000 WE/kg Nutzwärme). Also auch dieser Weg der Gasfernheizung ist unwirtschaftlich.

Die elektrische Wärme ist noch teurer. Bei einem Strompreis von nur 5 Pf./kWh beträgt der Wärmepreis 62,5 M. für 1 Mill. WE. Auch der Nachtstrom von Wasserkraftwerken ist für Heizung in der Regel zu teuer und die elektrische Heizung ist zurzeit nur in Ausnahmefällen möglich.

In Abb. 5 sind die Kosten der elektrischen Heizung und der Gasheizung im Vergleich zu den Bezugskosten von einem Fernheizwerk mit Dampf- oder Warmwasserverteilung gezeigt. Erst bei einem Gaspreis von 4,5 Pf./m³ und einem Strompreis von rd. 1,1 Pf./kWh wird die Beheizung ebenso billig wie beim Bezug der Wärme vom Fernheizwerk mit 14 M./10⁶ WE.

Die billigste Wärme ist die mit Kohle unmittelbar erzeugte Dampf- oder Wasserwärme, wie sie für Zentralheizungen allgemein verwendet wird. Nur diese Wärme kann den Gebäuden unmittelbar zugeführt werden und nur auf diesem Wege ist es möglich, die Städteheizung wirtschaftlich zu gestalten. Die höhere Wirtschaftlichkeit der zentralen Wärmeerzeugung gegenüber dem Einzelbetrieb beruht auf:

1. der Verwendung billigerer Brennstoffe,

2. der besseren Brennstoffausnutzung in der Kesselanlage,

3. der Ersparnis an Bedienungskosten,

4. dem kombinierten Kraftheizbetrieb.

Es muß jedesmal versucht werden, die Gestehungskosten der Wärmeerzeugung im Werk nach Möglichkeit zu verringern und das wirksamste Mittel dafür ist neben der Steigerung des Kesselwirkungsgrades die Einführung des kombinierten Kraftheizbetriebes. Seine wärmewirtschaftlichen Vorteile sind allgemein bekannt. Beim Kondensationsbetrieb wird die Dampfwärme mittels Kühlwasser vernichtet, beim kombinierten Kraftheizbetrieb wird der Abdampf unmittelbar oder mittelbar in den Heizkörpern niedergeschlagen. Die Heizungsanlagen ersetzen also in diesem Falle die Kondensationseinrichtungen sowie die Rückkühlanlagen, wenn die Wärme mittels Warmwasser verteilt wird. Der thermische Wirkungsgrad der Energieerzeugung wird dabei, be-

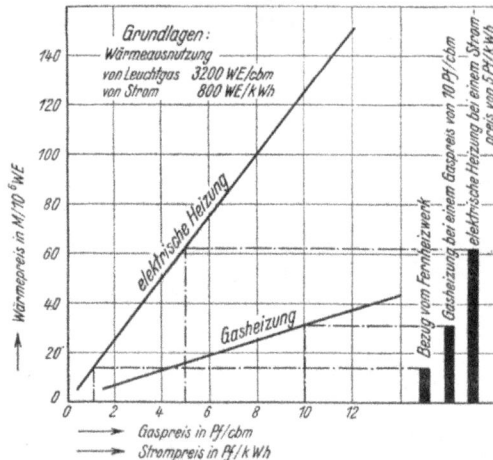

Abb. 5. Kosten der elektrischen Heizung und Gasheizung im Vergleich zu den Bezugskosten von einem Fernheizwerk.

zogen auf die Dampfwärme, und bei der Annahme, daß die Wärmeverluste zu Lasten des Heizbetriebes fallen, bis auf den Wirkungsgrad der Turbo-Generatoren, also 90 bis 95% gesteigert. Der kaufmännisch-wirtschaftliche Vorteil ist aber leider nicht so beträchtlich wie es nach diesen Zahlen erscheinen mag. Zunächst geht mit dem Abdampf ein gewisser Teil der Arbeitsenergie des Dampfes verloren, so daß für die gleiche elektrische Leistung mehr Dampf und damit eine größere Kesselanlage erforderlich ist. Außerdem ist eine vollständige Übereinstimmung des Kraft- und Heizbetriebes, bei Dampfverteilung wenigstens, praktisch nicht zu erreichen. Ferner ist zu berücksichtigen, daß der Umfang des gegenwärtigen Kraft-Heizbetriebes noch bei weitem nicht an die Größenordnung der Elektrizitätswerke heranreicht. Infolgedessen wird der Abfallstrom oft nur mit den Kosten des Kohlenverbrauches im Kondensationsbetrieb bewertet. Der höchste Grenzwert ist der Selbstkostenpreis der Werke. Es ist in gewissem Sinne die Tragik des kombinierten Kraftheizbetriebes, daß die Elektrizitätswerke heute den Kohlenverbrauch für die Stromerzeugung bereits bis auf 0,7 bis 1 kg je kWh herabgedrückt haben.

Mit den folgenden Untersuchungen soll die allgemeine Bedeutung des kombinierten Kraftheizbetriebes für die Städteheizung bewiesen werden.

Der Einfachheit halber wird im folgenden der Abfallstrom mit 1,0 kg Steinkohle je kWh bewertet. Der Eigenverbrauch des Kraftheizwerkes stellt sich auf rd. 0,2 kg/kWh, so daß der Gewinn von der Stromerzeugung 0,8 kg Kohle und bei einem Kohlenpreise von 25 M./t 2 Pf. je kWh beträgt.

Bis zu welchem Maße die Selbstkosten der Wärme durch Lieferung von Abfallstrom verringert werden können, geht aus der Abb. 6 hervor. Die Kurve a) zeigt die jährliche Stromerzeugung für je 1 Mill. WE gelieferte Wärme bei verschiedenem Gegendruck, ausgehend von einer Dampfanfangsspannung von 20 ata bei einer Überhitzung von 350° C. Dabei ist die jährliche Lieferung an Wärme zu 1300 Vollbelastungsstunden und der Übereinstimmungsfaktor zwischen dem Kraft- und Heizbetrieb zu 80% angenommen worden. Bei einem Gegendruck von beispielsweise 5 ata ergibt sich dann die jährliche Stromerzeugung zu rd. 125 000, bei einem Gegendruck von 2 ata zu 200 000 und bei einem absoluten Druck von 0,5 ata zu 312 000 kWh.

Der jährliche Gewinn von der Stromerzeugung berechnet sich alsdann bei einer Vergütung mit 2 Pf./kWh bei 5 ata zu 2500, bei 2 ata zu 4000 und bei 0,5 ata zu 6200 M. Auf 1 Million WE gelieferte Wärme bezogen, beträgt die Stromerzeugung 96, 155 und 240 kWh. Diese in der Kurve c) gekennzeichneten Werte stellen die Stromcharakteristik des kombinierten Kraftheizbetriebes dar.

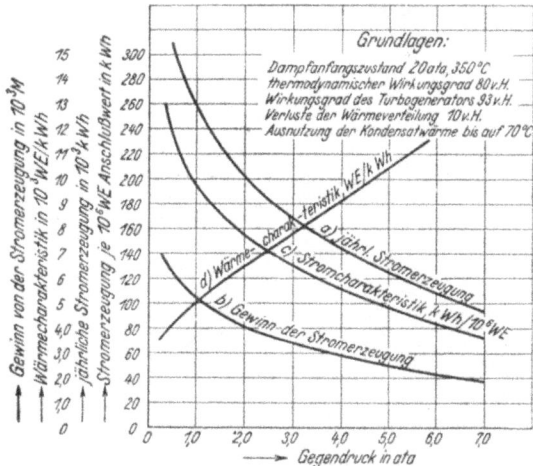

Abb. 6. Gewinn aus der Stromerzeugung in Abhängigkeit vom Gegendruck.

In der gleichen Weise ist es zweckmäßig, den reziproken Wert, also die auf je 1 erzeugte kWh gelieferte Wärmemenge als Wärmecharakteristik zu kennzeichnen.

Der auf je 1 Mill. WE Wärmelieferung entfallende Gewinn durch die Stromerzeugung ergibt sich zu rd. M. 1,90, 3,10 und 4,80. Dieser Gewinn ist gleichbedeutend mit einer Verringerung der Kohlenkosten von M. 5 auf M. 3,10, 1,90 und 0,20, bezogen auf 1 Mill.

WE Wärmelieferung, und daraus ist zu ersehen, von welch ungeheurer Bedeutung der kombinierte Kraftheizbetrieb für die Entwicklung der Städteheizung ist. Der wirtschaftliche Vorteil ist um so größer, je niedriger der Gegendruck ist. Bei der Wärmeverteilung mit Warmwasser besteht sogar oft die Möglichkeit, den gesamten Brennstoffverbrauch durch die Stromerzeugung zu decken. In solchem Falle kann auf die Messung der Wärme verzichtet und die Ausführung der Anlage kann erheblich vereinfacht werden. Ein weiterer Vorteil des niedrigen Gegendruckes besteht darin, daß der zusätzliche Bedarf an Kesselheizfläche für den Heizbetrieb geringer wird.

Inwiefern der Fernheizbetrieb mit den Anlagekosten der Gegendruckturbinen vom Standpunkte des Elektrizitätswerkes belastet werden muß, kann zunächst unberücksichtigt bleiben. Diese Frage wird wohl im nächsten Vortrag von Herrn Schulz behandelt werden.

Jedenfalls werden die Entstehungskosten der Wärme im Werke durch die Wärmeverluste der Fernleitungen und vor allem durch den Kapitaldienst der für die Herstellung eines Heizwerkes erforderlichen Anlagekosten erheblich belastet. Es bedarf keines weiteren Beweises, daß die Wirtschaftlichkeit des Fernheizbetriebes vom Verhältnis des Umsatzes zu den Anlagekosten und des Wärmeverkaufspreises zu den Wärmeerzeugungskosten abhängig ist. Der Wärmeverkaufspreis ist begrenzt durch die Kosten der Wärmeerzeugung mit Zentralheizungskesseln und damit ist auch der Umsatz eines bestimmten Versorgungsgebietes beschränkt. Mit der oberen Begrenzung des Wärmeverkaufspreises ist der Fernheizbetrieb gegenüber Gas- oder Elektrizitätswerken stark benachteiligt, da diese Werke bei der Bemessung ihrer Verkaufspreise eine große Bewegungsfreiheit haben. Beim Fernheizbetrieb gibt es dagegen für die Hebung der Wirtschaftlichkeit keinen anderen Weg, als die Selbstkosten sowohl der Wärme wie auch die der Anlage zu verringern. Das wirksamste Mittel für die Senkung der Wärmeerzeugungskosten ist, wie oben gezeigt, die Einführung des kombinierten Kraftheizbetriebes. Jetzt soll noch der Einfluß der Anlagekosten auf die Wirtschaftlichkeit des Fernheizbetriebes untersucht werden.

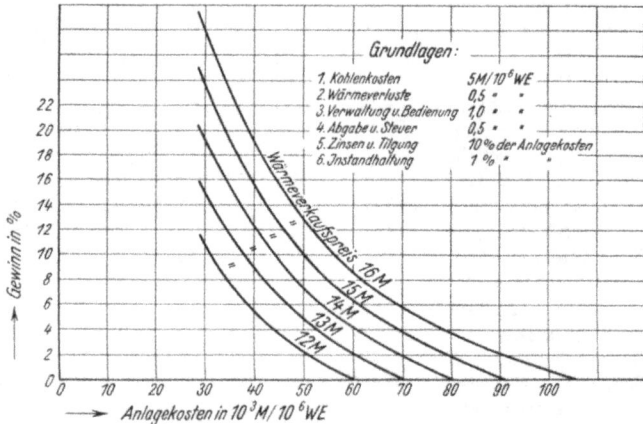

Abb. 7. Wirtschaftlichkeit des Fernheizbetriebes in Abhängigkeit von den Anlagekosten und dem Wärmeverkaufspreis.

In der Abb. 7 ist der erzielbare Gewinn in Abhängigkeit von den Anlagekosten und dem Wärmeverkaufspreis aufgetragen. Dabei sind die Kohlenkosten mit M. 5 für 1 Mill. WE ab Werk angenommen. Diese Kosten ergeben sich bei einem Kohlenpreis von M. 25 pro t frei Werk, einem unteren Heizwert von 7150 WE/kg und einem Wirkungsgrad der Kessel von 70%. Für die Wärmeverluste sind 0,5, für Verwaltung und Bedienung 1,0 und für Abgabe und Steuer M. 0,5 je 1 Mill. gelieferte WE eingesetzt. Für die Verzinsung und Tilgung des Anlagekapitals sind 10% und für die Instandhaltung 1% der Anlagekosten angenommen und für die Umrechnung der jährlichen Ausgaben auf die Stundenlieferung wieder eine Jahreslieferung von 1300 Vollbelastungsstunden zugrunde gelegt. Der Wärmeverkaufspreis kann für die bei uns in Frage kommenden Verhältnisse mit M. 12 bis 16 für 1 Mill. WE angenommen werden. Das Schaubild zeigt, daß bei einem Kapitalaufwand von beispielsweise M. 50000 für je 1 Mill. WE Anschlußwert und einem Wärmeverkaufspreis von M. 15 je 1 Mill. WE Wärmelieferung der Gewinn 10% des Anlagekapitals beträgt. Kann die Wärme mit nur M. 12 pro 10⁶ WE verkauft werden, so beträgt die zusätzliche Verzinsung nur 2,2%. Eine Erhöhung der Anlagekosten um M. 20000 für 1 Mill. WE Anschlußwert bedeutet im ersten Falle eine Verminderung des Gewinnes um 6,3% und im zweiten Falle ein Verlustgeschäft. Die Schnittpunkte der Kurven mit der Abszisse zeigen die Grenzen der Wirtschaftlichkeit bei den verschiedenen Wärmeverkaufspreisen. Bei Frischdampfverteilung oder auch Warmwasserverteilung mit Erwärmung des Wassers mittels Frischdampf kann die Fernheizung nicht mehr ausgeführt werden, beim kombinierten Kraftheizbetrieb wird dagegen die Wirtschaftlichkeit bei gleichen Anlagekosten bedeutend gesteigert bzw. werden die Grenzen der Ausführbarkeit beim gleichen Gewinn erheblich erweitert. Gelingt es, wie oben gezeigt worden ist, die Wärmeerzeugungskosten um M. 2 oder 3 zu senken, so ist die Auswirkung gleichbedeutend mit einer gleich hohen Steigerung des Wärmeverkaufspreises.

Das Schaubild beweist gleichzeitig, von welcher wirtschaftlichen Tragweite die Angliederung des Fernheizbetriebes an bestehende Elektrizitätswerke hinsichtlich der Ersparnisse an Anlagekosten ist.

Die Kosten einer Hochdruckkesselanlage belasten den Fernheizbetrieb mit M. 20000 bis 30000 je 1 Mill. WE Anschlußwert, die bei gleichbleibendem Gewinn einer Steigerung des Wärmeverkaufspreises um M. 3 bis 4 entsprechen. Da diese Steigerung in der Regel nicht zulässig ist, so scheitert damit auch die Möglichkeit des Fernheizbetriebes.

Die Kosten der Wärmeverteilung sind bei Verwendung von Abdampf naturgemäß höher als bei Frischdampf, auch ist der Gewinn von der Stromerzeugung noch vom Kohlenpreis und anderen Einflüssen abhängig, aber im großen ganzen ist der wirtschaftliche Bereich der Städteheizung am weitesten bei Durchführung des kombinierten Kraftheizbetriebes. Bei Frischdampfverteilung liegen die wirtschaftlichen Grenzen enger und am engsten, wenn für die Aufnahme des Fernheizbetriebes noch die Errichtung einer selbständigen Kesselanlage erforderlich ist.

Bei der Planung einer Städteheizung muß deshalb von Anfang an versucht werden, sich an ein bestehendes Kraftwerk anzulehnen. In dieser Hinsicht kommt uns die Entwicklung der Elektrizitätswerke außerordentlich zustatten. Die Vorteile der Großwirtschaft zwingen die Elektrizitätswerke zu weitgehender Zentralisierung. Die älteren innerhalb der Stadt liegenden Werke werden stillgelegt und in der Regel zu Umformwerken umgebaut. Durch Aufnahme des Fernheizbetriebes wird vielen Elektrizitätswerken die oft wünschenswerte Beibehaltung der Dampfreserve, die sonst erhebliche Ausgaben erfordert, ganz wesentlich erleichtert. Die in Hamburg, Kiel, Braunschweig, Barmen und Steglitz ausgeführten Anlagen sind auch an ältere Elektrizitätswerke angegliedert und für eine Reihe anderer Städte wird die Aufnahme des Fernheizbetriebes in der gleichen Weise geplant.

Leider liegen die in Betracht kommenden Elektrizitätswerke nicht immer in der wünschenswerten Nähe des Wärmeversorgungsgebietes. Die Kosten des Rohrnetzes für die Wärmeverteilung werden dadurch mehr oder minder verteuert. Glücklicherweise verringern sich aber die Kosten der Fernleitungen mit der Zunahme der Förderung außerordentlich schnell. Wie günstig hier die Verhältnisse liegen, geht aus der Abb. 8 hervor. Kurve a) zeigt die geförderte Wärmemenge in Abhängigkeit von der lichten Weite der Dampfleitung bei einem Dampfanfangsdruck von nur 1,5 atü für eine gradlinige Strecke (ohne einmalige Widerstände) von 1000 m Länge.

Unter sonst gleichen Verhältnissen fördert z. B. eine Leitung von 200 mm l. Durchm rd. 3 · 10⁶ WE/h, eine Leitung von 600 mm l. Durchm. rd. 42 · 10⁶WE/h. Kurve b) zeigt, daß die Wärmeverluste dabei von rd. 1,8% auf 0,36% zurückgehen. Die Wärmeverluste beziehen sich auf die Höchstlieferung, die jährlichen Wärmeverluste sind je nach der Ausnutzung der Leitung entsprechend höher. Das Schaubild zeigt aber, daß die Wärmeverluste der Fernleitungen viel geringer sind als allgemein angenommen wird. In der gleichen Weise liegen die Verhältnisse sehr günstig hinsichtlich der auf 1 Mill. WE Förderung entfallenden Anlagekosten, sobald es sich um größere Leitungen handelt. Sie betragen für 1000 m Ferndampfleitung von 200 mm l. Durchm. einschließlich der dazugehörigen Kondensleitung und einschließlich der Kanal- und Straßenarbeiten rd. M. 60000 und für eine Dampfleitung von 600 mm l. Durchm. rd. M. 8000. Aus diesen Werten geht auch ohne weiteres hervor, daß die relative Wirtschaftlichkeit des Fernheizbetriebes in steigendem Maße mit der Vergrößerung des Versorgungsgebietes und der Wärmedichte zunimmt. Man sieht auch, daß Dampf

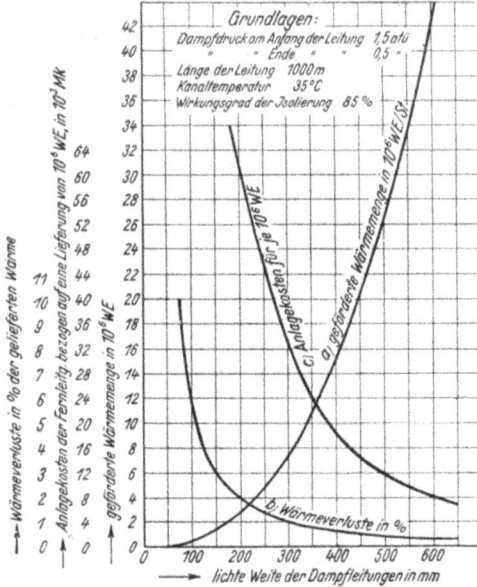

Abb. 8. Relative Wirtschaftlichkeit von Ferndampfleitungen.

so gut wie auf jede Entfernung wirtschaftlich gefördert werden kann; die Entfernung ist im wesentlichen lediglich eine Frage des Wärmebedarfes. Bei der Lieferung von

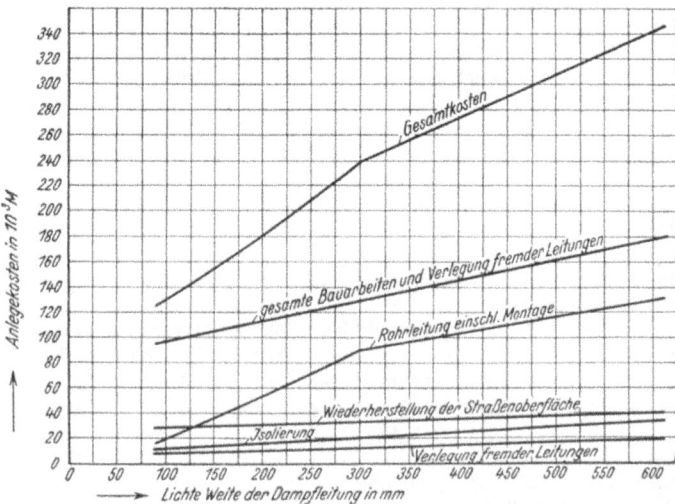

Abb. 9. Anlagekosten für 1000 m Ferndampfleitung mit Kondensatleitung.

beispielsweise $42 \cdot 10^6$ WE/h mit einer Leitung von 600 mm l. Durchm. ist die wirtschaftliche Entfernung 7,5 mal so groß wie bei Förderung von $3 \cdot 10^6$ WE/h mit einer Leitung von 200 mm l. Durchm. Bei der Warmwasserverteilung liegen die Verhältnisse ähnlich.

Die höhere relative Wirtschaftlichkeit der größeren Leitungen ergibt sich auch bei der Berechnung des Dampfanfangsdruckes vor allem im Zusammenhang mit dem kombinierten Kraftheizbetrieb. Zunächst soll aber gezeigt werden, daß die Kosten für eine Dampfverteilung nicht im Verhältnis zur lichten Weite, sondern viel langsamer zunehmen.

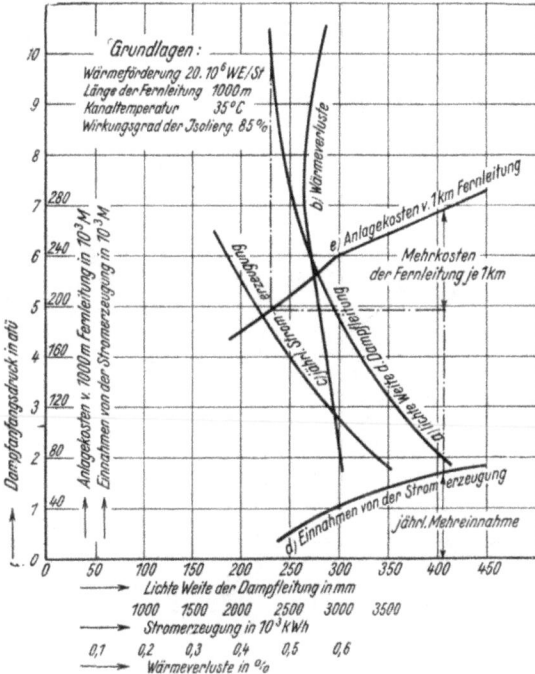

Abb. 10. **Relative Wirtschaftlichkeit von Niederdruck- und Hochdruckdampfverteilung.**

Aus der Abb. 9 ist die Zusammensetzung der Anlagekosten für 1000 m Ferndampfleitung zu ersehen. Es soll gleich bemerkt werden, daß die Preise für Hamburger Verhältnisse angegeben sind und daß viele Arbeiten, wie z. B. die Herstellung der Kanäle und des Pflasters von Stadt zu Stadt außerordentlich verschieden sind. Aus dem Schaubild geht hervor, daß die Ausgaben für die Verlegung fremder Leitungen und besonders für die Wiederherstellung der Straßenoberfläche wenig veränderlich sind. Den größten Anteil der Kosten beanspruchen die Bauarbeiten. Die Anlagekosten für 1000 m Ferndampfleitung ergeben sich danach bei einer lichten Weite der Dampfleitung von 300 mm zu M. 240000 und bei einer lichten Weite von 400 mm zu M. 275000.

Jetzt soll noch untersucht werden, inwieweit die höheren Anlagekosten der größeren Leitungen den Gewinn aus der Stromerzeugung beeinträchtigen.

In der Abb. 10 stellt die Kurve a) die lichte Weite der erforderlichen Dampfverteilungsleitung für eine stündliche Förderung von 20 Mill. WE bei wechselndem Anfangsdruck dar. Die Länge der Leitung ist zu 1000 m, der Enddruck zu 0,5 atü angenommen. Die Kurve zeigt, daß bei einem Anfangsdruck von 2 atü die lichte Weite der Fernleitung 405 mm, bei einem Anfangsdruck von 6 atü 270 mm und bei einem Anfangsdruck von 10 atü 230 mm beträgt. Daraus geht hervor, daß durch die Steigerung des Anfangsdruckes der Durchmesser zunächst mehr und dann immer weniger abnimmt. Die Mehrkosten der Fernleitung bei einem Anfangsdruck von 2 atü gegenüber einer Hochdruckverteilung mit 10 atü Anfangsspannung betragen rd. M. 78 000. Die Einnahmen von der Stromerzeugung ergeben sich bei der angenommenen Abdampfverteilung mit 2 atü zu rd. 68 000 M. jährlich. Es ist klar, daß in Anbetracht dieser Mehreinnahmen die Mehrkosten für die Verteilung von untergeordneter Bedeutung sind.

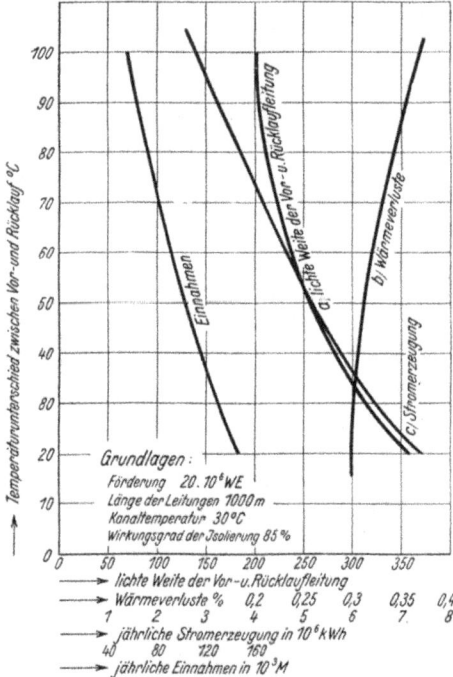

Abb. 11. Relative Wirtschaftlichkeit der Warm-
und Heißwasserverteilung.

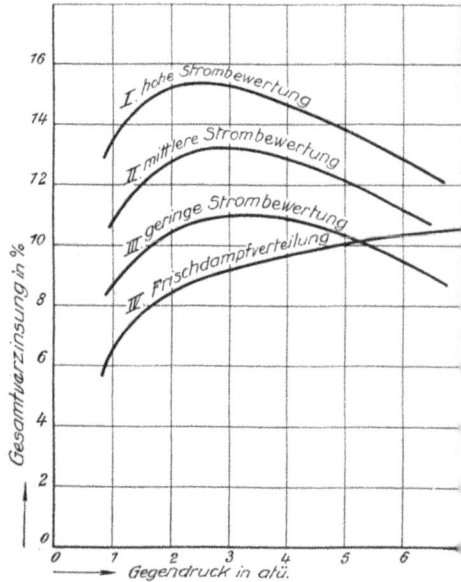

Abb. 12. Berechnung des wirtschaftlichsten
Gegendruckes.

Noch günstiger liegen die Verhältnisse bei Verteilung der Wärme mit Warmwasser. In der Abb. 11 sind in Kurve a) die lichten Weiten einer Warmwasserfernleitung für die Förderung von 20 Mill. WE/h unter Zugrundelegung eines Druckabfalles von 10 mm WS je lfd. m in Abhängigkeit vom Temperaturunterschied zwischen Vor- und Rücklauf aufgetragen. Auch in diesem Falle sind gerade Strecken ohne einmalige Widerstände angenommen. Die lichten Weiten betragen bei einem Temperaturunterschied von 20° C 360, bei 40° 280, bei 60° 235, bei 80° 210 und bei 100° 203 mm. Die Ersparnisse an Rohrdurchmesser sind folglich unerheblich und werden mit dem zunehmenden Temperaturunterschied immer geringer. Die Abnahme der Anlagekosten für Warmwasserfernleitungen erfolgt bei Verringerung der lichten Weiten noch viel langsamer als bei einer Dampfverteilung, weil der Anteil der Kanal- und Straßenarbeiten gegenüber den anderen Kosten relativ größer ist. Die Wärmeverluste steigen sogar mit dem Temperaturunterschied, Kurve b), sie betragen bei der Annahme einer durchschnittlichen Belastung von 75% für die Länge von 1 km für die Vor- und Rücklaufleitung 0,3% bei einem Temperaturunterschied von 20° C und 0,37% bei einem Temperaturunterschied von 100° C. Die Stromerzeugung ergibt sich bei der Annahme eines Dampf-anfangsdruckes in der Zentrale von 20 ata, eines thermodynamischen Wirkungsgrades von 80, eines Wirkungsgrades des Turbogenerators von 93 und eines Übereinstim-mungsfaktors zwischen Kraft- und Heizbetrieb von 95% zu 7,4 Mill. kWh bei einem Temperaturunterschied von 20° C und zu 2,8 Mill. kWh bei 100° C, dabei ist ange-nommen, daß die Erwärmung des Heizwassers in einer Stufe erfolgt. Wird die Er-wärmung des Heizwassers stufenweise ausgeführt, so kann die Stromerzeugung besonders im Bereich der höheren Temperaturunterschiede etwas erhöht werden; aber das End-ergebnis bleibt im großen ganzen das gleiche. Die Heißwasserverteilung ist auch bei verhältnismäßig billigen Kohlen bei weitem weniger wirtschaftlich als die Warm-wasserverteilung mit einem geringen Temperaturunterschied zwischen Vor- und Rücklauf.

Die obigen Untersuchungen zeigen die große wirtschaftliche Überlegenheit des Kraftheizbetriebes gegenüber dem reinen Heizbetrieb. Demzufolge werden bei uns im Gegensatz zu den Vereinigten Staaten öffentliche Fernheizwerke vorwiegend mit kombiniertem Kraftheizbetrieb ausgeführt. Die Frischdampfverteilung wird in Amerika mit dem geringeren Platzbedarf der Hochdruckleitungen, der Schwierigkeit der Kon-densatrückführung und anderem mehr begründet. Diese Fragen werden in einem demnächst erscheinenden Sonderbericht des Verfassers über amerikanische Fern-heizungen eingehend behandelt. Jedenfalls ist das Vorherrschen der Frischdampf-verteilung in den Vereinigten Staaten für unsere Verhältnisse nicht maßgebend. Es gibt kein wirksameres Mittel die Wirtschaftlichkeit zu erhöhen, als die Anlage-und Wärmegestehungskosten des Heizbetriebes durch Angliederung .an ein Elektri-zitätswerk zu ermäßigen. Es können selbstverständlich keine bestimmten Regeln über die vorteilhafteste Lösung für jeden Einzelfall egeben werden. Bei einem sehr niedrigen Kohlenpreis oder bei einem geringen Umfange des Heizbedarfes wird man unter Umständen auch zur Verwendung von Frischdampf greifen. Es ist auch unmöglich, bestimmte Regeln für die Wahl des wirtschaftlichsten Gegendruckes und des billigsten Verteilungsnetzes aufzustellen; dafür gibt es leider keinen anderen Ausweg, als rechnen und wieder zu rechnen. Bei Verbindung des Kraft- und Heiz-betriebes ist man schon gezwungen, die ganze Fernheizanlage für verschiedene Ver-teilungsdrücke zu berechnen, die jeweiligen Kosten zu ermitteln, dann eine Wirt-schaftlichkeitsberechnung für jeden Fall aufzustellen, um als Endergebnis eine Wirt-schaftlichkeitskurve, oder unter Umständen bei verschiedener Strombewertung mehrere Kurven, wie in Abb. 12 dargestellt, zu gewinnen. Aus diesen Kurven wird dann der wirtschaftlichste Verteilungsdruck entnommen.

Oben ist gezeigt worden, in welchem Maße die Wirtschaftlichkeit des Fernheiz-betriebes durch die Anlagekosten beeinflußt wird. Die Anlagekosten des Rohrnetzes sind aber, abgesehen von der Art der Verteilung, letzten Endes vom Umfange und der Wärmedichte des zu versorgenden Gebietes abhängig. Auch diese Zusammenhänge können kurvenmäßig erfaßt werden, ihre Darlegung würde aber zu weit führen. Die günstigsten Gebiete für die Aufnahme des Fernheizbetriebes sind die Geschäftsviertel der Städte. Dort ist die Anzahl und der Umfang der anzuschließenden Gebäude am größten und ihr Abstand voneinander am geringsten. Die Häufigkeit der Zentral-heizungen nimmt gewöhnlich mit der Entfernung von der Innenstadt ab. In den Groß-städten gibt es aber bereits geschlossene Wohngebiete, in welchen sämtliche Gebäude mit Zentralheizungen versehen sind. Auch der Wärmebedarf der einzelnen Versorgungs-gebiete nimmt aber in der Regel von der Mitte der Stadt nach außen hin schnell ab. Einer-seits sind einmal in der Innenstadt die größten Geschäftshäuser und Verwaltungs-gebäude konzentriert, andererseits ist der Anteil der Straßen, Plätze und Grünflächen in den Außengebieten viel größer. In Hamburg z. B. beträgt der Wärmebedarf im Zen-trum der Stadt für 1 km² Stadtfläche etwa 130 Mill. WE/h, in geschlossenen Wohn-vierteln etwa 70 und im Villengebiet 10 bis 30 Mill. WE/h. In welchem Umfange die Wärmedichte die Höhe der Anlagekosten beeinflußt, geht vielleicht besser aus der Feststellung hervor, daß man im Villengebiet mit 1 km Fernleitung nur etwa 3 Mill., in Wohngebieten rd. 10 Mill. und in der Innenstadt etwa 16 Mill. WE an Anschlußwert fassen kann. Doch darf nicht daraus gefolgert werden, daß Villen nicht an eine Fernheizung angeschlossen werden können. Der Verfasser hatte Gelegenheit, in den Vereinigten Staaten Fernheizbetriebe zu besichtigen, die ganze Straßenzüge, zum Teil sehr bescheidene Einzelhäuser, mit Wärme versorgen. Der Einzelhausbesitzer ist auch eher geneigt, für die Bequemlichkeit des Fernheizbetriebes einen etwas höheren Wärmepreis zu zahlen.

Bei der Verteilung der Wärme ist man in der Regel auf Dampf angewiesen, da gewöhnlich die Hälfte aller Gebäude, und zuweilen noch mehr, mit Dampfheizungen versehen ist. Neben der größeren Verwendbarkeit des Dampfes hat die Dampfverteilung den großen Vorteil, daß die gelieferte Wärme genau gemessen werden kann. Die Kondensatmesser weisen einen Genauigkeitsgrad von 1% auf, wogegen wir bis heute noch keinen praktisch erprobten Wärmemesser für Warmwasser haben.

III. Bedingungen für die Lieferung von Wärme.

Es ist wiederholt darauf hingewiesen worden, von welcher Bedeutung für die Wirtschaftlichkeit des Fernheizbetriebes die Verringerung der Wärmeerzeugungskosten ist. Andererseits muß aber versucht werden, für die gelieferte Wärme einen angemessenen Preis vergütet zu bekommen. Für die Bemessung des Wärmepreises sind die Kosten des eigenen Betriebes mit Zentralheizung maßgebend. Sie setzen sich zusammen aus den Kosten für Koks, Bedienung und Instandhaltung. Sehr strittig ist die Frage des Kesselwirkungsgrades. Die Leistung und der Wirkungsgrad der Kessel sind zwar bekannt, und die hohen Werte auf dem Versuchsstande sollen gar nicht bezweifelt werden, wieviel die Kessel aber im praktischen Betrieb abgeben, steht in der Regel nicht fest. Bei den Verhandlungen mit den ersten Abnehmern in Hamburg ist von einem durchschnittlichen jährlichen Wirkungsgrad der Zentralheizungskessel von 55 bis 60% ausgegangen worden. Dieser Wirkungsgrad ist jedoch nach den jetzt vorliegenden Erfahrungen entschieden zu hoch, und man kann in der Regel mit einem jährlichen Durchschnitt von 50% rechnen. Die Kosten für die Bedienung und Instandhaltung können bei überschläglicher Berechnung mit 20% der Kokskosten angenommen werden, und damit ist der Wärmeverkaufspreis festgelegt. Es ist bei der Preisbemessung zweckmäßig, die zusätzlichen Vorteile, die dem Abnehmer beim Anschluß an das Fernheizwerk entstehen, nicht in Rechnung zu setzen und den Wärmepreis nicht über die unmittelbaren Selbstkosten des Einzelbetriebes zu erhöhen. Diese Vorteile erleichtern dann die Werbung außerordentlich, sie sind:

1. Das für die Anlage der Heizkessel erforderliche Kapital wird für andere Zwecke frei; bei bestehenden Anlagen können sie verkauft werden;

2. die für die Unterbringung der Kessel und des Brennstoffes erforderlichen Räume werden für andere Zwecke frei;

3. Verminderung der Feuersgefahr;

4. der Fortfall des Kohlen- und Aschentransportes erleichtert die Sauberhaltung des Hauses und vermindert die entsprechenden Ausgaben;

5. bessere Kontrolle des Heizbetriebes;

6. der Wärmeverbrauch des Gebäudes wird geringer.

Der letzte Punkt ist von besonderer Bedeutung. Beim Anschluß an das Fernheizwerk kann der Wärmebezug viel genauer dem Wärmebedarf angepaßt werden, als es mit eigenen Kesseln möglich ist. Je nach der Art des Gebäudes entstehen dadurch Ersparnisse von 10 bis 20% oder noch mehr.

Eine Staffelung des Wärmepreises nach Bedarf und Verbrauch ist bei dem Verkauf von Wärme nicht zu empfehlen. Die Wärmeerzeugungskosten mit Zentralheizungskesseln sind im großen ganzen unabhängig von der Größe der Anlage und deshalb muß der Wärmeverkaufspreis einheitlich sein. Die Amerikaner haben zwar weitgehende Staffeltarife, untersucht man aber die dort vorliegenden Verhältnisse genauer, so stellt sich jedesmal heraus, daß die Preise so bemessen sind, daß im Endergebnis der Bezug von Wärme ebensoviel kostet wie im Einzelbetrieb. Da die Verträge mit den Abnehmern auf eine längere Zeitdauer geschlossen werden müssen, so ist der Wärmeverkaufspreis in Abhängigkeit von den Selbstkosten des Werkes zu bringen. Es empfiehlt sich, die festen Selbstkosten in Form einer Konstante in den Wärmepreis hineinzunehmen und die beweglichen Kosten, wie Kohle und Bedienung, gleitend zu gestalten. In Hamburg ist der gleitende Teil in Abhängigkeit vom Brennstoffwärmepreis gebracht worden. Die Höhe und Schwankung des Wärmeverkaufspreises ist aus Abb. 13 zu ersehen. Der Gewichtspreis der Kohle ist kein genauer Maßstab, da der Heizwert der Kohle Schwankungen, oft sehr erheblichen, unterworfen ist. Im Barmer Tarif ist der Lohnanteil besonders berücksichtigt. Nimmt man jedoch an, daß der Kohlenpreis im gleichen Verhältnis zum Lohn steht, so ist diese Maßnahme nicht erforderlich.

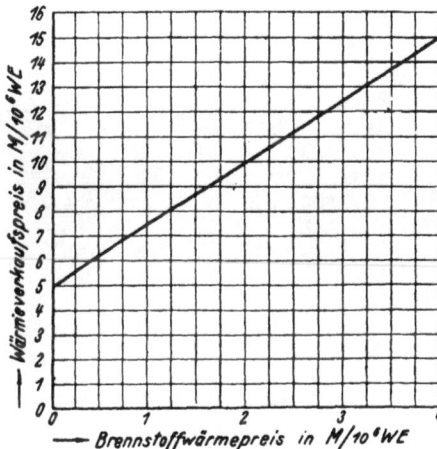

Abb. 13. Abhängigkeit des Wärmeverkaufspreises
vom Brennstoffwärmepreis.

Die sonstigen für einen Wärmevertrag in Frage kommenden Bedingungen sind möglichst einfach und klar zu gestalten. Es hat gar keinen Zweck, komplizierte Verträge mit allerlei Pflichten, die den Abnehmer festlegen, aufzustellen, vielmehr muß der Vertrag von Anfang an auf der gesunden Grundlage des Vertrauens aufgebaut werden, und es muß mit allen Mitteln dafür gesorgt werden, daß dem Abnehmer beim Anschluß an das Fernheizwerk tatsächlich wesentliche Vorteile entstehen.

Als Beispiel eines Wärmevertrages sind im Anhange die Bedingungen für die Lieferung von Wärme des Hamburger Fernheizwerkes veröffentlicht, die auch für die später errichteten Werke grundlegend waren.

IV. Ausführung an Hand von Beispielen.

Es gibt zurzeit nur noch wenige Elektrizitätswerke mit Dampfmaschinenbetrieb. Die Dampfturbine ist auch in kleineren Werken allgemein vorherrschend. Die vorhandenen Dampfmaschinen können gewöhnlich bei Aufnahme des Fernheizbetriebes ohne weiteres auf Gegendruck umgeschaltet werden. Bei geringem Gegendruck können die Niederdruckzylinder beibehalten, bei höherem Gegendruck müssen sie ausgeschaltet werden. Eine Umschaltung der Turbinen auf Gegendruckbetrieb ist dagegen nicht zulässig und wenn ausführbar, geht ihre Leistung außerordentlich stark zurück und der Dampfverbrauch wird sehr groß. In manchen Fällen ist eine Neubeschaufelung der Turbine möglich, aber am besten ist die Anschaffung einer besonderen Gegendruckturbine.

Abb. 14. Verteileranlage der Zentrale Poststraße.

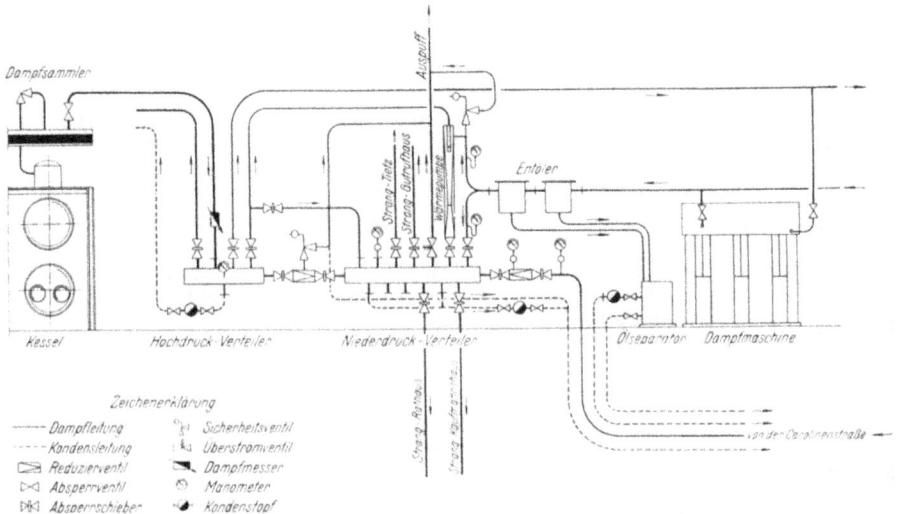

Abb. 15. Schaltschema der Zentrale Poststraße.

Im Werk Poststraße konnten die vorhandenen Dampfmaschinen unter Beibehaltung der Niederdruckzylinder durch eine geringfügige Änderung der Schiebersteuerung auf einen Gegendruck von 0,4 atü umgestellt werden. Der von den Dampfmaschinen entnommene Dampf wird durch zwei hintereinander geschaltete Entöler entölt und zum Verteiler geleitet (s. Abb. 14 und 15). Reicht der Abdampf der Dampfmaschinen nicht aus, so wird Abdampf vom Werk Carolinenstraße beigemengt. Bei noch stärkerer Belastung wird der Verteiler zusätzlich mit reduziertem Frischdampf gespeist. Auf dem Wege über das Reduzierventil geht aber die Arbeitsenergie des Frischdampfes verloren und um wenigstens einen Teil davon wiederzugewinnen, ist eine Wärmepumpe in Form eines Strahlapparates zur Aufstellung gekommen. Mit dieser Wärmepumpe wird der Gegendruck der Dampfmaschinen bis auf 0 at entlastet.

Abb. 16. Verteileranlage der Zentrale Carolinenstraße.

Im Werk Carolinenstraße ist für die Stromerzeugung ein Turbogenerator von 2000 kW aufgestellt worden. Die Turbine, Bauart Zoelly, geliefert von der Görlitzer Maschinenfabrik, arbeitet mit einem Anfangsdruck von 11 atü bei 300° C, der Gegendruck schwankt je nach der Belastung der Fernleitung von 1,0 bis auf 2,0 atü. Da Gleichstrom für Straßenbahnbetrieb erzeugt wird, ist der Generator für eine Umdrehung von 750, die Turbine dagegen für 3000 Touren in der Minute bemessen und die Übertragung geschieht mit einem Zahnradvorgelege. Die Anordnung des Verteilers geht aus Abb. 16 hervor. In der Mitte unten ist der Abgang der großen Fernleitung zur Poststraße, von beiden Seiten sieht man die Zuspeisung von reduziertem Frischdampf, seitlich links ist ein Verteiler für den Schlachthof und rechts eine besondere Reduzieranlage für den Nachtbetrieb angegliedert. Links sieht man die Schalttafel mit den verschiedenen Kontroll- und Meßapparaten, deren Schaltung aus der Abb. 17 zu ersehen ist. Es wird der gesamte abgehende Dampf einmal für die große 500er Heizleitung und das andere Mal für den Schlachthof und außerdem der Abdampf der Turbine gemessen. Daneben werden alle in Frage kommenden Drücke und Temperaturen, die für die Überwachung des Betriebes notwendig sind, gemessen und aufgezeichnet. Um die Abgabe des Abdampfes an das Werk Poststraße zu überwachen, ist auf der Schalttafel ein Fernmanometer angeordnet; nach diesem Druck vor dem Verteiler Poststraße wird die Zuspeisung von Abdampf vom Werk Carolinenstraße geregelt. Außerdem sind auf der Schalttafel Signalapparate für alle Teile der Zentrale angeordnet, bei welchen eine Überschreitung des Druckes oder der Temperatur verhütet werden muß.

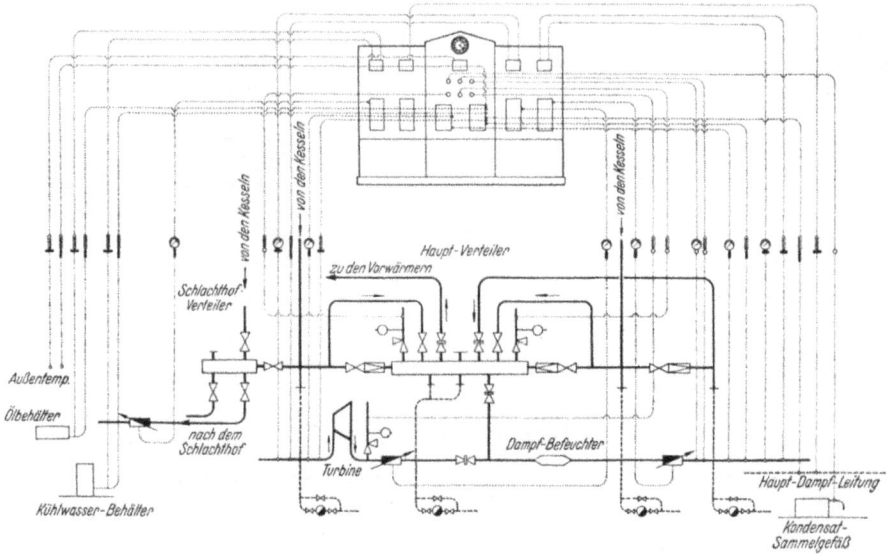

Zeichenerklärung:

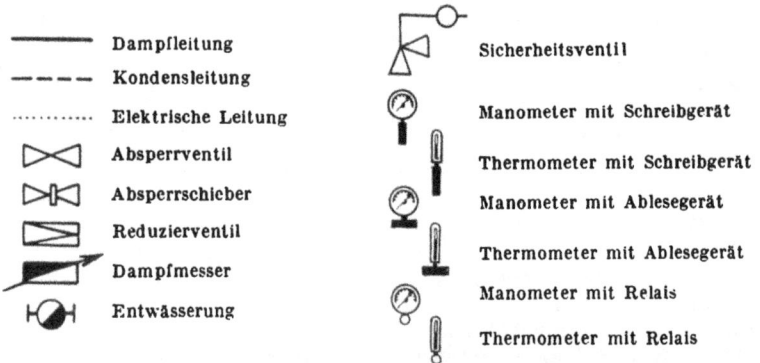

—————— Dampfleitung		Sicherheitsventil
— — — — Kondensleitung		
············ Elektrische Leitung		Manometer mit Schreibgerät
Absperrventil		Thermometer mit Schreibgerät
Absperrschieber		Manometer mit Ablesegerät
Reduzierventil		
Dampfmesser		Thermometer mit Ablesegerät
Entwässerung		Manometer mit Relais
		Thermometer mit Relais

Abb. 17. Schaltschema der Zentrale Carolinenstraße.

Im Werk Poststraße sind 9 und im Werk Carolinenstraße 16 Doppel-Flammrohrkessel von je 250 m² Heizfläche einschließlich des oberen Rauchrohrkessels vorhanden. Die gesamte Kesselheizfläche beträgt 6250 m², der Dampfdruck 11,5 atü. Im Werk Carolinenstraße sind 11 Kessel mit Überhitzern ausgerüstet worden. Die Kessel haben leider weder mechanische Beschickung noch Kohlenförderanlagen. Die Bedienung von Hand ist selbstverständlich teuer und sie ist heute undenkbar für ein Elektrizitätswerk gleicher Größenordnung. Der nachträgliche Einbau mechanischer Vorrichtungen ist erwogen worden, aber die Ausführung hat sich als unwirtschaftlich erwiesen, weil mit Aufstellung neuer Kessel in einigen Jahren gerechnet werden muß.

Für die Feuerungskontrolle sind an den Schornsteinen jedes Werkes Meßstationen mit Apparaten zur Prüfung der Rauchgase und Registrierung der Rauchgastemperatur und Zugstärke eingebaut. Es wird Magerstückkohle mit einem mittleren unteren Heizwert von 7500 WE/kg verfeuert, mit welcher eine durchschnittliche neunfache Verdampfung erreicht wird.

Abb. 18. Schacht mit Festpunkt und Kompensatoren.

Der wichtigste Teil eines Fernheizwerkes sind die Fernleitungen. Die Art der Verteilung, die Bemessung und Verlegung des Rohrnetzes ist ausschlaggebend sowohl für die Wirtschaftlichkeit, wie auch für die Betriebssicherheit. Es kann gar nicht genug darauf hingewiesen werden, daß die Planung und Verlegung der Fernleitungen mit der allergrößten Sorgfalt vorgenommen werden muß. Dank der Vervollkommnung der Schweißtechnik ist es möglich geworden, die Leitungen in unbegehbaren Kanälen zu verlegen; um so mehr muß aber auf die Güte der Ausführung geachtet werden, weil nachträgliche Änderungen oder Reparaturen mit großen Aufwendungen verbunden sind. Die Leitungen werden in großen Längen zusammengeschweißt; lediglich die Absperrorgane und die Kompensatoren oder Längenausgleicher werden mit Flanschen verbunden. Zur Überwachung der Flanschenverbindungen werden die Absperrorgane und Kompensatoren in von außen zugänglichen Schächten angeordnet. Wegen der unvermeidlichen Längenausdehnung müssen die Leitungen beweglich gelagert werden. Am besten haben sich Unterstützungen aus schmiedeeisernen Schellen mit gußeisernen Rollen bewährt.

Die Art der Lagerung steht in engem Zusammenhang mit der Ausbildung der Kompensatoren. Aus verschiedenen Gründen muß eine rein achsiale Bewegung der

Fernleitungen angestrebt werden und dieser Forderung entsprechen am besten die Wellrohr- und Stopfbüchsenkompensatoren. Diese beiden Bauarten werden auch bei den amerikanischen Fernheizungen bevorzugt. Der Wellrohrkompensator wird dort allerdings in Kupfer mit Bandagen aus Guß- oder Schmiedeeisen ausgeführt. Der Stopfbüchsenkompensator hat den Vorteil große Längenänderungen aufnehmen zu können, er benötigt aber leider viel Wartung. Abb. 18 und 19 zeigen die Anordnung eines Festpunktes mit 2 Wellrohrkompensatoren, Abb. 20 und 21 die Verlegung der Fernleitungen in Hamburg, Abb. 22 zeigt ein Beispiel der Ausführung in Leipzig. Die Verlegung der Leitungen mit sogenannter natürlicher Kompensation ist in den meisten Fällen unzulässig. Zur Entlastung der Schweißnähte werden die Rohrbögen oft festgelegt (s. Abb.23).

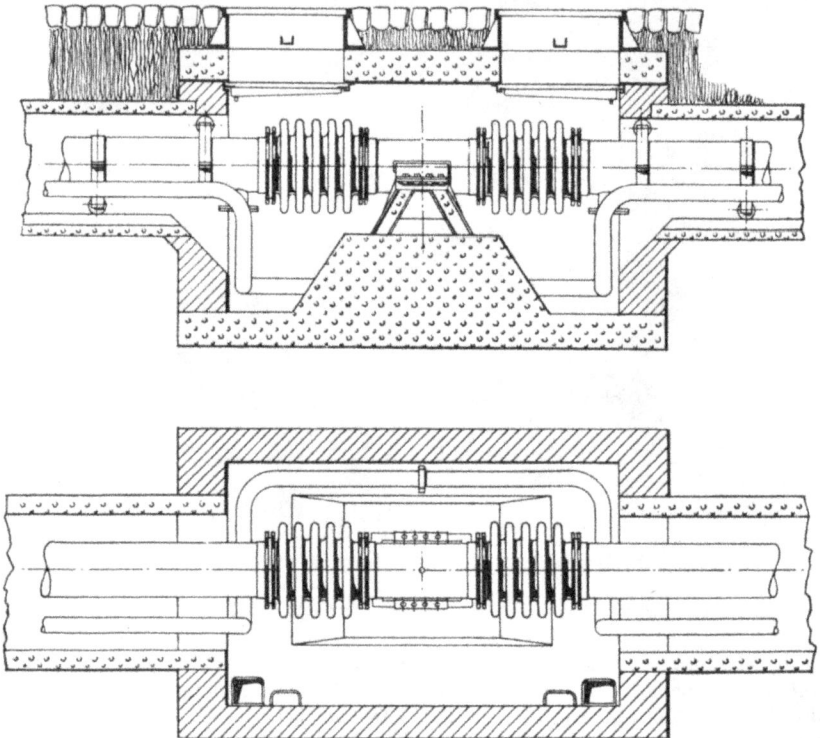

Abb. 19. Anordnung eines Festpunktes mit 2 Wellrohrkompensatoren.

Eine heiß umstrittene Frage ist die Ausführung der Kondensleitung. Es heißt immer wieder, daß schmiedeeiserne Kondensleitungen in kurzer Zeit zerstört werden und daß ihre Ausführung deshalb in Kupfer erfolgen muß. Die größere Widerstandsfähigkeit des Kupfers gegen Korrosionserscheinung kann nicht bezweifelt werden, aber bei Verwendung kupferner Leitungen werden die Anlagekosten erheblich erhöht und dadurch die Wirtschaftlichkeit des Fernheizbetriebes beeinträchtigt. Die inzwischen in Hamburg und in anderen Städten gemachten Erfahrungen haben bestätigt, daß schmiedeeiserne Kondensleitungen verwendet werden können, sofern sie richtig verlegt werden. Von der größten Wichtigkeit ist dabei die Ausbildung der indirekten Ableitung des Kondensats der Dampffernleitungen. Die unmittelbare Einführung des Hochdruckkondensats in die Kondensleitung muß unter allen Umständen vermieden werden. Beim Hamburger Fernheizwerk werden die Kondensleitungen in jedem Jahre untersucht und es konnten bis jetzt bei Leitungen, die 6 Jahre in Betrieb sind, noch keine Spuren von Korrosion festgestellt werden.

Abb. 20. Fernleitung in der Carolinenstraße.

Die Wahl der Isolierung kann nicht lediglich nach wirtschaftlichen Gesichtspunkten erfolgen. Es sind heute viele Wärmeschutzmittel bekannt, mit welchen eine hohe Isolierwirkung erreicht wird, aber entscheidend sind letzten Endes die mechanischen Eigenschaften und die Haltbarkeit des Isoliermaterials. Die Isolierung muß die gleiche Lebensdauer wie die Dampfleitung haben und darf dabei an Wirkung nicht verlieren. Es ist zu bedenken, daß die Isolierung dem Wärmeschub des Rohres folgen muß; die innen und außen liegenden Fasern sind dabei verschieden beansprucht und diesen Beanspruchungen soll das Material 20 oder 30 Jahre widerstehen. Von sehr vielen Isoliermaterialien, die beim Hamburger Fernheizwerk unter gleichen Bedingungen untersucht worden sind, haben die meisten die verlangte Isolierwirkung erreicht, für unterirdisch unzugänglich verlegte Leitungen sind aber die wenigsten geeignet.

Die Kanäle werden am zweckmäßigsten in Beton ausgeführt. Die Einsteigeschächte können dagegen auch gemauert werden. Der untere Teil des Kanals wird an Ort und Stelle gestampft, die Deckel können auch an anderem Orte fabrikmäßig hergestellt werden. Die fabrikmäßige Herstellung des Unterteiles oder die Errichtung des Kanals in Betonplatten empfiehlt sich dagegen nicht. Je mehr Fugen der Kanal erhält, um so größer die Gefahr des Eindringens von Tageswasser. Aus dem gleichen Grunde ist es zweckmäßig, die seitlichen Wangen des Kanals möglichst hochzuziehen, um beim vorübergehenden Anstauen des Tageswassers die Gefahr des Undichtwerdens zu verringern. Abb. 24 zeigt die Ausführung in Hamburg, Abb. 25 die in Leipzig und Charlottenburg gewählte Ausführung und die Zahlentafel S. 124 die R. O. M.-Normalien für die verschiedenen Abmessungen. Die Form der Deckel ist verschieden. In Kiel sind

Abb. 21. Auflegen der Betondeckel.

flache Deckel gewählt worden, in Hamburg haben sich dagegen elliptisch geformte Deckel geeigneter erwiesen. Die Deckel müssen die Belastung des Straßenverkehrs mit Sicherheit aufnehmen, und zwar wird in den meisten Städten die Abdeckung für einen Raddruck von 6 t vorgeschrieben. Die Kanäle sind grundsätzlich oberhalb des Grundwasserspiegels zu verlegen. Zum Schutze gegen das Eindringen des Tageswassers werden die Deckel in Hamburg mit Teerstricken gedichtet. Liegt der Wasserstand sehr hoch, so muß eine absolut wasserdichte Ausführung des Kanales gewählt werden. Wenn der wasserdichte Kanal auch noch so teuer ist, so ist seine Ausführung von Anfang an jedenfalls billiger als die nachträgliche Herstellung. Bei Ausführung des Braunschweiger Fernheizwerkes ist leider infolge eines zu optimistischen Gutachtens über eine von R. O. M. beanstandete Kanalstrecke eine derartige nachträgliche Erneuerung notwendig geworden.

Verschiedentlich werden Vorschläge gemacht, die Ausführung der Kanäle zu vereinfachen oder sogar die Leitungen unmittelbar im Erdreich zu verlegen. Trotz der großen Ersparnisse, die damit erzielt werden können, muß vor derartigen Verbesserungen gewarnt werden. Auch die einzelnen bereits ausgeführten Versuchsstrecken beweisen nichts. Für die Wirtschaftlichkeit und Betriebssicherheit eines öffentlichen Fernheizwerkes ist vor allem die Lebensdauer der Anlage ausschlaggebend. Die zunächst gesparten Gelder werden im Laufe der Jahre für die Instandhaltung der Leitungen und Isolierung bzw. die Erzeugung der Strecke doppelt ausgegeben; die in den Vereinigten Staaten gemachten Erfahrungen bestätigen diese Ansicht. Die Amerikaner haben zunächst auch versucht, mit einfacheren Ausführungen auszukommen, sind aber nach und nach zu besseren Kanälen übergegangen. Sehr verbreitet ist drüben die Verlegung der Leitungen nach dem Johns-Manville-Verfahren. Die Leitungen werden in steinzeugähnlichen Rohren verlegt, die an der Baustelle längsachsig gespalten werden. Diese Ausführung, die zunächst einfach erscheint, bietet aber für unsere Verhältnisse keine Ersparnisse.

Abb. 22. Fernleitung Fernheizwerk Leipzig.

In einzelnen Fällen gelingt es, die Kanalkosten zu sparen. So konnten z. B. die Fernleitungen in Barmen entlang der Wupper und dem Mühlgraben verlegt werden (s. Abb. 26). Zum Schutze gegen die Witterungseinflüsse ist die Isolierung mit einer Blechummantelung versehen worden. So verlockend eine derartige Ausführung ist, so entsteht andererseits der Nachteil der viel größeren Wärmeverluste.

Kanäle für Dampf

Profil	Dampfleitung l. ⌀ in mm	Kanalgröße für die Dampfleitung und zugehörige Kondensleitung	
		l. Breite in mm	l. Höhe in mm
D. 1	51 70	450	350
D. 2	82 106	500	400
D. 3	119 169	600	450
D. 4	180 228	700	550
D. 5	241 290	800	600
D. 6	302 365	900	700
D. 7	378 450	1000	750
D. 8	475 500	1100	850
D. 9	550	1200	900
D. 10	600	1300	1000
D. 11	700	1400	1100
D. 12	750	1500	1200
D. 13	800	1600	1300
D. 14	900	1700	1300
D. 15	1000	1800	1400

Abb. 23. Festlegung eines Rohrbogens.

Die Verlegung der Fernheizleitungen in den Straßen ist mit besonders großen Schwierigkeiten verbunden. Die Straßen sind bereits mit allerlei Leitungen und Kabeln überfüllt. Wie groß die Fülle der Leitungen unterhalb des Straßenpflasters ist, geht

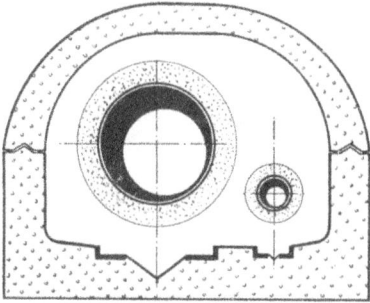

Abb. 24. Kanalausführung in Hamburg.

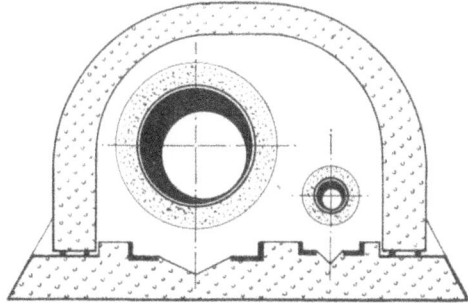

Abb. 25. Kanalausführung in Leipzig.

deutlich aus Abb. 27 hervor; das ist die Kreuzung der Gr. Johannisstraße und der Börsenbrücke in Hamburg. Durch diesen Wirrwarr von Leitungen muß man sich mit den Fernheizkanälen so durcharbeiten, daß die Dampfleitung jeweils mit dem erforderlichen

Abb. 26. Fernleitung entlang der Wupper in Barmen.

Gefälle verlegt werden kann. Die Verlegung so und so vieler fremder Leitungen wird dabei oft unvermeidlich, wodurch die Anlagekosten des Fernheiznetzes nicht unbeträchtlich verteuert werden. Denkt man an die zukünftige Entwicklung, so bleibt kein anderer Ausweg, als die Anlage großer Sammelkanäle für die Aufnahme sämtlicher oder eines großen Teiles der in den Straßen verlegten Leitungen. Hamburg hat bereits in den früheren Jahren einen derartigen Sammelkanal in der Kaiser-Wilhelmstraße als Versuchsstrecke angelegt (s. Abb. 28) und dieser Kanal konnte im Jahre 1924 für die Verlegung der Fernleitung Carolinenstraße—Poststraße ausgenutzt werden. Leider hat

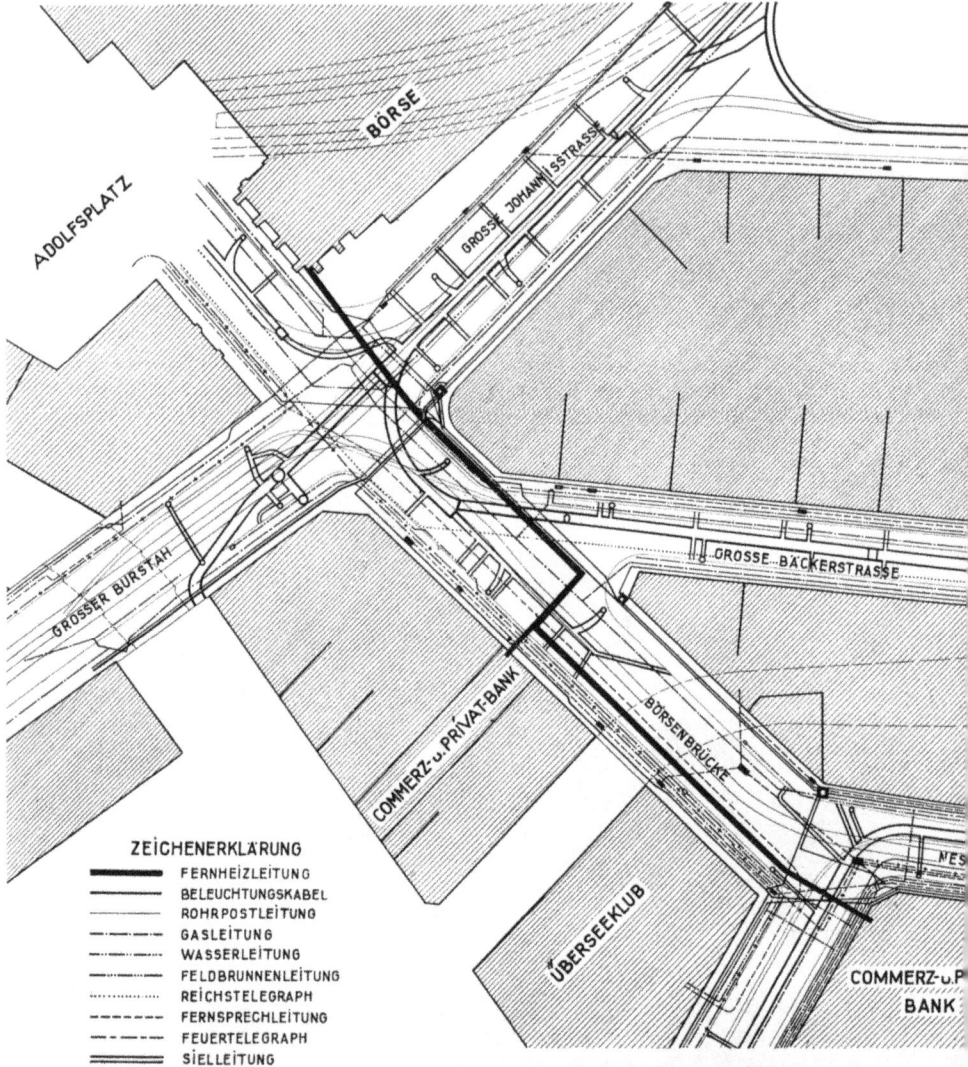

ZEICHENERKLÄRUNG

FERNHEIZLEITUNG
BELEUCHTUNGSKABEL
ROHRPOSTLEITUNG
GASLEITUNG
WASSERLEITUNG
FELDBRUNNENLEITUNG
REICHSTELEGRAPH
FERNSPRECHLEITUNG
FEUERTELEGRAPH
SIELLEITUNG

Abb. 27. Unterirdische Leitungen Ecke Gr. Johannisstraße in Hamburg.

sich die Ausführung für die damalige Zeit als zu teuer erwiesen, so daß dieser Gedanke wieder fallen gelassen worden ist. Mit der weiteren Steigerung des Verkehrs werden wir aber sicher zu derartigen Ausführungen kommen. Vor allem muß aber an diese Lösung bei Erschließung neuer Baugebiete gedacht werden. In breiten Straßen wird man dann zweckmäßigerweise zu zwei unterhalb der Bürgersteige angeordneten Kanälen kommen. Bei dieser Anordnung entsteht der Vorteil, daß die an sich unvermeidlichen Wärmeverluste der Fernleitungen bei feuchter Witterung zur schnelleren Trocknung der Bürgersteige ausgenutzt werden. In schmalen Straßen würde sich die Anlage eines gemeinsamen Kanals in der Mitte der Straße empfehlen (s. Abb. 29 und 30).

Die Ausführung der Anschlüsse ist aus den Abb. 31, 32 und 33 zu ersehen. Grundsätzlich werden die Anschlüsse so ausgeführt, daß eine Umschaltung der vorhandenen Kessel möglich ist. Es gibt dem Abnehmer das Gefühl der größeren Sicherheit und er setzt sich leichter über seine ersten Bedenken hinweg. Die Erfahrung hat aber gezeigt, daß die Abnehmer im Laufe der Zeit sich mit dem Fernheizbetrieb so vertraut machen, daß sie die Kessel aus eigenem Ermessen beseitigen; in Hamburg ist es jedenfalls viel-

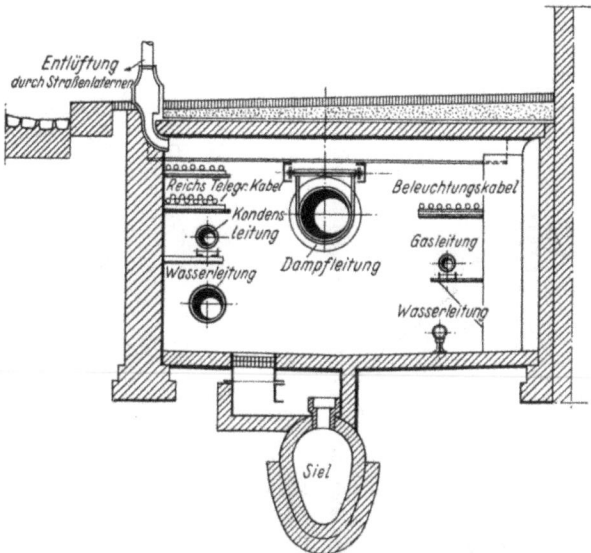

Abb. 28. Begehbarer Sammelkanal in der Kaiser-Wilhelmstraße.

fach der Fall. Die im Versorgungsgebiet des Fernheizwerkes liegenden Neubauten werden von Anfang an an das Rohrnetz angeschlossen und auf eigene Kessel wird verzichtet. Beim Anschlusse einer Dampfheizung wird eine Reduzieranlage zur Verminderung der Dampfspannung auf den für die Heizungsanlage des Gebäudes erforderlichen Druck eingebaut. Das von der Anlage zurückkommende Kondensat wird durch einen Schlammreiniger zum Meßapparat und von dort in ein Sammelgefäß geleitet. Sobald das Kondensat eine gewisse Höhe im Gefäß erreicht hat, wird mittels einer Schwimmerschaltung eine kleine Elektro-Zentrifugalpumpe selbsttätig in Betrieb gesetzt, die das Kondensat zum Kesselhaus des Werkes zurückpumpt. Die Warmwasserheizungen erhalten zusätzlich noch Dampf-Warmwasser-Umformer, sonst ist die Schaltung die gleiche. Bei Verteilung des Dampfes mit geringem Anfangsdruck können die Reduzieranlagen in den Gebäuden mit Warmwasserheizungen gespart werden. Auch bei den Hausanschlüssen muß selbstverständlich für gute Entwässerung und Entlüftung der Leitungen gesorgt werden.

Der Wärmeverbrauch wird, wie bereits erwähnt, mittels Kondensatmesser bestimmt. Die Kondensatmessung hat den Nachteil, daß die Wärme nicht vor, sondern nach dem Gebrauch gemessen wird, so daß die innerhalb der Hausanlage entstehenden Verluste zu Lasten des Fernheizwerkes fallen. Diese Verluste sind aber bei einigermaßen richtig installierten Anlagen außerordentlich gering, so daß sie kaum ins Gewicht fallen. Auch in den Vereinigten Staaten wird allgemein die Kondensatmessung angewandt, nur in den seltensten Fällen greift man zu den viel ungenaueren Dampfmessern.

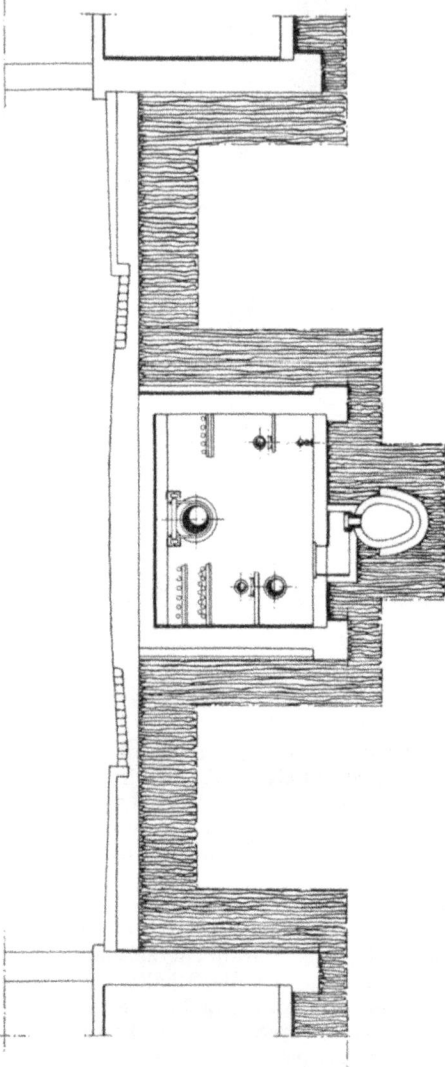

Abb. 29. Ausführung eines Sammelkanals in Straßen ohne Untergrundbahn.

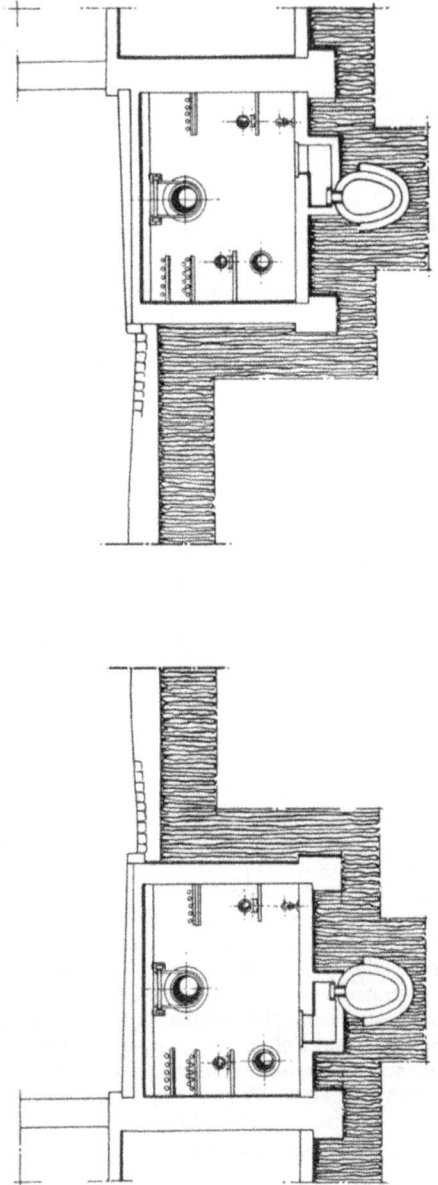

Abb. 30. Ausführung von Sammelkanälen in breiten Straßen mit Untergrundbahn.

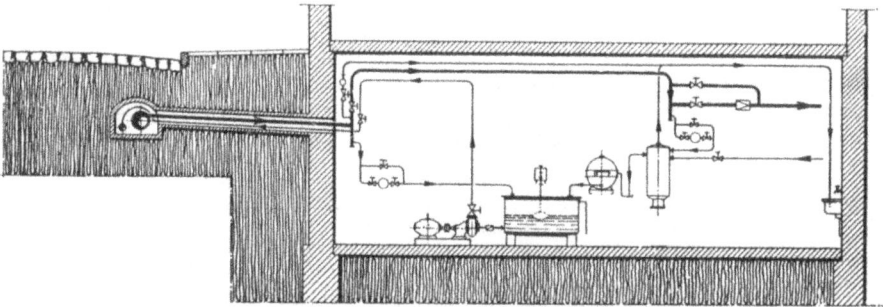

Abb. 31. Anschluß einer Dampfheizung.

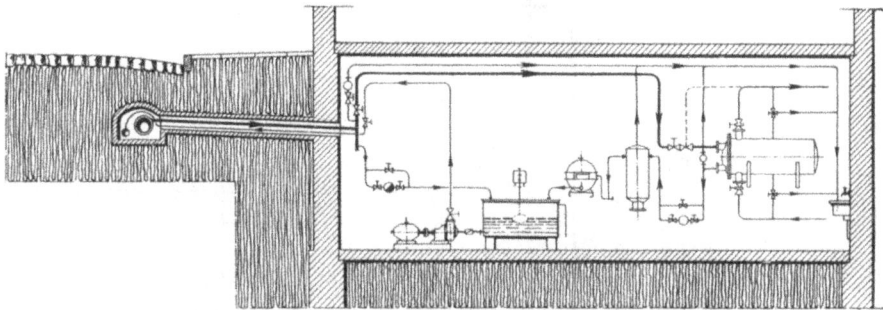

Abb. 32. Anschluß einer Warmwasserheizung.

Abb. 33. Meßstation.

V. Betriebsergebnisse.

Eine der großen Schwierigkeiten des Fernheizbetriebes ist die schwankende Belastung des Heizbedarfes. Geheizt wird im Winter und in den Übergangszeiten, im Sommer ruht der Betrieb. Die Anzahl der Heiztage ist allerdings größer als allgemein angenommen wird. In Hamburg sind Heizperioden bis zu 270 Heiztagen zu verzeichnen

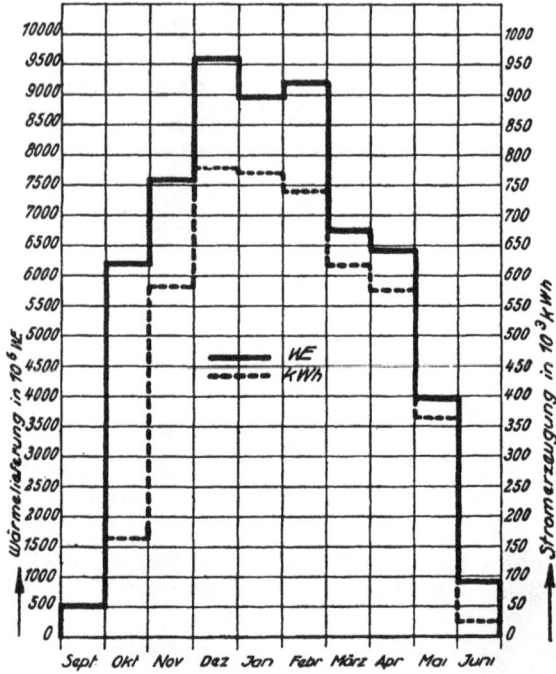

Abb. 34. Wärmelieferung und Stromerzeugung des Hamburger
Fernheizwerk in der Heizperiode 1926/27.

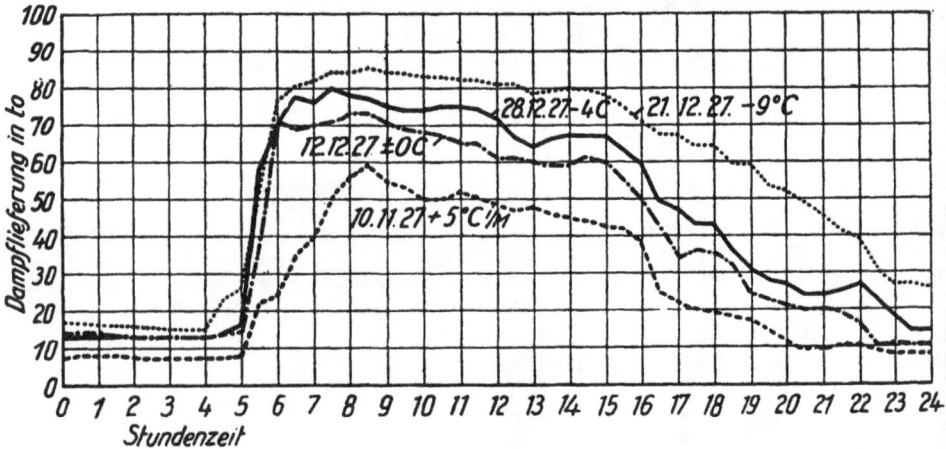

Abb. 35. Tagesbelastung des Hamburger Fernheizwerkes (ohne Schlachthof).

gewesen. Im Monat September und Juni und zuweilen auch im Monat Mai ist die Belastung außerordentlich gering, so daß der Betrieb sich in der Regel nicht bezahlt macht. Ein wirtschaftlicher Betrieb ist nur in den Monaten Oktober bis einschließlich April zu erzielen. In Abb. 34 ist die Wärmelieferung und Stromerzeugung des Hamburger Fernheizwerkes in der Heizperiode 1926/27 aufgetragen. Bei einer gesamten Jahreslieferung von 60127 Mill. WE betrug die höchste Monatslieferung im Dezember 9582 Millionen WE, das sind 16% des Jahresbedarfes. In einzelnen Wintern sind aber monatliche Belastungen bis zu 20% der Jahreslieferung vorgekommen. An Abfallstrom sind in der

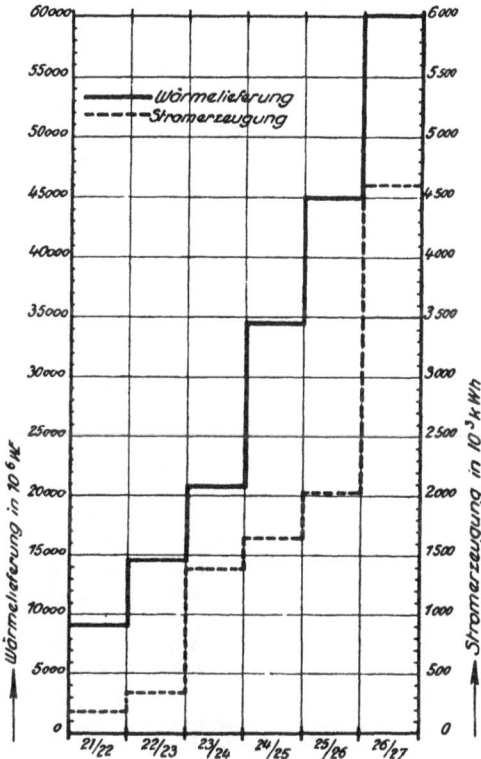

Abb. 36. Entwickelung der Wärmelieferung und Stromerzeugung des Hamburger Fernheizwerkes.

letzten Heizperiode 4613000 kWh geliefert worden. Die Abb. 35 zeigt die Tagesbelastung des Hamburger Fernheizwerkes ohne Schlachthof zu Anfang dieser Heizperiode bei den verschiedensten Außentemperaturen. Bezeichnend ist, daß die Zunahme der Spitzenbelastung mit sinkender Außentemperatur viel geringer ist als die Zunahme der Dampflieferung. Bezeichnend ist ferner, daß die Gleichmäßigkeit der Belastung viel größer ist als bei einem Elektrizitätswerk, folglich ist auch die Ausnutzung der Kesselanlagen und Maschineneinrichtungen jedenfalls im Winter besser. Mit der Gleichmäßigkeit des Betriebes steigt bekanntlich auch der Kesselwirkungsgrad, so daß auch mit den veralteten Kesseln des Hamburger Fernheizwerkes durchschnittliche monatliche Wirkungsgrade von 75% erreicht werden. Im Interesse der Wirtschaftlichkeit muß die Lieferung des Heizdampfes soweit wie möglich in Abdampf erfolgen. In Hamburg wird rd. 80% des Dampfes in Form von Abdampf geliefert und nur rd. 20% Frischdampf zugemischt. Schließlich zeigt Abb. 36 die Entwicklung der Wärmelieferung und der Stromerzeugung des Hamburger Fernheizwerkes in den Heizperioden 1921/22 bis 1926/27. Die Hamburger Anlage hat zurzeit die größte Wärmelieferung und Stromerzeugung, das nächstfolgende Werk der Größe nach, das Barmer Fernheizwerk, liefert an Wärme weniger als die Hälfte, dann folgen der Größenordnung nach die Anlagen Leipzig, Dresden, Charlottenburg, Kiel, Braunschweig, Neukölln und Steglitz.

VI. Wirklichkeit und Ziele.

Die Entwicklung der Städteheizung hat in Deutschland in der Nachkriegszeit erhebliche Fortschritte gemacht. In einer ganzen Reihe von Städten ist der öffentliche Fernheizbetrieb bereits aufgenommen und noch zahlreicher sind die Anlagen, die geplant sind. Das Ausmaß der bestehenden Anlagen ist jedoch verhältnismäßig klein. Der Anschlußwert des Hamburger Fernheizwerkes, des zurzeit größten Fernheizwerks Europas, beträgt 55 Mill. WE; der gesamte Anschlußwert für Hamburg ist aber zu schätzungsweise 1 500 Mill. WE berechnet worden. Auch bei der geplanten Erweiterung des Hamburger Fernheizwerkes auf einen Anschlußwert von insgesamt 140 Mill WE ist das Versorgungsgebiet des Fernheizwerkes gegenüber dem Gesamtbedarf noch sehr gering. Mit der Hebung unseres Wohlstandes und der weiteren Steigerung der Anzahl der Zentralheizungen eröffnen sich aber für die Städteheizung noch ungeahnte Entwicklungsmöglichkeiten. Einerseits wird die Wirtschaftlichkeit der Städteheizung mit der Vergrößerung des Versorgungsgebietes an und für sich besser, andererseits steigt dabei der Vorteil des kombinierten Kraft-Heizbetriebes. Sobald der Abfallstrom in größeren Mengen mit Einheiten von 10 000 oder 20 000 kW erzeugt werden wird, wie für Hamburg und andere Städte bereits geplant ist, wird der Fernheizbetrieb die Elektrizitätswirtschaft zumindestens in den Großstädten vollständig umwandeln. In der Abb. 37 ist die Stromerzeugung der Hamburgischen Elektrizitätswerke für das letzte Geschäftsjahr 1926/27 aufgetragen. Die Winterspitze beträgt rd. 95 000 kW gegenüber rd. 50 000 im Sommer. Jetzt werden die Elektrizitätswerke mit teuren Kondensations-

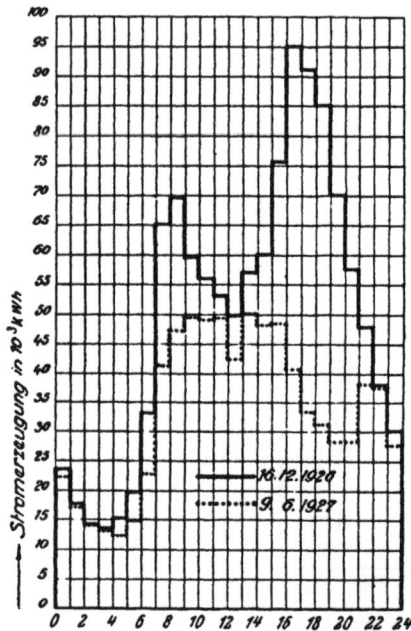

Abb. 37. Stromerzeugung der Hamburgischen Elektrizitätswerke im Geschäftsjahre 1926/27.

Maschinen für die höchste Spitzenleistung im Winter ausgerüstet. In der Zukunft werden die Kondensationsmaschinen nur für den Spitzenbedarf im Sommer bemessen und der Mehrbedarf im Winter durch die viel billigeren Gegendruckturbinen gedeckt werden. Auf Hamburger Verhältnisse bezogen müßte das Versorgungsgebiet des Fernheizwerkes bis auf die Aufstellung von rd. 45 000 kW Maschinenleistung im Gegendruckbetrieb vergrößert werden. Das ist die erste Etappe, die in der Entwicklung des Fernheizbetriebes anzustreben ist, damit ist aber die Entwicklung noch keineswegs abgeschlossen. Der jährliche Kohlenverbrauch für Hausbrand und Kleingewerbe in Hamburg beträgt rd. 600 000 t im Jahr, wogegen die Hamburgischen Elektrizitätswerke nur rd. 220 000 t Kohle für die Stromerzeugung aufwenden. Es besteht folglich die Möglichkeit, im Winter sogar den ganzen Strombedarf im Gegendruckbetrieb als Abfallstrom herzustellen und damit die Erzeugungskosten des elektrischen Stromes ganz wesentlich zu verringern. Auf die heutigen Verhältnisse bezogen, könnten dann die Hamburgischen Elektrizitätswerke ca. 100000 t Kohle im Jahre sparen und damit gelangen wir zur zweiten Etappe des kombinierten Kraft-Fernheizbetriebes.

Der überwiegend größte Teil des Strombedarfes der Städte wird in der Zukunft im kombinierten Kraft-Heizbetrieb erzeugt werden und die Kondensationsmaschinen lediglich im Sommer in Betrieb kommen. Heute ist der unterste Grenzwert der Selbstkosten des elektrischen Stromes der Kohlenverbrauch im Kondensationsbetrieb. Bei Lieferung von Nachtstrom kann unter Umständen auf den Kapitaldienst und zum guten Teil auch auf die laufenden Bedienungskosten verzichtet werden und der Strom lediglich mit den Brennstoffkosten plus Verdienst bewertet werden. In der Zukunft bei großzügiger Durchführung des kombinierten Kraft-Heizbetriebes wird aber der unterste Grenzwert von zurzeit 1 kg bzw. im besten Falle von 0,6 kg auf 0,2 ja 0,16 kg heruntergedrückt werden. Dann wird es möglich sein, elektrischen Strom in erheblichem Umfange zu sehr billigen Preisen auch für Heizung abzugeben, denn bei vorhandener Maschinenanlage und vorliegendem Heizbedarf über die normale Abwärmemenge der Stromerzeugung hinaus ist es vorteilhafter, den zusätzlichen Dampf durch die Maschinen zu leiten und den zusätzlich erzeugten Strom, wenn zu noch so billigem Preise, für Heizzecke zu verkaufen. Diese Überlegungen führen dahin, daß die Städteheizung der Zukunft neben der Dampf- und Warmwasserverteilung erhebliche Wärmemengen noch in Form von elektrischem Strom liefern wird. Die eigentlichen Stadtviertel werden die Wärme durch Dampf- und vor allem Warmwasserverteilungen zugeführt bekommen, die außenliegenden Bezirke werden dagegen vorwiegend elektrische Heizung erhalten. Bei Ausführung ausgedehnter Warmwasserverteilungsnetze mit Speichereinrichtungen wird damit gleichzeitig ein ausgezeichneter Ausgleich der elektrischen Belastung erreicht werden.

Zum Schlusse soll noch darauf hingewiesen werden, daß diese Entwicklung früher oder später auch in den Vereinigten Staaten einsetzen wird. Es ist nicht zu bestreiten, daß dort in den letzten Jahren eine gewisse Abkehr vom kombinierten Kraft-Heizbetrieb eingetreten ist. Die Gründe dafür sind aber sehr einfach. Die Amerikaner haben mit dem Bau der Fernheizwerke früher als mit dem Bau der Elektrizitätswerke begonnen. Die ersten Anlagen haben Frischdampfverteilung erhalten, die späteren, als die Entwicklung der Elektrizitätswirtschaft einsetzte, Abdampfverteilung. Es ist klar, daß bei einem Kohlenverbrauch der Kondensationswerke von 3 kg Kohle je kWh oder noch mehr der Vorteil des kombinierten Kraft-Heizbetriebes ungeheuer viel größer war als es heute bei einem Kohlenverbrauch von 0,7 kg/kWh der Fall ist. Die Enttäuschung der Amerikaner mit dem kombinierten Kraft-Heizbetrieb erscheint dann selbstverständlich. In Indianapolis hat der Verfasser z. B. eine Gegendruckturbine von 1500 kW gesehen, die nach der Errichtung eines neuen Kondensationswerkes nicht mehr in Betrieb kam. In Deutschland hat die Entwicklung der Städteheizung mit kombiniertem Kraft-Heizbetrieb im Gegensatz zu den Vereinigten Staaten zu einer Zeit hoher Vollkommenheit der Elektrizitätswerke eingesetzt und die Wirtschaftlichkeit ist von Anfang an auf nur mäßigem Gewinn von der Stromerzeugung aufgebaut worden. Da aber eine weitere nennenswerte Verringerung des Kohlenverbrauches im Kondensationsbetrieb nicht mehr denkbar ist, so werden auch die Amerikaner schon im Interesse der weiteren Vervollkommnung der Elektrizitätswirtschaft nach und nach zum kombinierten Kraft-Heizbetrieb zurückkehren und es ist zu hoffen, daß diese Entwicklung durch die in Deutschland auf diesem Gebiete geleistete Arbeit gefördert werden wird.

Anhang.

§ 1.

Die Fernheizwerk Hamburg G. m. b. H. verpflichtet sich, an die Abnehmer, die die vorliegenden Bedingungen schriftlich anerkennen, Niederdruckdampf von mindestens 0,1 at Überdruck für Heiz- oder andere Zwecke während der ganzen Heizperiode für eine Vertragsdauer von 10 Jahren zu liefern. Das Nutzrecht des Abnehmers erstreckt sich auf die Ausnutzung der Dampfwärme und der Kondensatwärme bis auf eine Wassertemperatur von + 50° C. Das Kondensat selbst verbleibt Eigentum des Fernheizwerkes und wird zur Speisung der Kessel zurückgeführt.

Die Heizperiode beginnt im Monat September oder Oktober, wenn an mindestens 3 aufeinanderfolgenden Tagen nach den Feststellungen des öffentlichen Wetterdienstes die Außentemperatur abends 9 Uhr 12° C oder weniger beträgt. Die Heizperiode endet im Monat April oder Mai, wenn an 3 aufeinanderfolgenden Tagen die Außentemperatur abends 9 Uhr 12° C überschreitet.

Die Heizzeit erstreckt sich bis zu einer Außentemperatur von + 5° C von morgens 6 Uhr bis abends 8 Uhr. Bei tieferen Außentemperaturen wird ununterbrochen, also auch nachts geheizt.

Sollten Naturereignisse, Unfälle, Feuersgefahr, Krieg oder Aufstand , Arbeitseinstellung, Maschinen- oder Rohrleitungsschäden u. dgl. Ereignisse, deren Verhinderung nicht in der Macht des Fernheizwerkes liegt, die Erzeugung oder Fortleitung von Wärme verhindern, so ruht die Verpflichtung für die Wärmelieferung so lange, bis die Störungen und deren Folgen beseitigt sind, ohne daß der Abnehmer irgendwelche Entschädigung beanspruchen kann. Das Fernheizwerk verpflichtet sich, die Schäden auf schnellstem Wege zu beseitigen.

§ 2.

Der Wärmepreis für 1 Mill. WE beträgt RM. 5 + 2,5 facher Brennstoffwärmepreis für 1 Mill. WE Magerstückkohle frei Werk Carolinenstraße.

Die Preisbemessung gilt nur beim Anschluß der ganzen Heizungsanlage und bei einer Mindestwärme-Abnahme von 75% des durchschnittlichen jährlichen Wärmebedarfs für die Dauer der Vertragszeit und unter der Voraussetzung, daß die Dampf- und Kondensleitungsanschlüsse durch die Kellerräume des Abnehmers zu den benachbarten Gebäuden hindurchgeführt werden dürfen.

§ 3.

Die Wärmezähler werden vom Fernheizwerk ohne besondere Gebühr geliefert und instandgehalten. Dem Fernheizwerk bleibt das Recht vorbehalten, die Zähler von Zeit zu Zeit zu kontrollieren, zu eichen und auszutauschen. Das Fernheizwerk verpflichtet sich, die Eichung der Zähler auch auf Antrag der Abnehmer gegen Vergütung der Selbstkosten vorzunehmen.

Das Ablesen der Wärmezähler erfolgt monatlich, oder, je nach dem Ermessen des Fernheizwerkes, auch in kürzeren oder längeren Zeitabständen.

Ergibt die Prüfung des Zählers Abweichungen zugunsten oder ungunsten des Abnehmers, so findet Nachforderung oder Rückvergütung im Verhältnis der ermittelten Abweichungen statt, und zwar für die Zeit bis zur letzten vorhergegangenen Prüfung, höchstens aber für die letzten 3 Monate.

§ 4.

Die Kondensatpumpe, sowie alle sonstigen Einrichtungen zur Rückführung des Kondensates werden vom Fernheizwerk geliefert und unterhalten. Dem Fernheizwerk bleibt das Recht vorbehalten, diese Einrichtungen nach seinem Ermessen zu ändern oder nach Ablauf des Vertrages auszubauen.

Der Anschluß der Kondensatpumpe an das im Gebäude befindliche Stromnetz wird auf Kosten des Fernheizwerkes ausgeführt; der Stromverbrauch geht zu Lasten des Abnehmers.

Bei auftretenden Schäden der Kondensanlage, beim Versagen der Pumpe oder dgl. ist der Abnehmer verpflichtet, unverzüglich das Fernheizwerk zu benachrichtigen.

Dem Fernheizwerk bleibt das Recht vorbehalten, die Einrichtungen für die Rückführung des Kondensates, sowie die Dampfanschlußleitung, sofern das ohne Nachteil für den Abnehmer geschehen kann, auch für andere Abnehmer zu benutzen.

§ 5.

Der Abnehmer verpflichtet sich, die Heizungsanlage instandzuhalten und besonders darauf zu achten, daß kein Dampf oder Kondensat aus der Anlage verloren geht. Dem Fernheizwerk steht das Recht zu, die Dampf- und Kondensleitungen der Heizungsanlage auf ihre Dichtheit nachzusehen. Vom Abnehmer festgestellte Undichtheiten oder sonstige Schäden müssen dem Fernheizwerk angezeigt und vom Abnehmer so schnell wie möglich beseitigt werden.

Der Abnehmer verpflichtet sich, von allen an der Heizungsanlage vorzunehmenden Änderungen das Fernheizwerk vorher in Kenntnis zu setzen. Bei Ausführung von irgendwelchen Arbeiten an der Heizungsanlage darf weder Dampf noch Kondensat verloren gehen.

Für schlechte Beheizung, die durch unsachgemäße Änderung oder bestehende Fehler der Heizungsanlage verursacht wird, ist das Fernheizwerk nicht haftbar.

Das Fernheizwerk ist aber berechtigt, ausgeführte Änderungen oder Erweiterungen an der angeschlossenen Heizungsanlage auf ihre gute Wirkung zu prüfen und den Abnehmer auf die sichtbaren Fehler hinzuweisen.

§ 6.

Den Beamten des Fernheizwerkes steht das Recht zu, während der üblichen Geschäftszeit die Räume des Abnehmers zum Ablesen und zur Kontrolle der Messer und Einrichtungen zu betreten.

§ 7.

Der Abnehmer haftet dem Fernheizwerk für durch Diebstahl oder Brandschaden oder andere Ursachen herbeigeführte äußere Beschädigungen oder Abhandenkommen der Zähler, Kondensatpumpen und Einrichtungen. Dem Abnehmer steht es frei, sich gegen die Gefahren der Diebstahls- und Brandschäden zu versichern.

§ 8.

Die Rechnungen über gelieferte Wärme werden dem Abnehmer monatlich, oder, je nach dem Ermessen des Fernheizwerkes, auch in kürzeren oder längeren Zeitabständen zugestellt. Die Bezahlung aller Rechnungen hat spätestens innerhalb 8 Tagen nach Zustellung an eine der auf den Rechnungen vermerkten Zahlstellen des Fernheizwerkes zu erfolgen.

Dem Fernheizwerk steht jederzeit das Recht zu, zur Sicherheit seiner Ansprüche eine angemessene Sicherheit von dem Abnehmer zu verlangen.

Wenn rechtzeitige oder vollständige Zahlung nicht erfolgt, so ist das Fernheizwerk berechtigt, unbeschadet seiner Entschädigungsansprüche und ohne vorherige gerichtliche Entscheidung, die fernere Wärmelieferung zu sperren.

§ 9.

Wird eigenmächtig, ohne Wissen des Fernheizwerkes, Dampf oder Kondensat oder Wärme aus den Leitungen unter Umgehung der vorhandenen Zähler entnommen, oder wird die Meßgenauigkeit des Zählers absichtlich beeinträchtigt, so ist das Fernheizwerk, unbeschadet der strafrechtlichen Verfolgung, berechtigt, die verbrauchte Wärme nach dem Höchstmaß der möglichen Entnahme zu verrechnen.

Für das Unversehrtbleiben der vom Fernheizwerk an Zähler und Apparaten angebrachten Plomben haftet der Abnehmer.

§ 10.

Beim Besitzwechsel des an das Fernheizwerk angeschlossenen Grundstückes gehen die aus diesen Bedingungen sich ergebenden Rechte und Pflichten auf die Rechtsnachfolger über.

§ 11.

Das Fernheizwerk stellt sich zur Aufgabe, die öffentliche Wärmeversorgung mit allen ihm zu Gebote stehenden Mitteln zu fördern und wird stets bestrebt sein, seine Leistungen den Abnehmern möglichst dienstbar zu machen. Das Fernheizwerk richtet deshalb an die Abnehmer die Bitte, ihm nicht nur alle Fälle vorkommender Unregelmäßigkeiten anzuzeigen, sondern ihm auch Wünsche, die Verbesserungen betreffen, vertrauensvoll mitzuteilen, denen in jedem Falle sorgfältigste Erwägung und möglichste Berücksichtigung zuteil werden soll.

Städteheizungen im Anschluß an Elektrizitätswerke.

Von **E. Schulz,**[1])

Berliner Städtische Elektrizitätswerke Akt.-Ges.

Die Berliner Städtische Elektrizitätswerke Akt.-Ges. (Bewag) hat im Vorjahre ihren beiden in Betrieb befindlichen Kraftwerken Charlottenburg und Steglitz Städteheizwerke angegliedert. Mit dem Entschluß zur Ausführung derartiger Anlagen begaben sich die Werke auf Neulandgebiet, denn die Ansichten über Vorbedingungen, zweckmäßige Lösungsarten und insbesondere über den wirtschaftlichen Erfolg gehen bei Abwärmeverwertungsanlagen für öffentliche Kraftwerke besonders stark auseinander. Zudem besteht bisher kein derartiges Werk, bei dem eine genaue Erfolgsrechnung angestellt werden könnte. Das Problem ist hier grundsätzlich anders als bei industriellen Unternehmungen. In ihnen liegt die wesentliche Vereinfachung darin, daß man die im Produktionsprozeß benötigte Wärme- und Kraftmenge von vornherein fest kennt, ihr zeitliches Auftreten nicht nur bestimmen, sondern auch oft regeln kann. Es ist nur ein Lieferant und ein Abnehmer vorhanden, wenn auch so und so viele Einzelbetriebe in den Erzeugungsprozeß eingeschaltet sind. Industrielle Wärmekraftanlagen konnten daher auch mit bestem Erfolg verwirklicht werden.

Der Hauptgrund in der Verschiedenheit der Ansichten, von der alle Tagungen und alle diesbezüglichen Literaturstellen zeugen, liegt in dem Umstand, daß sich zwei Gebiete der Technik vereinigen sollen, die Kraftwerks- und die Heizungstechnik. Man kann offen aussprechen, daß die Kraftwerksgesellschaften früher nur sehr geringes Interesse der Heizungstechnik zuwandten. Im vorhandenen Rahmen waren aber die von ihnen erzielten Verbesserungen der wärmetechnischen Ausnutzung ungleich größer als auf dem Heizungsgebiet. Auf der anderen Seite haben gerade die eifrigsten Befürworter von Städteheizungsanlagen, die vornehmlich aus der Heizungstechnik stammen, kaum Einblick in die Produktionsbedingungen großer Elektrizitätswerke. Ich möchte daher nicht die Meinung entstehen lassen, daß die Städteheizwerke der Bewag in der klaren Erwartung entstanden seien, die Stromerzeugung würde sich verbilligen, oder die Wärmelieferung wäre außerordentlich rentabel. Der Umfang der Anlage ist zu klein, um die Stromerzeugung überhaupt zu beeinflussen. Beide Städteheizwerke verdanken ihre Verwirklichung nur dem vorbildlichen Entschluß des Vorstandes, daß die Bewag als großes Unternehmen die Verpflichtung habe, von sich aus zur Klärung technisch-wirtschaftlich wichtiger Probleme beizutragen. Es sollen an diesen Anlagen die Wirtschaftlichkeitsbedingungen studiert werden, unter denen öffentliche Kraftwerke Städteheizungen betreiben können.

Ein paar Gedanken über die Wärmelieferung überhaupt seien vorangeschickt, da sie eine interessante Parallele zur Entwicklung der Stromerzeugung hat. Die Elektrizität, anfangs ausschließlich zu Beleuchtungszwecken benutzt, mußte unvermeidlich

[1]) Der Vortrag konnte wegen Erkrankung des Verfassers nicht persönlich vorgetragen werden. Er wird hier erstmalig abgedruckt.

eine Luxusbeleuchtung sein. Ganz, wie es bei Städteheizwerken beobachtet werden kann, bildeten damals die Neigung zur Behaglichkeit und Bequemlichkeit sowie hygienische Vorteile einen starken Anreiz zum Übergang zur neuen Versorgungsart. Entgegen allen Befürchtungen bedeutete der Strom keine schädliche Konkurrenz den längst bestehenden stadteigenen Gaswerken gegenüber, sondern wirkte durch Wettbewerb stark belebend auf deren technische Leistungen ein. Ich bin der Ansicht, daß etwas Ähnliches vom Einfluß der zentralen Wärmelieferung sowohl auf die Durchbildung von Haussammelheizungen, als auch auf den Strom- und Gasverbrauch zu erwarten ist. Ein grundsätzlicher und völlig ausschlaggebender Unterschied besteht aber zwischen Strom- und Wärmelieferung. Der Elektrizität stand und steht besonders heute noch der ungemein werbekräftige Gedanke einer neuartigen Energieform zur Seite, die in Bezug auf Transportfähigkeit, Anwendungsbereich und Schönheit ihrer Gebrauchsapparate von keiner anderen Energieart erreicht wird. Die zentrale Wärmeversorgung hat sich trotz nunmehr 50—60 jährigen Bestehens längst nicht so durchgesetzt. Sogar heutige Neubauten werden durchaus nicht sämtlich mit Sammelheizungen versehen. Soll eine technische Neuschöpfung allgemeine Erfolge haben, so muß sie monopolartigen Charakter in sich tragen. Einzelne Sammelheizungen und auch Städteheizungen haben diese Eigenheit nicht. Das Verwendungsprodukt, die Wärmeeinheit, ist in bezug auf sinnfällige Wirkung gleich bei Ofen-, Warmwasser-, Gas- oder elektrischer Heizung. Die Wärmelieferung bringt zwar, wie jede zusammengefaßte Versorgungsart, größere Bequemlichkeit, Regelfähigkeit, ständige Entnahmebereitschaft und Sauberkeit als Vorteile mit sich. Insgesamt besitzen diese in Geld unausdrückbaren Gefühlswerte am Anfange einer Versorgungsmethode aber keine besondere Zugkraft, wenn sie nicht gleichzeitig von finanziellen Vorteilen begleitet werden. Gas und Elektrizität, denen der Ausschließlichkeitscharakter innewohnt, erobern sich trotz Verteuerung immer mehr ihre Anwendungsbereiche. Es sei nicht verkannt, daß sich dieser Gesichtspunkt nach Anschluß an ein Städteheizwerk bald verschieben kann, daß insbesondere bei Neubauten, vielleicht auch öffentlichen Bauten, Büro- und Geschäftshäusern, weitere Vorteile geltend gemacht werden können. Ihren Monopolcharakter hinsichtlich einer Versorgungsart erhält die Städteheizung beispielsweise mit der Gas- und Stromversorgung erst, wenn der Lieferungsvertrag mit dem Nutznießer der Wärme, dem Einzelabnehmer, abgeschlossen werden kann. Das ist nur möglich mit der Einführung eines wirklich-zuverlässigen, kleinen und billigen Zählers für Wärmemengen bzw. mit einem entsprechenden Umbau unserer üblichen Zentralheizungsanlagen in den Häusern. Dies könnte eine der Folgen sein, die die Städteheizung der Heizungsindustrie und eventuell auch dem Bauwesen bringen wird.

Auf einen mehr am Rande meines Themas liegenden Zusammenhang möchte ich noch hinweisen. Die Elektrizität ist im Laufe der Jahre zu einem so integrierenden Bestandteile unserer gesamten Wirtschaftsstruktur geworden, daß man die Stromerzeugung und den Stromverbrauch heute geradezu zum Pulsmesser der nationalen Wirtschaft nimmt. Sie hat noch längst keinen solchen Beharrungszustand erreicht, wie etwa die Heizungstechnik. Angesichts der feststehenden, wertvollen Leistung unserer Elektrizitätswirtschaft und ihrer sprunghaften Entwicklung ist der eben so oft wie nutzlos erhobene Einwand einer gewissen Gegnerschaft der Elektrizitätswerke zum Heizproblem unbegründet. Gewiß können in energiewirtschaftlicher Hinsicht die Forderungen nach einer vereinigten Kraft- und Wärmeerzeugung nicht scharf genug formuliert werden. Man fragt sich aber zu oft nach den Gründen einer bestehenden Entwicklung und weniger nach den Folgen. Auch der in den letzten Jahren öfters gehörte Gegensatz vom Kraftwerks- und Heizungsingenieur ist eine Erfindung gedankenarmer Diskussionen. Wie weiter unten ausgeführt ist, fehlen oft die praktischen Möglichkeiten für ein Zusammenarbeiten beider. Es wird meiner Meinung nach nicht scharf genug unterschieden zwischen wertvollen volkswirtschaftlichen Vorteilen und Rentabilität der Anlage selbst. Man vergißt oft, daß gute Ausnutzung (Wirkungsgrad!) durchaus nicht hohe Erträge (Wirtschaftlichkeit!) bedeutet. Auch das Einfangen von

Verlusten kann unrentabel sein. Man sollte gewiß keinen Unterschied zwischen Volks- und Privatwirtschaft machen. Feststellbar ist jedoch, daß in allen Ländern und mögen sie wirtschaftlich noch so unterschiedlich sein, der finanzielle Ertrag den eigentlichen Maßstab für die Wirtschaftlichkeit bildet. Will man daher unserer Kraftwerkstechnik eine andere Richtung mit dem Ziele völlig gemeinschaftlicher Stromwärmeerzeugung geben, so wird die höhere Gesamtrentabilität dafür entscheidend sein müssen. In bestimmten Grenzen sind dafür allerdings Voraussetzungen gegeben. Ich möchte daher hoffen, daß die manchmal betonte mehr literarische Gegensätzlichkeit zwischen Kraftwerks- und Heizungsingenieur recht bald verschwindet. Sind es doch gerade die Elektrizitätswerke, die in Hamburg, Kiel, Braunschweig, Dresden, Elberfeld-Barmen, Leipzig, Berlin usw. im engsten Zusammenarbeiten mit der Heizungsindustrie Städteheizwerke schufen. Wohl gebührt dem Verein Deutscher Heizungsingenieure, speziell auch seiner Ortsgruppe Berlin und auch Vertretern der Zentralheizungsindustrie das Verdienst, in der Nachkriegszeit immer wieder auf dieses ungelöste Problem hingewiesen zu haben. Dabei blieb es natürlich nicht aus, daß hier und da übers Ziel hinausgeschossen wurde. Schließlich verhilft aber nur das etwas einförmige und starke Festhalten an einer Idee zur Verwirklichung. Man erhebt gerade aus diesen Kreisen die Forderung, Kraftwerke, insbesondere sogenannte Spitzenkraftwerke, dahin zu setzen, wo Abwärmeverwertung möglich ist. Man weist auf so und so viele Projekte hin, die seit langem fertig ausgearbeitet nur ihrer Verwirklichung harren. Ein gewisser Standardsatz der Wirtschaftlichkeit ist in diesen zu finden, der bei ganz großen Projekten bis zu 30%, bei kleineren 17—20% Reinertrag aufweist, und trotzdem greifen die Elektrizitätswerke nicht zu. Sie benutzen nicht den hingehaltenen Rettungsring, der berufen sein soll, ihre finanzielle Lage gründlich zu bessern.

Unter Bezugnahme auf Berliner Verhältnisse möcht ich deswegen neben einer Beschreibung der beiden Städteheizungsanlagen der Bewag auf die Möglichkeiten und Aussichten von vereinigter Wärme- und Stromerzeugung in Städten eingehen.

Beschreibung der Städteheizwerke der Berliner Städtische Elektrizitätswerke, Akt.-Ges.

Das Städteheizwerk Charlottenburg ist als Dampflieferwerk gebaut, während im Pumpenheizwerk Steglitz Wärme in Gestalt von Warmwasser das Kraftwerk verläßt. Das erstgenannte Werk verdankt seinen Charakter dem Umstand, daß sich anläßlich der Modernisierung des alten 13-at-Werkes im Jahre 1925 die Möglichkeit schaffen ließ, niedergespannten Dampf aus den Hochdruckvorschaltturbinen zu entnehmen. Die Anzapfung von Turbinen bzw. die Anwendung von Gegendruckturbinen ist für den Kraftwerksbetrieb die maschinell einfachste Kupplung zwischen Stromerzeugung und Wärmelieferung. Die Frischdampflieferung braucht nicht erwähnt zu werden, da sie keine Probleme bietet. Zudem erleichtert die Dampflieferung gerade in bestehenden Versorgungsgebieten einen umfangreichen Anschluß der vorhandenen Häuser.

Beim Pumpenheizwerk Steglitz nahmen wir mit Vorbedacht bezüglich seiner Ausgestaltung darauf Rücksicht, daß das Werk für die eigentliche Elektrizitätserzeugung nicht mehr notwendig ist. Es ist mittels mehrerer 30 000 V-Kabelverbindungen (s. Abb. 79) so in das allgemeine Hochspannungsnetz der Bewag eingegliedert, daß die in seinem Absatzgebiet benötigte Strommenge von anderen Bewagwerken gedeckt werden kann. Da bei einem Warmwasserwerk wegen der niedrigeren Temperatur die Stromausbeute höher wird, gesamtwirtschaftlich somit ein höheres Ergebnis erzielbar ist, entschieden wir uns hier zur Ausführung eines Warmwasserwerks. Zudem bestimmte uns der Umstand zur Errichtung dieser Anlage, daß sie in ein Gebiet hineingebaut werden konnte, in dem eine lebhafte Bautätigkeit herrscht. In den Vertragsverhandlungen mit den Hausbesitzern erleichtert der Umstand sehr wesentlich den Abschluß, daß bei Neubauten der Fortfall aller Kesselanlagen, Kokslagerräume, Schornsteinbauten usw. neben der billigen Wärmelieferung einen starken finanziellen Anreiz ausübt.

In Abb. 1 ist das Rohrnetz des Charlottenburger Städteheizwerkes wiedergegeben Die 2-at-Leistung verläßt das Kraftwerk mit 450 mm l. Durchm., kreuzt auf einer Fußgängerbrücke die Spree (s. Abb. 2) und tritt dann in das unterirdische Straßennetz ein. An der Ecke Berlinerstraße verzweigt sich diese Leitung in 2 Stränge von 350 mm l. Durchm., die sich in der Bismarckstraße zu einem Ring schließen, von dem aus alle Abzweigleitungen abgehen. Die Gesamtlänge aller Heizkanäle ist 4500 m. An und für sich ist die Lage des Kraftwerkes an der Außenseite des ganzen Versorgungsgebietes ungünstig. Das eigentliche Lieferungsnetz wird nur durch eine Speiseleitung versorgt.

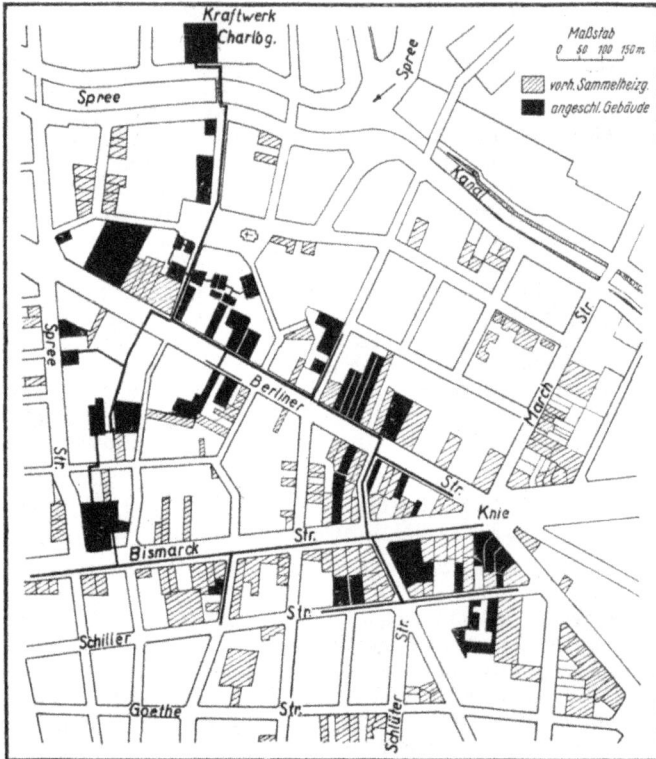

Abb. 1. Rohrnetz des Städteheizwerks Charlottenburg.

Es erfordert eine sehr sorgfältige Entscheidung bei derartigen Neuanlagen, richtige Rohrdurchmesser zu wählen. Wir haben grundsätzlich in unseren Werken niemals Rohrdimensionen nach wirklichem Bedarf bestimmt, sondern überall die Möglichkeit offen gelassen, bei Um- und Neubauten an der Strecke weitere Abnehmer zu gewinnen. Naturgemäß bringt das eine Verteuerung der ersten Anlagekosten, die sich aber letzten Endes bezahlt machen sollte. In Charlottenburg werden zurzeit 55 Gebäude beheizt. Der jetzige Gesamtanschlußwert, den die schwarz bezeichneten Gebäude haben, beträgt etwa 23 Mill. kcal/h. Das Hauptnetz selber gestattet die Lieferung einer Dampfmenge ausreichend für einen Wärmebedarf zwischen 30 und 35 Mill. kcal/h. Die schraffiert angedeuteten Gebäude an den Rohrleitungsstrecken können nicht mehr sämtlich angeschlossen werden, da die Dampflieferungsmöglichkeit der 35-at-Turbinen vorher erschöpft ist. Zurzeit werden etwa 25—30 t/h Dampf in der Hauptbelastungszeit benötigt. Die tägliche Lieferungsmenge schwankt je nach der Außentemperatur zwischen 100 und 200 t in den Übergangsmonaten und 300—500 t in der kältesten Jahreszeit. Die höchste Tageslieferung war bisher 620 t.

Die Abb. 3 gibt den Rohrleitungsplan des Steglitzer Werkes wieder, wie er bei vollem Ausbau vorhanden sein wird. Wir verlegten im letzten Sommer rd. 2180 m Fernleitung (lineare Länge). Aus dem Kraftwerk geht die Leitung mit 500 mm l. W. heraus und verzweigt sich dann direkt am Teltow-Kanal in 2 Speiseleitungen von je 350 mm l. Durchm. Auch hier sollen Ringleitungen verwirklicht werden.

Als Wärmequelle stehen in Charlottenburg die Hochdruck-Vorschaltturbinen bzw. Zwischendampf von 13 at zur Verfügung. In Abb. 4 ist ein Schnitt durch die Hoch-

Abb. 2. Dampfrohrleitung auf dem Siemens-Steg.

druckvorschaltturbine und ein Dampfschaltschema der Turbinenanlage wiedergegeben. Die 2-Gehäuse-Maschine hat rd. 7000 kW Leistung, die dazugehörige Kondensationsturbine 16000 kW. In dem Turbinenzylinder (a) wird Dampf von 35 auf 13 at herunterexpandiert. Durch den Überstrombogen q geht der 13-at-Dampf zur Kondensationsmaschine (c). Ferner zweigt sich von dieser Überströmleitung, die für allgemeine Kraftwerkszwecke benötigte Dampfmenge sowie die Heizdampfmenge ab, die über ein in Abhängigkeit vom Heizdampfdruck stehendes Regelventil (s) dem Regenerativzylinder(b) zuströmt. Mit rd. 2 at und etwa 140° geht der Dampf durch das Rohr v in das Heizungsnetz. Die Abb. 5 gibt einen Blick in das Maschinenhaus des Kraftwerkes wieder. Im Vordergrund ist der Hochdrucksatz ersichtlich, dahinter steht die Kondensationsmaschine. Zwei solcher Hochdruckaggregate sind vorhanden. Jede besitzt eine 2-at-Lieferungsmöglichkeit in Höhe von 16 t/h. Von der 2-at-Leitung wird ebenfalls Dampf

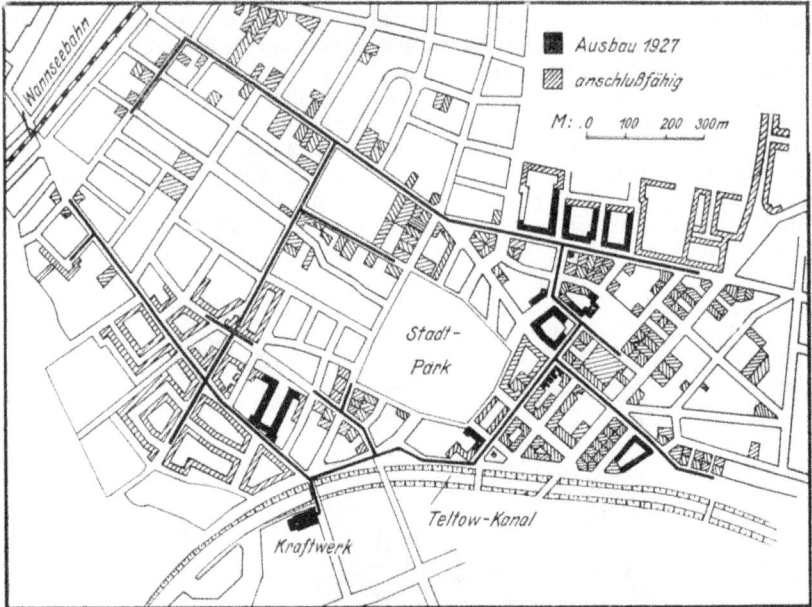

Abb. 3. Rohrnetz des Städtehelzwerks Steglitz.

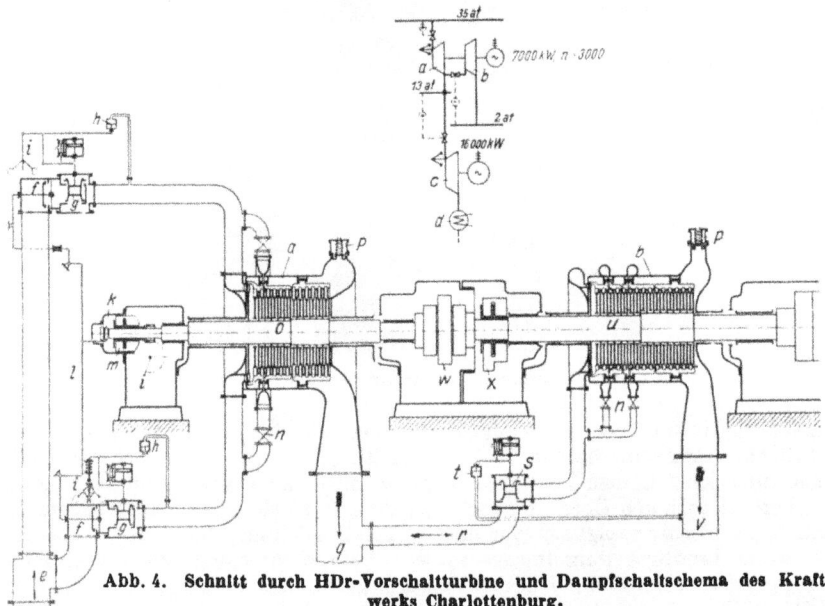

Abb. 4. Schnitt durch HDr-Vorschaltturbine und Dampfschaltschema des Kraftwerks Charlottenburg.

a Vorschaltturb.	e 32 at vom Kessel	k Sicherheits-	p Sicherheits-	t Ndr.-Dampf-
1. Zylinder	f Frischdampf-	regler	ventil	druckregler
b Vorschaltturb.	Einlaßventil	l Schnellschluß-	q 13 at zur Haupt-	u Ndr.-Zylinder
2. Zylinder	g Regulierventil	gestänge	maschine c	v 2 at zur Heiz-
c NDr-Konden-	h Hdr.-Dampf-	m Hdr.-Blocklager	r 13 at zum Ndr.-	leitungl
sationsmaschine	druckregler	n Überlastventil	Zylinder b	w Elast. Kupplung
d Kondensator	i Fliehkraftregler	o Hdr.-Zylinder	s Überströmventil	x Ndr.-Blocklager

Abb. 5. Blick in das Turbinenhaus des Kraftwerks Charlottenburgs.

a HDr-Vorschaltturbine, 1. Zylinder
b HDr-Vorschaltturbine, 2. Zylinder
c NDr-Kondensationsturbine
d DHr-Vorschaltturbine, Generator

Abb. 6. Städteheizwerk Charlottenburg.

Heizdampf-Reduzieranlage (13 atü auf 2 atü).

a 13 at-Leitung, b Absperrorgane, c Druckminderventil, d Umgehungsleitung für c, e Dampf-befeuchter, f Wassereinspritzleitungen für e, g Wasserzufuhr für Einspritzdüsen, h Wellrohr-ausgleicher, i 2 at-Leitung, k Überdruckventil, l Kondenstopf für e, m Wassermesser.

für Kraftwerkszwecke, insbesondere zur Speisewasseraufbereitung entnommen. Ferner geht der Abdampf der Turbinenspeisepumpen in die 2-at-Leitung hinein.

Diese Betriebsverhältnisse des Kraftwerkes selbst und auch die Sicherheit der Dampflieferung erforderten die Schaffung einer zusätzlichen Dampflieferstelle. Zu diesem Zweck ist eine durch Askania-Regler automatisch gesteuerte Dampfdruck-Reduzieranlage geschaffen worden (s. Abb. 6). Sinkt der Druck in der 2-at-Leitung, so bewirkt der Askania-Regler durch Öffnen eines Reduzierventils eine Zuspeisung von 13 at Dampf. Da dieser hoch erhitzt ist (ca. 300°), durchströmt er nacheinander Venturimesser, Reduzierventil, Dampfkühler und geht dann parallel zum Gegendruckdampf der Turbinen ins Heizungsnetz. Das Zuspeisen von Dampf erfolgt völlig selbsttätig. Der 2-at-Dampf verläßt das Kraftwerk mit etwa 30—40° Überhitzung. Der

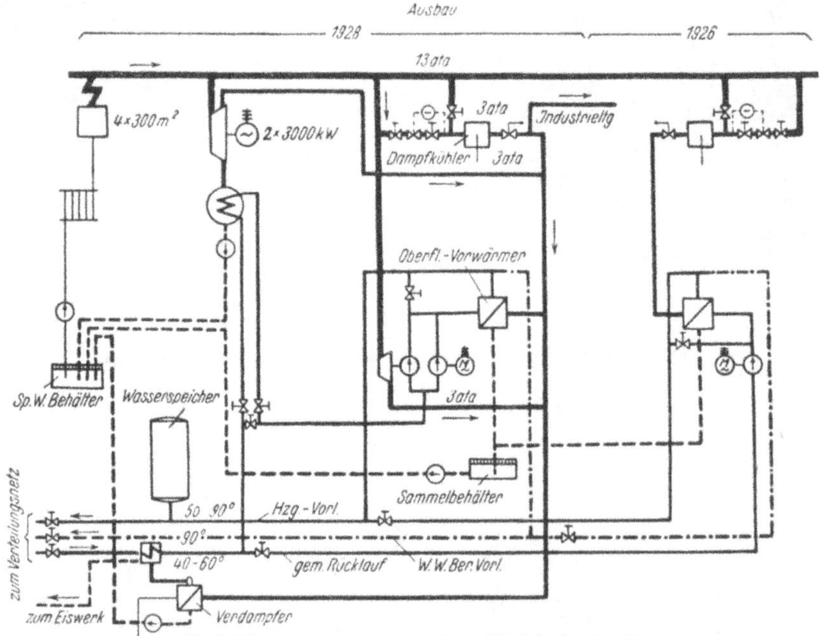

Abb. 7. Dampf-Wasserkreislauf im Kraftwerk Steglitz.

überhitzte Dampf schafft günstigere Betriebsverhältnisse durch Verminderung der Niederschlagsmengen. Das gesamte Kondensat des Heizwerkes wird zurückgepumpt. Es sind also stets Niederdruckdamdfleitung und Kondensatrückführleitung parallel verlegt.

In Abb. 7 ist der Dampf und Wasserkreislauf des Kraftwerkes Steglitz, das bereits jetzt mit einem Eiswerk zusammenarbeitet, wiedergegeben. Die verwendeten Symbole entsprechen dem Vorschlag von Stender[1]). Im Steglitzer Werk stehen 4 Kessel à 300 m² Heizfläche, 2 neue Kessel werden aufgestellt. Die Turbinenleistung beträgt 6000 kW. Der erste naturgemäß kleine Ausbau für Städteheizungszwecke umfaßte lediglich die Schaffung einer Dampfdruckreduzierstation für 2 Gegenstromapparate, in denen das Umpumpwasser erwärmt wurde (s. Abb. 8). Nunmehr wird das Werk vollständig zum Heizkraftwerk umgestaltet. Man arbeitet hier mit einem 3-Rohrsystem, und zwar einer Heizwasservorlauf-, Warmwasserbereitungsvorlauf- und gemeinsamer Rücklaufleitung. Die Kondensatoren der mit verschlechtertem Vakuum arbei-

[1]) s. A. f. W. 1927, S. 233. — Herrn Dipl.-Ing. Kraus und dem Studierenden Herrn Paul danke ich an dieser Stelle für die frdl. Unterstützung.

tenden Turbinen werden direkt in den Heizwasserrücklauf gelegt. Hierdurch ist je nach Belastung der Turbinen, deren Schluckfähigkeit zu diesem Zwecke erhöht werden muß und je nach Umpumpmenge eine Erwärmung des Heizwassers auf durchschnittlich 65° möglich. Nach Bedarf und für den Warmwasservorlauf so wie so, erfolgt eine weitere Vorwärmung des Wassers in Gegenstromapparaten, die von Turbinenanzapf-dampf bzw. Turbopumpen-Abdampf beliefert werden. Die Turbinen erhalten druck-feste Kondensatoren. Die Umwälzpumpen saugen das Wasser durch die Kondensatoren hindurch. Die Regelung der Temperaturen ist durch Anordnung von Mischstellen zwischen Vorlauf- und Rücklaufleitung leicht möglich. In Steglitz reift in aller Stille ein Werk heran, das zwar nicht groß ist, das aber bei der vorgesehenen vollständigen Kupplung von Strom- und Wärmelieferung die erstmalige Verwirklichung des jedem Ingenieur vorschwebenden Idealbildes der vereinigten Kraft-Wärmewirtschaft aus einem öffentlichen Elektrizitätswerk darstellt.

Abb. 8. Städteheizwerk Steglitz. — Gegenstrom-Vorwärmeranlage 1926.

a Gegenstromvorwärmer, b Umwälzpumpen, c Heizdampfleitung, d Heizwasservorlauf, e Warmwasserbereitungvorlauf, f Heizwasserrücklauf.

Schon aus den Ausführungen bis jetzt lassen sich 2 Hauptgesichtspunkte für die Kupplung von Wärme- und Kraftwerken herausschälen. Die Krafterzeugungsstellen sollen in möglichster Nähe des Wärmeabsatzgebietes liegen. Mit Rücksicht auf die an erster Stelle stehende Sicherheit der Stromversorgung ist eine vollständige Kupplung zwar in älteren Werken, die umgebaut (Charlottenburg) oder zur Stromerzeugung entbehrlich werden (Steglitz), möglich. Groß-Stromerzeugung nach heutigen Gesichts-punkten der Elektrowirtschaft wird vorläufig immer in Anlagen erfolgen müssen, die abseits aller Wärmelieferungsgebiete liegen. Die Erfordernisse der Stromerzeugung engen also zunächst sowohl Ort wie Umfang der Wärmelieferung ein.

Rohrverlegung.

Die Bemessung des Verteilungsnetzes ist nicht nur von der absoluten Größe des Wärmebedarfs, sondern auch von der Art der Abnahme abhängig. Ferner sind die allgemeinen Straßenverhältnisse für die Leitungsführung mitbestimmend. Bis heute ist die projektierende Arbeit von Rohrleitungsnetzen für Städteheizungsanlagen eine sehr ungewisse Tätigkeit. Zudem weisen alle Unterlagen, die man bei den Tiefbauämtern, Gas-, Elektrizitätswerken usw. einsehen kann, erhebliche Unterschiede mit den tatsächlichen Verhältnissen auf. Die Städteheizung hat als letzte der öffentlichen Versorgungsmethoden das Pech, Straßenland benutzen zu müssen. Bei ihrem großen Rohrleitungsquerschnitt kann sie nicht im entferntesten mit der höchst eleganten Fort-

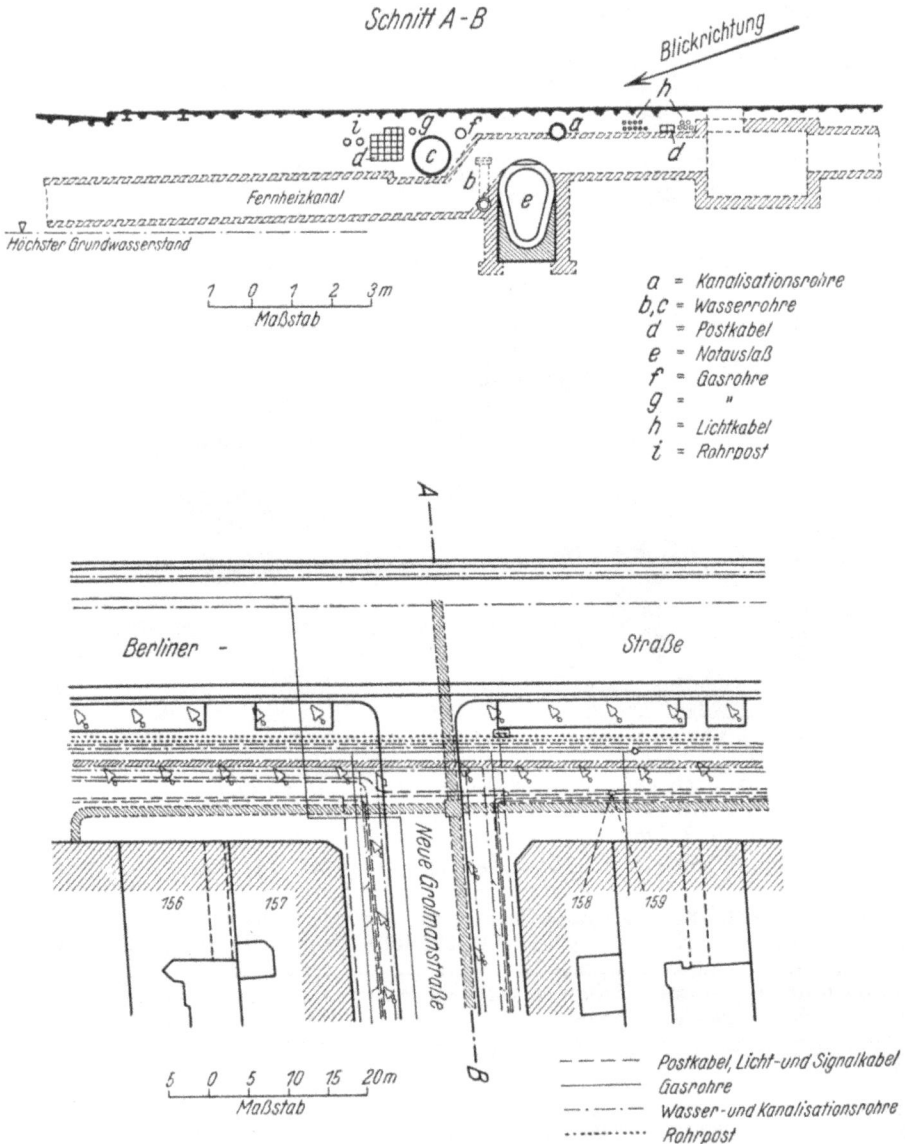

Abb. 9. Heizkanalführung an einer Straßenecke in Charlottenburg (s. a. Abb. 11 u. 12).

Schnitt A-B

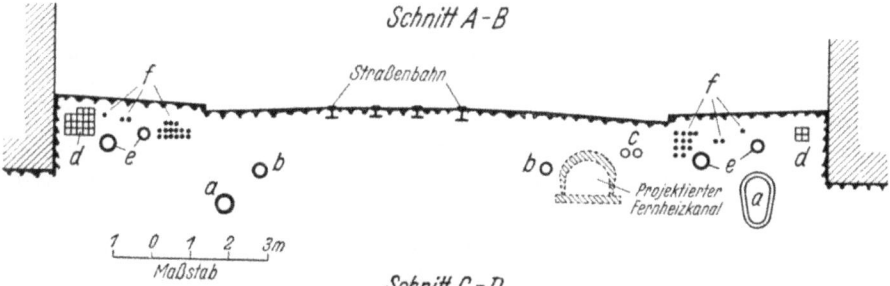

Straßenbahn

1 0 1 2 3m
Maßstab

Schnitt C-D

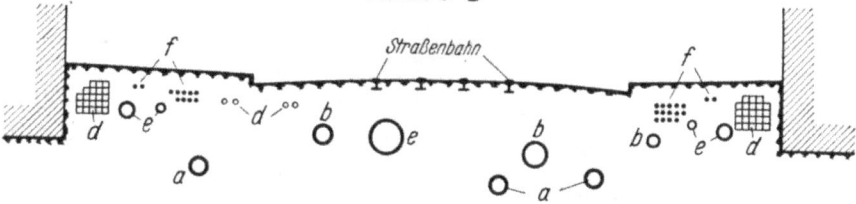

Straßenbahn

a = *Kanalisationsrohre*
b = *Wasserrohre*
c = *Rohrpost*
d = *Postkabel*
e = *Gasrohre*
f = *Lichtkabel*

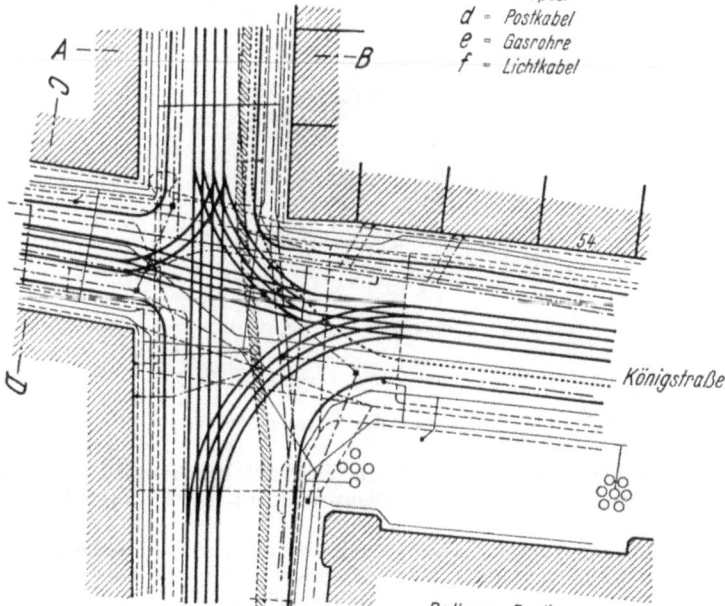

Königstraße

Rathaus-Berlin

5 0 5 10 15 20m
Maßstab

— — — — *Postkabel, Licht- und Signalkabel*
———————— *Gasrohre*
—·—·—·— *Wasser- und Kanalisationsrohre*
·············· *Rohrpost*

Abb. 10. Grundriß und Schnitt einer Straßenkreuzung im Zentrum Berlins.

10*

leitungsmethode der Elektrizität mitkommen. Dies ist eine der wesentlichsten Erschwernisse für die Verwirklichung umfangreicher Netze in bebauten Stadtteilen. Beim Untergrundbahnbau Berlins ist erfreulicherweise der Anfang gemacht worden, die teuren, verkehrshindernden und das Straßenbild verunzierenden Erdarbeiten einzuschränken. Ein längs der U-Bahn entlang laufender Tunnel soll zur Aufnahme aller sonstigen Leitungen dienen. Führt man diese Bauart bei allen künftigen Bauten durch, so kann auch die Wärmelieferung davon Nutzen ziehen. Bei der Projektierung von Netzen ist heutzutage sehr sorgfältig auf die Zahl und Art der unterirdischen Wege,

Abb. 11. Photographie in Pfeilrichtung der Abb. 9.

wie ich sie nennen möchte, Rücksicht zu nehmen, die durch Elektrizität-, Feuerwehr-, Telephon-, Rohrpost-, Gas-, Wasser-, Kanalisations- und Abwasserleitungen dargestellt werden.

In den Abb. 9 und 10 sind 2 Straßenkreuzungen, eine aus dem Berliner Zentrum und eine aus Charlottenburg wiedergegeben. Schon das Gewirr von über-, unter- und nebeneinanderliegenden Leitungssträngen läßt ahnen, welche Schwierigkeiten der Einbringung großer Fernheizkanäle entgegenstehen. Zunächst ist deutlich, daß die Bürgersteige völlig besetzt sind. Durchschnittlich müssen die Kanalstrecken im Fahrdamm Aufnahme finden, was wegen der üblichen Asphaltierung unangenehm teuer wird, und im Stadtinnern während der Bauperiode eine starke Erschwerung des Straßenverkehrs bringt. Der Städteheizung würde nicht das gestattet sein, was sich beispielsweise die Untergrundbahn leisten darf und auch leisten kann, da sie in ihrer Tätigkeit ein Monopol

Abb. 12. **Schwierige Rohrführung an Bismarck- und Grolmannstraßenecke** (s. a. Abb. 9).
a Dampfleitung, *b* Wellrohrstück, *c* Entlastungs- und Versteifungsbleche, *d* an *a* angeschweißtes Rohrstück, dient als Festpunkt, *e* Befestigung von *d*.

birgt. Die Bewältigung des Verkehrs ist nun einmal eine Hauptaufgabe unserer
Stadtverwaltung geworden.

Das dargestellte Netzwerk ist aber nur als Idealbild zu bewerten. So schön wie
auf den Abb. 9 und 10 sieht es nur auf den Plänen des Tiefbauamtes aus. Wenn man
schon mit weisem Vorbedacht allen möglichen Leitungen ausgewichen ist, so bekommt
man sie beim Aufgraben fast alle wieder zu sehen.

Leicht bewegliche Kabel usw. lassen sich unter Aufwendung verhältnismäßig
geringer Mittel aus der Heizkanalrichtung herausbringen. Ein gewisser Abstand der

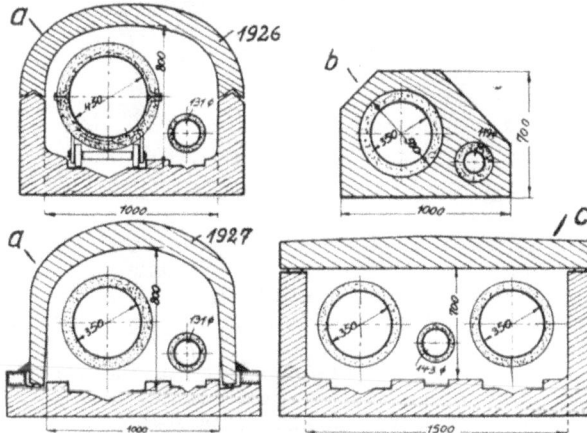

Abb. 13. **Kanalprofile der Städteheizleitungen.**
a, b Charlottenburg, *c* Steglitz.

Hochspannungskabelmuffen vom Heizkanal muß innegehalten werden. Bei starren Leitungen (Kanalisations-, Gas-, Wasserleitungen) größeren Durchmessers wirken sich die Verlegungskosten schon stark verteuernd aus. Sie erreichen manchmal auf kurzen Teilstrecken das Mehrfache der eigentlichen Heizkanalherstellungskosten. Notauslaßkanäle von großen Durchmessern, wie sie in Abb. 9 dargestellt sind, lassen sich naturgemäß nicht verlegen. Aus diesem Grunde muß man manchmal Lösungen wählen, die einer ganz besonderen Sorgfalt in der Durchführung bedürfen. So mußte die Dampfrohrleitung an der erwähnten Stelle unter ganz kurzer Krümmung zwischen Wasser-, Kanalisation und Notauslaßleitung hindurchgeführt werden, wobei in der oberen Kappe der letzteren (e) noch eine Abflachung erforderlich wurde. Die Abb. 12 zeigt die an dieser

Abb. 14. Mantelrohrverlegung nach Abb. 13b.

Stelle verlegte Dampfrohrleitung. Durch Anschweißen eines Stützrohres, das gleichzeitig als Festpunkt dient und Entlastung der Schweißnähte durch übergesetzte Winkel löste man die Rohrkonstruktion durchaus befriedigend. Schon hier sei bemerkt, daß es einer ziemlich umfangreichen Praxis im Bau von Straßenrohrnetzen bedarf, um allen Erfordernissen gerecht zu werden.

Einige Profile der von uns angewendeten Fernleitungskanäle geben die Abb. 13 und 47/48 wieder. Sowohl im Steglitzer Pumpenwerk, wie auch im Charlottenburger Dampflieferwerk sind halbrunde und flache Deckel verwendet worden. Im ersten Ausbau des Charlottenburger Werkes (Abb. 13 links oben) wurde die Kanalsohle mit Seitenwangen versehen, auf die sich der gekrümmte Deckel unter Abdichtung

Abb. 15. Sohle des Dampfrohr-Heizkanals.

von Teerstricken und wasserdichtem Anstrich stützte. Es gelang nicht überall auf diese Weise, eine einwandfreie Abdichtung zu erzielen. Außerdem erschweren seitliche Wangen die Arbeitstätigkeit während der Rohrmontage und Isolierung. Infolgedessen bevorzugen wir neuerdings die Form 1927 nach Abb. 13, bei der die Seitenwangen in der Deckelform liegen. Durch entsprechende Ausbildung der Kanalsohle an den äußeren Seiten und Aufmauerung einer Flachsteinschicht entsteht zwischen Deckelfuß und Flachstein ein Hohlraum, der in absolut zuverlässiger Weise durch wasserdichtende Mittel ausgefüllt werden kann. Die Trennfuge zwischen den einzelnen Kanaldeckeln, die eine Länge von etwa 1 m haben, läßt sich besser abdichten (s. Abb. 47). Die Ausführung *b* in Abb. 13 (Mantelrohrausführung) ist besonders dort am Platze, wo eine beschränkte Bauhöhe vorhanden, oder schnellster Arbeitsfortschritt notwendig ist. Das trifft für Kreuzungen der Untergrundbahngewölbe zu. Die fertig isolierte

Abb. 16. Sohle des Pumpenheizkanals.

Dampfrohrleitung bzw. Kondensatrückführleitung wird in ein äußeres Schutzrohr gesteckt, gegen das sie sich mittels Rollenführung stützt (s. Abb. 14). Die beiden äußeren Schutzrohre werden in der ausgeschachteten Baugrube einfach vergossen. Diese Methode gestattet kleinere Kanalquerschnitte, hat aber den Nachteil, daß man an die betreffenden Rohre nur unter Schwierigkeiten herankann, und ist auch nicht billiger. Das in Abb. 13 dargestellte Steglitzer Kanalprofil c zeigt das 3-Rohrleitungssystem, wonach beispielsweise die rechte Leitung Heizwasservorlauf-, die mittlere Warmwasserbereitungsvorlauf- und die linke gemeinsame Rücklaufleitung ist. Die äußeren Abmessungen aller 4 Profile sind eingetragen. Dabei bleibt zu beachten, daß alle Profile etwa die gleiche Wärmemenge befördern.

Abb. 17. Nivellierung der Kanalsohle.

Rohrnetze von Warmwasserpumpenwerken werden also ungleich größer und teurer als Rohrleitungen von Dampfheizungsanlagen unter gleichen Verhältnissen. Man könnte natürlich die besondere Warmwasservorlaufleitung fortlassen. Damit entsteht aber der Nachteil, daß die Stromausbeute fällt und im Sommer die hohe Vorlauftemperatur im großen Rohr eingehalten werden muß. Zum mindesten sind die Verluste bei 2 Rohrleitungen größer, da die Bewag in beiden Werken Wärme das ganze Jahr hindurch liefert. Praktisch werden sowohl Dampfrohrleitung, wie Warmwasserpumpenleitung niemals abgestellt. Der Bezug von Wärme ist zu jeder Tages- und Nachtzeit möglich. Auf die besondere Form der Profilierung der Kanalsohle sei hingewiesen, die in den Abb. 15 und 16 wiedergegeben sind. Die einzelnen Rohrstrecken sind fallend und steigend verlegt. Beim Dampfrohrnetz erfolgt die Abführung des sich bildenden Kondensats an den tiefsten Punkten. Bei der Pumpenheizung ist die Entlüftung der Kanalstrecken an den jeweiligen Höchstpunkten möglich. Das ins Kanalinnere gelangende Wasser sammelt sich in den dreieckförmigen Vertiefungen der Kanalsohle und läuft in diesen Rinnen nach den tief gelegenen Punkten, also jedesmal in einen Einsteigeschacht. Auf diese Weise wird bei den in kurzen Abständen erfolgenden Revisionen der Einsteigeschächte eine Undichtigkeitsquelle schnell entdeckt; die Entfernung der Wassermenge ist leicht möglich. Die oberen Ränder dieser dreieckförmigen Vertiefungen tragen

Abb. 18—23. **Bilder von Ausschachtungsarbeiten für Heizkanäle.**

Abb. 18. **Heizkanalstrecke Steglitz**
mit Einzelhindernissen auf der Strecke.

Winkeleiseneinlagen, auf denen die Gleitrollen des Rohres ruhen. Die Axen derselben sind mittels angeschweißter oder genieteter Laschen in den unteren Hälften der fest an den Rohrkörper geschraubten Schellen gelagert. Die Rohrschelle selbst wird vollständig durch die Isolierung bedeckt.

An Hand einiger charakteristischer Aufnahmen seien nachstehend einzelne Phasen des Rohrleitungsbaues wiedergegeben. Nachdem auf Grund der vorhin beschriebenen Erwägungen der Streckenverlauf des Heizkanals festgelegt ist, wird mit dem Aufgraben begonnen. Einzelne Probelöcher, besonders an den Straßenkreuzungen, sind zur weiteren

Aufklärung nützlich. Bei genügender Tiefe der Ausschachtung beginnt die Festlegung der Niveauhöhen (s. Abb. 17). Die Abb. 18—23 zeigen ein paar Baustellen während der Ausschachtungsarbeiten. Durch Auftauchen unvermuteter Mauerreste, Findlinge, alter bzw. nicht zeichnungsgemäß verlegter Leitungen, durch die Erfordernisse des Straßenpassantenverkehrs erleiden die Arbeiten eine unliebsame Verzögerung. Wenn auch die Verlegung von Leitungen unter Fahrdamm gewöhnlich teurer wird, so vermeiden wir auf Grund unserer Erfahrungen die Führung von Heizkanälen auf den Bürgersteigen von Geschäftsstraßen. Wie die Abbildungen zeigen, erschwert der notwendige Bau von Rüstungen und Übergängen sowohl die Bauarbeiten, wie auch den Passanten- und Geschäftsverkehr. Eine manchmal nicht unberechtigte Verärgerung von Geschäftsinhabern tritt ein. Durchschnittlich bleiben derartige Kanäle 8—10 Wochen offen. Besonders verzögert wird die Bautätigkeit durch den Umstand, daß alle Einzelteile erst an Ort und Stelle angefertigt bzw. zusammengefügt werden. Mir scheint ein dringlicher Appell an unsere diesbezüglichen Lieferfirmen an dieser Stelle nützlich, sich mit der

Abb. 19. Einstelgeschacht Steglitz
mit Einzelhindernissen auf der Strecke.

Frage anderer Ausführungsmöglichkeiten für Heizkanäle zu beschäftigen. Auch die Amerikaner haben beispielsweise diesen Übelstand durch Spezialausführungen zu beseitigen gesucht. Ich kann mir wohl denken, daß man sowohl die Kanäle als auch die Kanaldeckel in kurzen Stücken maschinell herstellen und genügend genau profilieren kann. Die eigentliche Rohrleitungsmontage erfordert bei vollständiger Schweißung des ganzen Systems verhältnismäßig kurze Zeit, da die Rohre in 12 m Länge durchschnittlich geliefert werden. Nur die Festpunkte und der Einbau von Kompensatoren wirken hier arbeitverzögernd. Wenn zudem der Streckenbau in einer Zeit äußerst ungünstiger Witterung betrieben werden muß und der Untergrund durch Lehmgehalt wasserundurchlässig ist, so füllen sich bei wolkenbruchartigen Regenfällen weite Strecken des ausgeschachteten Kanals mit Wasser. Die Abb. 24 gibt ein Bild vom Bau des Steglitzer Werkes wieder, dessen Heizkanäle während der starken Regengüsse im Sommer 1927 auf lange Strecken hinweg sich mit Wasser anfüllten.

Nach genauer Ausschachtung wird die Kanalsohle betoniert bzw. bei einzelnen Profilen die Schalung für die Seitenwände hergerichtet (s. Abb. 26). Darauf beginnt die Rohrverlegung. Besondere Schwierigkeiten bereitete uns die Verlegung der Warmwasserpumpenleitungen von 500 mm Durchm. in der Nähe des Kraftwerkes Steglitz. Die Fernleitung kreuzt hier direkt nach Verlassen des Werkes den Teltow-Kanal. Im

Abb. 21. Städtehelzwerk Charlottenburg.
Hauptkanal auf dem Bürgersteig.

Abb. 20. Städtehelzwerk Charlottenburg.
Abzweigstrecke auf dem Bürgersteig.

Abb. 23. Unterfahren der Post-Straßenbahn.

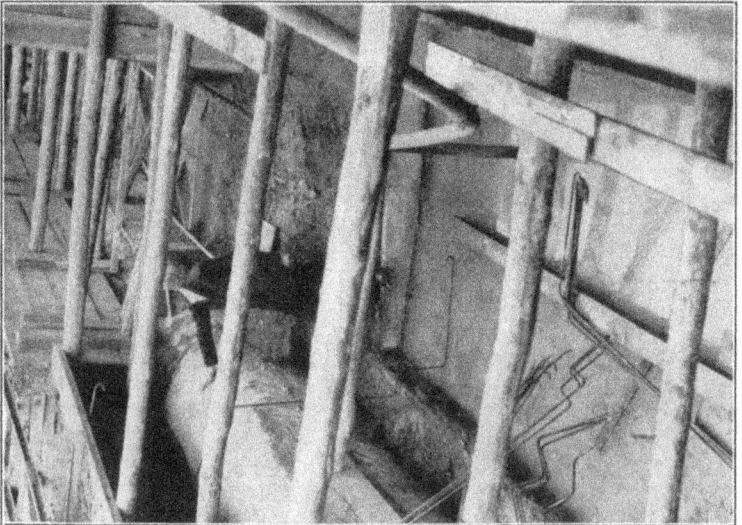

Abb. 22. Einsteigeschacht Steglitz, große Kanalisations-
leitung als Hindernis.

Abb. 25. Kanalstrecke Bismarckstraße-Reitweg.

Abb. 24. Eingeregnete Kanalstrecke.

Abb. 27. Rohrverlegung im Städteholzwerk Charlottenburg.

Abb. 26. Einschalen der Kanalwände.

ersten Ausbau 1926 ordneten wir provisorische Leitungen von 150 mm l. W. an, die mittels Hängeeisen an den Hauptbrückenträgern befestigt werden konnten. Die großen Gewichte der neuen Leitungen machten es erforderlich, einen unter der ganzen Brücke hinweglaufenden Kastenträger (s. Abb. 29) einzubauen, in dem die Fernleitungen montiert werden konnten. In Abb. 28 sind sowohl die drei alten Leitungen, wie auch das Hochziehen der neuen Rohre wiedergegeben. Erwünscht ist es natürlich, Rohrleitungsstrecken von möglichst großer Länge gleichzeitig in Angriff nehmen zu können (s. Abb. 25 und 27/30). Die Straßenbaupolizei verhindert allerdings öfters die Erfüllung dieser Wünsche, und zuzugeben ist, daß mit Rücksicht auf den starken Verkehr in Großstadtstraßen erster Ordnung nur Teilstrecken bis zu 200 m angemessen sind.

Die Kompensation von Straßenrohrleitungen macht zwar keine Schwierigkeiten, ihre heutige Durchführung ist aber nicht ganz befriedigend. Überwiegend werden in

Abb. 28. Rohrmontage unter der Teltow-Kanalbrücke-Steglitz.
(Drei vorläufige Leitungen sind ersichtlich.)

Deutschland Wellrohrkompensatoren hierfür verwendet, wovon die Abb. 32—38 verschiedene Anordnungen wiedergeben. Bei sorgfältiger schweißtechnischer Herstellung sind Wellrohrbogen zuverlässig. In Dampfrohrleitungen mit unterbrochener Betriebsweise kann die ständige Anwesenheit von Wasser in den unteren Wellenhälften eine Rostgefahr bedeuten. Immerhin kann durch jährliches Drehen der Kompensatoren dieser Mangel etwas ausgeglichen werden. Aus Sicherheitsgründen werden Kompensatoren mit Flanschen eingesetzt. Da sie auswechselbar sein müssen, bestimmt ihr Durchmesser die Öffnung der Einsteigeschächte. Man kann nicht empfehlen, derartige Wellrohrkompensatoren ohne weiteres einzuschweißen, solange nicht eine mehrjährige Betriebsdauer zeigt, daß die Rostgefahr vernachlässigt werden kann. Der größere Nachteil in der Verwendung der Wellrohrkompensatoren liegt aber in der verhältnismäßig kleinen Dehnungsaufnahme. In der Praxis läuft dies darauf hinaus, daß durchschnittlich alle 50 m ein Einsteigeschacht mit Festpunkt notwendig wird, an dem die Kompensatoren Unterbringung finden können (s. Abb. 31). Gewöhnlich finden sich

Abb. 30. Baustrecke des Städteheizwerks Steglitz.

Abb. 29. Rohrführung auf der Teltowkanalbrücke.
a Kastenrahmen, b Heizungsvorlauf., c W-Wasservorlauf, d Rücklaufleitung.

in diesem Einsteigeschacht auch die Streckenschieber zur Unterteilung des ganzen Netzes und die Abzweigschieber für die einzelnen Stichleitungen. Dadurch entstehen Schacht-abmessungen, die im Steglitzer Werk bis zur Größe von $3,5 \cdot 5,5 \cdot 2$ m anwachsen, deren Einzelpreise zwischen 800 und 4000 M. betragen. Dieser Übelstand in der Ver-teuerung des Anlagekapitals veranlaßte uns im 2. Ausbau des Heizwerkes Charlotten-burg Schiebekompensatoren mit Erfolg einzubauen. Es ist unzutreffend, daß bei diesen geringen Dampfdrücken und Temperaturen derartige Gleitrohrkompensatoren undicht werden. Es gibt heute bereits Spezialpackungen, die auf lange Zeit hinaus eine einwand-freie Abdichtung erzielen und auch nicht festbrennen. Mit derartigen Schieberohr-kompensatoren läßt sich die Zahl der Einsteigschächte auf rd. ⅓ herabsetzen.

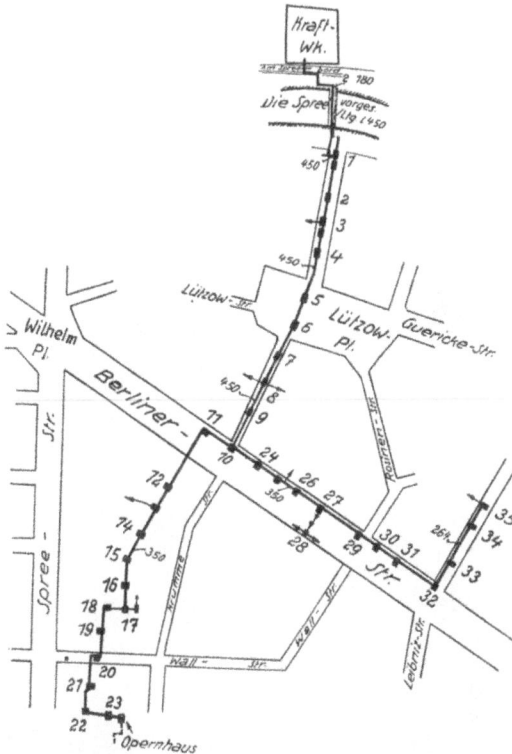

Abb. 31. Festpunkte im 1. Ausbau des Städteheizwerks Charlottenburg.

Je nach Örtlichkeit werden Festpunkte mit beiderseitigem Anschluß von Kom-pensatoren oder nur einseitiger Ausdehnungsmöglichkeit gebaut. Die Abb. 32 zeigt einen Festpunkt mit Doppelkompensatoren im Einbau. Die Abb. 33 gibt einen Blick in den Einsteigeschacht der Charlottenburger Dampfrohrleitung wieder, während in Abb. 34 ein Einsteigeschacht des gleichen Werkes mit einmündender Abzweigleitung dar-gestellt ist. Die Kondensatrückführleitung des Charlottenburger Werkes ist an keiner Stelle mit besonderen Ausdehnungsstücken versehen worden. Es genügt hier die lyra-bogenförmige Anordnung der Leitung an den Einsteigeschachtwänden. Mit Rücksicht auf die örtlichen Verhältnisse ist die Ausführungsart der Einsteigeschächte im Steglitzer Pumpenwerk mannigfaltiger. Die Abb. 35—38 verdeutlichen dies ohne weiteren Kom-mentar. In allen derartigen Einsteigeschächten sind Druck- und Temperaturmeß-

Abb. 32—34.
Einsteigekammern
im Dampfrohrnetz
Charlottenburg.

Abb. 32. Montage eines Festpunktes der Dampfleitung.
a Festpunkt, *b* Wellrohre.

Abb. 33. Einsteigeschacht.
a Festpunkt, *b* Wellrohre, *c* Dampfleitung, *d* Kondensatrückleitung, *e* Kanaldeckel.

stutzen, sowie Ent- und Belüftungshähne vorgesehen. Neben Wellrohrausgleichern und Schiebekompensatoren verwendeten wir an den Stellen, wo die Fernleitungen beider Werke unter mehrfachen kurzen Krümmungen auf die Spree- bzw. Teltow-Kanalbrücke hinausgehen, sogenannte Schlauchkompensatoren, da hier gleichzeitige Ausdehnungen in verschiedener Richtung auftreten (s. Abb. 39). An den Hauptverzweigungspunkten großer Warmwasserleitungen müssen ebenfalls zugängliche Stellen zur Aufnahme der Trennschieber eingerichtet werden. In solchen besonders geräumigen Kammern entsteht dann ein ziemliches Gewirr von Rohrleitungen (s. Abb. 40). Die Einsteigeschachtwände selbst werden entweder gemauert (Abb. 37) oder mit der Decke zusammenbetoniert

Abb. 34. Einsteigeschacht mit Haupt- und Stichleitungen.
a Festpunkt, b Wellrohre, c isolierte Dampfleitung, d Kondensatrückleitung, e Abzweigdampfleitung.

(Abb. 41). Gewöhnlich trägt diese auch den gußeisernen Rahmen der Einsteigeöffnungen mit abnehmbarem Deckel (Abb. 42 und 50). Auch die Abdichtung der Deckel durch Teerstricke ist bisher unbefriedigend. Die Teerstricke werden hart und dichten dann mangelhaft. Durch Tropfschalen, die unter den Deckeln sitzen, kann man zwar die Isolierung vor Feuchtigkeit schützen. Die Tropfschalen stehen mit einem Sammelgefäß am Boden des Einsteigeschachtes in Verbindung, das von Zeit zu Zeit entleert werden muß. Eine bessere Abdichtung der Einsteigeschachtdeckel ist durch graphithaltige Dichtungsmittel bzw. geeignete Gummiringe erzielbar. Jede Rohr- und Schweißstelle ist durch einen Drahtstift gekennzeichnet, der bei isolierten Rohren ihre Auffindung sofort ermöglicht (Abb. 43). In der gleichen Abbildung ist auch eine nicht gerade

11*

Abb. 35—38. Anordnung der Wellrohrausgleicher im Städteheizwerk Steglitz.

Abb. 35. Festpunkt mit beiderseitigem Ausgleich für alle drei Leitungen.

Abb. 36. Doppelte Kompensation für Heizwasser-Vorlauf und -Rücklauf.
Natürliche Ausdehnung in Warmwasservorlauf.
a Festpunkt, b Entlüftungen, c W-W-Vorlauf, d Wellrohre.

Abb. 37. Blick in Einsteigeschacht mit einseitiger Ausdehnungsmöglichkeit am Festpunkt; Abzweig- und Streckenschieber.

Abb. 38. Normaler Einsteigeschacht mit Wellrohren und Absperrschiebern.

Abb. 39. Kompensationsschläuche an der Teltow-Kanalbrücke.

Abb. 40. Hauptverzweigung des Städteheizwerks Steglitz.
a Heizungsvorlaufleitung
b gemeinsame Rücklaufleitung } dazwischen Warmwasservorlauf,
c Druck- und Temperaturmeßstellen, d Absperrschieber.

Abb. 41. Einbetonierung eines Einsteigeschachtes.

Abb. 42. Einsteigeöffnung einer Heizkanalstrecke.

vorbildlich verlegte Krümmung der Kondensatrückführleitung deutlich, die aus mehreren geraden Stücken hergestellt wurde. Bei der geringen Temperaturbewegung dieser Leitung reicht allerdings auch diese Kompensation aus. Der dort angedeutete Einsteigeschacht, ein sogenannter Revisionsschacht, sitzt normalerweise über dem direkt an der Krümmung befindlichen Festpunkt. Revisionsschächte befinden sich zwischen den Haupteinsteigeschächten und erleichtern die Kontrolle des gesamten Rohrnetzes in bezug auf Undichtigkeiten und Rohrbrüche.

Sind einzelne Abschnitte der Rohrnetze fertig montiert, die Ausdehnungsstücke ausgerichtet und eingebaut, so wird nach genügendem Abbinden der Festpunkte mit

Abb. 43. Fertig verlegte Leitungen des Städteheizwerks Charlottenburg.

dem Abdrücken der Leitungen begonnen. Alle Leitungen sollten einer Kaltwasserprobe von doppeltem Betriebsdruck und einer Druckprobe bei Betriebstemperaturen von 1,5 facher Höhe unterworfen werden. Bei neuen Rohrleitungen sind hierfür Lokomobilen notwendig (Abb. 44). Bei Rohrnetzerweiterungen kann man vorteilhaft den Anschluß an die bestehenden Netzanlagen benutzen. Das Abdrücken erfolgt unter Abhämmern aller Schweißstellen, danach beginnen sofort die Isolierungsarbeiten. Für die Auswahl der Isolierung von Fernleitungen kommen naturgemäß Leitzahl und wirtschaftlichste Isolierstärke in Frage. Immerhin spielen Raumgewicht, Speicherwärme und Festigkeit der Isolierung gegen mechanische Beanspruchung keine so bedeutsame Rolle, wie bei offen verlegten Leitungen. Von erhöhtem Wert sind dagegen die üblichen Faktoren, wie Unempfindlichkeit und Unveränderlichkeit gegen Feuchtigkeit und Form der Isolierung zur Erzielung schnellsten Arbeitsfortschrittes. Wir haben in beiden Werken neben der bekannten Korkschalenisolierung (Abb. 45) als Isoliermittel Schlackenwolle, Gips-Asbest, Aluminiumfolie, Zellenbeton und Korkschnur angewendet. Von Zeit zu Zeit werden die Leitzahlen gemessen, um Veränderlichkeit in der Qualität festzustellen. Korkmaterial ist zwar recht geeignet, da es Witterungseinflüssen während der Arbeitsausführung gut widersteht. Unsere Fabrikationsfirmen liefern aber bis heute für große Rohrdurchmesser keine Halbschalen, sondern nur Segmente, deren Zwischenräume zur Erzielung einer guten Isolierung vollständig mit Aufstrichmasse ausgefüllt werden müssen. Wie aus dem Kanalquerschnitt und auch aus Abb. 45 leicht verständlich wird, ist es unmöglich, bei dem beengten Raum eine einwandfreie Verlegung auf der unteren Rohrhälfte durchzuführen. Stopf- oder Schalenisolierung bzw. Bindenform ergibt bessere Isolierungsqualitäten. Abb. 46 zeigt eine Heizkanalstrecke des Werkes Steglitz nach der

Abb. 44. Abdrücken fertiger Teilstrecken durch Lokomobilen.

Isolierung. Direkt an die Isolierarbeiten schließt sich das Abdecken des Heizkanals (s. Abb. 47 und 48) und Verfüllen des Bodens an.

Die Bewag hat es sich von vornherein bei ihren Städteheizungsbetrieben zur Aufgabe gesetzt, in möglichst großem Umfange durch Einzelmessungen und Erprobungen diejenigen Faktoren herauszuschälen, die auf eine Verbilligung der Anlagekosten einwirken. Es muß einer besonderen Veröffentlichung vorbehalten bleiben, Einzelergebnisse dieser Untersuchung aufzuzählen. Unter Hinblick auf die Abb. 49 sei hier nur erwähnt, daß Teilstrecken verlegt wurden, bei denen die isolierten Rohrleitungen direkt im Erdboden liegen. Mit der durch Abb. 49 wiedergegebenen Teilstrecke ist der Betrieb des ganzen Heizwerkes mehrere Monate hindurch aufrechterhalten worden. Die Besichtigung danach ergab einen völlig einwandfreien Zustand der Isolierung. Wir erweitern unsere Versuchstätigkeit in dieser Hinsicht, indem wir besondere Probestrecken den schwersten Betriebsbedingungen aussetzen.

Die Befürchtung, daß die Kreuzung öffentlicher Anlagen zu einer Schädigung von Pflanzen und Baumwuchs führen würde, ist natürlich dann gegenstandslos, wenn genügende Isolierungen verwendet werden. Trotzdem soll ein bestimmter Abstand von

Abb. 46. Isolierte Teilstrecke des Städteheizwerkes Steglitz.

Abb. 45. Korkschalenisolierung im Städteheizwerk Charlottenburg.

a Schalensegmente, b Isolierung mit Abstrich.
c fertig bandagierte Strecken.

Abb. 48. Abdecken einer Dampfrohr-Kanalstrecke.

Abb. 47. Abdecken der Rohre im Städteholzwerk Steglitz.
a Rücklaufleitung, *b c* Vorlaufleitung, *d* Deckel,
e Abdichtung zwischen Einzeldeckeln.

Abb. 49. Heizkanalstrecke ohne Betonkanal.

großen Bäumen usw. nicht unterschritten werden. Die Erdtemperatur direkt an der Außenwand des Heizkanals werden immerhin bei 20—25⁰ liegen. Diese Temperaturen klingen allerdings im Erdboden schnell ab. Bei etwas flacher Verlegung unserer Rohrleitungsstrecke unter öffentlichen Anlagen hindurch war bemerkbar, daß die gekreuzte Rasenfläche im Frühjahr eher grün wurde. Weitere Merkmale konnte man nicht feststellen. Bei ganz leichter Schneedecke zeichnete sich trotzdem die Kanalstrecke deutlich ab (s. Abb. 50). Der direkt über dem Betonkanal liegende Erdboden ist eben höher temperiert. Besonders beliebt sind unsere Einsteigeschachtdeckel für den findigen Berliner Zeitungshändler, der auf ihm seinen warmen Verkaufsstand errichtet hat.

Hausanschlüsse.

Gegenüber einer Kokskesselbatterie weisen die Heizkeller der an eine Städteheizung angeschlossenen Häuser eine größere Anzahl kleinerer, aber empfindlicherer Apparate auf. Der Städteheizungsanschluß führt zu einer erheblichen Verringerung des Platz- und Raumbedarfs im Verein mit außerordentlich bequemer Bedienungsweise. Die Abb. 51 und 52 sind aus den Betriebsvorschriften der Bewag für Städteheizungsanschlüsse entnommen und geben in ihrer vereinfachten Darstellung von Hausanschlüssen ein anschauliches Bild über den Hausanschluß. In dampfbeheizten Häusern schließen die

Abb. 50. Heizkanalstrecke bei leichter Schneedecke.

einzelnen Steigestränge über Absperrventile an einem gemeinsamen Verteiler an, dessen Dampfdruck durch ein Reduzierventil gesteuert wird. Sicherheitsvorrichtungen gegen Überschreitung des zulässigen Dampfdruckes und reichliche Entwässerungsmöglichkeiten sind überall vorgesehen. Bei Warmwasserheizung und Warmwasserbereitungsanlagen wird der Dampf der Fernleitungen in Gegenstromapparaten zur Wassererwär-

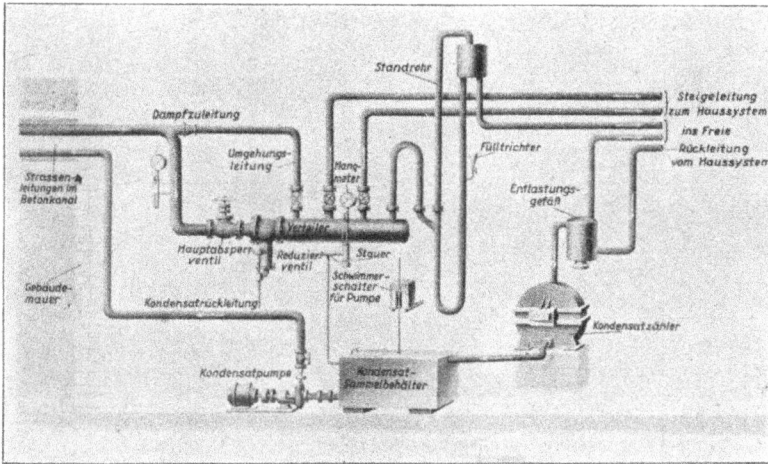

Abb. 51. Städteheizwerk Charlottenburg. Hausanschluß bei Dampfheizung.

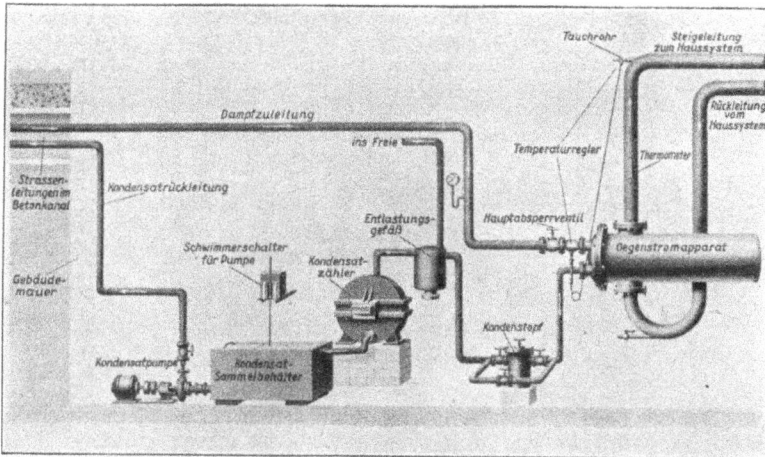

Abb. 52. Städteheizwerk Charlottenburg. Hausanschluß bei Warmwasser-Heizungs- und -Bereitungsanlagen.

mung benutzt. Da die Temperaturen zwischen 40° und 90° geregelt werden müssen, sind überall selbsttätige Temperaturregler eingebaut, die im großen und ganzen befriedigend arbeiten. In Anlagen des Charlottenburger Werkes geht der Platzbedarf für die Hausanschlüsse auf $\frac{1}{4}$—$\frac{1}{8}$ der bisher benötigten Kesselanlagen zurück. Eine Kostenersparnis gegenüber Kesselanlagen ist im allgemeinen nicht vorhanden. Unter Einbeziehung der Stichleitung in die Anschlußkosten eines Gebäudes überschreiten diese

früher | jetzt

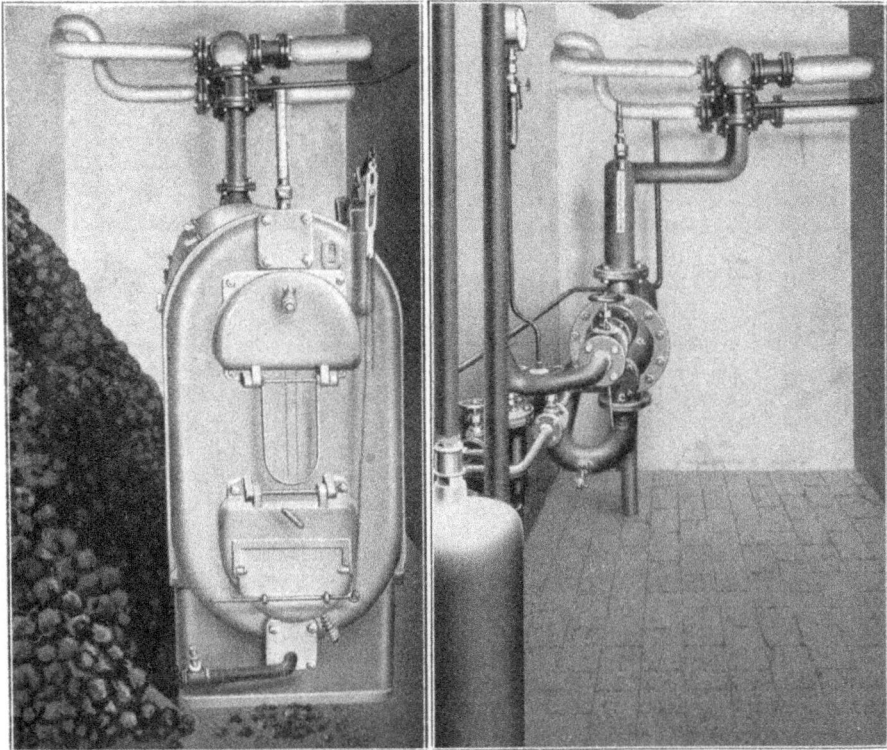

früher | jetzt

Abb. 53/54. Städteheizwerk Charlottenburg. Heizkeller vor und nach dem Anschluß.

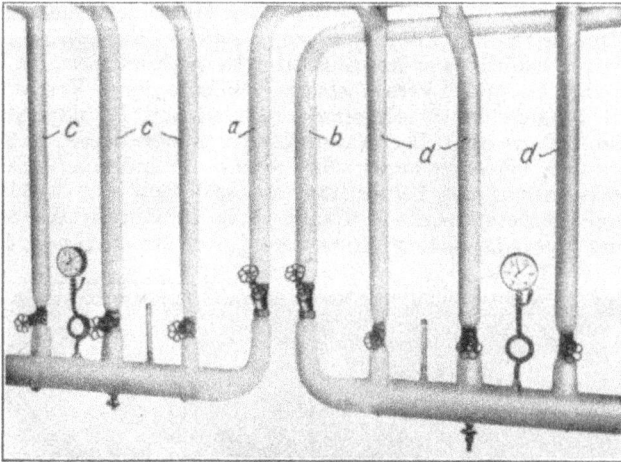

Abb. 55. Städteheizwerk Steglitz. Hausanschluß.

a Vorlauf } der Fernleitung, *c* Steigestränge } des Hauses.
b Rücklauf   *d* Rücklaufleitungen

Abb. 56. Städteheizwerk Steglitz. Anschluß einer W.-W.-Bereitung.
a Wassermesser, *bc* Thermostat und Regelventil, *d* Boiler.

normalerweise die Kesselanlagekosten. Betriebsfertige Hausanschlüsse im Charlottenburger Werk zeigen die Abb. 53 und 54.

Betrachtet man in diesem Zusammenhang den Hausanschluß eines Gebäudes in
unserem Steglitzer Heizwerk (s. Abb. 55), so wird die große Überlegenheit einer Pumpenheizung auch hierin deutlich. Der Anschluß einer Heizungsanlage an ein Warmwasserpumpenwerk bringt die größte Vereinfachung. Ich halte diesen Vorteil für sehr entscheidend, weil dadurch das Städteheizwerk die absolute Überlegenheit gegenüber
der Feuerungsanlage gewinnt. Bei Warmwasserbereitungsanlagen in unserem Steglitzer Werk müssen die sogenannten Boiler eine Heizschlange erhalten, die an
Vor- und Rücklaufleitung der Fernheizung anzuschließen ist (s. Abb. 56). Auch
hier erfolgt durch Thermostatregelung eine Regelung der Wärmeentnahme. Die Kalt-
wasserleitung der Anlage trägt einen Wassermesser, nach dessen Anzeige der Verbrauch

Abb. 57. Entwässerung der Dampffernleitung.
a Dampfleitung, b angeschweißtes Rohrstück für Kondenswasser, c Kondenstopf,
d Umgehungsleitung für c.

bestimmt wird. Für den Anschluß von Neubauten an unser Steglitzer Werk sind auf
Grund der gesammelten Erfahrungen eine ganze Reihe von Anschlußbedingungen ausgearbeitet worden, auf deren Erfüllung wir starken Wert legen.

Nach Möglichkeit werden die Entwässerungen der Fernleitungen an die Kondensatsammelbehälter angeschlossen, die sich in einem benachbarten Hause befinden. Trotzdem entsteht die Notwendigkeit, auch getrennte Kondensatpumpstationen in den
Einsteigeschächten selbst bzw. Entwässerungsanlagen in anderen Kellerräumen einzubauen. In solchen Fällen trägt dann die Fernleitung besondere Sammelbehälter, die
über Kondenstöpfe hinweg nach der nächsten Pumpenanlage entleeren (s. Abb. 57). Wir
verwenden ausschließlich Schieberkondenstöpfe.

Mit besonderen Schwierigkeiten war die Ausfindigmachung des Aufstellungsortes
für die Ausdehnungsgefäße im Städteheizwerk Steglitz verbunden. Schließlich erlangten
wir die Erlaubnis, den Turm der Markuskirche in Steglitz hierfür benutzen zu können.
Die Ausdehnungsbehälter von $2 \cdot 20 \text{ m}^3$ sind an die Rücklaufleitung angeschlossen,

wie Abb. 58 verdeutlicht und befinden sich in ausreichender Höhe, um alle Gebäude bis zur vollen Lieferungsfähigkeit des Werkes anschließen zu können. Wir verzichteten darauf, die Behälter für diese Ausdehnung der Rohrfüllung im Bereich von 20° bis 90° C zu bemessen. Es genügt im allgemeinen, sie für die Hälfte dieser Temperaturschwankungen zu dimensionieren, da der normale Betrieb keine größeren Schwankungen aufweist. Als Gegenleistung für die Aufstellung unserer Behälter beheizen wir die Kirche frei.

Die Wärmebelieferung an ältere Häuser mit mangelhaften Eigenanlagen hat öfter unangenehme Folgen. Nach Anschluß an unser Werk waren derartige Fehler natürlich auch nicht behoben und eine Reihe von verärgernden Klagen setzte ein. Immerhin glückte es uns, bei mehreren Häusern nach Feststellung der Störungsursache Abhilfe zu schaffen. Es ist allerdings erstaunlich, in welch schlechter Verfassung sich einzelne Heizungsanlagen befinden, deren Mängel nicht durch Alter begründet werden können.

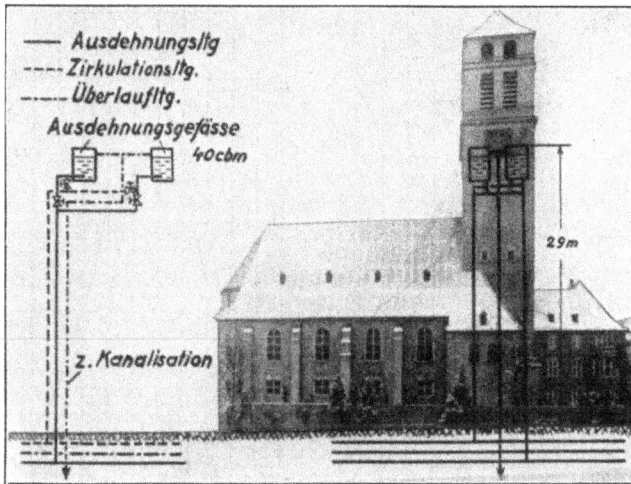

Abb. 58. Städteheizwerk Steglitz. Ausdehnungsgefäße im Turm der Markuskirche.

Tarife, Anschlußbewegung.

Im Städteheizwerk Charlottenburg werden die verbrauchten Wärmemengen durch Kondensatmessung festgestellt und monatlich berechnet. Dies ruft fast regelmäßig im ersten Jahr eine Beunruhigung der Abnehmer in Wohngebäuden hervor. Gegenüber der bisher gehandhabten Praxis, den Koksbedarf des Hauses laufend einzudecken, drängen sich die Heizungskosten beim Städteheizungsbetrieb auf wenige Wintermonate zusammen. Die anteilige Höhe im Einzelmonat kann das Mehrfache der bisher gezahlten Beträge ausmachen. Erscheinen nun Rechnungen von 18—22% des gesamten Jahresbedarfs für einen Monat, wie es im Dezember und Januar leicht vorkommen kann, so ist bei der Unkenntnis über die prozentuale Verteilung des Wärmebedarfs auf die einzelnen Heizmonate verständlich, daß der Abnehmer falsche Schlüsse zieht. Die Heizkosten stellen dann einen fühlbaren Prozentsatz des Monatseinkommens dar. In Kenntnis dessen hat die Bewag bei Charlottenburger Abnehmern entgegenkommenderweise ein Abzahlungssystem eingeführt. Ein Teil der hohen Heizungskosten im Winter wird auf die Monate mit geringerem Verbrauch übertragen.

In Steglitz sind derartige Schwierigkeiten nicht entstanden. Hier wird Wärme zu einem Pauschalsatz pro m² und Jahr geliefert. Es wäre richtiger, einen derartigen Pauschaltarif auf die Größe der Heizkörperoberfläche zu beziehen. Maßgebend für die gewählte Tarifform war aber der Wunsch, in Wohnhäusern das alte Umlageverfahren beizubehalten. In bestimmten Grenzen verändert sich dieser Pauschalsatz mit der Änderung des Kohlenpreises im Kraftwerk. Es ist unzutreffend, daß bei einem Pauschalsystem mehr Wärme verschwendet wird, da die Wärmemengen nach ganz bestimmten Richtlinien im Kraftwerk selbst geregelt werden. Ein kleiner Nachteil ist allerdings insofern vorhanden, als sich der Betrieb nach den schlechtesten Heizanlagen der Häuser richten muß.

Wie bereits aus Abb. 56 hervorgeht, wird die Wärmemenge zur Warmwasserbereitung auch im Steglitzer Werk nach dem tatsächlichen Verbrauch berechnet. Wir garantieren dem Abnehmer eine Erwärmung seines Gebrauchswassers auf rd. 60° C, so daß pro m³ Wasser etwa 50000 kcal geliefert werden.

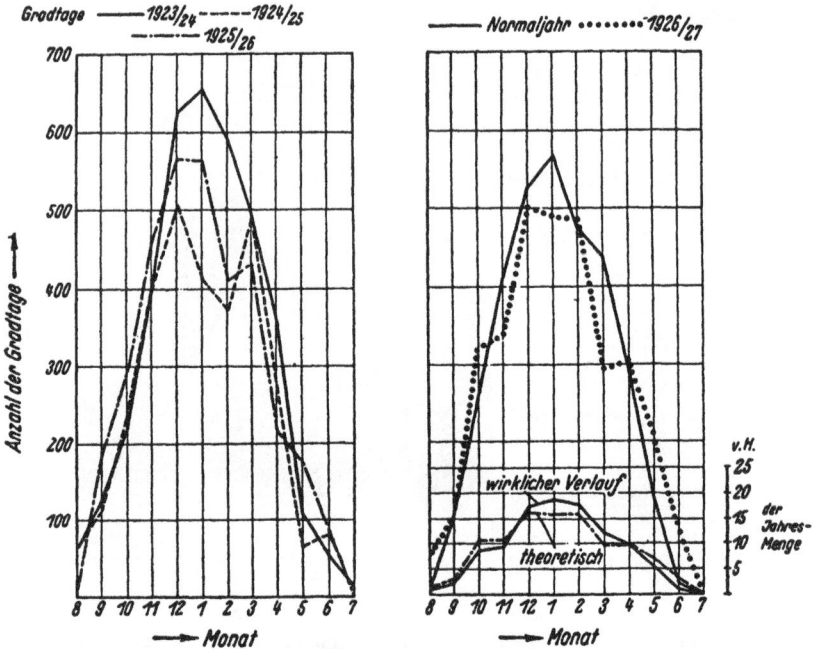

Abb. 59. Gradtag-Linien von Berlin.

Die Städteheizung der heutigen Form weist nicht so viele Vorteile auf, daß ihre Ausbreitung ohne besondere Werbetätigkeit gesichert wäre. Jeder Hausbesitzer verlangt, daß er einen bestimmten finanziellen Vorteil verzeichnen kann. Von nicht zu unterschätzendem Wert in dieser Hinsicht ist eine genaue Vergleichsbasis über den zu rechtfertigenden Wärmeverbrauch zweier Heizjahre. Hierfür gibt es in der Praxis keine Methode, die Anspruch auf genügende Genauigkeit hat. Wir haben diesen Mangel als außerordentlich störend empfunden. Da nun einmal der Geldvorteil den Hauptanreiz zur Benutzung der Städteheizung bildet, wird ein Verfahren notwendig, mittels dessen man Wärmeverbräuche von zwei Jahren vergleichen kann. Mir scheint, daß die von Amerika herstammende Vergleichsrechnung nach Gradtagen hierfür grundsätzlich geeignet ist. Unter einem Gradtag versteht man das Produkt aus Tageszahl und Temperaturunterschied zwischen wirklicher Außen- und der Außentemperatur, bei der ein Heizbedürfnis aufhört. Beispielsweise hat ein Tag mit —3° Außentemperatur 21 Gradtage, wenn diese Bezugstemperatur + 18° gewählt wird, oder ein Monat mit der durchschnittlichen Temperatur von + 2° weist 30 · 16 = 480

Gradtage auf. In Abb. 59 links sind auf diese Weise Gradtage von Berlin für verschiedene Heizjahre auf Grund amtlicher Wettertabellen zusammengestellt worden. Der Unterschied in den Summen dieser Gradtage für die einzelnen Jahre gibt tatsächlich ein gutes Annäherungsmittel, Heizverbräuche beurteilen zu können. Im einzelnen hat das Heizjahr 1923/24 2169, 1924/25 1554 und 1925/26 1776 Gradtage. In Abb. 59 rechts ist die Zahl der Gradtage Berlins für das sogenannte Normaljahr (1744 Gradtage) aufgetragen worden und als Vergleich dazu punktiert das Gradtagjahr 1926/27 (1522 Gradtage). In den unteren Teilen dieser Abbildung sind die einzelnen Monatsmengen des Wärmeverbrauchs in Prozentsätzen des Gesamtjahresverbrauchs wiedergegeben, und zwar be-

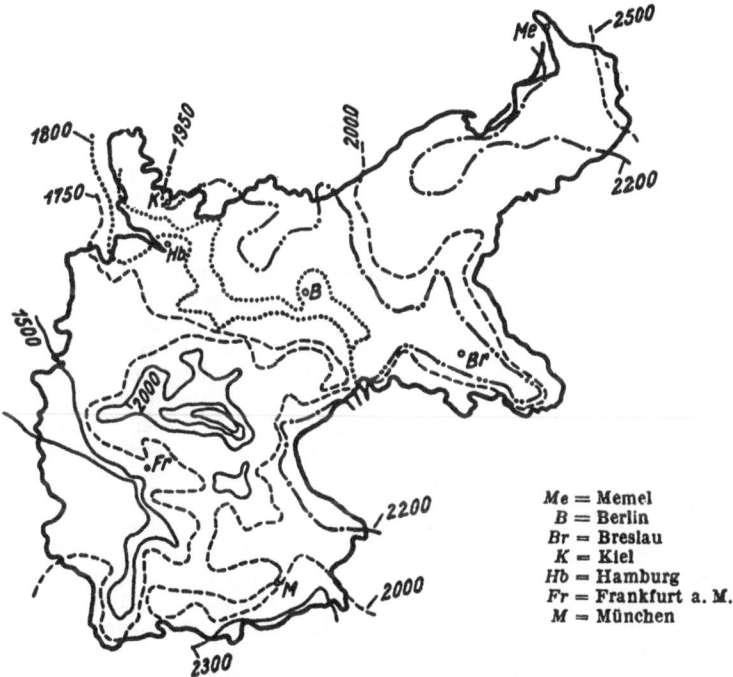

Me = Memel
B = Berlin
Br = Breslau
K = Kiel
Hb = Hamburg
Fr = Frankfurt a. M.
M = München

Abb. 60. Gradtag-Karte von Deutschland.

zeichnet die voll ausgezogene Kurve den laut Messung in unserem Städteheizwerk dargestellten prozentualen Verlauf. Strichpunktiert dazu ist der durch die Gradtag-Methode berechtigte Verlauf wiedergegeben. Die Annäherung beider Kurven ist zunächst durchaus zufriedenstellend. Der Unterschied besonders in den 3 Wintermonaten 12, 1 und 2 ist durch Nichtberücksichtigung der Wind- und Feuchtigkeitsverhältnisse erklärbar. Wir glauben aber, hier eine Methode entwickeln zu können, die auch diese den Wärmeverbrauch stark beeinflussenden Faktoren berücksichtigt, so daß sich die Möglichkeit ergibt, formelmäßig Heizverbräuche verschiedener Jahre auf ihre Größenordnung und Berechtigung hin beurteilen zu können. Die Zahl der Gradtage ist für eine große Reihe von deutschen Städten ermittelt, so daß direkt Gradtag-Kurven gezeichnet werden konnten. Der Vollständigkeit halber möchte ich aus unseren diesbezüglichen Arbeiten auf eine Gradtagkarte für Deutschland hinweisen, die in Abb. 60 vereinfacht wiedergegeben ist. Alle an diesen Linien liegenden Ortschaften haben also jeweilig gleiche Heizverbräuche für gleichartige Gebäude, wenn die Bezugsgrößen gleich gewählt sind.

Wir rechneten am Anfang unserer Tätigkeit damit, daß auf Grund der Erfahrungen in anderen Städten dieser Geldvorteil zwischen 10 und 15% der mittleren Betriebskosten (nicht allein Brennstoffkosten!) bei Eigenheizung betragen würde. Im allgemeinen haben wir uns darin nicht getäuscht. Bei einer großen Reihe von städtischen Gebäuden, bei denen teilweise wenigstens eine sehr sachgemäße Regelung der Heizung erfolgt, wurde diese Summe erheblich überschritten. Bei vielen Kontrollrechnungen konnten wir feststellen, daß die Wärmemenge in jedem fern belieferten Hause rückgeht, sobald das Personal sich mit unseren Betriebsvorschriften vertraut gemacht hat.

Ich bin in der letzten Zeit sehr oft gefragt worden: »Zu welchem Preis verkauft die Bewag Wärme?« Eine solche Fragestellung ist meiner Ansicht nach von Grund aus ungeeignet, eine Beurteilung etwaiger Vorteile bei Fernwärmelieferung zu gestatten. Man kann Preise für Mill. kcal bei Dampflieferungen mit ähnlichen Gestehungskosten in der Eigenheizung nur vergleichen, wenn Kohlen und Kokspreise sowie sonstige Betriebskosten berücksichtigt werden. Es ist deshalb verständlich, daß von einem bestimmten Kokspreise ab keine finanziellen Vorteile mehr erwartet werden können. Ebenso ist aber gewiß, daß die anfangs ausschließlich oder überwiegend vom Kapitaldienst der Rohrleitungsanlagen diktierten Wärmepreise bei größerem Umfange einer Städteheizungsanlage stark zurückgehen werden. Nach kurzer Zeit sollten die Tarife von Städteheizungen so gehalten sein, daß sie in jedem Falle dem Abnehmer finanzielle Ersparnisse bringen. Wir sind uns auch klar darüber, daß entsprechend allen anderen Tarifarten auch eine gewisse Abstufung der Wärmepreise mit größerer Entnahme erfolgen muß. Auch bei Häusern, in denen sich rein rechnerisch kein finanzieller Vorteil herausgestellt hat, sei es, daß der Zustand der Hausanlage einen spezifisch höheren Wärmeverbrauch bedingt, sei es, daß die Bedienung nicht zufriedenstellend arbeitet, wird nach ein- bis zweijähriger Benutzung der Städteheizung nicht mehr auf Wärmelieferung verzichtet. Hier spielen die nicht in Geld auszudrückenden Vorteile, wie Sauberkeit und Bequemlichkeit, nunmehr eine Rolle. Man kann der Städteheizung voraussagen, daß sie sich durchsetzen wird, wenn in der Abnehmerschaft die Überzeugung entsteht, an einem Kulturfortschritt Anteil zu haben. Daß Wärmelieferung einen kulturellen Fortschritt bedeutet, ist zweifelsohne. Wenn die Wärmelieferung später einmal wie heute elektrische Beleuchtung oder Kochgas als unerläßlich für einen Neubau angesehen wird, dann wird sich die Städteheizung auch bei gleich hohen Preisen wie in der Eigenwirtschaft durchsetzen. Hinderlich für eine schnelle Anschlußbewegung in vorhandenen Stadtgebieten sind die hohen Anschlußgebühren. Da wir uns in den ersten Jahren hierdurch die Abnehmerschaft nicht verscheuchen wollten, haben wir in ähnlicher Form wie bei elektrischen Haushaltungsapparaten eine Finanzierung mit eigenen Mitteln vorgenommen und lassen durch angemessene Ratenzahlungen die Kosten aufbringen.

Erfahrungsgemäß kann man in einer Anschlußbewegung der anschlußreifen Gebäude in Höhe von 20% im ersten Jahre rechnen. Im 4. oder 5. Betriebsjahre werden durchschnittlich alle Abnehmer gewonnen, die an der vorhandenen Fernheizungsstrecke liegen. Dieser Umstand sollte sehr wohl bei Wirtschaftlichkeitsbetrachtungen des ganzen Werkes beachtet werden. So oft ich um meine Meinung über die Wirtschaftlichkeitsverhältnisse von Städteheizungsanlagen gefragt wurde, konnte ich feststellen, daß jedesmal mit der Gesamtmenge des möglichen Wärmeabsatzes von Anfang an gerechnet wurde. Es vermeidet unliebsame Überraschungen, wenn man Wirtschaftlichkeitsbetrachtungen eines neuen Städteheizwerkes auf die ersten 4—5 Jahre hin ausdehnt und während dieser ersten Jahre mit folgenden Anschlußziffern rechnet. Im ersten Jahre 15—20%, im zweiten Jahre 30—40%, im dritten Jahre höchstens 50%. Dieser Satz erhöht sich im 4. und 5. Betriebsjahre auf 60—70% der gesamten Absatzmenge. Bei der Bewag wird auch in vorausschauenden Wirtschaftlichkeitsuntersuchungen nur damit gerechnet, daß 80—85 % des gesamten Anschlußwertes erfaßbar sind.

Betrieb.

Die Zufriedenstellung der Abnehmer ist insbesondere bei Dampflieferung nur dann gewährleistet, wenn das Heizwerk eine außerordentlich scharfe Überwachungstätigkeit des Bedienungspersonals in den ersten Monaten vornimmt. Wenn auch die Bedienungstätigkeit auf ein Mindestmaß zusammenschrumpft, so verleitet gerade dieser Umstand zu einer starken Verschwendung. Zu diesem Zweck wird von unserem Überwachungspersonal jede Hausanlage täglich besucht, um Fehlerstellen an den Apparaten und auch Mängel in der Bedienungsweise sofort abstellen zu können. Die große Regelfähigkeit der Städteheizungsanlage machten wir uns zunutze, um genaue Anleitungen für das Hochheizen, für die Vorlauftemperaturen während des Tages und der Nacht, für stoßweisen Betrieb usw. zu geben. Auf Grund vieler Einzelmessungen sind die Vorlauftemperaturen aus Abb. 61 entstanden. Naturgemäß variieren in einzelnen Häusern diese Werte etwas.

Das Verhältnis von Anheizverbrauch zum Gesamtverbrauch versuchten wir in einer Reihe von Messungen zu ermitteln. Kurvenmäßig ist solch eine Versuchsdurchführung

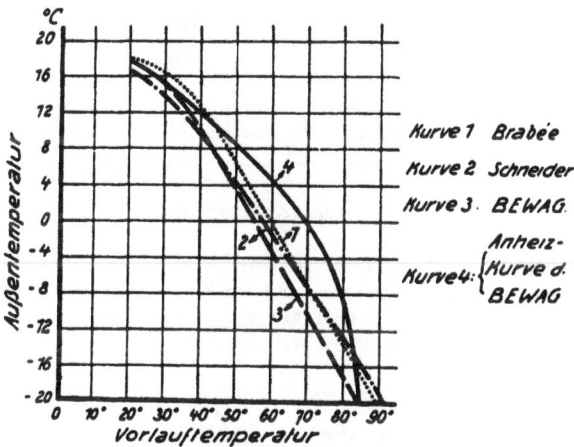

Abb. 61. Heißwassertemperaturen.

in Abb. 62 wiedergegeben. Es handelt sich um ein Privatgebäude mit Warmwasserheizung und Warmwasserbereitung, dessen Wassertemperatur am Vormittag auf 65°, am Nachmittag auf 62° C gehalten wurde. Bei Betrachtung der Dampfmengenkurve ist zunächst die außerordentliche Spitzenwirkung feststellbar, die das Drei- bis Vierfache der normalen Belastung beträgt. Die unterbrochene Betriebsweise in der Mittagszeit führt zu einer Einschränkung des Verbrauchs. Wir empfehlen derartige Betriebsunterbrechungen durchaus. Ihre Durchführung richtet sich selbstverständlich nach der Witterung und nach der Lage und Art des Gebäudes. Aber gerade in den Übergangsjahreszeiten sind beträchtliche Ersparnisse erzielbar. Die Belastungsspitzen gleichen sich in den kälteren Jahreszeiten gut aus. Bei Außentemperaturen über 4° C ist die spitzenartige Belastung des Gesamtwerkes am ausgeprägtesten (s. Abb. 65). Gerade in dieser Hinsicht können die städtischen Gebäude unterstützend wirken, da sich in ihnen leichter eine zeitliche Regelung ermöglichen läßt. Der Versuch nach Abb. 62 ist in der vorletzten Spalte der Zahlentafel 1 wiedergegeben. Hiernach beträgt der Anheizverbrauch im Mittel 30% des Gesamtverbrauchs.

Bei solchen Messungen stellten wir auch verschiedentlich die Dampfbelastungen durch die Warmwasserbereitungsanlage fest, die in Abb. 63 wiedergegeben sind. Der mittlere Anschlußwert solcher Anlagen beträgt zwischen 30 und 40% des rechnungsmäßigen. Nur an Sonnabenden und Sonntagen erhöht sich dieser Wert auf 60—70%. Nach den Verbrauchslinien zu urteilen, sind Warmwasserbereitungsanlagen sehr erwünschte Abnehmer. In Zahlentafel 2 ist nochmals das Verhältnis des Wärmeverbrauchs für Heizzwecke und für Warmwasserbereitungen wiedergegeben. Man kann

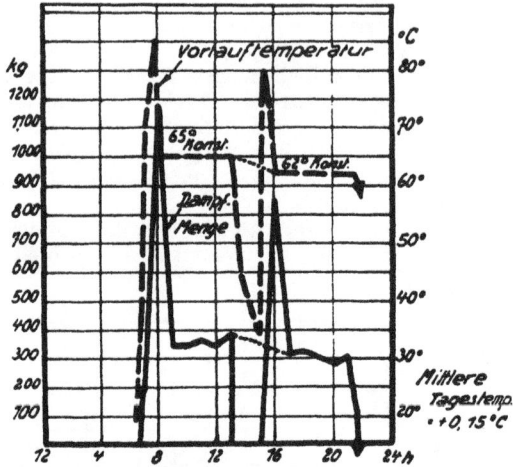

Abb. 62. Anheizversuch.

durchschnittlich mindestens 30% der für Heizzwecke benötigten Wärmemenge für die Warmwasserbereitung einsetzen, und ein Warmwasserverbrauch von 100 l/Tag und Kopf 60grädigem Wasser stellt ebenfalls einen Mindestsatz dar, der gerade in neuen Kleinwohnungen gewöhnlich überschritten wird.

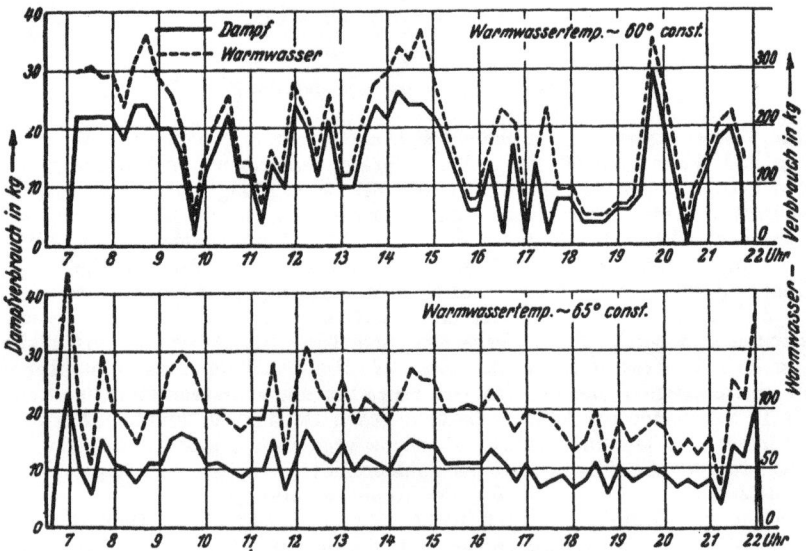

Abb. 63. Verbrauchslinien von Warmwasserbereitungsanlagen.

Zahlentafel 1.
Städteheizwerk Charlottenburg.
Anheiz- und Gesamtverbrauch verschiedener Gebäude.

	Nr.	Mittlere Temp.	Anheiz-dauer	Gesamt-Heiz-dauer	Anheiz-Ver-brauch	Gesamt-Ver-brauch des Tages	Anheiz-Gesamt-Ver-brauch	Bemerkungen
		°C	Std.	Std.	kg	kg	%	
1. Dampf-heizung	1	+ 3,2	2	8	480	1940	25	Versuch
	2	13,4	2	11	370	1420	26	
	3	+ 3,2	1	6	300	1050	28,6	
	4	+ 0,8	2	6	665	1805	37	
2. Warm-wasser-heizung	1	+13,4	1	11,5	1000	3680	27,1	Versuch
	2	+ 3,2	1	6	675	1940	34,8	
	3	+ 6,3	2	12	1770	4690	37,6	
	4	+ 7,15	3	12	2460	4480	55	Vom Heizer selbst geheizt
	5	+ 0,15	1	6¼	1200	3160	38	Ver-such vorm. nachm.
		+ 0,15	½	6½	630	2570	24,5	
	6	+ 6,6	⅔	14⅔	1150	4580	25,3	2 mal hoch-geheizt vorm. 660 kg nachm. 490 »

Zahlentafel 2.
Städteheizwerk Charlottenburg.
Wasserverbrauch in Mietshäusern.

Miethaus Nr.	Wärmeverbrauch im Jahr für		Zahl der Mieter	W.W.-Verbrauch		Bemerkungen
	Heizung 10⁶ kcal	W.W.B. 10⁶ kcal		je Kopf und Jahr 10⁶ kcal	je Kopf 60° Wasser l/Tag	
1	426,4	142,74	95	1,50	82,2	Lieferung K 7ʰ—22ʰ (Friseur, 1 Institut)
2	746,79	190,90	100	1,90	104,5	dauernde Lieferung
3	256,70	191,75	75	2,55	139,7	1 Bankbüro, Hausreinigung
4	182,3	56,16	43	1,30	166,4	Lieferung nur 2 Tage pro Woche, Hausreinigung

Die Überwachung unserer ausgedehnten Netze erfordert wenig Arbeit. Neben den laufenden Revisionen der Einsteigeschächte und Hausanlagen arbeitet der Betrieb selbst automatisch. An zwei charakteristischen Stellen des Dampfrohrnetzes messen wir Druck und Temperatur und übertragen diese Anzeigen durch Fernregistrierung ins Kraftwerk. Im Steglitzer Warmwassernetz wird gleichfalls durch Druckdifferenz- und Temperaturmessung bei Fernübertragung ins Kraftwerk ein genügender Überblick über den Betriebszustand des Netzes geschaffen. Desgleichen werden hier Vor- und Rücklauftemperatur registriert. Undichtigkeitsquellen der Anlage machen sich sofort bemerkbar in der Wasserspiegelhöhe des Ausdehnungsgefäßes, die wir aus diesem Grunde ebenfalls im Kraftwerk laufend aufschreiben.

Auffällig ist zunächst, daß der Gesamtwärmeverbrauch unseres Städteheizwerkes Charlottenburg in geradliniger Abhängigkeit von der Temperatur steht (s. Abb. 64).

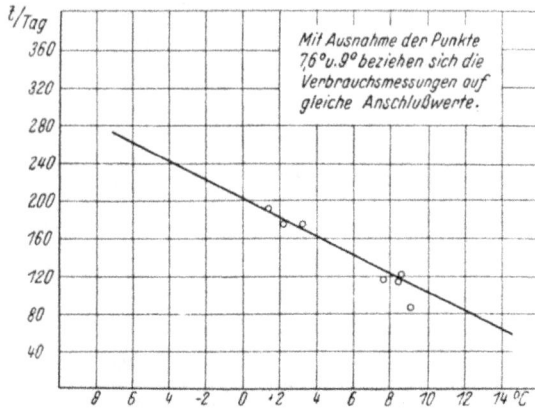

Abb. 64. Städteheizwerk Charlottenburg (1. Ausbau).
Dampfverbrauch in Abhängigkeit von der Temperatur.

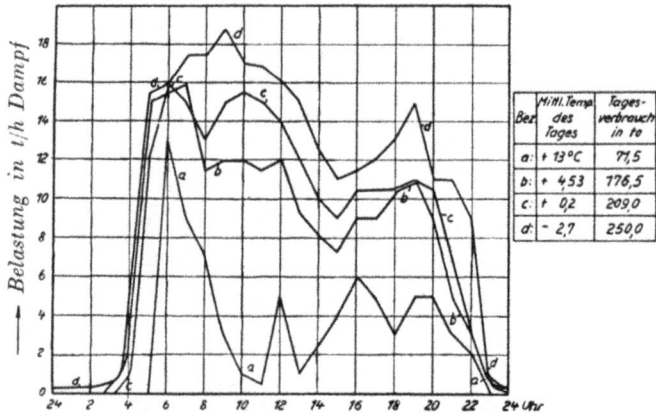

Abb. 65. Städteheizwerk Charlottenburg (1. Ausbau).
Belastungsverlauf bei verschiedenen Außentemperaturen.

Allerdings reichen die 5 Meßpunkte bei gleichem Anschlußwert wohl nicht aus, um den genauen Verlauf dieser Abhängigkeit festzulegen. Nachprüfungen im nächsten Heizjahr sollen deshalb der weiteren Aufklärung über den Zusammenhang dienen.

Der Tagesbelastungsverlauf (s. Abb. 65) zerstört zunächst die oft gehörte Behauptung, daß eine Heizungsanlage mit hohen Spitzen arbeitet. Die Verschiedenheit im Stundenverlauf weist jedenfalls erheblich kleinere Unterschiede als in der Elektrizitätserzeugung auf. Nur bei hohen Außentemperaturen, an denen auch morgens noch ein Heizbedürfnis vorhanden ist, tritt eine ausgesprochene Spitzenbelastung ein.

Es ergibt sich aber, daß der Wärmeverbrauch, besonders in Wohngebieten, solange anhält, als die Belastungsspitze im Kraftwerk dauert, und hier ist tatsächlich die Möglichkeit geschaffen, ein Heizkraftwerk für Erzeugung des Spitzenstroms heranzuziehen. Im reinen Büro- und Geschäftshausviertel scheidet diese Möglichkeit unbedingt aus, falls nicht mit Speicherung gearbeitet wird.

Wenn die Frage studiert werden soll, ob derartige Heizwerke zur Erzeugung von Strom geeignet sind, so darf man sich vor lauter Begeisterung über die Errichtung eines solchen Werkes nicht dazu verleiten lassen, die erzeugbare Strommenge zu hoch anzunehmen. Die Witterungsverhältnisse wechseln in bunter Reihenfolge ab und beeinflussen stark die Heizwärmemenge. Soll aber Heizwerksstrom als wertvolle Entlastung der Kraftwerke in Frage kommen, so muß der Umfang der ganzen Wärmeversorgung so groß gewählt werden, daß auch die niedrigsten Wärmeverbräuche eine beispielsweise vertraglich ausbedungene Leistung in kW sicherstellen. Man muß sich deshalb sehr genaue Kenntnis verschaffen über den Temperaturverlauf in den einzelnen

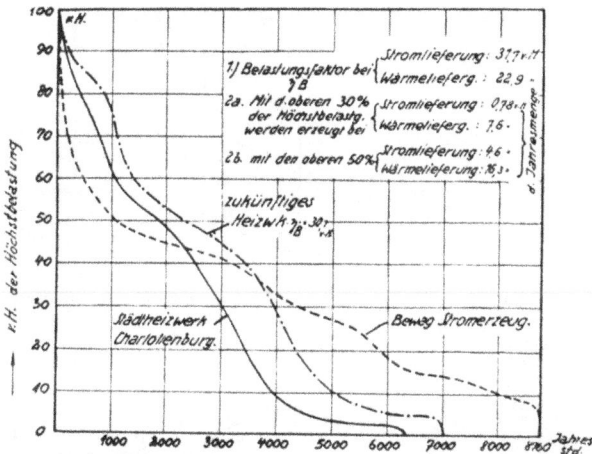

Abb. 66. Belastungsfaktor von Strom- und Wärmelieferung der Bewag.

Wintermonaten, um aus ihrem Mittel Schlüsse auf die mögliche Krafterzeugung aus Heizwerkstrom ziehen zu können. Interessant ist an den Belastungskurven, daß sie auch eine abendliche Erhöhung in Form einer Spitze aufweisen. Diese Änderung wird allerdings auf Wohngebiete beschränkt sein, in denen sie durch das Zurückströmen der Einwohnerschaft aus den Arbeitsstellen in die Wohnhäuser erklärt werden kann. Unverwertbar ist allerdings Heizwerkstrom in der morgendlichen Anheizspitze. Die Morgenspitze der Kraftwerke liegt bei etwa 8 Uhr, während die Heizwerkspitze bereits 2—3 Stunden eher einsetzt. Es ist selbstverständlich, daß die Kraftwerke mit ihrer geringen Nachtbelastung für einen derartigen Strom keine Verwendung haben können. Immerhin kann bei vorsichtiger Auswahl des Umfanges der Städteheizung zur Kraftwerksleistung ein sehr schöner Ausgleich geschaffen werden.

Auch die Meinung, Städteheizwerke hätten einen sehr schlechten Belastungsfaktor, ist nicht stichhaltig. In Abb. 66 sind die Jahresbelastungslinien der Bewag-Stromerzeugung und Wärmelieferung für 1926 aufgetragen. 100% der Höchstbelastung bedeuten bei der Stromlieferung 300000 kW, bei der Wärmelieferung den Wert von 19 t/h Dampf. Der Jahresbelastungsfaktor der Stromlieferung beträgt 31,7%, der der Wärmelieferung im ersten Jahr ihres Bestehens bereits rd. 23%. Die strichpunktierten Linien sind bei vollem Ausbau des Charlottenburger Heizwerkes sicherlich erreichbar. Im reinen Heizbetrieb wird man kaum über 7000 Jahresstunden kommen, wobei selbstverständlich eine umfangreiche Warmwasserlieferung vorausgesetzt ist. Aber es besteht die Möglichkeit, hier auch Industriedampf liefern zu können, so daß möglicherweise der Belastungsfaktor der Elektrizitätslieferung überschritten wird. Ist dies zunächst auffällig, so läßt sich an diesen Kurven die Ansicht über den spitzen-

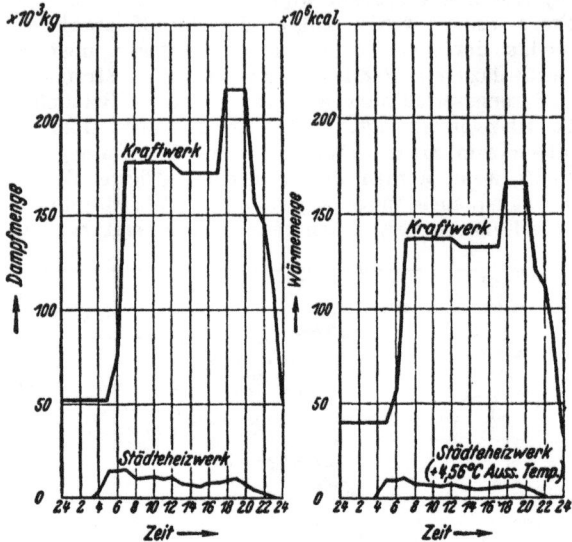

Abb. 67. Dampf- und Wärmemenge des Kraftwerks Charlottenburg (1926/27).

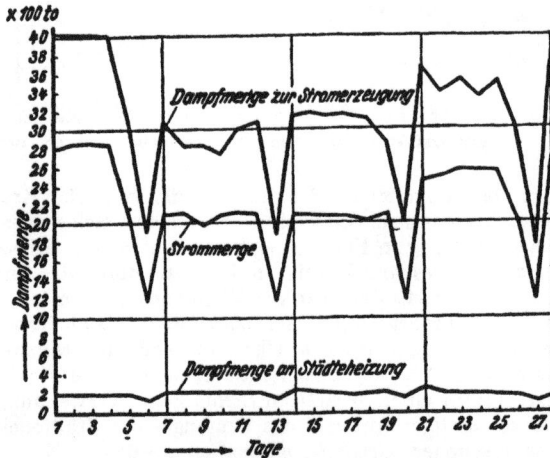

Abb. 68. Verlauf einer Monatsbelastung im Kraftwerk Charlottenburg.

artigen Belastungscharakter des Heizbetriebes gänzlich widerlegen. Mit den oberen 30% der Höchstleistung (also bei Elektrizitätslieferung mit den letzten 90000 kW der Maschinenleistung, bei Wärmelieferung mit den obersten 6 t der Höchstbelastung) werden nur 0,78% der Gesamtjahresstrommenge, aber 7,6% der Gesamtwärmemenge geliefert, und noch mit den obersten 50% der Höchstbelastung konnten in der Stromlieferung erst 4,6% der Jahresmenge gegenüber 16,3% der Gesamtwärmemenge erzeugt werden. Diese Zahlen beweisen die größere Gleichmäßigkeit in der Belastung eines Heizwerkes gegenüber der eines Elektrizitätswerkes. Da die Spitzenleistung im wesentlichen durch den erforderlichen Kapitalaufwand die Stromerzeugung verteuert, wird ein Heizwerk in dieser Hinsicht etwas günstiger stehen.

Wirkungsgrade der Wärmelieferung, Wirtschaftlichkeit.

Über den bescheidenen Umfang der Dampf- und Wärmemengen für Heizzwecke im Verhältnis zu denen der Stromerzeugung geben Abb. 67 und 68 Aufschluß. Der prozentuale Anteil der für Heizzwecke benötigten Wärmemenge an der Gesamtwärmeerzeugung des Kraftwerkes ist etwa 5—6%. Trotzdem verbesserte sich der energiewirtschaftliche Wirkungsgrad des Kraftwerkes von 17,6 auf rd. 24% (Abb. 69).

In der Abb. 69 interessieren nur die 3 schwarzen Balken. Sie erläutern ohne Kommentar das, was von der Kraftwärmewirtschaft erhofft wird. Mit diesen Ausnutzungszahlen reiht sich Charlottenburg in die Reihe der wirtschaftlichsten Anlagen der Welt ein.

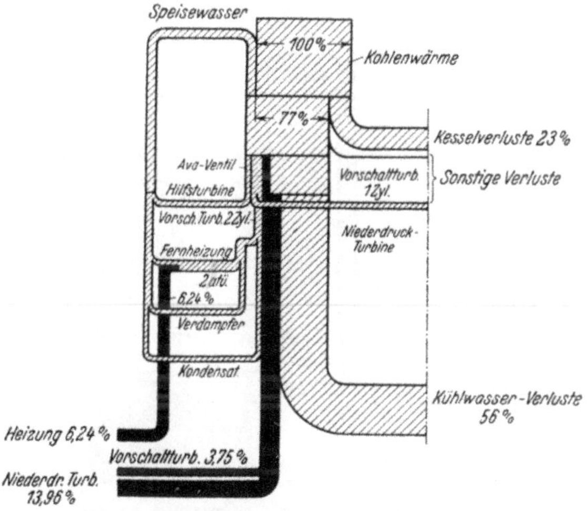

Abb. 69. Wärmeflußbild des Kraftwerks Charlottenburg am 29.1.27.

Der Wirkungsgrad des Rohrnetzes variiert natürlich sehr stark mit der Belastung. Da bei einem öffentlichen Versorgungsunternehmen die Sommerlieferung aufrechterhalten werden muß, und die Sommerbelastung zwischen 10 und 15% der winterlichen Heizzeitbelastung beträgt, verschlechtert sich das Gesamtergebnis. Immerhin beträgt während einer neunmonatigen Betriebszeit der wärmewirtschaftliche Wirkungsgrad unseres Charlottenburger Rohrnetzes rd. 89%, denn nur die beiden rechten Abzweigungen in der Abb. 70 bedeuten tatsächlich Verluste. Der übrige unverkäufliche Wärmewert fließt in Form von Kondensat wieder ins Kraftwerk zurück. Rd. 81% der vom Kraftwerk angelieferten Wärmemenge werden während der 9 Monate verkauft, eine Zahl, die in der dreimonatigen Sommerzeit auf 63,5% herabsinkt. Der gesamte thermische Wirkungsgrad unseres Rohrnetzes betrug im ersten Heizjahr, also bei verhältnismäßig schlechter Belastung rd. 87% . Allerdings gehört in diese Betrachtung genau genommen der Wärmeaufwand hinein, der in Form von elektrischer Energie zur Zurückförderung des Kondensats in das Kraftwerk benötigt wird. Im Durchschnitt verbrauchen wir in unserem Netz 10 kWh pro 100 t Kondensat.

Diese günstigen Zahlen dürfen aber nicht über das wirtschaftliche Ergebnis solcher Anlagen täuschen, und ich möchte von vornherein sagen, daß es, wenigstens in den ersten Jahren nicht voll befriedigend ist. In Städteheizungen ist ganz überwiegend der

Kapitaldienst entscheidend. Die Einnahmen können durch Tarifänderung nicht gesteigert werden, auch an den Zins- und Betriebskosten läßt sich gar nichts oder wenig ändern. Höchstens bei kameralistischer Wirtschaftsführung ist die Abschreibungsquote derjenige Bilanzposten, bei dem Ermäßigungen stattfinden können. Im Hinblick auf das kurze Bestehen gleichwertiger Anlagen kann diese Maßnahme aber zu unangenehmen Enttäuschungen führen. Leider existieren in der Öffentlichkeit keine Zahlen, die Vergleichserhebungen gestatten. Man hat auch hier eine unverständliche Scheu vor Bekanntgabe solcher Daten, mit denen man doch nur allen anderen nützen kann. Eine Zusammenfassung von Anlagekosten ist in Abb. 71 erstmalig gegeben. Sie bezieht sich auf das für einen Anschlußwert von 1 000 000 kcal/h aufzubringende Kapital. Einbegriffen sind hierin alle Fernleitungen und Hausanschlüsse. Nicht darin enthalten sind jedoch die maschinellen Anlagen des Kraftwerkes. Desgleichen muß zur Erläuterung hinzugefügt werden, daß der Ausgabeposten von 59 000 M. für 1 000 000 kcal Anschlußwert sich auf den ersten Ausbau des Charlottenburger Werkes bezieht. Er wird sich bei vollständigem Ausbau auf rd. 47 000 M. ermäßigen. Es gibt in Berlin

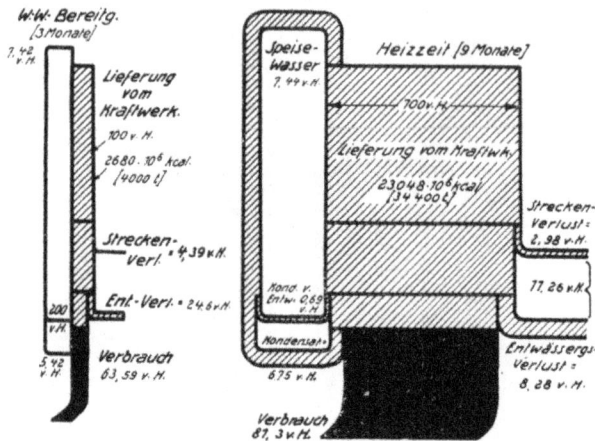

Abb. 70. Städteheizwerk Charlottenburg. Wärmeschaubilder 1926/27.

Stadtgebiete, in denen Städteheizungsrohrnetze mit Anlagekosten von max. 30 000 bis 40 000 M. pro 1 000 000 kcal Anschlußwert errichtet werden können.

Allein 40% der Ausgaben sind für Bauarbeiten erforderlich. An und für sich wirkt sich in der Bilanz des Heizwerkes dieser Satz mildernd aus, da man gerade die Bauabschnitte mit recht geringen Abschreibungssätzen heranziehen kann. Bei großen Ausführungen bedeutet das Aufbringen des Kapitals und seine Verzinsung eine Erschwernis, und eine Änderung unserer Rohrverlegungsmethode scheint mir ein Problem zu sein, das dringend einer Lösung bedarf. 1 m einer großen Dampffernleitung kostet heute genau soviel, wie die Errichtung von 1 kW Maschinenleistung in modernen Elektrizitätswerken (Abb. 72). Man könnte hieraus schon einen Schluß auf die Wirtschaftlichkeit derartiger Anlagen ableiten, wenn man die jeweilig verkauften Energiemengen bei Elektrizität und Wärmelieferung in Beziehung setzt. Für Berliner Verhältnisse ist bei den vorhandenen Anlagekosten, Koks- und Kohlenpreisen eine Wärmelieferung immer dann erfolgreich zu gestalten, wenn man ein Stadtgebiet erfaßt, in dem eine anschlußreife Wärmebelastung von etwa 40 000 kcal/km² vorhanden ist, oder anders ausgedrückt, wenn es möglich ist, pro m Leitung 18—20 t Dampf im Jahre abzusetzen. Bei diesen Verhältnissen, die sich wohlgemerkt auf die Lieferung von 2 at Dampf, also bei Elektrizitätserzeugung aus Heizdampf, beziehen, kann in den ersten beiden Jahren normal keine Rente herausgeholt werden. Ein solches Verlangen wäre auch unbillig, dann aber sind mit dauerndem Steigen erhebliche Renten gesichert. Die genannten Zahlen gelten bei einem Zinsendienst allein für das Rohrnetz von 7% und Abschreibungssätzen von 8%, also bei rd. 15% Kapitaldienst. Die Kraftwerksanlage ist darin

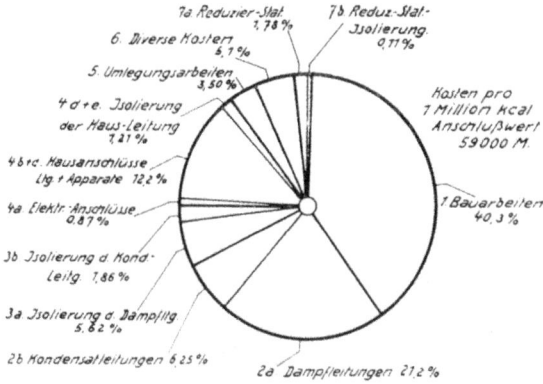

Abb. 71. Verteilung der Anlagekosten von Dampfrohrnetzen.
(Städteheizwerk Charlottenburg) 1. Ausbau.

nicht berücksichtigt. Eine Haltbarkeit von mindestens 12 Jahren der verwendeten flußeisernen Kondensatleitungen ist ebenfalls Voraussetzung.

Zwangläufig führen diese Bedingungen zu einer Beschränkung der Städteheizung auf bestimmte Stadtgebiete, denn zusammenhängende Zentralheizungsviertel sind durch-

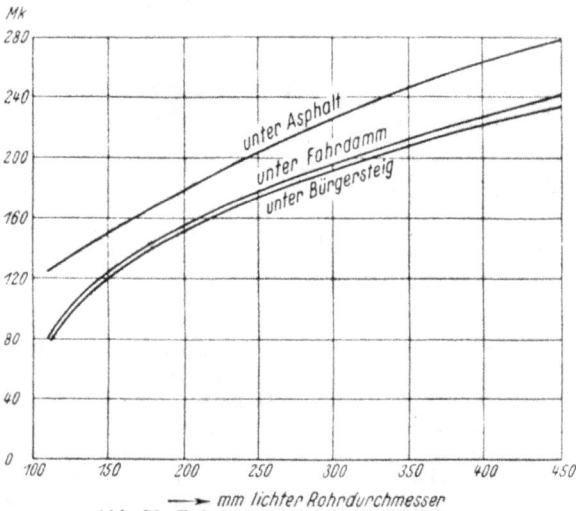

Abb. 72. Rohrkanalkosten in M./lfd. Meter.

aus nicht überall vorhanden. In Groß-Berlin haben beispielsweise nur 17% aller Grundstücke Zentralheizungsanlagen. Nur der Vollständigkeit wegen soll erwähnt werden, daß in bestimmten Grenzen somit auch reine Frischdampflieferung rentabel sein kann.

Zukünftige Entwicklung der an E-Werke angegliederten Städteheizung.

Die städtebauliche Entwicklung deutet nun allerdings darauf hin, daß zukünftig geschlossenere Neubaugebiete mit Zentralheizungsanlagen entstehen werden. |Wir befinden uns am Anfang einer großzügigen Wohnungsbautätigkeit. Elektrisches Licht ist heute eine kulturelle Selbstverständlichkeit. Gerade diese Wohnungsbauten bringen dem Kraftwerk die so lästige Spitzenbelastung. Das Ziel muß sein, diese neuen Bauten vom Standpunkt der zielbewußten Stromwärmewirtschaft zu beeinflussen.

Es gibt in Berlin 2—3 Stadtgebiete, in denen etwa das Vierfache der genannten Wärmedichte vorhanden ist, eins davon ist das Kurfürstendammgebiet (s. Abb. 73). Schon aus der Anzahl der schwarz bezeichneten Grundstücke ist dieser Prozent-

Abb. 73. Zentralheizungsgebiete im Stadtteil Charlottenburg.
(Im Viereck jetziges Wärmelieferungsgebiet.)
(s. a. Abb. 1.)

satz feststellbar. In diesem Zusammenhang sei auch auf das in Abb. 74 dargestellte geschlossene Zentralheizungsgebiet des Berliner Zentrums hingewiesen, für das wir ebenfalls eine Wärmeversorgung durchgeprüft haben. Die Bildfläche stellt etwa ein Stadtgebiet von 3½ km Breite dar. In ihm ist ein Anschlußwert von 250 · 10⁶ kcal/h erfaßbar. Zur Versorgung dieses Gebietes ist geplant, das alte Elektrizitätswerk Moabit heranzuziehen. Das Projekt hierfür entstammt der Tätigkeit einer Studiengesellschaft, die die Bewag vor einigen Jahren mit der Firma Rud. Otto Meyer gründete. Der Vollständigkeit halber ist in Abb. 75 ein von der Firma Körting vor mehreren Jahren aufgestelltes Projekt wiedergegeben, das sich eine Wärmelieferung des Berliner Rathausviertels zum Ziel setzt. Beide in Abb. 74 und 75 dargestellten Gebiete könnten zusammengeschlossen werden. Wegen der oben angedeuteten Schwierigkeiten in der Rohrverlegung und ihrer Einwirkung auf den Straßenverkehr, bzw. auf die Verteuerung der Anlagekosten, halte ich die beiden letztgenannten Projekte nicht für durch-

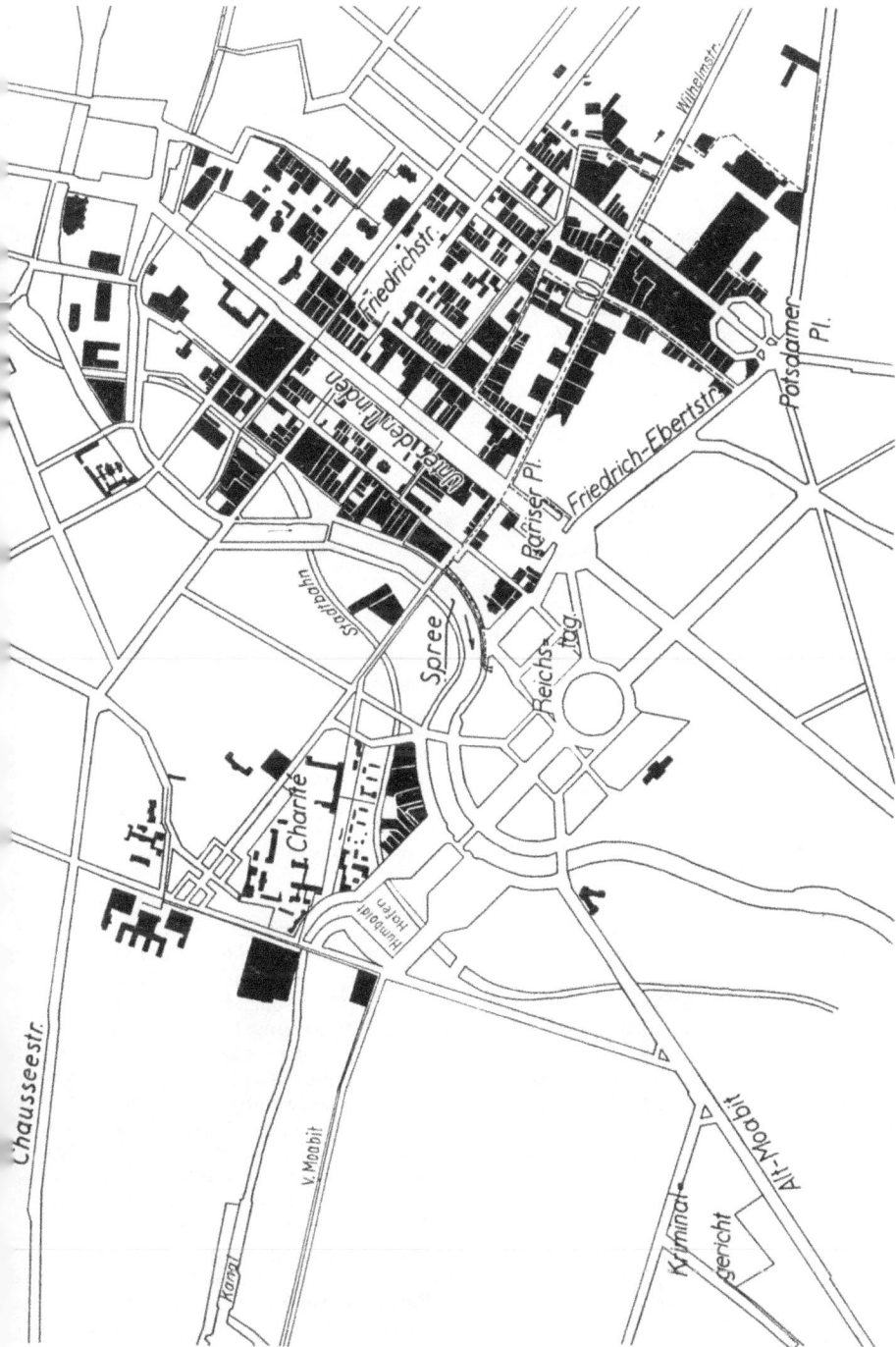

Abb. 74. Städtebauungsprojekt Moabit.

führungsreif, wenn nicht auf größtmöglichste Stromerzeugung dabei gehalten wird. Dann aber können sie auf die Berliner Stromerzeugung schon erheblich einwirken. In solchen Ausmaßen sind sie leider selten vertreten.

Während für die Projektierung von derartigen Heizwerken Erhebungen über den Einzelwärmebedarf notwendig sind, muß bei einem Zusammenarbeiten von Heiz- und Elektrizitätswerken in der Stromerzeugung notwendigerweise eine gleichzeitige Erhebung darüber vorausgehen, welche Strommengen erzeugbar, zu welchen Tageszeiten und an welcher Netzstelle sie erzeugbar sind.

Zunächst soll die Frage des Verlaufs von Strom- und Wärmeverbrauch behandelt werden. Hierfür sind umfangreiche Ermittlungen von uns durchgeführt worden, von deren Ergebnis für 2 Stadtbezirke die Abb. 76 und 77 zeugen. In Abb. 75 entsprechen die beiden höchsten Linienzüge der Gesamtwärmemenge des ganzen Stadtbezirks bei — 10° und + 3° C. Die 3 unteren Linien stellen die aus Heizdampf bei + 3° unter Anwendung verschiedener Dampfdrücke erzielbare Stromausbeute bzw. die tatsächliche

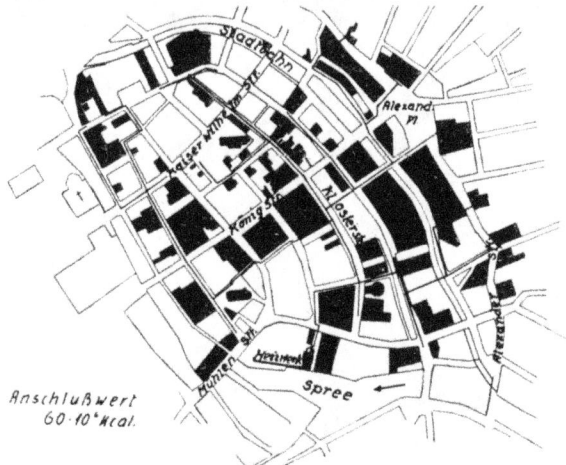

Abb. 75. Städteheizungsprojekt Berlin-Mitte.

Belastung von 1926 dar. Aus Sicherheitsgründen ist nur die bei + 3° benötigte Dampfmenge der Elektrizitätsmengen-Ermittlung zugrunde gelegt worden. Der Bezirk Berlin-Charlottenburg hatte 1926 eine Strombelastung von 5340 kW/km², Berlin-Mitte eine solche von 9780 kW/km² (im Teilgebiet des Umformwerkes Markgrafenstraße sind Stromdichten von 20000 kW/km² zu ermitteln). Über die Erhebung des Wärmebedarfs im vorliegenden Falle werden wir an geeigneter Stelle Mitteilungen ergehen lassen.

Man erkennt hieraus, daß bei großen Stadtgebieten aus zentralen Heizwerken die heutige Strombedarfsmenge ohne weiteres gedeckt werden könnte. Bei einem so ausgesprochenen Wohnbezirk wie Charlottenburg ist die notwendige Strommenge sogar bei einem Anfangsdruck von 16 at als Abfallstrom voll erzeugbar. Der Gesamtwärmebedarf der beiden dargestellten Stadtbezirke wurde zu 914 · 10⁶ kcal im Stadtbezirk Mitte bzw. 870 · 10⁶ kcal in Charlottenburg ermittelt. Immerhin geben diese Schaubilder nur die Grenze dessen an, was theoretisch erwartet werden kann. Zunächst ist daraus nur abzuleiten, daß in bestimmten Stadtbezirken zweifellos die Stromerzeugung aus Wärmelieferung voll möglich ist. Der Verwirklichung solcher Heizkraftwerke stehen aber zunächst die städtebauliche Entwicklung sowie die Heizungsart selber entgegen. Für eine Kupplung von Strom- und Wärmelieferung kommen naturgemäß nur Zentralheizungshäuser in Frage. Deshalb ist in Abb. 77 für die beiden genannten Stadt-

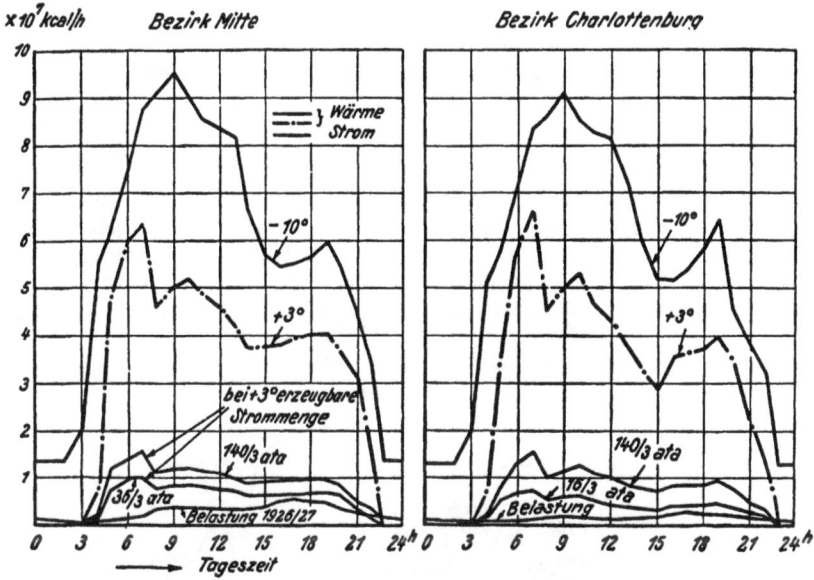

Abb. 76. Strom- und Wärmemengen in zwei Berliner Stadtbezirken.

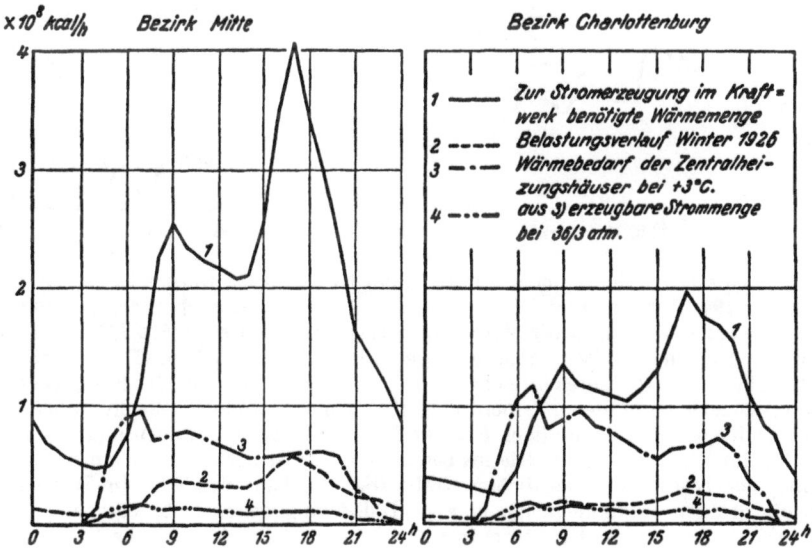

Abb. 77. Erzeugbare Strommengen aus Zentralheizungsvierteln.

bezirke nochmals eine Darstellung der Stromerzeugung gegeben, die sich auf den Umfang der bis heute bestehenden Zentralheizungsanlagen selbst erstreckt. Daraus geht hervor, daß nur bescheidene Anteile des notwendigen Stromes aufgebracht werden können. Auch liegen die Verhältnisse in einem reinen Wohngebiet günstiger als in einem Geschäftsviertel. Für ganz Berlin ergab die Ermittlung, daß der maximale Stundenwert etwa $9100 \cdot 10^6$ kcal beträgt. Das Verhältnis der Wärmemengen für Heizung und Strom ist etwa 3,6 zu 1, wobei es Stadtbezirke gibt, in denen es sich auf 15 : 1 stellt. Die Größenordnung der Zahlen ist so, daß mit der für Heizzwecke aufgewendeten Kohlenmenge rd. das 4,23fache der Gesamtstromerzeugung Berlins gedeckt werden kann, oder anders ausgedrückt, die in allen Berliner Elektrizitätswerken eingebaute Kesselheizfläche von rd. 96000 m² Heizfläche müßte verfünffacht werden, um dem Wärmebedürfnis in Form von Dampf genügen zu können. Diese Zahlen gelten für 1925/26.

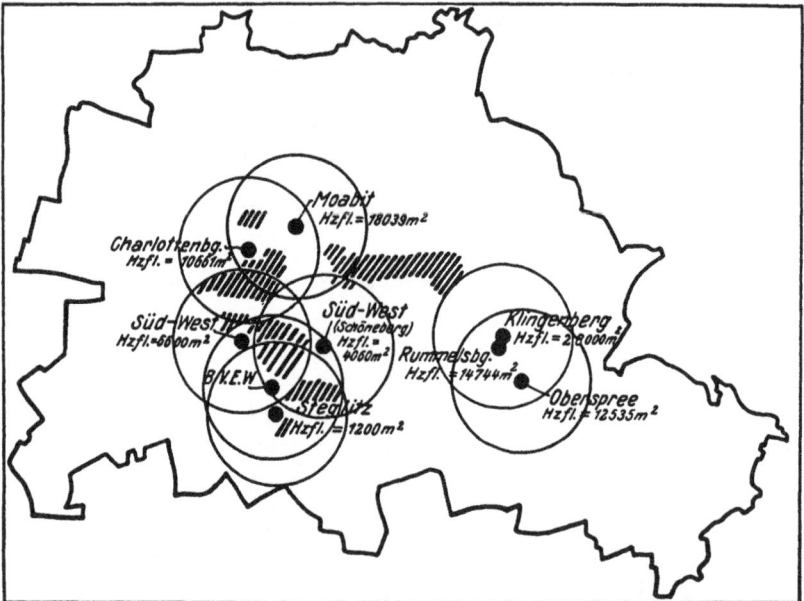

Abb. 78. Wärme-Lieferungsbereich der Berliner Kraftwerke.

Der Stromabsatz ist sicher noch sehr steigerungsfähig. 1926 wurden im Absatzgebiet der Bewag 194 kWh pro Einwohner verkauft. Darin ist natürlich Industriestrom enthalten. Nehmen wir an, dieser Verbrauch steigere sich auf etwa 500 kWh pro Kopf, ein Wert, den amerikanische Städte vielfach überschritten haben. Das könnte günstigstenfalls in 12—15 Jahren erreicht werden, selbst dann erst tritt der Energieaufwand zur Stromerzeugung in die Größenordnung des jetzigen Wärmeverbrauchs. Wollte man etwa eine Kupplung aller Berliner Kraftwerke dampfseitig vornehmen und den Lieferbereich jedes Werkes auf 4 km Radius beschränken, so ist nach Abb. 78 ein Zusammenarbeiten der bestehenden westlichen Kraftwerke durchaus möglich. Im Westen sind auch die größten zusammenhängenden Zentralheizungswohngebiete vorhanden.

Der Übergabeort von Heizstrom in einem Stromverteilungsnetz ist deshalb von ausschlaggebender Wichtigkeit, weil sich nach ihm der Preis richtet, der für solche Stromlieferung vergütet werden kann. Um diese Frage erörtern zu können, muß man sich das Stromlieferungsnetz selbst ansehen. Nehmen wir den Fall an, ein Heizwerk wolle seinen erzeugten Strom in das Netz der Bewag liefern. Die Abteilung Städteheizung der Bewag ist in dieser Form organisiert. Sie kauft beispielsweise 35 at Dampf vom Kraftwerk Charlottenburg und erhält eine Gutschrift in vereinbarter Höhe für jede damit erzeugte kWh. Um restlos alle die Wirtschaftlichkeit der Wärmelieferung beeinflussenden Faktoren zu erfassen, bilanziert die Städteheizungsabteilung sogar getrennt von der Stromwirtschaft.

Befindet sich die Übergabestelle im Kraftwerk selbst, so muß Heizwerksstrom als Fremdstrom betrachtet werden. Bei bescheidenem Umfange des Heizwerkes kann sich die eigentliche Stromerzeugung des Elektrizitätswerkes gar nicht verbilligen Mit Rücksicht auf die Sicherheit der Versorgung kann das Kraftwerk weder Anlage noch Personalkosten ersparen. Der von einem Heizwerk direkt dem Kraftwerk abgegebene Strom verschlechtert normalerweise zudem den Belastungsfaktor des Kraftwerkes. In solchem Falle ist höchstens eine Vergütung in Höhe der alleinigen Kohlenkosten für die Heizdampf-kWh gerechtfertigt. Eine bescheidene Verbilligung der Stromerzeugung läßt sich zwar errechnen, wenn bei hochrentablem Wärmeverkauf Städte-

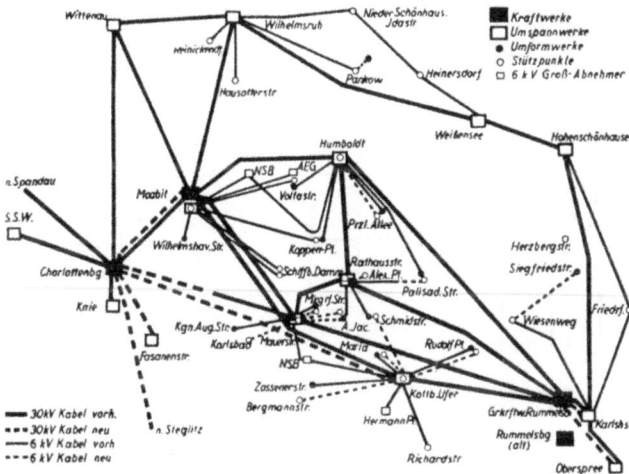

Abb. 79. Hochspannungs-Kabelnetz der Bewag.

heizwerk und Elektrizitätswerk vereinigt sind. Die Überschüsse der Wärmelieferung können den Erzeugungskosten des Kraftwerkes gutgeschrieben werden.

Bei größerem Umfang der Wärmelieferung kann die Strommenge dagegen schon eine fühlbare Entlastung bringen, wenn sie ins niedergespannte Netz gespeist werden kann. Aus der Abb. 79 geht hervor, daß der in den Kraftwerken erzeugte Strom und der in ihnen angelieferte 100 000 Volt Fernstrom als 30 000 Volt Strom die Werke verläßt und zu sogenannten Umspannwerken geht. Hier erfolgt eine Spannungsumsetzung auf 6000 Volt. Jedes Umspannwerk beliefert eine Reihe von Umformwerken bzw. 6-kV-Stützpunkte oder Großabnehmer. Es besteht also ein 30-kV-Netz, ein 6-kV-Netz, an das sich dann schließlich das Niederspannungsnetz anschließt. Um 1 kWh abzusetzen, hat demnach dem Elektrizitätswerk zunächst im Kraftwerk selbst, dann im 30-kV-Netz und seinen Umspannwerken, weiterhin im 6-kV-Netz mit Umformwerken und Stützpunkten und im Niederspannungsnetz bestimmte Anlagewerte zu schaffen. Wenn man nun die Gestehungskosten von 1 kWh betrachten will, so darf man sich nicht auf die Untersuchung im Kraftwerk allein beschränken. Der Preis jeder kWh, die den Kabelendverschluß des Kraftwerkes verläßt, erfährt eine Erhöhung je nach dem Ort, wo sie abgegeben wird. Hieraus geht auch ohne weiteres hervor, daß die aus Heizstrom erzeugte kWh möglichst im 6-kV-Netz oder gar Nieder-

13*

spannungsnetz eingepeist werden muß, falls sie keine Entwertung erfahren soll. Erst dann, wenn die Lage eines Heizwerkes so günstig ist, daß der von ihm gelieferte Strom das Elektrizitätswerk etwa von den Anlagekosten für diese Leistung im Kraftwerk und Hochspannungsnetz befreit, ist ein höherer Verkaufspreis gerechtfertigt. Aus gleichem Grund ist verständlich, daß die Heizwerks-kWh entwertet wird, wenn sie mit Rücksicht auf die Stromerzeugung in der Zeit von etwa 7 Uhr bis 16 Uhr geliefert wird. Eine Leistung von 2000—3000 kW z. B. liegt zudem sicher noch in dem Bereich, mit dem das Kraftwerk seine Verteilungsanlage von vornherein ausgestattet hat, trotzdem ihr schon ein ziemlich großes Wärmelieferwerk entspricht. Die Elektrizitätsgesellschaft würde also auch in solchem Falle noch nichts sparen. Erst wenn die Stromlieferung aus Heizdampf eine fühlbare Entlastung sowohl nach Leistungshöhe als auch in den Anlagekosten mit sich bringt, und, was wesentlich ist, diesen Prozentsatz auch aufrechterhält, kann eine finanzielle Ersparnis für das Kraftwerk eintreten. Beziehungsweise ist dann auch die Rentabilität des Heizwerkes gesicherter, denn die

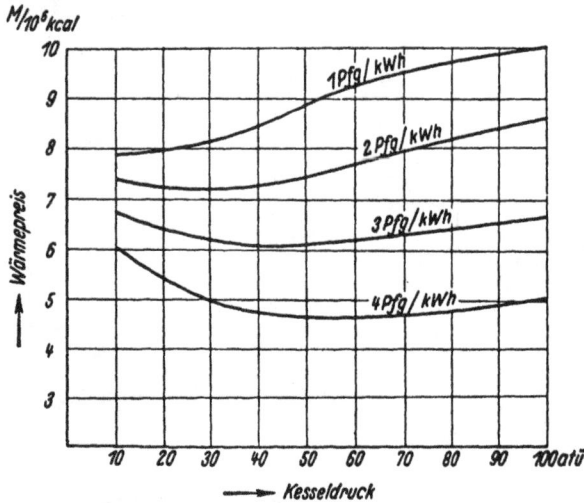

Abb. 80. Gestehungspreise je 1 Million kcal in einem neuen Heizkraftwerk.

Rückvergütung je kWh wird höher. Wie stark die Bewertung der Heizwerks-kWh auf die Gestehungskosten von 1 Mill. kcal einwirkt, verdeutlicht Abb. 80. Die Wirtschaftlichkeit derartiger Heizkraftwerke steht und fällt mit der Menge und Art des absetzbaren Stromes, seiner Eigenschaft als Grundlast- oder Spitzenstrom und demnach seines Preises. Auf Grund einer sorgfältigen Durchrechnung für Berliner Verhältnisse ist feststellbar, daß bei etwa 30—35 at Anfangsdruck und einer Vergütung von M. 0,02 pro kWh für die Mill. kcal M. 7,25 Eigengestehungskosten entspringen. Für jeden Strompreis gibt es demnach einen günstigsten Dampfdruck. Die Werte der Abb. 80 gelten für ein modernes Heizkraftwerk mit 260 t/h Dampflieferung und

21 000 kW installierter Leistung bei 15 at ⎫ Frischdampfdruck,
38 000 » » » » 40 » ⎬ 2,5 at Gegendruck,
41 000 » » » » 60 » ⎭

aber ausschließlich Grunderwerbskosten.

Man wird auch bezweifeln müssen, daß der Umbau bestehender alter Stadtzentralen zu Heizwerken einen merkbaren Einfluß auf die Stromerzeugung haben könnte. Solche Werke haben zwar meist den Vorteil, daß sie im Niederspannungsgebiet liegen, insbesondere Gleichstromwerke. Ihre Leistung ist aber bei Gegendruckbetrieb soweit herabgesetzt, daß die erzeugten kWh-Mengen sehr klein werden. Da im Niederspannungsgebiet die Spitze entsteht und stark zunimmt, verringert sich der entlastende Einfluß vollständig, weil die alte Anlage maschinell gewöhnlich keine Erweiterung zuläßt. Die Behauptung, eine Errichtung von Städteheizwerken müsse gerade in mittleren Städten die fühlbarste Entlastung der Stromerzeugung bringen, wirkt zunächst befremdend. Der prozentuale Anteil von Zentralheizungsvierteln an der Gesamthäuserzahl ist in solchen Städten sicher nicht kleiner als in Großstädten. Wenn in einer Stadt von ca. 50 000—100 000 Einwohnern nicht eine zu große Entfernung des Elektrizitätswerkes vom Geschäftszentrum vorhanden ist, muß bei angemessenem Umfang des Städteheizwerkes schon eine gesamte Stromerzeugung aus Abfallenergie möglich sein. Es gibt mehrere Städte in Deutschland, die bei Einwohnerzahlen von 80 000 bis 100 000 eine Spitzenbelastung von 5000—7000 kW haben. In ihnen ist keine Industrie vorhanden.

Wird solche völlige Kupplung verwirklicht, so weist das Elektrizitätswerk je nach Art der Wärmelieferung Gegendruck-, Entnahme- oder Kondensationsmaschinen auf, deren Kondensator im Wasserkreislauf liegt. Die Werke brauchen nicht mehr der Kühlwasserbeschaffung wegen an Wasserläufen zu liegen, Kühltürme scheiden so wie so aus. Sie werden erheblich größere Kesselhäuser erhalten, aus deren Lieferung im Maschinenhaus Abfallstrom erzeugt wird. Allerdings ist man dann mit Rücksicht auf die Stromversorgung zu teilweisem Frischdampfgebrauch in der Wärmelieferung gezwungen.

Der Möglichkeit einer Heizstromerzeugung im niedergespannten Netzteil stehen in großen Städten aber oft die städtebaulichen Verhältnisse hinderlich entgegen. Wegen der Stromausbeute müßte solch ein Werk als Warmwasserpumpenwerk errichtet werden. Das Kraftwerk benötigt zum mindesten Gleisanschluß, da sich sonst der Brennstoffpreis erhöht. Besonders dann ist Gleis- oder Wassertransport von ausschlaggebender Bedeutung, wenn ein großes Heizkraftwerk erbaut werden soll, das sowohl Grundlast- als insbesondere auch Spitzenstrom in fühlbaren Beträgen liefert. Die Zukunft der Wärmelieferung als Stütze wirtschaftlichster Stromerzeugung bildet das Heizkraftwerk im Stadtzentrum bzw. im Gebiet größter elektrischer Belastung. Gerade hier fehlen gewöhnlich die erforderlichen Transportwege. In allen anderen Fällen ist bei der heutigen Elektrowirtschaft der Städte die Kupplungsmöglichkeit recht beschränkt. Dort aber kann die fühlbarste Entlastung der Kraftwerke sich voll auswirken, wenn auch keine übertriebenen Hoffnungen berechtigt sind. Es muß nämlich beachtet werden, daß der Wärmeverbrauch einer bestimmten Abnehmerzahl von Jahr zu Jahr zwar verschieden ist, insgesamt aber festliegt. Ist nun beispielsweise ein Heizkraftprojekt verwirklicht, und wird die Größe der Wärmeversorgung zur Elektrizitätserzeugung so abgestimmt, daß der gesamte Stromverbrauch des Versorgungsbezirkes aus Abfallenergie gedeckt werden kann, so ist das Bild nach Verlauf von 2—3 Jahren wesentlich anders. Die Elektrizitätswerke rechnen mit einer Zunahme des Konsums von durchschnittlich 10—12%. Das bedeutet mit anderen Worten, daß für diesen Konsumzuwachs nach einigen Jahren Deckung von anderer Stelle her gesucht werden muß. Wenn auch durch Speicherung hier ein gewisser Ausgleich erzielt werden kann, so ist die Elektrizitätserzeugung an sich nicht dauernd gesichert.

Eine weitere Erschwernis für die Verwirklichung derartiger Heizkraftwerke bei bestimmter Stromerzeugung, ist die Tatsache, daß bis zum vollendeten Ausbau eines solchen Bauvorhabens nach der Wärmelieferungsseite hin mehrere Jahre vergehen. Aus Vorsichtsgründen darf auch die Entwickelung des Werkes nicht zu günstig beurteilt werden. Will man also den an sich billigen Heizwerkstrom zur Entlastung des Elektrizitätswerkes heranziehen, so kann man dieses Vorteils erst nach einigen Jahren teilhaftig werden. Inzwischen werden aber die Anforderungen an das eigentliche Elektrizitätswerk weiterhin bestehen bleiben und aus dieser Ungewißheit heraus kann die Kraftwerksgesellschaft mit dem Ausbau ihrer eigentlichen Kraftwerke kaum zögernd vorgehen. Ein typisches Beispiel dafür ist der vollständig durchgerechnete Ausbau des Kraftwerkes Charlottenburg zu einem Heizkraftwerk großen Stiles, soweit Abwärme neben den Stromerzeugungsverhältnissen verfügbar blieb. In Form von 2-at-Dampf und Warmwasser läßt sich ein Städteheizprojekt von $80 \cdot 10^6$ kcal/h verwirklichen. In Abb. 81 ist das Dampfschaltschema des durchgearbeiteten Projektes und auch die betriebsmäßige Verwendung der einzubauenden Turbinen wiedergegeben. Des Verständnisses halber sei ausgeführt, daß nach dem Projekt der jetzige Hochdruckbetrieb mit Vorschalt- und Grundlastturbinen dampftechnisch durch Aufstellung von Speicher erweitert werden sollte. Es treten also Speicherturbinen und Gegendruckturbinen für vergrößerte Dampflieferung hinzu. Gleichzeitig war die Ankupplung eines Warmwasserwerkes vorgesehen, für das soge-

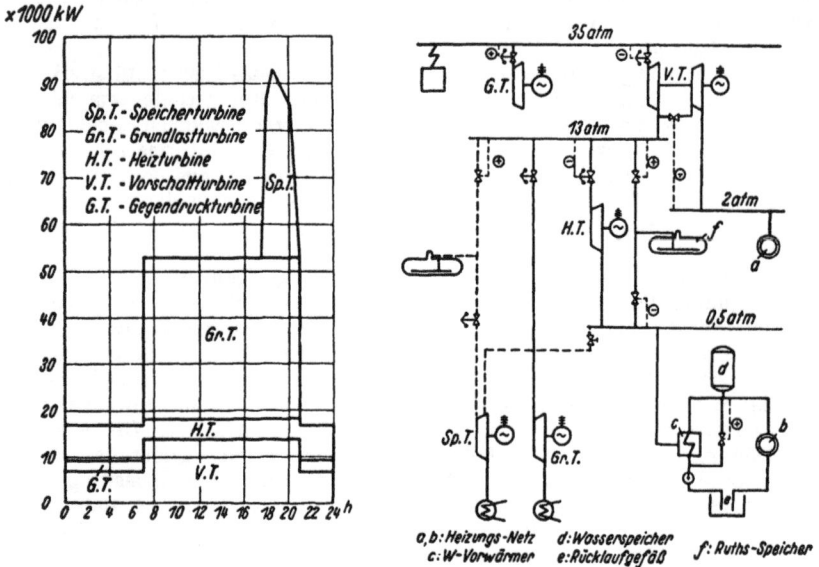

Abb. 81. Studienprojekt für den Ausbau des Kraftwerks Charlottenburg.

nannte Heizturbinen aufgestellt werden sollten. Ein derartiges Bauvorhaben ist kaum zu verwirklichen. Denn in 3—4 Jahren haben sich die heute vorliegenden Verhältnisse völlig geändert. Wenn dann auch das Städteheizwerk zur vollen Größe herangewachsen sein mag, so stellt die Ungewißheit über täglich benötigte Wärme- und lieferbare Strommengen gerade in solchen Anlagen, die unbedingt zur Stromversorgung notwendig sind, ein großes Übel dar. Bei Heizkraftwerken, deren Gestaltung von der Wärmelieferung allein beeinflußt werden kann, verschwindet diese Betriebserschwernis.

Der Verfasser bemühte sich in den vorstehenden Ausführungen, das ganze Problem Städteheizung und Stromerzeugung wenigstens in den wesentlichsten Punkten so zu streifen, wie es nach seiner Ansicht betrachtet werden sollte. Weniger Wert ist deshalb auf eine Reihe wissenschaftlicher Kurvendarstellungen gelegt worden, die immer nur bedingten Wert hat. Nirgendwo klaffen die Unterschiede zwischen theoretischer Berechtigung und wirtschaftlichem Ergebnis weiter auseinander, als auf dem Gebiet der vereinigten Kraft-Wärmewirtschaft in Städten. Es sei deshalb auch darauf verzichtet, nun im beliebten Zukunftsbild zu errechnen, was etwa die deutsche Wirtschaft durch solche Kupplung sparen würde, oder mit welchem Betrag sich die Stromerzeugung verbilligen läßt. Die Möglichkeiten für eine begrenzte Angliederung von Städteheizwerken an Elektrizitätswerke sind gegeben. Eine Beseitigung dieser Grenzen liegt leider nicht in der Macht der E-Werke. Durchaus irrig natürlich ist der Schluß, daß bei verhältnismäßig günstigen Aussichten die Gesamt-Stromerzeugung nunmehr in einzelnen Bezirks-Heizkraftwerken vor sich gehen könne. Strom- und Wärmeverteilung, städtebauliche Verhältnisse und die zur Zeit noch geringe Zahl der Zentralheizungen selbst verhindern dies. Immerhin kann schon heute in ausgewählten Stadtteilen sowohl Grundlast- wie auch Spitzenstrom in fühlbaren Mengen und auch bei einer Rentabilität des Heizkraftwerks erzeugt werden, die vom modernsten Großkraftwerk aus unmöglich wird.

Es ist aber eine weit verbreitete irrige Ansicht, die überlegene Wirtschaftlichkeit von Heizkraftbetrieben gegenüber öffentlichen Kondensationskraftwerken allein durch Gegenüberstellung der Wärmeaufwandsziffern für die erzeugte kWh beweisen zu können. Richtig ist natürlich, daß der Wärmeaufwand je kWh auf $1/3$—$1/4$ des jetzigen sinken muß, falsch jedoch eine etwaige Folgerung hieraus auf außerordentliche Produktionsverbilligung der Großstromwirtschaft. Nur wenn bei beiden Erzeugungsmöglichkeiten auch die Verteilung berücksichtigt wird, kommt man zu brauchbaren Zahlen. Denn sowohl die Elektrizitäts- als auch die Wärmelieferung ist im heutigen Stand keine Erzeugungs-, sondern eine Verteilungs- und Absatzfrage.

In der nüchternen phantasielosen Technik treten so viele Probleme hervor, daß schwierig erkennbar ist, welches davon die größte Berechtigung hat, vom schönen Wunsch blanke Wirklichkeit zu werden. In dem vorstehend umrissenen Rahmen hat sie die Städteheizung. Sie würde endlich den eigentlich beschämenden Zwiespalt zwischen wissenschaftlicher und technischer Erkenntnis einerseits sowie praktischer Ausführung andererseits aufheben.

Dem Stadtoberhaupt oder Elektrizitätswerksdirektor, dem es erstmalig gelingt, eine zusammengefaßte Strom-Wärmelieferung für große Stadtgebiete bzw. ganze Ortschaften aus einem Werk zu schaffen, gebühren alle Ehrungen, die die Öffentlichkeit zu vergeben hat.

Teilnehmer-Verzeichnis.

Name	Stand bzw. Firma	Wohnort
Abelt, Karl	Direktor der Fa. Strebelwerk Mannheim	Mannheim
Addikes, F. J. K.	Ingenieur	Niymwegen
*Adolph, Gustav	Stadtbaumster., städt. Maschinenbauamt	Duisburg, Moltkestr. 24
Adomeit, Arthur	Obering. der Feuerungstechn. Beratungsstelle des M.B.S. Leipzig, Nordplatz 11/12	Leipzig, Richterstr. 4
A.-G. der Eisen- und Stahlwerke vorm. G. Fischer, Werk Singen		Singen-Hohentwil
Albrecht, Alexander	Dipl.-Ing., Vorstand d. techn. Abtlg. d. Zentrale f. Gasverwertung	Berlin W 35, Lützowstr. 35/36
*Allmenröder, Dr.	Dipl.-Ing. Fa. Rud. Otto Meyer	Berlin-Lichterfelde, Berliner Straße 153
*Alpar, Ignatz	Professor	Budapest II, Bolyai utca 10
*Althaus, Julius	Ing. der Gesellschaft für Licht-, Wasser- und Heizungsanlagen	Bochum
Althoff, Fritz	Direktor der Buderusschen Handelsgesellschaft	Leipzig, Lagerhofstr. 2
*Ambrosius, Dr.	Direktor der Fa. Käuffer & Co.	Mainz
Andersson, Gunnar	Ing. u. Direktor des Vereins Södra Finlands Augpannefäerung	Helsingfors, Unionsgt. 25
*Arend, W.	Heizungsing , Inhaber der Fa. Gebr. Arend	Saarbrücken 5, Wilhelmstr. 73
*Arnold, Otto	Oberingenieur Fa. Rudolf Otto Meyer	Kiel, Willestr. 2
Arnoldt, Dr.-Ing.	Magistratsbaurat, städt. Maschinenamt, Vorsitzender der Vereinigung behördlicher Ingenieure des Maschinen- u. Heizungswesens	Dortmund, Knappenbergerstr. 6
*Arntz	Stadtrat	Wiesbaden
Aschmann, Ulrich	Dipl.-Ing.Fa.Siemens-Schuckert-Werke	Siemensstadt, Verwaltungsgeb.
Auer, Bruno	Ing., Fa. Emhardt & Auer G. m. b. H.	Innsbruck, Falkstr. 7

* Bedeutet: Mit Damen.

HEIZKESSEL

RADIATOREN

STREBEL

ARMATUREN

STREBEL-S-APPARATE

STREBELWERK
MANNHEIM

BUDERUS-LOLLAR-
HEIZKESSEL UND RADIATOREN

BUDERUS'SCHE
EISENWERKE
WETZLAR

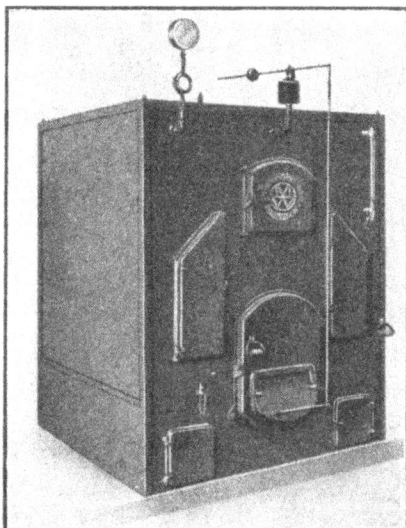

Name	Stand bzw. Firma	Wohnort
Bader, Erich	Fabrikant, Fabr. f. Zentralheizungsanlagen	Chemnitz, Hauboldstr. 14
Bader, Hans	Fabrikant, Fabr. f. Zentralheizungsanlagen	Chemnitz, Hauboldstr. 14
Baer	Architekt	Wiesbaden
Bakowski, Franz	Dipl.-Ing., Fa. Drzewiecki & Jezioranski, Dozent d. techn. Hochschule	Warschau, Jerozolimskia N 71
Balke, M.	Landesobering. der Provinzialverw. Westfalen	Münster i. W., Görresstr. 18
Balling, Franz	Fabrikbes. d. Fa. Balling, Zentralheizungen	Heidingsfeld-Würzburg, Kirchg. 8
Bartel, W.	Direktor	Berlin-Steglitz, Menkenstr. 23
Barthel, Felix	Ing., Mitinhaber d. Fa. W. Zimmerstädt	Breslau 13, Sadowastr. 31/33
Barthel, Hans	Vertr. der Fa. Maschinenfabr. Freundlich	Düsseldorf 60
*Bätjer, Th.	Ing., Mitinhaber d. Fa. Strauch & Schmidt	Neiße, Goldammerstr. 4
Bauabteilung d. Siemens-Halske A.-G. u. Siemens-Schukkert-Werke		Berlin-Siemensstadt
Baumeister		Köln-Braunsfeld, Wiethasestr. 62
*Baumeister, Franz	Dir. der Mannesmannröhren-Lager G. m. b. H.	Köln a. Rh., Felzengraben 10
Bayerischer Revisions-Verein		München, Kaiserstr. 14
*Beck, Paul	Obering. Fa. G. Konzmann & Co.	Stuttgart, Langestr. 63
Becker, F. A.	Lektor an der techn. Hochschule	Spurveskjul, Kopenhagen
Becker, H	Ingenieur, Fa. Nationale Radiator-Gesellschaft m. b. H. zu Schönebeck a. d. Elbe	Frankfurt a. M.
*Behrens, Herm.	Dipl.-Ing., Mag.-Baurat, Vors. des Vereins Deutsch. Heiz.-Ing. Bezirk Berlin	Berlin S 59, Camphausenstr. 19
Beines	Dipl.-Ing., Direktor des städt. Elektr.-Werkes	Wiesbaden
Berckemeyer, Hermann	Fabrikant, Fa. F. Willich	Dortmund, Moltkestr. 24
Berg, Ernst	Reichsbahnoberrat im Zentralmaschinenamt der Deutschen Reichsbahngesellschaft Gruppe Bayern in München	München, Elisenstr. 3/4
Berg, Konrad	Direktor d. Buderusschen Handelsgesellschaft	München, Lindwurmstr. 88
*Berlit	Mag.-Baurat, städt. Maschinenbauamt	Wiesbaden
*Berndt, Otto	Stadtbaumeister, Magistrat	Altona a. d. E., Am Quickborn 5

Name	Stand bzw. Firma	Wohnort
Berner, H.	Dipl.-Ing , Fa. J. L. Bacon	Frankfurt a. M., Niedenau 34
*Bernhardt, C. H.	Ingenieur und Fabrikbesitzer	Dresden N, Alaunstr. 21
Bernhardt, Walter	Dipl.-Ing. in Fa. Otto Bernhardt, Fabrik für Zentralheizungen	Hamburg 23, Kiebitzstr. 57—61
*Berthold, Fritz	Direktor der Fa. David Grove A.-G	Danzig, Pfefferstadt 72b
Beuker, W. jr.	Direktor der N.V. My. Stedenverwarming	Amsterdam
Bialas, Josef	Ingenieur, Fa. Nationale Radiator-Ges. Schönebeck	Schönebeck a. d. Elbe
Bieber, Karl	Ingenieur	Budapest VIII, Kisfahrdystr. 7
Biedermann	Architekt	Wiesbaden
Bielenberg, Otto	Stadtoberingenieur, städt. Maschinenamt	Kiel, Gutenbergstr. 16
van Biene, Leonhard	Direktor der Handelsvereinigung Inka	Rotterdam, Henegouwerlaan 35
Biringer, J.	Ingenieur	Mannheim U 63
Bjerregoard, J. K.	Ingenieur in Frederiksberg	Kopenhagen, Gl. Konzery 132
Bleyert, Wilhelm	Dipl.-Ing., Oberingenieur, Buderussche Handelsges. m. b. H., Abtlg. Berlin	Berlin W 9, Köthener Str. 44
Block, Wilh.	Dipl.-Ing., Oberbaurat der Baudeputation	Hamburg 36, Bleichenbrücke 17 Verwaltungsgebäude
Blum	Architekt	Wiesbaden
*Blum, Wilhelm	Heizungsingenieur, städt. Heizamt	Düsseldorf, Jordanstr. 31 II
Blümel, Max	Reg.- und Baurat	Wiesbaden, Thelemannstr. 7
Bockermann	Bankier	Duisburg
*Böhm, Wilh.	Direktor der Gas- u. Wasserleitungsgeschäfte Stuttgart G. m. b. H.	Stuttgart, Calwerstr. 36
v. Boehmer	Geh. Reg.-Rat, Oberreg.-Rat i. R., Schriftleiter d. Zeitschrift Gesundheitsingenieur	Berlin-Lichterfelde, Hans-Sachs-Straße 3
*Bonin,Herm.,Dr.-Ing.	Professor d. techn. Hochschule	Aachen, Maria-Theresia-Allee265
*Boos, Friedr.	Ingenieur und Fabrikbesitzer	Köln-Bickendorf, Helmholzstr. Nr. 65/67
Borch, E.	Ingen. d. stdt. Elektrizitätswerks	Kopenhagen, Gothersgade 30
Borchers	Direktor	Mannheim
*Borchert, Wilh.	Ingenieur und Fabrikant	Berlin Südende, Berliner Str. 20
Borschke, Ernst	Dipl.-Ing., Deutsche Prioform-Werke, Köln	Köln
Boura, Josef	Ingenieur	Prag, Jaromirowa 28
Braat, G. J.	Industrieller, F. W. Braats, Koninklyke Fabriek van Metaalwerken te Delft	Haag (Holland)
Brabbée, Dr. techn.	Professor, Fa. American Radiator Comp.	New-York
Bradtke, Dr.		Berlin-Halensee, Joachimstr. 3

Name	Stand bzw. Firma	Wohnort
Braun, Max	Stadtrat, Stadtbetriebsamt	Aschaffenburg, Obernauer Str. 1
Braune, Heinrich	Professor	Breslau 9, Burgstraße
Breuckmann, B.	Dipl.-Ing., Fa. Mannesmann-Röhrenlager G. m. b. H.	Köln a. Rh., Helenenstr. 2a
*Brockmann, B.	Inh. d. Fa. Brockmann G. m. b. H.	Charlottenburg 1, Spreestr. 17
*Broden	Vertr. d. Fa. Heinrich August Schulte, Düsseldorf	Essen
Bronner	Dipl.-Ing., städt. Licht- u. Wasserwerke	Oldenburg
Brönner, Rud.	Ingenieur, Fa. Brönner & Co.	Aussig C. S. R., Kudlichstr. 14
Brück	Oberingenieur, Kaloriferwerke Junkers, Dessau	Frankfurt a. M.
Brüggemann, Aug.	Dipl.-Ing., Deutsche Prioform-Werke Köln	Köln, Bismarckstr. 30
Brunn, Karl	Ingenieur, Stadtverwaltung Kopenhagen	Kopenhagen (Rathaus)
*Brunner, Franz	Ingenieur, Fa. Fuchs & Priester G. m. b. H.	Mannheim, Schwetzinger Str.
Bruns	Oberingenieur, Rhein. Stahlwerke	Essen
Brust	Dipl.-Ing.	Stuttgart, Langestr. 61
Bucerius	Oberreg.-Rat, Bad. Minist. des Innern	Karlsruhe, Bunsenstr. 15
Buch, Hans	Ingenieur	Kopenhagen, 47 Nyhavn
Bücher	Direktor des städt. Wasserwerks	Wiesbaden
Budil, Eleonore, Frau	Inhaberin der Fa. A. Budil G. m. b. H., Luftfilterbau	Berlin-Tempelhof, Hohenzollernring 67
Bunge, F. W.	Ingenieur, Fa. Junkers & Co.	Dessau
Burckhardt, Fritz, Dr.		Berlin SW, Großbeerenstr. 71
Burkhardt, Carl	Kaufmann, Fa. Valentin Röhren- u. Eisen-G. m. b. H.	Berlin, Großbeerenstr. 71
Bürkle, Richard	Ingenieur, Fa. Dofflein	Wiesbaden, Friedrichstr. 53
Buschbaum	Reichsbahnoberrat	Mainz
Campbell, R. C.	Ing., Fa. Nationale Radiator-Ges. m. b. H.	Vilvorde (Belgien)
Cassinone	Generaldirektor der österr. Masch.-Bau A.G. Körting	Wien III 3
Cerny, Alois	Baurat, städt. Bauamt	Prag
Chilian, Walter	Dipl.-Ing., städt. Betriebsamt	Chemnitz, Falkehaus am Falkenplatz
*Chowanecz	Ingenieur der Reichsbahndirektion	Stuttgart, Reinsbergstr. 101
Chowanecz, Hans	Oberingenieur, Fa. Bechem & Post	Karlsruhe, Treitschkestr. 1
Clauß, G.	Ingenieur, Fa. Sachsse & Co.	Halle a. S., Bugenhagenstr. 12
Conradi	Stadtbaumeister des städt. Hochbauamtes	Wiesbaden
Cordes, Heinrich	Großhandlung u. Vertretung	Köln a. Rh., Geronshaus

Name	Stand bzw. Firma	Wohnort
v. Cornides, Wilhelm	Verlagsbuchhändler, Fa. Verlag Oldenbourg	München, Glückstr. 8
Cramer, Walter	Dipl.-Ing., Fa. Bechem & Post	Hagen i. W.
*Crone, A.	Vorstand des städt. Maschinenbauamtes Stadtverwaltung Essen	Essen-Ruhr, Semperstr. 40
Dachauer, G.	Dipl.-Ing., Fa. E. A. vorm. Schuckert & Co.	Nürnberg, Landgrabenstr. 94
Daehne, Paul	Geschäftsführer, Ortskrankenkasse für das Maurergewerbe	Berlin C 25, Hankestr. 4
*Dallach	Städt. Heizungsingenieur	Magdeburg, Breiter Weg 262
Damm, H.	Zentralheizungen	Bingen
Darr	Oberingenieur, Fa. Eisenwerk Kaiserslautern	Kaiserslautern
Deininger, Dr.-Ing.	Direktor, Vors. d. Bez.-Vereins Rheingau des Vereins Deutscher Ingenieure	Gustavsburg
Deinlein, Dr.-Ing.	Bayerischer Revisions-Verein	München
De Koster, F. W.	Ingenieur, Inh. d. Fa. Th. A. de Koster	Amsterdam, Ruysdaelstraet Nr. 92—94
*Dettenborn, Paul	Dipl.-Ing., Fa. Bergbau A.-G. Lothringen	Gerthe bei Bochum i. W.
Deuth, Eugen	American News	New-York
Dieterich	Direktor des V.D.C.I.	Berlin W 9
Dieterich, H.	Dipl.-Ing.	Berlin W 9, Linkstr. 29
Döpp, Töne	Mitinh. der Fa. Gebr. Döpp	Dorsten W, Schließfach 77
Dörr ·	Architekt	Wiesbaden
Dörr, Dr.	Fa. Maschinenfabrik Wiesbaden	Wiesbaden-Dotzheim
Dosch, Adolf	Ing. u. Direktor d. Metrum-Apparatebau A.-G.	Berlin SO 36, Wiener Str. 10
Dreusch, P.	Magistratsbaurat a. D.	Berlin-Friedenau, Kaiserallee 106
*Drexler, Josef	Magistrats-Oberbaurat, städt. Maschinenamt	Frankfurt a. M., Mörfelder Str. 124
Dros	Vertr. d. Fa. Wolter & Dros	Amersfoort (Holland)
Dros, A.	Ingenieur, Dir. d. N. V. Wolter & Dros	Amersfoort (Holland)
Eberle, Chr.	Prof. d. techn. Hochschule	Darmstadt, Osannstr. 8
*Eggers, H.	Fabrikbes., Fa. Lengemann & Eggers	Harburg, Werder Str. 1
Ehrhardt, Carl	Zivilingenieur, Fa. Behringer & Ehrhardt	Halle a. d. S., Reilestr. 50
Eigenmann, A.	Dipl.-Ingen., Fa. Strebelwerk Mannheim	Zürich
*Einwächter, Hugo	Ingenieur, Fa. Rudolf Otto Meyer	Frankfurt a. M., Oberweg 20/22
Eiselen, Fritz	Regierungsbaumstr. a. D., Chefredakteur d. Deutschen Bauzeitung G. m. b. H.	Berlin SW 48, Wilhelmstr. 8
Eitner, Wilhelm	Reichsbahnoberrat, Reichsbahndirektion, Altona	Altona, Adickesstr. 178
Ellenberger	Architekt	Wiesbaden

Name	Stand bzw. Firma	Wohnort
Ellinger, Karl	Dipl.-Ing., Fa. Th. Mahr Söhne	Berlin-Friedenau, Wilhelms-höher Straße 18/19
Emanuelsson, O.	Verkaufsdir. d. Fa. Nationale Radiator-Gesellschaft m. b. H., Schönebeck a. d. Elbe	Berlin
Emhardt, Karl	Kom.-Rat, Ing., Fa. Emhardt & Auer	München SW 6, Haydnstr. 1
*Enfors, Erik	Ziviling., Generaldir. d. schwed. Eisenbahnen	Stockholm
Engelhardt	Sanitätsrat	Wiesbaden, Wilhelmstr. 56
Eriksson, Helge	Ziviling. d. Kungl. Bygquads-stryrelsen	Stockholm
Evers, Georg	Baurat, städt. Hochbauamt	Bremen
Fagerholm, Oskar	Städt. Heizungsingenieur	Helsingfors
*Fahrion, Paul	Oberingenieur, Fa. Eisenwerk Kaiserslautern	Stuttgart, Kriegerstr. 12
Fichtl, Josef	Dipl.-Ing., Mag.-Baurat	Berlin SO 16, Köpenicker Str. Nr. 96/97 I
Fillbach, Franz	Fabrikant	Wiesbaden, Georg-August-Str. 6
Fischer, Anton	Direktor d. Fa. E. A. vorm. Schuckert & Co.	Nürnberg
Fischer, Dr. med. h. c.	Geheimrat, Senatspräs. im Reichsversicherungsamt, Ver-treter der Deutschen Gesell-schaft für Gewerbehygiene zu Frankfurt a. M., Viktoria-Allee 9	Potsdam, Burggrafen 28
Fischer, Gustav	Ingenieur, Fa. Sandvoß & Fischer	Berlin W 57, Frobenstr. 3
Flander, Hjalmar	Ingenieur u. Direktor d. Fa. Radiator O Y	Helsingfors, Rumbergsgt. 31
*Fleischer, Otto	Oberingenieur u. Prokurist, Fa. Hallesche Röhrenwerke A.-G.	Halle a. d. S., Böllberger Weg 2
Flick, Alois	Geschäftsführer des V. d. C.I.	Frankfurt a. M., Gr. Hirsch-graben 21
Freudiger, Gustav	Ingenieur, Präs. d. V.S.C.I. der Schweiz	Frauenfeld Sonnegg
Frischfeld, Ede	Dipl.-Ing., Oberingenieur, Stadt-magistrat	Budapest II, Toldy-Ferenerg. 38
Fritz	Oberingenieur, Fa. Dyckerhoff & Widmann, Werk Cossebaude	Dresden
Fritz, Heinrich		Darmstadt
Fritzsche, Karl	Direktor d. Mannesmannröhren-Lager G. m. b. H.	Hannover, Landschaftstr. 2a
Fröhlich, Alfred	Ziviling., Fa. Fröhlich & Co. G. m. b. H.	Köln
Froitzheim	Polizeipräsident	Wiesbaden
Frölich, E.	Dipl.-Ing., Fa. Schuckert & Co.	Nürnberg, Landgrabenstr. 94
Fürst, Th.	Regierungsgewerberat	Stockholm (Schweden)
Fusch, Dr.-Ing.	Direktor d. Fa. Gebr. Körting A.-G.	Hannover

Name	Stand bzw. Firma	Wohnort
Gärtner	Oberingenieur, Inh. d. Fa. Metallwerke Bruno Schramm	Erfurt
Gärtner	Oberingenieur	Erfurt, Andreasstr. 8
Ganssauge	Dipl.-Ing., Direktor, Rat der Stadt	Dresden, Fischhausstr. 6
*Gauwerky, Herm.	Dipl.-Ing., Fa. I. G. Farbenindustrie	Ludwigshafen, Friesenheimer Straße 84
Geinsberger, Hans	Ingenieur	Basel, Registr. 82
Geiringer, Paul	Ingenieur	Wien, Rennweg 11
Genzmer, Walter	Regierungsbaumeister, Preuß. Hochbauamt	Wiesbaden, Kapellenstr. 25
Gerke, W.	Oberingenieur	Koblenz, Mainzer Str. 125
Ginsberg, Otto	Dipl.-Ing. u. berat. Ing. d. V.D.H.I.	Hannover, Rühmkorffstr. 8
*Giovannini, Girol	Oberingenieur, Vorstand Fa. R. O. Meyer	Düsseldorf, Palmenstr. 13
Godzik, Karl	Direktor	Gleiwitz, Miethe-Allee 6
Goebels, Ernst	Ingenieur u. Geschäftsführer	Chemnitz, Theaterstr. 47
*Goeke, Friedr.	Fabrikant, Fa. Metallwerke Neheim Goeke & Co.	Neheim
Goll, Karl		Hanau, Leipzigerstr. 67
Gott, Wilhelm	Direktor der Fa. Strebelwerk Mannheim	Berlin
Göttel, Fritz	Geschäftsführer, Fa. Zentralheizung und sanitäre Anlagen	Ludwigshafen a. Rh., Bayerstr. 61
Göttmann, Fritz	Oberingenieur, Fa. J. A. John, A.-G. Erfurt	Erfurt
Grabe, Karl	Kommerzienrat	Mannheim, Spinozastr. 23
Graf	Betriebsdirektor, städt. Betriebsamt Fürth	Fürth i. B.
Gröber, Dr.-Ing.	Professor a. d. techn. Hochschule	Berlin-Wilmersdorf
Groß, Adolf	Ingenieur, Verband d. Zentralheiz.-Industrie	Nürnberg, Kühnertsgasse 11
Großmann, Adolf	Oberingenieur, Deutsche Prioform-Werke Köln	Köln, Euskirchenerstr 18
Großmann, Richard	Thyssen-Rheinstahl A.-G., Frankfurt a. M.	Stuttgart, Seyfferstr. 66
Grothe, Theodor	Gasdirektor	Bochum, Freiligrathstr. 19
Grün	Magistratsbaurat, städt. Hochbauamt	Wiesbaden
Grün	Regierungsbaurat, Preuß. Hochbauamt	Wiesbaden
Grün, Hans	Direktor der Burger Eisenwerke	Dillenburg
Grunow, W.	Mag.-Oberbaurat, Magistrat Breslau	Breslau, Finkenweg 4
Günther	Betriebsleiter der Mährisch-Ostrauer Elektro A.-G.	Mährisch-Ostrau, Suchardag.
Günther, Karl	Ingenieur, Direktor d. Kraftanl. A.-G.	Heidelberg
*Gutscher, Friedrich	Dipl.-Ing.	Dresden

Name	Stand bzw. Firma	Wohnort
Haag, Joh.	Vertr. der Maschinen- u. Röhrenfabrik A.-G. Köln	Köln a. Rh.
Haas	Fa. Hch. Aug. Schulte	Düsseldorf
Hagen	Dipl.-Ing., Betriebsdirektor, städt. Maschinenamt	Bonn
*Hägglund Hannes	Chefingenieur, Fa. A. B. Radiator	Helsingfors, Fabiansplatz 13
Halberstadt, Dr		Darmstadt
*Hane	Reichsbahnrat, Reichsbahndir. Berlin	Berlin
ten Harmsen, C.	Vertr. der Natl. Radiatoren-Ges., Schönebeck (Elbe)	Amsterdam
*v. Hartlieb	Geschäftsführer des Verbands der Zentralheizungs-Ind. E. V., Südwestgruppe	Wiesbaden, Neuberg 14
Hartmann	Ing. und Fabrikant in Fa. Gebr Hartmann	M.-Gladbach, Bismarckstr. 39
*Hartmann, Dr.-Ing. E. h.	Senatspräsident i. R., Geh. Reg - Rat, Hon.-Professor	Göttingen, Wilh.-Weber-Str. 8
Hauser, Karl	Ingenieur	Nürnberg, Nibelungenstr. 17
Hauser, Karl	Oberbaurat, städt. Hochbauamt	München, Sparkassenstr.
*Hedtstück, Artur	Direktor der Buderusschen Handelsgesellschaft Berlin	Berlin W 9, Köthener Str. 44
Heinemann, E.	Direktor der Nationalen Radiator-Ges. m. b. H. zu Schönebeck a. d. E.	Schönebeck a. d. Elbe
Heinrich, Gust.	Auslands-Vertreter	Remscheid, Joachimstr. 6
Heinrich, W.	Oberingenieur, Fa. Mannesmannröhrenlager-G. m. b. H.	Hannover, Meterstr. 23
Heiser, W. & Co., G. m. b. H.		Dresden, Haydnstr. 9
Held, J.	Oberingenieur, Magistrat	Hildesheim
*Hell, Franz	Ingenieur	Ludwigshafen a. Rh., Grünerstraße 4
Hellenbach, Gustav	Direktor der Fa. Bechem & Post Münster	Münster i. W., Auf der Horst 10
Hencky, Dr.-Ing.	Fa. I. G. Farbenindustrie A.-G.	Leverkusen b. Köln a. Rh.
Hensel, Paul	Oberingenieur u. Prokurist in Fa. Bernardt Brockmann	Charlottenburg 1, Spreestr. 17
*Hepke, Otto	Fabrikdirektor, Fa. Joh. Haag A.-G.	Augsburg, Joh.-Haag-Str. 14 p.
Herbst, August	Städt. Heizungsinspektor	Köln-Lindenthal, Hillerstr. 28
*Hercher, Dr.-Ing.	Oberregierungs- u. Oberbaurat, Regierung	Düsseldorf, Lützowstr. 9
Herrmann, Ludwig	Ing. u. Direktor, Fa. Thiergärtner & Stöhr A.-G.	Wien III, Kallergasse 6
Herrmann, Otto	Direktor der Fa. J. A. John A.-G.	Erfurt
Hertzner, Carl	Stadtbaumeister	Gelsenkirchen, Florastr. 32
Heß, Dr.	Beigeordneter	Wiesbaden

Name	Stand bzw. Firma	Wohnort
*Hesse, Georg	Oberingenieur, Fa. Maschinen-fabr. Eßlingen	Stuttgart, Tübinger Str. 33
Hessel, C.	Amtsbaurat, Rat der Stadt	Dresden-A., Hammerstr. 9
Hesselbach, Wilhelm	Fabrikant in Fa. Hesselbach & Schüller	Düsseldorf, Kronprinzenstr. 79
Heydner, Hermann	Dipl.-Ing.,Fa. Robert BoschA.-G.	Stuttgart, Hasenbergstr. 77
Hezinger	Ofen-Ges., Fabrik f Reformöfen, Herde pp.	Crimmitschau
Hildner	Architekt	Wiesbaden
Hilgenberg, Wilh.	Oberingenieur u. Prokurist, Fa. Gebrüder Demmer A.-G.	Eisenach, Bahnhofstr. 57
Himboldt, W. K.	Ingenieur, Fa. Nationale Radia-tor-G. m. b. H. zu Schöne-beck a. d. E.	Kopenhagen (Dänemark)
Hirsch, M.	Beratungsingenieur	Frankfurt a. M., Im Trutz 29
Hitzler, Wilh.	Ingenieur, Universitätsbauamt	Würzburg, Dr.-Schneider-Str. 2
Hoelscher, E. Th.	Dipl.-Ing.	Hamburg-Fuhlsbüttel, Maien-weg 287
Hofmann	Stadtverordnetenvorsteher	Wiesbaden
Hofmann, Oskar Mar-tin	Zivilingenieur	Darmstadt, Bessungenerstr. 110
Hofmann, Richard	Ingenieur	Haag, Holl., Sleedornstr. 43
*Hoff-Hansen	Ingenieur, Kommune	Oslo, Munkedamsveien 53 b
Hoffmann	Reichsbahnrat, Maschinenamt	Wiesbaden
Hollenweger, Ed.	Kanton. Heizungsing., Baude-partement Basel-Stadt	Basel, Nonnenweg 18
*Holliger, Rudolf	Oberingenieur u. Direktor der Fa. N. V. Therma	Amsterdam, Vondelstraat 36
Hormann, W.	Direktor der Buderusschen Han-delsgesellschaft	Hamburg, Neuerwall
Hörold	Architekt	Wiesbaden
Horst, Jacob	Heizungswerk Jacob Horst	Bonn
Horst, Josef	Ingenieur in Fa. Bonner Zen-tralheizungsfabrik, Gebr. Horst	Bonn, Bachstr. 6
Horst, Peter	Bonner Zentralheizungsfabrik	Bonn
Hottinger, M.	beratender Ingenieur	Zürich 2, Parkring 49
Hübener, Wilhelm	Ingenieur	Kiel, Karlstr. 8
Huber	Architekt	Wiesbaden
Huber	Ministerialrat i. Bayr. Staats-minist. d. Innern	München
Hübler, Karl	Stadtbaumeister, städt. Maschi-nenbauamt	Frankfurt a. M., Ilbenstädter Straße 2
Hülsmeyer, Chr.	Ingenieur	Düsseldorf
Huppert	Regierungs- und Baurat	Wiesbaden, Rheinstr. 85
*Husemann, C.	Ingenieur, Fa. Hermann Becker	Duisburg, Grabenstr. 97 b
Hüttig	Professor, Fa. Rietschel und Henneberg	Dresden, Würzburger Str. 67
Huygen, L. B.	Direktor der Fa. Huygen & Glocke, Rotterdam	Amersfoort

Name	Stand bzw. Firma	Wohnort
Hüttner	Magistratsbaurat, Magistrat Berlin	Charlottenburg, Reichskanzlerplatz 5
Jacob, W.	Dipl.-Ing., Fa. Mannesmann-Röhrenlager G. m. b. H.	Köln a. Rh., Sachsenring 5
Jakobskötter, Rud.	Oberingenieur, Fa. Jakobskötter & Co., K.-Ges.	Erfurt, Elisabethstr. 6
*Janeck, Fritz	Ingenieur und Fabrikbesitzer	Berlin, Teltower Str. 16 III
*Jarlstad, Thor.	Ingenieur, Fa. W. Zimmerstädt	Elberfeld, Holzerstr. 1
Jaschik	Oberingenieur, Fa. Thermo-Gesellschaft	Kattowitz, Sobieskigo 24
Jasper	Ingenieur, städt. Hochbauamt Abt. Heizung	Heidelberg
Jerusalem, Wilhelm	Fabrikant, Heizungswerke Radiator G. m. b. H.	Bonn a. Rh., Florentiusstr. 4
Jordan, Dr.	Direktor	Frankfurt a M., Eppsteinerstraße 44
Jörgensen, Otto Juel	Dipl.-Ingenieur, Teknologisk-Institut	Kopenhagen, V. Hagemannsg. 2
*Josse, E.	Geh. Reg.-Rat, Prof. d. techn. Hochschule	Berlin-Lankwitz, Lessingstr. 14
Jungbluth, Max	Ingenieur	Ffm.-Praunheim, Am Ebelfeld 59
Junge, Ernst	Direktor der Siemens-Halske A.-G.	Siemensstadt bei Berlin
Jüngst, Karl	Fabrik für Zentralheizungen	Dillenburg
*Kaiser	Oberingenieur, Fa. Eisenwerk Kaiserslautern	München, Liebigstr. 39/O.S.B.
Kaiser, F.	Oberingenieur, Fa. Bayr. Rev.-Verein	Nürnberg, Am Plärrer 4a II
Kaiser, Josef	Ingenieur, Fa. Kaiser, Dols & Co.	Mainz, Sömmeringpl. 4
Kalina, Rudolf	Ingenieur, Fa. Wilh. Häring & Co.	Düsseldorf, Oberbilkerallee 166
Kämnitz, Fritz	Ing. u. Fabr. i. Fa. Herm. Kämnitz	Chemnitz, Logenstr. 41
Karst, Karl	Dipl.-Ing., V.D.C.I. Teutoburg-Münster	Bielefeld-Gildenhaus
Katz, Claus	Fabrikant i. Fa. Katz	Köln-Ehrenfeld, Fröbelpl. 13
Katz, Hans	Fabrikant i. Fa. Katz	Köln-Ehrenfeld, Fröbelpl. 13
Katz jun., Philipp	Fabrikant i. Fa. Katz	Köln-Ehrenfeld, Fröbelpl. 13
Katz, Phil. sen.	Fabrikant i. Fa. Katz	Köln-Ehrenfeld, Fröbelpl. 13
Kautter, Th.	Dipl.-Ing., Oberingenieur Fa. C H. Boehringer & Sohn	Nieder-Ingelheim a. Rh.
Kayser	Professor	Berlin-Steglitz, Humboldtstr. 15
Kegler	Direktor d.Ver. Stahlwerke A.-G	Gelsenkirchen
Keller, J.	Direktor	Duisburg
*Kempfer, Paul	Ingenieur, Fa. Emil Kelling	Königsberg i Pr., Hoffmannstr.9
Kern	Direktor der Gewerbeschule	Wiesbaden
*Kiefer, Franz	Dipl.-Ing. u. Fabrikbes. d. Fa. Josef Junk G. m. b. H , Berlin SW 61	Berlin-Friedenau, Sieglindestr. 3
*Klatt	Landesbaurat d. Provinzialverw.	Kiel i. Holst., Goethestr. 12

Name	Stand bzw. Firma	Wohnort
Kloos	Dipl.-Ing., Oberingenieur, Fa. Elektr. Werk u. Straßenbahn A.G., Abt. Elektr. Werk	Braunschweig, Wilhelmstr. 22b
Knapp, Wilhelm	Verlagsbuchhändler	Halle a. d. S., Mühlweg 19
Knappstein, Fritz	Ingen , Fa. Fritz Knappstein, Essen, Zentralheizungs- u. Ventilationsanlagen	Essen
*Knappstein, Paul	Dipl.-Ing. i. Fa. H. L. Knappstein	Bochum, Friedrichstr. 9a
Knauf	Städt. Ingenieur	Berlin
Knauf, P.	Fabr. i. Fa. Otto Peschke Nachf. G. m. b. H.	Berlin NW, Stromstr. 26
Kniese	Stadtbaumeister, städt. Maschinenbauamt	Wiesbaden
Knoblauch, Oskar,.Dr.	Geh. Reg.-Rat, Professor der technischen Hochschule	München, Miltenberger Str. 36
Knospe, H.	Ingenieur, Fa. J. C. Eckhardt	Stuttgart-Cannstatt
*Knuth, Karl	Ingenieur u. Fabr. i. Fa. C. Knuth	Budapest VII, Garay u. 10
Koch, J.	Dipl.-Ing., Fa. Kraftanl. A.-G.	Heidelberg
Koehler	Kom.-Rat, Fa. Buderus'sche Eisenwerke	Wetzlar
Kohler, Ernst	Sekretär d. V.S.C.I., Verein Schweiz. Zentralheizungsindustrie	Zürich, Hirschgraben 20
Köhler, Wilhelm	Oberingenieur, Fa. Strebelwerk Mannheim	Hamburg
*Köhne	Eisenwerk Kaiserslautern	Kaiserslautern
Kolvenbach, Heinrich	Dipl.-Ing., Fa. Bechem & Post	Köln-Riehl, Am Botan. Gart. 56
Kölz, Georg	Ingenieur des Verbandes der Zentralheizungsindustrie	München, Elisabethstr. 30
*Kori, H.	Techn. Büro u. Fabrik für Abfall-Verbrennungsofen	Berlin W 57, Dennewitzstr. 35
Korsten, J. G.	Ingenieur u. Direktor d. Fa. Korsten, Sanit.-Techn. Büro	Amsterdam, Koningsplein 5—9
Körting, Johannes	Fabr.-Direktor a. D., Ing., Geschäftsf. d. Gruppe Rheinh.-Westf. im V.D.C.I.	Düsseldorf, Brehmstr. 24
Kraftwerke Freital, A.-G.		Freital
Kraus, E. Alb.	Fabrik f. Zentralheizungen	Köln-Braunsfeld, Eupener Str.60
Krebs, Dr. phil.	Fa. Strebelwerk G. m. b. H.	Mannheim
Kreiter	Direktor d. Fa. Joh. Haag	Augsburg, Joh.-Haag-Str. 16
*v. Kresz, Franz	Direktor d. Fa. Körting A.-G.	Budapest VIII, Kisfahrdyutca1
*Kretzschmar, Dr. jur.	Bürgermeister a. D.	Dresden, Parkstr. 1
Krug, Heinrich	Gesundheitstechn. Anlagen, Apparatebau-Anstalt, Autogene Metallbearbeitung	Hindenburg O.-S.
Krüger	Vereinigt. Stahlw A.-G.	Gelsenkirchen
Krüger, Hermann	Gewerkschaftssekr., Ortskrankenkasse für d. Maurergewerbe	Berlin C 25, Hankestr. 4

Name	Stand bzw. Firma	Wohnort
Krüger, Reinhold, Dr.	Schriftleiter d. Zeitschrift Wärme- und Kältetechnik	Erfurt
Kügemann, W. E.	Vizepräsident, Fa. Nationale Radiator-Ges. m. b. H., Schönebeck a. d. Elbe	New York
Kuhberg, L., Dr.-Ing.	Reg.-Baumstr., Vorstand des Mieteraktienbauverein, Vertr. d. Arbeitsgemeinschaft für Brennstoffersparnis, e. V.	Charlottenburg 2, Hardenbergstraße 16
*Kühne, Paul	Direktor d. Fa. Mannesmann-röhren-Lager G. m. b. H.	Berlin W 10, Tiergartenstr. 5/5a
Kuhne, Reinhard	Stadtbaumstr., Leiter d. Abt. des Bezirksamts Berlin-Wilmersdorf	Berlin-Lichterfelde, Zehlendorfer Str. 21
Kulcsar, Viktor	Kgl. techn. Rat	Budapest I, Budafoki-ut 14
Kunz	Modellmeister	Neu-Hoffnungshütte
Kurth, Paul	Betriebsleiter, Fa. A. Wasmuth G. m. b. H.	Köln-Delbrück
Kurz, Jos.	Vizepräsident der Kurz A.-G.	Wien V, Spengergasse 4
Kuthe, Karl	Ingenieur, Fa. Rudolf Otto Meyer	Berlin NW, Altonaer Str. 4
Lagerlöw, Carl Hilmer	Ingenieur, Fa. A. Bol. Ahlsell & Bernström	Stockholm
Landsberg, Dr.	Reichsbahnoberrat, Reichsbahndirektor	Berlin W 9, Linkstr. 44
Lange, F.	Direktor der Fa. Buderussche Handelsgesellschaft	Köln-Braunsfeld, Maarweg 134
Lange, Wilhelm	Ingenieur, Fa. Gebr. Körting, A.-G.	Dortmund, Rathenau-Allee 18
Lázár, Ludwig	beratender Zivilingenieur	Budapest VII, Thököly-ut 61
Leek	Dipl.-Ing., Landesoberingenieur d. Landesdirekt. der Provinz Sachsen	Halle a. d. S., Martinstr. 11
Leonhardt, Otto	Direktor d. Röhren-Verband G. m. b. H.	Düsseldorf, Benrather Str. 19
Leuschner, Max	Oberingenieur, Fried. Krupp A.-G. Essen-Ruhr	Essen-Bredenez, Frankenstr. 371
Leyendecker	Oberregierungs- u. Baurat d. Regier. Wiesb., Vertreter des Regierungspräsidenten	Wiesbaden
Liebold, A.	Dipl.-Ing., Fa. Rudolf Otto Meyer	Bremen, Ellhornstr. 36
Lienhard, Robert	Heizungsbeamter der Schweiz. Bundesbahn, Depot Basel	Basel
Lier, Heinrich	Heizungsingenieur	Zürich, Neue Beckenhofstr. 19
Lindemann, W., Dr.-Ing.	Reg.-Baurat d. Braunschweig. Baudirektion	Braunschweig, Roonstr. 10
Lochte	Präsident d. Reichsbahndirektion	Mainz
Lohr, P.	Stadtoberingenieur, Publieke Werken	Amsterdam, Rathaus, Z. 227

Name	Stand bzw. Firma	Wohnort
Lommel, August, Dr.	Oberbauamtmann, Universitäts-bauamt	Würzburg
Lorenz, Georg	Ingenieur i. Fa. „Lodor" Lorenz u. v. Freilitzsch	Lörrach, Basler Str. 103
Lübcke	Geh. Reg.-Rat des Reichspatent-amtes	Berlin
Lundberg, Holger A.	Dipl.-Ing. in Fa. Lundbergs Ingenieurbüro	Stockholm, Grevturegatan 24 A
Lüneburg, H.	Ingenieur, Fa. Bolte & Loppow	Hamburg 20⁰, Loektedterweg11
Lürken, Matth.	Fabrikdirektor, Kaloriferwerk Hugo Junkers	Dessau, Cöthener Str. 27
Lüth, Dr.-Ing.	Generaldirektor, städt. Betriebs-amt	Bielefeld, Schildescherstr. 16
Lutsch, Dr.	Landeshauptmann in Nassau	Wiesbaden
Lutz, Hans	Ingenieur	Mannheim
Maax, E.	Direktor der Fa. Nationale Ra-diator-G. m. b. H.	Schönebeck a. d. E.
Mahr, Ferdinand	Fabrikant in Fa. Th. Mahr Söhne, Aachen-Köln	Aachen, Friedrichstr. 65
Mangartz, Wilh.	Ingenieur in Fa. Vollmer & Mangartz	Dortmund, Lindemannstr. 72
*Mansch, Erich	Stadtingenieur, Stadtverwaltung	Bochum, Schellstr. 16
Mantel, Fr., J.	Ing., Prokurist in Fa. F. W. Braats, Koninklyke Fabriek van Metaalwerken te Delft	Delft, Herzog Goverthade Delf
Margolis	Dipl.-Ing., Geschäftsführer der Fernheizwerke G. m. b. H.	Hamburg
Martin	Architekt	Wiesbaden
*Marx, Alex, Dr.	Ingenieur u. Priv.-Dozent, Verein Deutscher Heizungs-Ingenieure, Bezirk Berlin	Berlin-Grunewald, Reinerzstr.
Maschinenfabr. Wies-baden		Wiesbaden-Dotzheim
Maschke	Oberregierungsbaurat, Wehr-kreisbaudir. I	Königsberg i. Pr., Wilhelmstr.
Maßmann	Dipl.-Ing., Fa. Farbenindustrie A.-G.	Leverkusen b. Köln a. Rh.
Mattick, F.	Ingenieur	Dresden-A. 24, Münchener Str 3
Matton, Robert	Dipl.-Ing., Städt. Betriebsamt	Leipzig-Gohlis, Hallestädterstr.
Maurer, Georg	Direktor der Buderusschen Handelsgesellschaft	Frankfurt a. M., Goethestr. 1(
Mauser, Th.	Dipl.Ing., Oberingenieur des städt. Elektr.-Werkes	Meißen, Brauhausstr. 17
*Mayer, August	Oberingenieur, Geschäftsführer in Fa. Sanicentral G. m. b. H.	Saarbrücken, Rotenbergstr. 2(
Mehring, H.	Oberingenieur, Fa. H. Kori G. m. b. H.	Berlin W 57, Dennewitzstr. 3!
Meier	Stadtrat	Wiesbaden
Meier, K.	Ingenieur	Winterthur (Schweiz), Ryche bergstr. 57

Name	Stand bzw. Firma	Wohnort
Merkel, Friedrich	Dipl.-Ing., Oberingenieur der Maschinenfabrik Augsburg-Nürnberg	Nürnberg, Baaderstr. 17
Meuth, Dr.-Ing.	Oberbaurat, Württ. Landesgewerbeamt	Stuttgart, Kanzleistr. 19
Meyer, Fritz	Ingenieur in Fa. Meyer & Cie.	Strasbourg, Quai de l'Abattoir
Meyer, Karl	Oberingenieur	Stuttgart
*Middendorf, C.	Direktor	Altona-Ottensen, Bebelallee 27
Miedel jun., Adolf	Fabrikant in Fa. Heckel & Nonweiler G. m. b. H.	Saarbrücken, Gutenbergstr.18/20
*Miedel, Ludwig	Oberingenieur	Saarbrücken
Mildner, Rich.	Ingenieur u. Fabrikant in Fa. Arendt, Mildner & Evers G. m. b. H.	Hannover, Holteistr. 2
Moeller, Herm.	Vereinig. Deutsch. Eisenofenfabr.	Kassel, Lessingstr. 4
Möhle, Heinrich	Oberingenieur, Fa. L. Opländer	Dortmund, Poppelsdorfer Str. 4
Möhrlin	Dipl.-Ing., Direkt. u. Mitinhaber der Fa. E. Möhrlin, G. m. b. H.	Stuttgart
Morf, H.	Techniker, Eidg. techn. Hochschule	Zürich
*Morneburg	Dipl.-Ing., städt. Oberbaurat, Maschinenamt	Nürnberg
Mornhinweg, Karl	Oberingenieur, Fa. Strebelwerk Mannheim	Mannheim
Müller	Direktor der Mährisch-Ostrauer Elektr.-A.G.	Mährisch-Ostrau, Suchardagasse 3
Müller	Landesoberbaurat	Wiesbaden
Müller, Buderussche Eisenwerke	Direktor d. Buderus'schen Eisenwerke	Wetzlar
Müller, Dr.	Professor d. techn. Hochschule	Dresden
Müller, J. H.	Ingenieur (Baurat) der städt. Bauabteilung	Gravenhage
Müller, Karl, Richard	Dipl.-Ing.	Köln, Vinzenz-Statz-Str. 8
*Muth, August	Direktor der Fa. Rhein. Westf. Grove G. m. b. H.	Köln a. Rh., Filzengraben 2
Naujoks, Fr.		Düsseldorf, Eller, Hachenbruch 68
Naumann, Erich	Vertr. d. Fa. A.-G. d. Eisen- u. Stahlwerke	Singen-Hohentwiel
Neimke	Direktor d. Städt. Elektrizitätswerks	Forst (Lausitz)
Nemec	Ingenieur	Prag V, Btehova 3
Neubauer	Oberingenieur	Essen, Kölnerstr.
Neugebauer, Friedr.	Dipl.-Ing., Fa. Buderus'sche Eisenwerke	Wetzlar
Niedermeier, Max	Direktor d. Fa. Joh. Haag A.-G.	Berlin SW 29, Mittenwalder Str. 56
Niepmann, W.	Ingenieur in Fa. W. Niepmann	Düsseldorf, Eller Str. 115

Name	Stand bzw. Firma	Wohnort
*Nimphius, Rob.	Zentralheizungswerk	Saarbrücken, Königin-Luisenstr. 6
Nink, Josef	Bau-Oberinspektor	Wiesbaden, Bachmayerstr. 10
Noelpp, Kurt	Dipl.-Ing., Fa. Buderus'sche Eisenwerke	Wetzlar
Noske, Ernst	Dipl.-Ing. u. Fabrikbes. d. Fa. Noske	Altona, Arnoldstr. 26—30
Noth, Reinhold	Oberingenieur, in Fa. Käuffer & Co., Mainz	Frankfurt a. M., Feldbergstr. 1
Nowotny	Badedirektor, Ing. d. städt. Bäderverwaltung	Frankfurt a. M., Am Schwimmbad 5
*van Oeffel, P. J. F.	Direktor, Naamieeze Vennootschap, Techn. Maatschappij P. J. F. van Oeffel	Haarlem (Holland), Duvenvoordestraße 108
*Ollus, Johann	Dipl.-Ing.	Viborg (Finnland)
*Opstelten, H. W.	Dipl.-Ing., Dir. d. N. V. Th. van Heemstede Obelts Sanitair, techn. Bureau	Amsterdam, Nicolaas-Maesstraat 123
Ortmann, Albert	Direktor d. Staatl. Fernheiz- u. Elektr.Werkes	Dresden-A. 1, Gr. Packhoferstraße 1
Oslender, August	Provinzial-Baurat	Düsseldorf, Alexanderstr. 5
Osvold, Olaf	Chefingenieur d. städt. Büro f. Heizung	Oslo, Munkedamsveien 53b
*Otto, Dr.	Syndikus, Vertreter des Handelskammerpräsidenten	Wiesbaden
Owen, Wm. H.	Direktor d. Nationale Radiator-Gesellschaft m. b. H. zu Schönebeck a. d. Elbe	Paris
Pakusa, Paul	Oberingenieur i. Fa. Gebr. Körting A.-G.	Hann.-Linden, Wittekindstr. 4
*Paquin	Dipl.-Ing. in Vereinigte Stahlwerke A.-G.	Dortmund
Paul	Ministerialrat, Hess. Min. d. Finanzen, Abt. f. Bauwesen	Darmstadt
Pautenberg	Dipl.-Ing.	Frankfurt a. M.
Pelz, Ferd.	Vertr. d. Fa. Pelz u. v. Seckendorff, Großhandlung in Zentralheiz.-Bedarf	Düsseldorf, Fürstenwall 200
*Peritz, A.	Stadtoberingenieur, Stadtbauamt	Plauen i. V., Rathaus
*Peters, Hans.	Dipl.-Ing., Leiter d. staatl. Wärmewirtsch.-Stelle	Danzig-Langf., Königstalerweg 30
Petri, G.	Direktor d. Berg. Elektr.-Versorg.-G. m. b. H.	Elberfeld, Hofkamp 25
Pettersen		Oslow
Pfeffer, Karl	Oberbaurat, Städt. Hochbauamt	München, Sparkassenstr.
Pfeiffer, Dr. med.	Professor, Präsident d. Gesundheitsamtes	Hamburg, Besenbinderhof
Philippi	Direktor der Maschinenfabrik Wiesbaden	Wiesbaden
Piltz, Max	Ingenieur in Fa. Bacon	Berlin O 27, Holzmarktstr. 11

Name	Stand bzw. Firma	Wohnort
*Piperkoff, Theodor	Ing. i. Fa. Piperkoff & Zorna, Zentralheizg.	Sofia, Bulev, Sliwniza 237
Posselius, Gustav	Fabrikant in Fa. Gebr. Posselius	Mühlhausen i. Thür.
Pradel	Dipl.-Ing., Oberreg.-Rat des Reichspat.-Amtes	Berlin
Prött, C. H.	Fabrikant	Rheydt
Przygode, A.	Reg.-Baumeister a. D., techn. Journalist	Berlin-Charlottenburg, Dernburgstraße 50
*Purschian	Ingenieur und Fabrikbesitzer	Berlin W 9
Radiatoren u. Kessel-Verkaufsvereinig. G. m. b. H.		Bochum
*Ranzi, Alois	Ing., Fa. Aug. Römer	Löbau i. Sa., Goethestr 1 I
*Rasner, Karl	Handlungsbevollmächtigter, Fa. Vereinigte Stahlwerke A.-G., Röhrenwerke Düsseldorf	Düsseldorf
Rauch u. Staub	Verlag d. Zeitschrift „Rauch und Staub"	Düsseldorf, Herderstr. 10
Rauch, Dr.	Hofrat, Kurdirektor	Wiesbaden
Reck, Ernst William	Ingenieur i. Fa. Recks Opvarnings Co.	Kopenhagen (Dänemark), Esromgade 15
Reinartz Gebr., Joh. J.	i. Fa. Gebr. Reinartz	Troisdorf b. Bonn
Reschke, Paul, Dr.-Ing.	i. Rat der Stadt	Dresden-N. 6, Klarastr. 14
Rettig	Ingenieur, Direktor d. Fa. Rietschel & Henneberg, stellv. Vors. d. V.D.H.I.	Berlin S 42
*Reucker, Wilh.	Zivilingenieur	Wiesbaden, Adelheidstr. 74
Rheineck	Oberingenieur, Städt. Maschinenbauamt	Barmen, Rathaus
Rieschel, Walter	Fabrikant	Liebertwolkwitz b. Leipzig
Richter, A.	Ingenieur	Koblenz, Hohenzollernstr. 122
*Richter, Bernh.	Dipl.-Ing., Obering., Fa. K Th. Möller G. m. b. H.	Brakwede, Gütersloher Str. 165
Richter, Hugo	Fa. Thyssensche Gas- u. Wasserwerke	Hamborn, Duisburger Str. 159
Ristic, Peter	Ingenieur	Belgrad
Ritschel	Direktor, Ingenieur Fa. Riwag	Duisburg
v. Ritter, Dr.	Fa. Maschinenfabrik Wiesbaden	Wiesbaden-Dotzheim
Ritter, J.	berat. Ingenieur, Schriftleiter d. Haustechn. Rundschau	Hannover, Grasweg 32
Robens	Ingenieur	Düsseldorf
Roellig	Regierungsbaurat	Berlin W 10, Matthäikirchstraße 20/21
Rohne, Fritz	Ingenieur, Fa. Kämnitz	Chemnitz, Logenstr. 41
Rohonci, Hugo	Dipl.-Ing.	Budapest VI, Fothi ut 19
Rosenqvist, Carl Rud.	Ingenieur, Fa. Föreningen für Kraft etc.	Helsingfors, Kosausg. 27, Finnland
*Rothenberg, Paul	Direktor d. Sulzer Zentralheizungswerke G. m. b. H.	Mannheim N 5 J

Name	Stand bzw. Firma	Wohnort
Rößler, Jul.	Dipl.-Ing.	Karlsruhe, Körnerstr. 21
Rublic, Rudolf		Dresden-A. 24, Schnorrstr. 10
Rudelius	Abteilungschef im Reichswehrministerium Berlin	Wilmersdorf, Landauer Str. 14
Ruh, J.	Oberingenieur, Stadtverwaltg.	Krefeld, Bokumer Pl. 4
Rühl, Heinrich	Ingenieur und Fabrikbesitzer	Frankfurt a. M., Hermannstr. 11
Rühl, Josef	Ingenieur i. Fa. Rühl & Sohn	Frankfurt a. M., Hermannstr. 11
Rümelin, Walter	Dipl.-Ing. u. Prokurist, Fa. Bacon	Elberfeld, Hofaue 4
*Runge, Wolf	Dipl.-Ing., Senator der Freien Stadt Danzig, Abt. O 1. 6 Wärmewirtschaft	Danzig, Hohe Seigen 37
*Russel	Oberingenieur, Fa. Rietschel & Henneberg	Wiesbaden
Ruthe, Karl	Kaufmann	Wiesbaden
Rydt, Karl Leonhard	Ingenieur	Stockholm, Arbetangatan 32
Sackermann	Oberingenieur	Berlin W 9, Linkstr. 29
Sagebiel, H.	Baurat, städt. Hochbauamt	Köln a. Rh., Zugweg 10
Sakuta, M.	Dipl.-Ing.	Leningrad USSR (Rußland, Wasily-Ostrow, Gavan Simans kaya 4
Salecker, W.	Bauamtmann, städt. Maschinenbauamt	Mannheim
Sallwey, F. H.	Heizungsingenieur, techn. Büro	Frankfurt a. M., Heinrichstr. 11
Salzmann, Christian	Fabrik für Zentralheizungsanlagen	Leipzig, Promenadenstr. 36
Sandfort, Th.	Ingenieur, Fabr. f. Heizung u. gesundheitst. Anlagen	Velbert (Rheinl.)
Sandvoß, Carl	Ingenieur i. Fa. Sandvoß & Fischer	Magdeburg, Hohepforte 13
Sandvoß, Hans	Kaufmann in Fa. Sandvoß & Fischer	Hamburg 39, Sierichstr. 32
*Sandvoß, Herm.	Direktor der Samson-Apparatebauges.	Frankfurt a. M., Schiebestr.11/13
Sandvoß, Wilhelm	Ingenieur i. Fa. Wilh. Sandvoß	Kehl a. Rh., Nibelungenstr. 4
*Sauße	Beigeordneter u. Stadtbaurat	Gera, Karl-Wetzel-Str. 35
Schaack, Dr.-Ing.		Berlin-Steglitz, Rheinstr. 43
Schachner	Professor der technischen Hochschule	München
*Schäfer	Oberingenieur, Fa. Eisenwerk Kaiserslautern	Kaiserslautern
Schäfer, Siegfried	Oberingenieur, Bayrische Landesgewerbe-Anstalt	Nürnberg, Gewerbemuseumpl.
Schaub, Edwin	Oberingenieur, Fa. Käuffer&Co.	Mainz
Scheele, Wilh.	Landesoberbaurat, Landesdirektorium der Provinz Hannover	Hannover-Waldhausen, Zentralstraße 28
Scheller, W.	Zivilingenieur	Rheydt, Viktoriastr. 30
Schenck	Reichsbahnoberrat, Vors. des Verb. deutsch. Arch. und Ing.-Vereine	Frankfurt a. M.

Name	Stand bzw. Firma	Wohnort
Scherrer	Dipl.-Ing.	Neunkirch-Schaffhausen
Scheuermann, Dr.	Mag.-Baurat	Wiesbaden
*Schiele, Dr.-Ing. E. h.	in Fa. Rud. Otto Meyer, Vorsitzender des Verbandes der Zentralh.-Industrie, Vertr. des deutschen Verbandes techn. wissenschaftl. Vereine E. V., Sitz Berlin	Hamburg 23, Pappelalle 23/39
*Schilling	Stadtbaumeister	Barmen
*Schindowski,Dr.med. h. c., Dr. phil. h. c.	Ministerialrat im Preuß. Finanzministerium	Berlin C, hinter dem Gießhause
Schinkel, Otto	Oberingenieur, Torfoleum-Werke	Poppenhagen b. Neustadt am Rübenberge
*Schirp, A.	Geschäftsf., Ing. i. Fa. Schirp G. m. b. H.	Essen (Ruhr), Frau-Berta-Krupp-Straße 10
*Schleyer, Dr.-Ing. E. h.	Geh. Baurat, Professor, Vors. d. V.D.H.I	Hannover
*Schmandt, Hub.	Dipl.-Ing.	Osnabrück, Ziegelstr. 8
Schmid, Herm., Betriebsl.	Metallschlauchfabrik Pforzheim	Pforzheim
Schmied, Peter	Ingenieur, Fa. Damm	Bingen, Waldstr. 8
Schmidt, Dr.	Ministerialrat im Reichsarbeitsministerium	Berlin
Schmidt, H.	Stadtbaurat, Amt f. Maschinenwesen	Mainz, Gartenfeldstr. 3
Schmidt, Heinz	Prokurist	Berlin-Wilmersdorf, Augustastr. 5
Schmidt, Karl	Obering., Fa. Eisenwerk Kaiserslautern	Merseburg, Teichstr. 65
Schmidt, Karl	Stadtamtsbaurat i.R., berat. Ing.	Dresden-A. 24, Bayreuther Straße 40
Schmidt, Oskar	Mag.-Baurat	Charlottenburg, Lohmeyerstraße 49
Schmidt, Wilh.	Ingenieur i.Fa.BurgerEisenwerke	Burg (Dillkreis)
Schmitz, J.	Oberingenieur, Fa. Gebr. Körting A.-G.	Hannover, Geibelstr. 37
Schnabel	Vertr. d. Fa. Strebelwerk Mannheim	Düsseldorf
Schneider	Oberingenieur	Frankfurt a. M., Rothschildallee 24
Schneider, Gustav Herm.	Mannesmann-Röhrenlager Frankfurt a. M.	Frankfurt a. M.
Schneider, Heinrich	Mag.-Baurat, Magistrat	Kassel, Mainweg 4
Schnell, Ernst	Ingenieur, Fa. Eisenwerk Kaiserslautern	Frankfurt a. M., Bockenheimer Anlage 48
Schömig, Paul	Ingenieur u. Fabrikbes. d. Würzburger Zentralheizungsfabrik	Würzburg
*Schön, Viktor	städt. Baurat, techn. Direktor	Budapest, Hotel St. Gellert
Schönrock	Ingenieur	Stralsund, Heilgeist

Name	Stand bzw. Firma	Wohnort
Schramm, Bruno	Baurat, Repräsentant der Fa. Mannesmann-Röhrenlager Leipzig-Dresden	Erfurt, Daberstedter Str. 4
Schrey,	Direktor der Fa. Mannesmann-Röhrenlager	Frankfurt a. M.
Schubart, Karl	Ingenieur	Mannheim T 2 I
Schuhmann	Oberingenieur	Frankfurt a. M., Kettenhofweg 130
Schüller	Vertr. d. Fa Hrch. Aug. Schulte	Düsseldorf, GrafenbergerAllee28
*Schüller, Karl Aug.	Fabrikant i. Fa. Hesselbach & Schüller	Düsseldorf, Kronprinzenstr. 79
Schultze-Rohnhoff	Direktor, Verb. d. Zentralheiz.-Industr. Berl.	Berlin W 9, Linkstr. 29
Schulze, Artur	Oberingenieur	Düsseldorf, Gneisenaustr. 56 II.
*Schumann, O.	Ingenieur, Fa. Günther	Halle a. d. S., Königstr. 82
Schuncke, Emil	Ingenieur, Fa. Fries & Sohn	Frankfurt a. M., Schulstr. 13
Schünemann	Ingenieur	Frankfurt a. M., Fillstr. 78
Schütt, Hans	Kaufmann	Köln
Schwank	Architekt und Stadtrat	Wiesbaden
*Schyma, Erich	Direktor d. Fa. David Grove A.-G.	Breslau I, Karlstr. 43 II
*Seegers, Fr.	Direktor der Fa. Oscar Winter, Abt. Heizung	Hannover, Hausmannstr. 14
Seitz	städt. Oberbaurat	Karlsruhe, Kaiserallee 105
Senff, Albert	Ingenieur	Hannover, Erichstr. 12a
Siede	Fa. Hrch. Aug. Schulte	Hannover
Simko, Bela	Ingenieur, Fa. Nation. Radiat. Ges. Wien	Budapest
*Simon, Ernst	Fabrikbesitzer in Fa. Ernst Simon	Stettin, Kreckower Str. 80
Simonsen, Carl U.	Oberingenieur, Fa. C. M. Heß	Vejle (Dänemark)
Sindram, C.	Fa. Nationale Radiatoren-Gesellschaft Schönebeck	Amsterdam
*Sinn	Direktor der Fa. Hrch. Aug. Schulte	Düsseldorf, Grafenberger Alle 289
Sinn, Heinrich J.	Stadtingenieur	Dortmund, Bäumerstr. 27
Sinnhuber	Reg.-Bauführer, Preuß. Hochbauamt	Wiesbaden, Pagenstecherstr. 2
Skokan V. A.		Praha-Vinohrady, Brandlova 9
Slotboom, C. M.	Dipl.-Ing., Direktor der Fa. Slotboom & Sohn G. m. b. H.	Haag, Holland
Smets, Fred C.	beratender Ingenieur	Haag (Holland), Paleisstraat 3
*Sommerfeld	Hofrat, Verwaltungsdir. des Staatstheaters	Wiesbaden
*Sommerschuh, W.	Ingenieur, Fa. Lingen & Co.	Königsberg i. Pr.
Sorge, Artur	Ingenieur	Halle, Alte Promenade
Sörig, O. Chr.	Dipl.-Ing. Stadtverwaltung.	Kopenhagen
Spieser	Dipl.-Ing., Beigeordneter	Wiesbaden
Spitta, Dr.	Professor, Geh. Reg.-Rat, im Reichsgesundheitsamt	Berlin NW 87, Klopstockstr. 1

Name	Stand bzw. Firma	Wohnort
Spitznas	Regierungsbaurat, Ministerium f. Handel u. Gewerbe, Vertr. der Arbeitsgemeinschaft für Brennstoffersparnis e. V.	Berlin-Steglitz, Liliencronstr. 5
Stack	Magistratsbaurat städt. Maschinenamt, stellv. Vors. d. Vereinig. behördl. Ing. d. Masch. u. Heizungswesens	Hannover
Staeding	Regierungs- und Baurat	Wiesbaden, Regierung
Stanislaus, J.	Stadtbaurat, Stadtverwaltung	Aachen, Annastr. 14
Staps, U.	Oberingenieur des Städt. Elektrizitätswerks	B.-Steglitz, Birkbuschstr. 40/41
Staubach, Albert	Ingenieur	Bochum, Hugo-Schulte-Str. 25
Staudt, Theodor	Oberreg.-Baurat, Wehrkreis-Baudir. VII	München, Preysingplatz 7 II. 1
Stegemann, Karl	Magistratsbeamter, Vertr. der Ortskrankenkasse für das Maurergewerbe	Berlin C 25, Hankestr. 4
Steinmann, Fritz	Ingenieur	Hagen i. Westf., Roonstr. 18
v. der Stein, Wilhelm	Heizungsingenieur der Stadtverwaltung	Essen West, a. d. Ruhr, Dresdener Str. 38
Stenger, W.	Ingenieur und Betriebsleiter	Neu-Rössen (Saale), Sachsenpl. 7
Stock, W.	Dipl.-Ing., Baurat, Vertr. der Baubehörde	Lübeck, Danziger Str. 12
Stoll	Architekt	Wiesbaden
Strohmeyer, M.	Lagerhausgesellschaft, Kohlengroßhandlung	Konstanz
Sulzer, Gebrüder A.-G.		Winterthur (Schweiz)
Sußmann	Reichsbahnoberrat der Reichsbahndirektion	Altona, Othmarschen-Gottorpstraße 14
Suwald, Karl	Ingenieur, Landesoberbaurat, Mähr. Landesausschuß	Brünn (Tschechosl.), Serikgasse 9 Beamtenheim
Tag, Fritz	Oberingenieur, Fa. Arendt, Mildner & Evers G. m. b. H.	Hannover, Hirtenweg 22
Tarnow, Paul	Prov.-Baurat der Rhein. Provinzialverwaltung	Galkhausen b. Langenfeld (Rh.)
Taubert, Arno	Oberingenieur u. Prokurist, Fa. Joh. Haag A.-G.	Berlin-Tempelhof, Kaiser-Wilhelm-Str. 4
Teßnow, Ernst	Heizungsfabrikant	Erfurt, Nachoderstr.
Tetens, A. P.	Ingenieur	Tokio
Theorell, Axel	Ingenieur, Fa. Hugo Theorell	Stockholm, Sköldungagatan 4
*Theorell, Hugo	Zivilingenieur	Stockholm, Sköldungagatan 4
Thüringisches Finanzministerium		Weimar
Tiefel, Ludwig	Ingenieur, Fa. Fries & Sohn	Frankfurt a. M., Schulstr. 13
Tienstra, Joh.	Ingenieur, Fa. Korsten Sanit. Techn. Büro	Amsterdam, Koningsplein 5—9
Tietze	Reg.- u. Baurat der Bau- und Finanzdirektion Berlin, Umbau Staatsoper	Berlin-Wilmersdorf, Walter-Flexstr. 1

Name	Stand bzw. Firma	Wohnort
Tjaden, Willi	Ingenieur, Fa Gebr. Posselius	Mühlhausen i. Th.
Tollgarn, Axel	Ingenieur, Dampfk.-Revisions-verein Sydschwedens	Malmö, Föreningsgatan 79 B
*Törs, Josef	Dipl.-Ing., Fa. Törs & Ormai	Budapest VIII, Szilaggi G 3
Travers	Oberbürgermeister, Ehrenvorsitzender des Kongresses	Wiesbaden
Trier, Franz	Stadtbaumeister der Stadtverwaltung	Dortmund, Moltkestr. 3
Tschörner, Max	Vertreter d. Fa. Mannesmann-röhren-Lager	Berlin W 10, Tiergartenstr. 5/5a
Tübben, Adolf	Oberingenieur, Fa. Sulzer, Zentralheizungen G. m. b. H.	München, Theatinerstr. 8
Uhlig, A.	Baurat	Bochum, Königsallee
Ulbrich, Bruno	Stadtoberingenieur der Heizabteilung des Hochbauamts, Rat der Stadt	Chemnitz
Unger, F. G.	Thermotechn. Ingenieur	Amersfort, Vondellvan 14
Urfey	Dipl.-Ing., Direktor des städt. Gaswerkes	Wiesbaden
Venstra, A. R.	Direktor	Amersfoort (Holland)
Vereinigung Deutscher Eisenofenfabr. E. V.		Kassel, Lessingstr. 4
Vereinigt. Install.-Gesch., Frankf. Gasges. und Karl Winterstein G. m. b. H.		Frankfurt a. M., Blittersdorfplatz 41
Vierjahn	Architekt	Wiesbaden
Vocke	Dipl.-Ing., Fabrikant	Dresden-A. 27
Volckmar	Stadtbaudirektor, städt. Maschinenamt	Mannheim
*Wahl, C. L.	Stadtbaurat	Dresden-A. 1
Wahlmann, Nils	Ingenieur, Fa. Hugo Theorell	Stockholm, Skölungagatan 4
Wassenaar, J. E.	Techniker	Haag
Wawryn, O.		Berlin W 9, Linkstr. 29
Weber, Albert	Vertr. d. A.-G. d. Eisen- u. Stahlwerke	Singen-Hohentwiel
Weber Karl	Ingenieur, Fa. Mitteld. Ind.-Werke G. m. b. H.	Merseburg, Hallesche Str. 46
Weber, Peter	Thyssen-Rheinstahl-A.-G.	Frankfurt a. M., Sonnemannstraße 79
Weigt, Wilhelm	Thyssen-Rheinstahl-A.-G.	Frankfurt a. M., Eschersheim Am Schwalbenschwanz
Weil, Richard	Ingenieur	Brünn, Geißgasse 8
*Weißbach, Kurt	Ing. u. Fabrikant in Fa. Gebr. Weißbach	Chemnitz, Dietzelstr. 43
Wendt, Hugo		Bielefeld, Detmolderstr.
Wentzel, E.	Reichsbahnoberrat, Reichsbahndirektion	Dresden, Bayreuther Str. 21
Wentzke, Georg	Fabrikant i. Fa. Kastl & Wentzke	Wien V, Kleine Neugasse 23

Name	Stand bzw. Firma	Wohnort
Werle, Dr.		Saarbrücken, Königin-Luise-straße 47
Wermeling	Verkehrsdirektor	Wiesbaden
Wernitsch, Robert	Ing., Fa. Rud. Otto Meyer	Frankfurt a. M., Bergerstr. 214 II
Werz, Friedrich	Architekt, Vertr. des B.D.A.	Wiesbaden, Dambachtal 20
Westmähr. Elektr.-Werke		Brünn, Tschechosl.
Westphal, Wilhelm	Oberingenieur	Ludwigshafen, Roter Hof 26
*Wicrz, Dr. Melchior	Vorstandsmitgl. d. Fa. David Grove A.-G., Vertr. d. Fa. David Grove A.-G.	Berlin W 57, Bülowstr. 90
*Wilberz, Johannes	Oberingenieur, Vereinigte Stahlwerke A.-G., Röhrenwerk	Düsseldorf
Wild, J. Paul	Ingenieur, Fa. Rud. Otto Meyer	Frankfurt a. M., Wingertstr. 21
*Willert	Oberreg.-Rat, Geh. Reg.-Rat, Reichspatentamt	Berlin
Willner, Max	Direktor d. Fa. Johannes Haag A.-G.	München, Georgenstr. 112 I
*Winterer, Dr.-Ing.	Direktor der städt. Betriebsverwaltung	Beuthen (Oberschles.)
Wirtschaftl. Vereinigung deutscher Gaswerke, Gaskokssyndikat, A.-G.		Frankfurt a. M.
Wißmann	Oberbaurat, Regierungspräs. Stade	Stade a. d. Elbe
*Wittemeier, H.	Direktor d. Deutsch. Luftfilter Bauges. m. b. H.	Berlin-Halensee,Dorotheenstr.30 K.S.I.
*Wittenburg, H. F.	Direktor d. Fa. Rudolf Otto Meyer	Hamburg 23, Hagenau 73
Wolf	Direktor der Thyssen-Rheinstahl	Frankf. a. M., Franziusstr. 10-12
Wolf, Gustav	Ingenieur	Bad Nauheim, Karlstr. 21
*Wolff, Gerh.	Direktor, Vorstandsmitgl. der Fa. David Grove A.-G.	Berlin W 57, Bülowstr. 90.
Wormit	Magistratsbaurat	Königsberg i. Pr. 9, Luisenallee 7
Zander, Gustav	Stadtingenieur, Stadtverwaltung Barmen	Barmen, Kirchstr. 21
*Zaum, Julius	Ingenieur, Fa. Franz Halbig G. m. b. H.	Düsseldorf, Josefstr. 4/6
Zeckler	Buderus'sche Eisenwerke	Wetzlar
Zegler, Ludwig	Ingenieur	Neu-Isenburg, Bleichstr.
*Zeller, Rud.	Ing., Fa. Rietschel & Henneberg G. m. b. H.	Karlsruhe, Tulpenstr. 17
Zentralinnungsverband der Schornsteinfegermstr. des Deutschen Reiches		Berlin SW 11, Luckenw. Str. 11
*Zerres & Co., G. m. b. H.		Aachen, Monsheimer Allee
Zeuerleber	Professor der techn. Hochschule	Stuttgart, Viergiebelweg 9

Name	Stand bzw. Firma	Wohnort
Zillmer	Stadtbaurat im Magistrat	Breslau, Ohlanufer 13
Zimmermann, Albert	Zentralheizungen	Ilmenau
Zimmermann, Ernst	Dipl.-Ing., städt. Betriebsamt	Braunschweig, Kl. Campestr. 1
Zimmermann, H.	Landesoberbaurat d. Provinzial-verwaltung Westfalen	Münster i. W., Bohlweg 44
Zimmermann, Josef	städt. Heizungsingenieur	M.-Gladbach, Venloerstr. 6
Zimmermann, Karl	Dipl.-Ing.	Biedenkopf
Zody	Fa. Strebelwerk Mannheim	Rotterdam

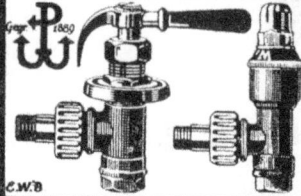

1

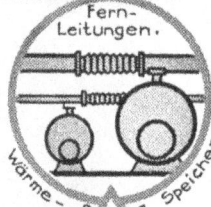
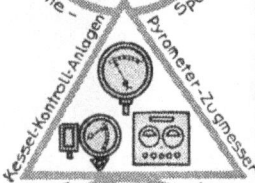
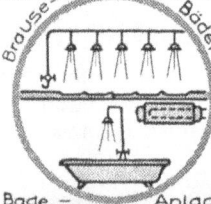
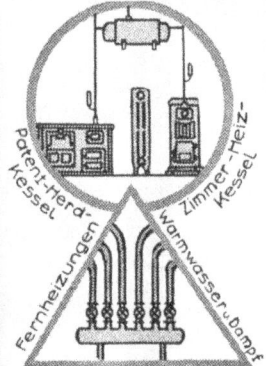

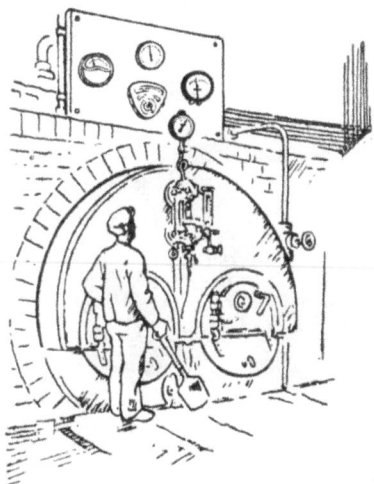

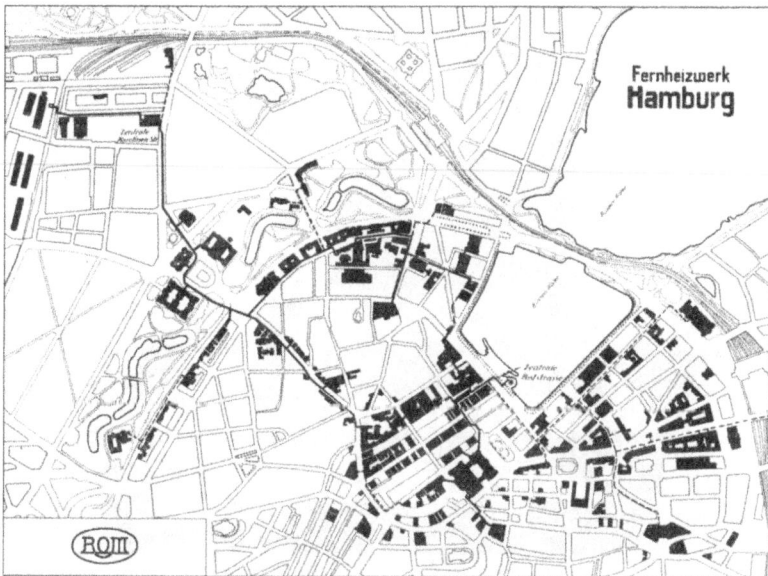

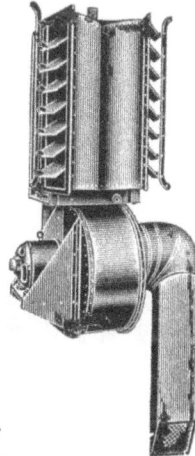

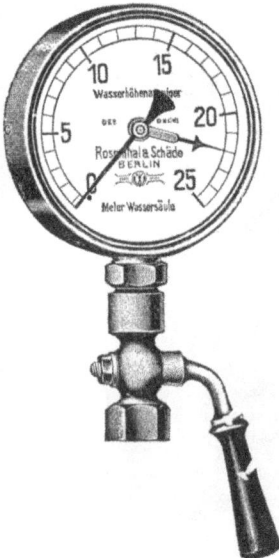

2

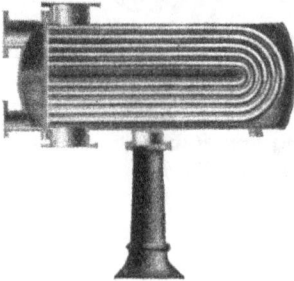

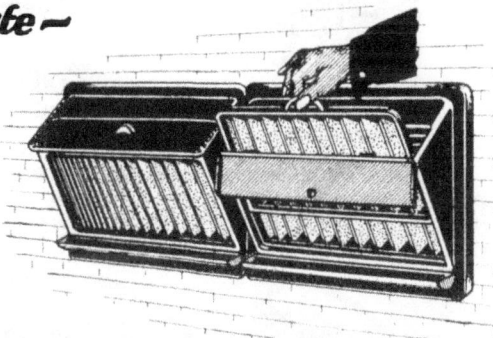

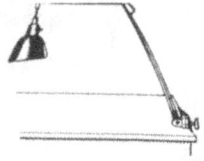

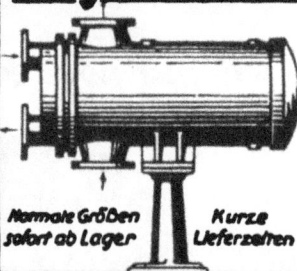

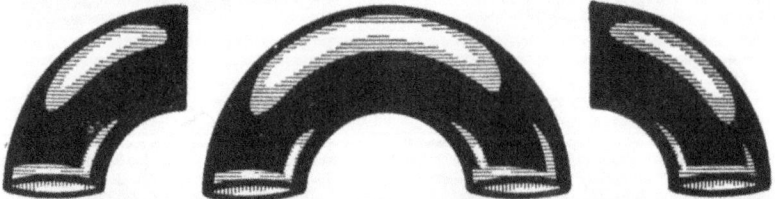

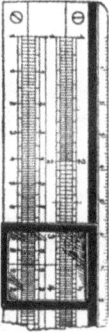

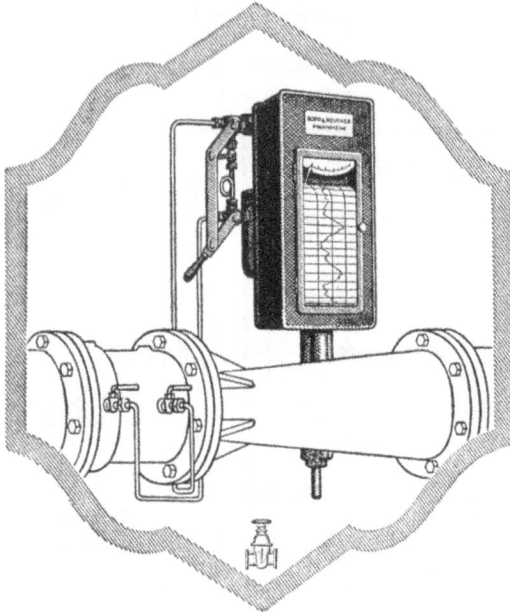

Der
Sputum-Sterilisator

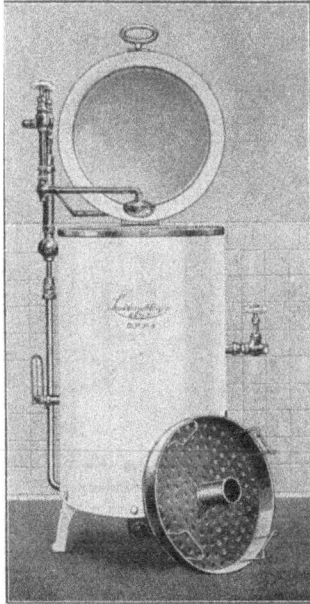

ist der **wichtigste Apparat** in den **Lungenheilstätten**

Unsere patentierte und behördlich konzessionierte
Konstruktion hat sich in der Praxis als in jeder
Hinsicht vorzüglich bewährt

F. & M. Lautenschläger G.m.b.H.
Berlin NW 6

Sachregister.

Zur besseren Übersicht und schnelleren Orientierung sind nachstehend die Erzeugnisse aufgeführt, die in den Anzeigen des vorliegenden Heftes angekündigt werden.
Die Zahlen hinter den Stichwörtern benennen die Seiten mit den betreffenden Anzeigen.

Abdampfdruckregler (s. Regler) 5.
Abdampfentöler 13.
Absaugungsanlagen 23.
Anbohrapparate 9.
Anemometer 20.
Anfräsapparate 9.
Anlagen, lufttechnische 15.
Apparate 8; gelbe Kartons. I; IV.
Apparatebau 7.
Apparategruppen f. Fernheiz-
zentralen 20.
Armaturen 8; 18; 22; gelbe
Kartonseite I; IV.
Badeanlagen 4.
Beleuchtungsgeräte 22.
Beratung Textseite 222.
Boiler 22.
Brausebäder 4.
Bücher 23.
Dampfbelastungsmesser 5.
Dampfdruckreduzierventile
(s. Ventile) 13.
Dampfmesser 24.
Dampfuhren 24.
Dampfumformer 20; 22.
Desinfektionsanlagen 14.
Destillierapparate 20.
Druckregler (s. Regler) 5.
Einroller 9.
Entstaubungsanlagen 21.
Exhaustoren 23.
Fachliteratur 23.
Faltenrohrkrümmer; gelbe
Kartons. IV.
Feindruckmesser 5.
Fernheizungen 4; 7.
Fernleitungen 4.
Filter 19; 21.
Luftfilter 19; 21.
Metallfilter 19.
Stoff-Filter 19.
Flüssigkeitsmesser 5.
Förderanlagen 21.
Füllschachtkessel (s. Kessel);
3. Einbanddeckels.
Gasgewindeklappen 9.
Gasmengenmesser 5.
Gasreinigung, elektrische 3; 19.
Gebläse 13.
Gegenstromapparate 13; 20; 22.
Gliederkessel (s. Kessel); gelbe
Kartonseite III.
Großkessel (s. Kessel) 4; Ein-
banddeckels. IV.
Großraumheizungen 4; 11.
Großwasserraumvorwärmer 20.
Gutachten; Textseite 222.
Heißdampfkühler 13.
Heizung 7; 16.
Heizungsarmaturen (s. Arma-
turen) 22.
Heizungsmanometer (s. Mano-
meter) 5.
Heizapparate 10; 11.
Heizkessel (s. Kessel); gelbe
Kartonseite I; II; 4. Ein-
banddeckels.
Heizkörper; 4. Einbandd.
Herde 16.
Herdheizung (s. a. Heizung) 16.
Herdkessel (s. Kessel); 4. Ein-
banddeckels.
Hydrometer 5; 18.
Installation, sanitäre 4.
Isolierungen 6.
Kessel 4; gelbe Kartons. I; II;
III; 3. u. 4. Einbanddeckels.

Füllschachtkessel; 3. Ein-
banddeckels.
Gliederkessel; gelbe Karton-
seite III.
Großkessel 4; 4. Einbanddek-
kels.
Heizkessel; gelbe Kartons. I;
II; 4. Einbanddeckels.
Herdkessel 4; 4. Einband-
deckels.
Kleinkessel; gelbe Karton-
seite III.
Mittelkessel; 4. Einband-
deckels.
Normalkessel; 4. Einband-
deckels.
Rundkessel; 4. Einband-
deckels.
Schnellumlauf-Füllschacht-
kessel; 3. Einbanddeckels.
Zimmerheizkessel 4; 3. Ein-
banddeckels.
Kesselkontrollanlagen 4.
Kesselschilder 5.
Kesselspeisewassermesser (s. a.
Wassermesser) 5; 24.
Kleinkessel (s. Kessel); gelbe
Kartons. III.
Kompensatoren 17; gelbe Kar-
tons. IV.
Faltenrohr-Kompensatoren;
gelbe Kartons. IV.
Metallschlauch-Kompensa-
toren 17.
Wellrohrkompensatoren;
gelbe Kartons. 4.
Kondensatoren 13; 20.
Kondenstopf-Kontrollapparate
(s. a. Kontrollapparate) 5.
Kondenswasserableiter 13.
Kondenswasser-Rückspeisean-
lagen 13.
Kontrollapparate u. -Anlagen
4; 5.
Kreiselpumpen (s. Pumpen) 18.
Kühler 20.
Lamellenkalorifere 11.
Leichtradiatoren (s. a. Radiato-
ren); 3. Einbandd.
Lenklampen 22.
Literatur, techn. 23.
Lüftungen 4; 7.
Lufterhitzer 16; 20.
Luftfilter (s. Filter) 19; 21.
Luftheizaggregate 11.
Luftheizapparate 10; 13; 17;
2. Einbanddeckels.
Luftheizung 10; 23.
Luftmengenmesser 5.
Magnesiaisolierungen (s. a. Iso-
lierungen) 6.
Manometer 5; 18.
Maschinenbau 7.
Metallfilter (s. Filter) 19.
Metallschlauchkompensatoren
(s. Kompensatoren) 17.
Mikromanometer 20.
Mittelkessel (s. Kessel); 4. Ein-
banddeckels.
Normalkessel (s. Kessel);
4. Einbanddeckels.
Normalradiatoren (s. a. Radia-
toren); 3. Einbanddeckels.
Papiere, techn. 23.
Preßluftmesser 24.
Pumpen 18.
Kreiselpumpen 18.
Pyrometer 4.

Radiatoren; 3. u. 4. Einband-
deckels.; gelbe Kartons. I;
II; III.
Rauchgasprüfer 5.
Regler 5.
Abdampfdruckregler 5.
Druckregler 5.
Regulierhähne 2.
Reißzeuge 23.
Rippenrohre (s. Rohre);
2. Einbanddeckels.
Rohrabschneider 9.
Rohrbogen 22.
Rohre; gelbe Kartons. III;
2. Einbanddeckels.
Rippenrohre, schmiedeeiserne
2. Einbanddeckels.
Stahlrohre; gelbe Karton-
seite III.
Rohrfräser 9.
Rohrkrümmer; gelbe Karton-
seite IV.
Rohrleitungen; gelbe Karton-
seite IV.
Rohrleitungsbau 7.
Rohrleitungs-Rechenschieber 23.
Rundkessel (s. Kessel); 4. Ein-
banddeckels.
Schnellschlußventile (s. Ventile) 8.
Schnellumlauf-Füllschacht-
kessel (s. Kessel); 3. Ein-
banddeckels.
Schweißapparate 2.
Speisewasser-Destillieranlagen
13.
Stahlröhren (s. Rohre); gelbe
Kartons. III.
Sterilisatoren 25.
Stoff-Filter (s. Filter) 19.
Thermometer 5; 18.
Trocknung 11; 23.
Trommel-Flüssigkeitsmesser 5.
Umformer 13.
Ventilatoren 1; 10; 11; 12; 13;
16; 17; 18.
Zentrifugal-Ventilatoren 11;
17.
Ventile 8.
Dampfdruckreduzierventile
13.
Schnellschlußventile 8.
Venturimesser 5.
Verdampfer 13; 20.
Vorwärmer 20.
Wärmeaustauschapparate 20.
Wärmeschutz 6.
Wärmespeicher 4.
Wärmewirtschaft (Beratung,
Projekte, Ausführung); Text-
seite 222.
Wärmewirtschaft, allgem. 7
Wäschereianlagen 14.
Wassererhitzer 13.
Wassererwärmer 13.
Wassermesser 5; 24.
Wellrohrkompensatoren (siehe
Kompensatoren); gelbe Kar-
tons. IV.
Wellrohrkrümmer; gelbe Kar-
tons. IV.
Werkzeuge 9.
Wetter, künstliches 15.
Zeichentische 23.
Zentrifugalventilatoren (s. Ven-
tilatoren) 11; 17.
Zimmerheizkessel (s. Kessel) 4;
3. Einbanddeckels.
Zugmesser 4; 5.

Inserenten-Verzeichnis.

Seite

C. H. Bernhardt, Dresden-N. 6a 9
Bergbau-Aktiengesellschaft Lothringen, Zweigniederlassung Blankenburg (Harzer Werke),
    Blankenburg a. Harz. 3. Einbanddeckelseite
Bösdorfer Maschinenfabrik und Eisengießerei, vorm. J. A. Wiedemann G. m. b. H., Bösdorf-
    Leipzig 10
Bopp & Reuther G. m. b. H., Mannheim-Waldhof 24
Buderussche Eisenwerke Wetzlar. . . . . gelbe Kartonseite II
Alfred Budil, Luftfilterbau G. m. b. H., Berlin-Neutempelhof 21
Armaturenwerke Buschbeck & Hebenstreit, Bischofswerda (Sachsen) 22
Cärrier Lufttechnische Gesellschaft, Dr.-Ing. Albert Klein, Stuttgart, Langestr. 61 15
Danneberg & Quandt, Berlin-Lichtenberg 17
J. C. Eckardt A.-G., Stuttgart-Cannstatt. 5
R. Fueß, Berlin-Steglitz 20
Dipl.-Ing. Otto Ginsberg, Hannover, Rühmkorffstr. 8. . . . . Textseite 222
Maschinenfabrik Bernhard J. Goedecker, München 54, Siemensstr. 17 14
F. Xaver Haberl, Berlin W 30 19
Hartmann A.-G., Offenbach a. M. 21
Maschinenfabrik Gg. Kiefer, Feuerbach-Stuttgart 16
F. & M. Lautenschläger G. m. b. H., Berlin NW 6 25
Lüneburger Isoliermittel- und chemische Fabrik Akt.-Ges., Lüneburg 6
Lurgi Apparatebau Ges. m. b. H., Frankfurt a. M. 19
MAN-Maschinenfabrik Augsburg-Nürnberg A.-G., Nürnberg 24 23
Mannesmannröhren-Werke, Düsseldorf. . . . . gelbe Kartonseite III
F. Mattick, Dresden-A. 24 13
G. Meidinger & Co., Basel i. Schweiz, Postfach 12 12
Metallschlauch-Fabrik Pforzheim, vorm. Hch. Witzenmann G. m. b. H., Komm.-Ges., Pforzheim
    (Baden) 17
Rud. Otto Meyer, Hamburg 7
Nationale Radiator-Gesellschaft m. b. H., Schönebeck a. Elbe . . . . . . 4. Einbanddeckelseite
Waldemar Pruß, G. m. b. H., Hannover 2
Radiowerke G. m. b. H., Rheinböllen i. Rhld. 22
Industriewerk Auma Ronneberger & Fischer, Auma i. Thür. 22
Rosenthal & Schäde, Berlin SW 68, Ritterstr. 59 18
H. Schaffstaedt G. m. b. H., Gießen 20
G. Schiele & Co., G. m. b. H., Eschborn a. Taunus b. Frankf. a. M. 18
Benno Schilde, Maschinenbau A.-G., Hersfeld (H.-N.) 1
Schumann & Co., Armaturen- und Apparatebau, Leipzig-Plagwitz 8
Franz Seiffert & Co., Aktiengesellschaft, Berlin C 19 . . . . gelbe Kartonseite IV
Sieg-Hard-Fabrik, Geisweid i. Westf., Postfach 84 16
Siegle & Epple g. m. b. H., Feuerbach i. Württemberg 11
Siemens-Schuckert-Werke G. m. b. H., Berlin-Siemensstadt 3
Netzschkauer Maschinenfabrik Franz Stark & Söhne, Netzschkau i. Sachsen 2. Einbanddeckelseite
Strebelwerk, Mannheim . . . . gelbe Kartonseite I
Türcke & Schwartz, Maschinen- und Apparatebau-Werk, Dresden-Leubnitz 22
Dr. Alexander Wacker, Gesellschaft für elektrochemische Industrie, G. m. b. H., München,
    Prinzregentenstr. 20 2
Gebr. Wichmann m. b. H., Berlin NW 6, Karlstr. 13/14 23
Oscar Winter, Heizungs-Fabrik und Ingenieurbüro, Hannover, Arndtstr. 21. 4

Der

„Gesundheits-Ingenieur"

ist seit 51 Jahren

als wirksames Werbemittel

erprobt!

Von früheren Berichten sind noch lieferbar:

Bericht über den vom 3. bis 6. Juni 1907 in Wien abgehaltenen Kongreß für Heizung und Lüftung. 292 Seiten, 99 Abbildungen, 6 Tafeln. Gr.-8⁰. 1907. Geb. M. 3.50.

Bericht über den vom 10. bis 12. Juni 1909 in Frankfurt a. M. abgehaltenen Kongreß für Heizung und Lüftung. 188 Seiten, 9 Abbildungen, 2 Tafeln. Gr.-8⁰. 1909. Brosch. M. 3.50.

Bericht über den vom 12. bis 14. Juni 1911 in Dresden abgehaltenen Kongreß für Heizung und Lüftung. 366 Seiten, 154 Abbildungen, 2 Tafeln. Gr.-8⁰. 1911. Brosch. M. 4.—

Bericht über den vom 25. bis 28. Juni 1913 in Köln a. Rh. abgehaltenen IX. Kongreß für Heizung und Lüftung. 322 Seiten, 110 Abbildungen, 11 Tafeln. Gr.-8⁰. 1913. Brosch. M. 4.—

Bericht über den vom 6. bis 8. Juli 1921 in München abgehaltenen X. Kongreß für Heizung und Lüftung. 68 Seiten, 28 Abbildungen. 4⁰. 1921. Brosch. M. 3.—.

Bericht über den XI. Kongreß für Heizung und Lüftung. 17. bis 20. September 1924 in Berlin. 428 Seiten, 205 Abbildungen, 2 Tafeln, zahlreiche Tabellen. Gr.-8⁰. 1925. Brosch. M. 10.—.

WICHTIGE FACHLITERATUR

Die Strömung in Röhren und die Berechnung weitverzweigter Leitungen und Kanäle mit Rücksicht auf Be- und Entlüftungsanlagen, Grubenbewetterung, Gastransport, pneumatische Materialförderung etc. Von Dr.-Ing. Viktor Blaeß. Textband: 153 S., 72 Abb. 8⁰. Tafelband: 5 S. u. 85 Tafeln. 4⁰. 1911. Preis beider Bände zusammen geb. M. 17.—.

Lehrbuch der Lüftungs- und Heizungstechnik. Mit Einschluß der wichtigsten Untersuchungsverfahren. Von Dipl.-Ing. Dr. Ludwig Dietz. (O.T.H. Bd. 11) 2., umgearb. und erweit. Auflage. 710 S., 337 Abb., 12 Tafeln. 8⁰. 1920. Brosch. M. 14.—, geb. M. 15.20.

Die technischen Anlagen im städt. Volksbad Nürnberg. Von Dipl.-Ing. Dr. Ludwig Dietz. 98 S., 32 Abb., 5 Tafeln. 8⁰. 1918. Brosch. M. 3.—.

Die Grundlagen der Dampfmessung nach dem Differenzdruckprinzip. Von Obering. W. E. Germer. 58 S., 29 Abb., 1 Tafel. 8⁰. 1927. Kart. M. 2.—.

Die Heizungsmontage. Ein Handbuch für die Praxis. Von Dipl.-Ing. Otto Ginsberg. Teil I: Material und Werkzeuge. Z. Zt. vergriffen. Neuauflage in Vorbereitung. Teil II: Montage der Anlagen. 108 S., 81 Abb. Kl.-8⁰. 1926. Kart. M. 3.20.

Wirtschaftlichkeit der Zentralheizung. Richtige Bemessung, Ausführung und sparsamer Betrieb. Von Dipl.-Ing. G. de Grahl. 205 S., 96 Abb., 52 Tabellen. Gr.-8⁰. 1911. Geb. M. 6.—.

Tabellarische Zusammenstellung der Rohrweiten für verschiedene Zirkulationshöhen und horizontale Entfernungen bei Warmwasserheizungen mit unterer Wasserverteilung. Bearbeitet nach den Recknagelschen Hilfstabellen von Ing. Ernst Haase. 131 S., 120 Tabellen. Kl.-8⁰. 1911. Brosch. M. 4.—.

Die Warmwasserbereitungs- und Versorgungsanlagen. Von Ing. Wilhelm Heepke. (O.T.H. Bd. 5) 2., umgeänd. u. erweit. Auflage. 725 S., 411 Abb., 89 Tabellen. 8⁰. 1921. Brosch. M. 14.—, geb. M. 15.20.

Die Bestimmungen über die Anlegung, Genehmigung und Untersuchung der Dampfkessel in Preußen. Textausgabe mit Einleitung, Anmerkungen und Sachregister. Bearbeitet von Dr.-Ing. Dr. jur. Hilliger. 268 S., 35 Abb. 8⁰. 1920. Brosch. M. 5.—.

Verlag R. Oldenbourg, München 32 und Berlin W 10

WICHTIGE FACHLITERATUR

Heizung und Lüftung, Warmwasserversorgung, Befeuchtung und Entnebelung. Leitfaden für Architekten und Bauherrn. Von Ing. M. Hottinger. 300 S., 210 Abb., 64 Zahlentafeln. Gr.-8⁰. 1926. Brosch. M. 14.50, in Leinen M. 16.50.

Altrömische Heizungen. Von Ing. O. Krell. 123 S., 39 Abb. 8⁰. 1901. Brosch. M. 2.—.

Feuerungstechnische Rechentafel. Zum praktischen Gebrauch für Dampfkesselbesitzer, Ingenieure, Betriebsleiter, Techniker usw. Nach Dipl.-Ing. Rud. Michel. 4. Aufl. 8 S. mit 1 Tafel. 4⁰. 1925. Brosch. M. 2.50.

Wärmetechnische Berechnung der Feuerungs- und Dampfkesselanlagen. Taschenbuch mit den wichtigsten Grundlagen, Formeln, Erfahrungswerten und Erläuterungen für Bureau, Betrieb und Studium. Von Ing. Fr. Nuber. 4., erweit. Aufl. 128 S., 10 Abb. Kl.-8⁰. 1927. In Leinen M. 4.20.

Die Berechnung der Warmwasserheizungen. Von Hermann Recknagel. 3. Aufl. Vollständig neu bearbeitet von Dipl.-Ing. Otto Ginsberg. 53 S., 26 Abb., zahlreiche Tabellen. 4⁰. 1927. Brosch. M. 7.50.

Hermann Recknagels Hilfstabellen zur Berechnung von Warmwasserheizungen. Hrsg. von Dipl.-Ing. O. Ginsberg. 4. Aufl. 31 S., 57 Tabellen. 4⁰. 1923. Brosch. M. 3.50.

Hermann Recknagels Kalender für Gesundheits- und Wärmetechnik. Taschenbuch für die Anlage von Lüftungs-, Zentral-Heizungs- und Bade- sowie sonstiger wärmetechnischer Einrichtungen. Bearbeitet von Dipl.-Ing. Otto Ginsberg. 32. Jahrgg. 1928. 343 S., Kalendarium, 63 Abb., 137 Tafeln. Kl.-8⁰. In Leinen M. 4.80.

Leitfaden für die Rauch- und Rußfrage. Von A. Reich. (O.T.H. Bd. 20). 391 S., 64 Abb. 8⁰. 1917. Geb. M. 9.—.

Gesundheitstechnik im Hausbau. Von Prof. R. Schachner. 445 S., 205 Abb., 1 Tafel, zahlreiche Tab. Gr.-8⁰. 1926. Brosch. M. 20.—, in Leinen M. 22.—.

Bestimmung der Rohrweiten von Dampfleitungen, insbesondere von Niederdruck- und Unterdruckdampfleitungen. Von Obering. Joh. Schmitz. 4 S., 18 Tafeln. 4⁰. 1925. Brosch. M. 4.—.

Taschenbuch für Heizungs-Monteure. Von Baurat Bruno Schramm. 8., erweit. Aufl. 168 S., 146 Abb. Kl.-8⁰. 1927. In Leinen M. 4.20.

Die Heizerausbildung. Buchausgabe der Unterrichtsblätter für Heizerschulen. Von Reg.-Obering. H. Spitznas. 2. Aufl. 271 S., 59 Abb., 8 Tabellen, 2 Schaubilder. Gr.-8⁰. 1924. Brosch. M. 4.50, geb. M. 5.50.

Die Städteheizung. Bericht über die vom Verein deutscher Heizungsingenieure einberufene Tagung vom 23. und 24. Oktober 1925 in Berlin. Herausgegeben von Dipl.-Ing. J. Fichtl, Ing. Dr. A. Marx, Ing. O. Fröhlich. 212 S., 12 Abb. Gr.-8⁰. 1927. Brosch. M. 8.—.

Über die Rentabilität von Zentralheizungen. Von Ing. Hans Tilly. 32 S., 6 Diagramme, 4 Tafeln. Gr.-8⁰. 1910. Brosch. M. 1.20.

Hydromechanik der Druckrohrleitungen einschließlich der Strömungsvorgänge in besonderen Rohranlagen. Von Dr.-Ing. Richard Winkel. 101 S., 43 Abb. 8⁰. 1919. Brosch. M. 3.—.

Gesundheits-Ingenieur. Zeitschrift für die gesamte Städtehygiene. Organ der Versuchsanstalt für Heiz- und Lüftungswesen der Technischen Hochschule Berlin, des Verbandes der Zentralheizungs-Industrie, der Vereinigung behördlicher Ingenieure des Maschinen- und Heizungswesens und des Vereins deutscher Heizungs-Ingenieure, Bezirk Berlin. Herausgegeben von: Geh. Rat Prof. Dr. R. Abel, Geh. Reg.-Rat v. Boehmer, Direktor G. Dieterich, Prof. Dr. A. Heilmann. 51. Jahrg. 1928. Erscheint wöchentlich. Bezugspreis vierteljährlich M. 5.50. Probeheft kostenlos.

Beihefte zum Gesundheits-Ingenieur. Reihe I: Arbeiten aus dem Heizungs- und Lüftungsfach. Herausg. von der Schriftleitung des „Gesundheits-Ingenieurs". Lex.-8⁰. Heft 2, 3, 4, 7, 9, 15 vergriffen.

Verlag R. Oldenbourg, München 32 und Berlin W 10

WICHTIGE FACHLITERATUR

Heft 1: Reibungs- und Einzelwiderstände in Warmwasserheizungen. 60 S., 21 **Abb.**, 20 Tafeln, 31 Zahlentafeln. 1913. Geb. M. 8.—.

„ 5: Dipl.-Ing. Franz Werner: Untersuchungen über Luftumwälzungsverfahren bei Niederdruckdampfheizungen. 51 S., 24 Abb., 15 Zahlent. 1914. Brosch. M. 3.—.

„ 6: Sicherheitsvorrichtungen für Warmwasserkessel. 30 S., 23 Abb., 5 Zahlentafeln. 1914. Brosch. M. 2.—.

„ 8: Versuche mit Sicherheitsvorrichtungen für Warmwasserkessel. 19 S., 1 Abb., 2 Taf. 1915. Brosch. M. 2.20.

„ 10: Dr.-Ing. E. Fudickar: Untersuchungen an Kachelöfen. Mit einem Vorwort von Prof. Dr. techn. K. Brabbée. 95 S., 62 Abb., 21 Zahlentafeln. 1917. Brosch. M. 7.20.

„ 11: Dr.-Ing. Ambrosius: Untersuchungen an Regelvorrichtungen für Dampf- und Wasserheizkörper. 80 S., 116 Abb., 38 Zahlentafeln. 1919. Brosch. M. 7.50.

„ 12: Prof. Dr. K. Brabbée u. Dr.-Ing. K. Henky: Gutachten über den Kokssparer Bauart Zuppinger der Deutschen Evaporator-A.-G. in Berlin. — Gutachten über den Notkocher „Küchenschatz". — Zur Geschichte der neuen Wärmedurchgangszahlen. 33 S., 9 Abb. 1920. Brosch. M. 2.—.

„ 13: Prof. Dr. K. Brabbée: Beitrag zur Brennstoffwirtschaft im Haushalt. „Münchener und Charlottenburger Verfahren" zur Bestimmung des Wärmebedarfes von Bauweisen. 50 S., 57 Abb. 1920. Brosch. M. 3.—.

„ 14: Frenckel: Über Druckverhältnisse in Niederdruckdampfheizungen. — Prof. Dr. K. Brabbée: Verfahren zur Untersuchung von Kachelöfen. 48 S., 27 Abb., 21 Zahlentafeln. 1921. Brosch. M. 4.—.

„ 16: Dipl.-Ing. Gerhard Brandstätter: Verfahren zur Untersuchung eiserner Dauerbrandöfen. 22 S., 11 Abb., 2 Zahlentafeln. 1922. Brosch. M. 1.50.

„ 17: Prof. Dr. K. Brabbée, Dr. Bradtke u. Ziviling. Hans Barlach: Drei Untersuchungen über Barlach-Feuerungen. 45 S., 65 Abb., 10 Zahlentafeln. 1922. Brosch. M. 3.20.

„ 18: Prof. Dr. K. Brabbée: Beitrag zur Frage der Heizwirkung von Radiatoren. Zwei Gutachten betr. die Untersuchung von Vollkachelöfen. 27 S., 18 Abb., 10 Zahlentafeln. 1922. Brosch. M. 1.50.

„ 19: Dr.-Ing. Walter Jürges: Der Wärmeübergang an einer ebenen Wand. 55 S., 28 Abb., 13 Zahlentafeln. 1924. Brosch. M. 3.60.

„ 20: Prof. Dr.-Ing. Ernst Schmidt: Wärmestrahlung technischer Oberflächen bei gewöhnlicher Temperatur. 23 S., 14 Abb., 13 Tabellen. 1927. Brosch. M. 3.60.

„ 21: Dr.-Ing. Olaf Falck: Einrichtungen zur Feststellung des Wirkungsgrades eiserner Zimmeröfen. Messungen kleiner Geschwindigkeiten strömender Medien. 17 S., 44 Abb., 4⁰. 1927. Brosch. M. 2.80.

„ 22: Dr.-Ing. Werner Koch: Über die Wärmeabgabe geheizter Rohre bei verschied. Neigung der Rohrachse. 29 S., 51 Abb., 35 Zahlent. 4⁰. 1927. Brosch. M. 4.80.

Reihe II:
Heft 1: vergriffen.

„ 2: Prof. Dr. R. Weldert: Übersicht über das in den Jahren 1911 bis Anfang 1924 erschienene Schrifttum auf dem Gebiet der Lufthygiene, dargestellt vom chemischen, technischen und medizinischen Standpunkt aus. 80 S. 4⁰. 1926. Brosch. M. 9.60.

„ 3: Dr.-Ing. G. Ehnert: Die Entsandung städtischer Abwässer unter Berücksichtigung der Geschiebebewegung in Abwässerkanälen. 31 S., 11 Abb., 1 Tafel. 4⁰. 1927. Brosch. M. 4.50.

„ 4: Prof. Dr. A. Gärtner: Die Wasserversorgung und Abwasserbeseitigung im rheinisch-westfälischen Industriegebiet. 23 S., 3 Abb., 6 Zahlentafeln. 4⁰. 1927. Brosch. M. 3.60.

„ 5: Reg.-Baum. Leopold Richter: Benzolabscheider. 11 S., 20 Abb. 4⁰. 1927. Brosch. M. 1.80.

Die Bezieher des „Gesundheits-Ingenieur" erhalten auf obige Preise 15 vH Nachlaß.

Verlag R. Oldenbourg, München 32 und Berlin W 10